AF255702

The Michigan Historical Reprint Series

*Reprints from the collection of
the University of Michigan
University Library*

This volume is produced from digital images created through the University of Michigan University Library's preservation reformatting program. The Library seeks to preserve the intellectual content of items in a manner that facilitates and promotes a variety of uses. The digital reformatting process results in an electronic version of the text that can both be accessed online and used to create new print copies. This book and thousands of others can be found in the digital collections of the University of Michigan Library. The University Library also understands and values the utility of print, and makes reprints available through its Scholarly Publishing Office.

For access to the University of Michigan Library's digital collections, please see http://www.lib.umich.edu.

The Scholarly Publishing Office seeks to disseminate high-quality, cost-effective scholarly content through both print and electronic publishing. Information about the Scholarly Publishing Office can be found at http://spo.umdl.umich.edu.

VIELECKE UND VIELFLACHE.

THEORIE UND GESCHICHTE

VON

Dr. MAX BRÜCKNER,

OBERLEHRER AM GYMNASIUM ZU BAUTZEN.

MIT 7 LITHOGRAPHIERTEN UND 5 LICHTDRUCK-DOPPELTAFELN
SOWIE VIELEN FIGUREN IM TEXT.

LEIPZIG,
DRUCK UND VERLAG VON B. G. TEUBNER.
1900.

Vorwort.

Seit der Veröffentlichung von Chr. Wieners klassischer Schrift „Über Vielecke und Vielflache"
(Leipzig 1864), die sich wesentlich mit den regelmässigen Polygonen und Polyedern höherer Art beschäftigt
und deren Theorie im ganzen abschliesst, hat die Lehre von den durch Gerade und Ebenen begrenzten Gebilden bedeutende Fortschritte aufzuweisen. Auf der einen Seite hat man das oft gestellte und doch bis zum
heutigen Tage nicht gelöste Problem der Aufzählung der von einer bestimmten Anzahl Flächen begrenzten
Vielflache wiederholt in Angriff genommen. Die Wissenschaft gelangte dabei zu vielen interessanten Einzel-
ergebnissen, und in V. Eberhardts Morphologie wurde das Problem wenigstens zu einem vorläufigen Abschlusse
gebracht, wenn auch wohl kaum im Sinne der ursprünglichen Fragesteller. Andrerseits fallen in die Zeit
nach der im Eingange erwähnten Schrift alle jene Untersuchungen besonderer Vielecke und Vielflache, die
als gleicheckige, gleichkantige, gleichflächige u. s. w. bezeichnet werden, die die Geometrie, oder besser
Topologie, mit einer grossen Anzahl neuer Gestalten bereichert haben. Selbst die Grundlagen der Vielecks-
und Polyederlehre sind in jüngster Zeit nicht unwesentlich umgeändert und vereinfacht worden. — Wenn
sich auch das Interesse der Mathematiker diesem Zweige ihrer Wissenschaft wie es scheint neuerdings in
geringerem Grade zugewandt hat, als etwa den Lehren von den Kurven und Oberflächen, wie schon durch
einen flüchtigen Einblick in Gino Lorias bekannte Schrift zu ersehen ist, so ist es doch nicht ganz ge-
schwunden, und es darf deshalb vielleicht ein Buch, das sich die Aufgabe stellt, die Entwickelung der Lehre
von den Vielecken und Vielflachen bis auf die neueste Zeit zu verfolgen, immerhin erwarten, die Aufmerksamkeit der Fachgenossen zu finden.

Auf Grund der Originalarbeiten versuche ich daher im folgenden die Theorie der Vielecke und Vielflache und die Hauptzüge ihrer geschichtlichen Entwickelung im Zusammenhange darzustellen, wobei ich
namentlich Wert darauf lege, mit möglichster Anschaulichkeit in die wichtigsten Probleme einzuführen.
Denn es kann nicht meine Absicht sein, denen, die sich in diesem Teile mathematischer Wissenschaft selbst
bethätigen wollen, das Studium der Quellenarbeiten mit ihren strengen Beweisen völlig ersparen zu wollen.
Doch hoffe ich auf einigen Dank des mathematischen Publikums rechnen zu dürfen, wenn ich den in vielen
Zeitschriften, Programmen und Monographien zerstreuten Stoff hier, wie ich glaube, übersichtlich gruppiere,
um dadurch erkennen zu lassen, wo sich Lücken befinden, die ihrer Ausfüllung noch harren. Unter anderem
ist hier auf die gleicheckigen und die gleichflächigen Polyeder hinzuweisen, soweit sie zu beweglichen Netzen
gehören, deren vollständige Bestimmung ein noch ungelöstes Problem ist. Ferner wage ich nicht zu be-
haupten, dass die Darstellung des Eulerschen Satzes für einseitige Polyeder (Seite 54) schon erschöpfend
und streng ist. Vielleicht sind in dem Seite 218 zitierten Programme des Herrn C. Reinhardt die Keime
zu einer genauern Untersuchung dieser räumlichen Gebilde enthalten.

Von dem Inhalte des Buches ergiebt sich dem Leser ein Überblick durch das Inhaltsverzeichnis in
Verbindung mit dem Namen- und Sachregister. Von der Besprechung mehr als dreidimensionaler Gebilde

ist ein für allemal abgesehen worden. So interessant die Betrachtung der den Polyedern im vier- und mehrdimensionalen Raume entsprechenden Gebilde, der sog. Polytope, sein mag, überschreitet sie doch im allgemeinen die nur elementaren Ansprüche, die hier an die mathematischen Vorkenntnisse des Lesers gestellt werden sollen. Das Hauptsächlichste hierüber findet man überdies in meiner Schrift „Die Elemente der vierdimensionalen Geometrie" (Zwickau 1894). Es ist also selbstverständlich, dass in dem vorliegenden Buche durchweg die Gültigkeit des Parallelenaxioms vorausgesetzt ist. Ich habe nach möglichst ausgedehnter Veranschaulichung durch Figuren gestrebt und jahrelange Mühe nicht gescheut, die besprochenen Polyedertypen in Modellen darzustellen, die, von der Firma Römmler & Jonas (Dresden) photographiert, hier in Lichtdruck reproduziert vorliegen. Die in meinem Besitze befindliche Sammlung der Modelle selbst kann von Interessenten jederzeit besichtigt werden. Weiteres über sie ist in Anm. 2 auf S. 183 berichtet. Sowohl die ebengenannte Firma wie die Verlagshandlung verdienen für das bereitwillige Eingehen auf meine Wünsche in Bezug auf die Wiedergabe der Modelle und die nicht unbedeutende Kosten verursachende Herstellung der Tafeln meinen Dank.

Indem ich bitte, die Berichtigungen am Ende des Buches vor dem Lesen zu beachten, bemerke ich noch, dass mir direkte Mitteilung etwa noch stehengebliebener Fehler in den Formeln nur erwünscht ist. Zum Schlusse liegt mir noch ob, meinen Herren Kollegen verbindlichsten Dank auszusprechen für die Freundlichkeit, mit der sie mich beim Lesen der Korrektur unterstützt haben.

Bautzen, im Februar 1900.

Max Brückner.

Inhaltsverzeichnis.

A. Allgemeine Theorie der Vielecke.

B. Besondere Vielecke.

C. Allgemeine Theorie der Vielflache.

D. Theorie der Eulerschen Vielflache.

E. Die besonderen Eulerschen Vielflache.

F. Die besonderen Vielflache höherer Art.

A. Allgemeine Theorie der Vielecke.

1. Definitionen. Vollständiges Vieleck und Vielseit. Unter einem vollständigen ebenen Vieleck oder vollständigen n-eck versteht man n Punkte (Ecken) in einer Ebene, von denen keine drei in einer Geraden liegen, und die Gesamtheit der $\frac{n(n-1)}{2}$ Geraden (Seiten), welche sie durch ihre Verbindung bestimmen. — Unter einem vollständigen ebenen Vielseit oder vollständigen n-seit versteht man n Gerade (Seiten) in einer Ebene, von denen keine drei durch einen Punkt gehen, und die Gesamtheit der $\frac{n(n-1)}{2}$ Punkte (Ecken), welche sie durch ihre Durchschnitte bestimmen. Die mit den Seitenlinien nicht zusammenfallenden Strecken zwischen den Ecken des vollständigen n-seites heissen *Diagonalen*. Die mit den Ecken nicht zusammenfallenden Schnittpunkte der Seitenlinien des vollständigen n-ecks heissen *Nebenecken*. In zwei Seitenlinien eines vollständigen n-seits liegen $2n-3$ Ecken. Von der gemeinsamen Ecke aus können also $\frac{n(n-1)}{2}-(2n-3)$ $=\frac{(n-2)(n-3)}{2}$ Diagonalen, mithin von allen $\frac{n(n-1)}{2}$ Ecken, die zu je zwei auf einer Diagonale liegen, $\frac{n(n-1)(n-2)(n-3)}{8}$ Diagonalen gezogen werden. In einem vollständigen n-ecke gehen durch zwei Ecken $2n-3$ Seitenlinien. Eine durch beide Ecken laufende Seitenlinie kann also mit den übrigen $\frac{n(n-1)}{2}-(2n-3)$ $=\frac{(n-2)(n-3)}{2}$ Seitenlinien Nebenecken bilden. Alle $\frac{n(n-1)}{2}$ Seitenlinien ergeben demnach $\frac{n(n-1)(n-2)(n-3)}{2}$ Nebenecken.

Wählt man aus den $\frac{n(n-1)}{2}$ Strecken zwischen den n Ecken eines vollständigen n-ecks n Strecken derart, dass man von einer Ecke zur andern schreitend jede einmal durchläuft und nach Durchlaufen der n Strecken zum Ausgangspunkt zurückkehrt, so nennt man den zusammenhängenden Streckenzug ein (einfaches) n-eck. Ein vollständiges n-eck enthält $\frac{(n-1)!}{2}$ (einfache) n-ecke.[1]) Denn von einer ersten Ecke kann man auf einer von $n-1$ Strecken zu irgend einer zweiten Ecke übergehen, und von dieser aus bleiben, da man nicht zur ersten Ecke zurückgehen will, $n-2$ Wege offen, um zu irgend einer dritten Ecke zu gelangen; man kann somit auf $(n-1)(n-2)$ Arten von der ersten zu einer dritten Ecke übergehen. Ebenso kann man von jeder dritten Ecke nach jeder der $n-3$ noch unbenutzten Ecken gelangen, also im Ganzen von der ersten nach irgend einer vierten Ecke auf $(n-1)(n-2)(n-3)$ Arten u. s. w. Ist man endlich zur n^{ten} Ecke gekommen, so bleibt nur ein Weg offen, um das n-eck zu schliessen. Da nun dieselbe Figur entsteht, wenn man den Streckenzug in umgekehrter Ordnung verfolgt, so ergeben sich $\frac{(n-1)(n-2)(n-3)\ldots 3 \cdot 2 \cdot 1}{2}$ verschiedene n-ecke, wie behauptet war.

---

1) Carnot, Géom. de position. Deutsch von Schumacher, 1808, I, S. 209. Kruse, Elemente der Geometrie. 1. Abt. Berlin 1875. J. H. T. Müller, Lehrbuch der Geometrie, 1844, II. 1. Abt., S. 66. Wolf, Die Lehre von den geradlinigen Gebilden in der Ebene, 1847, S. 8.

Da das einfache n-eck auch von n Geraden gebildet wird, ist es mit dem einfachen n-seit identisch. Man gebraucht für dasselbe Gebilde nur den Namen n-*eck* und bezeichnet die n Strecken desselben als seine *Kanten* (nach dem Vorgange von Möbius).

2. Über die Teilung der Ebene durch die Geraden des vollständigen n-seits. Die n Geraden des vollständigen n-seits, von denen keine drei durch denselben Punkt gehen, teilen die Ebene in $\frac{n(n-1)}{2}+1$ geschlossene Figuren [Felder], von denen $\frac{n(n-3)}{2}+1$ endlich sind, die übrigen n aber das Unendlichweite enthalten. Zunächst gilt der Satz für 1, 2, 3, 4 ... Gerade. Eine Gerade teilt die projektivisch gedachte Ebene (wo also die Gerade eine geschlossene Linie ist) nicht; 2 Gerade ergeben 2 unendliche Felder; 3 Gerade ergeben 4 Felder, von denen eins endlich ist. Nun gilt der Satz für $m+1$ Gerade, wenn er für m Gerade gilt. Denn die $(m+1)^{\text{te}}$ Gerade wird durch die vorhergehenden m Geraden in m Segmente geteilt, und jedes derselben teilt ein Feld des vorhergehenden Systemes in zwei. Es treten also m neue Felder auf. Es ist aber $\frac{m(m-1)}{2}+1+m = \frac{(m+1)m}{2}+1$, womit der Satz bewiesen ist.[1]) Durch jede neue Gerade wird eines der unendlichen Felder in zwei geteilt, also giebt es bei n Geraden n unendliche Felder. Ist unter den Feldern ein n-eck, so sind die übrigen n Dreiecke und $\frac{n(n-3)}{2}$ Vierecke.[2])

Bezeichnet man die Zahl der vorkommenden h-kantigen Figuren mit x_h, so gilt zunächst: $x_3 + x_4 + x_5 + \cdots + x_n = \frac{n(n-1)}{2}+1$. Nun schneiden sich die n Geraden in $\frac{n(n-1)}{2}$ Punkten, von denen auf jeder Geraden $n-1$ liegen. Dieselben teilen die Gerade in $n-1$ Kanten, so dass in Summa $n(n-1)$ Kanten vorhanden sind. Da die Zahl der Kanten der x_h h-kantigen Figuren $h \cdot x_h$ ist, so gilt: $3x_3 + 4x_4 + \cdots + nx_n = 2n(n-1)$, da jede Kante als solche benachbarter Felder dabei doppelt gezählt wurde. Subtrahiert man diese Gleichung von dem vierfachen der vorhergehenden, so kommt:

$$x_3 - x_5 - 2x_6 - 3x_7 - \cdots - (n-4)x_n = 4.$$

Die linke Seite dieser Gleichung hat also für beliebiges n den invarianten Wert 4 und ist unabhängig von der Anzahl der vorkommenden Vierecke. Sie ist für die Ebene das Analogon einer später für die Theorie der Vielflache bedeutsamen Gleichung.[3])

3. Der Perimeter des Vielecks. Umfangs-, Innen- und Aussenwinkel. Begriff von konvex. Unter einem Vieleck (Polygon) soll also (ohne Rücksicht auf das vollständige Vieleck) ein System Strecken (Kanten) verstanden werden, die dergestalt mit einander verbunden sind, dass jeder der beiden Grenzpunkte (Ecken) einer Strecke mit einem Grenzpunkt einer und nur einer der übrigen Strecken zusammenfällt. Ein Vieleck hat also mindestens drei Kanten und jedenfalls ebensoviel Ecken wie Kanten. Schneidet der Umfang (Perimeter) sich selbst, so heisst der Punkt, durch welchen zwei — nicht benachbarte — Kanten gehen, ein *Doppelpunkt* des Vielecks, ein Punkt, durch welchen n Kanten gehen, ein n-facher Punkt. Ein n-facher Punkt ist gleichwertig mit $\frac{n(n-1)}{2}$ Doppelpunkten. Umschreitet man von irgend einer Ecke aus den Umfang des Vielecks in einem fest gewählten Sinne, so legt man für jede Kante dadurch eine bestimmte Richtung fest, die man positiv nennen möge. Der entgegengesetzte Umlaufsinn des Perimeters ist dann als negativ zu bezeichnen. Bei diesem Umschreiten des Perimeters wird man zwei Seiten (Ufer) desselben, eine linke und rechte, zu unterscheiden haben, von denen man eine, z. B. die linke, durch Schraffierung hervorheben

---

1) v. Staudt, Geom. der Lage, S. 98. Wenn Andere, z. B. Kruse (Elem. d. Geom.), bei n Geraden $\frac{n(n+1)}{2}+1$ Felder der Ebene erhalten, unter denen natürlich dieselbe Anzahl wie oben endlich ist, so setzen sie bereits bei einer Geraden die Zweiteilung der Ebene voraus.

2) v. Staudt, Geom. der Lage, S. 99.

3) Eberhard, Zur Morphologie der Polyeder, 1891, S. 221. Eberhard, Die Grundgebilde der ebenen Geometrie 1895, S. 45. Hier ist auch der Fall berücksichtigt, dass mehrere Gerade durch denselben Punkt gehen.

kann (Figur 1). Wechselt man den Umlaufssinn des Perimeters, so vertauscht man gleichzeitig die beiden Ufer. Auch der Drehsinn aller vorkommenden Winkel sei ein bestimmter; es mögen alle *entgegengesetzt dem Uhrzeigersinn* beschriebenen Winkel als *positiv* gelten, die umgekehrt beschriebenen als negativ. Für die an den Ecken des Vielecks vorkommenden Winkel sei nun das folgende festgesetzt. *Der Winkel, um welchen eine Kante im positiven Sinne gedreht werden muss, um in die positive Lage der nächsten Kante zu kommen, heisse Umfangswinkel.*[1]) Diese Winkel sind also sämtlich positiv und liegen zwischen 0 und 2π. Dreht man den Umlaufsinn des Vielecks um (aber nicht den der Winkel), so wird jeder neue Umfangswinkel die Ergänzung des vorigen an derselben Ecke zu 2π. *Der Winkel, um welchen eine Kante im positiven Sinne gedreht werden muss, um mit der negativen Richtung der vorhergehenden Kante zusammenzufallen, heisse Innenwinkel.* Die Innenwinkel liegen bei einer festgesetzten Umlaufsrichtung des Perimeters alle auf einer und derselben Seite (Ufer) desselben, und ihre Grösse liegt zwischen 0 und 2π. In Figur 1 sind die durch stärkere Bogen bezeichneten Winkel die Umfangswinkel, die andern die Innenwinkel. Die positive Umlaufsrichtung des Perimeters ist durch die Reihenfolge der Kanten 1, 2, 3, ... gegeben. Ein Innen-

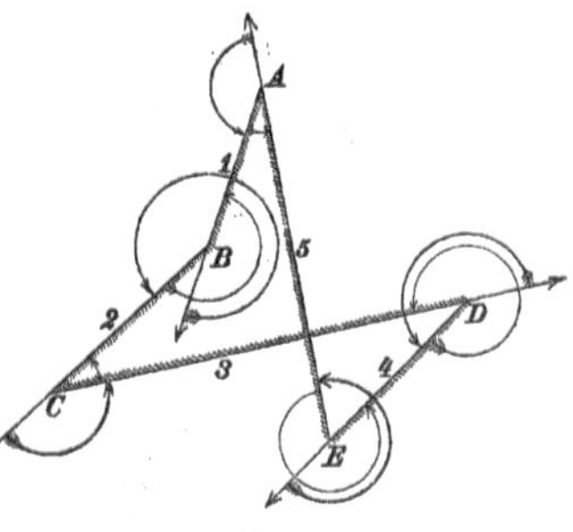

Fig. 1.

winkel an einer Ecke des Vielecks ergänzt den daselbst befindlichen Umfangswinkel zu π oder 3π, je nachdem er kleiner oder grösser als π ist, d. h. Innenwinkel und dazu gehöriger Umfangswinkel sind zugleich kleiner oder grösser als π oder zugleich *einspringend* oder *ausspringend* (überstumpf). *Ein Vieleck, welches keine überstumpfen Innenwinkel enthält, heisse konvex.* Die Winkel, welche die Innenwinkel zu 2π ergänzen, heissen die *Aussenwinkel* des Vielecks. Wechselt man unter Beibehaltung des positiven Drehsinnes der Winkel die Umlaufsrichtung des Perimeters, so vertauscht man die Innenwinkel mit den Aussenwinkeln.

4. Die Art a eines Vieleckes. Zieht man in demselben Sinne (in derselben Richtung), in welchem beim Umlaufen des Perimeters eines Vielecks dessen Kanten erscheinen, von einem festen Punkte O der Ebene aus Parallelstrahlen zu den Kanten (Fig. 2), so bilden zwei auf einander folgende Parallelen gemäss dem festgesetzten Drehungssinn den richtigen Umfangswinkel der beiden Kanten des Vielecks, welchem sie entsprechen. Aus dieser sogen. *zweiten Figur* ergiebt sich, dass die Summe U aller Umfangswinkel des Polygons, da man nach Addition aller Umfangswinkel schliesslich in die Lage des ersten Strahles zurückkehren muss, ein Vielfaches von 2π sein muss. Setzt man $U = 2a\pi$, so nennt man a, *d. h. die Zahl der ganzen Umdrehungen um den Punkt* O *der zweiten Figur, die Art des Vielecks.* Es ist also a nicht kleiner als 1, aber es kann auch nicht grösser als $n-1$ sein,

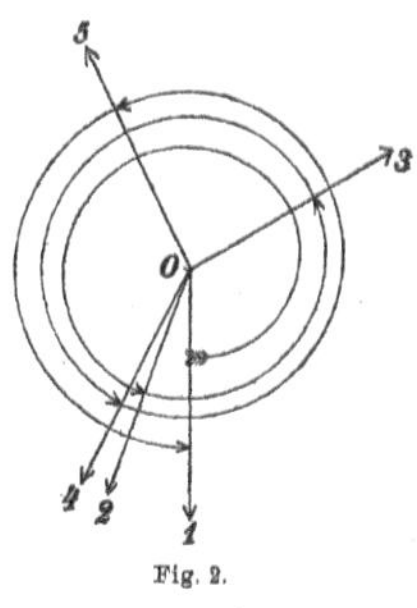

Fig. 2.

---

1) In Übereinstimmung mit den Elementen bezeichnen Andere diesen Winkel als *Aussenwinkel*, z. B. Rausenberger, Die Elementargeometrie des Punktes, der Geraden und der Ebene, Leipzig 1887, S. 64. Ebenso Steinhauser, Über die Ermittelung der Winkelsumme ebener Polygone, Grunerts Archiv, 52. Bd., 1871, S. 294. — R. Wolf, Die Lehre von den geradlinigen Gebilden in der Ebene, 2. Aufl., 1847, S. 9, und im Handbuch der Mathematik, Physik und Geodäsie, 1869, Bd. I, S. 118, nennt ihn *Drehwinkel.* Kruse, Elem. d. Geom., spricht von *Schwenkungen.* Heinen, Über die Summe der Winkel im Vieleck, Grun. Arch., 29. Bd., 1857, S. 474, nennt ihn *Wendewinkel.* Unferdinger, Die allgemeine Formel für die Summe der Winkel eines Polygons, Wiener Berichte 57. Bd., 2. Abt., 1868, S. 627, nennt *Aussenwinkel* denjenigen, „welcher gebildet wird von einer Polygonseite und der Verlängerung der vorhergehenden". Er hat dann positive und negative Aussenwinkel zu unterscheiden, welche, absolut genommen, stets kleiner als π sind. Auf diese, von Wiener, Über Vielecke und Vielflache, Leipzig 1864, herrührende Bezeichnung kommen wir bei der ausführlichen Besprechung von Wieners Theorie der Vielecke zurück. Die obigen Festsetzungen des Textes finden sich bei Hess, Über gleicheckige und gleichkantige Polygone; Schriften der Gesellschaft z. Beförderung d. ges. Naturwissenschaften zu Marburg, Kassel 1874 (weiterhin kurz als Hess I citiert) und decken sich z. T. mit denen von Möbius.

weil kein Umfangswinkel den Wert 2π erreicht. In dem Beispiele, das Figur 1 und Figur 2 zeigt, ist $a = 3$.

Nun wird, wenn man den Sinn des Vielecks umkehrt, ohne den Drehungssinn der Winkel zu ändern, jeder neue Umfangswinkel die Ergänzung des vorigen zu 2π. Bezeichnet man die nunmehr bestehende Art des Vielecks mit a', so ist $2a'\pi + 2a\pi = n \cdot 2\pi$ d. h. $a' = n - a$. Man *kann* demnach den Umlaufssinn des Vielecks immer so wählen, dass die Umfangswinkelsumme und damit die Artzahl a den kleinern von beiden möglichen Werten erhält. Dann liegt die Artzahl a für ein n-eck zwischen den Grenzen (diese eingeschlossen) 1 und $\frac{n}{2}$ bez. 1 und $\frac{n-1}{2}$, je nachdem n gerade oder ungerade ist. Der direkten Bestimmung der Zahl a für die Art eines Vielecks mittels der Summe der Umfangswinkel durch Betrachtung der zweiten Figur sei nun noch eine zweite Bestimmungsart hinzugefügt, welche sich durch Berücksichtigung der Innenwinkelsumme ergiebt.

5. Die Innenwinkelsumme des Vielecks. Zweite Bestimmung der Zahl a. Bezeichnet man die Summe der Innenwinkel des Vielecks mit J, so gilt, da der Innenwinkel und Umfangswinkel einer Ecke sich zu 3π oder π ergänzen, je nachdem beide ausspringend oder einspringend sind, wenn k die Anzahl der ausspringenden Innenwinkel ist, $J + U = k \cdot 3\pi + (n - k)\pi = (n + 2k)\pi$, also da $U = 2a\pi$ ist:

$$J = [n + 2(k - a)]\,\pi,$$

d. h.: Die Innenwinkelsumme hängt ausser von der Zahl der Kanten n des Vielecks von der Artzahl a und der Anzahl k der überstumpfen Innenwinkel ab. Behält man nun den Drehsinn der Winkel bei, ändert aber die Umlaufsrichtung des ganzen Polygons, so tritt an Stelle von J die Summe J' der Aussenwinkel. Die Zahl der ausspringenden derselben ist $n - k$, die der einspringenden gleich k. Da jetzt die Summe der Umfangswinkel $U' = 2a'\pi = 2(n - a)\pi$ ist, so ergiebt sich aus $J' + U' = (n - k)3\pi + k\pi$ für J' der Wert

$$J' = [n + 2(a - k)]\,\pi,$$

so dass in der That $J + J' = 2n\pi$ ist. Die Vergleichung der Werte von J und J' zeigt: *Durch Vertauschung der Werte von a und k in dem Ausdruck für die Winkelsumme eines n-ecks erhält man die Winkelsumme der andern Seite desselben Gebildes.*

Da weder J noch J' Null sein kann, ergiebt sich für ein *gerades* $n = 2m$ für $J = 2\pi[m + k - a]$ der *Minimalwert* 2π, wenn $m + k - a = 1$, d. h. wenn $a - k = \frac{n}{2} - 1$ ist. Für ein *ungerades* $n = 2m + 1$ erhält man für J den *Minimalwert* π für $2(m + k - a) + 1 = 1$, d. h. wenn $a - k = \frac{n-1}{2}$ ist. Setzt man $J = q\pi$, wo q eine positive ganze Zahl ist, so berechnet man aus dem oben geschriebenen Werte von J für a den Wert:

$$a = \frac{n + 2k - q}{2},$$

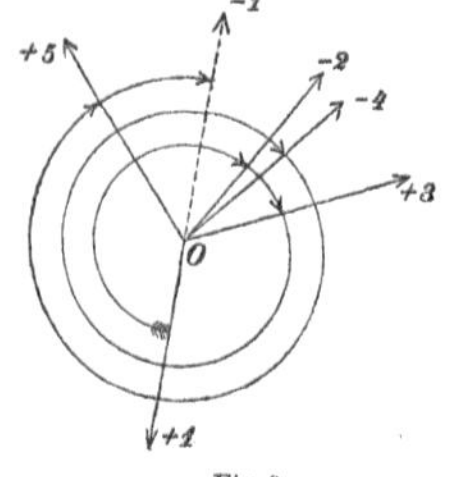

Fig. 3.

d. h. es lässt sich für ein n-eck die Artzahl a ohne Berücksichtigung der Summe der Umfangswinkel durch n, k und q ausdrücken, wenn die Summe $J = q\pi$ der Innenwinkel auf andrem Wege bereits bestimmt ist. Dies geschieht wieder durch Betrachtung einer zweiten Figur. Man ziehe von einem Punkte 0 der Ebene aus abwechselnd Parallelstrahlen zu den positiven und negativen Richtungen der Kanten des Vielecks, während die Winkel in der der früheren entgegengesetzten Richtung durchlaufen werden.[1] Ist n gerade, so ist der Winkel des letzten Strahles mit dem ersten Strahle, ist n ungerade aber der Winkel des letzten Strahles mit der *Rückverlängerung* des ersten Strahles der letzte Winkel. Figur 3 zeigt diese zu Figur 1 gehörige zweite Figur. Während in Figur 1 z. B. der Winkel an der Ecke B als der zwischen

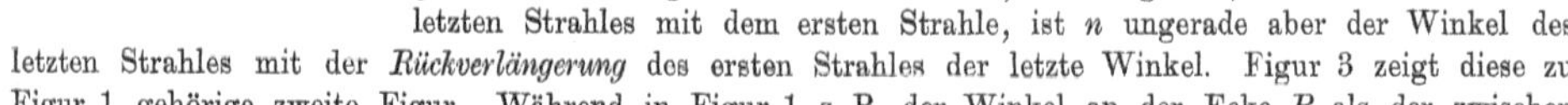

---

1) Vgl. J. H. T. Müller, Lehrbuch d. Geom., 1844, II 1, S. 84. Baltzer, Die Elemente der Mathematik, 6. Aufl., 1883, S. 16.

den Kanten $+2$ und -1 erscheint, ist er in Figur 3 als Winkel zwischen $+1$ und -2 zu rechnen u. s. w. Hier ist also $J = 5\pi$, d. h. $q = 5$ und da $k = 3$, $n = 5$ ist, so findet man mittels der obigen Formel ebenfalls $a = 3$.

6. Die Einteilung der Vielecke nach den Werten von k und a. Um die möglichen Gestalten des n-ecks für ein bestimmtes n übersehen zu können, ordne man sie nach den Werten, welche für die Grössen k und a zulässig sind. Ist n eine gerade Zahl, so kann k die Werte $0, 1, 2, \ldots \frac{n}{2}$ haben, d. h. $\frac{n}{2} + 1$ verschiedene Werte. Ist n ungerade, so existieren für k die $\frac{n+1}{2}$ möglichen Werte $0, 1, 2, \ldots \frac{n-1}{2}$. Nimmt man nämlich in beiden Fällen grössere Werte für k, so vertauscht man nur die Innenwinkel mit den Aussenwinkeln. Die Vielecke, für welche $k = 0$ ist, sind konvex, alle übrigen nicht. Um nun entscheiden zu können, welche Werte von a bei einer bestimmten Anzahl k der ausspringenden Winkel zulässig sind, erwäge man, dass die Innenwinkelsumme $[n + 2(k - a)]\pi$ sicher grösser ist, als die Summe der k darin vorkommenden ausspringenden Winkel, also um so mehr grösser als $k\pi$, woraus $a < \frac{n+k}{2}$ folgt. Weil ferner jeder der k ausspringenden Winkel kleiner als 2π, jeder der einspringenden kleiner als π ist, so hat man sicher $(n + k)\pi + k\,2\pi > [n + 2(k - a)]\pi$ d. h. $a > \frac{k}{2}$. Aus den beiden Grenzwerten für a folgt: Die Anzahl aller Werte von a, welche für jeden bestimmten Wert von k möglich sind, ist $< \frac{n+k}{2} - \frac{k}{2}$, d. h. $< \frac{n}{2}$. Sie beträgt somit für ein gerades n höchstens $\frac{n}{2} - 1$, für ein ungerades n höchstens $\frac{n-1}{2}$.

Ist nun n gerade, so kann jeder der $\frac{n}{2} + 1$ Werte von k mit jedem der dazu möglichen $\frac{n}{2} - 1$ Werte von a kombiniert werden, d. h. es giebt für ein bestimmtes gerades n $\left(\frac{n}{2} + 1\right)\left(\frac{n}{2} - 1\right) = \frac{n^2 - 4}{4}$ in k und a verschiedene Vielecke. (Es giebt hiernach 3 Vierecke, 8 Sechsecke, 15 Achtecke u. s. w.)

Ist n ungerade, so kann jeder der $\frac{n+1}{2}$ Werte von k mit jedem der dazu möglichen $\frac{n-1}{2}$ Werte von a verbunden werden, ausgenommen für $k = 1$; hier ist die Zahl der möglichen Werte von a um 1 kleiner, denn die Verbindung von $a = 1$ mit $k = 1$ ist unmöglich, da ein Vieleck erster Art konvex sein muss. Für ungerades n existieren somit $\frac{n+1}{2} \cdot \frac{n-1}{2} - 1 = \frac{n^2 - 5}{4}$ in a und k verschiedene Vielecke (1 Dreieck, 5 Fünfecke, 11 Siebenecke u. s. w.). Damit ist freilich noch nicht ausgesprochen, dass nicht für dasselbe k und a das n-eck verschiedene Formen anzunehmen fähig wäre; in der That zeigt die nähere Betrachtung der Sechsecke bereits, dass dieselben Werte von k und a ganz von einander verschiedenen Gestalten zugehören können. In erster Linie ist die Anzahl ϑ der vorkommenden Doppelpunkte für das Aussehen der verschiedenen Formen charakteristisch. Als *gewöhnliche Vielecke* seien diejenigen bezeichnet, deren Perimeter sich selbst nicht schneidet. Sie gehören sämtlich zu denjenigen, für welche $a - k = 1$ ist. Diejenigen n-ecke, für welche $a - k > 1$ ist, besitzen stets mindestens einen Doppelpunkt; lassen sich aber immer so darstellen, dass — um eine Betrachtung einer späteren Nummer vorwegzunehmen — ihre Flächenzellen sämtlich positiv sind. Ist dabei $k = 0$, d. h. das Vieleck konvex, so wird es bei der Maximalzahl der Doppelpunkte seines Aussehens wegen ein *Sternvieleck* genannt. Ist aber $a - k = 0$, so lässt sich das n-eck nicht ohne mindestens eine negative Flächenzelle darstellen, man nennt es *überschlagen* und bezeichnet alle nicht gewöhnlichen Vielecke nach Möbius als *aussergewöhnliche*. Zur Erläuterung der vorangehenden allgemeinen Betrachtungen diene die folgende Zusammenstellung der Vielecke bis $n = 6$.

7. Die Formen des Vier-, Fünf- und Sechsecks. Diskontinuierliche Vielecke. Drei Gerade können nur ein Dreieck bilden, da von solchen Figuren, welche das Unendlichweite enthalten, hier zunächst abgesehen wird. Es ist für das Dreieck $k = 0$, $J = \pi$. Die möglichen Formen des Vielecks für $n = 4, 5, 6$ finden sich auf Tafel I gezeichnet vor. Die positiv genommene Seite des Perimeters ist schraffiert und die überstumpfen Innenwinkel sind durch Bogen kenntlich gemacht. In dem zur kurzen Bezeichnung gebrauchten Symbol, für ein Sechseck z. B. $VI_{2,3}$, bedeutet der erste Index den Wert von k, der zweite den Wert der Art a. Die eingeschriebenen, auf die Flächenzellen des Vielecks bezüglichen positiven und negativen Zahlen kommen erst in der folgenden Nummer zur Beachtung. Für das Viereck sind die drei gezeichneten Formen möglich: das konvexe Viereck, das nicht konvexe Viereck zweiter Art mit einem überstumpfen Winkel und das überschlagene Viereck mit zwei solchen und einem Doppelpunkt.

Zur Bestimmung der Fünfecke sind nach der allgemeinen Ableitung die Werte $k = 0, 1, 2$ mit je zwei Werten von a zu verbinden, und es ist nur $k = 1$, $a = 1$ auszuschliessen. Dies giebt die möglichen Fälle: $k = 0$, $a = 1, 2$; $k = 1$, $a = 2$; $k = 2$, $a = 2, 3$. Unter den Symbolen $V_{0,1}$ bis $V_{2,3}$ der Figuren auf Tafel I ist die jeweilige Winkelsumme J bemerkt, und die für die einzelnen Varietäten charakteristische Zahl ϑ der Doppelpunkte ist hinzugefügt, wobei für jede *Klasse* (d. h. Fünfecke desselben k und a) die Varietäten mit dem Minimum der Zahl der Doppelpunkte beginnend aufgeführt sind. Man ersieht leicht beim ersten Anblick der Figuren, wie die meisten Varietäten derselben Klasse aus derjenigen mit der Maximalzahl der Doppelpunkte durch blosse Variation einer bez. mehrerer Ecken, d. h. Fortbewegung derselben in der Ebene unter Erhaltung der Zahl k der überstumpfen Winkel, erzeugt werden können. An den Figuren $V_{0,2}$ lässt sich dies leicht verfolgen. Andrerseits existieren Varietäten, z. B. für $V_{2,2}$, welche eine solche Umformung nicht zulassen.

Was die Sechsecke anbetrifft, so sind die Werte $k = 0, 1, 2, 3$ mit je zwei Werten von a zu kombinieren. Dies giebt die acht Sechsecke $k = 0$, $a = 1, 2$; $k = 1$, $a = 2, 3$; $k = 2$, $a = 2, 3$; $k = 3$, $a = 3, 4$. S. die Figuren $VI_{0,1}$ bis $VI_{3,4}$ auf Tafel I. Für das letzte Sechseck $VI_{3,4}$ erhält man, wenn man die beiden Perimeterseiten vertauscht, wiederum $k = 3$, dagegen $a = 2$; es ist aber dann die ganze ringsgeschlossene Sechsecksfläche, da ihre Aussenseite zu schraffieren ist, negativ zu setzen. [Vgl. die folgende Nummer.]

Auch beim Sechseck tritt der Fall ein, dass zu denselben Werten von k und a von einander verschiedene Varietäten gehören, welche nicht, lediglich durch die Anzahl ihrer Doppelpunkte unterschieden, sich durch Variation einer oder mehrerer Ecken aus einander ableiten lassen. Die Möglichkeit solcher Ableitung kann man an den Formen von $VI_{1,3}$, $VI_{2,3}$ und $VI_{3,3}$ verfolgen, dagegen sind die Varietäten von $VI'_{2,3}$ bez. $VI'_{3,3}$ verschieden von $VI_{2,3}$ bez. $VI_{3,3}$ durch die Aufeinanderfolge der überstumpfen Innenwinkel.[1] Beim Sechseck kann auch zum ersten Male ein mehrfacher Punkt auftreten, wenn nämlich die drei Doppelpunkte der Varietät $VI_{0,2}$ zusammenfallen. Nach der anfangs festgesetzten Definition des Begriffes Vieleck kann man von jedem Punkte des Perimeters zu jedem anderen desselben gelangen, indem man auf dem Perimeter fortgehend in jeder Ecke von der vorhergehenden Kante auf die folgende übertritt. Es sind stillschweigend die Polygone als *kontinuierlich* vorausgesetzt. Ist aber $n \geq 6$, so ist es möglich, dass man von einer Ecke aus nach dem Durchschreiten von weniger als n Kanten bereits zum Ausgangspunkt zurückkehrt, und dass man, von einer neuen, dem bisherigen Kantenzuge nicht angehörenden Ecke ausgehend, einen, bez. mehrere weitere Kantenzüge beschreiben kann. Keiner der n Punkte soll dabei zugleich verschiedenen Kantenzügen als Ecke angehören. Das Vieleck heisst dann *diskontinuierlich* und ist ein Aggregat von zwei oder mehr Vielecken geringerer Kantenzahl. In diesem Sinne ist z. B. die aus zwei Dreiecken bestehende Figur $VI'_{0,2}$ auf Tafel I als Sechseck zweiter Art ohne ausspringende Winkel zu betrachten. Viele der späteren Betrachtungen gelten auch für diskontinuierliche Vielecke, doch nehmen diese in Bezug auf manche Eigenschaften eine Sonderstellung ein. Im allgemeinen werden im folgenden kontinuierliche Figuren vorausgesetzt.

8. Der Flächeninhalt der Vielecke. Es darf als bekannt angenommen werden, was man unter dem Flächeninhalt eines ringsum geschlossenen, sich selbst nicht schneidenden, gewöhnlichen Polygones (für welches also $a - k = 1$ ist) versteht. Ein den Perimeter durchlaufender Punkt möge hier die *innere*, schraffierte, als *positiv* bezeichnete Seite immer *zur Linken* haben. Der ringsumschlossenen Fläche wird dadurch ein

---

1) Bereits für $n = 7$ wird die Zahl der möglichen Formen eine so reiche, dass wir von deren weiterer Darstellung absehen. Die 5- und 6-ecke finden sich bereits bei Wolf, Die Lehre von den geradl. Gebilden. 1847, S. 13, doch ist für jedes Wertepaar k, a nur eine Varietät gezeichnet.

bestimmter Sinn (entgegengesetzt dem Uhrzeigersinn) beigelegt, welcher bereits durch eine Kante vollständig bestimmt ist. Wird die Fläche im *entgegengesetzten* Sinn umlaufen, so ist ihr folgerichtig das *negative* Zeichen zu verleihen. Die Unterscheidung von innerer und äusserer Seite des Perimeters wird aber unter Umständen für aussergewöhnliche Vielecke hinfällig. Um auch in diesem Falle von einem Inhalte des Vielecks sprechen zu können, sei die allgemeine Gültigkeit eines für gewöhnliche Polygone geltenden Satzes für alle Vielecke gezeigt.

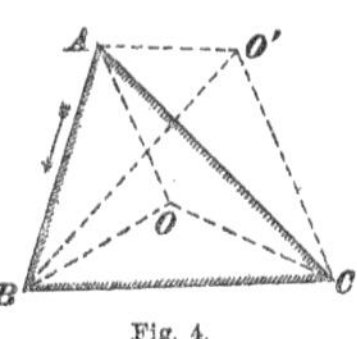
Fig. 4.

Ist ABC der im Sinne der Buchstabenfolge durchlaufene Perimeter eines Dreiecks (Fig. 4) und O ein beliebiger Punkt seiner Ebene, so ist der Flächeninhalt dieses Dreiecks, wenn O innerhalb des Perimeters liegt, gleich der Summe $OAB + OBC + OCA$. Derselbe Inhalt ergiebt sich aber, wenn O' ein ausserhalb des Dreiecks liegender Punkt ist, in $O'AB + O'BC + O'CA$; denn hier ist das Dreieck $O'CA$, da es im entgegengesetzten Sinn durchlaufen wird (sein Inneres liegt zur Rechten des im Perimeter wandelnden Punktes), als negativ in Rechnung zu bringen. Dieselbe Betrachtung lässt sich natürlich statt für das Dreieck ABC für ein beliebiges *gewöhnliches n*-eck anstellen, und es ist also der Ausdruck für den Flächeninhalt unabhängig von der Lage des Punktes O. Es gilt nun der Satz ganz allgemein: *Ist* $ABCD...N$ *der Perimeter eines beliebigen geschlossenen Polygons, so ist für jeden Punkt* O *seiner Ebene die Summe der Dreiecke*

$$\Sigma = OAB + OBC + OCD + \cdots + ONA$$

unabhängig von der Lage von O. Beweis (an einem Fünfeck Fig. 5 geführt): Sei O' ein beliebiger zweiter Punkt der Ebene, so gilt für das Dreieck $O'AB$, für welches O ein äusserer Punkt ist, nach den vorigen Betrachtungen

$$O'AB = OO'A + OAB + OBO'.$$

Ebenso ist:

$$O'BC = OO'B + OBC + OCO',$$
$$O'CD = OO'C + OCD + ODO' \quad \text{u. s. w.}$$

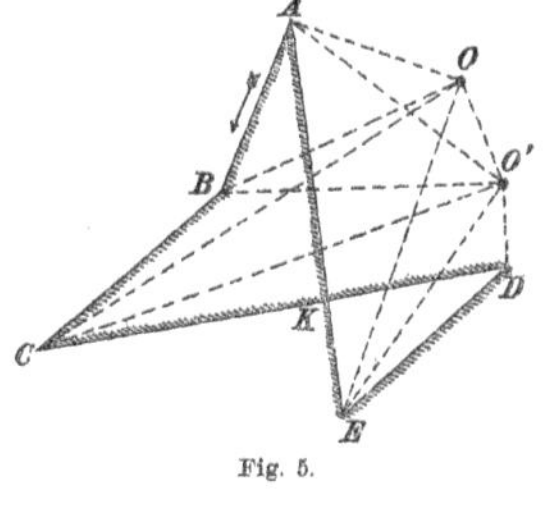
Fig. 5.

Für die Summe aller links stehenden Dreiecke findet sich somit:

$$O'AB + O'BC + O'CD + O'DE + O'EA = \Sigma,$$

da in der Summe der rechten Seiten der Gleichungen je zwei Glieder (z. B. OBO' und $OO'B$), weil sie in entgegengesetztem Sinne umlaufene Dreiecke darstellen, sich aufheben. Man bezeichnet Σ nach Analogie des gewöhnlichen Vielecks als *Inhalt des Polygones*. Bei Betrachtung der Figur ergiebt sich nun leicht, dass in $\Sigma = OAB + OBC + \cdots$ diejenigen Dreiecke positiv zu rechnen sind, bei denen die eine dem Perimeter des Polygons angehörende Kante dem Punkte O die positive (schraffierte) Seite zuwendet, die andere aber negativ. Man wird daher sagen: *Durchläuft ein Punkt* P *den Perimeter des Polygons, so überstreicht der radiusvector* OP *sämtliche Dreiecke, welche den Inhalt* Σ *zusammensetzen, und zwar sind diese positiv oder negativ zu nehmen, je nachdem bei dem einzelnen Dreiecke die schraffierte oder nicht schraffierte Seite des Perimeters dem Punkte* O *zugewandt ist.* Der Wert Σ, d. h. die algebraische Summe der Dreiecke, setzt sich dann aus den Werten der einzelnen *Zellen*, in welche die Ebene durch das Polygon zerschnitten ist, und deren einzelne Perimeter sich nicht mehr schneiden, zusammen, z. B. ist in Figur 5 $\Sigma = ABCK + KDE$, worin KDE negativ ist. Es handelt sich nun darum, ohne Rücksichtnahme auf den Punkt O, die Vorzeichen der einzelnen Zellen und ihre Koeffizienten zu bestimmen.

Man spricht von Koeffizienten, da ja eine bestimmte Zelle, während der Punkt P den Perimeter durchläuft, durch den radiusvector OP im allgemeinen mehreremale, c-mal im positiven, c'-mal im negativen Sinne überstrichen werden kann, und somit in Σ die einfache Fläche dieser Zelle $(c - c')$-mal zu rechnen ist. Zwei (unendlich kleine) Flächenelemente ω und ω' *derselben Zelle* haben in Σ dasselbe Vorzeichen und denselben Koeffizienten. Sind dagegen ω und ω'' zwei Flächenelemente *benachbarter Zellen*, zwischen denen die Kante AB des Perimeters hindurchgeht, liegt dabei ω'' auf der schraffierten Seite von AB und O in der

Verlängerung von $\omega\,\omega''$, so kann der radiusvector OP nicht ω überstreichen, ohne zugleich ω'' zu überstreichen; dagegen wird ω'' einmal allein ohne ω überstrichen, während P das Stück AB des Perimeters zurücklegt. Daher ist in Σ der Koeffizient der Zelle, welche ω'' enthält (auf der schraffierten Seite von AB), um 1 grösser als der Koeffizient der Zelle, welche ω enthält, auf der andern Seite von AB. Daraus ergiebt sich folgende einfache Regel zur Bestimmung der Koeffizienten der einzelnen Zellen des Vielecks, dessen Perimeter schraffiert vorliegt: *Indem man aus der unendlichen Aussenebene, der der Koeffizient Null zukommt, nach und nach in die einzelnen Zellen des Vielecks eintritt, bildet man aus dem Koeffizienten der verlassenen Zelle den der betretenen Zelle durch Addition oder Subtraktion von 1, je nachdem man den Perimeter von der nichtschraffierten zur schraffierten Seite oder entgegengesetzt überschritten hatte.* Der Ausdruck für den Inhalt eines Polygones ist somit $\Sigma = c_1\varphi_1 + c_2\varphi_2 + \cdots$ worin c_1, c_2 positive oder negative ganze Zahlen bedeuten und φ_i der absolute Wert des Flächeninhaltes einer Einzelzelle ist. Als Beispiele betrachte man die auf Tafel I dargestellten Vielecke. Jeder Zelle ist der zugehörige Koeffizient eingeschrieben. Man sieht leicht noch die Richtigkeit folgender Bemerkungen ein: Eine Zelle, deren Koeffizient c ist, wird von Zellen umgeben, deren jede den Koeffizienten $c \pm 1$ hat, also eine Zelle mit dem Koeffizienten 2 von Zellen mit dem Koeffizienten 1 bez. 3. Zellen mit den Koeffizienten $c + 1$ und $c - 1$ können nie in einer Kante, sondern nur in einem Doppelpunkte an einander grenzen. Der Inhalt eines Polygones ist Null, wenn die Gesamtflächen der positiven und die der negativen Zellen absolut genommen gleich sind. Dieser Fall kann z. B. bei $IV_{2,2}$ und der Varietät von $VI_{3,3}$ mit sieben Doppelpunkten eintreten, wenn immer je zwei kongruente Zellen auftreten, die sich nur durch das Vorzeichen unterscheiden. Auf weitere Methoden der Bestimmung des Inhaltes der Vielecke werden wir im folgenden noch historisch hinzuweisen haben; hier sei nur einer andern Auffassung des Flächeninhaltes eines Polygones, welches als Begrenzung eines Körpers auftritt, gedacht. Die Ebene, welcher das Vieleck angehört, hat in Bezug auf den Raum zwei entgegengesetzte Seiten, ebenso wie die Gerade in Bezug auf die Ebene zwei verschiedene Ufer hatte. *Dann gehören die Zellen mit entgegengesetzten Vorzeichen verschiedenen Seiten der Ebene an,* diejenigen mit dem Koeffizienten Null sind gewissermassen aus der Ebene herauszuschneiden, sie gehören ebensowenig wie die ausserhalb des Perimeters liegende unendliche Ebene dem Inhalte des Vielecks an. Will man also zum Unterschied von den nicht zur Fläche gehörigen Teilen der Ebene die zu ihr gehörigen Zellen etwa mit Farbe überstreichen, so sind die *oberen,* dem Beschauer zugewendeten Seiten der mit *positiven* Koeffizienten versehenen Zellen und die *unteren,* dem Beschauer direkt nicht sichtbaren Seiten der mit *negativen* Koeffizienten bezeichneten Zellen gleichmässig zu färben, und zwar giebt der absolute Betrag der Koeffizienten zugleich die Intensität der den betreffenden Zellen zu gebenden Färbung an.[1])

    9. Andere Bestimmung von a für konvexe Vielecke. Fällt man von einem beliebigen Punkte O der Ebene, welcher innerhalb eines *konvexen* Vielecks liegt, auf die *Innenseiten* (schraffierte Seiten) der Kanten Normalen, so ist der Winkel zwischen den Normalen auf zwei benachbarte Kanten gleich dem Umfangswinkel an der von den beiden Kanten gebildeten Ecke. Dieser Winkel zwischen den beiden Normalen heisst die *Polarecke* zu der bez. Ecke des Vielecks. Lässt sich der Punkt O so wählen, dass sämtliche Kanten des Vielecks ihm ihre Innenseite zuwenden, so ist die Anzahl der ganzen, in dem positiven Drehungssinne der Ebene erfolgenden Umdrehungen, welche nötig sind, um von einer Normalen ausgehend der Reihenfolge der entsprechenden Kanten gemäss in die Lage aller folgenden und schliesslich wieder in die der ersten Normale zu gelangen, gleich der Art a des Vielecks, denn die gesamte Drehung ist gleich $2\,a\pi$, nämlich gleich der Summe aller Umfangswinkel, bez. aller Normalecken.

    Der Punkt O von der verlangten Eigenschaft lässt sich stets für ein konvexes Vieleck angeben, wenn dasselbe eine Zelle mit dem Koeffizienten a besitzt; alsdann kann jeder in dieser Zelle liegende Punkt als Punkt O gewählt werden. Denn dieser Punkt ist dann identisch mit dem in voriger Nummer bei Bestimmung des Flächeninhaltes gewählten. Projiziert man sämtliche Kanten des Vielecks aus O auf die Peripherie eines Kreises um O, welcher vollständig ausserhalb des Vielecks verläuft, so ist die Summe der

---

1) C. Reinhardt, Einleitung in die Theorie der Polyeder. Programm, Meissen 1890, S. 8.

Projektionen gleich a Kreisperipherien. Hieraus ersieht man für die konvexen Vielecke der Art a, welche eine Zelle mit diesem Koeffizienten besitzen, eine geometrische Verdeutlichung der Zahl a, nämlich als Zahl der Kreisbedeckungen bei Projektion des Perimeters auf die Peripherie. Bei den regulären und gewissen andern Polygonen, bei denen der um-beschriebene Kreis zu dieser Projektion zur Verfügung steht, wird man leicht umgekehrt aus der Anzahl der Bedeckungen die Artzahl a des Viel-ecks erschliessen können.

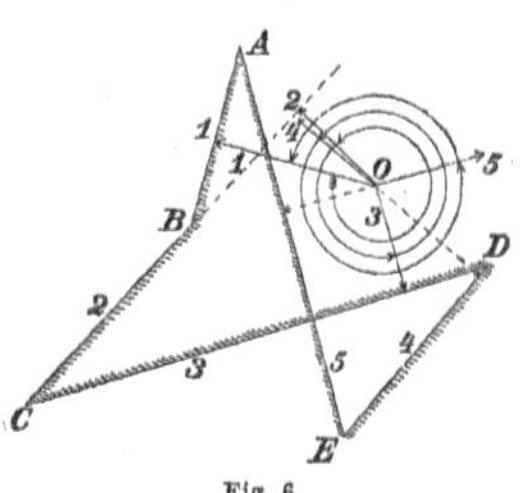
Fig. 6.

Die Regel für die Bestimmung der Zahl a durch Summation der Polarecken ist überdies auch gültig, wenn das Vieleck nicht konvex und von ganz beliebiger Lage gegen den Punkt O ist. Nur ist darauf zu achten, dass die Normalen in der richtigen Reihenfolge angelaufen werden, und dass bei denjenigen Kanten, welche dem Punkte O die nicht schraffierte Seite zu-wenden, die Normale in der entgegengesetzten Richtung zu ziehen ist. (Fig. 6.)

10. Reziprozität der Vielecke, Doppelpunkte und Diagonalen. Man nennt bekanntlich[1]) allgemein zwei ebene Systeme S und S_1 *reziprok* zugeordnet, wenn jedem Punkte von S eine Gerade von S_1, jeder Geraden von S ein Punkt von S_1, und somit dem Schnittpunkte zweier Geraden von S die Verbindungs-gerade zweier Punkte von S_1 und umgekehrt entspricht. Man bezeichnet ferner zwei Vielecke S und S_1 als *polar-reziprok*, wenn die Kanten des einen (S_1) die Polaren der Ecken des andern (S) als Pole in Bezug auf einen festen *Kreis*, die *Direktrix*, sind, und umgekehrt. Verbindet man eine Ecke E von S mit dem Mittelpunkt M des Kreises, so steht diese Linie senkrecht zu der der Ecke E entsprechenden Kante e des zugeordneten Vielecks S_1. Ist E' ihr Schnittpunkt mit e, so ist $ME \cdot ME' = r^2$, wenn r der Radius des Kreises ist, woraus die Konstruktion der Geraden e bei gegebenem E und umgekehrt folgt. E und E' sind die harmonischen Punkte zu den beiden Schnittpunkten der Geraden EE' mit dem Kreise als Grundpunkten, und die Berührungssehne (Polare) der beiden aus E' an den Kreis gezogenen Tangenten geht durch E (Pol). Fällt E auf den Kreis, so wird e zur Tangente desselben; fällt E nach M, so wird e zur unendlich weiten Geraden.

Den Punkten der Geraden e als Polen entspricht ein Büschel von Geraden (Polaren) durch den Punkt E. Bewegt sich der Punkt E' auf e von B nach A, so dreht sich die dem Punkte B entsprechende Gerade b aus ihrer Lage in die Lage der dem Punkte A entsprechenden Geraden a, und beschreibt dabei nach früherem den Umfangswinkel des polar-reziproken Polygons (Fig. 7), so dass man sagen kann: *Die Umfangs-winkel und Kanten der Polarfigur entsprechen den Kanten und Umfangswinkeln der ursprünglichen Figur.* Dies gilt jedoch nur, so lange der Umfangs-winkel der ursprünglichen Figur S den Mittelpunkt M des Kreises nicht in sich fasst. Denn andernfalls ist, da dem Punkte M das Unendlichweite in S_1 entspricht, die Kante der Polarfigur unendlich gross, d. h. ihre End-punkte A und B werden durch die unendlichferne Gerade getrennt. Wird der Umfangswinkel überstumpf, so muss die entsprechende Kante mehr als einmal in ihrer ganzen Ausdehnung durchlaufen werden. Endlich ist die

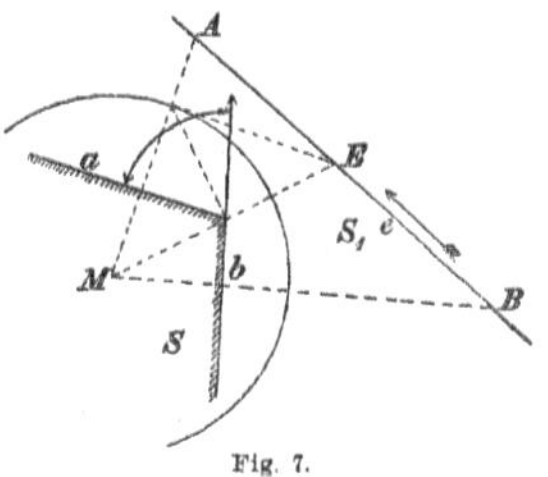
Fig. 7.

Lage einer Ecke der Polarfigur dieselbe, einerlei, ob die Kante, deren Pol die Ecke ist, ihre schraffierte oder ihre nicht schraffierte Seite dem Mittelpunkte des Kreises zuwendet, da ja in der Ebene der Unterschied

---

1) Rausenberger, Die Elementargeometrie etc., S. 147 u. A. Französische Autoren bezeichnen Vielecke, deren Ecken- und Kantenzahl (ebenso Polyeder, deren Ecken- und Flächenzahl) vertauscht sind, wohl auch als *konjugiert*. Es gilt dann: Jedes Polygon ist sich selbst konjugiert. Vergl. Gergonnes Ann. Bd. 9, 1818 und 1819. Das allgemeine *Prinzip der Dualität* (Vertauschung von Punkt und Gerader der Ebene, Punkt und Ebene des Raumes) wurde zuerst von Gergonne aus-gesprochen, die reziproke Zuordnung von Poncelet in seinem Hauptwerke Traité des propriétés projectives des figures viel-fach angewandt.

von Punkt und Gegenpunkt nicht vorhanden ist. Die Summe der Kanten der Polarfigur ist also zu der entsprechenden Summe der Umfangswinkel der ursprünglichen Figur im Allgemeinen in keine bestimmte Beziehung zu bringen.[1])

Dagegen kann bei solchen Polygonen der Art a, welche keine überstumpfen Winkel, aber eine innerste Zelle mit dem Koeffizienten a besitzen (z. B. stets bei den regelmässigen Polygonen u. a.), der Kreis als Direktrix so gewählt werden, dass alle Kanten dem Mittelpunkte ihre Innenseite zukehren, d. h. kein Umfangswinkel das Kreiscentrum enthält, *so dass das reziproke Polygon von derselben Art a ist.* Denn die Projektion des Perimeters jedes der beiden Polygone auf die Peripherie des Kreises muss diese hier gleich oft, d. h. a-mal bedecken. Dann zeigen hinsichtlich aller Eigenschaften, die sich auf die Lage der einzelnen Teile der Figuren beziehen, die beiden Polygone ein vollständiges duales Entsprechen. Einem *Doppelpunkte* des einen Vielecks, d. h. dem Schnittpunkte zweier nicht benachbarten Kanten k und k' entspricht im andern Vielecke eine *Diagonale*, d. h. eine Gerade, welche zwei nicht benachbarte Ecken K und K' des Vielecks verbindet. Gleichen Kanten des einen Vielecks entsprechen gleiche Umfangswinkel (und damit gleiche Innenwinkel) des reziproken Vielecks u. s. w. Es ist auf diese Thatsachen bei Betrachtung der regelmässigen und halbregelmässigen Vielecke mehrfach zurückzukommen.

11. Diagonalen und Doppelpunkte. Die Zahl der Diagonalen eines n-ecks, gleichviel welcher Art, ist $\frac{n(n-3)}{2}$. Schwieriger ist die Beantwortung der Frage nach der Anzahl ϑ der möglichen Doppelpunkte. Für die konvexen Vielecke hat man ohne weiteres den Satz: Das Minimum der Zahl der Doppelpunkte eines konvexen n-ecks der Art a ist $a-1$, und dieses Minimum wird für ein beliebiges konvexes n-eck derselben

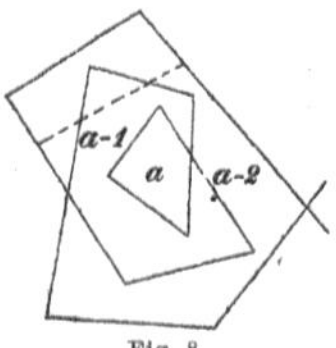

Fig. 8.

Art um eine gerade Zahl (2δ) übertroffen, so dass die Anzahl ϑ der Doppelpunkte eines konvexen n-ecks a^{ter} Art $a-1+2\delta$ ist. Denn ein solches Vieleck enthält eine Zelle des (höchsten) Koeffizienten a, an deren sämtliche Kanten Zellen mit dem Koeffizienten $a-1$ grenzen. Diese Zellen mit dem Koeffizienten $a-1$ können im ungünstigsten Falle sich auf eine einzige Zelle reduzieren (Fig. 8), deren Begrenzungs-linie, da der Perimeter des n-ecks kontinuierlich ist, mit der Begrenzungslinie der innersten Zelle einen Punkt, welcher ein Doppelpunkt des ganzen Vielecks ist, gemein-sam haben muss. Schliesst man in derselben Weise weiter, so ersieht man, dass ein konvexes Vieleck a^{ter} Art mindestens $a-1$ Doppelpunkte braucht. Der zweite Teil des Satzes leuchtet sofort bei Betrachtung der Figur 8 ein, denn die neu hinzutretenden Doppelpunkte sind nichts anderes, als die gemeinsamen Punkte der Begrenzungslinien der auf einander folgenden Zellen, welche stets paarweise auftreten müssen.

Für ein beliebiges n-eck a^{ter} Art hat Wiener[2]) einen Satz abgeleitet, der den eingeführten Be-zeichnungen angepasst, so auszusprechen ist: *Das Minimum der Zahl der Doppelpunkte eines kontinuierlichen Vielecks a^{ter} Art mit k überstumpfen Winkeln ist $a-k-1$, wobei das Ergebnis -1 durch $+1$ zu ersetzen ist. Der Überschuss der Zahl ϑ der Doppelpunkte über den kleinstmöglichen Wert ist eine gerade Zahl, d. h. es ist:*

$$\vartheta = a - k - 1 + 2\delta. \qquad (\delta = 0, 1, 2 \cdots)^{3})$$

Von besonderem Interesse ist die Beantwortung der Frage nach dem *Maximum* der Zahl der Doppelpunkte eines n-ecks, sowie die Konstruktion eines n-ecks von einer vorgeschriebenen Anzahl ϑ von Doppelpunkten. Diese Konstruktion hat keine Schwierigkeit für kleine Werte von ϑ. Bis zu einem gewissen Grade kann man ferner nach den vorhergehenden Betrachtungen aus einem Vielecke mit ϑ Doppelpunkten solche mit $\vartheta - 2\delta$ Doppelpunkten ableiten, indem man durch passende Verschiebung der Ecken bez. Kanten immer je zwei Doppelpunkte gleichzeitig verschwinden lässt. Es soll nun das Maximum von ϑ für ein beliebiges n bestimmt werden. *Es sei zunächst n ungerade*, d. h. $n = 2\lambda + 1$. Offenbar gilt der Satz: Das Maximum von ϑ wird erreicht, wenn bei Zeichnung des Vielecks jede folgende Kante möglichst viel Doppelpunkte

1) Hess I, S. 617. Auf die polaren Beziehungen bei sphärischen Polygonen kommen wir später zu sprechen.
2) Wiener, Vielecke und Vielflache, 1864, S. 8.
3) Vergl. hierzu die Figuren der Fünf- und Sechsecke auf Tafel I.

erzeugt, d. h. wenn die λ^{te} Kante die $\lambda - 2$ ersten Kanten schneidet. Der erste Doppelpunkt wird durch die dritte Kante hervorgebracht; jede folgende Kante erzeugt einen Doppelpunkt mehr als die vorhergehende, nur die letzte Kante erzeugt ebensoviel Doppelpunkte als die vorletzte, weil sie die erste Kante nicht mehr mit schneidet, sondern in deren Anfangspunkte endet. Es ist also $\vartheta = 1 + 2 + 3 + \cdots + (n-3) + (n-3)$ $= \frac{n(n-3)}{2}$. Man überzeugt sich nun leicht, dass diese Konstruktion auf die folgende hinauskommt. Man nehme auf einem Kreise $n = 2\lambda + 1$ Punkte und verbinde sie von λ zu λ, d. h. immer mit Überspringung von je $\lambda - 1$ Punkten. Es entsteht ein konvexes $n \equiv (2\lambda + 1)$-eck der Art $a = \lambda = \frac{n-1}{2}$ mit $\frac{n(n-3)}{2}$ Doppelpunkten. Da dann, weil $k = 0$ ist, nach Wieners oben zitiertem Satze allgemein $\vartheta = \frac{n-3}{2} + 2\delta$ sein muss, so ist das Minimum der Doppelpunkte, das durch allmähliches Verschwindenlassen immer je zweier Doppelpunkte erreicht werden kann, $\vartheta' = \frac{n-3}{2}$. Als Beispiele nehme man die Fünfecke $V_{0,2}$, sowie das Siebeneck dritter Art Figur 2 auf Tafel I. — Die abgeleitete Maximalzahl ϑ ist *gerade* oder *ungerade* (und damit auch $\vartheta - 2\delta$), je nachdem n von der Form $4\mu + 3$ oder $4\mu + 1$ ist. Um für diese beiden Formen von n auch die Vielecke mit *ungerader* bez. *gerader* Maximalzahl ϑ zu erhalten, konstruiere man folgendermassen. Man lege wie vorher auf einem Kreise die Reihenfolge der Punkte $1, 2, 3, \ldots \lambda, \overline{\lambda+1}, \overline{\lambda+2}, \ldots \ldots 2\lambda, \overline{2\lambda+1}$ fest, und setze zwischen 1 und 2 den Punkt $1'$, zwischen $\overline{2\lambda+1}$ und 1 den Punkt $\overline{2\lambda+1}'$, zwischen $\overline{\lambda+1}$ und $\overline{\lambda+2}$ den Punkt λ'. Den Zug $\overline{\lambda+1}$, 1, $\overline{\lambda+2}$ des vorigen Vielecks ersetze man durch den Zug $\overline{\lambda+1}$, $1'$, λ', $\overline{2\lambda+1}'$, $\overline{\lambda+2}$, während man die übrigen Kanten beibehält. Es ergiebt sich ein $2\lambda + 3 \equiv (n+2)$-eck mit denselben Doppelpunkten wie das ursprüngliche Vieleck und ausserdem den Doppelpunkten, welche auf $1'$, λ' und λ', $\overline{2\lambda+1}'$ liegen. Deren Zahl ist $2(2\lambda - 1) \equiv 2(n-2)$. Man hat also ein $(n+2)$-eck mit $\frac{n(n-3)}{2} + 2(n-2) \equiv \frac{(n+2)(n-1)}{2} - 3$ Doppelpunkten, oder, was auf dasselbe hinauskommt, ein n-eck mit $\frac{n(n-3)}{2} - 3$ Doppelpunkten. Diese Zahl ist *ungerade* oder *gerade*, je nachdem $n = 4\mu + 3$ oder $4\mu + 1$ ist (Mit diesem Vieleck sind die mit $\vartheta - 2\delta$ Doppelpunkten mit konstruiert.) Für das erhaltene n-eck ist $k = 1$. Durch Bestimmung der Winkelsumme findet man $a = \frac{n-1}{2}$. Das Minimum von ϑ, das sich durch paarweises Verschwinden von Doppelpunkten erhalten lässt, ist $\vartheta' = a - k - 1$ $= \frac{n-5}{2}$. Vergl. hierzu die beiden Fünfecke $V_{1,2}$ und das Neuneck $IX_{1,4}$ mit 24 Doppelpunkten. Aus dem Vorhergehenden ersieht man: *Ein n-eck mit ungerader Anzahl von Kanten hat $0, 1, 2, \cdots \frac{n(n-3)}{2} - 2$ oder $\frac{n(n-3)}{2}$ Doppelpunkte, während ein solches mit $\frac{n(n-3)}{2} - 1$ Doppelpunkten unmöglich ist.*

Nun sei n gerade, d. h. $n = 2\lambda$. Wollte man hier das Vieleck mit dem Maximum der Anzahl Doppelpunkte auf Grund desselben Satzes wie das Vieleck mit ungerader Anzahl Kanten konstruieren, so würde die letzte Kante keine Doppelpunkte tragen und es käme $\vartheta = \frac{(n-2)(n-3)}{2}$, also z. B. für $n = 6$ $\vartheta = 6$ (vergl. $VI_{2,3}$, Tafel I), während doch ein Sechseck $VI_{3,3}$ mit 7 Doppelpunkten existiert; der erhaltene Wort giebt also nicht das absolute Maximum von ϑ. Um dieses zu erreichen, konstruiere man das 2λ-eck, die Konstruktion des Sechsecks $VI_{3,3}$ verallgemeinernd, folgendermassen. Man verbinde die Punkte $1, 2, 3, \ldots 2\lambda$ des Kreises, *immer in demselben Sinne der Peripherie fortschreitend*, so, dass man, bei 1 beginnend, zunächst $(\lambda - 1)$-mal je $\lambda - 2$ Punkte überspringt, dann einmal $\lambda - 1$ Punkte, dann $(\lambda - 1)$-mal je λ Punkte und schliesslich einmal $\lambda - 1$ Punkte, wonach sich das Vieleck schliesst.[1] Vergl. zu dieser Konstruktion das

---

[1] Denn bezeichnet man den (der Kürze wegen immer als gleich angenommenen) Abstand zweier auf einander folgenden Punkte, auf der Peripherie gemessen, mit σ, so hat man für den ganzen Umlauf: $(\lambda - 1) \cdot \overline{(\lambda - 1)\sigma} + 1 \cdot \overline{\lambda\sigma} + (\lambda - 1) \cdot \overline{(\lambda + 1)\sigma}$ $+ 1 \cdot \overline{\lambda\sigma} = 2\lambda^2\sigma = \lambda \cdot \overline{2\lambda\sigma}$, d. h. λ-mal die Kreisperipherie.

Zehneck $X_{5,5}$, Tafel I. Für ein solches $n = 2\lambda$-eck ist $a = k = \lambda = \dfrac{n}{2}$ und $\vartheta = \dfrac{n(n-4)}{2} + 1$. Diese Maximalzahl für ϑ ist stets ungerade, sowohl für $n = 4\mu$ als für $n = 4\mu + 2$. — Um die Konstruktion eines 2λ-ecks mit gerader Maximalzahl von Doppelpunkten durchzuführen, muss man die genannten Werte von n getrennt betrachten. Ist $n = 4\mu$, so verbinde man die 4μ Punkte $1, 2, \ldots 4\mu$ auf einem Kreise von $2\mu - 1$ zu $2\mu - 1$. Es ergiebt sich ein konvexes Vieleck der Art $a = 2\mu - 1 = \dfrac{n}{2} - 1$ mit der Maximalzahl von $\vartheta = \dfrac{n(n-4)}{2}$ Doppelpunkten. Das Minimum von ϑ, welches sich durch Verschiebung der Kanten erreichen lässt, ist $\dfrac{n-4}{2}$. Vergl. das Achteck Figur 3, Tafel I. — Ist $n = 4\lambda + 2$, so ist das nach derselben Konstruktion zu findende n-eck stets diskontinuierlich, weil n und $\dfrac{n}{2} - 1$ dann beide gerade sind. Vergl. das Sechseck $VI_{0,2}$ und das Zehneck Figur 6, Tafel I. Um ein kontinuierliches $(4\mu + 2)$-eck mit geradem Maximum von ϑ zu finden, verallgemeinere man die Konstruktion des Sechseckes $VI_{2,3}$ folgendermassen. Man lege zwei konvexe $(2\mu + 1)$-ecke $1, 2, \ldots \overline{2\mu + 1}$, und $1', 2', \ldots \overline{2\mu + 1}'$ der höchsten Artzahl $a = \mu$ so über einander, dass sich deren erste und letzte Kante (je von 1 und $1'$ aus gerechnet) und die je $(\mu + 1)^{\text{te}}$ Kante nicht schneiden, während je zwei andre gleich indizierte Kanten einen Schnittpunkt mit einander haben. Vergl. das Zehneck $X_{4,5}$, Tafel I, für $\mu = 2$. Nun verlängere man die erste und letzte Kante jedes dieser $(2\mu + 1)$-ecke über die erste Ecke 1 bez. $1'$ hinaus, dass sich die beiden ersten bez. letzten Kanten in I und I' schneiden. Es entsteht ein $n = (4\lambda + 2)$-eck mit $k = 2\mu$ ausspringenden Winkeln. Seine Doppelpunkte setzen sich zusammen aus den je $\dfrac{(2\mu + 1)(2\mu - 2)}{2}$ Doppelpunkten jedes der beiden zu Grunde gelegten $(2\mu - 1)$-ecken, den beiden Punkten 1 und $1'$, und den Schnittpunkten, welche die Kanten des einen $(2\mu + 1)$-ecks auf den Kanten des andern hervorbringen. Deren sind auf der ersten und letzten Kante des einen Vielecks, auf welchem sie nur zu zählen sind, je $2\mu - 1$, auf jeder andern der $2\mu - 1$ übrigen Kanten je 2μ vorhanden. Es ergiebt sich durch Addition $\vartheta = \dfrac{(4\mu + 2)(4\mu - 2)}{2} = \dfrac{n(n-4)}{2}$. Überdies hat man $a = 2\mu + 1 = \dfrac{n}{2}$, $k = \dfrac{n}{2} - 1$. Nach allem ergiebt sich der Satz: *Ein n-eck mit gerader Anzahl von Kanten hat* $0, 1, 2 \cdots, \dfrac{n(n-4)}{2}, \dfrac{n(n-4)}{2} + 1$ *Doppelpunkte.*[1]) — Die allgemeine Bestimmung der möglichen Anzahl mehrfacher Punkte, welche durch Zusammenfallen von Doppelpunkten entstehen, scheint nicht leicht zu sein, auch ist die Frage nach den möglichen Werten von ϑ bei gegebenem n, a und k noch zu beantworten.

12. Geschichtliche Bemerkungen. (Ältere Autoren. Girard. Meister. Möbius. Poinsot. Jacobi. Wiener. Wolf. Hess. Dostor u. a.) Wir können uns im allgemeinen bei einem Überblick über die Geschichte der Entwickelung der Lehre von den Vielecken kurz fassen unter Hinweis auf die Originalarbeiten, und mit der Bemerkung, dass in der Monographie von S. Günther: Die geschichtliche Entwickelung der Lehre von den Sternpolygonen und Sternpolyedern in der Neuzeit[2]) eine dankenswerte Arbeit vorliegt, und auch Cantor in seiner Geschichte der Mathematik[3]), soweit die betr. Untersuchungen in die behandelte Zeit fallen, ausführliche Angaben macht.

    Von besonderem Interesse ist in der allgemeinen Theorie der Vielecke die Beantwortung der Frage nach der Winkelsumme und dem Inhalte der Figuren, und in der That lässt sich an der Hand dieser beiden Probleme die Entwickelung der Vieleckstheorie im wesentlichen verfolgen. Nicht zu vergessen ist hierbei, dass die Auffassung eines beliebigen von n Strecken gebildeten Linienzuges als Polygon eine sehr späte ist; erst Girard im 17. Jahrh. hat den allgemeinen Vieleckbegriff klar erfasst. Wie es in der Natur der Sache liegt, beschränken sich die ältesten Autoren wesentlich auf regelmässige Gebilde[4]), insbesondere bei Sternvielecken.

    1) Vergl. hierzu G. Brunel, Note sur le nombre de points doubles que peut présenter le périmètre d'un polygone. (ohne Beweise). Mémoires de la soc. d. sciences phys. et nat. de Bordeaux. 4. sér., Tome IV, 1894, S. 273.

    2) S. Günther, Vermischte Untersuchungen zur Geschichte der mathematischen Wissenschaften, Leipzig, 1876, Kap. I, weiterhin als „Günther" zitiert.

    3) Die drei Bände werden künftig kurz als Cantor I, II, III zitiert (erste Auflage).

    4) Wir sind hierdurch gezwungen, einiges erst dem nächsten Kapitel Zugehörige hier vorwegzunehmen, ohne hoffentlich dadurch unverständlich zu bleiben.

Campanus[1]), im 13. Jahrh., bestimmt die Winkelsumme des bereits im Altertum Pythagoras bekannten Sternfünfecks zu zwei Rechten. Bradwardinus[2]) kennt die Entstehung der Sternvielecke nächst höherer Art durch Verlängerung der Seiten des Vielecks der vorhergehenden Art und bestimmt die Winkelsumme derselben, wenn er auch die allgemeine Formel nicht ausspricht. Dieselben Untersuchungen über die Winkel der Sternvielecke stellte Regiomontanus[3]) an. Die Regelmässigkeit der Sternfiguren wird von Charles de Bouvelles[4]) ausdrücklich bei den Beweisen vorausgesetzt. Doch schliesst Cantor aus den Figuren der Vorgänger Bouvelles' wohl mit Recht, dass auch sie sich stillschweigend nur auf regelmässige Gebilde beschränken. Die Sätze über die Winkelsumme der Sternpolygone, welche auch hier wieder nicht unmittelbar durch Teilung des Kreises, sondern jedes Vieleck einer nächst höheren Art aus dem unmittelbar vorhergehenden abgeleitet werden, finden sich bei Bouvelles, der sich auch einer ziemlich ausgebildeten Terminologie bedient. Doch wird erst von Ramus[5]) mit Bestimmtheit die Stellung der Sternvielecke zu den konvexen Vielecken erster Art hervorgehoben, „indem es bei den früheren Darstellungen meist ungewiss bleibt, ob das Sternpolygon wirklich als solches oder nur als gewöhnliches Vieleck mit ausspringenden Winkeln betrachtet wird".[6]) Mit anderen Worten, Ramus präzisiert zuerst den Begriff eines — zunächst regelmässigen — Vielecks mit sich selbst schneidendem Perimeter, womit er in der That seiner Zeit weit vorauseilt, denn noch Kästner[7]) bemerkt zu der fraglichen Stelle bei Ramus: „... dass aber Ramus bei dem Sterne, den die verlängerten Seiten des Fünfecks machen, einer Figur, die sichtlich zehn Seiten hat, nur die fünf auswärts gehenden Winkel wahrnimmt, zeigt freilich wenig Scharfsichtigkeit." Wir wollen über Kästner, dessen Zeitgenosse Meister bereits den Begriff des allgemeinen n-ecks vollkommen klar festgestellt hatte, nicht zu streng urteilen, nach Einsicht von Dostors Arbeit, dem Jahre 1880 angehörend, auf welche wir bald zu sprechen kommen. Schon vor Meister finden wir bei Albert Girard (1626), einem auch sonst viel verdienten Mathematiker, den Kästner wohl kannte[8]), den Begriff und Namen des einfachen und des überschlagenen Vierecks, des Vierecks mit ausspringendem Winkel, sowie eine Einteilung der Fünf- und Sechsecke nach der Anzahl der Kreuzungspunkte ihres Perimeters, worüber ausführlich bei Günther[9]) berichtet wird. Girard hat sich allerdings nicht auf weitere Untersuchungen über die von ihm geschaffenen Gebilde eingelassen. Einen beschränkteren prinzipiellen Standpunkt ihm gegenüber nimmt Broscius[10]) (1652) ein, der in dem Sternfünfeck wieder nur ein Zehneck mit 5 spitzen und 5 überstumpfen Winkeln sehen kann. Doch sind seine Untersuchungen, besonders über die Winkel der Polygone, an und für sich nicht ohne Wert. Eigenartig ist Keplers Stellung der Lehre von den Sternpolygonen gegenüber, insofern er bei seinen Untersuchungen, die ihn mit dem Wesen der Sternvielecke völlig vertraut zeigen, den zunächst eingeschlagenen geometrischen Weg verlässt und sich „wenn auch nicht ohne einiges Widerstreben" der Rechnung in die Arme wirft. Er beabsichtigt die metrischen Relationen der in den Kreis beschriebenen regulären Polygone klarzulegen, indem er die Seiten der Vielecke auf algebraischem Wege aus dem Radius berechnet. So findet er z. B., wenn $\sqrt{z}$ das Verhältnis der Siebenecksseite zum Radius bedeutet, dass z der Gleichung $7 - 14z + 7z^2 - z^3 = 0$ genügt, erkennt, dass diese Gleichung eine dreifache reelle Auflösung zulässt, und findet die geometrische Bedeutung hierfür, nämlich die Möglichkeit von drei verschiedenen dem Kreise einbeschriebenen Siebenecken, dem gewöhnlichen Siebeneck und dem Sternsiebeneck zweiter und dritter Art.[11])

Wir gelangen nun zu dem Mathematiker, dem wir als erstem eine gründliche Bearbeitung der allgemeinen Vieleckslehre verdanken, zu A. L. F. Meister (1724—1788). Die von Girard nur flüchtig hingeworfenen Ideen werden von ihm aufgenommen und weiter verfolgt.[12]) Der allgemeine Begriff des Vielecks wird endgültig festgelegt. Von ihm rührt die wichtige Regel her, die beiden Ufer eines Polygones durch Färbung bez. Schraffierung zu unterscheiden. Er spricht von positiven und negativen Flächenteilen. Als positiv werden diejenigen Flächenräume in Rechnung gebracht, deren Perimeter ausschliesslich nach innen gerichtete Färbung zeigt, als negativ die übrigen, eine Regel, welche an krummlinig begrenzten Figuren erläutert ist. Auf die originellen Untersuchungen über reguläre Polygone sei nur hingewiesen.[13]) Merkwürdigerweise hat Meister wenig Einfluss auf die Mathematiker der Folgezeit gehabt; seine Arbeiten sind in der Epoche eines Euler, d'Alembert, Bernoulli u. a. kaum beachtet worden, wie auch das Verhältnis Kästners zu ihm schon zeigte. In der That hat man angenommen, dass selbst bei Möbius (1790—1868) der Begriff des Vielecks und seiner Fläche original entstanden sei, wenigstens bemerke man bei ihm

---

1) Cantor II, S. 93.   2) Cantor II, S. 104.   3) Cantor II, S. 254.

4) 1470—1553. Sein Hauptwerk erschien 1503. Cantor II, S. 350. Günther, S. 5.

5) P. Rami Scholarum mathematicarum libri unus et triginta. Basileae 1569, S. 186.

6) Wörtlich nach Günther, S. 13.   7) Geschichte der Mathematik, 1799, Bd. III, S. 201.

8) Ebenda, Bd. III, S. 108.   9) Günther, S. 17—21.

10) Günther, S. 21. Cantor II, S. 627.

11) Günther, S. 27—34. Die Untersuchung Keplers selbst findet sich im ersten Buche der 1619 gedruckten *Harmonice mundi* (Opera Kepleri, ed. Frisch, V, S. 104) und gehört Bürgi an. Vergl. Cantor II, S. 591.

12) Meister, Generalia de genesi figurarum planarum et inde pendentibus earum affectionibus, Novi Comm. Soc. Reg. Scient. Gotting. Tom. I, ad annos 1769 & 1770, S. 144 ff.   13) Günther, S. 44.

keine direkte Einwirkung Meisterscher Ideen.[1]) Ihm verdankt man die Festsetzung des verschiedenen Vorzeichens eines Dreiecks ABC je nach Umschreitung dessen Perimeters.[2]) Von ihm rührt der oben in Nr. 8 bewiesene wichtige Satz her, dass der Inhalt eines Polygons unabhängig ist von der Lage des dort definierten Punktes O.[3]) In einer späteren Arbeit[4]) giebt er die Regel für die Koeffizienten, welche jeder einzelnen Zelle angehören: Gehört eine beliebige Flächenzelle als Teil zu einem grösseren Flächenstück, von dem lediglich das innere, bez. äussere Ufer schattiert ist, so erhält sie das positive, resp. negative Zeichen. Eine Zelle, deren Perimeter (entsprechend fortgesetzt) teilweise zu einem positiven, teilweise zu einem negativen Flächenstück gehört, muss folgerichtig gleich Null gesetzt werden.[5]) Die von uns in Nr. 8 schliesslich festgelegte einfache Methode der Koeffizientenbestimmung verdankt man wohl Baltzer.[6]) Es darf nicht unbemerkt bleiben, dass Möbius' Untersuchungen über Vielecke nur so weit geführt sind, als seine bahnbrechenden Arbeiten in der Theorie der Polyeder dies nötig machten; auf diese haben wir aber erst später einzugehen. Der eben genannten zweiten Schrift von Möbius vom Jahre 1865 gehen chronologisch die wichtigsten Arbeiten auf dem Gebiete der Vieleckslehre voraus. Poinsots Forschungen[7]) aus dem Anfange des Jahrhunderts waren wesentlich auf die regelmässigen Vielecke gerichtet. Aber man verdankt ihm auch die Terminologie, die sich bis auf Wiener erhalten hat. Konvex heisst ihm ein Vieleck, welches nur Winkel kleiner als 2 Rechte hat. Die „Seiten“ des Perimeters unterscheidet er durch Färbung wie Meister; Innenwinkel kleiner als π nennt er „angles saillans“, die andern „angles rentrans“ u. s. w. Er unterscheidet die konvexen Polygone nach Ordnung (d. h. Seitenzahl) m und Art h, und bemerkt, dass seine Untersuchungen auch für irreguläre (konvexe) Polygone gültig sind. So findet er als Winkelsumme $(m - 2h)\pi$. Auf den Flächeninhalt der Polygone geht er nicht ein, bemerkt also nicht, dass die innere Zelle des Sternfünfecks doppelt zu rechnen ist, weshalb auch die im weiteren von ihm abgeleitete verallgemeinerte Eulersche Gleichung für Sternpolyeder nicht die allgemeinste Form erhält.[8])

Die erste genügende Antwort auf die Frage nach dem Inhalt eines Sternvielecks giebt nach Meister erst wieder Jacobi in einer nach seinem Tode veröffentlichten Notiz.[9]) Jacobis ganz originelle Regel lautet[10]): „In einem irregulären Sternpolygon, dessen Perimeter jedoch keine höheren als Doppelpunkte aufweisen darf, bezeichne man, von einer beliebigen Ecke ausgehend, jeden Durchschnittspunkt durch eine fortlaufende Zahl der natürlichen Zahlenreihe, so dass also, mit Ausnahme der Ecken, jeder Punkt zwei Zahlen beigeschrieben erhält. Dann nehme man eine willkürliche dieser Zahlen zum Anfang einer Reihe; das Fortschreitungsgesetz dieser Reihe ist dies, dass auf jede Zahl die der nächsthöheren beigeschriebene zu folgen hat. Lassen sich so m Zahlenreihen bilden, so ist der Inhalt des Vielecks gleich der Summe der m Teilvielecke, deren Ecken durch je eine Zahlenreihe repräsentiert sind. Kommt man bei jener Operation zu einer Ecke, so ist natürlich einfach die daselbst stehende Zahl zu setzen, und auf die höchste Zahl folgt wieder die erste.“ Das in Fig. 9 gezeichnete Sechseck besteht hiernach aus den Teilvielecken 1, 7, 8, 12, 4, 5, 14 (1); 2, 3, 13, 6 (2); 9, 10, 11 (9); von denen das letzte negativ zu rechnen ist, da sein Umlaufssinn dem der vorhergehenden entgegengesetzt ist. Die Regel wird alsdann von Hermes[11]) auch auf Vielecke mit vielfachen Punkten ausgedehnt und überhaupt mit den nötigen Beweisen versehen.

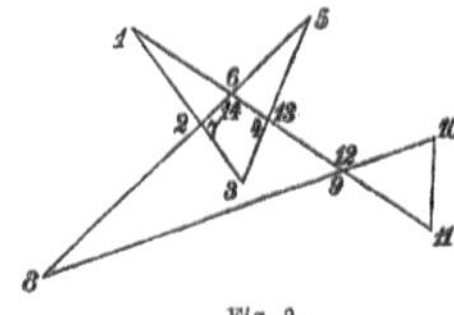

Fig. 9.

Auch die Gausssche allgemeine Formel für den Inhalt eines Vielecks, dessen Eckpunktskoordinaten x, y; x', y'; … x^{n-1}, y^{n-1} sind, nämlich

$$F = \frac{1}{2}\left[x(y' - y^{n-1}) + x'(y'' - y) + x''(y''' - y') + \cdots + x^{n-1}(y - y^{n-2})\right]$$

gilt übrigens ebenfalls für jedes willkürliche einfache oder sternförmige Polygon.[12])

Als originell ist noch zu erwähnen Schröders Auffassung des Polygons der Ordnung (Kantenzahl) p und

---

1) Günther, S. 50. Möbius hat übrigens später Meisters Arbeiten sicher gekannt; Möbius, Ges. Werke II, S. 475.

2) Barycentrischer Calcul § 17 und 18. Gesammelte Werke I, S. 39 ff.; auch S. 200 Anm. zu § 165.

3) Barycentrischer Calcul § 165, Anm. Vergl. auch Statik (Leipzig 1837) § 45. Für das Dreieck bereits bei Monge, J. de l'éc. polyt., cah. 15, S. 68.

4) Über die Bestimmung des Inhaltes eines Polyeders. 1865. Ges. Werke II, S. 490.   5) Günther, S. 351.

6) Elemente der Mathematik II, 6. Aufl., 1883, S. 68.

7) Mémoire sur les polygones et les polyèdres, J. d. l'éc. polyt., 10. cah., t. IV, à Paris 1810, S. 16—46.

8) Vergl. Nr. 137.

9) Jacobi, Regel zur Bestimmung des Inhalts der Sternpolygone, Journal f. d. reine u. angew. Mathem., 65. Bd., 1866, S. 173. Hermes, Erläuterung des vorstehenden Jacobischen Bruchstücks, ebenda, S. 174.

10) Günther, S. 71.   11) Journal f. d. reine u. angew. Mathem., 65. Bd., S. 177.

12) Carnot, Géom. de position. Deutsch v. Schuhmacher, 2. Teil, Altona 1810, S. 362.

der Art q als eines Komplexes von q Polygonen gebrochener Kantenzahl $\frac{p}{q}$, ohne dass jedoch für die Auffindung neuer Wahrheiten dadurch etwas Wesentliches gewonnen würde.[1])

Einen Markstein, auch in der Geschichte der Vieleckslehre bildet, Wieners klassische Schrift „Über Vielecke und Vielflache"[2]) (Leipzig 1864). Die in derselben niedergelegten Definitionen stimmen aber nicht mit den von uns beliebten überein, wie schon in einer Anmerkung berichtet wurde. Da aber in der von ihm zum ersten Mal übersichtlich dargestellten Theorie der regelmässigen Vielflache höherer Art — dem Hauptinhalte der Schrift — nur konvexe Polygone auftreten, ist dies im weitern für ihn ohne Bedeutung. Die allgemeine Vieleckslehre, insofern sie ganz beliebige, auch nichtkonvexe Polygone in ihre Betrachtung zieht, wie wir sie in den Nrn. 2—11 gaben, rührt in den Hauptzügen schon von Wolf[3]) her und findet sich, soweit es für seine Untersuchungen der halbregulären Vielecke nötig ist, wie ebenfalls erwähnt, von Hess[4]) dargestellt. Der Unterschied der Wienerschen Vieleckstheorie von der Hessschen ergiebt sich sofort schon im Eingange durch die Abweichung in der Definition des Umfangswinkels, den übrigens Wiener Aussenwinkel nennt. Behalten wir einstweilen diese Wienersche Bezeichnung bei, dazu den früher festgesetzten Umlaufssinn des Perimeters und den Drehsinn der einzelnen Winkel, so gilt folgendes: Wiener denkt sich (wie übrigens schon vor ihm Poinsot) eine Gerade, an Länge dem Umfang des Polygons gleich, um dieses herumgebogen. Unter Aussenwinkel versteht er dann die Drehung, welche die umgebogene Gerade an den Ecken erleidet, woraus sofort ersichtlich ist, dass dieser Aussenwinkel bei einer einspringenden Ecke negativ wird (Fig. 10). Da die Gerade schliesslich in ihre ursprüngliche Lage zurückkehrt, so hat sie eine ganze Zahl von vollen Umdrehungen gemacht und die Summe u der Umfangswinkel ist also $u = b \cdot 2\pi$, worin mit b dann die Art des Vielecks bezeichnet wird.[5]) Die Summe u wird mittels einer zweiten Figur (Fig. 11; diese Benennung ist eben von Wiener eingeführt) bestimmt. Hier kann nun, wie auch aus nebenstehendem Beispiele ersichtlich ist, $u = 0$, d. h. $b = 0$ sein. Die Geraden der zweiten Figur, in denen die Drehung umkehrt, heissen wie die entsprechenden des Polygons *Wendegeraden,* und man ersieht sofort, dass es im Vieleck diejenigen Kanten sind, welche zwei Ecken verbinden, von denen die eine einen einspringenden, die andere einen ausspringenden Winkel hat. Sie kommen stets paarweise vor. Ändert man den Sinn des Umlaufs des Vielecks, so hat es die Art $- b$. Die Innenwinkelsumme ist, da sich bei Wieners Auffassung Innenwinkel und Aussenwinkel stets zu π ergänzen, $J = n\pi - b \cdot 2\pi = (n - 2b)\pi$. Durch Vergleichung mit unsern früheren Resultaten ergiebt sich somit: *Die Art b eines Vielecks bei Wiener ist gleich $a - k$, wenn a die Art des Vielecks nach Hess und k die Zahl der überstumpfen Winkel ist.* Es ist also die Art bei Wiener und Hess identisch für konvexe Vielecke. In der That sind Wieners Festsetzungen nicht ungünstig für die Ableitung weiterer Eigenschaften der Polygone, bes. der Zahl der Doppelpunkte. Der betr. Satz findet sich bei Wiener S. 8 und wurde bereits von uns zitiert, nur muss man in unserem Texte $a - k$ durch b ersetzen. Für alles weitere sei auf die Originalschrift verwiesen.

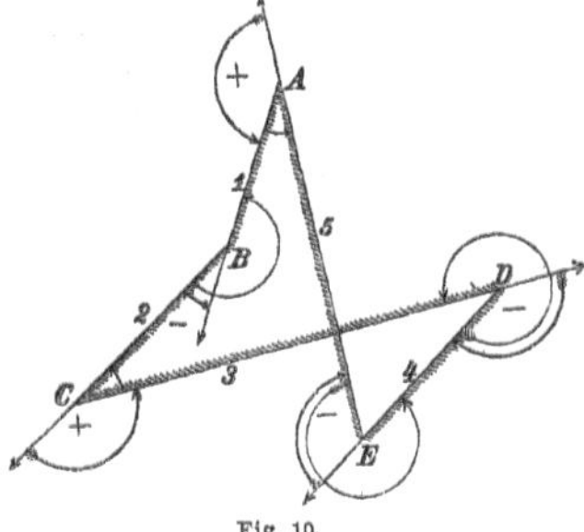
Fig. 10.

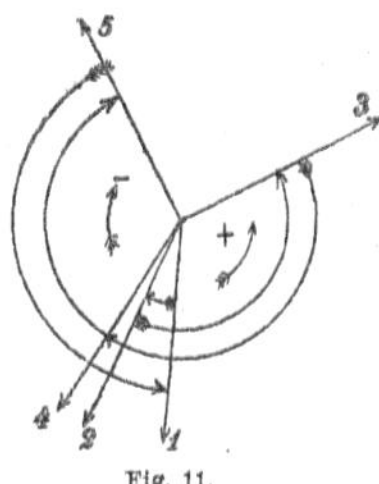
Fig. 11.

An Wieners Schrift, und auf ihr fussend, schliessen sich noch eine Reihe Arbeiten anderer Autoren an die sich hauptsächlich mit der Bestimmung der Winkelsumme von Polygonen befassen. Wir haben dieselben bereits in der Anm. S. 3 genannt. Unferdinger (1868) nimmt besonders Bezug auf eine Bemerkung Wieners, der zufolge man sich die Polygone ersetzt denken soll durch krummlinige Gebilde, da gewisse Sätze — über die Anzahl der Doppelpunkte und der Schnittpunkte einer Geraden mit dem Polygone — unabhängig von dessen Kantenzahl sind. Steinhauser (1871) giebt eine mechanische Bestimmung der Vieleckswinkelsumme, die in der That für die Praxis höchst bequem ist. Besonders lehrreich sind alle diese Abhandlungen für Erkenntnis der Thatsache, dass es

---

1) Schröder, Über die Vielecke von gebrochener Seitenzahl, oder die Bedeutung der Sternpolygone in der Geometrie. Zeitschr. f. Mathem. u. Physik v. Schlömilch, Bd. 7, 1862, S. 57.

2) Kurz künftig als „Wiener" zitiert.

3) Wolf, Die Lehre von den geradlinigen Gebilden in der Ebene, 2. Aufl., 1847, S. 8—14. Eigentümlicherweise hat Günther diese Arbeit von Wolf ignoriert; er zitiert nur S. 84 dessen Handbuch der Mathematik, 1869.

4) Hess I, S. 612—617. Wohl unabhängig von Wolf, da Hess bes. seinen Gegensatz zu Wiener betont, ohne Wolf zu erwähnen.

5) Wiener schreibt a, was wir, um Verwechselungen mit dem früheren a zu vermeiden, durch b ersetzen.

trotz Wieners Schrift nicht gelungen war, einer bestimmten Terminologie allgemeinen Eingang zu verschaffen. Es scheint die Hoffnung begründet, wenn man die bedeutenderen neuern Lehrbücher durchsieht, dass die Wolf-Hesssche Terminologie bez. Vieleckslehre, die z. B. von Kruse (1875) u. a. angenommen wurde, sich einbürgern wird. Im Interesse der Einheitlichkeit wäre es zu wünschen; allerdings sollte auch der Aussenwinkel des Dreiecks folgerichtig in den Elementen schon als Umfangswinkel bezeichnet werden.

Aus der neuesten Zeit ist, so viel uns bekannt[1]), über die Weiterentwickelung der allgemeinen Theorie nichts Wesentliches zu berichten, nur müssen wir kurz der Arbeit von Dostor[2]) gedenken. Sie bedeutet insofern einen Rückschritt, als er unter konvexen Polygonen nur solche erster Art ohne überstumpfe Winkel versteht und das Wesen der Sternpolygone (das Sternfünfeck hat wieder fünf ausspringende und fünf spitze Winkel) vollständig verkennt. So wird auch der Inhalt der Sternvielecke falsch bestimmt: Der Koeffizient der inneren Zelle des Stern-fünfecks ist eins. Hiermit harmoniert der unrichtige Satz: Der Inhalt eines Sternvielecks ist gleich dem Produkt des halben Radius des einbeschriebenen Kreises in den „äusseren" Perimeter u. s. w. Dostor kennt die Litteratur wenig, namentlich findet die nichtfranzösische dieses Jahrhunderts keine Berücksichtigung. Wenn er meint, dass seine Abhandlung die vollständige Theorie der Sternpolygone — „dont on ne s'est guère occupé depuis les travaux de Poinsot"(!) — zusammenfasse, und als Nachfolger Poinsots nur Amiot und Rouché und de Comberousse anführt, so bedeutet das doch eine arge Vernachlässigung bedeutender deutscher Mathematiker.

B. Besondere Vielecke.

13. Einteilung der besonderen Vielecke. Zur Unterscheidung der besonderen Vielecke zieht man nicht die Länge der Kanten resp. Grösse der Winkel schlechthin in Betracht, sondern fasst jede Kante mit den beiden Vieleckswinkeln an ihren Enden, jeden Winkel mit den ihn bildenden beiden Kanten ins Auge. Die Ecke eines Vielecks ist also charakterisiert durch die Grösse des Winkels und durch die im allgemeinen ungleiche Länge der beiden diesen bildenden Kanten (Schenkel). Die Kante eines Vielecks ist charakterisiert durch ihre Länge und durch die im allgemeinen verschiedene Grösse der beiden an ihren Enden liegenden Vieleckswinkel. *Ein Vieleck heisst gleicheckig, wenn es gleiche Ecken hat.* Aus der Definition der Ecke folgt, dass ein gleicheckiges Vieleck gleiche Winkel und abwechselnd gleiche Kanten besitzt, deren Gesamtzahl also eine gerade Zahl sein muss. Ein gleichwinkeliges Vieleck ist nicht notwendig gleicheckig; es gilt dies nur für $n = 3$ und 4 (gleichseitiges Dreieck und Rechteck). *Ein Vieleck heisst gleichkantig, wenn es gleiche Kanten hat.* Aus der Definition der Kante folgt, dass ein gleichkantiges Vieleck gleichlange Kanten und abwechselnd gleiche Winkel besitzt, deren Gesamtzahl und damit auch die der Kanten eine gerade Zahl sein muss. Ein gleichseitiges Vieleck ist nicht notwendig gleichkantig; es gilt dies wieder nur für $n = 3$ und 4 (gleichseitiges Dreieck und Rhombus). *Ein Vieleck heisst gleicheckig und gleichkantig, wenn es gleiche Ecken und Kanten hat.* In einem solchen sind also sowohl alle Winkel als auch alle Kanten der Grösse nach gleich. Diese Vielecke existieren für jedes gerade oder ungerade n. Man bezeichnet sie kurz als *regelmässige (reguläre)* Vielecke und fasst die vorhergehenden beiden besonderen Arten wohl auch als *halbregelmässige (halb-reguläre, semi-régulier)* zusammen.[3]) Wir beginnen die Betrachtung der verschiedenen besonderen Vielecke mit den regelmässigen.

14. Die regelmässigen Vielecke; ein- und umbeschriebener Kreis. Ein regelmässiges Vieleck ist stets konvex, da alle Winkel gleich, also kleiner als π sind. Nur aus der vorangehenden Definition des Vielecks als solchen mit gleichen Kanten und gleichen Winkeln, *ohne Rücksicht auf die Art des Vielecks,* wird

---

1) Ohrtmanns Jahrbuch über die Fortschritte der Mathematik ist daraufhin verfolgt worden.

2) Théorie générale des polygones étoilés. Liouvilles Journal, 3. série, t. VI, 1880 (à Paris), S. 343.

3) Hess I, S. 611. Vgl. auch Cauchy, Journal de l'école polyt., t. IX, cah. 16, S. 72. Sohnke, Crelles Journal Bd. 77, S. 47. — Pigeon, Journal de l'éc. polyt. cah. 16, S. 166, u. a. nennen 'polygones semi-réguliers' die durch Projektion aus den regulären Polygonen entstehenden. Die Unterscheidung in gleicheckige und gleichkantige Polygone ist von Hessel eingeführt, aber erst Hess verdankt man ihre ausführliche Untersuchung.

der Satz bewiesen: *Um jedes regelmässige Vieleck und in dasselbe lässt sich ein Kreis beschreiben.*[1]) Denn errichtet man auf zwei aufeinander folgenden Kanten die Mittelsenkrechten und wiederholt dieselbe Konstruktion an zwei andern aufeinander folgenden Kanten, so kann man wegen der Gleichheit der zwei Winkel und aller vier Kanten die zweite Figur in zwei Lagen mit der ersten zur Deckung bringen, woraus folgt, dass die durch den Schnittpunkt zweier aufeinander folgenden Senkrechten auf diesen abgeschnittenen Stücke alle gleich sind. Die Senkrechten auf der ersten und dritten Kante schneiden daher gleiche Stücke derjenigen auf der zweiten ab, oder alle drei schneiden sich in demselben Punkt O, durch welchen dann auch die Senkrechten auf der vierten und auf allen folgenden Kanten gehen. Dieser Punkt ist gleichweit von allen Ecken und von allen Kanten entfernt, er ist daher der Mittelpunkt des umbeschriebenen und des einbeschriebenen Kreises.

15. Fortsetzung. Die Art des Vielecks. Anzahl der n-ecke.

Aus dem eben bewiesenen Satze folgt sofort, dass man umgekehrt die Eckpunkte eines regelmässigen n-ecks erhält, wenn man die Peripherie eines Kreises in n gleiche Teile teilt. Ist nun a (kleiner als n) eine Primzahl zu n, so verbinde man diese n-Punkte der Peripherie der Reihe nach so durch Kanten, dass man immer um a Teile weiter geht, d. h. den ersten Punkt mit dem $(a+1)^{\text{ten}}$, diesen mit dem $(2a+1)^{\text{ten}}$ u. s. w. Man kommt dann erst zum Ausgangspunkte zurück, wenn man alle n Punkte durchschritten und a-mal die Peripherie durchlaufen hat. Denn wenn man zum ersten Mal zum Ausgangspunkt zurückkehrt, so muss die Anzahl der durchlaufenen Teile (jeder $= \frac{1}{n}$ des Umfangs) das kleinste Vielfache von a und n, d. h., da a und n Primzahlen sind, $a \cdot n$ sein. Daher hat man, wenn man alle n verschiedenen Teilpunkte passiert hat, den Umfang a-mal zurückgelegt und die Zahl a giebt nach früherem (man projiciere den Perimeter des Polygons auf die Peripherie) die *Art* dieses *kontinuierlichen n-ecks* an.

Da eine Kante des Vielecks zugleich Sehne zu a und zu $n-a$ Teilen der Peripherie ist, so liefert $n-a$, an die Stelle von a gesetzt, kein neues Vieleck, d. h. jeder Wert $a > \frac{n}{2}$ giebt dasselbe Vieleck, welches schon durch den Wert von a, der jenen zu n ergänzt, erhalten wurde. Da $\frac{n}{2}$ nicht Primzahl zu n ist, so giebt es also so viel Arten von kontinuierlichen n-ecken, als es Primzahlen zu n von 1 bis $\frac{n-1}{2}$ giebt.

Hat nun n die Faktoren $\alpha, \beta, \gamma \ldots$, so dass $n = \alpha^p . \beta^q . \gamma^r \ldots$ ist (wo $p, q, r \ldots$ ganze positive Zahlen sind), so ist die Anzahl der Primzahlen zu n, welche kleiner als n sind, ausgedrückt durch $n \left(1 - \frac{1}{\alpha}\right) \left(1 - \frac{1}{\beta}\right) \left(1 - \frac{1}{\gamma}\right) \cdots$[2]), und da zwei solche Primzahlen, welche sich zu n ergänzen, dasselbe Vieleck geben, so ist die Zahl N der Arten eines regelmässigen kontinuierlichen n-ecks

$$ N = \frac{n}{2} \left(1 - \frac{1}{\alpha}\right) \left(1 - \frac{1}{\beta}\right) \left(1 - \frac{1}{\gamma}\right) \cdots {}^{3}). $$

Ist n selbst eine Primzahl, so ist $\alpha = n$, d. h. $N = \frac{n-1}{2}$. Darnach giebt es z. B. ein Viereck, zwei Fünfecke, ein Sechseck, drei Siebenecke (Tafel I, Fig. 1 und 2 zeigen ein Siebeneck zweiter und dritter Art) zwei Achtecke (Tafel I, Fig. 3 das Achteck dritter Art), drei Neunecke, zwei Zehnecke u. s. w. mit kontinuierlichem Perimeter, welche regelmässig sind. Ist dagegen a keine Primzahl zu n, so ergiebt sich kein kontinuierliches Vieleck. Haben a und n den gemeinschaftlichen Teiler p, so dass also $n = p \cdot n'$, $a = p \cdot a'$ ist, so kehrt man bereits nach a' Umläufen der Peripherie, nachdem man n' Kanten eingetragen hat, zum

---

1) Bekannter Satz der Elemente. Wiener S. 13, Nr. 25. Baltzer, Elemente etc., II, S. 50.

2) S. z. B.: Dirichlets Vorlesungen über Zahlentheorie, herausgeg. v. Dedekind, § 138. Die Formel rührt von Euler her, Nov. Comm. Petrop., t. VIII, S. 74. S. auch Gauss, Disquis. arithm., 1801, S. 30.

3) Zuerst bei Poinsot, Mémoire sur les polygones et les polyèdres, 1810, bei Wiener, S. 14, Nr. 27. Daselbst findet man auch auf der ersten Tafel die möglichen Arten der kontinuierlichen Vielecke bis $n = 8$ gezeichnet.

Ausgangspunkt zurück und muss den Umlauf, bei einem neuen nächsten Eckpunkte beginnend, so lange wiederholen, bis alle n Eckpunkte erschöpft sind, was sichtlich nach p-maliger Wiederholung der Fall ist. Das n-eck besteht demnach aus p n'-ecken der Art a', wobei jedes n'-eck für sich kontinuierlichen Perimeter hat. Ist z. B. $n = 10$, $a = 2$, so ist $n' = 5$, $p = 2$, $a' = 1$, d. h. das regelmässige Zehneck zweiter Art besteht aus zwei konzentrischen Fünfecken erster Art. Ist $n = 10$, $a = 4$, so ist $n' = 5$, $p = 2$, $a' = 2$, d. h. das regelmässige Zehneck vierter Art besteht aus zwei konzentrischen Fünfecken zweiter Art. Diese beiden Vielecke, sowie das Zehneck dritter Art zeigen die Figuren 4, 5 und 6 der Tafel I. Das reguläre Achteck zweiter Art besteht aus zwei regelmässig sich kreuzenden Rechtecken. In gewissem Sinn kann auch, für gerades n, für $a = \frac{n}{2}$ die aus n sich im Kreiscentrum schneidenden Geraden bestehende Figur als reguläres n-eck der $\frac{n}{2}^{\text{ten}}$ Art angesehen werden.

16. Fortsetzung. Die Winkel, die Kanten und der Inhalt des Vielecks. Es sei ω_a der Centriwinkel über dem Bogen, welcher die Kante des regelmässigen n-ecks der Art a als Sehne in sich fasst, φ_a ein Umfangswinkel dieses Polygons und ψ_a ein Innenwinkel. Es ist dann $n \cdot \omega_a = a \cdot 2\pi$, also $\omega_a = \frac{2a\pi}{n}$. Für den Innenwinkel folgt daraus $\psi_a = 2 \cdot \left(\frac{\pi}{2} - \frac{\omega_a}{2} \right) = \frac{(n - 2a)\pi}{n}$. Der Umfangswinkel ist also $\varphi_a = \frac{2a\pi}{n}$. Die Summe der Umfangswinkel ist natürlich $2a\pi$, die Summe der Innenwinkel $(n - 2a)\pi$. Das Minimum der Innenwinkelsumme wird für das Maximum der Artzahl a erhalten. Werden nur kontinuierliche Vielecke berücksichtigt, so gilt: Ist n ungerade, so ist $\frac{n-1}{2}$ das Maximum von a, also die Innenwinkelsumme gleich π (z. B. beim Fünfeck zweiter Art, beim Siebeneck dritter Art u. s. w.). Ist n doppelt gerade, d. h. teilbar durch 4, so ist die grösste Primzahl, welche kleiner als $\frac{n}{2}$ ist, $a = \frac{n}{2} - 1$, also die Innenwinkelsumme 2π (z. B. beim Achteck dritter Art). Ist n einfach gerade, so ist $\frac{n}{2} - 1$ teilbar durch 2; die grösste Primzahl kleiner als $\frac{n}{2}$ ist also $\frac{n}{2} - 2$, und es wird die Winkelsumme gleich 4π (z. B. beim Zehneck dritter Art).

Ist r der Radius des umbeschriebenen, ϱ der des einbeschriebenen Kreises, so ist die Kante des n-ecks a^{ter} Art gleich $2r \sin \frac{a\pi}{n}$ oder gleich $2\varrho \tan \frac{a\pi}{n}$, und $\varrho = r \cdot \cos \frac{a\pi}{n}$. Der Inhalt des Vielecks ist gleich dem Produkt aus der Länge des Perimeters und dem halben Radius des einbeschriebenen Kreises, d. h. gleich $\frac{1}{2} n r^2 \sin \frac{2a\pi}{n}$. Bei dem n-eck a^{ter} Art hat der Koeffizient der innersten Zelle, in welcher der Mittelpunkt des ein- und umbeschriebenen Kreises liegt, stets den Wert a; die n daran grenzenden dreieckigen Zellen haben je den Koeffizienten $a - 1$, die weiteren viereckigen die Koeffizienten $a - 2$, $a - 3, \ldots$, bis die äussersten (viereckigen) Zellen den Koeffizienten 1 erhalten.

Auf einen Schlag erhält man, soweit die Rechnung ausführbar ist, die Kanten s_n sämtlicher verschiedener Arten des n-ecks (im Kreise vom Radius 1), die der diskontinuierlichen eingeschlossen, wenn man die Analysis zu Hilfe nimmt. Es ist, wenn ω den Centriwinkel zur Vielecksseite s_n bedeutet, $\sin n \cdot \frac{\omega}{2} = 0$.

Nun gilt bekanntlich[1]) für ungerades n

$$\sin \frac{n\omega}{2} = n \sin \frac{\omega}{2} - \frac{n(n^2 - 1^2)}{2 \cdot 3} \sin^3 \frac{\omega}{2} + \frac{n(n^2 - 1^2)(n^2 - 3^2)}{2 \cdot 3 \cdot 4 \cdot 5} \sin^5 \frac{\omega}{2} \mp \cdots$$

und für gerades n:

$$\sin \frac{n\omega}{2} = \left[n \sin \frac{\omega}{2} - \frac{n(n^2 - 2^2)}{2 \cdot 3} \sin^3 \frac{\omega}{2} + \frac{n(n^2 - 2^2)(n^2 - 4^2)}{2 \cdot 3 \cdot 4 \cdot 5} \sin^5 \frac{\omega}{2} \mp \cdots \right] \cdot \cos \frac{\omega}{2}.$$

Führt man in diese, gleich Null gesetzten Ausdrücke für $\sin \frac{\omega}{2}$ den Wert $\frac{s_n}{2}$ ein, so ergiebt sich für s_n eine

---

1) Baltzer, Elemente der Mathematik I, S. 209. Klügel, Math. Wörterbuch II, S. 613; s. auch Rausenberger, Die Elementargeometrie etc., S. 99.

Gleichung, deren positive Wurzeln sämtliche Seiten und Diagonalen des betreffenden n-ecks darstellen. Z. B. erhält man für $n = 5$ die Gleichung $s_5^4 - 5s_5^2 + 5 = 0$ und daraus $s_5 = \sqrt{\dfrac{5 \pm \sqrt{5}}{2}}$, d. h. die Kante des Fünfecks erster und zweiter Art. Für $n = 10$ kommt nach Absonderung des Faktors $\cos\dfrac{\omega}{2} = 0$, der $s_{10} = 2$, d. h. die grösste Diagonale des Zehnecks ergiebt[1]):

$$s_{10}^8 - 8s_{10}^6 + 21s_{10}^4 - 20s_{10}^2 + 5 = 0.$$

Die linke Seite dieser Gleichung zerfällt aber in $(s_{10}^4 - 5s_{10}^2 + 5)(s_{10}^4 - 3s_{10}^2 + 1)$. Der erste Faktor liefert, Null gesetzt, die obigen beiden Werte der Fünfeckskante als Kante des Zehnecks zweiter und vierter Art. $s_{10}^4 - 3s_{10}^2 + 1 = 0$ giebt die Kante des Zehnecks dritter und erster Art, nämlich $s_{10} = \sqrt{\dfrac{3 \pm \sqrt{5}}{3}} = \dfrac{\sqrt{5} \pm 1}{2}$. So zeigt die Analysis die Gleichberechtigung der kontinuierlichen und diskontinuierlichen Vielecke. Auf demselben Wege erhält man auch die, wie früher bemerkt, bereits von Kepler, allerdings mit Hilfe des Ptolemäischen Lehrsatzes, abgeleitete Gleichung für die Kanten der drei Siebenecke.

17. Fortsetzung. Doppelpunkte und Diagonalen. Das vollständige regelmässige n-seit und n-eck.

Die Anzahl der Doppelpunkte eines regulären n-ecks der a^{ten} Art beträgt $n(a - 1)$. Es teilt nämlich eine bestimmte Kante die Peripherie des (umbeschriebenen) Kreises in zwei Bogen mit bez. $a - 1$ und $n - a - 1$ Teilpunkten, wo die erste Grösse die kleinere sein mag. Von jedem dieser $a - 1$ Punkte gehen zwei Kanten aus, die also mit der ersten bestimmten Kante $(a - 1) \cdot 2$ Doppelpunkte erzeugen. Alle n Kanten des Vielecks tragen also das n-fache dieser Zahl Doppelpunkte oder, da hierbei jeder zweifach gezählt ist, $n(a - 1)$ Doppelpunkte. Diese $n(a - 1)$ Doppelpunkte gruppieren sich so zu je n auf $a - 1$ dem umbeschriebenen Kreise des n-ecks konzentrischen Kreisen, dass sie die Peripherie jedes dieser Kreise in n gleiche Teile teilen und dass entsprechende Punkte des $(\lambda - 1)^{\text{ten}}$ und $(\lambda + 1)^{\text{ten}}$ Kreises auf einer Geraden durch den Mittelpunkt des Polygons liegen. Bezeichnet man den Radius des λ^{ten} dieser Kreise mit $\varrho_\lambda\,(\lambda = 1, 2, \ldots a - 1)$, wobei der innerste als erster gerechnet ist, so ist $\varrho_\lambda = \dfrac{\varrho}{\cos\dfrac{\lambda\pi}{n}}$; dabei ist ϱ wie früher der Radius des dem n-eck a^{ter} Art einbeschriebenen Kreises. Der Radius $\varrho_a = \dfrac{\varrho}{\cos\dfrac{a\pi}{n}}$ ist der Radius des umbeschriebenen Kreises des n-ecks. (In Fig. 12 bilden die Punkte $I, II \ldots X, XI$ ein Elfeck dritter Art mit 22 Doppelpunkten.)

Verlängert man die Kanten des n-ecks a^{ter} Art, so verbleiben, da die n Geraden in Summe $\dfrac{n(n-1)}{2}$ Schnittpunkte haben, nach Abzug der $n(a - 1)$ Doppelpunkte und der n Eckpunkte des Vielecks noch $\dfrac{n(n - 2a - 1)}{2}$ äussere Schnittpunkte der Kanten des n-ecks a^{ter} Art. Sie gruppieren sich ebenso wie die Doppelpunkte auf konzentrischen Kreisen mit den Radien $\dfrac{\varrho}{\cos\dfrac{\lambda\pi}{n}}$, $\lambda = a + 1, a + 2, \ldots$,

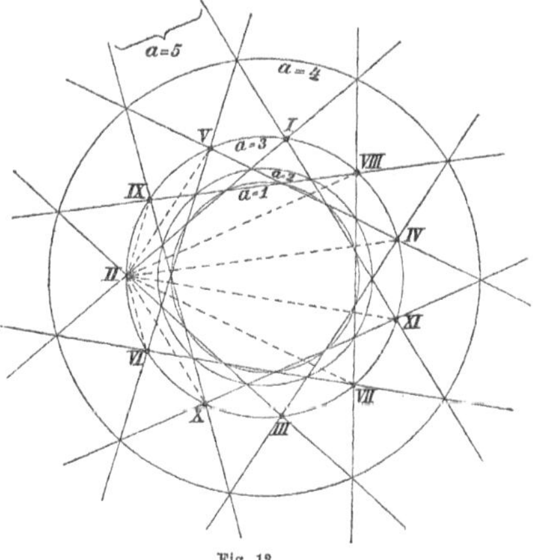

Fig. 12.

so dass also die Eckpunkte des n-ecks den Übergang von den Doppelpunkten zu diesen äusseren Schnittpunkten bilden. Für gerades n liegen die letzten $\dfrac{n}{2}$ Schnittpunkte (je zweier parallelen Kanten) auf der

---

[1]) Vergl. die Bemerkung am Ende von Nr. 15.

unendlich fernen Geraden. — Betrachtet man also das vollständige von den n Geraden gebildete regelmässige n-seit, so bilden immer die auf dem λ^{ten} Kreise ($\lambda = 1, 2, 3 \ldots$ von Innen aus gerechnet) liegenden n Punkte vermöge ihrer Verbindung durch die n Kanten ein regelmässiges n-eck der Art λ mit $(\lambda - 1) n$ Doppelpunkten, wobei, wenn λ nicht relativ prim zu n ist, der Umfang des Polygons diskontinuierlich wird. In Figur 12 ist das vollständige regelmässige Elfseit dargestellt. Hier ist $\lambda = 1, 2, 3, 4, 5$. Die fünf Elfkante sind sämtlich kontinuierlich, der äusserste Kreis ist hier, weil er zu gross ausfällt, weggelassen. Aus dem eben Gesagten ergiebt sich eine neue Konstruktion der regelmässigen Vielecke verschiedener Art, die, wie in den geschichtlichen Bemerkungen erwähnt war, bereits Bradwardinus u. a. kannten: *Das n-eck $(a + 1)^{ter}$ Art wird durch Verlängerung der Kanten des n-ecks a^{ter} Art gefunden.*

Zieht man von einer Ecke eines n-ecks a^{ter} Art sämtliche $n - 3$ Diagonalen, so sind unter diesen $2(a - 1)$, deren Enden innerhalb der Umfangswinkel des Polygons liegen. (In Figur 12 die Diagonalen von II nach V, IX, VI, X). Der Beweis ist analog dem für die Anzahl der Doppelpunkte. Solcher Diagonalen erster Art enthält das n-eck $n(a - 1)$. Die übrigen $\frac{n(n - 2a - 1)}{2}$ Diagonalen liegen mit ihren beiden Enden innerhalb der Innenwinkel des Polygons (Diagonalen zweiter Art), während es keine Diagonalen giebt, von denen ein Ende in einem Umfangswinkel, das andere in einem Innenwinkel liegt. Die $n(a - 1)$ Diagonalen der ersten Art gruppieren sich zu je n als Tangenten von $a - 1$ konzentrischen Kreisen, deren Mittelpunkt mit dem des Polygons zusammenfällt und deren Peripherie durch die Berührungspunkte in n gleiche Teile geteilt wird; dabei fallen entsprechende Tangenten des $(\lambda - 1)^{\text{ten}}$ und $(\lambda + 1)^{\text{ten}}$ Kreises, von aussen nach innen fortgeschritten, parallel aus. Die Radien dieser Kreise sind $r \cos \frac{\lambda \pi}{2}$, ($\lambda = 1, 2, \ldots (a - 1)$), wenn r, wie früher, der Radius des dem n-eck a^{ter} Art umbeschriebenen Kreises ist. Die Diagonalen der zweiten Art sind Tangenten der konzentrischen Kreise mit den Radien $r \cos \frac{\lambda \pi}{n}$, ($\lambda = a + 1, a + 2, \ldots$). Die Kanten des n-ecks bilden als Tangenten des Kreises vom Radius $r \cos \frac{a \pi}{n} = \varrho$ den Übergang zwischen den beiden Arten von Diagonalen. Bei geradem n schneiden sich die letzten $\frac{n}{2}$ Diagonalen der zweiten Art im Mittelpunkte des Polygons. Betrachtet man also *das vollständige reguläre n-eck*, so bilden von den $\frac{n(n - 1)}{2}$ Geraden zwischen den n Punkten immer je n als Tangenten des λ^{ten} Kreises ein n-eck der λ^{ten} Art mit $(\lambda - 1) n$ innerhalb der Umfangswinkel liegenden Diagonalen. Ist λ nicht relativ prim zu n, so wird das n-eck diskontinuierlich.

18. Reziprozität der regelmässigen Vielecke. Aus den eben beendeten Untersuchungen über das vollständige regelmässige n-seit und n-eck erhellt sofort die vollkommene Reziprozität dieser Gebilde. Als Direktrix werde nun für das n-eck a^{ter} Art der ihm umbeschriebene Kreis gewählt. Das reziproke Polygon ist dann ein n-eck derselben Art. Seine Kanten sind die Tangenten an den Kreis in den Eckpunkten des ursprünglichen Polygons. Den $n(a - 1)$ Doppelpunkten des ursprünglichen n-ecks entsprechen die $n(a - 1)$ Diagonalen erster Art der reziproken Figur und umgekehrt. Je n Doppelpunkte des ursprünglichen n-ecks bilden vermöge ihrer Verbindungsstrecken ein Vieleck der $(a - 1), (a - 2), \ldots 2, 1^{\text{ten}}$ Art. Je n der $n(a - 1)$ Diagonalen erster Art des reziproken Vielecks bilden ebenfalls ein Vieleck der Art $(a - 1), (a - 2), \ldots, 2, 1.$[1]

19. Geschichtliche Bemerkungen. (Die Kreisteilung. Metrische Relationen.) Wir hatten bereits in den geschichtlichen Bemerkungen in Nr. 12 Gelegenheit genommen hervorzuheben, dass die Theorie der regelmässigen Polygone, soweit es sich um Unterscheidung der Art (espèce) und Bestimmung der Winkelsumme handelt, wesentlich Poinsot zu verdanken ist, und haben daher nur noch weniges hinzuzufügen. Die Resultate der schon mehrfach zitierten Abhandlung Poinsots wurden (ebenso wie die einer Arbeit Cauchys über regelmässige Sternpolyeder) von Terquem in dem Aufsatze „Sur les polygones et les polyèdres étoilés, polygones funiculaires, d'après M. Poinsot[2]“

---

[1] Der Leser entwerfe sich eine Figur, etwa für $n = 7$.
[2] Nouv. annales de Mathém. par M. Terquem et M. Gerono, tome VIIIième, Paris 1849.

wiederholt und erläutert. Besonders wird ein mechanisches Problem, das mit der Lehre von den Sternpolygonen in enger Beziehung steht und sich in Poinsots Abhandlung gelöst findet, ausführlich behandelt. Wir verweisen hierüber auf Günthers „Vermischte Untersuchungen . . . . etc.", Kap. I, S. 58. Zu dem Kommentar Terquems hat dann Dienger[1]) wieder eine deutsche Umarbeitung geliefert. Die Schrift Wieners (Über Vielecke und Vielflache, 1864) giebt S. 13—15 für die regelmässigen Vielecke ebenfalls die Ergebnisse Poinsots wieder. Die Untersuchungen über die Reziprozität des vollständigen n-ecks und n-seits, über die Doppelpunkte und Diagonalen findet man ausführlich bei Hess[2]), dem wir einiges wörtlich entnommen haben, und bei welchem man weitere interessante Eigenschaften der regelmässigen Vielecke abgeleitet findet.[3]) Ausländische Mathematiker scheinen sich in der neuesten Zeit nur wenig mit der Lehre von den regelmässigen Sternvielecken beschäftigt zu haben. Günther erwähnt nur zwei solche Arbeiten und von späteren ist uns nur die bereits zitierte Abhandlung von Dostor bekannt geworden. Von den von Günther angezeigten Aufsätzen rührt der eine von Muir in Glasgow her.[4]) Ist $s_{n,a}$ die Seite des kontinuierlichen regelmässigen n-ecks a^{ter} Art im Kreise vom Radius 1, so ist für den speziellen Fall $n = 10$ bekanntlich: $s_{10,1} \cdot s_{10,3} = 1$. Muir sucht analoge Sätze für beliebiges n. Er findet z. B.: Ist n die Potenz einer Primzahl, etwa gleich p^m, so ist das Produkt $\varPi s_{n,a} = \sqrt{p}$ u. a. m. Die zweite von Günther zitierte Arbeit hat Pagni zum Verfasser; sie dürfte aber über die regelmässigen Polygone kaum etwas Neues enthalten.[5]) Dostors Abhandlung ist, wenn man von den, wie bereits bemerkt, gegen die heute allgemein angenommenen Anschauungen über Sternpolygone verstossenden Hauptsätzen absieht, sehr lesenswert wegen der grossen Zahl metrischer Relationen, die sich in ihr abgeleitet finden und auf die wir am Ende dieser Nummer zurückkommen. Dies führt uns auf das Problem der Berechnung und der thatsächlichen geometrischen Konstruktion der regelmässigen Vielecke, das, wie auch aus früherem hervorgeht, mit dem *Problem der Kreisteilung*[6]) identisch ist. Die Möglichkeit, den Kreis mit alleiniger Verwendung von Zirkel und Lineal in n gleiche Teile zu teilen, war lange bekannt, für den Fall, dass $n = 2^h$, 3 und 5, oder eine Kombination aus diesen Zahlen ist. Gauss erweiterte in den „Disquisitiones arithmeticae" diese Zahlenreihe, indem er zeigte, dass die Teilung für jede *Primzahl* von der Form $n = 2^{2^\mu} + 1$ durchführbar, für alle anderen Primzahlen und Primzahlpotenzen aber unmöglich ist, weil bei diesen auch Gleichungen von höherem als dem zweiten Grade auftreten, deren Wurzeln mit Zirkel und Lineal allein nicht konstruierbar sind. $\mu = 0$ und $\mu = 1$ geben die bereits dem Altertume bekannten Fälle $n = 3$ und $n = 5$. Für $\mu = 2$, $n = 17$ führte Gauss selbst die Teilung aus. Weitere Konstruktionen des regelmässigen Siebzehnecks gaben, direkt nach den Formeln, Grunert in Klügels Mathematischem Wörterbuch (5. Bd., S. 811) und Serret in seinem „Handbuch der Algebra" (deutsch von Wertheim, 2. Bd.. S. 442). Eine elegante Konstruktion, nach Steiners Vorschrift mit Hilfe *eines* festen Kreises und des Lineals allein, die man v. Staudt[7]) verdankt, ist später von Schröter[8]) noch etwas umgesetzt worden. Eine Konstruktion nach Mascheroni, nur mit dem Zirkel, gaben L. Gérard[9]) und Mulsow.[10]) Die Theorie des Siebzehnecks und die v. Staudtsche Konstruktion findet man recht schön dargelegt in einem unten[11]) zitierten Schriftchen, dem wir die folgenden weitern Angaben z. T. entnehmen. Für $\mu = 3$ ist $n = 257$; für $\mu = 4$ $n = 65537$. Da beide Zahlen n Primzahlen sind, so ist die Konstruktion dieser Vielecke mit Zirkel und Lineal möglich. Über das 257-eck hat Richelot 1832 eine umfangreiche Arbeit veröffentlicht.[12]) Dasselbe Problem wurde neuerdings von Schwendenheim[13]) nochmals behandelt. Das 65537-eck ist von Hermes (Lingen) in zehnjähriger Arbeit untersucht worden. Das Manuskript wird in der Sammlung des math. Seminars zu Göttingen aufbewahrt.[14]) $\mu = 5$ giebt, wie Euler (Comm. Petrop. VI, S. 104) gelegentlich bemerkt hatte, keine Primzahl, sondern es ist hier $n = 641 \cdot 6700417$. Auch $\mu = 6$ und $\mu = 7$ (s. für ersteres Lucas, Comptes rendus 1877[b], S. 136) geben keine Primzahlen[15]); für $\mu = 8$ aber liegt noch keine Untersuchung vor. Es ist also,

1) Über Sternpolygone und Sternpolyeder nach Poinsot, Archiv d. Math. u. Phys., 13. Teil, S. 343.

2) Hess I, § 7, S. 617 ff.   3) Ebenda S. 620—625.

4) Muir, A property of convex and stellate regular polygons of the same number of sides inscribed in a circle, Messenger of Mathematics, (2) III, 1873, S. 47—50. Der angeführte Satz findet sich in anderer Fassung schon bei Gauss, Werke, 2. Bd., S. 26. Vergl. Günther a. a. O. S. 351.   5) Günther a. a. O. S. 83.

6) S. hierüber: Bachmann, Die Lehre von der Kreisteilung, Leipzig 1872.

7) Crelles Journal 24 (1842), S. 251.   8) Crelles Journal 75 (1872). S. auch Bachmann, Kreisteilung, S. 69.

9) Construction du polygone régulier de 17 côtés au moyen du seul compas. Par L. Gérard à Lyon. Math. Ann. Bd. 48, Heft 3 (1896).   10) Mascheronische Konstruktionen. Progr. Gymn. Schwerin 1898.

11) F. Klein, Vorträge über ausgewählte Fragen der Elementargeometrie, ausgearbeitet von F. Tägert, Leipzig 1895. S. 19—32.

12) De resolutione algebraica aequationis $x^{257} = 1$, sive de divisione circuli per bisectionem anguli septies repetitam in partes 257 inter se aequales commentatio coronata. Crelles Journal 9, 1832.

13) Schwendenheim, Das regelmässige 257-eck. Pr. k. k. Staatsgymn. in Teschen, 1892 und 1893.

14) S. die Mitteilung von Hermes in Nr. 3 der Göttinger Nachrichten 1894.

15) Für $\mu = 6$ ist $n = 18446744073709551617$.

wie man bemerkt hat[1]), immerhin möglich, dass $\mu = 4$ die letzte Zahl ist, die eine Lösung zulässt. Auch möge noch, als hierher gehörig, auf eine interessante Arbeit von Bochow[2]) hingewiesen werden, die sich mit der Berechnung der Seiten, Diagonalen und Flächen der mit Zirkel und Lineal konstruierbaren Vielecke der Reihen 3, 4, 5, 17 und ihrer Kombinationen beschäftigt.

Von der Ableitung metrischer Relationen bei konstruierbaren Vielecken, wie sie sich in den Elementen findet, soll hier abgesehen werden.[3]) Es ist aber angebracht, zu bemerken, dass die Begrenzungsflächen der regulären und halbregulären Polyeder, sowohl des kubooktaedrischen als des ikosidodekaedrischen Systems den Reihen der konstruierbaren Polygone $(3, 6 \ldots 4, 8 \ldots 5, 10 \ldots)$ zugehören; nur im System der prismatischen Polyeder treten Begrenzungsflächen von beliebiger Kantenzahl n auf.

Wir haben versprochen, am Schlusse auf die von Dostor abgeleiteten metrischen Relationen hinzuweisen. Es bezeichne immer $s_{n,a}$ die Kante eines regulären n-ecks a^{ter} Art $P_{n,a}$; $J_{n,a}$ dessen Winkelsumme, r den Radius des umbeschriebenen Kreises. Dostor nennt nun zwei Polygone $P_{n,a}$ und $P_{2n,\,n-2a}$, wenn n ungerade ist, *korrespondierend*, zwei Polygone gerader Kantenzahl $P_{2n,a}$ und $P_{2n,\,n-a}$ *konjugiert*. Für korrespondierende Polygone ist $2J_{n,a} + J_{2n,\,n-2a} = 2n\pi$; für konjugierte Polygone: $J_{2n,a} + J_{2n,\,n-a} = 2n\pi$, wie leicht durch Berechnung der Werte der J zu beweisen ist. Für die Kanten *korrespondierender Polygone desselben Kreises* gelten die Relationen:

$$s_{n,a} \cdot s_{2n,\,n-2a} = r \cdot s_{n,\,n-2a}; \quad s_{n,a}^2 + s_{2n,\,n-2a}^2 = 4r^2.$$

Für die Kanten *konjugierter Polygone desselben Kreises* gilt:

$$s_{2n,a} \cdot s_{2n,\,n-a} = r \cdot s_{n,\,n-a}; \quad s_{2n,a}^2 + s_{2n,\,n-a}^2 = 4r^2.$$

Es sind also, nach der je zweiten Relation, sowohl die Kanten zweier korrespondierender als zweier konjugierter Polygone desselben Kreises die Katheten eines rechtwinkligen Dreiecks, dessen Hypotenuse der Durchmesser ist. Die Beweise dieser Formeln erfolgen durch Einsetzung der Werte der Kanten, wie $s_{n,a} = 2r \sin \dfrac{a\pi}{n}$ u. s. w. und einfache trigonometrische Umformung. Für die Berechnung der Kanten von Polygonen verschiedener Kantenzahl aus einander leisten diese Relationen nicht unerhebliche Dienste, wie sich bei Dostor näher ausgeführt findet.

20. Gleicheckige und gleichkantige Vielecke. Ein- und umbeschriebene Kreise. Ein gleicheckiges Polygon hat, wie in Nr. 13 erläutert wurde, abwechselnd gleiche Kanten und lauter gleiche Winkel. Die Kantenzahl ist somit stets eine gerade. Eine solche Figur wird nach Hessel auch als ein $(n + n)$-*kantiges gleicheckiges $2n$-eck* bezeichnet. Ein gleichkantiges Polygon hat abwechselnd gleiche Winkel und lauter gleiche Kanten. Da die Winkelanzahl eine gerade ist, so gilt dies auch für die Kantenzahl. Eine solche Figur wird man als ein $(n + n)$-*eckiges gleichkantiges $2n$-kant* bezeichnen. *Um jedes $2n$-eck lässt sich, wie in jedes $2n$-kant ein Kreis beschreiben.* Wir betrachten zunächst die $2n$-ecke. Die Möglichkeit, um ein solches einen Kreis zu beschreiben, folgt daraus, dass sämtliche Mittelsenkrechten der Kanten sich in einem Punkte schneiden müssen. Der Beweis hierfür wird analog dem früheren bei den regelmässigen Vielecken geführt. Von dem Mittelpunkte dieses Kreises, der zugleich als Mittelpunkt des ganzen Polygons aufzufassen ist, haben die 1., 3., 5. … ${}^{\text{te}}$ und ebenso die 2., 4., 6. … ${}^{\text{te}}$ Kante des Polygons bez. gleichen Abstand. Es giebt also zwei einbeschriebene Kreise, von denen der eine die 1., 3., 5. … ${}^{\text{te}}$, der andere die 2., 4., 6. … ${}^{\text{te}}$ Kante berührt.

---

1) F. Klein a. a. O. S. 13.   2) Bochow, Eine einheitliche Theorie der regelmässigen Vielecke, Lpzg. 1896.

3) S. hierüber: Henrici-Treutlein, Lehrbuch d. Elementargeometrie II, S. 118—125. Klügel, Math. Wörterbuch, Bd. V, Art. Vieleck, S. 802 ff. J. H. van Swindens Elemente der Geometrie (deutsch v. Jacobi, Jena 1834), S. 183 ff. — Bürklen, Math. Formelsammlung (Sammlung Göschen), S. 73 u. a. Für späteren Gebrauch seien nur die folgenden Werte zusammengestellt, von denen bei jedem Vieleck der erste den Radius r des umbeschriebenen Kreises, der zweite den Radius ϱ des einbeschriebenen Kreises, der dritte den Flächeninhalt F bedeutet, ausgedrückt durch die Kante k des Vielecks.

Dreieck: $\dfrac{k}{3}\sqrt{3}$, $\dfrac{k}{6}\sqrt{3}$, $\dfrac{k^2}{4}\sqrt{3}$.   *Viereck:* $\dfrac{k}{2}\sqrt{2}$, $\dfrac{k}{2}$, k^2.   *Fünfeck erster Art:* $\dfrac{k}{10}\sqrt{10(5 + \sqrt{5})}$, $\dfrac{k}{10}\sqrt{5(5 + 2\sqrt{5})}$, $\dfrac{k^2}{4}\sqrt{5(5 + 2\sqrt{5})}$.   *Fünfeck zweiter Art:* $\dfrac{k}{10}\sqrt{10(5 - \sqrt{5})}$, $\dfrac{k}{10}\sqrt{5(5 - 2\sqrt{5})}$, $\dfrac{k^2}{4}\sqrt{5(5 - 2\sqrt{5})}$.   *Sechseck:* k, $\dfrac{k}{2}\sqrt{3}$, $\dfrac{3k^2}{2}\sqrt{3}$.   *Achteck erster Art:* $\dfrac{k}{2}\sqrt{2(2 + \sqrt{2})}$, $\dfrac{k}{2}(1 + \sqrt{2})$, $2k^2(1 + \sqrt{2})$.   *Achteck dritter Art:* $\dfrac{k}{2}\sqrt{2(2 - \sqrt{2})}$, $\dfrac{k}{2}\sqrt{3 - 2\sqrt{2}}$, $2k^2\sqrt{3 - 2\sqrt{2}}$.   *Zehneck erster Art:* $\dfrac{k}{2}(1 + \sqrt{5})$, $\dfrac{k}{2}\sqrt{5 + 2\sqrt{5}}$, $\dfrac{5}{2}k^2\sqrt{5 + 2\sqrt{5}}$.   *Zehneck dritter Art:* $\dfrac{k}{2}(\sqrt{5} - 1)$, $\dfrac{k}{2}\sqrt{5 - 2\sqrt{5}}$, $\dfrac{5k^2}{2}\sqrt{5 - 2\sqrt{5}}$.

Für die gleichkantigen Polygone gilt: In jedes $2n$-kant lässt sich ein Kreis beschreiben, weil sich die Halbierungslinien sämtlicher Winkel in einem Punkte schneiden müssen, was ebenfalls leicht zu beweisen ist. Der Mittelpunkt dieses Kreises, zugleich Mittelpunkt des $2n$-kants, ist Centrum zweier umbeschriebener Kreise, von denen der eine durch die 1., 3., 5. . . .^{te} Ecke, der andere durch die 2., 4., 6. . . .^{te} Ecke des Polygons hindurchgeht. Es folgt nun zunächst eine ausführliche Behandlung der gleicheckigen Vielecke.

21. Entstehung der gleicheckigen Vielecke. Die Kanten verschiedener Art. Unterscheidet man bei einem gleicheckigen $2n$-ecke die Ecken, welche gleiche Winkel haben, in Ecken erster und zweiter Art, so ersieht man sofort, dass auf dem umbeschriebenen Kreise sowohl die Ecken erster, als die zweiter Art für sich die Ecken von dem Kreise einbeschriebenen regelmässigen Vielecken bilden. Man wird also umgekehrt ein gleicheckiges $2n$-eck auf folgende Weise erhalten.[1] Auf dem Kreise markiere man n *feste* Punkte 1, 2, 3 . . . $(n - 1)$, n, welche unter sich verbunden ein regelmässiges n-eck bilden würden. Ferner markiere man in demselben Umlaufssinne auf dem Kreise n weitere Punkte $1', 2', 3' . . . (n - 1)', n'$, welche ebenfalls wie die Ecken eines regelmässigen n-ecks liegen, und denke sich gewissermassen die Peripherie des Kreises doppelt überdeckt und den Kreis, welcher die Punkte zweiter Art trägt, um sein Centrum drehbar, so dass die Punkte zweiter Art alle möglichen Lagen gegen die erster Art annehmen können. Die Verbindungsstrecken zwischen den Punkten erster und zweiter Art geben dann alle möglichen gleicheckigen $2n$-ecke. Ist r der Radius des Kreises, so sei der Bogen zwischen den Ecken 1 und $1'$, also ebenso der zwischen 2 und $2'$ u. s. w. gleich $\frac{2r\pi}{n}\sigma$, worin σ eine reelle veränderliche Grösse ist. Ist $\sigma = 0$, so fällt $1'$ mit 1 zusammen (dasselbe gilt immer für zwei Punkte p und p'). Ist $\sigma = 1$, so fällt Punkt $1'$ auf 2. Ist $\sigma < 1$, so fällt der Punkt $1'$ auf den Bogen zwischen 1 und 2. Ist $\sigma > 1$, z. B. gleich der ganzen Zahl m $(< n)$, so fällt $1'$ auf den Punkt $m + 1$. Ist $m < \sigma < m + 1$, so fällt $1'$ auf den Bogen zwischen den Punkten $m + 1$ und $m + 2$. Die passende Verbindung dieser $2n$ Teilpunkte, je eines Punktes erster Art (zweiter Art) mit je zwei Punkten zweiter Art (erster Art) liefert die verschiedenen Arten der $2n$-ecke, wobei sich noch verschiedene Möglichkeiten durch verschiedene Wahl von σ ergeben. *Es sei zunächst immer $\sigma < 1$ vorausgesetzt,* so dass also die $2n$ Punkte auf dem Kreise in der Reihenfolge $1, 1', 2, 2', 3, 3' . . . (n - 1), (n - 1)', n, n'$ liegen. Zwischen diesen $2n$ Punkten lassen sich in Summa $n(2n - 1)$ Strecken ziehen, welche in folgende drei Gruppen zerfallen:

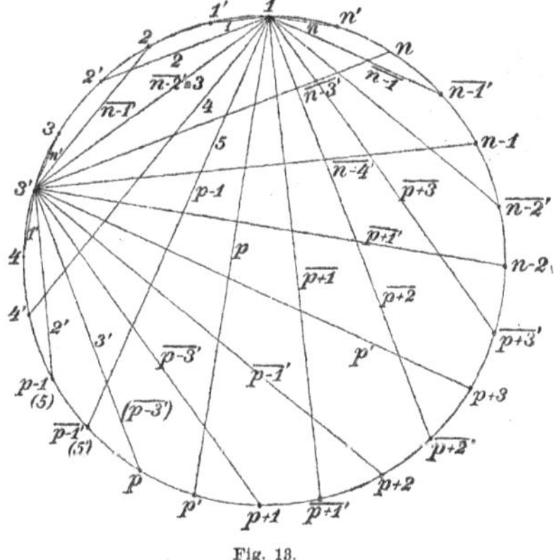

Fig. 13.

a) Die Verbindungsgeraden lediglich zwischen den Punkten erster Art $1, 2 . . . n$. Sie bilden ein vollständiges regelmässiges n-eck aus $\frac{n(n - 1)}{2}$ Kanten, von denen nach früherem je n Kanten Tangenten an den Kreis vom Radius $r \cos \frac{\lambda\pi}{n}$, $(\lambda = 1, 2 . . .)$ sind.

b) Die Verbindungsgeraden nur zwischen den Punkten zweiter Art $1', 2' . . . n'$, für welche dasselbe gilt wie für die Punkte unter a). Diese Geraden unter a) und b) geben nicht Kanten, sondern nur Diagonalen des gleicheckigen $2n$-ecks.

c) Die Verbindungsgeraden der Punkte erster Art mit denen zweiter Art, an Zahl gleich n^2, welche als Kanten der verschiedenen $2n$-ecke auftreten.

Von diesen n^2 Kanten haben immer je n gleichen Abstand vom Mittelpunkte. Jede dieser Kanten lässt zweierlei Auffassung zu, je nachdem sie von einem Punkte erster Art p zu einem Punkte zweiter Art q', oder von einem Punkte zweiter Art p' nach einem Punkte erster Art q läuft. Man denke sich die

---

[1] Eine andere Erzeugungsweise dieser Figuren kommt später zur Sprache.

Kanten der Reihe nach in demselben Sinne verfolgt, den die Umlaufsrichtung des Kreises, d. h. die $2n$ Punkte $1, 1', 2, 2' \ldots$ andeuten. Unter einer p^{ten} Kante, kurz *Kante p*, verstehe man die Kante von 1 nach p' und alle mit ihr gleichlangen Kanten, d. h. die von 2 nach $\overline{p+1}'$, von 3 nach $\overline{p+2}'$ u. s. w. Es sind also (Fig. 13):

die Kanten 1   die Kanten von 1 nach $1'$,   2 nach $2'$,   3 nach $3'$ u. s. w.,

„   „   2   „   „   „   1 nach $2'$,   2 nach $3'$,   3 nach $4'$ u. s. w.,

. . . .

„   „ p „   „   „   1 nach p',   2 nach $\overline{p+1}'$, 3 nach $\overline{p+2}'$ u. s. w.,

. . . .

„   „ $n-1$ „   „   „   1 nach $\overline{n-1}'$, 2 nach n',   3 nach $1'$ u. s. w.,

„   „ n „   „   „   1 nach n',   2 nach $1'$,   3 nach $2'$ u. s. w.

Allgemein kann man sagen: *Die Kante p ist die Kante von irgend einem Punkte m nach einem Punkte* $\overline{p+m-1}'$, wobei zu berücksichtigen ist, dass der Punkt $n+\lambda$ identisch mit dem Punkte $\lambda \, (<n)$ ist.

Rechnet man nun die Kanten von den Punkten p' nach den Punkten q in demselben Sinne, so folgt in der Peripherie auf den Punkt $1'$ der Punkt 2, auf $2'$ der Punkt 3, u. s. w. Unter der p'^{ten} Kante, kurz der *Kante p'*, versteht man dann die Kante von $1'$ nach $\overline{p+1}$ und alle mit ihr gleich langen Kanten, d. h. die von $2'$ nach $\overline{p+2}$, $3'$ nach $\overline{p+3}$ u. s. w. Es sind also (s. Fig. 13)

die Kanten $1'$ die Kanten von $1'$ nach 2, $2'$ nach 3, $3'$ nach 4 u. s. w.,

„   „ $2'$ „   „   „ $1'$ nach 3, $2'$ nach 4, $3'$ nach 5 u. s. w.,

. . . .

„   „ p' „   „   „ $1'$ nach $\overline{p+1}$, $2'$ nach $\overline{p+2}$, $3'$ nach $\overline{p+3}$ u. s. w.,

. . . .

„   „ $\overline{n-1}'$ „   „   „ $1'$ nach n, $2'$ nach 1, $3'$ nach 2 u. s. w.,

„   „ n' „   „   „ $1'$ nach 1, $2'$ nach 2, $3'$ nach 3 u. s. w.

Allgemein: *Die Kante p' ist die Kante von irgend einem Punkte m' nach einem Punkte* $\overline{p+m}$. Aus den beiden Tabellen schon folgt durch Vergleichung: Die Kanten p sind, ihrer Länge nach, identisch mit den Kanten $\overline{n+1-p}'$; doch ist der Sinn, in dem sie durchlaufen werden, der entgegengesetzte. Der allgemeine Beweis hierfür wird sofort geliefert werden.

22. Die Winkel des gleicheckigen Vielecks, die Kanten und die Radien der einbeschriebenen Kreise. Es möge zunächst der zur Kante p gehörige Centriwinkel ω_p bestimmt werden. Eine Kante p geht z. B. von 1 nach p'. Nun ist der Centriwinkel über dem Bogen $\overset{\frown}{1\,p}$ gleich $(p-1)\frac{2\pi}{n}$, der über dem Bogen $\overset{\frown}{p\,p'}$ gleich $\frac{2\pi}{n} \cdot \sigma$, also der Centriwinkel über dem Bogen $\overset{\frown}{1\,p'}$ gleich der Summe dieser, d. h.

$$\omega_p = 2\,(p-1+\sigma)\,\frac{\pi}{n} \cdot$$

Ebenso berechnet man den Centriwinkel über der Kante p' (z. B. von $1'$ nach $p+1$) als Differenz der Centriwinkel über den Bogen $\overset{\frown}{1\,p+1}$ und $\overset{\frown}{1\,1'}$ zu

$$\omega_p' = 2\,(p'-\sigma)\,\frac{\pi}{n} \cdot$$

Aus der letzten Formel ergiebt sich: $\omega_{\overline{n+1-p}}' = 2\,(n+1-p-\sigma)\,\frac{\pi}{n}$ d. h. es ist $\omega_p + \omega_{\overline{n+1-p}}' = 2\pi$. Bei Auffassung der Kante p als Kante $\overline{n+1-p}'$ ergiebt sich also der Centriwinkel als Ergänzung des vorigen zur vollen Umdrehung; die Kante ist demnach in entgegengesetztem Sinne zu rechnen, wie oben behauptet war. Ist K_p die Länge der Kante p, so ist $K_p = 2r \sin \frac{\omega_p}{2} = 2r \sin (p+1-\sigma)\frac{\pi}{n} \cdot$ Analog gilt für K_p

$$K_{p'} = 2r \sin (p'-\sigma)\,\frac{\pi}{n} \cdot$$

Bedeutet $u_{pp'}$ den Umfangswinkel des $2n$-ecks an einer Ecke, deren Kanten p und p' sind, so ist, wie mit Benutzung von Fig. 14 leicht abzuleiten ist:

$$u_{pp'} = \frac{\omega_p + \omega_{p'}}{2}.$$

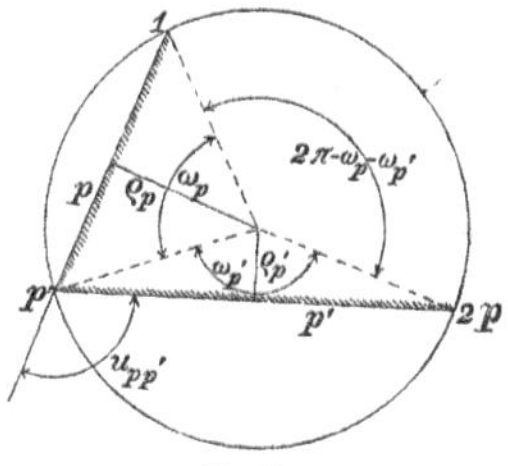

Die Radien der die beiden Arten von Kanten p und p' berührenden Kreise seien ϱ_p und $\varrho_{p'}$. Dann ist

$$\varrho_p = r \cos \frac{\omega_p}{2} \quad \text{und} \quad \varrho_{p'} = r \cos \frac{\omega_{p'}}{2},$$

oder

$$\varrho_p = r \cos (p - 1 + \sigma)\, \frac{\pi}{n}; \qquad \varrho_{p'} = r \cos (p' - \sigma)\, \frac{\pi}{n}.$$

Gehört eine Kante zu einem Centriwinkel $> \pi$, so ist ihre Länge K positiv, der Radius ϱ des Berührungskreises aber ist negativ zu nehmen. In der That ist z. B. ϱ_{n+1-p}' $= r \cos (n + 1 - p - \sigma)\, \frac{\pi}{n} = r \cos \left[\pi - (p - 1 + \sigma)\, \frac{\pi}{n} \right] = -r \cos (p - 1 + \sigma)\, \frac{\pi}{n} = -\varrho_p.$

Es sollen nun in den weitern Nummern die verschiedenen Arten des $2n$-ecks und deren verschiedene Varietäten der Reihe nach dargestellt werden. So lange keine der Kanten p und p' einen Centriwinkel grösser als π besitzt, gilt zur Einführung das folgende. Die Art a eines $2n$-ecks ist bestimmt durch die Gleichung $2a\pi = 2n \cdot u_{pp'}$ d. h. nach Einsetzung der Werte für ω_p und $\omega_{p'}$ in $u_{pp'}$ durch:

$$2a\pi = 2n (p + p' - 1)\, \frac{\pi}{n},$$

woraus $a = p + p' - 1$ folgt. Es ist also, da p und p' nur positive ganze Zahlen sind, die Gleichung befriedigt, für $a = 1$ durch $p = 1$, $p' = 1'$; für $a = 2$ durch $p = 1$, $p' = 2'$ und $p = 2$, $p' = 1'$; für $a = 3$ durch $p = 1$, $p' = 3'$; $p = 2$, $p' = 2'$ und $p = 3$, $p' = 1'$; u. s. w.

23. Die gleicheckigen $2n$-ecke der ersten Art. Ein solches $2n$-eck wird gebildet von den Kanten 1 in Verbindung mit den Kanten $1'$, so dass der Perimeter $1\,1'2\,2'3\,3' \ldots nn'$ 1 wird (s. Fig. 7, Tafel I, das gleich-eckige Zehneck erster Art). Hier ist nach den allgemeinen Formeln $\omega_1 = 2\sigma\, \frac{\pi}{n}$, $\omega_1' = 2(1 - \sigma)\, \frac{\pi}{n}$; $K_1 = 2r \sin \frac{\sigma\pi}{n}$, $K_1' = 2r \sin (1 - \sigma)\, \frac{\pi}{n}$; $u_{1,1'} = \frac{\pi}{n}.$ Für $\sigma = \frac{1}{2}$ wird $K_1 = K_1'$, und das gleicheckige $2n$-eck wird zum regulären $2n$-eck. Für $\frac{1}{2} < \sigma < 1$ vertauschen die Kanten K_1 und K_1' ihre Länge. Dasselbe $2n$-eck erhält man durch Zusammenfügen der Kanten n und n', nämlich 1, n', n, $\overline{n-1}'$, $\overline{n-1} \ldots 2'$, 2, $1'$, d. h. in um-gekehrtem Sinne wie vorher. Hier wird $u_{n,n'} = (2n - 1)\, \frac{\pi}{n}$, also $a = 2n - 1$, was mit den Betrachtungen über die Art a eines Vielecks in Nr. 4, wonach bei Umkehrung des Umlaufsinnes des Perimeters die Ergänzung der Zahl a zur Zahl der Seiten des Vielecks als neue Artzahl a' erhalten wird, übereinstimmt. Das gleicheckige $2n$-eck erster Art hat keine Doppelpunkte und sämtliche Diagonalen liegen mit beiden Enden in Innenwinkeln des Polygons.

24. Die gleicheckigen $2n$-ecke der zweiten Art. Die Kanten 1 in Verbindung mit den Kanten $2'$ geben das gleicheckige $2n$-eck zweiter Art $1\,1'3\,3'5\,5' \ldots nn'2\,2'4\,4'$ $\overline{n-1}$ $\overline{n-1}'$ (s. Fig. 8, Tafel I, wo $n = 5$ ist). Das Vieleck ist kontinuierlich oder nicht, je nachdem n ungerade oder gerade ist. Für gerades n besteht die Figur aus zwei sich kreuzenden gleicheckigen n-ecken der ersten Art. Es ist $K_1 = 2r \sin \frac{\sigma\pi}{n}$, $K_2 = 2r \sin (2 - \sigma)\, \frac{\pi}{n}$, $u_{1,2'} = \frac{2\pi}{n}.$ Die Zahl der Doppelpunkte ist gleich n; sie bilden ein reguläres n-eck der ersten Art, erzeugt durch die Kanten $2'$. Für die Werte von σ zwischen 0 und 1 ändert sich nur die Länge zweier auf einander folgenden Kanten, für $\sigma = 1$ entstehen zwei auf einander fallende n-ecke erster Art. Das Vieleck hat n Diagonalen, die mit beiden Enden in den Umfangswinkeln liegen (nämlich

Fig. 14.

1′2, 2′3 u. s. w.) und $2n$ Diagonalen, die mit einem Ende in einem Innenwinkel, mit dem andern in einem Umfangswinkel liegen (nämlich 12, 23, 34 … n1 und 1′2′, 2′3′ … n′1′). Es geht also von jeder Ecke des $2n$-ecks eine Diagonale aus, die in zwei Umfangswinkeln liegt und ebenso eine Diagonale, die in einem Umfangs- und einem Innenwinkel liegt.[1] Setzt man die Zahl aller aber $2n + 2n = 4n$, so sind die ersteren doppelt gezählt, die letzteren einfach. Ist also die Anzahl der ersteren Du, u, die der letzteren $2Du, i$, so ist $2Du, u + 2Du, i = 4n$ oder $Du, u + Du, i = 2n$. Diese Gleichung ist charakteristisch für das $2n$-eck.

Genau dasselbe $2n$-eck, nur in umgekehrtem Sinne, wird von den Kanten $\overline{n-1}$ und n' gebildet.[2]

Kombiniert man nun die Kanten 2 mit 1′, so ergiebt sich das Vieleck 1 2′3 4′… $\overline{n-1}'$ n 1′2 3′4 .. .. $\overline{n-1}$ n' (Fig. 9, Taf. I, für $n = 5$), welches ebenfalls ein $2n$-eck zweiter Art ist. Hier wird

$$K = 2r \sin (1 + \sigma)\, \frac{\pi}{n}, \qquad K' = 2r \sin (1 - \sigma)\, \frac{\pi}{n}, \qquad u'_{1,2} = \frac{2\pi}{n}.$$

Dieses Vieleck entspricht dem ersten, nur sind hier die Eckpunkte erster und zweiter Art vertauscht. Auch hier ist $Du, u + Du, i = 2n$. *Es giebt also von dem $2n$-eck zweiter Art nur eine Varietät.*

25. Die gleicheckigen $2n$-ecke der dritten Art. Nach den vorläufigen Betrachtungen am Ende von Nr. 22 sind zur Erzeugung der $2n$-ecke dritter Art drei Möglichkeiten vorhanden. α) Die Verbindung der Kanten 1 mit den Kanten 3′ giebt das $2n$-eck 1 1′4 4′… $\overline{n-1}\ \overline{n-1}'$ 2 2′… $\overline{n-2}\ \overline{n-2}'$ von der dritten Art, das kontinuierlich ist, wenn n relativ prim zu 3 ist; z. B. Fig. 15 für $n = 7$ (das Zehneck dritter Art Tafel I, Fig. 10 kommt später zur Sprache). Von den Diagonalen liegen $2n$, nämlich die Kanten 1′

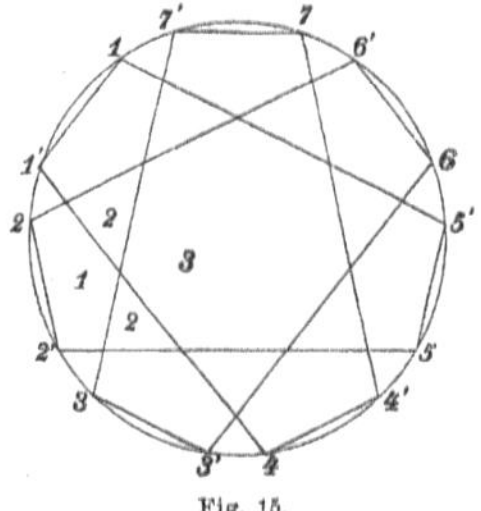

Fig. 15.

und 2′ je in zwei Umfangswinkeln, dagegen $4n$, nämlich je $2n$ aus den Gruppen a) und b) in Nr. 21 in einem Innen- und einem Umfangswinkel. Es ist also

$$2Du, u + 2Du, i = 4n + 4n \quad \text{oder} \quad Du, u + Du, i = 2(3-1)n.$$

Doppelpunkte sind $2n$ vorhanden, welche vermöge ihrer Verbindung durch die Kanten ein regelmässiges $2n$-eck der zweiten Art bilden.

β) Die Verbindung der Kanten 2 mit 2′ giebt das $2n$-eck dritter Art 1 2′4 5′… n 1′3 4′… $\overline{n-1}$ n'2 3′… $\overline{n-2}\ \overline{n-1}'$ (Fig. 11, Taf. I, für $n = 5$). Es ist $Du, u = 4n$, $Du, i = 0$, somit wieder $Du, u + Du, i = 2(3-1)n$. Dagegen ist die Anzahl der Doppelpunkte hier eine andere.

Bezeichnet man mit ϑ_1 künftig die Anzahl der Doppelpunkte, welche Schnittpunkte der Kanten erster Art unter sich sind, mit ϑ_2 die Anzahl der Doppelpunkte der Kanten zweiter Art unter sich, mit ϑ_3 die Anzahl der Doppelpunkte, welche Schnittpunkte der Kanten erster Art mit denen zweiter sind, mit ϑ die Summe $\vartheta_1 + \vartheta_2 + \vartheta_3$, so war bei dem unter α) behandelten $2n$-ecke dritter Art $\vartheta_1 = 0$, $\vartheta_2 = 2n$, $\vartheta_3 = 0$, also $\vartheta = 2n$. Hier im Falle β) ist aber $\vartheta_1 = n$, $\vartheta_2 = n$, $\vartheta_3 = 2n$, also $\vartheta = 4n$. γ) Die Verbindung der Kanten 3 mit 1′ giebt ein $2n$-eck dritter Art, welches von derselben Varietät wie das unter α) behandelte ist (Tafel I, Fig. 12, für $n = 5$). *Es giebt also für $a = 3$ zwei wesentlich verschiedene Varietäten, die sich durch die Anzahl der Doppelpunkte sowie durch die Grössen Du, u und Du, i unterscheiden, wobei aber die Summe $Du, u + Du, i = 2(3-1)n$, der Art a charakteristisch, dieselbe bleibt.*

---

[1] Die Anzahl der Diagonalen verschiedener Art wird auch im folgenden stets dadurch bestimmt, dass man die von *einer* Ecke ausgehenden Diagonalen untersucht, s. Hess I, S. 680 ff.

[2] Auf diese rückläufigen Vielecke, deren Art a' die Ergänzung der Art a der rechtläufigen Figuren zu $2n$ ist, wird künftig nicht weiter hingewiesen werden. Auch die Formeln für K, K' u. s. w. werden, als leicht aus den allgemeinen ableitbar, nicht immer angeführt.

26. Die gleicheckigen 2 n-ecke der vierten Art. Sie entstehen durch Kombination der Kanten α) 1 und 4′, Fig. 16 für $n = 9$; β) 2 und 3′, Fig. 17 für $n = 9$; γ) 3 und 2′, Fig. 18 für $n = 9$; δ) 4 und 1′. Für diese Vielecke ist:

$$\alpha)\ Du, u = 3n, \qquad Du, i = 3n, \qquad \vartheta_1 = 0, \qquad \vartheta_2 = 3n, \qquad \vartheta_3 = 0, \qquad \vartheta = 3n.$$

$$\beta)\ Du, u = 5n, \qquad Du, i = n, \qquad \vartheta_1 = n, \qquad \vartheta_2 = 2n, \qquad \vartheta_3 = 2n, \qquad \vartheta = 5n.$$

$$\gamma)\ Du, u = 5n, \qquad Du, i = n, \qquad \vartheta_1 = 2n, \qquad \vartheta_2 = n, \qquad \vartheta_3 = 2n, \qquad \vartheta = 5n.$$

$$\delta)\ Du, u = 3n, \qquad Du, i = 3n, \qquad \vartheta_1 = 3n, \qquad \vartheta_2 = 0, \qquad \vartheta_3 = 0, \qquad \vartheta = 3n.$$

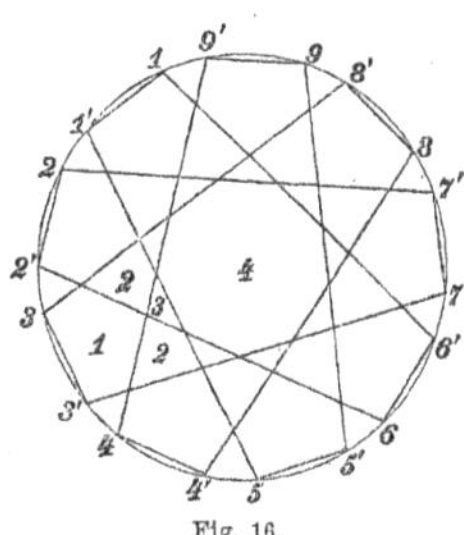

Fig. 16.

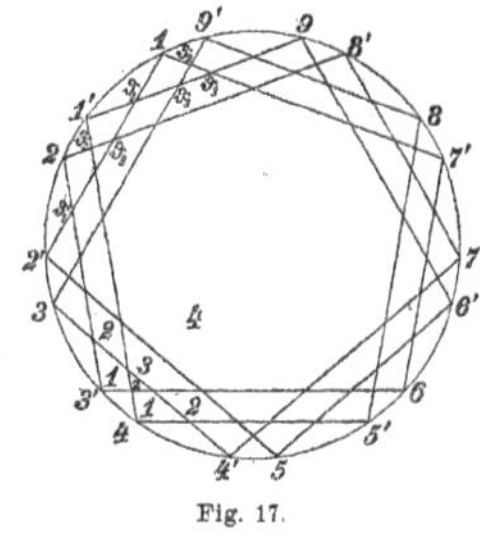

Fig. 17.

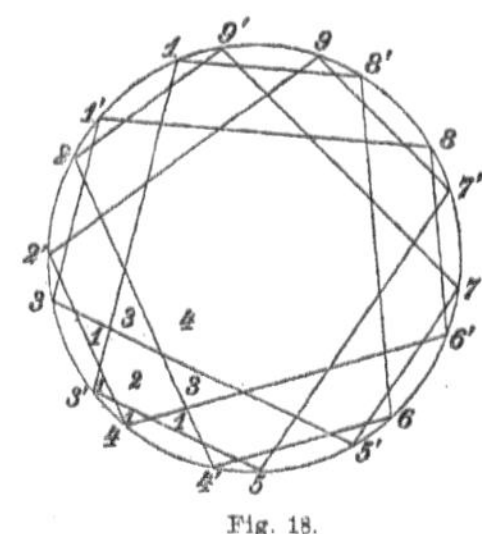

Fig. 18.

Es ist also stets $Du, u + Du, i = 6n = 2(4-1)n$ eine für die Art charakteristische Eigenschaft, während zwei Varietäten existieren, die sich durch die Zahl ϑ der Doppelpunkte unterscheiden. γ) geht aus β) ebenso wie δ) aus α) durch Vertauschung der beiden Punktreihen hervor. Man beachte ferner die bisher immer als richtig befundene Gleichung $Du, u = \vartheta$. Die obigen Resultate sind aber nur gültig, wenn für ungerade n dieses > 5, für gerade n dasselbe > 6 ist. Für Werte von $n \lessgtr 5$ bez. 6 tritt eine andere Verteilung der Du, u und Du, i ein, worauf später zurückzukommen ist (vergl. bereits hier Tafel I, Fig. 13 ff. für $n = 5$). Wenn alle Kanten des 2 n-ecks dem Kreiscentrum ihre innere Seite zukehren, erhalten die Zellen von aussen nach innen die Koeffizienten 1, 2, 3, 4. Die 3 n Doppelpunkte der Varietät α) bez. δ) liegen zu je n auf drei konzentrischen Kreisen und bilden für sich ein reguläres n-eck der dritten Art, welches in Figur 16 diskontinuierlich ist, nämlich aus drei sich kreuzenden Dreiecken besteht. Von den 5 n Doppelpunkten der Varietät β) bez. γ) liegen die n ersten ϑ_1, gebildet von den Kanten 2 (s. Fig. 17), auf einem Kreise; von den 2 n Doppelpunkten ϑ_2, gebildet von den Kanten 3′, liegen je n auf einem Kreise; die 2 n Doppelpunkte ϑ_3 aber, gebildet von den Kanten 2 und 3′, liegen insgesamt auf demselben Kreise und bilden vermöge ihrer Verbindung ein gleicheckiges 2 n-eck zweiter Art. Im folgenden werden nun die verschiedenen Varietäten der a^{ten} Art eines gleicheckigen 2 n-ecks zusammengestellt, hierbei aber die Fälle eines ungeraden und eines geraden a gesondert behandelt. Ferner sei vorausgesetzt, bei ungeradem n, dass $a < \dfrac{n+1}{2}$, bei geradem n, dass $a < \dfrac{n}{2}$ sei. Das 2 n-eck a^{ter} Art hat einen kontinuierlichen oder diskontinuierlichen Perimeter, je nachdem a relativ prim zu n ist oder nicht; die entwickelten Eigenschaften sind aber hiervon unabhängig.

27. Gleicheckige 2 n-ecke der Art $a = 2p + 1$, wenn $a < \dfrac{n+1}{2}$ bez. $< \dfrac{n}{2}$ ist.[1]) Von dem gleicheckigen 2 n-ecke der $2p + 1^{\text{ten}}$ Art giebt es $p + 1$ Varietäten, welche durch die Verbindung der folgenden Kanten zu stande kommen:

---

1) Hess I, § 14, S. 643—654.

4^{*}

die erste Varietät durch Verbindung der Kanten 1 und $\overline{2p+1}{}'$,

$\quad$„$\quad$ 2te $\quad$„$\quad$„$\quad$„$\quad$„$\quad$„ $\qquad$ 2 „ $\overline{2p}{}'$,

. . . .

$\quad$„$\quad$ q^{te} $\quad$„$\quad$„$\quad$„$\quad$„$\quad$„ $\qquad$ q „ $\overline{2p-q+2}{}'$,

. . . .

$\quad$„$\quad$ p^{te} $\quad$„$\quad$„$\quad$„$\quad$„$\quad$„ $\qquad$ p „ $\overline{p+2}{}'$,

$\quad$„ $\overline{p+1}{}^{\text{te}}$ $\quad$„$\quad$„$\quad$„$\quad$„$\quad$„ $\qquad$ $\overline{p+1}$ „ $\overline{p+1}{}'$,

$\quad$„$\quad$ p^{te} $\quad$„$\quad$„$\quad$„$\quad$„$\quad$„ $\qquad$ $\overline{p+2}$ „ p',

. . . .

$\quad$„$\quad$ q^{te} $\quad$„$\quad$„$\quad$„$\quad$„$\quad$„ $\qquad$ $\overline{2p-q+2}$ „ q',

. . . .

$\quad$„$\quad$ 2te $\quad$„$\quad$„$\quad$„$\quad$„$\quad$„ $\qquad$ $\overline{2p}$ „ $2'$,

$\quad$„ erste $\quad$„$\quad$„$\quad$„$\quad$„$\quad$„ $\qquad$ $\overline{2p+1}$ „ $1'$.

Es tritt also die q^{te} Varietät zweimal auf, nämlich sowohl durch Verbindung der Kanten q mit den Kanten $\overline{2p-q+2}{}'$, als auch durch Verbindung der Kanten $\overline{2p-q+2}$ mit den Kanten q', dagegen die letzte, d. h. die $\overline{p+1}{}^{\text{te}}$ nur einmal, durch Verbindung der Kanten $\overline{p+1}$ und $\overline{p+1}{}'$. Es ist für die q^{te} Varietät

$$Du, u = 2(p+q-1)n, \qquad Du, i = 2(p-q+1)n;$$

also ist $Du, u + Du, i = D = 4pn$ für alle $2n$-ecke der Art $a = \overline{2p+1}$. Für die drei Klassen von Doppelpunkten gilt für die q^{te} Varietät:

$$\vartheta_1 = (q-1)n, \quad \vartheta_2 = (2p-q+1)n, \quad \vartheta_3 = 2(q-1)n, \quad \text{somit} \quad \vartheta = 2(p+q-1)n,$$

und es ist $Du, u = \vartheta$, d. h. die Varietäten dieser $2n$-ecke sind sowohl durch die Anzahl der in Umfangswinkeln liegenden Diagonalen, als durch die Zahl der vorhandenen Doppelpunkte charakterisiert. Nach den früheren allgemeinen Ableitungen ergeben sich die zu den beiden Kanten des $2n$-ecks der q^{ten} Varietät der $\overline{2p+1}{}^{\text{ten}}$ Art gehörigen Centriwinkel ω und ω' zu $\omega = 2(q-1+\sigma)\frac{\pi}{n}$ und $\omega' = 2(2p-q+2-\sigma)\frac{\pi}{n}$, woraus der Umfangswinkel gleich $(2p+1)\frac{\pi}{n}$ folgt. Die beiden Kanten sind $K = 2r\sin(q-1+\sigma)\frac{\pi}{n}$ und $K' = 2r\sin(2p-q+2-\sigma)\frac{\pi}{n}$. Sämtliche Varietäten besitzen die Eigenschaft, dass ihre Umfangswinkel den Mittelpunkt des Kreises ausschliessen, weil der zu einer der beiden Kanten gehörige Bogen niemals grösser als ein Halbkreis ist. Es erhalten daher sämtliche Flächenzellen positive Koeffizienten und zwar die innerste, den Mittelpunkt einschliessende, den Koeffizienten $a = 2p+1$. Es lassen sich ferner die Ausdrücke für die Kanten für alle Varietäten unter der Form $K = 2r\sin\frac{\sigma\pi}{n}$ und $K' = 2r\sin(a-\sigma)\frac{\pi}{n}$ darstellen, sobald man nur bei der q^{ten} Varietät das Intervall der Werte für σ zwischen $q-1$ und q nimmt, denn die obigen für das Intervall $0 < \sigma < 1$ erhaltenen Werte nehmen die eben bemerkte Form für $\sigma' = q-1+\sigma$ an.

28. Gleicheckige $2n$-ecke der Art $a = 2p$, wenn $a < \dfrac{n+1}{2}$ bez. $< \dfrac{n}{2}$ ist.[1] Es ergeben sich p verschiedene Varietäten und zwar die q^{te} Varietät durch Verbindung sowohl der Kanten q mit den Kanten $\overline{2p-q+1}{}'$, als auch der Kanten $\overline{2p-q+1}$ mit den Kanten q'. Hier tritt jede Varietät zweimal auf. Allen gemeinsam ist die in der Gleichung $D = 2(2p-1)n$ ausgesprochene Eigenschaft. Dagegen ist für die q^{te} Varietät

---

1) Hess I, § 15, S. 655—657.

$$Du, u = (2p + 2q - 3)n, \qquad Du, i = (2p - 2q + 1)n;$$

ferner

$$\vartheta_1 = (q-1)n, \qquad \vartheta_2 = (2p-q)n, \qquad \vartheta_3 = 2(q-1)n,$$

also $\vartheta = (2p + 2q - 3)$, so dass auch hier die Beziehung $\vartheta = Du, u$ besteht. Die übrigen Betrachtungen sind analog denen der vorigen Nummer.

29. Gleicheckige $2n$-ecke der Art $a = \frac{n+1}{2}$ bez. $\frac{n}{2}$. Die jetzt anzustellenden Betrachtungen bilden den Übergang zu denen der folgenden Nummer, indem hier zum erstenmal die fortan regelmässig wiederkehrende Einteilung der Varietäten einer bestimmten Art in *zwei* unterschiedene *Gruppen* nötig wird. Es wird hier der Fall eintreten, dass eine der beiden Kanten dem Mittelpunkte des Kreises die nichtschraffierte Seite zukehrt, so dass das Polygon Zellen mit negativen Flächenkoeffizienten enthält. Es ist zunächst bei ungeradem n $a = \frac{n+1}{2}$, und wie bisher wird die q^{te} Varietät durch Verbindung der Kanten q mit den Kanten $\overline{\frac{n+3-2q}{2}}'$ bez. der Kanten $\overline{\frac{n+3-2q}{2}}$ mit den Kanten q' erhalten. Die erste Varietät, die durch Verbindung der Kanten 1 und $\overline{\frac{n+1}{2}}'$ entsteht, nämlich das $2n$-eck $1\ 1'\ \overline{\frac{n+3}{2}}\ \overline{\frac{n+3}{2}}'\ 2\ 2'\ \overline{\frac{n+5}{2}}\ \overline{\frac{n+5}{2}}' \cdots$ $\cdots n\ n'\ \overline{\frac{n+1}{2}}\ \overline{\frac{n+1}{2}}'\ 1$, hat dann, ganz analog dem früheren gebildet, die charakteristischen Grössen:

$$Du, u = \frac{n-1}{2} \cdot n, \qquad Du, i = \frac{n-1}{2} \cdot n, \qquad D = 2 \cdot \frac{n-1}{2} \cdot n;$$

$$\vartheta_1 = 0, \qquad \vartheta_2 = \frac{n-1}{2} \cdot n, \qquad \vartheta_3 = 0, \qquad \vartheta = \frac{n-1}{2} \cdot n.$$

Dabei ist

$$K = 2r \sin \frac{\sigma \pi}{n}, \qquad K' = 2r \sin \left(\frac{n+1}{2} - \sigma \right) \frac{\pi}{n}, \qquad u = \frac{n+1}{2} \cdot \frac{\pi}{n}.$$

Nun beachte man aber, dass der zu der Kante K' gehörige Bogen, dessen Centriwinkel $\omega' = 2\left(\frac{n+1}{2} - \sigma \right) \frac{\pi}{n}$ ist, für alle Werte von σ zwischen 0 und $\frac{1}{2}$ grösser ist als ein Halbkreis, für $\sigma = \frac{1}{2}$ gleich einem Halbkreise, und für σ zwischen $\frac{1}{2}$ und 1 kleiner als ein Halbkreis wird. In dem ersten Falle $0 < \sigma < \frac{1}{2}$ schliessen daher die Umfangswinkel den Mittelpunkt des Kreises ein; der Radius ϱ' des die zweiten Kanten berührenden Kreises $\varrho' = r \cos \left(\frac{n+1}{2} - \sigma \right) \frac{\pi}{n}$ erhält einen negativen Wert, d. h. der Kreis berührt die Aussenseiten dieser Kanten, und die innern Flächenteile erhalten infolge dessen negative Koeffizienten (Taf. I, Fig. 10, wo $n = 5$, also $a = 3$ ist). Für $\sigma = \frac{1}{2}$ wird der zu K' gehörige Bogen ein Halbkreis, die Kante K' wird Durchmesser und sämtliche Doppelpunkte des Vielecks fallen im Centrum des Kreises zusammen. Für $\frac{1}{2} < \sigma < 1$ ist der zu K' gehörige Bogen wieder kleiner als ein Halbkreis und die Umfangswinkel schliessen den Mittelpunkt

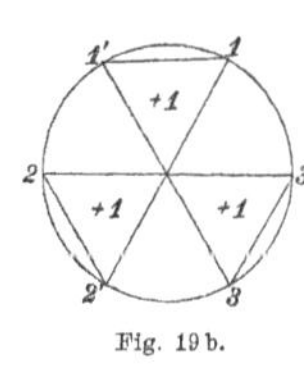

Fig. 19 a.   Fig. 19 b.

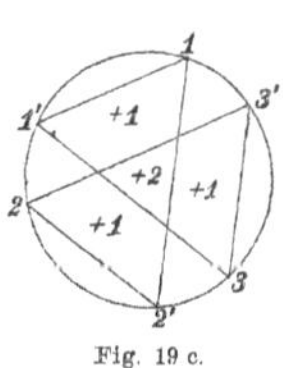

Fig. 19 c.

wieder aus. Diese Varietät entspricht also vollständig den früher betrachteten. Man vergleiche hierzu auch die nebenstehenden Figuren 19a, b, c für $n = 3$, $a = 2$. Es ergeben sich also für σ in den Intervallen von 0 bis $\frac{1}{2}$ und von $\frac{1}{2}$ bis 1 zwei wesentlich verschiedene $2n$-ecke, für welche jedoch die Werte der Du, u, etc. (s. oben) dieselben bleiben. Dasselbe Resultat ergiebt sich für das durch Verbindung der Kanten $\frac{n+1}{2}$ und $1'$ entstehende Polygon, für welches aber der zur ersten Kante K gehörige Bogen für σ zwischen $\frac{1}{2}$ und 1

grösser als der Halbkreis wird. Bei sämtlichen übrigen Varietäten des $2n$-ecks der Art $\frac{n+1}{2}$ tritt dieser Umstand nicht ein, und sie bieten also nichts Neues.

Für $a = \frac{n}{2}$ bei geradem n besteht das gleicheckige $2n$-eck aus $\frac{n}{2}$ regelmässig sich kreuzenden Rechtecken. S. Fig. 20 für $n = 6$, $a = 3$; kombiniert sind die Kanten 3 und 1'. Alle für die Doppelpunkte und Diagonalen abgeleiteten Eigenschaften finden sich auch bei diesen Figuren.

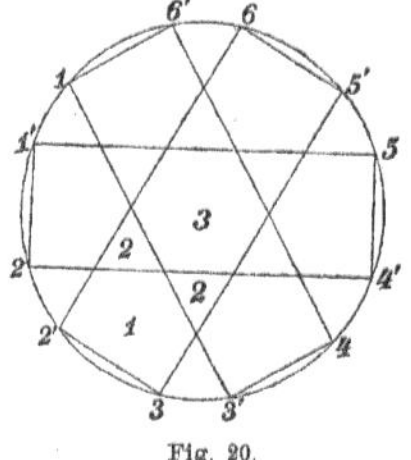
Fig. 20.

30. Gleicheckige $2n$-ecke der $\frac{n+p}{2}$ ten Art.[1]) Es sei dabei stets $p < n$ vorausgesetzt, und für gerades [ungerades] n sei auch p gerade [ungerade]. Bereits bei der ersten Varietät dieses $2n$-ecks, wobei die Kanten 1 mit den Kanten $\frac{n+p'}{2}$ kombiniert sind, ist, wenn $p > 1$ vorausgesetzt wird, der zur zweiten Kante K' gehörige Centriwinkel $\omega' = 2\left(\frac{n+p}{2} - \sigma\right)\frac{\pi}{n}$ für $0 < \sigma < 1$ grösser als ein Gestreckter, und die Umfangswinkel des Vielecks schliessen den Kreismittelpunkt ein. Es sind also diese $2n$-ecke in zwei Gruppen zu bringen: *Bei der ersten Gruppe schliessen die Umfangswinkel den Kreismittelpunkt ein, bei der zweiten nicht.* Die q^{te} Varietät der ersten Gruppe kommt durch Verbindung der Kanten q mit den Kanten $\frac{n + p - 2(q-1)'}{2}$ zu stande, und es wird dabei bei ungeradem n $q \leq \frac{p+1}{2}$, bei geradem n $q \leq \frac{p}{2}$ vorausgesetzt. *Bei allen Varietäten dieser ersten Gruppe ist die Anzahl der Diagonalen, welche mit beiden Ecken in Umfangswinkeln liegen, dieselbe.* Betrachtet man z. B. Fig. 21, wo $n = 10$, $p = 4$,

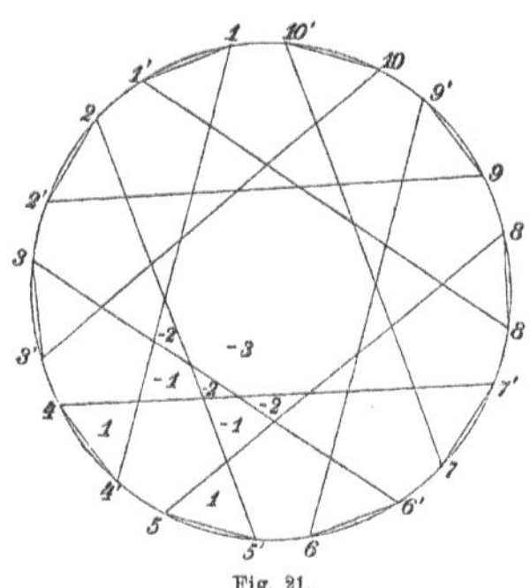
Fig. 21.

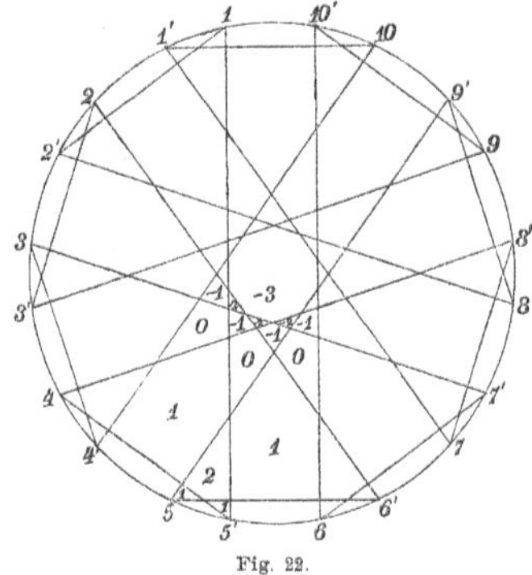
Fig. 22.

also $a = 7$ und $q = 1$ ist, so liegen in Umfangswinkeln von 1' ausgehend einmal die Diagonalen 1' 2, 1' 3, ... 1' 7 $\left(\text{allgemein bis } 1'\,\overline{\frac{n+p}{2}}\right)$, also in Summa 6 $\left(\text{allgemein } \frac{n+p-2}{2}\right)$ Diagonalen, ferner aber die Diagonalen 1' 5', 1 6', 1' 7' $\left(\text{allgemein von } 1'\,\overline{\frac{n-(p-4)}{2}} \text{ bis } 1'\,\overline{\frac{n+p}{2}}\right)$ d. h. 3 (im allgemeinen $p - 1$) Diagonalen; so dass die Summe aller dieser Diagonalen von 1' aus $\frac{n+3p-4}{2}$ ist. Genau dasselbe Ergebnis liefert die Betrachtung von Fig. 22, wo $n = 10$, $p = 4$, $a = 7$, $q = 2$ ist, wenn man die von 2' ausgehenden Diagonalen verfolgt. *Auch die Anzahl der Diagonalen, welche mit einem Ende in einem Umfangswinkel, mit dem andern in einem Innenwinkel liegen, ist unabhängig von q.* In Fig. 21 sind dies die Diagonalen 1' 2', 1' 3', 1' 4'

---

[1]) Hess I, S. 668—678.

$\left(\text{allgemein bis } 1' \, \overline{\frac{n-(p-2)}{2}}'\right)$ d. h. $\frac{n-p}{2}$ Diagonalen. Mit Berücksichtigung aller Ecken ergeben sich somit die Ausdrücke $Du, u = \frac{n+3p-4}{2} \cdot n$, $\quad Du, i = \frac{n-p}{2} \cdot n$ und damit $D = 2\left(\frac{n+p}{2} - 1\right) n$.

Die Anzahl der verschiedenen Doppelpunkte ändert sich dagegen mit dem Werte von q. Es ergiebt sich für die q^{te} Varietät:

$$\vartheta_1 = (q-1)n, \quad \vartheta_2 = \frac{n-p+2(q-1)}{2} \cdot n, \quad \vartheta_3 = 2(q-1)n, \quad \text{also} \quad \vartheta = \left[\frac{n-p}{2} + 4(q-1)\right]n.$$

Die Doppelpunkte ϑ_2 liegen zu je n auf $\frac{n-p+2(q-1)}{2}$ konzentrischen Kreisen, und die n Punkte auf dem äussersten dieser Kreise bilden die Ecken eines regulären n-ecks der Art $\frac{n-p+2(q-1)}{2}$, dessen innerste Zelle — ein reguläres n-eck erster Art —, die zugleich die innerste Zelle des ganzen gleicheckigen $2n$-ecks ist, den *negativen* Koeffizienten $\left(\frac{n-p}{2}\right)$ hat. Die äussersten Zellen an den Ecken des regulären n-ecks besitzen den Koeffizienten $q-2$, welcher positiv ausfällt, falls $q > 2$ ist. Die Zellenkoeffizienten des regelmässigen n-ecks nehmen hier von aussen nach innen immer um die Einheit ab, so dass also in diesem inneren n-eck und damit im $2n$-eck als Ganzem Zellen mit dem Koeffizienten Null, welche als Löcher in der Ebene des Vielecks anzusehen sind, auftreten, wenn $q \geq 2$ ist. Man vergleiche hierzu die Fig. 21 und 22 und die Zehnecke Fig. 13 und 14 auf Tafel I. Für Fig. 13 ist, da $n = 5$, $p = 3$, $a = 4$, $q = 1$ ist: $Du, u = 25$, $Du, i = 5$; $\vartheta_1 = 0$, $\vartheta_2 = 5$, $\vartheta_3 = 0$; der Koeffizient der innersten Zelle ist -1. Für Fig. 14, wo $n = 5$, $p = 3$, $a = 4$, $q = 2$ ist, findet sich $Du, u = 25$, $Du, i = 5$, $\vartheta_1 = 5$, $\vartheta_2 = 10$, $\vartheta_3 = 10$; der Koeffizient der innersten Zelle ist ebenfalls -1; es treten aber auch Zellen mit dem Koeffizienten Null auf. Das oben erwähnte regelmässige n-eck ist hier ein Fünfeck zweiter Art. Durch Vertauschung der Kanten erster und zweiter Art entsteht das Zehneck derselben Art und Varietät Fig. 16, Taf. I. Dieselbe Vertauschung der beiden Arten von Kanten ist natürlich wie früher auch für den allgemeinen Fall der Erzeugung der q^{ten} Varietät des $2n$-ecks der Art $\frac{n+p}{2}$ gültig. Bei den vorherigen Festsetzungen war übrigens $K = 2r \sin\left(q - 1 + \sigma\right)\frac{\pi}{n}$, $K' = 2r \sin\left(\frac{n+p-2(q-1)}{2} - \sigma\right)\frac{\pi}{n}$, wobei σ zwischen 0 und 1 liegt; nur darf für die letzte Varietät bei *ungeradem* n der Wert von σ nur zwischen 0 und $\frac{1}{2}$ variieren. Es existieren also von einem gleicheckigen $2n$-eck $\frac{n+p}{2}^{\text{ter}}$ Art *der ersten Gruppe* bei ungeradem n $\frac{p+1}{2}$, bei geradem n $\frac{p}{2}$ verschiedene Varietäten. Für alle beträgt der Umfangswinkel, welcher den Mittelpunkt des Kreises einschliesst, $\frac{n+p}{2} \cdot \frac{\pi}{n}$; ferner haben sowohl Du, u wie Du, i dieselben von der Varietät unabhängigen Werte; dagegen sind die einzelnen Varietäten charakterisiert durch die Anzahl und Beschaffenheit der auftretenden Doppelpunkte. *Die Gleichung $\vartheta = Du, u$ ist hier nicht gültig*, ausser scheinbar für die letzte, d. h. $\frac{p+1}{2}^{\text{te}}$ Varietät bei ungeradem n, weil nämlich dieselben Werte für ϑ und Du, u bei der ersten Varietät der zweiten Gruppe, deren Betrachtung jetzt folgt, auftreten.

Bei Untersuchung der verschiedenen Varietäten der *zweiten Gruppe* der $2n$-ecke der Art $\frac{n+p}{2}$ sind die Fälle von geradem und ungeradem n getrennt zu behandeln. *Es sei n zunächst n ungerade.* Die erste Varietät dieser Gruppe kommt dann durch Verbindung der Kanten $\frac{p+1}{2}$ und $\frac{n+1}{2}'$ zu stande, d. h. durch dieselben Kanten, durch welche die letzte Varietät der ersten Gruppe erhalten wurde; nur darf jetzt dabei σ nur zwischen $\frac{1}{2}$ und 1 liegen. Für $\sigma = \frac{1}{2}$ wird nämlich $K' = 2r$, d. h. gleich dem Durchmesser, für $\sigma > \frac{1}{2}$ wird $K' < 2r$. Die Grössen Du, u, Du, i, ϑ_1, ϑ_2, ϑ_3 haben dieselben Werte wie bei der letzten Varietät der ersten Gruppe; der Wert für ϑ_2 hat sein Maximum $\frac{n-1}{2} \cdot n$ erreicht, und es gilt für diese und die weiteren Varietäten wieder die Relation $\vartheta = Du, u$. Für jede folgende Varietät wächst ϑ_1 um $1 \cdot n$, ϑ_2 um $1 \cdot n$ und ϑ_3 ist gleich

$2 \cdot \vartheta_1$. Die k^{te} Varietät der zweiten Gruppe, welches zugleich die $\dfrac{p + 2k - 1}{2}^{\text{te}}$ Varietät der Art $\dfrac{n + p}{2}$ überhaupt ist, kommt zu stande durch Verbindung der Kanten $\overline{\dfrac{p + 2k - 1}{2}}$ und $\overline{\dfrac{n - 2k + 3}{2}}'$, und es ist

$$Du, u = \frac{n + 3p - 4}{2} \cdot n + 2(k-1)n, \quad Du, i = \left(\frac{n - p}{2} + 2(k-1)\right)n, \quad D = 2\left(\frac{n + p}{2} - 1\right)n;$$

$$\vartheta_1 = \left(\frac{p - 1}{2} + (k-1)\right)n, \quad \vartheta_2 = \left(\frac{n - 1}{2} - (k-1)\right)n, \quad \vartheta_3 = 2\vartheta_1, \quad \vartheta = Du, u.$$

Die *letzte* Varietät entsteht, wenn $\dfrac{n + p}{2}$ gerade ist, für $k = \dfrac{n - p + 2}{4}$; ist $\dfrac{n + p}{2}$ ungerade, so kommt die letzte Varietät für $k = \dfrac{n - p}{4} + 1$, und diese Werte geben zugleich die Anzahl der jeweils möglichen Varietäten der zweiten Gruppe an.

Es sei ferner n gerade. Dann entsteht die erste Varietät durch Verbindung der Kanten $\overline{\dfrac{p + 2}{2}}$ und $\dfrac{n}{2}$, wobei σ zwischen 0 und 1 liegt; die k^{te} Varietät durch Verbindung der Kanten $\overline{\dfrac{p + 2k}{2}}$ und $\overline{\dfrac{n}{2} - (k-1)}'$, und es ist $Du, u = \left(\dfrac{n + 3p}{2} + 2k - 3\right)n$, $Du, i = \dfrac{n - p}{2} - 2k + 1$, $D = 2\left(\dfrac{n + p}{2} - 1\right)n$; $\vartheta_1 = \left(\dfrac{p}{2} + k - 1\right)n$, $\vartheta_2 = \left(\dfrac{n - 2}{2} - (k-1)\right)n$, $\vartheta_3 = 2\vartheta_1$ und $\vartheta = Du, u$. Die letzte Varietät entsteht, wenn $\dfrac{n + p}{2}$ gerade ist, für $k = \dfrac{n - p}{4}$; ist $\dfrac{n + p}{2}$ ungerade, so kommt die letzte Varietät für $k = \dfrac{n - p + 2}{4}$, und diese Werte geben wiederum zugleich die Anzahl der jeweils möglichen Varietäten dieser zweiten Gruppe an. Bei sämtlichen Varietäten der zweiten Gruppe erhält übrigens die innerste Flächenzelle den positiven Koeffizienten $\dfrac{n + p}{2}$. Die Figuren 23 und 24 sind Beispiele für $2n$-ecke dieser zweiten Gruppe. In Figur 23, wo $n = 10$,

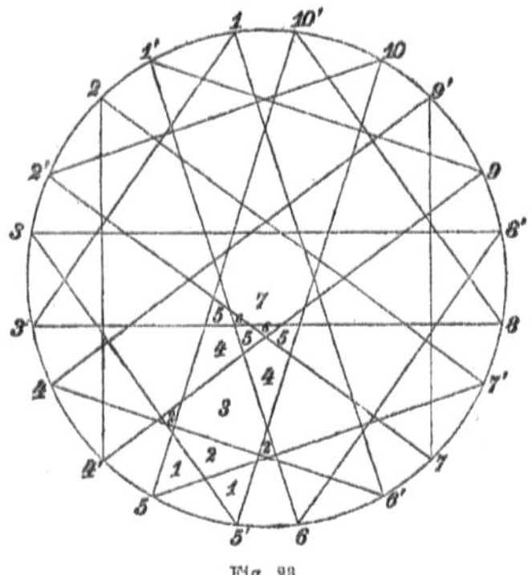

Fig. 23.

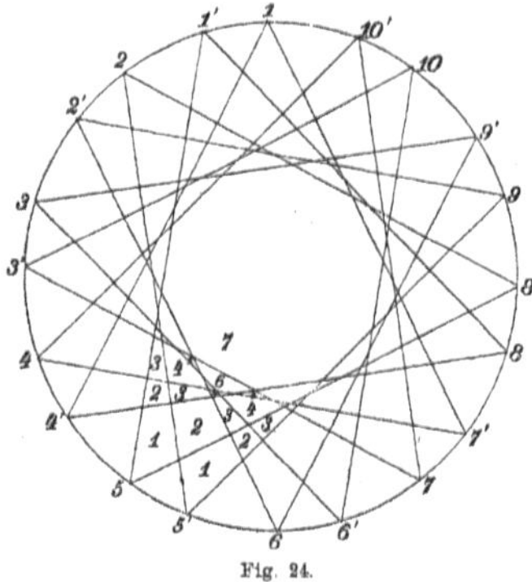

Fig. 24.

$p = 4$ ist, ist die erste Varietät der zweiten Gruppe bei geradem n dargestellt, erzeugt durch Kombination der Kanten 3 und 5'; in Figur 24, wo wiederum $n = 10$, $p = 4$ ist, die zweite Varietät der zweiten Gruppe, erzeugt durch Vereinigung der Kanten 4 und 4'.

In den bisherigen Betrachtungen sind die sämtlichen Varietäten des gleicheckigen $2n$-ecks durch Verbindung der Kanten erster und zweiter Art erhalten worden, und es war dabei der Wert von σ zwischen 0 und 1, bez. 0 und $\dfrac{1}{2}$ oder $\dfrac{1}{2}$ und 1 liegend vorausgesetzt. Es genügte dies völlig, um einen allgemeinen Überblick über die möglichen Figuren zu erlangen. Noch übersichtlicher lassen sich die verschiedenen Varietäten derselben Art a darstellen, wenn man der Veränderlichen σ alle zwischen 0 und $\dfrac{a}{2}$ $\left(\text{bez. } a \text{ und } \dfrac{a}{2}\right)$

liegenden Werte erteilt. Für diese weiteren Untersuchungen sei aber auf die **Hess**sche Originalarbeit verwiesen, wo über die Gruppierung der Doppelpunkte, über die durch diese in dem $2n$-eck erzeugten Figuren u. s. w. interessante Ergebnisse gewonnen werden.[1])

31. Vielecke, deren Kanten das Unendlichweite enthalten. Inverse Vielecke.

Um das gleicheckige $2n$-eck der ersten Art zu erhalten, wurden die Kanten 1 und $1'$ in der Reihenfolge $1\,1'2\,2'3\,3'\ldots n\,n'$ verbunden und es war $K = 2r \sin \dfrac{\sigma \pi}{n}$, $K' = 2r \sin (1 - \sigma) \dfrac{\pi}{n}$, $u = \dfrac{\pi}{n}$, während σ einen Wert zwischen 0 und 1 hatte. Geht man zur Grenze $\sigma = 1$ über, so ist $K' = 0$, d. h. die Kanten K' reduzieren sich sozusagen auf die verschwindenden Tangenten in den Eckpunkten des regulären Polygons $1\,2\,3\ldots n$ an den Kreis; die Richtung dieser Tangenten ist so zu wählen, dass der Umfangswinkel $\dfrac{\pi}{n}$ bleibt. Es möge nun σ gestattet sein, Werte zwischen 1 und 2 anzunehmen, wodurch die Punkte der beiden Gruppen auf dem Kreise die Reihenfolge $1\,n'\,2\,1'\,3\,2'\,4\,3'\ldots n\,\overline{n-1}'$ erhalten. Zieht man nun die Kanten 1 und $1'$ in demselben Sinne wie vorher (s. Fig. 25, für $n = 5$), so fallen die Kanten $1'$ ausserhalb des Kreises und gehen durch die zugehörigen unendlichweiten Punkte. Man erhält also ein $2n$-eck erster Art, in dem die Kanten K endlich, dagegen die andern Kanten unendlich gross ausfallen. Es ist erster Art, da sein Umfangswinkel $u = \dfrac{\pi}{n}$ bleibt. Nimmt man σ zwischen 2 und 3, also die Punkte auf dem Kreise in der Reihenfolge $1\,\overline{n-1}'\,2\,n'\,3\,1'\ldots\overline{n-1}\,\overline{n-3}'\,n\,\overline{n-2}'$, so ergiebt sich durch Verbindung

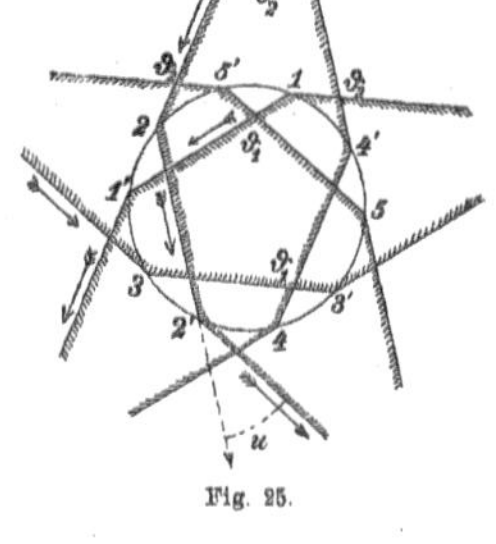

Fig. 25.

der Kanten 1 und $1'$, wobei die letzteren wieder das Unendlichweite enthalten, ebenfalls ein $2n$-eck erster Art, denn die Umfangswinkel sind auch hier von der angegebenen Grösse (s. Fig. 26, für $n = 5$) u. s. w. Analoge Betrachtungen lassen sich natürlich auch für $a > 1$ anstellen, d. h.: *Es giebt von einem $2n$-eck der ersten Art (der a^{ten} Art) ausser den früheren im Endlichen geschlossenen Figuren auch noch Varietäten mit zur Hälfte unendlichgrossen Kanten.*

Die Anzahl der Doppelpunkte eines solchen $2n$-ecks erster Art ist, wenn $p < \sigma < p + 1$ ist: $\vartheta_1 = p \cdot n$, $\vartheta_2 = \dfrac{n - (2p - 1)}{2} \cdot n$, $\vartheta_3 = 0$; also immer $\vartheta = \dfrac{n(n+1)}{2}$. Ersetzt man nun sämtliche unendlichen Strecken $1'2$, $2'3$, ... durch ihre endlichen *in demselben Sinne durchlaufenen* Ergänzungen $2\,1'$, $3\,2'$, ..., so ergiebt sich ein $2n$-eck, welches ebenfalls als von erster Art anzusehen ist, insofern der an jeder Ecke durch die Richtungen der hier zusammenstossenden Kanten erzeugte Umfangswinkel gleich $\dfrac{\pi}{n}$ ist. Dagegen hat nicht mehr jede Kante die Richtung, nach

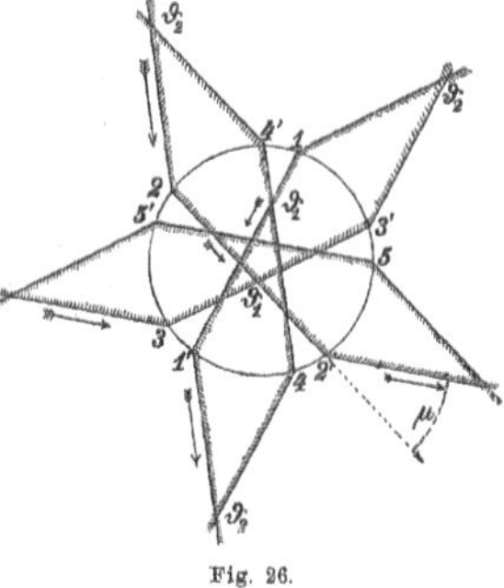

Fig. 26.

welcher sie von einem den ganzen Umfang des Vielecks beschreibenden Punkte durchlaufen wird, sondern je zwei auf einander folgende Kanten bedingen entgegengesetzten Umlaufssinn des ganzen Vielecks. In der That ist K' für $\sigma > 1$ negativ, während K positiv ist; dagegen bleiben die Radien ϱ und ϱ' der einbeschriebenen Kreise (s. Nr. 22) beide positiv, da ja beide Kanten dem Kreismittelpunkte die schraffierte Seite zuwenden. S. Fig. 27, Seite 34, für $n = 5$, abgeleitet aus Fig. 25. Dieses *uneigentliche $2n$-eck der ersten Art* hat für $1 < \sigma < 2$ n Doppelpunkte; es ist $\vartheta_1 = n$, $\vartheta_2 = 0$, $\vartheta_3 = 0$, $Du, u = 0$, $Du, i = n$. Kehrt man jetzt den Sinn der Kanten K' um, vertauscht also die schraffierte Seite von K' mit der nicht schraffierten, so geht dieses uneigentliche $2n$-eck erster Art in ein $2n$-eck der Art $n + 1$ über; denn es

---

1) Hess I, S. 683—692 und S. 705—719.

wird dadurch der neue Umfangswinkel $u' = u + \pi = \dfrac{\pi}{n} + \pi$, also die Summe aller Umfangswinkel gleich $2(n+1)\pi$. Wenn man nun weiter den Sinn *aller Kanten* dieses letzteren Vielecks d. h. seinen ganzen Perimeter um-

Fig. 27.

kehrt, so entsteht ein $2n$-eck der Art $(n-1)$. Z. B. entsteht aus Fig. 27 ein Zehneck der vierten Art, wie es Fig. 13, Taf. I zeigt. Aus Fig. 26 entsteht durch dieselben hintereinander ausgeführten Prozesse das Zehneck vierter Art Fig. 14, Taf. I. Jenes uneigentliche $2n$-eck erster Art, welches aus dem mit zum Teil unendlich grossen Kanten durch Ersetzung dieser durch ihre in demselben Sinne durchlaufenen endlichen Ergänzungen erhalten wurde, bezeichnet man nach Hess als *inverses gleicheckiges $2n$-eck der ersten Art.*[1]) Aus den angestellten Betrachtungen ist leicht zu erkennen, dass auch den übrigen Varietäten der $2n$-ecke der Art $n+1$ (bez. $n-1$) inverse $2n$-ecke der ersten Art entsprechen, und dass überhaupt jedes inverse $2n$-eck der Art a aus einer bestimmten Varietät eines $2n$-ecks der Art $n+a$ (bez. $n-a$) durch Umkehrung der Richtung der n Kanten K' erhalten werden kann.

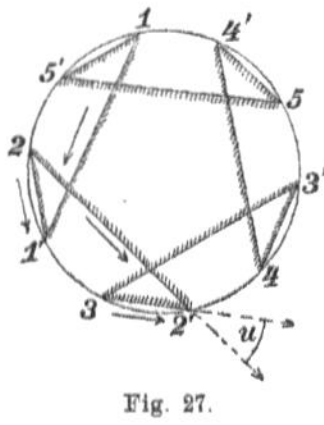

32. Zweite Art der Entstehung der gleicheckigen Vielecke. Die im folgenden zu besprechende zweite Art der Entstehung des $(n+n)$-kantigen gleicheckigen $2n$-ecks, sozusagen durch *Abstumpfung der Ecken* eines regelmässigen n-ecks, ist insofern von besondrer Bedeutung, als sie ihr Analogon später in der Theorie der halbregelmässigen Körper findet und übrigens von grosser Anschaulichkeit ist. Man denke sich ein regelmässiges n-eck, welches zunächst von der ersten Art sein möge, festliegend. Das Abschneiden seiner n Ecken komme durch n Gerade zustande, welche die Kanten eines zweiten n-ecks bilden, das mit dem ersten konzentrisch so gelegen sei, *dass jede seiner Kanten auf dem Radius der abzustumpfenden Ecke des ersten senkrecht steht.* Der Radius des einbeschriebenen Kreises des ersten n-ecks sei ϱ, der des zweiten n-ecks $\varrho' = \tau\varrho$, wo τ eine reelle Veränderliche ist, die positive oder negative Werte hat, je nachdem das vom Mittelpunkte auf die Innenseite der abstumpfenden Kante gefällte Lot mit dem nach der abgestumpften Ecke gehenden Radius gleiche oder entgegengesetzte Richtung hat. Man setzt damit das zweite n-eck seiner Grösse und Lage nach veränderlich und erzeugt durch verschiedene Wahl von τ die verschiedenen Arten

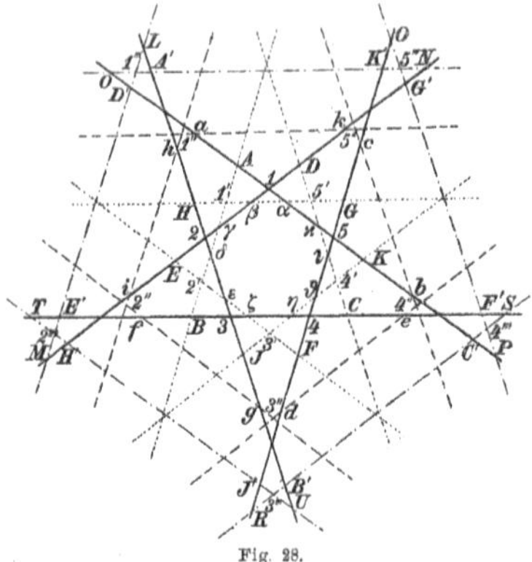

Fig. 28.

und Varietäten des $2n$-ecks, wenn man auch der Art a des festen und des beweglichen regelmässigen n-ecks alle zulässigen Werte erteilt. Es erscheinen also sämtliche Varietäten des gleicheckigen $2n$-ecks als *Kombinationsgestalten* zweier regelmässiger n-ecke gleicher oder verschiedener Art. Es soll dies hier nur an dem Beispiele des gleicheckigen Zehnecks erläutert werden, für die allgemeine Theorie aber sei auf die Arbeit von Hess[2]) verwiesen.

Man konstruiere zunächst die vollständige Figur, die durch Verlängerung der Kanten des *festen* regelmässigen Fünfecks $1\,2\,3\,4\,5$ (Fig. 28) erhalten wird, wodurch neben dem Fünfeck erster Art das Fünfeck zweiter Art erscheint. Die Radien der umbeschriebenen Kreise beider seien bez. r und r_1. Das veränderliche Fünfeck ist in Fig. 28 nebst der ihm zugehörigen vollständigen Figur in drei Grössen gezeichnet: Als Fünfeck $1'\,2' \ldots 5'$, für welches $\varrho < r$ ist, als Fünfeck $1''\,2'' \ldots 5''$, für welches ϱ zwischen r und $r_1 \cos 36^0$ liegt, und als Fünfeck $1'''\,2''' \ldots 5'''$, für welches $\varrho > r_1 \cos 36^0$ ist. Dabei ist $r_1 \cos 36^0$ der Radius des einbeschriebenen Kreises eines Fünfecks erster Art, dessen Ecken mit denen des festen Fünfecks zweiter Art zusammenfallen. Durch Kombination der Kanten der festen und der beweglichen vollständigen Figur entstehen nun in den

---

1) Hess I, S. 696.

2) Hess I, § 26—28, S. 720—730.

genannten drei Fällen die folgenden gleicheckigen Zehnecke. Das Fünfeck $1' 2' \ldots 5'$ stumpft die Ecken des Fünfecks $1\ 2\ 3\ 4\ 5$ ab, so dass ein gleicheckiges Zehneck erster Art $\alpha\ \beta\ \gamma \ldots \vartheta\ \iota\ \varkappa$, (wie Fig. 7, Taf. I) entsteht, so lange $\varrho' < r$ bleibt. Für $\varrho' = \varrho$ ergiebt sich ein regelmäfsiges Zehneck. Wird $\varrho' > r$, z. B. für das Fünfeck $1'' 2'' \ldots 5''$, so geht das bisher erhaltene Zehneck erster Art in ein inverses Zehneck erster Art $a\ b\ c \ldots h\ i\ k$ über, oder, mit Vertauschung der beiden Seiten der Kanten des festen Fünfecks, in ein Zehneck der vierten Art der Form Fig. 13, Taf. I. Zugleich ergeben die Kanten der vollständigen Figuren des festen und des beweglichen Fünfecks für alle bisher zulässigen Werte von ϱ' bis $\varrho' = r_1 \cos 36^0$ auch die zweite Varietät des Zehnecks dritter Art (Fig. 11, Taf. I). In Fig. 28 ergiebt z. B. die vollständige Figur von $1' 2' \ldots 5'$ mit der vollständigen Figur des festen Fünfecks das Zehneck $A\ B\ C \ldots H\ J\ K$. Wird $\varrho' > r_1 \cos 36^0$, wie für das Fünfeck $1''' 2''' \ldots 5'''$, so ergiebt sich erstens in $A'\ B'\ C' \ldots H'\ J'\ K'$ das Zehneck dritter Art Fig. 12, Taf. I, und zweitens in $L\ M\ N \ldots S\ T\ U$ das Zehneck vierter Art Fig. 14, Taf. I. Für das Intervall $r_1 \cos 36^0 < \varrho' < \infty$ resultieren keine weiteren Zehnecke andrer Art und Varietät. Lässt man aber nun ϱ' *negative* Werte annehmen, so dass das veränderliche Fünfeck die in Fig. 29 gezeichnete Gestalt und Lagen annimmt (es erscheint gegen die früheren Lagen um π gedreht), so erhält man die noch fehlenden Arten und Varietäten des gleicheckigen Zehnecks für ϱ' (absolut genommen!) in den Intervallen $\infty > \varrho' > r_1$, $r_1 > \varrho' > \varrho$, $\varrho' < \varrho$. Für $\varrho' > r_1$ ergiebt das Fünfeck $1''' 2''' \ldots 5'''$ (Fig. 29) mit der vollständigen Figur des festen Fünfecks das Zehneck dritter Art $L\ M\ N \ldots S\ T\ U$ der Gestalt Fig. 10, Taf. I. Für ϱ' zwischen r_1 und ϱ stumpft das Fünfeck erster Art $1'' 2'' \ldots 5''$ die Ecken des festen Fünfecks zweiter Art ab, so dass das gleicheckige Zehneck zweiter Art $a\ b\ c \ldots h\ i\ k$ (s. auch Fig. 8, Taf. I) entsteht. Für $\varrho' < \varrho$ ergiebt die Kombination der vollständigen Figuren des festen und beweglichen Fünfecks, letzteres in Fig. 29 durch $1' 2' \ldots 5'$ bestimmt, das gleicheckige Zehneck vierter Art $A\ B\ C \ldots H\ J\ K$ der Varietät Fig. 15, Taf. I. Hiermit sind aber alle möglichen Arten und Varietäten des gleicheckigen Zehnecks erschöpft. Drückt man die zur Charakterisierung bisher mit verwandten Grössen r

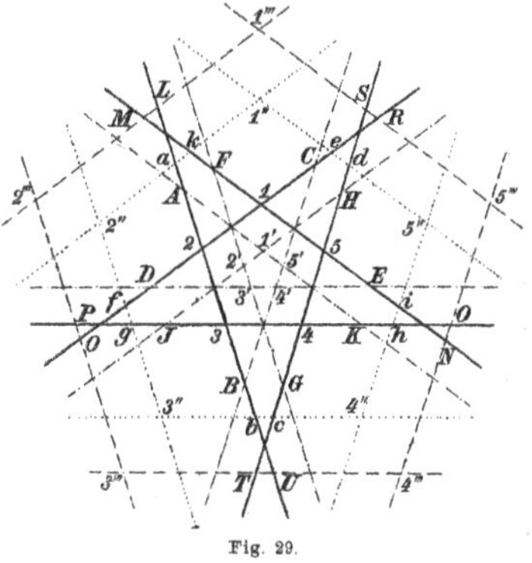

Fig. 29.

und r_1 durch ϱ aus, nämlich $r = \dfrac{1}{\cos 36^0} \cdot \varrho$ und $r_1 = \dfrac{1}{\cos 72^0} \cdot \varrho$, und setzt, wie eingangs bemerkt, $\varrho' = \tau \varrho$, so ergiebt sich nach den Werten von τ folgende Übersicht. Man erhält für

s. Fig. 28.
$$\cos 36^0 < \tau < \frac{1}{\cos 36^0} \text{ oder } 0{,}809 \cdots < \tau < 1{,}236 \cdots \text{ das Zehneck erster Art Fig. 7, Taf. I}$$
und das „ dritter Art Fig. 11, Taf. I.
(Für $\tau = 1$ das regelmässige Zehneck.)

$$\frac{1}{\cos 36^0} < \tau < \frac{\cos 36^0}{\cos 72^0} \text{ oder } 1{,}236 \cdots < \tau < 2{,}618 \cdots \text{ das Zehneck vierter Art Fig. 13, Taf. I}$$
und das „ dritter Art Fig. 11, Taf. I.

$$\frac{\cos 36^0}{\cos 72^0} < \tau < \infty \text{ oder } 2{,}618 \cdots < \tau < \infty \cdots \text{ das „ dritter Art Fig. 12, Taf. I}$$
und das „ vierter Art Fig. 14, Taf. I.

s. Fig. 29.
$$-\infty < \tau < -\frac{1}{\cos 72^0} \text{ oder } -\infty < \tau < -3{,}236 \text{ das „ dritter Art Fig. 10, Taf. I.}$$

$$-\frac{1}{\cos 72^0} < \tau < -1 \text{ oder } -3{,}236 < \tau < -1 \text{ das „ zweiter Art Fig. 8, Taf. I.}$$

$$-1 < \tau \text{ das „ vierter Art Fig. 15, Taf. I.}$$

33. Erste Art der Entstehung der gleichkantigen Vielecke. Die Reziprozität. In den Nrn. 13 und 20 befindet sich die Definition des $(n + n)$-eckigen gleichkantigen $2n$-kants als eines Vieleckes von gerader Kantenzahl mit gleichen Kanten und abwechselnd gleichen Ecken (Winkeln). Dasselbe besitzt darnach *einen einbeschriebenen* und *zwei umbeschriebene* Kreise; die letzteren tragen die abwechselnden Ecken des Vielecks. Es wird also umgekehrt ein solches $2n$-kant zunächst erhalten, wenn man auf einem Kreise in zweimal je n Punkten $1, 2, \ldots n$ und $1', 2', \ldots n'$, die die Ecken von zwei regulären n-ecken bilden, die Tangenten zieht. Die Tangenten der ersten Punktreihe mit den Tangenten der zweiten Punktreihe ergeben in ihren passend kombinierten Schnittpunkten die Ecken der verschiedenen Arten des $(n + n)$-eckigen gleichkantigen $2n$-kants. Die verschiedenen Varietäten ergeben sich, wenn der Anfangspunkt und damit sämtliche Punkte der zweiten Punktreihe ihre Lage auf der Kreisperipherie gegen die erste Punktreihe ändern, d. h. — die Bogen $11', 22', \ldots$ gleich $\dfrac{2 r \pi}{n} \cdot \sigma$ gesetzt — wenn man der Veränderlichen σ Werte zwischen 0 und 1, 1 und 2 u. s. w. beilegt. Von den sämtlichen $n(2n - 1)$ Schnittpunkten der $2n$ Tangenten kommen die Schnittpunkte der n Tangenten erster Art $1, 2, \ldots n$ unter sich, ebenso wie die Schnittpunkte der n Tangenten zweiter Art $1', 2', \ldots n'$ unter sich, die je ein vollständiges reguläres n-kant der Eckenzahl $n \cdot \dfrac{n - 1}{2}$ bilden, in den zu betrachtenden gleichkantigen Figuren nur als Doppelpunkte in Betracht. Die n^2 Schnittpunkte der Tangenten erster und zweiter Art bilden die Eckpunkte der gleichkantigen $2n$-kante und *gruppieren sich n-mal zu je n so, dass n zusammengehörige, auf einem um den festen Mittelpunkt beschriebenen Kreise liegend, dessen Peripherie in n gleiche Teile teilen.* Jeder dieser n Punkte (Ecken) eines bestimmten Kreises lässt zweierlei Auffassung zu, je nachdem er der Schnitt einer Tangente erster Art p mit einer Tangente zweiter Art q', oder der Schnitt einer Tangente zweiter Art p' mit einer Tangente erster Art q ist. Versteht man unter einer p^{ten} Ecke oder kurz *Ecke p* die durch die Tangenten in 1 und p' erzeugte und alle mit ihr auf demselben Kreise liegenden Ecken, so kann man die in Nr. 21 gegebene erste Zusammenstellung sofort wieder benutzen: Es sind darnach allgemein *die Ecken p die Schnittpunkte der Tangenten in den Punkten m und in den Punkten $\overline{p + m - 1}'$* (wobei zu berücksichtigen ist, dass die Tangenten $n + \lambda$ und λ identisch sind). Diese Ecken p liegen auf einem Kreise, dessen Radius $r_p = \dfrac{r}{\cos (p - 1 + \sigma)\,\dfrac{\pi}{n}}$ ist.

Dieselben Ecken lassen nun noch eine zweite Auffassung zu. Unter der Ecke p' versteht man die durch die Tangenten in $1'$ und $\overline{p + 1}$ erzeugte und alle mit ihr auf demselben Kreise liegenden Ecken, allgemein also *die Schnittpunkte der Tangenten in m' und $\overline{p + m}$*, welche auf dem Kreise vom Radius $r_{p'} = \dfrac{r}{\cos (p' - \sigma)\,\dfrac{\pi}{n}}$ liegen. Es sind also die Ecken p identisch mit den Ecken $\overline{n + 1 - p}'$, und es ist dabei $r_{\overline{n+1-p}'} = - r_p$.

Setzt man nun das bisher Gesagte neben die Betrachtungen von Nr. 21, so ersieht man sofort *die Reziprozität* der beiden Entstehungsweisen der gleicheckigen und der gleichkantigen Polygone in Beziehung

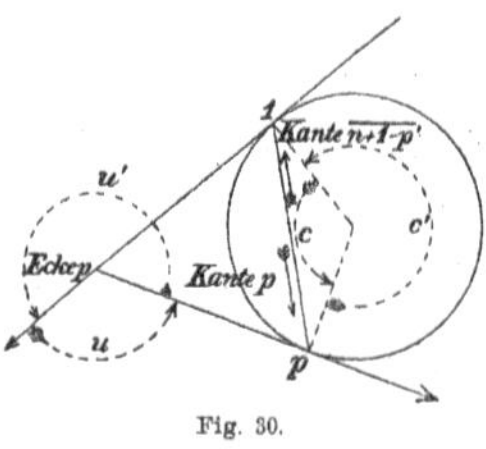

Fig. 30.

auf den festen Kreis vom Radius r als Direktrix. Die Berührungspunkte $1, 2, \ldots n$; $1', 2', \ldots n'$ der beiden Tangentenreihen sind dieselben Punkte, welche dort als Ecken der gleicheckigen Polygone auftraten. Die Ecken der $2n$-kante, d. h. die Schnittpunkte der n ersten und n zweiten Tangenten, sind die Pole zu den Verbindungslinien der n ersten und n zweiten Punkte des festen Kreises, d. h. zu den Kanten des gleicheckigen $2n$-ecks, als Polaren. „Den Ecken der gleicheckigen Figuren entsprechen hiernach die Kanten der gleichkantigen in der Weise, dass, wenn eine Kante der gleicheckigen Figur durch Drehung den Umfangswinkel der Ecke beschreibt, der entsprechende Eckpunkt der gleichkantigen Figur, welcher der Pol jener Kante ist, die Kante der gleichkantigen Figur beschreibt (und umgekehrt). Es entsprechen den abwechselnd gleichen Kanten der gleicheckigen Figur die abwechselnd gleichen Ecken der gleichkantigen. Den Diagonalen der einen Figur entsprechen die Schnittpunkte der zugehörigen Kanten in der andern Figur und umgekehrt." Ferner ist folgendes zu beachten. Wie einer Kante p als Kante $\overline{n+1-p}'$ entgegengesetzte Richtung zukam, so ist die Ecke p die Ergänzung der Ecke $\overline{n+1-p}'$ zu 2π. Während nämlich (Figur 30, Seite 36) ein die Kante p beschreibender Punkt von 1 nach p' wandert, dreht sich die Tangente 1 um den Winkel u in die Richtung der Tangente in p' (s. die Entwickelungen von Nr. 10). Während ein Punkt aber dieselbe Kante als Kante $\overline{n+1-p}'$ von p' nach 1 durchwandert — zu ihr gehört als Centriwinkel c' die Ergänzung des vorigen c zu 2π (s. Nr. 22) — dreht sich die Tangente in p' um den Winkel u', welcher u zu 2π ergänzt, in die Lage der Tangente 1, womit die obige Behauptung bewiesen ist und zugleich die Richtigkeit der Gleichung $r_{\overline{n+1-p}'} = - r_p$ erhellt.

Die Art a der durch Polarisierung der gleicheckigen erhaltenen gleichkantigen Figur bleibt dabei dieselbe, aber die Reziprozität ist nur eine ungestörte, wenn der Umfangswinkel der gleicheckigen Figur das Kreiscentrum ausschliesst, bez. der Innenwinkel es einschliesst. Es sind deshalb in Nr. 34 und Nr. 35 die Fälle $a < \dfrac{n+1}{2}$, bez. $\dfrac{n}{2}$ und $a = \dfrac{n+p}{2}$ wieder unterschieden, da eben im zweiten Falle zwei Gruppen getrennt zu behandeln waren.

34. Gleichkantige $2n$-kante der Art $a < \dfrac{n+1}{2}$ bez. $\dfrac{n}{2}$. (Vergleiche hierzu Nr. 23—28.) Die q^{te} Varietät eines gleicheckigen $2n$-ecks der Art a kam durch Kombination der Kanten q mit den Kanten $\overline{a-q+1}'$ zu stande (s. die Tabelle in Nr. 27). Die entsprechende q^{te} Varietät des $2n$-kants der Art a entsteht daher durch die Verbindung der Ecken q und $\overline{a-q+1}'$, welche die Pole jener Kanten sind, und die Verbindung dieser Ecken geschieht gemäss derselben Zahlenreihe 1, q', $\overline{a+1}$, $\overline{a+q}$, $\ldots n$, $\overline{q-1}'$, $\ldots$ $\overline{n-a+1}$, $\overline{n-a+q}$, 1, in welcher die Zahlen jetzt die in den zugehörigen Punkten des Kreises konstruierten Tangenten bedeuten. Bei sämtlichen Varietäten dieser $2n$-kante liegt der Mittelpunkt des Kreises ausserhalb des Umfangswinkels und die Reziprozität ist daher eine vollständige. Der Umfangswinkel des gleicheckigen $2n$-ecks q^{ter} Varietät war $u = (q-1+\sigma)\dfrac{\pi}{n} + (a-q+1-\sigma)\dfrac{\pi}{n} = \dfrac{a\pi}{n}$; die dieser Ecke entsprechende Kante des gleichkantigen $2n$-kants wird

$$\Re = r \cdot \left[\tan (q-1+\sigma)\frac{\pi}{n} + \tan (a-q+1-\sigma)\frac{\pi}{n} \right]$$

oder

$$\Re = \frac{r \sin \dfrac{a\pi}{n}}{\cos (q-1+\sigma)\dfrac{\pi}{n} \cdot \cos (a-q+1-\sigma)\dfrac{\pi}{n}}.$$

Die Kanten des $2n$-ecks hatten die Werte $K = 2r \sin (q-1+\sigma)\dfrac{\pi}{n}$ und $K' = 2r \sin (a-q+1-\sigma)\dfrac{\pi}{n}$. Die abwechselnd gleichen Umfangswinkel der diesen Kanten entsprechenden Ecken des $2n$-kants sind

$$\mathfrak{u} = 2 (q-1+\sigma)\frac{\pi}{n}, \qquad \mathfrak{u}' = 2 (a-q+1-\sigma)\frac{\pi}{n},$$

so dass, wie notwendig, $n\mathfrak{u} + n\mathfrak{u}' = 2a\pi$ ist. An Stelle der beiden Kreise mit den Radien ϱ und ϱ', welche die beiden Kanten des $2n$-ecks berührten, treten hier die Kreise mit den Radien $\mathfrak{r}$ und $\mathfrak{r}'$, welche den Ecken mit den Umfangswinkeln $\mathfrak{u}$ und $\mathfrak{u}'$ bez. umbeschrieben sind, und es ist

$$\mathfrak{r} = \frac{r}{\cos (q-1+\sigma)\dfrac{\pi}{n}} \quad \text{und} \quad \mathfrak{r}' = \frac{r}{\cos (a-q+1-\sigma)\dfrac{\pi}{n}}.$$

Den Diagonalen Du, i und Du, u der gleicheckigen Figur (d. h. den Verbindungslinien zweier nicht benachbarter Ecken), von denen die ersten mit dem einen Ende in einem Innen-, mit dem andern in einem Umfangswinkel, die letzteren mit beiden Enden in Umfangswinkeln liegen, entsprechen in der gleichkantigen Figur die Schnittpunkte zweier nicht benachbarter Kanten, d. h. die Doppelpunkte der Figur, und es bedeuten entsprechend $D'u, i$ die Doppelpunkte, welche auf der einen dieser Kanten, aber auf der Verlängerung der andern, $D'u, u$ die Doppelpunkte, welche innerhalb jeder der beiden sich in ihm schneidenden Kanten liegen; d. h. $D'u, u$ sind die wirklichen Doppelpunkte des gleichkantigen $2n$-kants. Ist die Zählweise dieser Punkte die entsprechende der früheren Diagonalen (s. Nr. 24), so erhält man als charakteristische Gleichungen für die q^{te} Varietät des gleichkantigen $2n$-kants der Art a

$$D'u, u = (a - 1)n + 2(q - 1)n = (a + 2q - 3)n, \qquad D'u, i = (a - 2q + 1)n$$

und die Summe beider $2(a - 1)n$. — Den Doppelpunkten ϑ_1, ϑ_2, ϑ_3 der gleicheckigen Figur, welche als Schnittpunkte der Kanten erster und zweiter Anordnung unter sich, bez. unter einander erhalten wurden, entsprechen in der gleichkantigen Figur Diagonalen, welche mit beiden Enden in Umfangswinkeln liegen, und es verbinden die Diagonalen $\vartheta_1{'}$ die Ecken der ersten Anordnung, $\vartheta_2{'}$ die Ecken der zweiten Anordnung unter sich, während die Diagonalen $\vartheta_3{'}$ die Ecken der ersten und zweiten Anordnung unter einander verbinden. Dann ist (s. Nr. 27 und 28)

$$\vartheta_1{'} = (q - 1)n, \quad \vartheta_2{'} = (a - q)n, \quad \vartheta_3{'} = 2(q - 1)n, \quad \vartheta' = \vartheta_1{'} + \vartheta_2{'} + \vartheta_3{'} = (a + 2q - 3)n.$$

Ebenso ergeben sich, analog dem für die gleicheckigen Figuren Gesagten, für das $2n$-kant a^{ter} Art $m + 1$ Varietäten, wenn $a = 2m + 1$, dagegen m Varietäten für $a = 2m$. Es gilt auch stets die Gleichung $D'u, u = \vartheta'$, und die innerste Zelle des $2n$-kants der Art a hat den Koeffizienten a.

Als Beispiele für die in dieser Nummer behandelten $2n$-kante der Art $a < \dfrac{n + 1}{2}$ für ungerades n betrachte man die in Fig. 31 und Fig. 32 dargestellten Vierzehnkante der dritten Art. Die erste Varietät, Fig. 31, entsteht durch Verbindung der Ecken 1 mit den Ecken 3'. Die Ecken 1 sind die Schnittpunkte der beiden Tangenten, die den Kreis in den Punkten 1 und 1' bez. 2 und 2' u. s. w. berühren. Die Ecken 3' sind

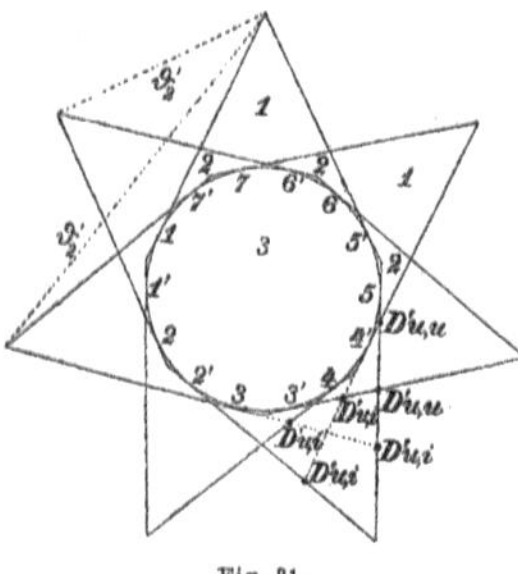

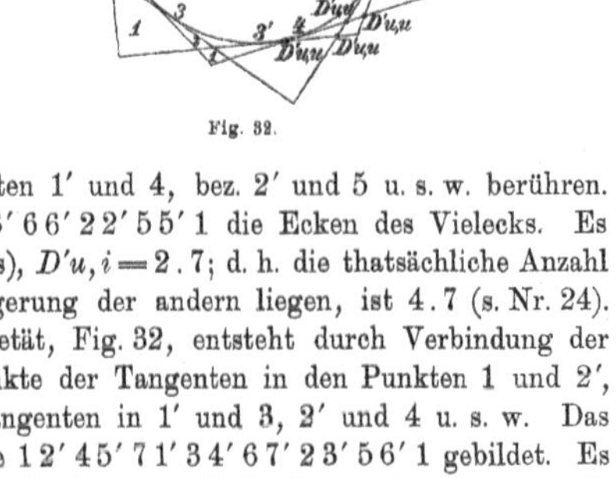

Fig. 31.
Fig. 32.

die Schnittpunkte der Tangenten, die den Kreis in den Punkten 1' und 4, bez. 2' und 5 u. s. w. berühren. Die Tangenten bilden also in der Reihenfolge 1 1' 4 4' 7 7' 3 3' 6 6' 2 2' 5 5' 1 die Ecken des Vielecks. Es ist $D'u, u = 2 \cdot 7$ (die wirklichen Doppelpunkte des Vierzehnkants), $D'u, i = 2 \cdot 7$; d. h. die thatsächliche Anzahl der Schnittpunkte, die auf einer Kante, aber auf der Verlängerung der andern liegen, ist $4 \cdot 7$ (s. Nr. 24). Endlich ist $\vartheta_1{'} = 0$, $\vartheta_2{'} = 2 \cdot 7$, $\vartheta_3{'} = 0$. — Die zweite Varietät, Fig. 32, entsteht durch Verbindung der Ecken 2 mit den Ecken 2'. Die Ecken 2 sind die Schnittpunkte der Tangenten in den Punkten 1 und 2', 2 und 3' u. s. w.; die Ecken 2' sind die Schnittpunkte der Tangenten in 1' und 3, 2' und 4 u. s. w. Das Vielkant wird demnach durch die Tangenten in der Reihenfolge 1 2' 4 5' 7 1' 3 4' 6 7' 2 3' 5 6' 1 gebildet. Es ist $D'u, u = 4 \cdot 7$, $D'u, i = 0$, $\vartheta_1{'} = 1 \cdot 7$, $\vartheta_2{'} = 1 \cdot 7$, $\vartheta_3{'} = 2 \cdot 7$, also $\vartheta = 4 \cdot 7$. Ferner beachte man als Beispiele die Zehnkante erster und zweiter Art, Fig. 17 und Fig. 18 Taf. I, welche die polar-reziproken Figuren zu Fig. 7 und Fig. 8 derselben Tafel darstellen.

35. Gleichkantige $2n$-kante der Art $a = \dfrac{n + p}{2}$. Für die gleicheckigen $2n$-ecke der Art $\dfrac{n + p}{2}$ waren zwei Gruppen zu unterscheiden. (Vgl. Nr. 30.) *Die erste Gruppe* war dadurch charakterisiert, dass der zur zweiten Kante K' gehörige Bogen grösser als ein Halbkreis war, so dass jeder Umfangswinkel den Mittelpunkt des Kreises einschloss. Die polar-reziproken $2n$-kante zeigen nun ein unvollständiges duales Entsprechen. (Vergl. Nr. 10.) In Fig. 23, Taf. I, ist das gleicheckige Zehneck vierter Art (wie Fig. 14) und das durch Polarisierung aus ihm erhaltene Zehnkant dargestellt. Der Kante erster Art 1, 2′ des gleicheckigen Vielecks als Polaren ist als Pol die durch den Schnitt der Tangenten in 1 und 2′ erzeugte Ecke erster Art I zugeordnet. Der Kante zweiter Art 2′5 des gleicheckigen Vielecks entspricht die Ecke zweiter Art II, der Schnittpunkt der Tangenten in 2′ und 5. Die zweiten Ecken liegen also hier mit den ersten Ecken auf der Tangente auf derselben Seite vom Berührungspunkte aus, und das Stück der Tangente das dem den Kreismittelpunkt einschliessenden Umfangswinkel der gleicheckigen Figur entspricht, enthält den unendlichfernen Punkt, ist also unendlich gross, und ist in dem Sinne der Pfeile α zu durchlaufen. Der Ausdruck für die Kante $\Re$ ist nun in allgemeiner Auffassung, wenn ω und ω' die zu den Kanten K und K' gehörigen Centriwinkel $\omega = \dfrac{2\sigma\pi}{n}$ und $\omega' = 2\left(\dfrac{n+p}{2} - \sigma\right)\dfrac{\pi}{2}$ sind (vergl. Nr. 30):

$$\Re = r\left[\tan\frac{\sigma\pi}{2} + \tan\left(\frac{n+p}{2} - \sigma\right)\frac{\pi}{n}\right].$$

Dieses $\Re$ wird hier, da $\omega' > \pi$ ist, *negativ*, und stellt die *im entgegengesetzten Sinne durchlaufene endliche Ergänzung β der unendlich grossen Kante* dar. Fasst man diese $\Re$ als Kanten des gleichkantigen $2n$-kants auf, so ist die andere Seite derselben zu schraffieren. In der That findet sich für dieses schraffierte Zehnkant Fig. 23, Taf. I, für welches die Zahl der überstumpfen Innenwinkel bei II gleich 5 und die leicht zu bestimmende Innenwinkelsumme 12π ist, nach der Formel in Nr. 5 für die Art a der Wert $a = \dfrac{10+10-12}{2} = 4$. — Man vergleiche hierzu auch das dem Zehneck dritter Art Fig. 10 reziproke Zehnkant dritter Art Fig. 19 und das dem Zehnecke vierter Art Fig. 13 reziproke Zehnkant vierter Art Fig. 22 derselben Tafel. Würde man die entgegengesetzte Seite des Perimeters schraffieren, so wären diese Zehnkante von der siebenten bez. sechsten Art.

Die Anzahl der Doppelpunkte auf den unendlich grossen Kanten der $2n$-kante ist ebenso wie die Anzahl der Diagonalen, die mit beiden Enden in Umfangswinkeln der entsprechenden gleicheckigen Figuren liegen, bei allen Varietäten dieser ersten Gruppe dieselbe. (S. Nr. 30.) Die Zahl der *wirklichen* Doppelpunkte auf den *endlichen* Kanten des $2n$-kants ist gleich der Zahl $D'i,i$ der Diagonalen des $2n$-ecks, welche mit beiden Enden in Innenwinkeln liegen. Nun ist mit Berücksichtigung der Bedeutung der Zeichen die Summe aller Diagonalen des $2n$-ecks $D'u,u + 2D'u,i + D'i,i = n(2n-3)$, also, da $D'u,u = \dfrac{n+3p-4}{2}n$, $D'u,i = \dfrac{n-p}{2}\cdot n$ war, $D'i,i = n\left(n-3+p-\dfrac{n+3p-4}{2}\right)$, und dies ist die wirkliche Zahl der Doppelpunkte des $2n$-kants mit endlichen Kanten. In dem oben bereits angeführten Zehnkant dritter Art Fig. 19, Taf. I, ist $D'i,i = 5$, da $p = 1$ ist. Für die beiden Zehnkante vierter Art, Fig. 22 und 23, ist $D'i,i = 0$, da $p = 3$ ist. Schnittpunkte der unendlichen Kanten mit ihren endlichen Ergänzungen, oder was dasselbe ist, der endlichen Kanten mit ihren Verlängerungen, existieren $D'u,i = \dfrac{n-p}{2}\cdot n$, also für das Zehnkant dritter Art $2\cdot5$, für jedes der Zehnkante vierter Art $1\cdot5$, welche bekanntlich immer zweifach zu rechnen sind.

Die Umfangswinkel an den zweiten Ecken dieser $2n$-kante der Art $\dfrac{n+p}{2}$ sind gleichzeitig mit den Innenwinkeln daselbst überstumpf, während Innen- und Umfangswinkel an den Ecken erster Art je kleiner als π sind. (S. Fig. 23: $i = $ Innenwinkel, $u = $ Umfangswinkel.) Den auf der Kante K' des $2n$-ecks liegenden Doppelpunkten entsprechen in der gleichkantigen Figur solche Diagonalen, welche in dem den überstumpfen Umfangswinkel zu 2π ergänzenden Winkel enden. Den auf der Kante K des gleicheckigen $2n$-ecks liegenden Doppelpunkten entsprechen die in dem Umfangswinkel einer ersten Ecke des $2n$-kants endigenden Diagonalen. Es ist also sofort aus Nr. 30 zu entnehmen: $\vartheta_1' = (q-1)n$, $\vartheta_2' = \left(\dfrac{n-p}{2} + (q-1)\right)n$, $\vartheta_3' = 2(q-1)n$. Für das Zehnkant dritter Art ist somit, da $p = 1$, $q = 1$ ist, $\vartheta_1' = 0$, $\vartheta_2' = 2\cdot5$, $\vartheta_3' = 0$. Für die erste

Varietät des Zehnkants vierter Art (Fig. 22), wo $p = 3$, $q = 1$ ist, kommt $\vartheta_1' = 0$, $\vartheta_2' = 5$, $\vartheta_3' = 0$. Für die zweite Varietät $q = 2$ (Fig. 23) ergeben die Formeln $\vartheta_1' = 1 \cdot 5$, $\vartheta_2' = 2 \cdot 5$, $\vartheta_3' = 2 \cdot 5$. Von den Radien $\mathfrak{r}$ und $\mathfrak{r}'$ der dem $2n$-kante umbeschriebenen Kreise wird der Radius $\mathfrak{r}'$ des durch die Punkte zweiter Art gehenden Kreises negativ, und es giebt von dem $2n$-kante der Art $\frac{n+p}{2}$ bei ungeradem n $\frac{p+1}{2}$, bei geradem n $\frac{p}{2}$ Varietäten, welche zu dieser (ersten) Gruppe gehören.

Die zweite Gruppe der $2n$-kante der Art $\frac{n+p}{2}$, die alle Varietäten enthält, welche den in Nr. 30 an zweiter Stelle besprochenen Varietäten der zweiten Gruppe der $2n$-ecke derselben Art polar-reziprok entsprechen, bedarf nun weiter keiner Untersuchung. Da das gegenseitige Entsprechen ein völlig ungestörtes ist, weil die Umfangswinkel der gleicheckigen Figur den Kreismittelpunkt ausschliessen, sind die Betrachtungen denen in Nr. 34 analog. Die Werte von $D'u, u$ und $D'u, i$ stimmen mit den Werten von Du, u und Du, i überein, ebenso wie ϑ_1', ϑ_2', ϑ_3' mit ϑ_1, ϑ_2, ϑ_3. Es besteht wieder die Relation $D'u, u = \vartheta'$, welche für die $2n$-kante der ersten Gruppe ungültig geworden war. Als Beispiele beachte man die Zehnkante dritter Art Fig. 20 und Fig. 21, Taf. I, welche den Zehnecken Fig. 11 und Fig. 12 ders. Tafel polarreziprok zugeordnet sind; ferner das Zehnkant vierter Art Fig. 24, welches reziprok zu dem Zehnecke Fig. 15 ist. Die innerste Zelle jedes solchen $2n$-kants aus der zweiten Gruppe besitzt den Koeffizienten $a = \frac{n+p}{2}$, ebenso wie die innerste Zelle des ihm zugeordneten $2n$-ecks.

Zum Schlusse mag noch bemerkt werden, dass den früher bei den gleicheckigen Figuren unterschiedenen inversen $2n$-ecken solche uneigentliche gleichkantige $2n$-kante entsprechen, die man aus den eigentlichen $2n$-kanten dadurch erhält, dass man an n Ecken die Umfangswinkel durch ihre Ergänzungen zu 2π ersetzt.

36. Zweite Art der Entstehung der gleichkantigen Vielecke. Wie in Nr. 32 jedes gleicheckige $2n$-eck als Kombinationsgestalt zweier regulären n-ecke bestimmter Art dargestellt wurde, so lassen auch die gleichkantigen $2n$-kante eine zweite Art der Entstehung, welche jener entsprechend ist, erkennen. Auch jedes $2n$-kant ist eine Kombinationsgestalt zweier konzentrisch liegenden regulären n-kante (d. h. also zweier regelmässigen n-ecke), von denen das eine fest, das andere veränderlich ist. Man erhält es, wenn man die beiden Ecken an den Enden einer Kante des festen n-ecks mit einer Ecke des veränderlichen n-ecks durch Gerade verbindet. Dies lässt sich auch so ausdrücken: Wählt man auf zwei konzentrischen Kreisen (welche dann als die beiden in Nr. 33 besprochenen umbeschriebenen Kreise des $2n$-kants erscheinen) je n Punkte, welche wie die Ecken je eines regelmässigen n-ecks liegen, so, dass die beiden n-ecke entweder ähnlich liegen oder das eine gegen das andere um den Winkel $\frac{\pi}{n}$ gedreht erscheint, und verbindet man je einen Punkt des ersten Kreises mit je zwei Punkten des zweiten Kreises durch gleich grosse Strecken, so bilden diese bei veränderlichem Radius des zweiten Kreises sämtliche Varietäten und Arten des $2n$-kants. Es kann dies an den Zehnkanten Fig. 17—24, Taf. I leicht verfolgt werden. Die beiden, von den Ecken I, bez. II gebildeten regulären Fünfecke sind in den Fig. 18, 19 und 24 ähnlich gelegen, in den übrigen um den Winkel $\frac{\pi}{5}$ gegen einander gedreht. Diese Art der Entstehung ermöglicht ein bequemeres Zeichnen der $2n$-kante und ist wegen ihrer Anschaulichkeit bemerkenswert. Ihr Zusammenhang mit der in Nr. 32 besprochenen Entstehung der gleicheckigen Figuren erhellt leicht, wenn man, unter r bez. τr die Radien der beiden dem festen bez. veränderlichen n-eck umbeschriebenen Kreise verstehend, der Variabeln τ wie dort alle zulässigen Werte erteilt; doch soll hierauf nicht weiter eingegangen werden. War die Entstehung der gleicheckigen $2n$-ecke aus den regelmässigen n-ecken in Nr. 32 als durch *Abstumpfung* der *Ecken* dieser letzteren bezeichnet, so kann man sagen, die $2n$-kante entstehen aus den regelmässigen n-ecken durch *Zuschärfung* der *Kanten* (s. hierzu Fig. 17, Taf. I, wo das äussere Fünfeck dasjenige ist, aus welchem durch Zuschärfung der Kanten das Zehnkant erster Art entsteht), wobei diese Zuschärfung aber auch eine negative werden kann.

37. Die regulären sphärischen Polygone.[1]) Ein reguläres sphärisches n-eck (erster Art) wird erhalten, wenn man die aufeinander folgenden Teilpunkte eines in n gleiche Teile geteilten kleinen Kugelkreises durch Hauptkreisbogen (d. h. Bogen grösster Kreise der Kugel) verbindet. Das sphärische n-eck besitzt dann n gleiche (sphärische) Kanten α (d. h. die Centriwinkel der Bogen) und n gleiche Innenwinkel A, und es werde α und A kleiner als zwei Rechte vorausgesetzt, d. h. es sollen nur sogenannte gemeine sphärische Polygone berücksichtigt werden. Die n vom sphärischen Mittelpunkte des kleinen Kugelkreises, d. i. vom Mittelpunkte des Polygones nach dessen Eckpunkten gehenden Radien stellen ein System von n unter Winkeln von $\frac{2\pi}{n}$ geneigten Haupthalbkreisen dar; ebenso bilden die n vom Mittelpunkte nach den Mitten der Kanten gehenden Radien des dem n-eck einbeschriebenen Kreises ein solches System, das aus dem ersten durch Drehung um $\frac{\pi}{n}$ um den Kugelradius des Kreismittelpunktes als Achse erhalten wird. Ist n gerade, so fallen bei beiden Systemen je zwei gegenüberliegende Radien in einem Hauptkreise zusammen. Ist n ungerade, so fällt ein Radius des einen Systems mit einem gegenüberliegenden Radius des andern Systems in einen Hauptkreis. In jedem Falle wird das sphärische n-eck durch n Hauptkreise, gegen welche es symmetrisch liegt, in $2n$ rechtwinklige sphärische Dreiecke zerlegt, von denen je zwei benachbarte in Bezug auf den zwischen ihnen liegenden Hauptkreis symmetrisch sind. In jedem dieser rechtwinkligen Dreiecke sind die Kanten R (Radius des umbeschriebenen Kreises des n-ecks), P (Radius des einbeschriebenen Kreises) und $\frac{\alpha}{2}$, die spitzen Winkel $\frac{A}{2}$ und $\frac{\pi}{n}$, und es bestehen nach den Elementen der sphärischen Trigonometrie zwischen diesen Stücken des rechtwinkligen Dreiecks und damit für das n-eck die Beziehungen:

$$\cos\frac{\alpha}{2}\cdot\sin\frac{A}{2}=\cos\frac{\pi}{n}, \qquad \tan R=\frac{\tan\frac{\alpha}{2}}{\cos\frac{A}{2}}, \qquad \cos R=\cot\frac{\pi}{n}\cdot\cot\frac{A}{2}, \qquad \tan P=\tan\frac{A}{2}\cdot\sin\frac{\alpha}{2},$$

$$\sin P=\cot\frac{\pi}{n}\cdot\tan\frac{\alpha}{2}, \qquad E=nA-(n-2)\pi,$$

wobei E den sphärischen Exzess bedeutet.[2])

Man erhält also nach dem Gesagten ein reguläres n-eck (erster Art), wenn man auf n unter gleichen Winkeln $\frac{2\pi}{n}$ in einem Punkte geneigten Haupthalbkreisen von diesem aus gleiche Bogen R abschneidet und die aufeinander folgenden Punkte durch Hauptkreisbogen verbindet. Ein reguläres sphärisches n-eck der a^{ten} Art (sternförmiges n-eck der Art a) wird erhalten, wenn man jeden Punkt erst mit dem $(a+1)^{\text{ten}}$ darauf folgenden verbindet.[3]) Dabei muss für gerades n $a\lessgtr\frac{n-2}{2}$, für ungerades n $a\lessgtr\frac{n-1}{2}$ sein. Ist a relativ prim zu n, so ergeben sich kontinuierliche n-ecke, andernfalls besteht das n-eck aus regelmässig

---

1) Vergl. für diese und die folgende Nummer: E. Hess, Einleitung in die Lehre von der Kugelteilung, Leipzig 1883, S. 8—15. Wir zitieren dieses Werk künftig als Hess II. S. auch Meier Hirsch, Sammlung geometrischer Aufgaben, 2. Teil, Berlin 1807, S. 61 ff.

2) Der Inhalt eines sphärischen Dreiecks mit den Winkeln A, B, C ist bekanntlich, wenn Θ die Kugeloberfläche bezeichnet, $\frac{A+B+C-\pi}{2\pi}\cdot\frac{\Theta}{2}$, d. h. der Inhalt eines sphärischen Dreiecks verhält sich zur Halbkugel wie sein sogenannter sphärischer Exzess $E=A+B+C-\pi$ zu 2π. Baltzer, Elemente II, S. 332. Teilt man ein beliebiges sphärisches Polygon durch Diagonalen von einer Ecke aus in $n-2$ Dreiecke und wendet den eben zitierten Satz auf jedes dieser Dreiecke an, so erhält man durch Summation für die Fläche des n-ecks, wenn w dessen Winkelsumme ist, $\frac{w-(n-2)\pi}{2\pi}\cdot\frac{\Theta}{2}$ (Girards Theorem). Man bezeichnet $w-(n-2)\cdot\pi=E$, d. h. den Überschuss der Winkelsumme des sphärischen n-ecks über die Summe der Winkel des entsprechenden ebenen n-ecks auch hier als sphärischen Exzess des Polygons.

3) Oder auch, indem man die Kanten des n-ecks erster Art verlängert, d. h. die sie bildenden Hauptkreisbogen bis zu den erneuten Schnittpunkten verfolgt.

sich kreuzenden n'-ecken von niederer als a^{ter} Art.[1]) Für das n-eck a^{ter} Art gelten die den obigen analog abzuleitenden Relationen: $\cos \dfrac{\alpha_a}{2} \cdot \sin \dfrac{A_a}{2} = \cos a \dfrac{\pi}{n}$ u. s. w. und es ist: $E_a = n \cdot A_a - (n - 2a) \cdot \pi$.

Die *Polarfigur* eines regulären sphärischen n-ecks ist ein zu diesem konzentrisches sphärisches n-eck derselben Art. Die seine Kanten bildenden Hauptkreise sind die Äquatoren zu den Ecken des ursprünglichen als Polen; seine Ecken sind die Pole zu den Hauptkreisen der Kanten des ursprünglichen n-ecks als Äquatoren. Bedeuten also α', A', P', R', E' die den früheren entsprechenden Grössen für dieses neue n-eck, so ist $\alpha' + A = \pi$, $\alpha + A' = \pi$, $P' + R = \dfrac{\pi}{2}$, $P + R' = \dfrac{\pi}{2}$, und man findet leicht $E' = 2\pi - n \cdot \alpha$. Die regulären sphärischen Polygone sind zugleich gleicheckig und gleichkantig.

38. Die halbregulären sphärischen Polygone. Ein halbreguläres sphärisches Polygon ist entweder *nur gleicheckig* oder *nur gleichkantig*, was nach dem früher für ebene Polygone Gesagten keiner Erläuterung bedarf. Im ersten Falle liegen die $n + n$ Ecken, im zweiten Falle die Mittelpunkte der $n + n$ Kanten auf einem kleinen Kugelkreise. Die eine Figur ist die Polarfigur der andern.

Ein *gleicheckiges Polygon* (erster Art) wird erhalten, wenn man von dem gemeinschaftlichen Schnittpunkte zweier Systeme von je n unter gleichen Winkeln $\dfrac{2\pi}{n}$ gegen einander geneigten Haupthalbkreisen, wobei das eine System aus dem andern durch Drehung um $\sigma \cdot \dfrac{2\pi}{n} (0 < \sigma < 1)$ um den Kugelradius des Schnittpunktes entsteht, auf den Haupthalbkreisen gleiche Bogen R abschneidet, und die aufeinander folgenden Endpunkte der Bogen durch Hauptkreisbogen verbindet. Das entstandene $(n + n)$-kantige gleicheckige $2n$-eck hat $2n$ gleiche Winkel A, n Kanten α_1 und n Kanten α_2 und zwei einbeschriebene Kreise von den Radien P_1 und P_2, welche die Kanten α_1 bez. α_2 in den Mittelpunkten berühren. Die $2n$ Ecken zerfallen in je n und n unter sich kongruente, gegen einander aber nur symmetrisch-gleiche (spiegelbildlich-gleiche) Ecken, und jeder Winkel A wird durch den Radius seiner Ecke in zwei ungleiche Teile A_1 und A_2 (an den Kanten α_1 und α_2) geteilt.[2])

Die *Polarfigur* eines solchen $2n$-ecks, ein *gleichkantiges* $(n + n)$-*eckiges* $2n$-*kant*, wird erhalten, indem man durch jeden Punkt zweier Systeme von n Punkten, welche die Peripherie eines Kreises in n gleiche Teile teilen, und von denen das eine aus dem andern durch Drehung um $\sigma \dfrac{2\pi}{n}$ um die Mittelnormale dieses Kreises erhalten wird, einen Hauptkreis unter demselben Winkel R, also senkrecht zu je einem Eckradius des gleickeckigen Polygons legt.[3]) Die aufeinander folgenden Schnittpunkte je zweier Hauptkreise bilden die Eckpunkte der gleichen Kanten α' des $2n$-kants mit abwechselnd gleichen Winkeln A_1' und A_2'. Jede Kante α' wird durch den Radius P' des einbeschriebenen Kreises in zwei ungleiche Teile α_1' und α_2' geteilt, und die beiden Arten von Ecken, deren Winkel A_1' bez. A_2' sind, liegen auf konzentrischen umbeschriebenen Kreisen mit den Radien R_1' bez. R_2'. Diese Grössen stehen mit den angeführten des gleicheckigen $2n$-ecks in den Beziehungen: $P' + R = \dfrac{\pi}{2}$, $\alpha' + A = \pi$, $\alpha_1' + A_1 = \dfrac{\pi}{2}$, $\alpha_2' + A_2 = \dfrac{\pi}{2}$, $A_1' + \alpha_1 = \pi$, $A_2' + \alpha_2 = \pi$, $R_1' + P_1 = \dfrac{\pi}{2}$, $R_2' + P_2 = \dfrac{\pi}{2} \cdot$ Unter Berücksichtigung dieser Gleichungen leitet man leicht durch Betrachtung der in den gleicheckigen und gleichkantigen Polygonen auftretenden rechtwinkligen sphärischen Dreiecke, die durch die Radien der ein- und umbeschriebenen Kreise gebildet werden, die Relationen[4]) ab:

---

1) Vergl. Nr. 15 über die ebenen regelmässigen n-ecke.

2) Dasselbe $2n$-eck wird auch als Kombination zweier regulärer n-ecke erhalten, von denen das eine durch seine Kanten die Ecken des andern gleichmässig und gerade abstumpft. Vergl. das für die ebenen $2n$-ecke in Nr. 32 Gesagte.

3) Oder: Das $2n$-kant ist eine solche Kombination zweier konzentrischen regulären n-ecke, bei der die Eckpunkte des einen auf den gleichmässig verlängerten nach den Kantenmitten des andern gehenden Radien liegen. Vergl. Nr. 36.

4) S. Hess II, S. 18.

$$\sin \frac{\alpha_1}{2} = \cos \frac{A_1{}'}{2} = \sin R \cdot \sin \sigma \frac{\pi}{n}, \qquad \cot A_1 = \tan \alpha_1{}' = \cos R \cdot \tan \sigma \frac{\pi}{n},$$

$$\sin \frac{\alpha_2}{2} = \cos \frac{A_2{}'}{2} = \sin R \cdot \sin (1 - \sigma) \frac{\pi}{n}, \quad \cot A_2 = \tan \alpha_2{}' = \cos R \cdot \tan (1 - \sigma) \frac{\pi}{n},$$

$$\cos \sigma \frac{\pi}{n} = \cos \frac{\alpha_1}{2} \sin A_1 = \sin \frac{A_1{}'}{2} \cos \alpha_1{}' = \cot R \cdot \tan P_1 = \tan P \cdot \cot R_1{}',$$

$$\cos (1 - \sigma) \frac{\pi}{n} = \cos \frac{\alpha_2}{2} \sin A_2 = \sin \frac{A_2{}'}{2} \cos \alpha_2{}' = \cot R \cdot \tan P_2 = \tan P \cdot \cot R_2{}'.$$

Für $\sigma = \frac{1}{2}$ ergeben sich die Formeln für das reguläre $2n$-eck. Für $R = \frac{\pi}{4}$ sind das gleicheckige und das ihm polare gleichkantige Polygon demselben Kreise bez. ein- und umbeschrieben.

Die gleicheckigen, sowie die gleichkantigen sphärischen Polygone höherer Art werden aus denen erster Art in derselben Weise erhalten, wie die ebenen Polygone höherer Art aus denen erster Art abgeleitet wurden. Es giebt von ihnen je so viel kontinuierliche Arten, als es Primzahlen zu n von 1 bis $n - 1$ giebt. Für bestimmte Werte der Grösse σ können diese Polygone auch nicht konvex werden und Flächenteile mit negativen Zellenkoeffizienten aufweisen. Es ist nicht schwer, die für die ebenen Polygone angestellten Untersuchungen auf die Kugel zu übertragen.

39. Geschichtliche Bemerkungen. Rückblick und Ausblick. Mit den Betrachtungen, die über die geradlinigen ebenen Gebilde, soweit diese unter den Begriff des Vielecks fallen, in den vorhergehenden Nummern angestellt worden sind, ist deren Theorie in den Elementen abgeschlossen, die für das Verständnis des Folgenden erforderlich sind. Von besonderer Wichtigkeit fanden wir den Begriff der Art a des Vielecks, die von seiner Gestalt, d. h. der Grösse seiner Winkel (Ecken) abhängig erkannt wurde. Ein Einblick in den Reichtum der Formen ergab sich namentlich durch Berücksichtigung des Dualismus, der in der polar-reziproken Verwandtschaft der Figuren sich aussprach. Mit den bisher betrachteten besonderen Vielecken, den regulären, den gleicheckigen und den gleichkantigen Polygonen[1]), ist aber ihr Gestaltenreichtum noch bei weitem nicht erschöpft. So sind Untersuchungen über die Symmetrie der ebenen Figuren, als für die fernern Zwecke nicht wesentlich, nicht berücksichtigt worden. Doch auch in der Richtung des Fortschreitens von den regulären zu den halbregulären Polygonen ist noch ein weiterer Schritt möglich zu Polygonen mit mehr als zwei verschiedenen Arten von Kanten und Ecken, die sich wieder aus den gleicheckigen bez. gleichkantigen Figuren in analoger Weise ableiten lassen, wie diese aus den regulären Vielecken. Die Untersuchungen auf diesem Gebiete sind aber erst begonnen worden und zwar ebenfalls von Hess, der solche Vielecke höherer Art als Begrenzungsflächen gewisser komplizierter Vielflache (den gleicheckig-gleichflächigen Polyedern) entdeckte und kennen lehrte. Wir werden deshalb erst an dem betr. Orte auf sie zu sprechen kommen. — Es ist nicht uninteressant zu bemerken, dass überhaupt in neuerer Zeit die Untersuchungen der ebenen Vielecke besonderer Art vielfach parallel laufen mit denen der Vielflache besonderen Charakters, ja dass oft die ersteren wesentlich durch die letzteren hervorgerufen zu sein scheinen. Die Lehre von den einfachen regelmässigen Vielecken ist ebenso alt, wie die von den einfachen regelmässigen Vielflachen; beide gehören bereits dem Altertume an. Nach den Untersuchungen Hessels über halbregelmässige, d. h. gleicheckige oder gleichflächige Polyeder erster Art hat man sich dem genaueren Studium der halbregulären Polygone gewidmet; die Kenntnis dieser regte zur Behandlung der entsprechenden räumlichen Gebilde, der halbregulären Sternpolyeder, an, und zur Beachtung noch speziellerer Vielecke, wie wir sie oben erwähnten, wurde man bei Lösung des Problems geführt, die gleicheckigen und zugleich gleichflächigen Polyeder zu finden. Die wichtigsten hierher gehörigen Arbeiten sind Hess zu verdanken und kommen, so weit sie noch nicht erwähnt sind, fernerhin zur Sprache. Es geht in der That der Fortschritt auf dem Gebiete der räumlichen Figuren Hand in Hand mit dem der ebenen. Die für die Betrachtung der ebenen Figuren aufgestellten Definitionen (Art der Figur, Reziprozität u. a.) werden dabei für das räumliche Gebiet erweitert. Es ist aber selbstverständlich, dass die Untersuchung der Raumgebilde, deren Reichtum an Formen, verglichen mit dem der ebenen Figuren, ein weitaus grösserer ist, eine bedeutende Anzahl neuer Definitionen, neuer Begriffe bedingt. Diese sind in den folgenden Nummern zu geben, wobei der allgemeine Gang der Darstellung, soweit möglich, parallel mit dem früheren laufen soll. Der Reichhaltigkeit des Stoffes entsprechend wird der Lehre von den räumlichen Gebilden ein breiterer Raum für die Darstellung zu widmen sein.

---

1) Die der ersten Art wurden von Hessel gelegentlich bei krystallographischen Untersuchungen definiert. Vergl. den Artikel „Krystall" in Gehlers physikalischem Wörterbuch, 1830, Bd. V, S. 1046. Das gleicheckige $2n$-eck wird dort als $2 \times n$-eck bezeichnet. Später von demselben auch als $(n+n)$-eck in der Abhandlung: Übersicht der gleicheckigen Polyeder, Marburg 1871, S. 4. (Vergl. Nr. 112 dieses Buches.) Die vollständige Theorie der gleicheckigen und gleichkantigen Vielecke gab Hess in der wiederholt angeführten Schrift.

C. Allgemeine Theorie der Vielflache.

40. Das vollständige räumliche n-eck und n-flach. (Diagonale, Kantendiagonalpunkt und -ebene, Hauptdiagonalpunkt und -ebene.) *Ein vollständiges n-eck im Raume* besteht aus n Punkten (Eckpunkten), von denen im allgemeinen keine vier in einerlei Ebene liegen, den Geraden *(Kanten)*, deren jede zwei, und den Ebenen (Flächen), deren jede drei von den n Punkten verbindet. In jedem Eckpunkte schneiden sich also $n - 1$ Kanten, in jeder Kante $n - 2$ Flächen, daher die Anzahl aller Kanten $\frac{n(n-1)}{2}$ und die Anzahl aller Flächen $\frac{n(n-1)(n-2)}{2 \cdot 3}$ ist. — Ein *vollständiges n-flach* besteht aus n Ebenen (Flächen), von welchen im allgemeinen keine vier durch ein und denselben Punkt gehen, den Geraden (Kanten), in deren jeder zwei, und den Punkten (Eckpunkten), in deren jedem drei von den n Ebenen sich schneiden. In jeder Fläche liegen darnach $n - 1$ Kanten, in jeder Kante $n - 2$ Eckpunkte, daher die Anzahl aller Kanten $\frac{n(n-1)}{2}$ und die Anzahl aller Eckpunkte $\frac{n(n-1)(n-2)}{2 \cdot 3}$ ist.[1]) Die Schnittgeraden zweier Ebenen des vollständigen n-ecks und die Verbindungsgeraden zweier Ecken des vollständigen n-flachs, welche nicht Kanten des Gebildes sind, heissen *Diagonalen*. Dabei ist eine *Diagonale erster Ordnung* des vollständigen n-ecks der Schnitt zweier durch dieselbe Ecke gehenden, sich nicht in einer Kante schneidenden Ebenen; eine *Diagonale zweiter Ordnung* der Schnitt zweier Ebenen, welche keine Ecke gemein haben. Eine *Diagonale erster Ordnung* des vollständigen n-flachs ist die Verbindungslinie zweier Ecken, welche auf derselben Ebene liegen, aber nicht auf einer Kante; eine *Diagonale zweiter Ordnung* die Verbindungslinie zweier Ecken, welche nicht auf derselben Ebene liegen. Diagonalen erster Ordnung treten für $n \geq 5$, Diagonalen zweiter Ordnung für $n \geq 6$ auf, denn es sind mindestens sechs Ecken [Ebenen] nötig, um zwei Ebenen [Ecken] zu erzeugen, welche keine der $n = 6$ Ecken [Ebenen] gemeinsam haben.

Die Zahl der Diagonalen erster Ordnung $\left\{ \begin{array}{l} \text{beim vollständigen } n\text{-eck} \\ \text{beim vollständigen } n\text{-flach} \end{array} \right\}$ ist in Summa $\frac{1}{8} n(n-1)(n-2)(n-3)(n-4)$; davon $\left\{ \begin{array}{l} \text{gehen} \\ \text{liegen} \end{array} \right\}$ $\frac{1}{8}(n-1)(n-2)(n-3)(n-4)$ $\left\{ \begin{array}{l} \text{durch eine Ecke;} \\ \text{in einer Ebene;} \end{array} \right.$ es liegen$\left.\begin{array}{l} \\ \end{array}\right\}$ es gehen$\left.\begin{array}{l} \\ \end{array}\right\}$ $\frac{3}{2}(n-3)(n-4)$ $\left\{ \begin{array}{l} \text{in einer Ebene} \\ \text{durch eine Ecke} \end{array} \right\}$. Die Zahl der Diagonalen zweiter Ordnung ist (bei beiden Gebilden) $\frac{1}{72} n(n-1)(n-2)(n-3)(n-4)(n-5)$, und es $\left\{ \begin{array}{l} \text{liegen beim vollständigen } n\text{-eck je} \\ \text{gehen beim vollständigen } n\text{-flach je} \end{array} \right\}$ $\frac{1}{6}(n-3)(n-4)(n-5)$ $\left\{ \begin{array}{l} \text{in einer Ebene} \\ \text{durch eine Ecke} \end{array} \right\}$. Die Summe sämtlicher Diagonalen des vollständigen n-ecks wie des vollständigen n-flachs ist also $\frac{1}{72}(n+4)n(n-1)(n-2)(n-3)(n-4)$.

Ein *Kantendiagonalpunkt* des vollständigen n-ecks ist der Schnittpunkt einer Kante mit einer nicht durch sie gehenden Ebene, somit, da die erstere durch zwei, die letztere durch drei Ecken des n-ecks bestimmt ist, nur möglich für $n \geq 5$. Eine *Kantendiagonalebene* des vollständigen n-flachs ist eine Ebene durch eine Kante und eine nicht auf ihr liegende Ecke. Das vollständige $\left\{ \begin{array}{l} n\text{-eck} \\ n\text{-flach} \end{array} \right\}$ besitzt $\frac{1}{12} n(n-1)(n-2)(n-3)(n-4)$ $\left\{ \begin{array}{l} \text{Kantendiagonalpunkte.} \\ \text{Kantendiagonalebenen.} \end{array} \right.$ Durch einen Kantendiagonalpunkt des vollständigen n-ecks gehen$\left.\begin{array}{l}\\\end{array}\right\}$ In einer Kantendiagonalebene des vollständigen n-flachs liegen $\left.\begin{array}{l}\\\end{array}\right\}$ eine Kante, $n - 1$ $\left\{ \begin{array}{l} \text{Ebenen} \\ \text{Ecken} \end{array} \right\}$, $n - 2$ Diagonalen, wovon drei erster, die übrigen $n - 5$ zweiter Ordnung sind. Es liegen nämlich in einer Kantendiagonalebene des vollständigen n-flachs diejenigen $n - 2$ Ecken, welche auf einer Kante liegen und auf dieser durch die $n - 2$, die Kante nicht erzeugenden übrigen Ebenen des n-flachs

---

1) v. Staudt, Geom. der Lage, S. 38.

gebildet sind, und überdies diejenige Ecke, welche mit der Kante zusammen die Diagonalebene bestimmt, d. h. in Summe $n - 1$ Ecken. (Eine entsprechende Betrachtung gilt für die $n - 1$ Ebenen durch einen Kantendiagonalpunkt des vollständigen n-ecks.) Bilden die Ebenen E und E' des vollständigen n-flachs die Kante (EE'), die Ebenen E_I, E_II, E_III die Ecke $(E_\mathrm{I} E_\mathrm{II} E_\mathrm{III})$, und legt man die Kantendiagonalebene durch diese Ecke und Kante, so schneiden die drei Ebenen E_I, E_II, E_III die Kante (EE') in drei Punkten, deren Verbindungslinien mit der Ecke $(E_\mathrm{I} E_\mathrm{II} E_\mathrm{III})$ die drei Diagonalen erster Ordnung sind, die in der Kantendiagonalebene liegen. Die übrigen $n - 5$ Ebenen des n-flachs schneiden die Hauptdiagonalebene in Diagonalen zweiter Ordnung. — Ist dem entsprechend beim vollständigen n-eck ein Kantendiagonalpunkt x der Schnitt der Kante ee' mit der Ebene $e_\mathrm{I} e_\mathrm{II} e_\mathrm{III}$ (wo die e fünf Ecken des n-ecks sind), so gehen durch die Kante ee' die drei Ebenen $ee'e_\mathrm{I}$, $ee'e_\mathrm{II}$, $ee'e_\mathrm{III}$, welche die Ebene $e_\mathrm{I} e_\mathrm{II} e_\mathrm{III}$ in den drei Diagonalen erster Ordnung $x e_\mathrm{I}$, $x e_\mathrm{II}$, $x e_\mathrm{III}$ schneiden u. s. w. — Ein *Hauptdiagonalpunkt* des vollständigen n-ecks ist der Schnittpunkt von drei nicht durch ein und dieselbe Ecke gehenden Ebenen, von denen je zwei keine Kante gemein haben; in ihm schneiden sich drei Diagonalen. Sind von diesen drei Diagonalen 3, 2, 1, 0 erster Ordnung, die übrigen 0, 1, 2, 3 zweiter Ordnung, so heisst der Hauptdiagonalpunkt von der ersten, zweiten, dritten, bez. vierten Ordnung. Die drei Ebenen $ee_\mathrm{I} e_\mathrm{II}$, $e'e'_\mathrm{I} e'_\mathrm{II}$, $e''e''_\mathrm{I} e''_\mathrm{II}$ durch je drei von neun Eckpunkten des vollständigen n-ecks ergeben als Schnitt drei Gerade und einen Punkt, nämlich den Hauptdiagonalpunkt. Jede der drei Geraden ist der Schnitt zweier Ebenen, die keine Ecke gemein haben, also eine Diagonale zweiter Ordnung; der Hauptdiagonalpunkt ist vierter Ordnung. Ein solcher ist also nur für $n \geqq 9$ möglich. Ist e_II identisch mit e', so schneidet die Ebene $ee_\mathrm{I} e'$ die Ebene $e'e'_\mathrm{I} e'_\mathrm{II}$ in einer Geraden durch e', d. h. einer Diagonale erster Ordnung, während die beiden andern Diagonalen von der zweiten Ordnung bleiben; der Hauptdiagonalpunkt ist von der dritten Ordnung und tritt zuerst beim vollständigen Achteck auf. Wird ferner e'_II mit e'' identisch, so wird auch die Diagonale, welche Schnittgerade der Ebenen $e'e'_\mathrm{I} e''$ und $e''e''_\mathrm{I} e''_\mathrm{II}$ ist, zu einer solchen erster Ordnung; der Hauptdiagonalpunkt, der von der zweiten Ordnung ist, tritt zunächst beim vollständigen Siebeneck auf. Fällt schliesslich e''_II mit e zusammen, so ergeben die drei Ebenen $ee_\mathrm{I} e'$, $e'e'_\mathrm{I} e''$ und $e''e''_\mathrm{I} e$ drei Diagonalen erster Ordnung, die sich in einem Hauptdiagonalpunkt erster Ordnung schneiden, der somit bereits im vollständigen Sechseck zu finden ist. Die Zahl der Hauptdiagonalpunkte erster Ordnung des vollständigen n-ecks ist $\frac{1}{6} n(n-1)(n-2)(n-3)(n-4)(n-5)$, die zweiter Ordnung $\frac{1}{8} n(n-1)\ldots(n-6)$, dritter Ordnung $\frac{1}{48} n(n-1)\ldots(n-7)$ und vierter Ordnung $\frac{1}{1296} n(n-1)\ldots(n-8)$.

Eine *Hauptdiagonalebene* des vollständigen n-flachs ist eine Ebene durch drei Eckpunkte, von denen keine zwei in ein und derselben von den n Ebenen liegen (denn sonst lägen sie auf einer Kante). Auf ihr liegen drei Diagonalen, deren Ordnung wiederum vier Ordnungen von Hauptdiagonalebenen unterscheiden lässt. Die Anzahl dieser ist identisch mit der eben angeführten der Hauptdiagonalpunkte entsprechender Ordnung des vollständigen n-ecks.[1]) Die Beweise für die Richtigkeit der angeführten Zahlenwerte ergeben sich leicht auf kombinatorischem Wege. Es liegt überdies offen zu Tage, wie die angestellten Betrachtungen für das vollständige n-eck und n-flach sich dualistisch entsprechen: Ecken und Flächen des einen entsprechen Flächen und Ecken des andern, während die Kanten des einen den Kanten des andern zugeordnet sind, da zwei Punkte (Ecken) ebensowohl eine Verbindungsgerade (Kante) besitzen, wie zwei Ebenen sich in einer Geraden (Kante) schneiden.

41. Das (einfache) räumliche n-eck und n-flach. Definitionen. (Flächenwinkel; Begriff von konvex; Normalecke; allgemeines und singuläres Vielflach; Trigonalpolyeder.) In derselben Weise, wie man in der Ebene vom vollständigen n-eck bez. n-seit zum einfachen n-eck überging, welches zugleich einfaches n-seit war (da die Zahl der Kanten mit der der Ecken übereinstimmte) (vergl. Nr. 1), könnte man nun auch

---

1) Weiteres hierüber s. Hertzer, Über Vielecke, Vielseite und Vielflache. Ztschr. f. Math. u. Phys. von Schlömilch-Cantor, 11. Jahrg., 1866. S. 244.

versuchen, im Raume vom vollständigen n-eck und n-flach zum einfachen n-eck und n-flach überzugehen. Aber diese beiden Gebilde sind zwar gestaltlich gleichartig, aber nicht identisch, da die Zahl der Flächen im allgemeinen (ausgenommen ist nur $n = 4$) von der Zahl der Ecken verschieden ist. Man wird sich also entscheiden müssen, ob man die Zahl der Ecken oder die der Flächen zum Ausgangspunkt (zum Benennungsprinzip) wählen will. Hier soll zunächst das letztere geschehen, indem die Definition an die Spitze gestellt wird: *Ein (einfaches) Vielflach, n-flach oder Polyeder ist die Gesamtheit von n ebenen Vielecken, von denen jedes jede seiner Kanten mit einer Kante eines andern Vielecks gemein hat.* Die Gesamtheit der Vielecke bildet eine zusammenhängende Fläche, die Oberfläche des Vielflachs; jedes einzelne Vieleck heisst eine Seitenfläche (Grenzfläche, kurz: Fläche) desselben. Die beiden Endpunkte (Ecken) jeder Kante hat diese mit mindestens zwei weiteren Kanten gemein, da erst drei ebene Flächen eine körperliche Ecke bilden können. Jede körperliche Ecke hat ebenso viel Kanten wie Flächen. Die (Innen-) Winkel der Vielecke heissen die ebenen Winkel oder die *Kantenwinkel* des Vielflachs. Je zwei Vielecke bilden an ihrer gemeinsamen Kante zwei sich zu 2π ergänzende Flächenwinkel mit einander, deren Schenkel die auf einem Punkte der Kante errichteten, in die Ebenen der beiden Vielecke fallenden Senkrechten sind. Bildet man das Netz des Vielflachs, indem man dieses nach einer Reihe von Kanten öffnet und um die andern Kanten alle Seitenflächen der Reihe nach in die Ebene einer solchen umklappt; unterscheidet man dann die beiden Seiten dieser Ebene etwa durch weiss und schwarz, und bildet dann wieder durch Zurückbiegen das Vielflach, so sind seine *Flächenwinkel (Keile)* diejenigen, welche von derselben Seite jener Ebene, entweder der weissen oder der schwarzen, gebildet werden.[1]) Gemeiniglich beachtet man bei einem gewöhnlichen Vielflach (man nehme z. B. ein beliebiges Prisma) die von den *Innenseiten* der Seitenflächen gebildeten Flächenwinkel. Ein Vielflach heisst *konvex*, wenn jeder seiner Flächenwinkel kleiner als π ist (die Ergänzungswinkel also sämtlich grösser als π), *nicht konvex*, wenn auch nur ein Flächenwinkel überstumpf ist. Ein nicht konvexes Vielflach kann überstumpfe Kantenwinkel besitzen, doch ist dies nicht notwendig. Die Verlängerungen der eine Ecke bildenden Kanten und Flächen über diese Ecke hinaus bilden deren *Scheitelecke*. Die Ecke und ihre Scheitelecke sind *symmetrisch*[2]), d. h. sie stimmen der Reihe nach in allen einzelnen Teilen (Kanten, Winkeln, Flächenwinkeln) überein, ohne gleich (kongruent) zu sein. Fällt man aus einem Punkte im Innern einer Ecke die Normalen auf deren Flächen und legt durch je zwei auf einander folgende Normalen Ebenen, so bilden diese die *Polarecke* der ursprünglichen Ecke.

    Ein Vielflach, welches nur dreiseitige Ecken hat, d. h. dessen sämtliche Ecken nur durch drei Flächen begrenzt sind, heisse *allgemein;* wird auch nur eine Ecke durch mehr als drei Flächen gebildet, so heisse das Vielflach *singulär*. Ein Vielflach, welches nur Dreiecke zu Grenzflächen hat, heisse *Trigonalpolyeder.*[3])

42. Über die Teilung des Raumes durch die Ebenen des vollständigen n-flachs.[4]) Der unbegrenzte Raum wird durch n Ebenen, von denen keine drei durch ein und dieselbe Gerade und keine vier durch ein und denselben Punkt gehen, in $n + \dfrac{n(n-1)(n-2)}{2 \cdot 3}$ Teile geteilt. Ist $n > 3$, so ist jeder der Raumteile ein Polyeder, das lauter ausspringende Winkel und lauter dreikantige Ecken hat und durch keine der n Ebenen selbst wieder geteilt wird. Jede Ecke eines jeden dieser Polyeder ist von einer Ecke eines andern die Scheitelecke. Um sich zu überzeugen, dass für jeden Wert von n die Anzahl der Raumteile der Anzahl

---

1) **Wiener**, S. 16. (Es wird später nicht unbemerkt bleiben, dass diese Definition nur Gültigkeit für zweiseitige Polyeder hat. Vergl. Nr. 56.)

2) Im Sinne von **Legendre**, Éléments de Géométrie, livre V, proposition XXIII, 8. édit, Paris 1809, p. 155. Die zweite Ecke wird als Spiegelbild der ersten gegen irgend eine ihrer Ebenen erhalten.

3) Der Name *Vielflach* für Polyeder scheint von R. **Wolf** herzurühren (vergl. Handbuch der Mathematik etc. 1869, Bd. I, S. 239) und ist bes. durch **Wiener** (a. a. O. S. 17) eingebürgert worden. In der Krystallographie und sonst (z. B. bei **Hessel**) ist auch *Vielflächner* gebräuchlich. Wir verwenden *Vielflach* neben *Polyeder*. Weitere Unterscheidungen (nach **Wiener**, **Hessel** u. a.) kommen erst bei Betrachtung der besonderen Vielflache zur Sprache. *Allgemeines* und *singuläres* Polyeder findet sich bei **Eberhard**, Zur Morphologie der Polyeder, 1891, S. 19; *Trigonalpolyeder* bei **Möbius**; ein deutsches Wort hierfür (Dreiecksvielflach?) ist noch nicht im Gebrauche.   4) v. **Staudt**, Geometrie d. Lage, S. 108 ff.

der Ebenen vermehrt um die Anzahl ihrer Schnittpunkte gleich sei, darf man nur bemerken, dass dies für $n = 4$ der Fall ist[1]), und dass, wenn zu m Ebenen noch eine hinzukommt, dadurch die Anzahl der Ebenen um 1, die Anzahl ihrer Schnittpunkte um $\frac{m(m-1)}{2}$ und die Anzahl der Raumteile um die Summe $1 + \frac{m(m-1)}{2}$ sich vermehrt, indem die letzte Ebene[2]) durch die Spuren der m ersteren in $1 + \frac{m(m-1)}{2}$ Teile geteilt wird, deren jeder einen der vorigen Raumteile selbst wieder in zwei Teile teilt.[3]) — Durch $n + 1$ Ebenen, von denen keine drei durch eine und dieselbe Gerade und keine vier durch ein und denselben Punkt gehen, wird also der Raum in $n + 1 + \frac{(n+1) \cdot n \cdot (n-1)}{2 \cdot 3} = \frac{n(n^2 + 5)}{6} + 1$ Teile geteilt. Ist unter den Ebenen die unendlich ferne Ebene, so dass also n die Anzahl der übrigen bezeichnet, so ist die Anzahl der ins Unendliche gehenden Raumteile gleich $n(n-1) + 2$ und also die Zahl der endlichen gleich $\frac{(n-1)(n-2)(n-3)}{2 \cdot 3}$.

43. Das vollständige Vier- und Fünfflach. Die gewöhnlichen und aussergewöhnlichen (einfachen) Vier- und Fünfflache.

Um das Vorhergehende auf Beispiele anzuwenden, um überdies zu zeigen, welche einfachen Vielflache wenigstens in den vollständigen Vielflachen geringster Ebenenzahl enthalten sind, und um schliesslich weitere Definitionen anzufügen, möge der Fall von vier und fünf Ebenen im Raume betrachtet werden. Wird die von drei Ebenen gebildete Ecke von einer vierten Ebene geschnitten, die mit keiner der vorhergehenden parallel läuft, so wird der Raum in acht Vierflache (Tetraeder) zerlegt, von denen eins mit sämtlichen vier Ecken, sechs Kanten und vier Flächen im Endlichen gelegen ist und gemeiniglich schlechthin als Vierflach bezeichnet wird. Ausserdem bilden die vier Ebenen noch vier Tetraeder der Form, wie sie Fig. 33 andeutet, bei denen die vier Ecken zu $(3 + 1)$ im Endlichen liegen, drei der Kanten aber durch das Unendlichweite gehen, und drei Tetraeder der Form Fig. 34 mit den vier Ecken zu $(2 + 2)$ und zwei Kanten im Endlichen, während vier Kanten durch das Unendlichweite laufen.[4]) Es wird in den folgenden Nummern des Buches, wenn nicht ausdrücklich anderes bemerkt ist, von allen solchen räumlichen Figuren, welche das Unendlichweite enthalten, abgesehen werden.

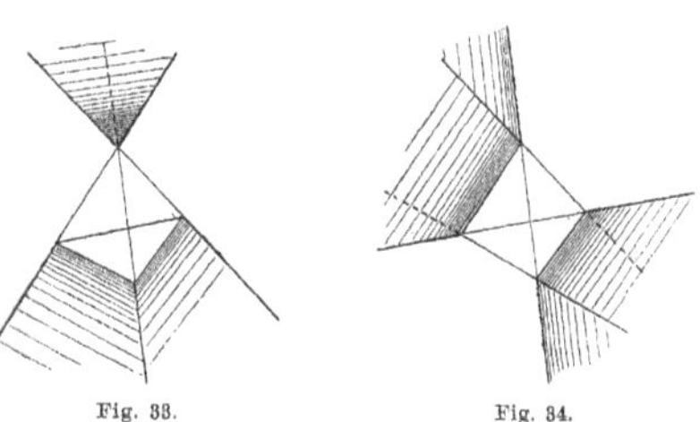

Fig. 33.   Fig. 34.

In diesem Sinne existiert nur *ein Vierflach* (sich selbst zugleich als räumliches Viereck dual zugeordnet) mit $f = 4$ Flächen, $k = 6$ Kanten, $e = 4$ Ecken. Die Flächen sind sämtlich Dreiecke, die Ecken alle dreikantig; das Vierflach ist gleichzeitig ein allgemeines Vielflach und ein Trigonalpolyeder. — Es trete nun zu den bisher festgelegten vier Ebenen eine, im allgemeinen mit keiner der vorigen parallele, fünfte Ebene hinzu, mit jenen das vollständige Fünfflach bildend. Das durch die vier ersten Ebenen gebildete endliche Tetraeder habe die Ecken A, B, C, D (Fig. 35, S. 48) und die fünfte Ebene schneide die sechs Kanten AB, AC, AD, BC, BD und CD in den Punkten E, F, G, H, J und K. Auf jeder Kante liegen drei Ecken; durch jede Ecke gehen drei Kanten, deren im ganzen zehn vorhanden sind. In jeder Ebene bilden die Spuren der vier andern Ebenen ein vollständiges Vierseit, dessen drei Diagonalen

---

1) Hier wird, analog der Betrachtung über die Teilung der Ebene (vergl. Nr. 2) vorausgesetzt, dass eine Ebene den (projektivisch gedachten) Raum noch nicht teilt. Zwei Ebenen teilen ihn in zwei Teile, drei Ebenen in vier Teile, vier Ebenen in acht Teile, von denen einer ganz im Endlichen liegen kann. Drei Ebenen bilden noch keine im Endlichen geschlossene Zelle, sondern nur eine Ecke, wenn ihre Schnittgeraden nicht parallel laufen.

2) Vergl. Nr. 2, über die Teilung der Ebene durch Gerade.

3) Es ist in der That: $m + \frac{m(m-1)(m-2)}{2 \cdot 3} + 1 + \frac{m(m-1)}{2} = m + 1 + \frac{(m+1) \cdot m \cdot (m-1)}{2 \cdot 3}$ (Schluss von m auf $m + 1$).

4) Haben die vier Ebenen des vollständigen Vierflachs noch speziellere (parallele) Lage, so entstehen entartete Tetraeder, auf die hier nicht weiter eingegangen wird.

die drei Diagonalen erster Ordnung sind, die in der betr. Ebene liegen; z. B. in der Ebene ABC die Diagonalen AH, CE und BF, also für sämtliche Ebenen fünfzehn Diagonalen. Durch jede Kante geht eine Kantendiagonalebene, deren es demnach im ganzen zehn giebt; z. B. durch AB die Ebene ABK, denn K ist die einzige Ecke, die nicht auf den längs der Kante AB sich schneidenden Ebenen liegt. In jeder Kantendiagonalebene liegen vier Ecken (in ABK ausser A, B und K die Ecke E) und drei Diagonalen erster Ordnung (in ABK die Diagonalen AK, BK und EK). Die Zahl der geschlossenen Räume, welche durch die Ebenen des vollständigen Fünfflachs abgegrenzt werden, beträgt vier. Davon sind zwei Fünfflache (Pentaeder), begrenzt von zwei Dreiecken und drei Vierecken, und zwei Vierflache, die sich an eine Seite je eines Fünfflachs anfügen: Die beiden Fünfflache $\mathfrak{A} \equiv BCDGEF$ und $\mathfrak{B} \equiv CHFGJD$ und die Vierflache $\mathfrak{C} \equiv GEFA$ und $\mathfrak{D} \equiv GDJK$. Die Fünfflache $\mathfrak{A}$ und $\mathfrak{B}$ haben das Viereck $BDGF$ gemein, während die beiden andern Vierecksflächen je in die Ebenen der Dreiecksflächen des andern fallen. Die beiden Fünfflache sind morphologisch nicht von einander verschieden, d. h. die Art und Anordnung ihrer Grenzflächen ist dieselbe; beide sind konvex. Es sollen nun zur Begrenzung eines Vielflachs auch nicht konvexe gewöhnliche und aussergewöhnliche Vielecke (vergl. Nr. 6) zugelassen werden. Für die Begrenzung des Fünfflachs kommen darnach ausser dem

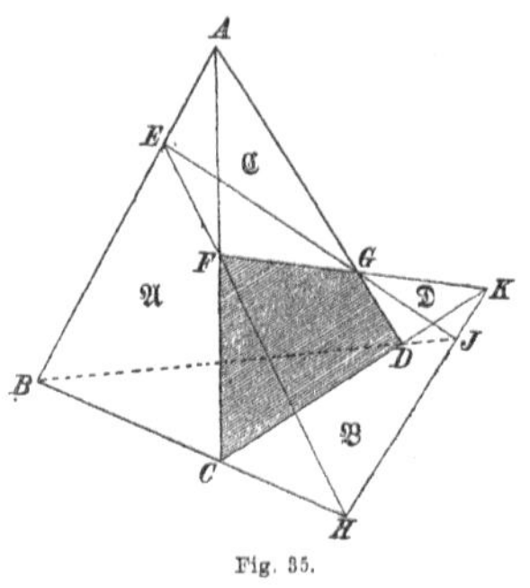
Fig. 35.

gewöhnlichen Viereck $IV_{0,1}$ (s. Taf. I) das nicht konvexe Viereck zweiter Art mit einem überstumpfen Winkel $IV_{1,2}$ und das überschlagene Viereck $IV_{2,2}$ mit zwei überstumpfen Winkeln und einem Doppelpunkt in Frage. *Jedes Vielflach, das unter seinen Begrenzungsflächen aussergewöhnliche Vielecke hat, heisst selbst ein aussergewöhnliches Vielflach*[1]; seine Oberfläche schneidet sich selbst. Um derartige weitere möglichen Fünfflache in dem vollständigen Fünfflach zu finden, füge man zwei bez. drei der geschlossenen Räume zusammen. Es ergeben sich Fünfflache durch folgende Zusammenfügungen[2]): 1) $\mathfrak{A} + \mathfrak{D}$, ein Fünfflach mit zwei Vierecken $IV_{2,2}$, $BCKJ$ und $EFKJ$ und einem Viereck $IV_{0,1}$, $BCFE$; seine Oberfläche schneidet sich längs der Geraden GD, die nicht Kante des Fünfflachs ist (Taf. I, Fig. 26). Morphologisch dasselbe Fünfflach ergiebt sich in $\mathfrak{B} + \mathfrak{C}$. 2) $\mathfrak{C} + \mathfrak{D}$, ein Fünfflach mit drei Vierecken $IV_{2,2}$, $AEJD$, $AFKD$ und $EFKJ$. In G, welches keine Ecke des Fünfflachs ist, sondern ein Doppelpunkt, schneiden sich die Kanten und Ebenen (Taf. I, Fig. 27). 3) $\mathfrak{A} + \mathfrak{B} + \mathfrak{C}$, ein gewöhnliches nicht konvexes Fünfflach mit zwei Vierecken $IV_{1,2}$, $ABHF$ und $ABJG$ und einem Viereck $IV_{0,1}$, $FGJH$. Die Ecken F und G sind nicht konvex (Taf. I, Fig. 28). 4) $\mathfrak{A} + \mathfrak{C} + \mathfrak{D}$, ein Fünfflach mit zwei Vierecken $IV_{1,2}$, $ABJG$ und $ACKG$ und einem Viereck $IV_{2,2}$, $BCKJ$. Die Ecke G ist nicht konvex; die beiden Vierecke $IV_{1,2}$ schneiden sich längs der Geraden GD, die keine Kante des Fünfflachs ist (Taf. I, Fig. 29). Mit diesem Fünfflach sind die Fünfflache $\mathfrak{A} + \mathfrak{B} + \mathfrak{D}$ und $\mathfrak{B} + \mathfrak{C} + \mathfrak{D}$ morphologisch gleich. Die bisher aufgeführten Fünfflache sind allgemeine Vielflache, da jede Ecke dreikantig ist. Erhält die fünfte Ebene des vollständigen Fünfflachs besondere Lage, z. B. durch die Ecke A des Vierflachs $ABCD$, so können noch drei morphologisch verschiedene singuläre Fünfflache entstehen, begrenzt von vier Dreiecken, die eine vierkantige Ecke bilden, und einem Viereck, welches ein $IV_{0,1}$, $IV_{1,2}$ oder $IV_{2,2}$ sein kann (Taf. I, Fig. 30, 31, 32). Es sind also in Summa acht morphologisch verschiedene (endliche) Fünfflache möglich, fünf mit drei Vierecken und zwei Dreiecken, drei mit einem Viereck und vier Dreiecken. Je ein Fünfflach jeder Gruppe ist konvex, ebenso je eins jeder Gruppe gewöhnlich nicht konvex; sämtliche übrigen sind aussergewöhnliche Fünfflache. Die Zahl der Ecken und Kanten ist bei allen dieselbe.

---

1) Nach A. F. Möbius, Über die Bestimmung des Inhaltes eines Polyeders, 1865, § 2. Gesammelte Werke, Bd. II, S. 473 ff. Diese Abhandlung wird künftig als Möbius I zitiert.

2) In den Fig. 25—32 der Taf. I sind sämtliche Fünfflache, die folgenden mit der Buchstabenbezeichnung der Figur des Textes, nur z. T. anders gelegen, gezeichnet.

In derselben Weise, wie hier geschehen, kann man weiterhin aus dem vollständigen Sechsflach die möglichen einfachen Sechsflache ableiten und erhält, wenn man die grosse Anzahl der morphologisch verschiedenen ebenen Fünfecke beachtet, eine kaum mehr zu übersehende Zahl räumlicher Figuren, weshalb von der weiteren Untersuchung hier abgesehen wird. Es leuchtet jedenfalls ein, dass sich fort und fort jede neue Ebene des vollständigen Vielflachs so annehmen lässt, dass unter allen in ihm enthaltenen Polyedern stets mindestens ein gewöhnliches n-flach ist, dessen n Begrenzungsflächen von allen n Ebenen des vollständigen Vielflachs gebildet werden, derart, dass sämtliche n Begrenzungsflächen gewöhnliche Vielecke sind. Es wird später gezeigt werden, wie man alle möglichen einfachen (allgemeinen und singulären) n-flache aus den $(n-1)$-flachen durch Zufügung der n^{ten} Ebene ableitet.

44. Einfach und mehrfach zusammenhängende berandete Flächen. Definition des Querschnitts. Die Grundzahl einer Fläche. Eine ringsum begrenzte, d. h. berandete Fläche heisst *einfach zusammenhängend*, wenn jede in ihr gezogene Linie, die zwei Punkte des Randes verbindet, ein sogenannter *Querschnitt* der Fläche, sie in zwei Teile zerlegt, aus deren einem man auf keinem Wege in den andern (selbstverständlich nur in der Fläche fortschreitend) gelangen kann, ohne den Querschnitt zu überschreiten.[1]) Beispiele hierfür sind: eine ebene Kreisfläche, ein gewöhnliches Polygon mit seiner Innenebene, die Oberfläche einer Kugelhaube u. s. w. Die folgenden Definitionen sind mit dieser ersten gleichwertig: Eine Fläche heisst einfach zusammenhängend, wenn sie durch stetige Umformung (also bloss durch Dehnungen und Biegungen, ohne Zerreissungen und Zusammenheftungen) in ein ebenes, nur von einer einzigen Randkurve begrenztes Flächenstück verwandelbar ist[2]), oder: Eine Fläche heisst einfach zusammenhängend, wenn jedwede auf ihr konstruierte geschlossene Kurve mittels einer auf der Fläche stetig fortschreitenden Gestaltsveränderung in einen unendlich kleinen Kreis d. h. einen Punkt verwandelbar ist.[3]) Eine berandete Fläche heisst zweifach zusammenhängend, wenn sie durch einen geeigneten Querschnitt, d. h. die Verbindungslinie zweier Randpunkte, in eine einfach zusammenhängende verwandelt werden kann. Ein Beispiel ist die ebene Fläche zwischen zwei konzentrischen Kreisen; ein Querschnitt, der einen Punkt des innern mit einem Punkte des äussern Kreises verbindet, verwandelt die Fläche in eine einfach zusammenhängende, die durch jeden weitern Querschnitt zerstückelt wird. Dass der Kreisring nicht einfach zusammenhängend ist, ersieht man auch daraus, dass er der obigen dritten Definition einer solchen Fläche nicht genügt, denn eine auf ihm konzentrisch mit den Rändern verlaufende Kreislinie lässt sich nicht durch Zusammenziehen in einen unendlich kleinen Kreis verwandeln. — *Eine berandete Fläche heisst n-fach zusammenhängend, wenn n — 1 auf einander folgende Querschnitte erforderlich sind, um sie in eine einfach zusammenhängende Fläche zu verwandeln.* Die Zahl n wird der Grad des Zusammenhanges oder kurz die *Grundzahl* der Fläche genannt.

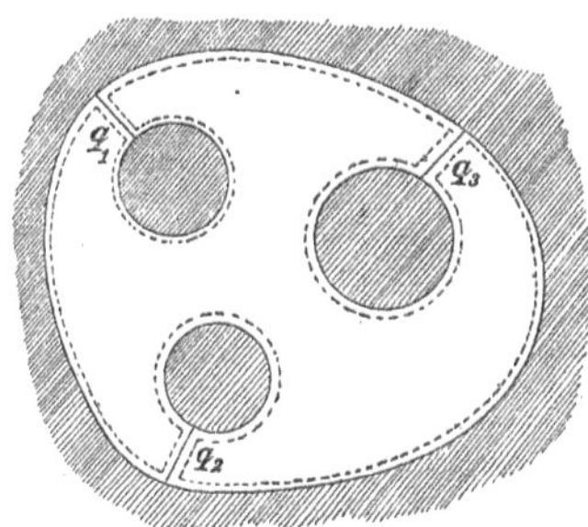

Fig. 36.

Ein Beispiel dafür ist eine beliebige, einfach begrenzte Figur, aus der $n-1$ ebensolche ausgeschnitten sind. Vergl. Fig. 36 ($n=4$); die drei Querschnitte q_1, q_2, q_3 verwandeln die Fläche in eine einfach zusammenhängende mit einem Rande (in der Figur durch Punktierung angedeutet). Ein n-fach zusammenhängendes ebenes Polygon besteht aus einem äusseren Perimeter und $n-1$ innerhalb desselben unter sich getrennt gelegenen Perimetern.

45. Beziehung der Zahl der Ränder zur Grundzahl einer berandeten Fläche. Die Ränder einer berandeten Fläche sind Linien, die im allgemeinen nur mit einer Seite (Ufer) an die Fläche anstossen.

1) B. Riemann, Grundlagen für eine allgemeine Theorie der Funktionen einer veränderlichen komplexen Grösse. (Dissert. 1851.) Ges. Werke, S. 3.

2) C. Neumann, Riemanns Theorie der Abelschen Integrale, 2. Aufl., 1884, S. 146.

3) C. Neumann, Beiträge zu einzelnen Teilen der math. Physik, 1893, S. 14.

Legt man die Querschnitte, um allmählich die Fläche der Grundzahl n in eine einfach zusammenhängende zu verwandeln, so bemerkt man, dass beide Seiten derselben der Berandung angehören (vergl. Fig. 36). Geht man nun von einem Punkte eines Randes längs desselben fort, so muss man schliesslich wieder zum Ausgangspunkt zurückkehren, und man nennt dann das durchlaufene Stück der Begrenzung der Fläche einen *selbständigen Begrenzungsteil* oder einen *Rand* schlechthin. Die Zahl der Ränder einer Fläche der Grundzahl n sei mit r bezeichnet. Für $n = 1$ ist sicher auch $r = 1$. Denn wäre $r = 2$, so könnte man beide

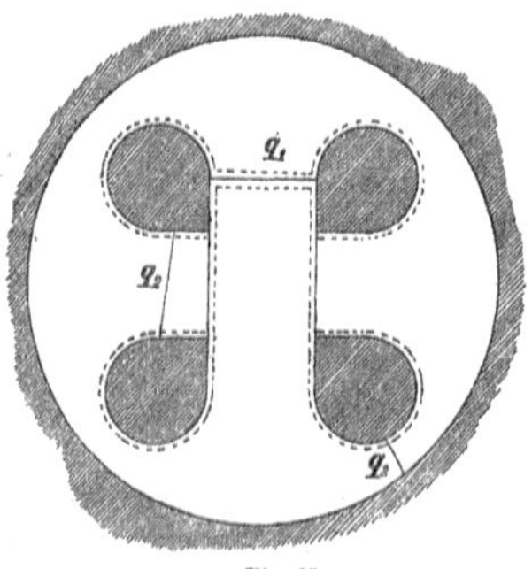
Fig. 37.

selbständigen Ränder durch einen Querschnitt in Verbindung setzen und dann mit den beiden Seiten des Querschnitts in einem Zuge durchlaufen; die Fläche wäre also durch einen Querschnitt nicht zerstückelt worden, also nicht einfach zusammenhängend gewesen.[1]) Um nun eine Beziehung zwischen r und n für beliebige berandete Flächen zu finden, veranschauliche man sich das folgende an Fig. 37, die eine Fläche der Grundzahl 4 mit zwei Rändern darstellt.[2]) Jeder Querschnitt, der zwei Punkte *desselben* Randes verbindet, *erhöht* (allein ausgeführt) die Zahl der Ränder um eins, z. B. q_1 oder q_2 (für q_1 sind die beiden neuen Ränder punktiert). Jeder Querschnitt, der zwei Punkte *verschiedener* Ränder verbindet, *vermindert* die Zahl der Ränder um eins, z. B. der Querschnitt q_3. (Die gesamte Fläche erhält bei alleinigem Durchschneiden längs q_3 einen einzigen Rand.) Unter den $n - 1$ Querschnitten, welche die Fläche der Grundzahl n einfach zusammenhängend machen, seien m der ersten Art, welche die Zahl der Ränder um eins erhöhen, also $n - 1 - m$ der zweiten Art, welche die Zahl der Ränder um eins vermindern; da die schliesslich einfach zusammenhängende Fläche nur einen Rand besitzen kann, so ist $r + m - (n - 1 - m) = 1$, d. h.:

$$r = n - 2m \qquad\qquad (m = 0, 1 \ldots),$$

d. i. in Worten: *Die Zahl der Ränder einer Fläche ist um eine gerade Zahl kleiner als ihre Grundzahl.* Eine Fläche von gerader [ungerader] Grundzahl besitzt also auch stets eine gerade [ungerade] Anzahl von Rändern.

46. Die geschlossene Fläche und ihre Grundzahl. Zweiseitige Fläche. Um auf eine ringsum geschlossene, d. h. unberandete, Fläche die vorigen Betrachtungen anwenden zu können, verwandle man sie in eine berandete Fläche dadurch, dass man aus ihr ein beliebig kleines, einfach zusammenhängendes, einfach berandetes Flächenstück ausschneidet, das man sich auch in einen Punkt zusammengeschrumpft denken kann. Die neue einfach berandete Fläche hat dann noch denselben Zusammenhang, d. h. dieselbe Grundzahl, wie die unbegrenzte Fläche. Da aber eine berandete Fläche mit nur einem Rande die Grundzahl $n = 2m + 1$ hat, so heisst dies: *Die Grundzahl einer nirgends begrenzten Fläche ist immer ungerade.* Ein Beispiel für $n = 1$ ist die Kugelfläche, die durch jeden von einem Punkte (dem unendlich kleinen Rande) ausgehenden und in ihn zurückkehrenden „Querschnitt" zerstückelt wird. Ein Ring (Wulst, torus) hat die Grundzahl $n = 3$; denn es sind zwei Querschnitte nötig, um seine Fläche einfach zusammenhängend zu machen, nämlich ein vom Punkte P der Fläche ausgehender, in diesen Punkt zurücklaufender, etwa den innern Umkreis umziehender Querschnitt und dann ein um den Ring geschlungener, zwei Punkte jenes ersten Querschnittes (Randes) verbindender Querschnitt. Als allgemeine Form einer Fläche der Grundzahl $n = 2m + 1$ kann ein m-facher Ring (Fig. 38, S. 51, $m = 3$) gelten, den man durch folgende Querschnitte in eine einfach berandete Fläche verwandelt. Man lege zunächst von einem Punkte P aus einen in sich zurückkehrenden Querschnitt a um alle „Öffnungen" des Ringes, dann $m - 1$ Querschnitte $b_1, b_2, \ldots,$ die in a beginnen und endigen, um alle „Öffnungen" bis auf eine, und schliesslich die m Querschnitte $c_1, c_2, c_3, \ldots,$ die, von Punkten von a ausgehend, in diese zurückkehren. Die zerschnittene Fläche hat

---

1) Vergl. hierzu Rausenberger, Die Elementargeometrie etc., S. 200 ff.
2) In der Mitte der Figur verläuft ein Teil der Fläche über dem andern.

dann nur einen (den punktierten) Rand und ist einfach zusammenhängend. Man kann diese Fläche, ohne ihren morphologischen Charakter, d. h. ihre Grundzahl zu ändern, beliebig durch Dehnung und Biegung umgestalten, unter anderem so, dass die die Querschnitte $c_1, c_2 \ldots$ tragenden Teile an Grösse beträchtlich gegen den mittleren Teil zurücktreten, das Ganze also, wie man sich leicht veranschaulicht, die Gestalt einer Kugel mit m Henkeln (welche die Querschnitte $c_1, c_2 \ldots$ tragen) annimmt. Diese Form der Flächen legen u. a. Möbius, F. Klein und C. Neumann ihren Betrachtungen zu Grunde. Von letzterem, der vom Kreisring ($n = 3$) ausgeht, welcher in Gestalt zweier durch zwei Röhren verbundenen Kugeln sich darstellen lässt, wird noch gezeigt, dass jede zusammenhängende Fläche der oben geschilderten Art in ein System von Kugeln umgestaltet werden kann, die durch eine gewisse Anzahl von Röhren mit einander (oder sich selbst) verbunden sind. Solche Flächen werden von ihm *sphärotische Flächen* genannt. Verbindet man z. B. zwei Kugeln durch vier Röhren, so erhält man eine, der in Fig. 38 abgebildeten gestaltlich gleichwertige, sphärotische Fläche, deren Grundzahl 7 ist.[1] — Es leuchtet nun aus der Anschauung ein, dass jede solche geschlossene Fläche einen bestimmten Teil des Raumes vom Gesamtraum abtrennt, derart, dass man nicht von einem Punkte des Aussenraumes zu einem

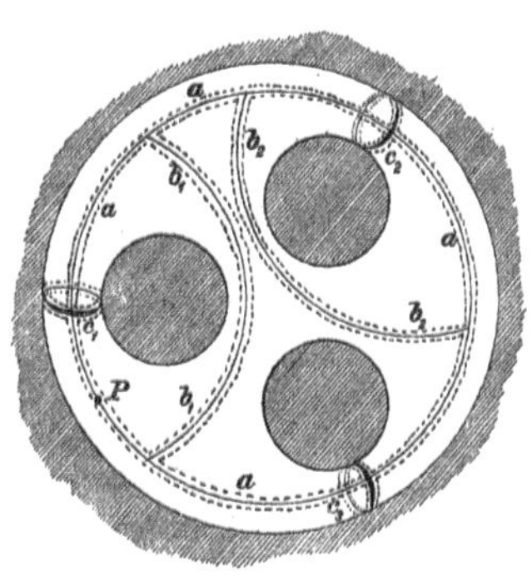
Fig. 38.

Punkte jenes Innenraumes gelangen kann, ohne die Fläche zu durchdringen.[2] Denkt man sich eine in einem Punkte der Fläche nach aussen errichtete (kleine) Normale längs der Fläche nach allen ihren Punkten fortbewegt, so wird sie nie in den Innenraum gelangen. Die Fläche hat *zwei Seiten*, die man vielleicht durch schwarze und weisse Färbung unterscheiden könnte. Man nennt alle solche Flächen *zweiseitig*.

47. Der Satz $e - k + f = 1$ für eine einfach zusammenhängende, berandete, zweiseitige polyedrische Fläche. Es ist wohl leicht ersichtlich, dass die bisher angestellten Betrachtungen über den Zusammenhang der Flächen unabhängig davon galten, ob das Flächenstück in seinen einzelnen Teilen eben oder gekrümmt war[3], wenn nur diese einzelnen Teile lückenlos mit einander verbunden erschienen. Setzt man also irgend beliebige *einfache*, ebene Polygone zu einer *polyedrischen Oberfläche* zusammen, derart, dass immer eine Kante eines Polygons an eine und nur eine Kante eines andern Polygons grenzt, so erhält man eine zusammenhängende Fläche, die hinsichtlich ihrer Grundzahl und der Zahl ihrer Ränder den vorhergehenden Sätzen gehorcht. Es sei nun zunächst ein einfach zusammenhängendes polyedrisches Flächenstück, das natürlich einfach berandet ist [der Rand wird von einer gewissen Anzahl Kanten gebildet und besitzt ebensoviel Ecken wie Kanten], mit e Ecken, k Kanten und f Flächen (Vielecken) vorgelegt, und es werde nach dem Werte der Grösse $e - k + f$ gefragt. Man setze das polyedrische Flächenstück der Reihe nach aus seinen Einzelflächen zusammen. Für eine erste, etwa ein m-eck, ist $e = m$, $k = m$, $f = 1$, also $e - k + f = 1$. Setzt man an deren Kante ein zweites Vieleck, etwa ein m'-eck an, so kommen eine Fläche, $m' - 2$ Ecken und $m' - 1$ Kanten neu hinzu, es bleibt also $e - k + f = 1$. Setzt man eine dritte Fläche an, sei es mit einer oder mit zwei Kanten, so kommt wieder eine Kante mehr hinzu als Ecken, so dass $e - k + f = 1$

---

1) C. Neumann, Beiträge etc., S. 297: „Man mag irgend welche geschlossene und sich selber nicht durchsetzende Fläche von sonst beliebiger Gestalt sich ausdenken, immer wird man finden, dass dieselbe durch stetige Umformung in eine sphärotische Fläche verwandelbar ist. Diese Verwandelbarkeit werde ich fortan als ein Axiom ansehen, als einen Satz, der so lange festzuhalten ist, bis etwa an irgend einem Beispiel seine Unhaltbarkeit zu Tage treten sollte. Übrigens ist solches kaum zu befürchten. Denn eine geschlossene und sich selber nicht durchsetzende Fläche ist nichts anderes als die Oberfläche irgend eines Körpers."

2) Über den sog. Zusammenhang des Raumes soll hier nichts bemerkt werden. Vergl. u. a. hierzu Rausenberger, Die Elementargeometrie etc., S. 198.

3) In der That gelten die weiterhin abzuleitenden Sätze eben zunächst auch für Gebietseinteilungen gekrümmter Flächen durch ein auf ihnen verlaufendes, keine freien Enden aufweisendes Kurvensystem (Linearkonfigurationen).

bleibt. Auch weiterhin übertrifft immer die Zahl der hinzutretenden Kanten die der hinzutretenden Ecken um eins, wenn man nur die Fläche einfach zusammenhängend bleiben lässt. *Es gilt also für die Anzahl der Ecken, Kanten und Flächen einer einfach zusammenhängenden, berandeten, zweiseitigen polyedrischen Oberfläche die Gleichung:*

$$e - k + f = 1.$$

48. Die entsprechende Gleichung für eine mehrfach zusammenhängende, zweiseitige, berandete polyedrische Fläche. Eine solche Fläche ist von der Gestalt, wie sie in den Nrn. 45 und 46 beschrieben ist, und wird, wenn ihre Grundzahl n ist, durch $n - 1$ Querschnitte zu einer einfach zusammenhängenden, einfach berandeten Fläche. Die Zahl der Ränder der ursprünglichen Fläche ist für das folgende zunächst gleichgültig. Es seien nun e, k, f die Zahlen für die Menge der Ecken, Kanten und (einfach zusammenhängenden) Vielecke der ursprünglichen polyedrischen Fläche, und es mögen die Querschnitte von einer Ecke eines Randes längs eines Kantenzuges zu einer Ecke eines andern (oder desselben) Randes geführt werden. Durch Zerschneiden längs eines Querschnittes wächst für das neue Gebilde dann stets die Zahl der Ecken um eins mehr als die Zahl der Kanten; es wächst also der Ausdruck $e - k + f$ für jeden Querschnitt um eins. (Genau dasselbe tritt übrigens ein, auch wenn der Querschnitt nicht längs Kanten, sondern beliebig durch Vielecke hindurch gelegt wird. Figur!) Da nach Zerschneidung längs sämtlicher $n - 1$ Querschnitte für die entstandene einfach zusammenhängende Fläche der Wert des Ausdrucks eins ist, d. h.: $(e + n - 1) - k + f = 1$, so erhält man den Satz: *Zwischen den Zahlen e, k, f für eine berandete, polyedrische zweiseitige Fläche der Grundzahl n besteht die Gleichung:*

$$e - k + f = 2 - n.$$

49. Der Eulersche Satz. Zweite Ableitung der Gleichung der vorigen Nummer. Aus einer einfach zusammenhängenden, ringsum geschlossenen polyedrischen Fläche, d. h. also einem einfachen Vielflach (nach Nr. 41), *gleichviel ob es konvex ist oder nicht*, wenn nur seine sämtlichen Einzelflächen einfach zusammenhängende sind, werde *eine* Begrenzungsfläche ausgeschnitten. Für das Restpolyeder, das von dem Typus einer einfach zusammenhängenden Fläche mit einem Rande ist, gilt nach Nr. 48 die Gleichung $e - k + f = 1$. Durch Wiedereinfügung der ausgeschnittenen Fläche wächst nur f um 1, es ergiebt sich also der Satz *(Eulerscher Satz): Bezeichnet man die Zahl der Ecken, Kanten und Flächen eines einfach zusammenhängenden (zweiseitigen) Vielflaches mit nur einfach zusammenhängenden Einzelflächen mit e, k, f, so gilt:*

$$e - k + f = 2.$$

Diese Gleichung wurde von L. Euler 1752 gefunden (s. die folgenden historischen Bemerkungen) und die eben genauer definierten Vielflache von Hessel *Eulersche Polyeder* genannt.[1]) Man kann sie auch, da sie als einfach zusammenhängende Flächen den Typus der Kugel haben, als *kugelartige Polyeder* bezeichnen.[2]) — Es mögen nun aus einem solchen Eulerschen Polyeder n einfach berandete, polyedrische Flächenstücke ausgeschnitten werden. Das übrigbleibende Flächenstück ist dann nichts andres, als eine mit n Rändern versehene Fläche der Grundzahl n, die sich leicht in die am Ende von Nr. 45 beschriebene Gestalt bringen lässt. Nun galt für das unzerschnittene kugelartige Polyeder $e' - k' + f' = 2$, für jedes ausgeschnittene polyedrische Flächenstück $e_i - k_i + f_i = 1$ $(i = 1, 2 \ldots n)$, demnach ist für die von n Polygonen berandete n-fach zusammenhängende polyedrische Fläche $e - k + f = 2 - n$.[3]) Das ist dieselbe Gleichung wie in Nr. 49, nur für den besonderen Fall abgeleitet, dass die n-fach zusammenhängende Fläche auch n Ränder besitzt, während die frühere Ableitung davon unabhängig war, wie die Gleichung in der That die Zahl der Ränder nicht enthält.

50. Der erweiterte Eulersche Satz für mehrfach zusammenhängende Vielflache. Es sei endlich eine geschlossene polyedrische Fläche beliebiger Grundzahl n (das nach früherem stets eine ungerade

---

1) Denselben Namen (polyèdres eulériens ou polyèdres simples) führt Camille Jordan für diese Vielflache ein, auf S. 35 der Abhandlung: Recherches sur les polyèdres, Borchardts Journal, 66. Bd., 1866, S. 22—85.

2) Diese Benennung braucht Möbius. Mitteilungen aus seinem Nachlass, Ges. Werke, Bd. II, S. 524.

3) Vergl. Eberhard, Zur Morphologie der Polyeder, Lpzg. 1891, S. 53. Künftig unter Eberhard, Morphologie, zitiert.

Zahl ist) oder, was dasselbe sagt, ein mehrfach zusammenhängendes Vielflach der Grundzahl n, dessen Seitenflächen aber sämtlich einfach zusammenhängend sind, vorgelegt und e, k, f die betr. Zahlen dieses Gebildes. Scheidet man eine einzelne Fläche aus ihm aus, so bleibt n ungeändert, aber die nun erhaltene Fläche besitzt einen Rand, und es lässt sich auf sie die Formel in Nr. 49 anwenden, wonach $e - k + f$ den Wert $2 - n$ hat. *Demnach gilt* nach Wiedereinfügung dieser ausgeschnittenen Einzelfläche, wodurch nur f um 1 wächst, *für das (zweiseitige) Vielflach der Grundzahl n die Gleichung*[1]) *zwischen e, k und f:*

$$e - k + f = 3 - n.$$

Es ist also die Grösse $e - k + f$ für ein zweiseitiges Vielflach, da n ungerade sein muss, stets *eine gerade Zahl* (wenn keine mehrfach zusammenhängenden Einzelflächen vorkommen).

51. Vielflache mit mehrfach zusammenhängenden Einzelflächen.

Besitzt ein mehrfach zusammenhängendes Vielflach eine gewisse Anzahl Einzelflächen von mehrfachem Zusammenhange, die, weil sie eben sein müssen, ebensoviel Ränder besitzen, als ihre Grundzahl beträgt (vergl. Nr. 45 am Ende), so mache man sämtliche Einzelflächen durch Ziehen von Querschnitten einfach zusammenhängend. Durch das Anlegen eines Querschnittes wird aber immer eine Kante mehr erzeugt, als Ecken hinzukommen. Führt man den Querschnitt nämlich zwischen zwei Ecken gerade, so tritt eine Kante, aber keine Ecke hinzu. Stösst der Querschnitt an eine Kante an, so erzeugt er an dieser Stelle eine Ecke, zerlegt aber jene Kante in zwei u. s. w. Immer nimmt durch Ziehen eines Querschnittes die Grösse $e - k + f$ für das Vielflach um 1 ab. Sind sämtliche Einzelflächen durch insgesamt q Querschnitte einfach zusammenhängend gemacht, so hat die Grösse $e - k + f$ um q abgenommen und für das nun entstandene Polyeder, dessen Gesamtzusammenhang immer noch n ist, gilt die Gleichung der vorigen Nummer, also gilt für das ursprüngliche Polyeder, d. h. *für ein (zweiseitiges) Vielflach der Grundzahl n, dessen einzelne Seitenflächen durch q Querschnitte einfach zusammenhängend werden:*[2])

$$e - k + f = 3 - n + q.$$

Es ist z. B. für das in Fig. 39 dargestellte, aus zwei in einer Fläche zusammenstossenden Tetraedern erzeugte Achtflach $e = 8$, $k = 12$, $f = 7$, also $e - k + f = 3$, da hier $n = 1$ und $q = 1$ ist; denn es genügt der Querschnitt CC', um die ringförmige Einzelfläche, deren Ränder BCD und $B'C'D'$ sind, einfach zusammen-

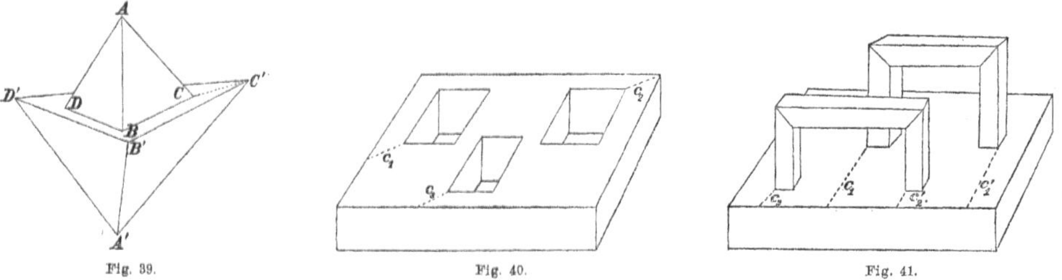

Fig. 39.
Fig. 40.
Fig. 41.

hängend zu machen. — Es mag hier auch darauf hingewiesen werden, dass die Gleichung $e - k + f = 2$ wohl für Eulersche Polyeder gültig ist, dass aber nicht umgekehrt das Bestehen dieser Gleichung für ein Vielflach es als Eulersches (kugelförmiges) charakterisiert. Denn dieser Gleichung genügen die Zahlen der Begrenzungsstücke aller Polyeder, für die $3 - n + q = 2$, d. h. $n - q = 1$ ist. Neben den Eulerschen Polyedern ($n = 1$, $q = 0$) kann man sich beliebig viel andre Vielflache konstruieren, welche die Bedingung $n - q = 1$ erfüllen. Wenn man z. B. einem Parallelepiped m Durchbrechungen giebt (Fig. 40, $m = 3$), so hat das entstehende Vielflach vom Typus eines m-fachen Ringes (vergl. Nr. 47) die Grund-

1) Vergl. u. a.: Godt, Untersuchungen über Polyeder von mehrfachem Zusammenhang. Progr. Lübeck 1881, S. 2.
2) Rausenberger, Elementargeometrie etc., S. 204. F. Lippich, Zur Theorie der Polyeder. Wiener Ber. 84.

zahl $2m+1$. Es ist $q=2m$, da die obere und untere Deckfläche je m Querschnitte $c_1, c_2, \ldots$ brauchen, um einfach zusammenhängend zu werden, also ist $e-k+f=3-(2m+1)+2m=2$, obgleich das Vielflach kein Eulersches ist. Setzt man ferner auf ein Parallelepiped h „Henkel" auf (in Fig. 41, S. 53, ist $h=2$), so ist die Grundzahl des entstehenden Vielflachs $n=2h+1$; die Zahl q der Querschnitte $c_1, c_1', c_2, c_2', \ldots$, welche die eine Deckfläche einfach zusammenhängend machen, ist $2h$, also wiederum $e-k+f=2$ u. s. w. Es lassen sich leicht immer zwei auf den ersten Anblick sehr ähnliche Polyeder neben einander stellen, von denen das eine dem

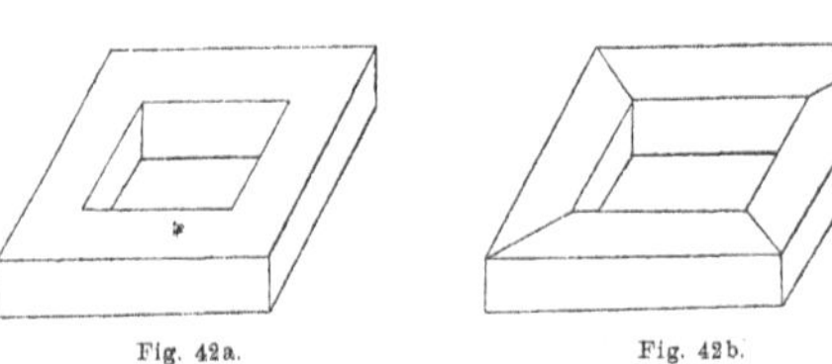

Fig. 42a.   Fig. 42b.

Eulerschen Satze genügt, das andre nicht. Es ist z. B. aus leicht ersichtlichen Gründen[1] für das Polyeder Fig. 42a der Wert der Grösse $e-k+f$ gleich 2, dagegen für das Polyeder Fig. 42b gleich Null.

52. Diskontinuierliche Vielflache. Es war bisher immer vorausgesetzt und der ursprünglichen Definition entsprechend, dass die der Untersuchung unterworfenen Vielflache *kontinuierlich*, d. h. so beschaffen waren, dass man jeden ihrer Eckpunkte mit einem beliebigen anderen durch einen zusammenhängenden Kantenzug verbinden konnte, oder, was dasselbe sagt, dass ein Punkt von jedem Vieleck, ohne die Oberfläche des Polyeders zu verlassen, auf jedes andre Vieleck gelangen konnte. Besteht das Vielflach aber aus mehreren getrennten polyedrischen Oberflächen, so heisst es *diskontinuierlich*. Hierher gehören die Vielflache mit inneren Höhlungen (wenn man an den Begriff des Körpers anknüpft) und die Durchdringungen mehrerer Polyeder. Es bestehe nun das Vielflach aus i Einzelpolyedern mit den Zahlen e_i, k_i, f_i von Ecken, Kanten und Flächen, so dass $e_i-k_i+f_i=3-n_i$ ist, wenn das i^{te} Polyeder die Grundzahl n_i hat. Durch Summation über alle i findet sich, wenn e, k, f die betr. Zahlen des Gesamtvielflachs bezeichnen, und wenn überdies insgesamt q Querschnitte nötig sind, um mehrfach zusammenhängende Einzelflächen einfach zusammenhängend zu machen die Formel

$$e-k+f=3i-\sum_{1}^{i} n_i+q.$$

Ist von den i Polyedern eins von der Grundzahl n, die übrigen $i-1$ (als Höhlungen) jedes vom Zusammenhange 1, und hat q die vorige Bedeutung, so ist $e-k+f=3i-(n+i-1)+q$, oder

$$e-k+f=2i-n+1+q.$$

53. Die einseitigen Flächen. Die bisher betrachteten polyedrischen, nichtgeschlossenen oder geschlossenen Flächen waren durchweg zweiseitig. Die folgenden Untersuchungen beziehen sich auf Flächengebilde, bei denen es gleichgültig ist, ob sie schon polyedrisch sind, d. h. ob sich an ihnen Ecken, Kanten und Einzelflächen, die stets als einfach zusammenhängend vorausgesetzt werden, unterscheiden lassen. Ist $ABCD$ ein rechteckiger (biegsamer, dehnbarer) Streifen, so entsteht, wenn man seine Kanten AB und CD derart an einander fügt, dass C mit B, D mit A zusammenfällt, eine zweiseitige Fläche der Grundzahl $n=2$ mit zwei Rändern; denn ein Querschnitt (eben $CD\equiv AB$) genügt, um die Fläche einfach zusammenhängend zu machen. Ein in sich selbst zurücklaufender, parallel den Rändern geführter Schnitt zerstückelt die Fläche in zwei wieder zweifach berandete, zweiseitige Flächenstücke der Grundzahl 2. Dreht man aber das Ende CD des rechteckigen Streifens im Raume, ehe es an AB gefügt wird, um 180°, d. h. *tordiert* man den Streifen *einmal* und heftet dann zusammen, so dass C auf A, D auf B fällt, so entsteht eine Fläche mit nur einem Rande und der Grundzahl $n=2$; denn der Querschnitt AB (vergl. Fig. 43, S. 55) verwandelt die Fläche wieder in eine einfach zusammenhängende. Diese Fläche ist aber *einseitig* (Möbiussches Blatt[2]); denn

<hr>

[1] Solche Polyeder betrachtet Hessel, Nachtrag zu dem Eulerschen Lehrsatze von den Polyedern. Crelles Journal Bd. 8, S. 13.

[2] Die Entdeckung der einseitigen Flächen ist Möbius zuzuschreiben und fällt in das letzte Viertel des Jahres 1858. Über das eben beschriebene sog. Möbiussche Blatt vergl. Möbius, Ges. Werke, Bd. II, S. 519.

wenn man in irgend einem ihrer Punkte P eine (kleine) Normale PN errichtet, so kann man, indem man P auf der Fläche fortbewegt, nach einmaligem Umlaufen der bandförmigen Fläche die Normale PN, entgegengesetzt gerichtet, nach dem Punkte P zurückbringen, so dass sie in P auf der andern Seite der Fläche, die aber mit der ersten identisch blieb, erscheint. Nach zweimaligem Umlaufen des Bandes kehrt die Normale erst in ihre ursprüngliche Richtung zurück. Ein längs des einen Randes (etwa in der Mitte der Fläche) von P nach P zurückgeführter Schnitt zerstückelt aber die Fläche nicht, sondern es entsteht *eine* zweiseitige Fläche der Grundzahl $n = 2$ mit *zwei* Rändern.[1]) Ein solcher Rückkehrschnitt heisse auf der polyedrisch gedachten Fläche, da man sich ihn aus Kanten bilden kann, ein *Kantenrückkehr-polygon*. Die polyedrische einseitige Fläche, die durch ein solches Polygon nicht zerstückelt wird, enthält eine *einseitige Zone*. Eine *Zone* auf einem Polyeder oder einem polyedrischen Flächenstück ist hier eine in sich zurücklaufende Reihe von Einzelflächen — Vielecken —, von denen jedes folgende mit dem vorher-gehenden eine Kante gemein hat. Ist eine solche Zone zweiseitig, so hat sie zwei Ränder; ist sie einseitig, so hat sie nur einen Rand. Jede Kante, die

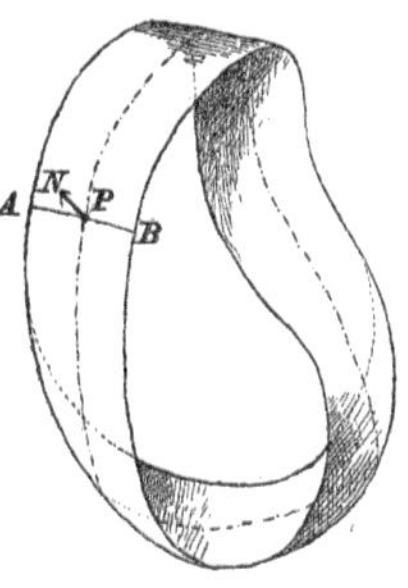

Fig. 43.

eine Einzelfläche mit der vorhergehenden oder folgenden gemein hat, ist ein Querschnitt der Zone. Eine einseitige Zone ist selbst von dem Typus des Möbiusschen Blattes. Keine polyedrische Fläche von diesem Typus kann zwei sich nicht schneidende einseitige Zonen enthalten, denn man könnte sonst durch dieselben zwei Rückkehrpolygone führen, die keinen Punkt gemeinsam haben. Dies ist aber unmöglich. Denn bewegt sich ein Punkt längs eines Ufers eines solchen Polygons (vergl. Fig. 43), so ist er nach einem Umlaufe auf dem andern Ufer, muss also, um seinen Ausgangsort zu erreichen, das Polygon überschreiten.

Statt des oben geschilderten Bandes kann man zu der beschriebenen Operation, welche die einseitige Fläche entstehen lässt, natürlich auch eine ringförmige Fläche der Grundzahl $n = 2$ mit zwei Rändern verwenden, wenn man die Torsion nach Durchschneidung längs eines Querschnittes ausführt und nachher längs des Querschnittes wieder die Enden aneinanderfügt.

Es sei nun eine zweiseitige Fläche der Grundzahl n mit r Rändern vorgelegt; Fig. 37, $n = 4$, $r = 2$. Tordiert man längs eines Querschnittes, der Punkte desselben Randes verbindet, z. B. längs q_1, so bleibt die Grundzahl n und ebenso die Zahl r der Ränder ungeändert, aber die neue Fläche ist einseitig. Es existieren also, da für eine zweiseitige Fläche der Grundzahl n die Zahl r der Ränder stets um eine gerade Zahl $2m$ kleiner war als n, auch einseitige Flächen derselben Zahlenrelation, vorausgesetzt, dass die zweiseitige Fläche Querschnitte q zwischen ein und demselben Rande zuliess, welche die Fläche nicht zerstückelten. Da für die betrachtete Fläche schon der Querschnitt q_1 genügt, um sie wieder zweiseitig zu machen, so existiert auf ihr nur ein Kantenrückkehrpolygon. — Es werde nun bei einer zweiseitigen Fläche der Grundzahl n mit r Rändern längs eines Querschnittes, welcher Punkte zweier verschiedener Ränder verbindet, tordiert, z. B. in Fig. 37 längs q_3. Es ergiebt sich eine einseitige Fläche der Grundzahl n mit $r - 1$ Rändern, für die also $r = n - 2m - 1$ ist. Während demnach eine zweiseitige Fläche mit einer geraden [ungeraden] Grundzahl eine gerade [ungerade] Anzahl von Rändern besitzen muss, giebt es — die vorigen Betrachtungen mit berücksichtigt — einseitige

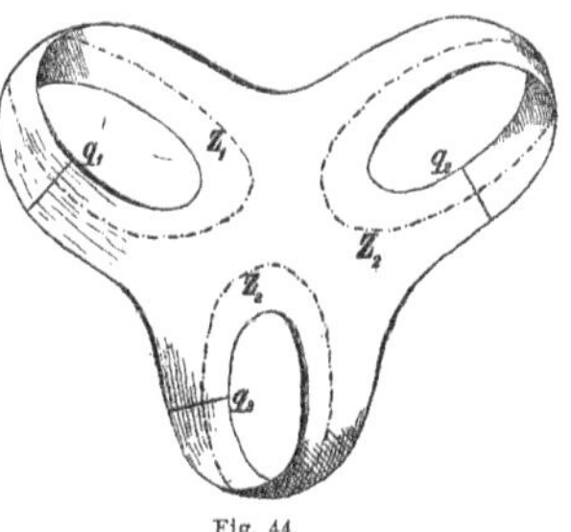

Fig. 44.

Flächen mit beliebiger, gerader oder ungerader Anzahl von Rändern, gleichviel ob n gerade oder ungerade ist. Hat die ursprüngliche zweiseitige Fläche der Grundzahl n ebensoviel, d. h. $r = n$ Ränder (vergl. Fig. 36), so ergiebt sich nach Torsion längs sämtlicher Querschnitte $q_1, q_2, \ldots q_{n-1}$ eine einseitige Fläche mit nur einem

---

1) Vergl. F. Dingeldey, Topologische Studien, Leipzig 1890, S. 20 ff.

Rande und $n-1$ einseitigen, sich nicht durchsetzenden Zonen. Aus Fig. 36 z. B. entsteht Fig. 44, S. 55, mit drei Rückkehrpolygonen bez. Zonen z_1, z_2, z_3, d. h. es gilt der Satz: *Eine einfach berandete, einseitige, polyedrische Fläche der Grundzahl n kann im Maximum $n-1$ sich nicht schneidende Kantenrückkehrpolygone, d. h. $n-1$ einseitige sich nicht durchsetzende Zonen aufweisen.*

54. Der Eulersche Satz für einseitige Polyeder. Um ihn abzuleiten, genügt es, die zuletzt betrachtete einseitige Fläche der Grundzahl n mit einem Rande und der Maximalzahl der einseitigen Zonen vorauszusetzen. Ist die Fläche polyedrisch und hat e' Ecken, k' Kanten und f' Flächen, so gilt wie früher für die entsprechende zweiseitige Fläche, aus der sie durch $n-1$ Torsionen längs der Querschnitte $q_1, q_2, \ldots q_{n-1}$ entstanden ist, $e'-k'+f'=2-n$, wo n gerade oder ungerade ist. Dies leuchtet sofort ein, wenn man die Querschnitte q längs Kanten von einer Ecke zu einer andern Ecke des Randes verlaufen lässt, da dann nur die Torsionen aufgehoben werden und man dasselbe Gebilde erhält wie durch Zerschneiden der zweiseitigen Fläche mit n Rändern längs der Querlinien q, nämlich eine zweiseitige Fläche einfachen Zusammenhanges mit einem Rande. Es habe nun das einzige Randpolygon der einseitigen Fläche x Kanten; dann hat es auch x Ecken. Man kann nun die polyedrische Fläche zu einer geschlossenen machen, indem man ihr ein einfach zusammenhängendes zweiseitiges Flächenstück zufügt, dessen einziger Rand identisch mit dem der einseitigen Fläche ist. Die Möglichkeit dieser Konstruktion erhellt z. B. daraus, dass man sämtliche x Ecken des Randes durch Gerade mit einem Punkt P ausserhalb der einseitigen Fläche verbinden und durch jede der x Kanten des Randes und je zwei auf einander folgende dieser Geraden eine Ebene legen kann. Dadurch fügt man dem Gebilde eine neue Ecke (den Punkt P) und ebensoviel Kanten als Flächen (nämlich x) zu, so dass $e'-k'+f'$ um 1 wächst. Es ist also für das geschlossene einseitige Polyeder $e-k+f=3-n$, wo aber n gerade oder ungerade sein kann. Daraus folgt: Für ein *einseitiges* Polyeder mit nur einfach zusammenhängenden Einzelflächen kann die Grösse $e-k+f$ *ungerade* oder *gerade* sein, während sie für ein *zweiseitiges* Polyeder (ebenfalls ohne mehrfach zusammenhängende Einzelflächen) stets *gerade* war. Es gilt also der Satz: *Ist für ein beliebig vorgelegtes Vielflach, dessen Einzelflächen durch Querschnitte sämtlich einfach zusammenhängend gemacht sind, nach dieser Operation die Grösse $e-k+f=\sigma$ ungerade, so ist das Vielflach einseitig und kann im Maximum $2-\sigma$ einseitige, sich nicht durchsetzende Zonen aufweisen.* Für einseitige Polyeder kann $\sigma = 1, 0, -1, -2, -3, \ldots$, für zweiseitige Polyeder $\sigma = 2, 0, -2, -4, -6 \ldots$ sein, da für einseitige Polyeder $n \geq 2$ (gerade oder ungerade), für zweiseitige $n \geq 1$ (aber stets ungerade) sein muss.

Andre Kriterien für einseitige Polyeder, die in jedem Falle deren Charakter als solcher erkennen lassen, auch für den Fall, dass σ gerade ist, werden später angegeben. Es ist selbstverständlich, dass bei allen diesen Polyedern die Oberfläche sich selbst schneidet. Das Gleiche ist aber bei den zweiseitigen Polyedern beliebiger Grundzahl statthaft, wenn nur bemerkt wird, dass die Schnittgeraden der betroffenen Flächen nicht als Kanten zählen; ein auf dem Polyeder wandernder Punkt durch sie also nicht aus einer Fläche in die sie schneidende übergehen kann. — Schliesslich sei noch bemerkt, dass bisher immer einfach zusammengesetzte Ecken vorausgesetzt wurden, ebenso wie an jede Kante nur zwei Flächen grenzen durften. Sind mehrfache Ecken vorhanden, so rücke man deren Scheitelpunkte aus einander, so dass eine m-fache Ecke für m einfache zu zählen ist, worauf die angestellten Betrachtungen ihre Geltung behalten.[1]

55. Einige Beispiele einseitiger Polyeder zur vorstehenden Theorie. Um das in Nr. 54 betrachtete einseitige Band von Möbius polyedrisch herzustellen, sind mindestens fünf Dreiecke nötig: ABC, BCD, CDE, DEA, EAB, von denen jedes folgende mit dem vorhergehenden eine Kante gemein hat und das letzte mit dem ersten die Kante AB. Durch Zusammenfügen längs dieser Kante entsteht das in Fig. 45, S. 57, dargestellte Gebilde. Der eine Rand dieser polyedrischen einseitigen Zone ist das windschiefe Fünfeck $ACEBDA$.

---

1) Auf die Abänderungen, die an der Eulerschen Formel anzubringen sind, wenn das Vielflach mehrfache Ecken oder Kanten besitzt, macht u. a. M. Raschig aufmerksam: Zum Eulerschen Theorem der Polyedrometrie, S. 20. (Festschrift d. Gymn. Schneeberg, 1891.)

Schliesst man nun die Zone längs dieses Randes durch die fünfseitige Pyramide aus den Dreiecken ACF, CEF, EBF, BDF, DAF, so entsteht ein einseitiges Polyeder mit $e = 6$ Ecken, $k = 15$ Kanten, $f = 10$ Flächen, so dass $e - k + f = 1$ ist. Dasselbe wird durch das Kantenrückkehrpolygon $ACEA$ nicht zerstückelt, denn das von diesem gebildete Dreieck ACE ist keine Grenzfläche des Polyeders. Dieses Möbiussche Dekaeder ist das einseitige Trigonalpolyeder geringster Flächenzahl, denn ohne Hinzufügung der sechsten Ecke F lässt sich die polyedrische Fläche längs des fünfkantigen Randes nicht schliessen, weil unter den drei Dreiecken, die man erhält, wenn man irgend eine Ecke des Randes mit den vier übrigen verbindet, sich stets ein Dreieck befindet, das bereits der ursprünglichen polyedrischen Fläche angehört. Das Polyeder besitzt eine Art von Symmetrie, indem in allen sechs Ecken fünf Dreiecke zusammenstossen, während die jedesmal fünf übrigen Dreiecke eine einseitige Zone bilden. Fasst man z. B. A als die sechste Ecke auf, so bilden die übrigen die Zone BDC, DCE, CEF, EFB, FBD, die sich natürlich mit jeder der andern fünf einseitigen Zonen schneidet, wie sie z. B. die oben angegebene in den Dreiecken BDC und DCE, die sie mit ihr gemein hat, durchsetzt.[1])

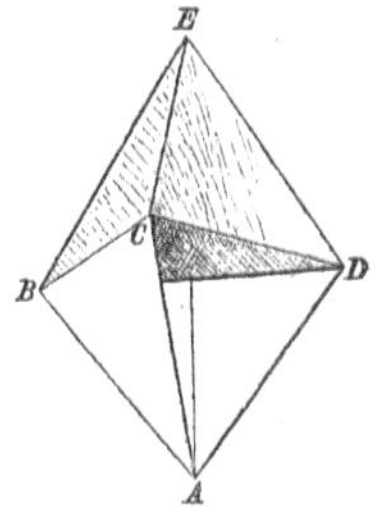

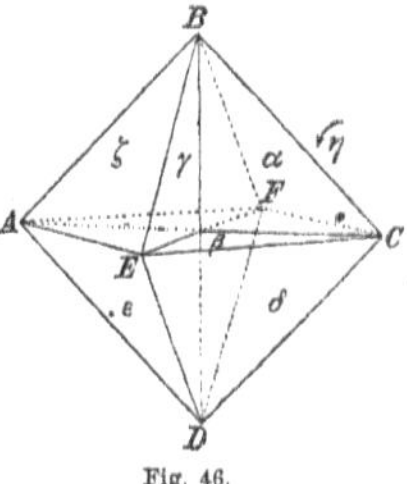
Fig. 45.

Als zweites Beispiel diene das von C. Reinhardt[2]) gefundene einseitige Polyeder mit $e = 6$ Ecken, $f = 7$ Flächen, wovon vier gleichseitige Dreiecke und drei Quadrate sind, und $k = 12$ Kanten, wonach wieder $e - k + f = 1$ ist. Es soll gezeigt werden, wie auch dieses Polyeder durch Einfügung einer einfach zusammenhängenden zweiseitigen polyedrischen Fläche längs des einen Randes einer einseitigen polyedrischen Zone entsteht. Die drei Vierecke des Polyeders seien die drei quadratischen Diagonalebenen eines regelmässigen Oktaeders, denen man diejenigen vier Dreiecke des Oktaeders hinzufügt, von denen keines mit dem andern eine Kante, jedes aber mit den drei andern je eine Ecke gemein hat. Die Ecken und Kanten des entstandenen einseitigen Polyeders sind die des Oktaeders. Mit Rücksicht auf die Fig. 46 sind seine Flächen die Dreiecke ABE, BFC, CDE, ADF und die Vierecke $ABCD$, $FCEA$, $BEDF$.[3]) Die vier Flächen ABE, $BEDF$, BFC, $FCEA$, von denen jede folgende mit der vorhergehenden längs einer Kante, die letzte mit der ersten längs der Kante AE zusammenhängt, bilden eine einseitige Zone mit dem einen sechskantigen Rande $ABCEDFA$. Setzt man nun an ein Quadrat $ABCD$ längs der Kanten CD und DA die gleichseitigen Dreiecke CDE und DAF an, so entsteht das zweiseitige polyedrische Flächenstück $ABCEDFA$, das, längs seines eben geschriebenen sechskantigen Randes, der einseitigen Zone angefügt das geschlossene einseitige Siebenflach ergiebt. Durch das Kantenrückkehrpolygon $EDFCE$ wird dieses Siebenflach nicht zerstückelt, denn der Zusammenhang längs der Kante CD bleibt gewahrt. Bei dem durchaus symmetrischen Baue des Polyeders ist es erklärlich, dass auch andre Grenzflächen wieder zu einseitigen Zonen zusammengefasst werden können; es ergiebt sich aber keine solche Zone, die die erste nicht schnitte. Ebenso existieren weitere Kantenrückkehrpolygone, aber keine, die das erste nicht schneiden (z. B. $CEADC$) oder Kanten mit ihm gemein haben (z. B. $BAECB$) oder in zwei Ecken mit ihm zusammenstossen (nämlich das Polygon $BEAFB$), so dass bei gleichzeitigem Zerschneiden der Polyederoberfläche längs eines dieser Polygone und des früheren ein Zerfallen der Fläche

Fig. 46.

---

1) Möbius, Ges. Werke, Bd. II, S. 482.

2) C. Reinhardt, Zu Möbius Polyedertheorie. Ber. d. math.-phys. Klasse d. Kgl. Sächs. Gesellsch. d. Wissenschaften 1885, S. 106.

3) Die Geraden AC, BD, EF, längs deren sich die drei Vierecke durchdringen, sind nicht Kanten des Siebenflachs. Führt man sie mit als Kanten ein, so dass die drei Vierecke je in zwei Dreiecke zerlegt werden, z. B. $ABCD$ durch BD, $FCEA$ durch AC, $BEDF$ durch EF, so ergiebt sich, wenn man das Gebilde etwas umgestaltet, so dass die je zwei ursprünglich ein Viereck bildenden Dreiecke nicht mehr in eine Ebene fallen, das vorige einseitige Polyeder. Vergl. C. Reinhardt a. a. O. S. 112—114.

herbeigeführt wird. — Wollte man bei einem der besprochenen einseitigen Polyeder wie bei den zweiseitigen versuchen, die beiden Seiten jeder Fläche durch Färbung (schwarz und weiss) zu unterscheiden, so würde man bald bemerken, dass eine Fläche jederseits beide Färbungen zu erhalten hat, so dass eine solche Unterscheidung unmöglich wird. Ebenso verliert dann der Begriff des äusseren und inneren Flächenwinkels an jeder Kante seine Gültigkeit, denn jeder Flächenwinkel ist zugleich ein äusserer und innerer.

Es möge, drittens, noch ein einseitiges Polyeder konstruiert werden, für welches $e - k + f = 0$ ist. Zunächst sollen die fünf Dreiecke ABC, BCD, CDE, DEA und EAB dieselbe einseitige Zone bilden wie bei dem zuerst beschriebenen Dekaeder. An die beiden Dreiecke DEA und DEC seien weiter die Dreiecke angefügt: ECF, CFG, FGA und GAD, von denen das letzte die Kante AD mit dem ersten Dreieck DEA gemein hat, so dass diese sechs Dreiecke eine zweiseitige Zone bilden. Die durch das eine siebenkantige Polygon $ACGDBEFA$ berandete polyedrische Fläche ist von dem in Fig. 47 dargestellten

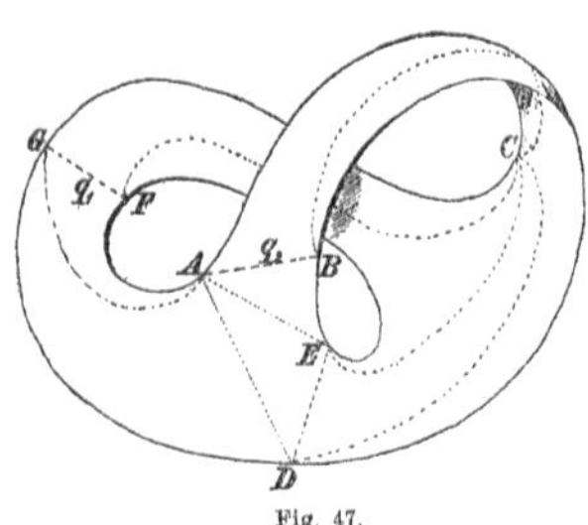

Fig. 47.

Typus. Ihre Grundzahl ist $n = 3$, denn die Fläche wird durch die Querschnitte $q_1 = GF$ und $q_2 = AB$ in eine einfach zusammenhängende verwandelt. Sie hat $f = 9$ Dreiecke, $k = 17$ Kanten und $e = 7$ Ecken. Durch Hinzufügung der sieben Dreiecke HAC, HCG, HGD, HDB, HBE, HEF und HFA entsteht ein geschlossenes einseitiges Polyeder mit 16 Flächen, 24 Kanten und 8 Ecken. Möbius, der dieses Polyeder konstruierte[1]), bemerkte, dass es unter den einseitigen, denen auch zweiseitige Zonen zukommen, zu den einfachsten gehören dürfte. In der That lassen sich, wenn nur Dreiecke als Flächen auftreten, bei Konstruktion einer polyedrischen Fläche des Typus der Fig. 47 zur Herstellung der einseitigen Zone nicht weniger als fünf Dreiecke, zur Herstellung der zweiseitigen Zone nicht weniger als sechs Dreiecke verwenden. Denn bei Verwendung von nur vier Dreiecken (DEA, DEC, ECA, CAD) zur letzteren würden diese für sich ein geschlossenes Tetraeder bilden. Auch lässt sich aus derselben polyedrischen Fläche kein geschlossenes einseitiges Trigonalpolyeder mit weniger als 16 Flächen bilden, wie durch Betrachtungen analog denen bei dem einseitigen Dekaeder erschlossen wird.

56. Geschichtliche Bemerkungen: Beweise des Eulerschen Satzes in seiner ursprünglichen Form. (Euler, Descartes, Meister, Lhuilier, Steiner, Legendre, v. Staudt, Cauchy u. a.) Das nach Euler benannte Theorem, wonach die Summe der Zahl der Ecken und Flächen eines Polyeders die Summe seiner Kanten um zwei übertrifft, darf als das Fundamentaltheorem der Polyederlehre mit Recht bezeichnet werden, obgleich schon hier nicht verschwiegen werden soll, dass die allzu ausschliesslich von diesem Satze ausgehenden Betrachtungen über die möglichen Gestalten der Vielflache für die Entwickelung der Morphologie dieser Gebilde nicht durchaus günstig gewesen sind. In der That erfolgten die grossen Fortschritte, welche die Lehre von den Vielflachen im allgemeinen, also ohne Rücksicht auf besondere, reguläre oder halbreguläre Polyedergestalten, machte, erst durch die Entdeckung der einseitigen Polyeder durch Möbius und die Morphologie der sogen. Eulerschen Polyeder durch Eberhard, ohne wesentliche Berücksichtigung des Eulerschen Theorems. Bis zu diesen neueren Untersuchungen fussten auf ihm aber fast allein die Grundsätze für die Klassifikation der möglichen Formen der Vielflache im allgemeinen. Es hat bis über die Mitte unsres Jahrhunderts hinaus das besondere Interesse der Mathematiker gefunden, die sich bemühten, es sowohl mit immer neuen Beweisen zu versehen, als auch zu verallgemeinern, d. h. auf die Grenzen seiner Gültigkeit zu untersuchen, um dann mit seiner Hilfe Ordnung in ‘dem scheinbaren Chaos der durch Ebenen begrenzten räumlichen Gebilde herzustellen. So kann man die gesamte ältere allgemeine Polyedertheorie als eine Zusammenstellung der Folgerungen aus dem Eulerschen Satze bezeichnen. Es sei als Beispiel hierfür nur auf die Arbeit E. Catalans: „Mémoire sur la théorie des polyèdres"[2]) hingewiesen, die dieser als Bewerbungsschrift um den „Grand prix de Mathématiques" 1862 der Pariser Akademie („Perfectionner, en quelque point important, la théorie géométrique des polyèdres") einreichte, und die in ihrem allgemeinen Teile (S. 2—25) nur die Konsequenzen des Eulerschen Theorems behandelt. Wir werden auf diese ebenfalls später einzugehen haben; hier sprechen wir

---

1) Möbius, Nachlass. Ges. Werke Bd. II, S. 521. Die einseitigen Polyeder bezeichnet man nach ihrem Entdecker als „Möbiussche Polyeder"; die einseitigen Flächen werden von F. Klein u. a. auch „Doppelflächen" genannt.

2) Journal de l'école impériale polytechnique, XLIe cahier, 1865, S. 1—71. Künftig kurz als Catalan zitiert.

zunächst über das ursprüngliche Eulersche Theorem und seine Beweise, um in einer weiteren Nummer auf dessen Erweiterungen historisch einzugehen. —

Euler veröffentlichte über die Polyederlehre 1758 zwei Aufsätze in den Memoiren der Petersburger Akademie. Die in der ersten dieser Abhandlungen „Elementa doctrinae solidorum"[1] enthaltenen Sätze sind längst in die Elemente aufgenommen[2], und sollen deshalb hier für späteren Gebrauch nur zusammengestellt werden. Der erste Satz (S. 114) sagt aus, dass in jedem Polyeder die Zahl der Kanten die Hälfte der Anzahl der ebenen Winkel (Kantenwinkel) sei. Der zweite (S. 116) bemerkt, dass allgemein $2k \geq 3f$ sein muss, weil schon für den Fall, wo alle Grenzflächen des Polyeders Dreiecke sind, die Zahl der ebenen Winkel $3f$ ist; der dritte giebt die ebenso zu beweisende Gleichung bez. Ungleichung $2k \geq 3e$. Der vierte Satz (S. 119) ist der den Namen Eulers tragende: „In omni solido hedris planis incluso aggregatum ex numero angulorum solidorum et ex numero hedrarum binario excedit numerum acierum". Er wird hier zunächst nur an Beispielen erhärtet, da Euler selbst erklärt, er habe einen Beweis bis dahin nicht finden können. Im weiteren werden dann in dieser ersten Abhandlung Folgerungen aus diesem Satze gezogen, so S. 127 die Formeln $f + 4 \leq 2e$ und $e + 4 \leq 2f$, woraus geschlossen wird, dass e zwischen den Grenzen $\frac{1}{2}f + 2$

und $2f - 4$, sowie f zwischen den Grenzen $\frac{1}{2}e + 2$ und $2e - 4$ liegt, und dass $\frac{3}{2}f \leq k \leq 3f - 6$, sowie

$\frac{3}{2}e \leq k \leq 3e - 6$ sein muss. S. 129 ff. klassifiziert dann Euler die Polyeder nach der Anzahl der Flächen und Kanten. S. 131 wird geschlossen, dass kein Polyeder lediglich von Sechsecken begrenzt sein kann.[3] Nun leitet er S. 132 für die Summe w der ebenen Winkel des Polyeders die wichtige Gleichung $w = (4k - 4f)\,\mathrm{R}$ ($= \mathrm{Rechte}$) ab[4], und aus dieser durch Verbindung mit seinem Haupttheorem folgert er noch $w = (4e - 8)\,\mathrm{R}$. Es ist also die Summe der ebenen Winkel eines Polyeders durch die Zahl seiner Ecken bestimmt, wie dies für die Summe der Winkel eines ebenen Polygons gilt.[5] Daran schliesst sich endlich bei Euler eine Aufzählung, genauer gesagt, Benennung[6] der möglichen Vielflache nach den Ecken und Flächen, wobei er bemerkt, dass kein Polyeder mit sieben Kanten existiert.

Die zweite Abhandlung[7] enthält den noch rückständigen Beweis seines Haupttheorems, der für viele in der Folgezeit gegebene Beweise vorbildlich geworden ist. Die Idee ist diese. Es sei A eine μ-kantige Ecke des Vielflachs und $B, C, D \ldots M$ die andern Enden der μ von A ausgehenden Kanten. Verbindet man diese Ecken durch Kanten und zieht in dem entstandenen im allgemeinen unebenen μ-eck $BCD \ldots M$ die $\mu - 3$ Diagonalen von einer Ecke z. B. B nach allen übrigen, und legt die Ebenen $BCD, BDE, BEF \ldots$, sowie die Ebenen durch A und die gezogenen Diagonalen, so kann man durch jene $\mu - 2$ Ebenen $\mu - 2$ Tetraeder von dem Vielflach abschneiden, die eine gemeinsame Spitze in A haben. Das übrigbleibende Vielflach besitzt, wenn e, k, f die Zahlen der Ecken, Kanten und Flächen des ursprünglichen Vielflachs sind, noch $e' = e - 1$ Ecken, $k' = k + \mu - 3$ Kanten und $f' = f + \mu - 2$ Flächen, wobei als allgemeinster Fall angenommen ist, dass keine der Kanten $BC, CD, \ldots$ bereits dem ursprünglichen Vielflach angehörte. Es ist also $e' - k' + f' = e - k + f$, d. h. der Wert von $e - k + f$ ist derselbe für ein Polyeder, das eine Ecke weniger hat. Setzt man dieses Abtrennen von Tetraedern fort, so dass e immer um eins abnimmt, so gelangt man schliesslich zu dem Vierflach selbst, für welches $e - k + f = 2$ ist. Derselbe Wert kommt also dem Ausdrucke $e - k + f$ auch für das ursprüngliche Vielflach zu.[8]

---

1) Novi Comment. Acad. scient. imper. Petropolitanae. Tom. IV (ad annum 1752 et 1753), Petrop. 1758, S. 109 ff.

2) Vergl. z. B. Baltzer, Elemente, II, 1883, S. 214—216 und S. 222/23.

3) Es handelt sich selbstverständlich hier stets nur um „kugelartige" Polyeder.

4) (In abgekürzter Schreibweise:) Ist f_n die Zahl der n-ecke des Polyeders, so ist $f = \sum_{3}^{n} f_n$ und $k = \frac{1}{2} \sum_{3}^{n} n f_n$, weil

$w = \sum_{3}^{n} n f_n$ ist. Nun ist die Summe der Winkel eines ebenen n-ecks $(2n - 4) \cdot \mathrm{R}$, also $w = \sum_{3}^{n} f_n (2n - 4) \cdot \mathrm{R}$; da aus den

Werten von k und f aber $4k\mathrm{R} = 2 \sum_{3}^{n} n f_n \cdot \mathrm{R}$ und $4f\mathrm{R} = 4 \sum_{3}^{n} f_n \cdot \mathrm{R}$ folgt, so ist $(4k - 4f) \cdot \mathrm{R} = \sum_{3}^{n} f_n (2n - 4)\mathrm{R} = w$.

Vergl. Rausenberger, Die Elementargeometrie etc., S. 205.

5) Auf diesen merkwürdigen Parallelismus weist auch Steiner hin. Ges. Werke Bd. I, S. 97.

6) So bezeichnet er jedes Polyeder mit acht Ecken und sieben Flächen als Octogonum heptaedrum u. s. w.

7) Demonstratio nonnullarum insignium proprietatum quibus solida hedris planis inclusa sunt praedita. S. 140 desselben Bandes der Comm. der Petersb. Akademie. Vergl. Cantor III, S. 538.

8) Ausführlich findet sich Eulers Beweis wiedergegeben in einer Abhandlung von Durège: Über Körper von vier Dimensionen. Wiener Berichte, 83. Bd., 2. Abt., Jahrgang 1881, S. 1110.

Man hat vermutet, dass das Eulersche Theorem bereits Archimedes bekannt gewesen sei[1]), weil er die Reihe der halbregulären Polyeder vollständig anzugeben vermochte. Dies mag dahin gestellt bleiben; sicher ist, dass vor Euler schon Descartes im Besitze des Satzes gewesen ist. „Aber dass Euler davon irgend Kenntnis erhalten haben sollte, ist an sich kaum anzunehmen und bei der über jeden Zweifel erhabenen Wahrheitsliebe Eulers durch seine Erklärung, es handle sich um einen durchaus neuen Satz, vollständig ausgeschlossen.“[2]) Descartes' Niederschrift seiner Entdeckung ist nicht mehr vorhanden, sondern nur eine zwischen 1672 und 1676 durch Leibniz genommene Abschrift lückenhafter Natur, auf die Prouhet die Pariser Akademie am 23. April 1860 hinwies, und die sich in den Oeuvres inédites de Descartes, par M. le Cte Foucher de Careil, Paris 1860, vol. II, S. 214, gedruckt findet.[3]) Darnach geht Descartes von dem Satze aus, dass die Summe der Polygonwinkel auf der Oberfläche eines Polyeders mit e Ecken $4e - 8$ Rechte beträgt, dessen Zusammenhang mit seinem Haupttheorem auch Euler, wie oben bemerkt, wohl gekannt hat. Mit der andern Gleichung $w + 4f = 2k$ führt ihn dies zu dem Satze:[4]) „Numerus verorum angulorum planorum est $2f + 2e - 4$, qui non debet esse major quam $6e - 12...$“, der, weil $w = 2k$ ist, das Eulersche Theorem enthält. Dieser Name darf dem Satze mit Recht auch in Zukunft bleiben, da die mathematische Welt erst durch Eulers Abhandlung mit der Wahrheit desselben bekannt geworden ist und dieser Umstand die Priorität entscheidet.

Es mag hier noch auf eine, ebenfalls dem vorigen Jahrhundert angehörige Arbeit von Meister[5]) hingewiesen werden, die die Elemente der Polyederlehre, allerdings ohne Rücksicht auf den Eulerschen Satz, in origineller Weise giebt. So wird S. 21 der unten zitierten Abhandlung der Satz, dass ein nur von $4 + 2n$ Dreiecken begrenzter Körper $4 + n$ Ecken hat, durch Zusammensetzung des Körpers aus dreiseitigen Pyramiden (Tetraedern) bewiesen und darauf die weitere Theorie aufgebaut, die sich besonders mit den später näher zu betrachtenden reziproken Körpern (diese Benennung führt Meister ein) beschäftigt. Die Abhandlung scheint aber wenig beachtet worden zu sein, denn die in ihr niedergelegten Resultate werden verschiedentlich später von anderen als neu vorgetragen.

Auch in den Beweisen, die nach Euler für dessen Theorem gegeben werden, kehren dieselben Grundideen immer wieder, ohne dass im allgemeinen eine Abhängigkeit der einzelnen Arbeiten von einander angenommen werden müsste. Abgesehen von einigen ganz vereinzelt stehenden Beweisen[6]), von denen manche Hilfsmittel benutzen, die erst später zur Sprache gebracht werden können, und deshalb an dem betr. Orte erwähnt werden sollen, *kann man vier wesentlich verschiedene Beweisarten unterscheiden.* Zunächst die der Methode Eulers verwandte der Zerlegung des Vielflachs in Pyramiden (Tetraeder) bez. Zusammensetzung desselben aus solchen, wobei also auf die körperliche Natur des Gebildes Rücksicht genommen ist. Diese Beweisart hat den Vorzug grosser Anschaulichkeit und ist deshalb mannigfach in die Elemente aufgenommen worden.[7]) Sie ist gültig für jedes konvexe Polyeder, weil sich ein solches stets von einem Punkte im Innern aus in Pyramiden zerlegen lässt, kann aber auch leicht für nicht konvexe Polyeder verallgemeinert werden. Die Zerlegung des Vielflachs in Pyramiden, die ihre gemeinsame Spitze in einem Punkte innerhalb des Körpers haben, die allmähliche Wiederzusammensetzung des Vielflachs aus diesen Pyramiden und die Beobachtung der Wertänderung von $e - k + f$ bei den verschiedenen Möglichkeiten für Ansetzung einer neuen Pyramide an das bis da erhaltene Vielflach führt zu dem gewünschten Ziele. Mit diesem Beweis, den in der angedeuteten Form zuerst Lhuilier im Eingang der unten zitierten, von Gergonne im Auszug mitgeteilten Abhandlung[8]) gab, stimmt in den wesentlichen Zügen der von Seidelin[9]) überein, während der von

---

1) Baltzer, Elemente II, S 213, Anm. Günther a. a. O. S. 53. Auch wird hier darauf hingewiesen, dass Cardanus Aufgaben behandelte, die „fast unbedingt" die Kenntnis des Eulerschen Satzes zu ihrer Lösung benötigen, und daher die Frage aufgeworfen, ob vielleicht schon Cardanus mit dem Theorem bekannt gewesen sei.

2) Cantor III, S. 537.

3) Vergl. Baltzer, Zur Geschichte des Eulerschen Satzes von den Polyedern. Monatsber. d. Berlin. Akad. 1861 (2. Hälfte, Juli—Dez.), Berlin 1862, S. 1043. Mehrere Artikel von de Jonquières in den Comptes Rendus hebd. des séances de l'Acad. d. Sciences, tome CX, Paris 1890, S. 261, 315 und 677. Derselbe, Bibliotheca mathematica, herausg. v. Eneström, 1890, S. 43.

4) Descartes' Bezeichnung ist in die heutige abgeändert.

5) A. L. F. Meisteri commentatio de solidis geometricis etc. Commentationes soc. reg. scient. Gottingensis classis mathematicae, tom. VII, 1785.

6) Z. B. dem Beweise von Hessel in Quaestiones stereometricae, potissimum ad theorema Euleri de numeris planorum superficialium, canthorum et acuminum in polyedris spectantes, Marburg. 1831.

7) Vergl. van Swindens Elemente der Geometrie, deutsch von Jacobi, Jena 1834, S. 437. Reidt, Elemente d. Mathematik, III, 1884, S. 109,

8) Memoire sur la polyédrométrie, contenant une démonstration directe du Théorème d'Euler sur les polyèdres, et un examen des diverses exceptions auxquelles ce théorème est assujetti, par Lhuilier; Extrait par Gergonne. Annales de Math. pures et appliqués, red. p. J. D. Gergonne. Tome III, 1812 et 13, S. 169.

9) Seidelin, Bewis for en Satning af Stereometrien, Tychsen Tidsskr. (2) VI, 22, 1870.

de Jonquières[1]) identisch mit dem Eulers ist, wiewohl jener bemerkt, die zweite Abhandlung Eulers nicht gekannt zu haben. Auf eine originelle Weise, wenn auch umständlich, beweist Kirkmann[2]) das Theorem, indem er zeigt, wie jedes kugelartige Polyeder aus einem prismatischen Körper durch bestimmte Schnitte erhalten werden kann, während deren Ausführung die Vermehrung der Kanten mit der Vermehrnng der Ecken und Flächen zusammen gleichen Schritt hält. Hier ist auch der Satz Hessels[3]) anzuführen, wonach zwei Eulersche Polyeder zusammengefügt wieder ein solches geben, wenn die Verbindungsweise derart ist, dass die Summe der Zahl der durch die Verbindung verschwundenen Ecken und Flächen beider gleich ist der um zwei vermehrten Zahl der verschwundenen Kanten, denn er enthält den Grundgedanken für die obigen Beweise.

Eine *zweite Methode*, die Wahrheit des Eulerschen Satzes zu erhärten, findet sich zuerst bei Lhuilier in der bereits zitierten Schrift und wurde von Steiner[4]) ohne Kenntnis dieser aufs neue angewandt. Es ist folgende (Fig. 48). Von einem Punkte, der in keiner Ebene des Polyeders liegt, projiziere man dasselbe auf eine beliebige Ebene. Das entstehende Netz hat dann ebensoviel Punkte ($A, B, C \ldots, a, b, c \ldots,$ $\alpha, \beta, \gamma \ldots$), als das Polyeder Ecken, so viel Gerade, als das Polyeder Kanten, ebensoviel Vielecke derselben Art, als das Polyeder Flächen. Es lässt sich die Summe w aller Winkel in den Vielecken der Projektion auf zweierlei Art ausdrücken. Erstens ist die Winkelsumme eines Vielecks sovielmal 2 R, als es Kanten hat, vermindert um 4 R. Jede Kante des Vielflachs gehört zu zwei Vielecken. Dabei sind so oft 4 R abzuziehen, als Vielecke da sind; also ist $w = 2k \cdot 2\,\mathrm{R} - f \cdot 4\,\mathrm{R}$. Zweitens gilt: Die Winkel an den Grenzpunkten sind zusammen zweimal die Winkel des Grenzvielecks $A B C D \ldots$, d. h. sovielmal 4 R, als Grenzpunkte da sind, minus 8 R. Die Winkel um $a, b, c \ldots, \alpha, \beta, \gamma \ldots$ betragen je 4 R, demnach ist die Gesamtwinkelsumme gleich 4 R mal der Zahl aller Punkte vermindert um 8 R, d. h. $w = e \cdot 4\,\mathrm{R} - 8\,\mathrm{R}$. Durch Gleichsetzung der beiden für w gefundenen Werte ergiebt sich der Eulersche Satz. Dieser Beweis lässt sich überdies für das verallgemeinerte Theorem analog führen, wenn man die $n = (2m + 1)$-fach zusammenhängende Polyederoberfläche in dem Typus eines m-fachen Ringes (Fig. 38) darstellt, dessen Projektion in die Ebene als Umrisspolygone ein äusseres nebst m innern Polygonen ergiebt. Der erste obige

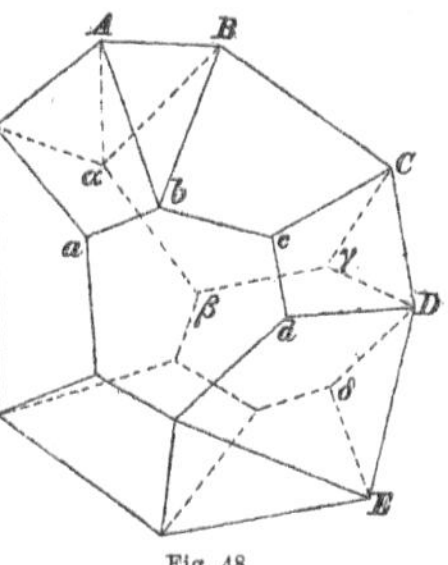

Fig. 48.

Wert für w ist derselbe. Der zweite Wert für w setzt sich so zusammen: Die Winkel an dem äussern Polygon betragen sovielmal 4 R, als Ecken da sind, minus 8 R; die Winkel an jedem innern Polygon betragen, da die nach aussen liegende Seite der Polygone die Winkelsumme liefert, sovielmal 4 R als Ecken da sind, *vermehrt* um 8 R, während jeder Binnenpunkt wieder 4 R beiträgt. Also ist jetzt, da m innere Polygone vorhanden sind: $w = e \cdot 4\,\mathrm{R} - 8\,\mathrm{R} + m \cdot 8\,\mathrm{R}$; dies ergiebt mit dem vorigen Werte für w die Gleichung $k - f = e + 2m - 2$ oder, da $2m + 1 = n$ ist: $e - k + f = 3 - n$.

Eine *dritte*, zuerst von Legendre[5]) befolgte *Methode*, die sich auch bei Meier Hirsch[6]) findet, nimmt den Satz vom Inhalte *sphärischer* Vielecke zu Hilfe und lässt sich daher nicht für mehrfach zusammenhängende Oberflächen verallgemeinern, auch nicht in die Elemente aufnehmen. Man projiziere aus einem Punkte innerhalb des Vielflachs die Ecken und Kanten auf eine dasselbe völlig umschliessende Kugel, deren Centrum jener Punkt ist. Die Kanten erscheinen als Teile grösster Kreise und die Ecken als die Schnittpunkte dieser. Es wird vorausgesetzt, dass die Kugel überall nur *einfach,* aber *lückenlos* bedeckt erscheint, d. h. der Beweis ergiebt die Gültigkeit des Eulerschen Theorems nur für konvexe oder nicht konvexe Polyeder, die dieser Bedingung genügen[7]), während es doch ganz gleichgültig ist, ob das Polyeder beliebig einspringende Ecken hat oder nicht, wenn es nur von einfachem Zusammenhange bleibt. Es sei w_i die Winkelsumme eines n_i-eckigen sphärischen Polygons der Kugel, welches die Projektion eines n_i-ecks des Vielflachs ist. Nun ist der Inhalt der Fläche eines solchen sphärischen Polygons (vergl. Nr. 37) $\dfrac{w_i - (n_i - 2)\pi}{2\pi} \cdot \dfrac{\Theta}{2}$, wo Θ die Kugelfläche bedeutet. Also ist die Gesamtsumme aller f Flächen:

---

1) Note sur un point fondamental de la théorie des polyèdres, p. de Jonquières. Comptes Rendus etc., t. CX, Paris 1890, S. 110.

2) Kirkmann, On the Representation and Enumeration of Polyedra. Memoirs of the Literary and Philosophical Society of Manchester, 2. ser., vol. XII, 1855, S. 47.

3) Hessel, Nachtrag zu dem Eulerschen Satze von den Polyedern. Crelles Journal, Bd. 8, S. 19.

4) Crelles Journal, Bd. 1, S. 364, und Steiner, Ges. Werke, Bd. I, S. 97. Auch dieser Beweis wurde in die Elemente aufgenommen; vergl. u. a. Henrici und Treutlein, Lehrbuch d. Elementargeometrie, 3. Teil, 1883, S. 55. Bork, Math. Hauptsätze, II. Tl., 1896, S. 170. Der von Hoppe, Ergänzung des Eulerschen Satzes von den Polyedern, Hoppes Archiv f. Math. u. Physik, 63. Teil, 1879, S. 100, geführte Beweis ist dem Steiners ähnlich.

5) Legendre, Éléments de Géométrie, 8. éd., 1809, livre VII, propos. XXV, S. 228.

6) Meier Hirsch, Sammlung geometrischer Aufgaben, 2. Teil, Berlin 1807, S. 93. Vergl. auch Hess II, S. 19.

7) Auf diese Schwäche des Beweises weist auch de Jonquières hin; a. a. O. Compt. Rend., t. CX, S. 111.

$$\sum_1^f \frac{w_i - (n_i - 2)\,\pi}{2\,\pi} \cdot \frac{\Theta}{2} = \Theta, \qquad \text{oder} \qquad \sum_1^f w_i - \sum_1^f (n_i - 2)\,\pi = 4\,\pi.$$

Es ist aber $\sum_1^f w_i = e \cdot 2\,\pi$, denn alle Innenwinkel der sphärischen Polygone geben zusammen sovielmal $2\,\pi$, als

Ecken vorhanden sind, und $\sum_1^f n_i = 2k$, da jede Kante der f Flächen, als zwei benachbarten zugehörig, doppelt gezählt ist. Also wird die obige Gleichung zu $e \cdot 2\,\pi - 2k\pi + 2f\pi = 4\,\pi$, woraus der zu beweisende Satz folgt.

In einer *vierten* Klasse von Beweisen für den Eulerschen Satz lassen sich alle diejenigen zusammenfassen, die direkt mit der Oberfläche des Vielflachs und ihren Eigenschaften bei passender Zerschneidung etc. derselben operieren, wie dies für den Beweis unsres Textes gilt, der sich in dieser Form zuerst bei Cauchy 1811 in einer später zu zitierenden Schrift findet und der, etwas abgeändert, auch von Grunert[1]) gegeben wurde. Abweichend davon ist der Beweis von Thieme[2]) (1867) und der von Staudts[3]) in dessen Geometrie der Lage (1847). Der letztere sei hier wiedergegeben. Hat der Körper e Ecken, so sind $e-1$ Kanten, von denen die erste zwei Eckpunkte unter sich, die zweite einen derselben mit einem dritten u. s. w. verbindet, hinreichend, um von jedem Eckpunkte auf jeden andern übergehen zu können. Da nun in einem solchen System von Kanten keine geschlossene Linie enthalten ist, jede der übrigen (noch freien) Kanten aber mit zwei oder mehreren Kanten des Systems eine geschlossene Linie bildet, so sind die übrigen Kanten hinreichend, aber auch alle erforderlich, um durch sie von jeder der f Flächen des Körpers auf jede andre übergehen zu können, woraus man schliesst, dass die Anzahl der übrigen Kanten $f-1$, mithin die Anzahl aller Kanten $e + f - 2$ und demnach $e + f = k + 2$ sei.

Auf weitere Beweise, die in eine der vier eben kurz charakterisierten Klassen gehören, wird noch bei Besprechung derjenigen Arbeiten hinzuweisen sein, die sich mit der Verallgemeinerung des Eulerschen Theorems auf mehrfach zusammenhängende Polyederoberflächen befassen.

57. Geschichtliche Bemerkungen, Fortsetzung: Das verallgemeinerte Eulersche Theorem. (Lhuilier, Cauchy, Listing, Becker, Jordan, Möbius u. a.)

Lhuilier bezweifelte die allgemeine Gültigkeit des Eulerschen Theorems und untersuchte zuerst die Ausnahmefälle, in denen es nicht gilt, oder mit anderen Worten, er stellte für gewisse gleich näher zu charakterisierende polyedrische Formen ein erweitertes Gesetz auf, das aber der Kritik der Folgezeit nicht entging. Die Resultate seiner Untersuchungen finden sich im zweiten Teile der bereits erwähnten von Gergonne herausgegebenen Abhandlung. Alle Polyeder, die, in unsrer Sprache zu reden, nicht zu den kontinuierlichen kugelartigen, d. h. von einfachem Zusammenhang der Gesamtoberfläche und der Einzelflächen gehören, erscheinen als Ausnahmen. Deren sind drei zu betrachten: a) Das Polyeder besteht aus mehreren geschlossenen Flächen, d. h. es stellt einen Körper mit i Höhlungen dar, die stillschweigend als einfach zusammenhängend vorausgesetzt sind. b) Das Polyeder besitzt o Durchbohrungen oder Kanäle. Hierzu bemerkt Gergonne, dass er diese beiden Ausnahmen schon lange gekannt habe, während erst Lhuilier auf die dritte aufmerksam gemacht habe, nämlich wenn c) exceptionelle Flächen auf dem Polyeder vorkommen, d. h. solche, innerhalb deren wieder Polygone, an Zahl p, $p' \ldots$, liegen. Dann gelte, wenn die drei Ausnahmen zusammen vorkommen, ganz allgemein die Formel:

$$e - k + f = 2\,(i - o + 1) + (p + p' + p'' + \cdots).$$

Der Beweis erfolgt durch Zerfällung des mehrfach zusammenhängenden Polyeders mittels Ebenen in einfach zusammenhängende Polyeder und durch Zerlegung der die Polygone $p \ldots$ tragenden Vielecke mittels Diagonalen in einfache Vielecke, ohne dass natürlich von dem Begriff des Zusammenhangs der Flächen bereits Gebrauch gemacht wäre.[4]) Bei den Kritikern dieses verallgemeinerten Satzes in Lhuiliers Form erregen besonders die unter b) und c) gekennzeichneten Ausnahmefälle berechtigte Bedenken, denen zuerst Listing mehrfachen Ausdruck giebt.[5]) Nach Lhuiliers Auffassung sollen jedenfalls die einbeschriebenen Polygone auf der Fläche des umbeschriebenen von einander getrennt sein.[6])

---

1) Grunert, Beweis des Eulerschen Polyedersatzes. Crelles Journal Bd. 2, S. 367. Es werden aus dem geschlossenen Polyeder nach einander die Einzelflächen ausgeschnitten und es wird nach Ausschneiden jeder solcher Einzelfläche die Änderung der Grösse $e - k + f$ untersucht.   2) Vergl. Baltzer, Elemente II, S. 213.

3) von Staudt, Geometrie der Lage, 1847, § 4.

4) Lhuilier weist auf Grund seiner Gleichung auch schon auf die Polyeder hin, die, ohne Eulersche zu sein, die Gleichung $e - k + f = 2$ befriedigen, wie dies später Hessel a. a. O. wieder gethan hat.

5) In der Einleitung zu dem Census räumlicher Komplexe. Abhandlungen der math. Kl. d. Gesellsch. d. W. zu Göttingen, X. Bd., 1861/62. Ferner in den Göttinger Nachrichten 1867, Nr. 22: Über einige Anwendungen des Censustheorems; wiederabgedruckt im Archiv der Math. u. Physik v. Grunert, 48. Teil, S. 186.

6) „Supposons que l'une des faces du polyèdre soit comprise entre p polygones extérieurs les uns aux autres et un polygone qui les renferme tous.“

Dies entbehrt aber noch der Allgemeinheit. Wie ist z. B. die Zahl p zu rechnen, wenn etwa innerhalb des umschliessenden Polygons zwei Polygone sich befinden, die eine Kante gemein haben? Hier ist nicht $p = 2$, sondern $p = 1$, d. h. in solchen Fällen bezeichnet p nicht die Zahl der Einzelpolygone, sondern der getrennten Polygongruppen, was aus den Betrachtungen unsres Textes klar hervorgeht, denn die um die eine Polygongruppe liegende Polyedereinzelfläche wird bereits durch einen Querschnitt einfach zusammenhängend. Schwieriger ist in b) die Bestimmung der Anzahl der kanalartigen Öffnungen. „Wie viel Durchbrechungen zählen wir z. B. an einem polyedrischen Körper, den wir erhalten, wenn wir die Kanten eines Würfels oder Oktaeders durch ebenbegrenzte Stäbe gleichsam verkörpern? Die Bestimmung des Wertes von o mittels blosser Intuition wie in einfachen Lhuilierschen Fällen scheint in diesen komplizierten Fällen so gut wie unausführbar, indem sich die Durchbrechungen solcher gestellförmiger polyedrischer Körper der Subsumption unter den Begriff kanalartiger Durchgänge entziehen.“ Zur Beseitigung der Schwierigkeit der Frage verweist Listing auf das von ihm in grösster Allgemeinheit aufgestellte *Censustheorem,* das es nicht bloss mit Polyedern irgend welcher Art und ihren Zusammensetzungen zu einer oder beliebig vielen ausser oder ineinander bestehenden Gruppen zu thun hat, sondern mit räumlichen Komplexen überhaupt, d. h. beliebigen Aggregaten von Punkten, Linien, Flächen und räumlichen Zellen, die völlig oder teilweise begrenzt sind. Es ist hier nicht der Ort, auf diese weiterreichende Schrift[1]) einzugehen, da die Schwierigkeit, die sich ohne Zweifel in der ohne Zuhülfenahme des Zusammenhangsbegriffes zu erfolgenden Festsetzung der Zahl o findet, eben durch Einführung dieses Begriffes, wie es im T xt geschehen, beseitigt ist.[2]) Doch findet man bei späteren Autoren die der Anschauung entnommene Auffassung eines mehrfach zusammenhängenden Polyeders als eines von Kanälen durchzogenen Körpers wieder, ohne dass die Vorschriften für die Bestimmung der Anzahl dieser Kanäle immer ganz einwandsfreie wären. So definiert z. B. Hoppe[3]) die Anzahl c von Kanälen dadurch, dass man *ohne Zerfällung des Körpers c umgrenzte Schnitte durch sie führen kann,* und giebt für ein solches Polyeder ohne mehrfach zusammenhängende Einzelflächen und ohne Höhlungen die Gleichung $e - k + f = 2 - 2c$. Die Schwierigkeit der Festsetzung von c in jedem Einzelfalle wird dabei vom Verfasser nicht in Abrede gestellt. Auf die Auffassung von Becker kommen wir zu sprechen, wenn wir die originellen Untersuchungen dieses Mathematikers im Zusammenhange würdigen. Die von Listing konstatierte Schwierigkeit der Bestimmung der Lhuilierschen Zahl o, dem c bei Hoppe, wird von Raschig in der bereits zitierten Schrift, die ein historisches Referat über die Kritik der Lhuilierschen Formel darstellt, dadurch entfernt, bez. umgangen, dass durch eine Methode, die vom Verfasser als *stetige Umbildung eines Polyeders* bezeichnet wird, Polyeder von jedem gewünschten Zusammenhange hergestellt werden. Ein cylinderartig gebildetes Polyeder von genügender Zahl und geeigneter Anordnung seiner Begrenzungsflächen, unter denen zwei hinreichend getrennt liegende von gleicher Eckenzahl sich befinden, kann durch stetige Umbildung und unter Zusammenfallen der vorher symmetrisch-kongruent gemachten beiden Begrenzungsflächen gleicher Eckenzahl in ein ringförmiges Polyeder übergeführt werden.[4]) Für dieses gilt dann, da die Anzahl der Ecken und Kanten gegen diejenige des ursprünglichen Körpers je um gleichviel, die Anzahl der Begrenzungsflächen hingegen für sich allein um zwei abgenommen hat, die Relation $e + f = k$. Vereinigt man mit diesem ringförmigen Polyeder ein zweites cylinderartig gebildetes wieder unter den obigen Voraussetzungen, so dass zunächst mit einer Fläche des ersten eine symmetrisch-kongruente des zweiten zusammenfällt, und hiernach durch stetige Umbildung eines oder beider Körper eine genügend getrennt liegende zweite Begrenzungsfläche des angesetzten Körpers mit einer symmetrisch-kongruenten Fläche der ganzen Kombination zusammenfällt, so lässt sich, der vorigen Schlussweise analog, für das entstandene Polyeder vom Typus eines zweifachen Ringes die Richtigkeit der Gleichung $e + f = k - 2$ nachweisen. So fort schliessend gelangt man endlich für ein Polyeder, für welches o die Anzahl der zur Bildung von Ringen verwandten Polyeder von einfachem Zusammenhang und zugleich die Anzahl der zu zählenden Öffnungen ist, zu der Formel $e + f = k - 2(o - 1)$, die in der That die Lhuiliers ist für denFall, dass i und p Null sind. Sie stimmt mit der Formel in Nr. 50 unsres Textes überein, wie sich z. B. durch Prüfung an einem Polyeder vom Zusammenhang $n = 7$ vom Typus eines $o = 3$-fachen Ringes Fig. 38 ergiebt.

Die Abhandlung Riemanns, welche die Definition des Querschnittes und des Zusammenhanges einer Fläche enthält, gehört, wie früher bemerkt, dem Jahre 1851 an, und es sind diese der sog. Analysis situs angehörenden Untersuchungen, ebenso wie die sich daran anschliessenden von C. Jordan u. a. von bedeutender Tragweite für die Vereinfachung der Polyedersätze geworden. Ehe wir hierauf kommen, müssen wir noch einer Arbeit von Cauchy, die der Zeit nach lange vor Listing zu setzen ist, gedenken; auch ist die erste Arbeit Beckers, die zwar erst

---

1) Fast gleichzeitig mit ihr ist zu nennen: Cayley, On the Partitions of a close, 1861. The London, Edinb. and Dublin Philos. Magazine, vol. 21, S. 424 etc. Die Ausdehnung des Eulerschen Satzes bezieht sich hier wesentlich nur auf Linear-Konfigurationen in der Ebene oder auf der Kugel. Ähnlich bei Perrin, Sur une généralisation du théorème d'Euler relatif aux polyèdres. Comptes Rendus T. CX, 1890, S. 273.

2) Mit der Kritik der Lhuilierschen Formel beschäftigt sich auch de Jonquières, Note sur le théorème d'Euler dans la théorie des polyèdres, Comptes Rendus T. CX, 1890, S. 169. Von Mathematikern, die sich um die Erweiterung des Eulerschen Theorems verdient gemacht haben, sind hier ausser Lhuilier nur Cauchy, Poinsot und Jordan angeführt.

3) Hoppe a. a. O. Archiv f. Math. u. Phys. 1879, S. 100.　　　　4) Raschig a. a. O. S. 22.

nach dem Erscheinen von Listings und Jordans Abhandlungen, aber ohne deren Kenntnis verfasst wurde, hier zu würdigen. Von Cauchys Arbeit[1]) kommt für jetzt nur der zweite Teil in Betracht, der das folgende neue Theorem enthält:[2]) Zerlegt man ein Polyeder durch Flächen, Kanten und Ecken in seinem Innern in P polyedrische Zellen, und sind e, k, f die Zahlen der im ganzen polyedrischen Komplexe vorkommenden Ecken, Kanten und Flächen, so besteht die Relation $e - k + f - P = 1$.

Zunächst beweist Cauchy den Satz für $P = 0$, d. h. für ein einfach zusammenhängendes, einfach berandetes Flächenstück, durch Zerlegung in Dreiecke und erschliesst daraus in bekannter Weise den Eulerschen Satz in seiner ursprünglichen Form. Dann giebt er den bereits erwähnten Beweis desselben Satzes, der mit dem unsres Textes übereinstimmt. Alsdann folgen nach Erläuterung an Beispielen[3]) zwei Beweise seines neuen Theorems, zunächst umständlich wieder durch Zerlegung aller vorkommenden Grenzflächen in Dreiecke und aller Polyeder in dreiseitige Pyramiden, ferner, aber unter Voraussetzung des Eulerschen Satzes, folgendermassen. Es werde der Polyederkomplex der Reihe nach aus seinen Einzelpolyedern erzeugt vorausgesetzt. Hat das erste die Zahlen e_1, k_1, f_1, so ist $e_1 - k_1 + f_1 = 2$. Sind dann e_i, k_i, f_i die Zahlen für die Ecken, Kanten und Flächen, die das i^{te} Polyeder beim Ansetzen an den jeweiligen Komplex der vorhergehenden nicht mit diesen gemein hat, so ist $e_i - k_i + f_i = 1$.

Addiert man diese $P - 1$ Gleichungen zur ersten und berücksichtigt, dass $\sum_1^P e_i = e$, $\sum_1^P k_i = k$, $\sum_1^P f_i = f$ ist, so kommt $e - k + f = 2 + P - 1$, d. h. die zu beweisende Gleichung.

J. K. Becker beschäftigt sich in mehreren Abhandlungen, die sämtlich in der Zeitschrift für Math. u. Physik von Schlömilch-Cantor erschienen sind, mit dem erweiterten Eulerschen Satze und besonders den Folgerungen aus ihm, auf die wir später zurückkommen. Diese Aufsätze sind höchst beachtenswert sowohl in den Resultaten als durch die scharfen Begriffsbestimmungen ihres Verfassers, dem, wie erwähnt, die Arbeiten von C. Jordan und Listing und selbst die Lhuiliers nach seiner Aussage bei Abfassung der ersten Abhandlung[4]) noch unbekannt gewesen sind. In der zweiten Abhandlung[5]) werden dann die Ergebnisse Jordans den ferneren Betrachtungen zu Grunde gelegt und erfahren nicht unwesentliche Erweiterungen, die in einigen folgenden Aufsätzen[6]) nochmals begründet und erläutert werden. Was zunächst die erste der beiden Hauptabhandlungen betrifft, so ist es nicht uninteressant, zu bemerken, dass von Becker nicht der Eulersche Satz in seiner einfachen bez. erweiterten Form als fundamentalstes Theorem der Polyederlehre betrachtet wird, dass er ihn vielmehr auf einen andern, wie er behauptet, einfacheren Satz zurückführt, wie wir dies im Grunde ähnlich bei Descartes und auch bei Meister finden. Übrigens bemerkt Becker gelegentlich[7]), dass er auf seinen Beweis durch Prouhets Bemerkung über Descartes geführt worden sei, welcher wusste, dass die Summe aller Kantenwinkel eines Polyeders von e Ecken $4e - 8$ Rechte sei, und somit nach Prouhets Schlusse die Eulersche Gleichung gekannt haben müsse. Diesem Schlusse Prouhets glaubt übrigens Becker nicht beipflichten zu können; doch haben neuere Forschungen, wie früher gezeigt, Beckers Zweifel nicht bestätigt, da sich bei Descartes, wenn auch in eigentümlicher Form, das Eulersche Theorem selbst direkt ausgesprochen findet, wenngleich er Folgerungen aus ihm nicht gezogen zu haben scheint.

Beckers Satz lautet, zunächst für einfache Vielflache: Die Zahl $\varDelta$ der Dreiecke, in die sich die Oberfläche eines Vielflachs durch Diagonalen zerlegen lässt, ist doppelt so gross, wie die um zwei verminderte Eckenzahl[8]), d. h. $\varDelta = 2(e - 2)$. Verbindet man nämlich die Endpunkte der von einer Ecke ausgehenden ε Kanten des Polyeders durch Strecken, schaltet diese Ecke aus und ersetzt die ε fortfallenden Dreiecke durch diejenigen $\varepsilon - 2$ Dreiecke, die entstehen, wenn man in dem gebrochenen Polygon jener ε Strecken von einer Ecke aus die Diagonalen zu den übrigen seiner Ecken zieht, so hat das neue Polyeder $e - 1$ Ecken und lässt sich in $\varDelta - 2$ Dreiecke zerlegen, wenn sich das ursprüngliche Polyeder in $\varDelta$ Dreiecke zerlegen liess. So fortfahrend ersieht man, dass das Polyeder von $e - e'$ Ecken in $\varDelta - e'. 2$ Dreiecke sich zerlegen lässt. Da aber ein Tetraeder mit $e - e' = 4$ Ecken auch vier Dreiecke zu Flächen hat, so ist $\varDelta - e'. 2 = 4$ oder $\varDelta = 2(e - 2)$. Becker nennt nun ein Polyeder von der n^{ten} *Klasse, wenn n durch das Innere des Polyeders geführte Grenzflächen nötig sind, um es in zwei einfache* (Eulersche) *Polyeder zu zerfällen* (z. B. ist für die Kugel $n = 1$, für den einfachen Ring $n = 2$, für den m-fachen Ring $n = m + 1$), und beweist für die mögliche Zahl $\varDelta$ der Dreiecke, in welche die Oberfläche eines solchen Polyeders durch Diagonalen geteilt werden kann, die Formel $\varDelta = 2(e + 2n - 4)$, die auch noch gültig ist,

---

1) Cauchy, Recherches sur les polyèdres. Ier Mémoire, lu à la première classe de l'institut, en fevrier 1811.

2) Ebenda, S. 77.　　　　3) Ebenda, S. 81.

4) J. K. Becker, Über Polyeder, in der gen. Zeitschrift, 14. Jahrgang, 1869, S. 65.

5) Derselbe, Nachtrag zu dem Aufsatze über Polyeder, ebenda S. 337.

6) Derselbe, Zur Lehre von den Polyedern; dieselbe Zeitschr., 18. Jahrg., 1873, S. 328, und: Neuer Beweis und Erweiterung eines Fundamentalsatzes über Polyederoberflächen; dieselbe Zeitschr., 19. Jahrg., 1874, S. 459.

7) In der zweiten Abhandlung. Die eingefügten allgemeinen kritischen Betrachtungen sind heute noch lesenswert.

8) Das ist der von Meister bereits bewiesene Satz.

wenn mehrfach zusammenhängende Einzelflächen an dem Polyeder vorhanden waren. Diesen Satz bezeichnet Becker als Fundamentaltheorem der Polyederlehre.[1] Ein solches Trigonalpolyeder (der Name findet sich nicht bei Becker) von e Ecken hat also immer $2(e + 2n - 4)$ Flächen und damit $3(e + 2n - 4)$ Kanten, und es besteht demnach zwischen e, k und f die (erweiterte Eulersche) Relation $e - k + f = 4 - 2n$.

Inzwischen war Becker auf eine Arbeit von Camille Jordan aufmerksam geworden, in der sich für den Zusammenhang der Flächen und deren Art Definitionen finden, durch deren Verwendung seine Resultate noch allgemeinere Gestalt gewinnen. Nach C. Jordan[2] heisst eine Fläche von der *Art* (espèce) (μ, ν), wenn sie μ Ränder besitzt und sich auf ihr ν geschlossene, sich selbst und gegenseitig nicht schneidende Konturen ziehen lassen, ohne sie in zwei Teile zu teilen.[3] Eine Fläche der Art (μ, ν) ist $(\mu + 2\nu)$-fach zusammenhängend im Sinne Riemanns, ausgenommen $\mu = 0$, wo der Zusammenhang nicht 2ν-, sondern $(2\nu + 1)$-fach ist. Für eine berandete, polyedrische Fläche der Art (μ, ν) gilt nach Jordan:[4] $e - k + f = 2 - \mu - 2\nu$.

In seiner zweiten Abhandlung beweist nun Becker, angeregt durch die eben erwähnte Arbeit Jordans, sein Dreieckstheorem ganz allgemein für die von jenem eingeführten Flächen und giebt den Satz in der Form:[5] Eine durch μ geschlossene, sich selbst und einander nicht schneidende gebrochene Linien begrenzte Fläche, die aus beliebig durch gerade Linien begrenzten ebenen Flächenstücken zusammengesetzt ist und von dem Zusammenhange, dass sich ν geschlossene, sich selbst und einander nicht schneidende Linien auf ihr ziehen lassen, ohne sie zu zerstücken, also eine Fläche von der Art (μ, ν), besteht entweder aus $\varDelta = a + 2i + 2(2\nu + \mu - 2)$ Dreiecken, oder lässt sich durch Diagonalen in so viele Dreiecke zerlegen, wenn a die Zahl der Eckpunkte auf den Begrenzungslinien, i die der innern Eckpunkte bezeichnet. Daraus erschliesst er dann den allgemeinsten Eulerschen Satz:[6] Bezeichnen e, f und k die Anzahl der Ecken, Flächen und Kanten einer Polyederfläche der Art (μ, ν), p die Anzahl der Querschnitte, die erforderlich sind, um alle ebenen Flächenstücke, aus denen sie zusammengesetzt ist, einfach zusammenhängend zu machen, so ist $e - k + f = p - 2\nu - \mu + 2$. Schliesslich bemerkt Becker, dass dieser Satz auch gültig ist, wenn die Fläche (μ, ν) von gekrümmten Flächenstücken begrenzt ist, und verweist für weiteres auf Listings Census räumlicher Komplexe. In seiner letzten Abhandlung endlich dehnt Becker den Satz über die Zerlegung einer Polyederoberfläche in Dreiecke auf Sternpolyeder aus, worauf hier nicht einzugehen ist.

Ganz eigenartig und von dem bisher Dargestellten besonders in der Methode abweichend ist die Polyedertheorie von Möbius[7], auch soweit sie sich auf den verallgemeinerten Eulerschen Satz bezieht. Eine nicht geschlossene Fläche der Grundzahl n mit n Rändern heisst bei ihm eine *Grundform n^{ter} Klasse*. (Fig. 36 des Textes ist darnach eine Grundform vierter Klasse.) Für die Grundformen erster, zweiter, dritter Klasse gebraucht er die Bezeichnungen Union, Binion, Ternion. Die Grundform n^{ter} Klasse lässt sich auch in der Gestalt einer Kugelfläche mit n Öffnungen darstellen, da sich umgekehrt eine solche (man denke sie sich dehnbar, etwa als eine Gummihaut) in die Ebene auf eine Grundform n^{ter} Klasse in der erst geschilderten Gestalt ausbreiten lässt. Heftet man zwei solche kugelartige Grundformen n^{ter} Klasse mit ihren entsprechenden Rändern an einander, oder, was auf dasselbe hinauskommt, verbindet man je zwei zugeordnete Öffnungen beider durch röhrenförmige Zwischenstücke, so entsteht eine *Fläche n^{ter} Klasse*. Eine geschlossene Fläche heisst also von der n^{ten} *Klasse*, wenn sich auf ihr $n - 1$ geschlossen sich nicht schneidende Linien ziehen lassen, welche die Fläche nicht zerstückeln, oder wenn sie durch n geschlossene Linien in *zwei Grundformen n^{ter} Klasse* zerfällt. (Für die Kugel ist also $n = 1$, für den Ring $n = 2$.) Je zwei geschlossene Flächen derselben Klasse heissen *elementar verwandt*. Die Zahlen der Ecken, Kanten und Flächen eines Polyeders der n^{ten} Klasse genügen der Gleichung $e + f = k - 2(n - 2)$.

Im grossen und ganzen scheint es, als ob in der neueren Litteratur über die hier besprochene Materie die in unsrem Texte zu Grunde gelegten, auf Riemann zurückgehenden Definitionen, sowie die von C. Jordan hinzugefügten, das Feld behaupteten, wofür auf die bereits zitierten Arbeiten von Godt, Lippich, Rausenberger u. a. nochmals hingewiesen sei. Nicht unerwähnt soll jedoch bleiben, dass F. Klein[8] die Maximalzahl p von einander nicht treffenden Rückkehrschnitten, die noch kein Zerfallen einer Fläche herbeiführen, aus funktionentheoretischen

---

1) A. a. O. S. 71.

2) Camille Jordan, Résumé de recherches sur la symétrie des polyèdres non eulériens. Borchardts Journal 66. Bd., 1866, S. 86. Wir ersetzen das bei Jordan sich findende Symbol (m, n) durch (μ, ν), um Verwechslungen zu vermeiden, da die Buchstaben m und n schon andre Bedeutung im Texte hatten.

3) Z. B. sind die Symbole für die in Figg. 36, 37, 38 unsres Textes abgebildeten Flächen $(4, 0)$, $(2, 1)$ und $(0, 3)$.

4) Setzt man in der Gleichung der Nr. 48 des Textes $n = r + 2m$, so wird sie $e - k + f = 2 - r - 2m$, d. h. die Zahl m des Textes ist die jetzt mit ν bezeichnete, nämlich die Zahl der Rückkehrschnitte, welche die berandete Fläche nicht zerstücken. 5) A. a. O. S. 342.

6) Diskontinuierliche Polyeder hat Becker von Anfang an ausgeschlossen.

7) Möbius, Theorie der elementaren Verwandtschaft. Ber. der math.-phys. Klasse der Kgl. sächs. Gesellsch. der Wissensch. 1863, Bd. 15, S. 18—57. Ges. Werke Bd. II, S. 433 ff.

8) In seinen Vorlesungen.

Gründen das *Geschlecht* einer Fläche nennt, wobei der allgemeine Typus einer Fläche vom Geschlechte p durch eine Kugel mit p Henkeln[1]) dargestellt wird und der Eulersche Satz die Form $e — k + f = 2 — 2p$ annimmt.

Alle bisher besprochenen Untersuchungen bezogen sich, wie nicht besonders bemerkt zu werden brauchte, auf Flächen und Polyeder, die, wenn sie geschlossen waren, den Raum in zwei gänzlich von einander getrennte Gebiete teilten, nach den Betrachtungen des Textes also als zweiseitig zu bezeichnen waren. Über die von Möbius eingeführten einseitigen Flächen und Polyeder finden sich aber, ausser bei diesem selbst, soweit uns bekannt, keine Untersuchungen, die sich auf eine Verallgemeinerung des Eulerschen Satzes für solche Gebilde bezögen. Doch wäre hier vielleicht der Platz, eine Abhandlung von E. Bortolotti[2]) zu erwähnen, worin wie bei Jordan die Art einer Fläche durch (μ, ν) dargestellt wird und deren Zusammenhang durch $\mu + \nu$ bezeichnet ist, „wodurch der Begriff der Art seine Bedeutung auch für solche Flächen beibehält, welche die Anwendung der Riemannschen Theorie des Zusammenhanges nicht zulassen, wie z. B. die einseitigen Flächen".[3])

Durfte das Problem der Verallgemeinerung des Eulerschen Satzes von den Polyedern, soweit es sich auf die bisher charakterisierten räumlichen Gestalten bezog, durch die erwähnten Arbeiten von Listing, Becker, Jordan, Möbius u. a. als erledigt gelten, so sind doch auch in der Folgezeit noch vereinzelt Abhandlungen erschienen, die sich mit dem Theorem befassen, von denen wir nur die von Crone[4]) und besonders die von Röllner[5]) anführen, da die letztere eine Reihe eleganter Sätze giebt, im Anschluss an J. C. Becker, die das bisher Geleistete in übersichtlicher Form zusammenfassen und erweitern.

58. Legendres Satz über die Bestimmung eines Eulerschen Polyeders durch k Stücke (Gleichungen).

Dieser Satz sagt aus, dass ein Eulersches Polyeder, gleichviel ob es konvex oder nicht konvex ist, im allgemeinen durch k Stücke (Angaben, Gleichungen), wo k die Anzahl seiner Kanten ist, bestimmt sei, wenn die Art der Zusammenfügung der Einzelflächen, d. h. das Netz des Polyeders gegeben ist. — Da ein Punkt des Raumes durch drei Stücke (Koordinaten, Gleichungen) festgelegt ist, so wird die Lage aller Ecken des Polyeders im Raume durch $3e$ Gleichungen bestimmt. Nun ist mit dem Netze die Anzahl f_n der n-ecke, die unter den Grenzflächen des Polyeders vorkommen, gegeben. Für jedes n-eck müssen, damit seine n Eckpunkte in einer Ebene liegen, $n — 3$ Gleichungen erfüllt sein. Daher sind im ganzen $\sum f_n (n — 3)$ Gleichungen im voraus gegeben. Nun ist $\sum n f_n = 2k$, $\sum f_n = f$, also $\sum f_n (n — 3) = 2k — 3f$. Folglich bleiben, um diese $2k — 3f$ Gleichungen zur geforderten Zahl $3e$ zu ergänzen, noch $3e — (2k — 3f)$ $= 3(e — k + f) + k$ Gleichungen aufzustellen, d. h. $6 + k$ Gleichungen. Da nun sechs Gleichungen zur Bestimmung der Lage des Körpers im Raume dienen, so wird das Polyeder ohne seine Lage durch k Gleichungen bestimmt.[6]) Treten beschränkende Bestimmungen in die Definition des Polyeders ein, so kann diese Zahl k vermindert werden; sie sinkt z. B. für ein Prismatoid auf $k — 2$, weil zwei von dessen Ebenen die spezielle Lage von parallelen Ebenen haben. Es ist nach dem Gesagten im allgemeinen ein Eulersches Vielflach durch die Angabe seiner Kantenlängen (wenn es auch nicht konvex sein kann, aber mehrdeutig) bestimmt. Ausnahmen hiervon treten ein, wenn die Kanten von einander abhängig sind. Ein Prisma ist z. B. nicht durch seine Kanten bestimmt, denn es ist bei unveränderten Kanten von veränderlicher Gestalt.

---

1) Vergl. das in Nr. 46 zu den Arbeiten von F. Klein und C. Neumann Bemerkte.

2) E. Bortolotti, Alcune osservazioni sulla definizione di connessione. Bologna Rend. 1889/90, S. 132. Diese Abhandlung hat dem Verfasser, ebenso wie die Abhandlungen von Perrin und von Crone, nicht vorgelegen.

3) Vergl. Ohrtmanns Jahrbuch Bd. 22 (1890).

4) C. Crone, Om Eulers Sätning om Polyedre. Zeuthen T. (5) III, 44—47. „Ist s und t die Zahl der Querschnitte, welche die Seitenflächen und die Gesamtfläche eines Polyeders einfach zusammenhängend machen, so ist $e + f — k = 2 + s — t$."

5) F. Röllner, Über einfach und mehrfach zusammenhängende Polyederoberflächen. Zschr. f. d. Realschulwesen V. Jahrg., 3. Heft, Wien 1880, S. 133.

6) Der in dieser Form gegebene Beweis ist von Hoppe: Eine Anwendung des Eulerschen Satzes von den Polyedern, Grunerts Archiv, Bd. 55, S. 217. Der Satz selbst rührt von Legendre her: Éléments de Géométrie, 8. éd., 1809, S. 309. Vergl. auch Rausenberger, Die Elementargeometrie etc., S. 210. Auf mehrere verschiedene Weisen wird der Satz bewiesen von Schubert, Kalkül der abzählenden Geometrie, Leipzig 1879, und in Grunerts Archiv Bd. 63, S. 97 ff. Durch Kombination der beiden dort erhaltenen Werte der Konstantenzahl c des Polyeders ($c = 3e + 3f — 2k$ und $c = 4k — 3e — 3f + 12$), die ohne Zuhilfenahme des Eulerschen Satzes abgeleitet werden, ergiebt sich ein weiterer Beweis dieses Satzes. Ausführlich behandelt findet sich der Legendresche Satz auch bei Catalan, a. a. O. S. 17.

59. Cauchys Satz über die Bestimmung eines konvexen Eulerschen Polyeders durch sein Netz.[1])

Er sagt aus, dass ein konvexes Vielflach durch seine Oberfläche, d. h. sein Netz, eindeutig bestimmt ist, wiewohl durch dasselbe Netz auch nichtkonvexe Vielflache mit gegeben sein können. Setzt man z. B. auf die vier Flächen eines regelmässigen Tetraeders flache, gerade, dreiseitige Pyramiden auf, und zwar auf 4, 3, 2, 1, 0 Flächen nach aussen, auf die übrigen nach innen gerichtet, so erhält man ein konvexes und vier nichtkonvexe Zwölf-flache desselben Netzes, von denen das konvexe das aus der Krystallographie bekannte Triakistetraeder ist. — Der Beweis des Cauchyschen Satzes setzt einige Hilfsbetrachtungen voraus. Zunächst gilt: *Bleiben in einer konvexen Ecke* $OABCD\ldots$ *alle Seiten ausser* AOB *und alle Winkel ausser den beiden anliegenden und einem beliebigen andern* ε *(an der Kante* OE*) konstant, so nimmt* AOB *mit* ε *zu und ab, solange die Ecke nicht den Charakter der Konvexität verliert.* Zum Beweise lege man die Diagonalebenen AOE und BOE. Dann sind die Seiten AOE und BOE fest bestimmte, unveränderliche Grössen und ebenso die beiden äusseren von den drei Teilen, in welche ε zerlegt wird; die Änderung des inneren Teiles η ist mit derjenigen von ε identisch. In der konvexen dreiseitigen Ecke $OABE$ sind also die beiden Seiten AOE und BOE konstant, während sich AOB und der gegenüberliegende Winkel η gleichzeitig ändern, d. h. AOB nimmt mit η, also auch mit ε zu oder ab (nach dem sphärischen Kosinussatze). — Durch wiederholte Anwendung derselben Schlussweise gelangt man zu dem erweiterten Resultate: Wenn in der konvexen Ecke $OABCD\ldots$ alle Seiten ausser AOB ungeändert bleiben, die Winkel aber, ausser den beiden anliegenden, sämtlich oder teilweise zunehmen, während keiner abnimmt, so wird AOB grösser; nehmen die genannten Winkel alle oder teilweise ab, ohne dass einer zunimmt, so nimmt auch AOB ab; alles gültig, solange die Ecke konvex bleibt. Weiter werde der Satz bewiesen: *Bleiben die Seiten einer mehr als dreiseitigen konvexen Ecke ungeändert, während sich die Winkel beliebig ändern, ohne dass jedoch einer* $2R$ *überschreitet, und bezeichnet man die Kanten, deren Winkel eine Vergrösserung oder eine Verkleinerung erlitten haben, mit* $+$*, oder* $-$*, während man die unverändert gebliebenen ausser Betracht lässt, so erhält man bei einem vollständigen Umlauf um die Ecke mindestens einen vierfachen Zeichenwechsel.* Denn da man von $+$ ausgehend nach einem vollständigen Umlauf wieder zu $+$ gelangt, so muss die Zahl der Zeichenwechsel gerade sein. Dass nur Vergrösserungen oder nur Verkleinerungen von Winkeln vorkommen, ist nicht möglich; denn aus dem vorigen Satze ist zu schliessen, dass sich dann mindestens eine Seite vergrössern oder verkleinern müsste. Hierdurch ist ein zweifacher Zeichenwechsel nachgewiesen. Gesetzt nun, es kämen keine weiteren Zeichenwechsel vor, so könnte man die Ecke durch eine Diagonalebene derart in zwei zerlegen, dass die Winkel einer jeden, die an der Diagonal-ebene anliegenden ausgenommen, nur Vergrösserungen oder nur Verkleinerungen erfahren. Aus dem vorigen Satze schliesst man dann, dass die Diagonalebene als Seite der einen Ecke sich vergrössern, als Seite der andern sich verkleinern müsste, was sich widerspricht. Die Zahl der Zeichenwechsel ist also mindestens vier. Es folgt nun der Beweis des Cauchyschen Hauptsatzes. Es werde untersucht, ob ein vorgelegtes konvexes Polyeder mit bestimmter Oberfläche eine Verschiebung zulässt, ohne nichtkonvex zu werden. Bei der Verschiebung können alle Ecken oder nur ein Teil derselben Änderungen erleiden; zunächst werde der erste Fall untersucht. Es finden dann bei jeder Ecke mindestens vier Zeichenwechsel in obigem Sinne statt. Die Summe Z aller Zeichenwechsel beim Umkreisen der einzelnen Ecken ist also $Z \geq 4e$ oder $Z \geq 8 + 4k - 4f$. Da nun, wenn f_i die Anzahl der i-ecke des Polyeders bezeichnet, $2k = 3f_3 + 4f_4 + 5f_5 + \cdots$ und $f = f_3 + f_4 + f_5 \ldots$ ist, so nimmt der Ausdruck die Form an $Z \geq 8 + 2f_3 + 4f_4 + 6f_5 + \cdots$. Statt die Ecken zu umkreisen, soll jetzt der Umfang irgend einer Fläche vollständig durchlaufen und die Zahl der Zeichenwechsel bei den anliegenden Flächenwinkeln in Betracht gezogen werden. Bedenkt man, dass irgend zwei Flächenwinkel, die in einer Ecke auf einander folgen, auch in einer der Flächen neben einander liegen und umgekehrt (man betrachte die Fläche als eine der Seitenflächen jener Ecke), so gelangt man zu dem Resultate, dass die Summe aller Zeichenwechsel, die man beim Durchlaufen der Umfänge

---

1) Dieser Satz von Cauchy und die dazu nötigen Hilfssätze bilden den Inhalt seiner zweiten Abhandlung: II. Mémoire sur les polygones et les polyèdres, lu à la première classe de l'institut, dans la séance du 20. janvier 1812. Die obige Legendresche Darstellung ist Rausenberger, Die Elementargeom. etc, S. 211—214, entnommen.

sämtlicher Flächen des Polyeders erhält, derjenigen gleich ist, die sich beim Umkreisen sämtlicher Ecken ergiebt. Die grösstmögliche Zahl von Zeichenwechseln, die bei einem 3-, 4-, 5-, 6-, 7-... $2n$-, $(2n+1)$-eck möglich ist, beträgt 2, 4, 4, 6, 6, ... $2n$, $2n$, da eine ungerade Anzahl nicht vorkommen kann. Demnach ist die Gesamtsumme Z aller Zeichenwechsel $\leq 2f_3 + 4f_4 + 4f_5 + 6f_6 + 6f_7 + \cdots$. Dieser Grenzwert ist aber kleiner als der oben gefundene, den Z übertreffen soll, was ein Widerspruch ist; ein Variieren sämtlicher Ecken eines konvexen Polyeders bei bestimmter Oberfläche ist daher nicht möglich. — Bei Untersuchung der Möglichkeit, dass nur ein Teil der Ecken variiert, während die übrigen festbleiben, denke man sich sämtliche Kanten, an denen unveränderliche Winkel liegen, und alle Ecken, in denen nur solche Kanten zusammenstossen, beseitigt, so dass die Polyederoberfläche in ein Konglomerat von Einzelflächen übergeht, die nicht mehr eben sind, aber aus ebenen Teilen bestehen, und deren Winkel an den übrigbleibenden Kanten sämtlich variieren. Für diese neue Fläche gilt noch, wenn nicht gerade sämtliche Flächen sich in eine einzige vereinigen, was natürlich nicht in Betracht kommt, der Eulersche Satz. Die Betrachtungen des vorigen Falles bleiben daher bei der neuen Fläche vollkommen bestehen, d. h. *durch die gegebene Oberfläche (Netz) ist ein konvexes Polyeder eindeutig bestimmt.*

60. Das Kantengesetz von Möbius; zweites Kriterium für einseitige Vielflache. Es möge ein Vielflach, zunächst, um die Betrachtung zu vereinfachen, ein Eulersches, konvexes Vielflach aus seinen Einzelflächen (d. h. seinem Netze) zusammengefügt werden. An jeder Einzelfläche unterscheidet man eine positive und eine negative Seite. (Vergl. Nr. 8.) Die Ebene der Seitenfläche $ABCD...$ des Vielflachs teilt den Raum in zwei kongruente Hälften. Erscheint nun von einem Punkte P ausserhalb dieser Ebene der Perimeter $ABCD...$ entgegengesetzt dem Uhrzeigersinn umschritten, so dass ein im Perimeter laufender Punkt die Fläche des Vielecks zur Linken hat, so soll die dem Punkte P zugewandte Seite des Vielecks als die positive gelten.[1]) Von der andern Seite gesehen erscheint dann die (negative) Fläche im entgegengesetzten Sinne umlaufen. Nun setze man die Flächen des Vielflachs mit ihren Kanten so aneinander, dass man beim Übergange von der *positiven* Seite einer Fläche über die Kante zur Nachbarfläche auf die *positive* Seite dieser gelangt. Man überzeugt sich dann leicht, dass diese trennende Kante als solche der *beiden* Flächen, beim Umlauf um deren Perimeter in entgegengesetztem Sinne durchschritten erscheint, d. h. „*den Perimetern der ein Polyeder umgrenzenden Flächen können solche Sinne beigelegt werden, dass für jede Kante des Polyeders die zwei Richtungen, die ihr als der gemeinschaftlichen Kante zweier Polyederflächen infolge der Sinne dieser zwei Flächen zukommen, einander entgegengesetzt sind*“. Dies ist das *Möbiussche Kantengesetz.*[2]) Es gilt nicht nur für gewöhnliche Polyeder, sondern auch für aussergewöhnliche, solange diese *zweiseitig* sind, denn es sagt im Grunde nur aus, dass man von der positiven [negativen] Seite einer Fläche über die Kante zur nächsten Fläche übergehend, auf deren positive [negative] Seite gelangt, d. h. auf ein und derselben Seite der Oberfläche des Vielflachs verbleibt. Durchschreitet man also die aufeinanderfolgenden Flächen irgend einer Zone, so wird man bei Geltung des Kantengesetzes von der positiven Seite der letzten Fläche wieder auf die positive, d. h. dieselbe Seite der ersten Fläche gelangen. Ist aber die Zone *einseitig*, so wird sich dies dadurch zu erkennen geben, dass die nämliche Fläche, von deren positiver Seite der um die Zone wandernde Punkt ausging, nach Umschreiten der Zone in entgegengesetztem Sinne umlaufen erscheint, da sich ja der wandernde Punkt nun auf der andern [negativen] Seite der Fläche befindet; d. h. über die Kante, welche die erste und letzte Fläche der Zone trennt, tritt der wandernde Punkt aus einer positiven in eine negative Fläche über, und die Kante erscheint dabei zweimal, aber in derselben Richtung, durchlaufen. Man verfolge dies an der Zone Fig. 45, die als einseitig bekannt ist, indem man den Sinn jeder folgenden Fläche, von einer bestimmten, z. B. ABC, ausgehend, zunächst dem Kantengesetz gemäss wählt. Die Flächen sind dann ABC, CBD, CDE, EDA, EAB. Dabei haben die Kanten BC und CB, DC und CD u. s. w. entgegengesetzten Sinn, als Kante der vorhergehenden und folgenden Fläche; dagegen erscheint die erste [und letzte] Kante AB in demselben Sinne als Kante der Flächen EAB und ABC; es gilt also hier das Kantengesetz nicht. Würde man die obige Dreiecksreihe dem Kantengesetz gemäss über die Fläche EAB fortsetzen, so gelangte

---

man nach der Fläche BAC, d. h. man befände sich, da der Umlaufssinn entgegengesetzt dem ursprünglichen wäre, auf der andern Seite dieser Fläche. — Somit ist nun ein zweites und zwar in allen Fällen sicheres Kriterium für die einseitigen Vielflache gewonnen: *Einseitig sind alle Vielflache, für die das Möbiussche Kantengesetz nicht gilt.* Durch den Umlaufssinn *einer* Fläche eines Polyeders ist der Sinn *aller* Flächen bestimmt, wenn das Kantengesetz gilt: In der That ist über die Aussenseite oder Innenseite eines *zweiseitigen* Polyeders entschieden, wenn von *einer* Fläche bestimmt ist, welche ihrer Seiten als Aussen- oder Innenseite für das Vielflach gelten soll. Hierdurch erhellt der Zusammenhang der Gültigkeit des Kantengesetzes mit dem Charakter des Vielflaches als zweiseitigen.

Um bei einem vorgelegten Vielflach zu entscheiden, ob es ein- oder zweiseitig ist, hat man nach Bezeichnung sämtlicher Ecken durch Buchstaben die aufeinander folgenden, sich kantenden Seitenflächen, deren erster man einen bestimmten Sinn beigelegt hat, so hinzuschreiben, dass jede Kante in zwei entgegengesetzten Richtungen erscheint, wenn sie als Kante der beiden Nachbarperimeter aufgefasst wird. Findet sich dann, dass es unmöglich ist, das Kantengesetz zu befriedigen, so ist das Vielflach einseitig, andernfalls zweiseitig. — So lassen sich die Flächen des Fünfflachs Fig. 32, Taf. I, in demselben Sinne umlaufen, schreiben ABC, $CBLM$, MLA, ALB, ACM, wobei jede Kante zweimal, und zwar in entgegengesetztem Sinne erscheint; das Fünfflach ist also zwar aussergewöhnlich, aber zweiseitig. Das Siebenflach Fig. 46 (in Nr. 55) hat die Flächen $ABCD$, DCE, $ECFA$, AFD; es kehrt also die Kante DA in dem zuletzt hingeschriebenen Dreiecke in demselben Sinne wieder wie beim ersten Viereck, d. h. das Kantengesetz ist nicht erfüllbar, das Siebenflach ist somit einseitig.

61. Der Inhalt und die Oberfläche eines zweiseitigen Vielflaches.[1]) Es darf als bekannt vorausgesetzt werden, was man unter dem Inhalte (Volumen) eines gewöhnlichen Vielflaches versteht, wenn als Mass der Würfel gewählt wird, dessen Kante die Längeneinheit ist. Ein solches Vielflach mit n Seitenflächen ist die Summe derjenigen n Pyramiden, deren Grundflächen diese Seitenflächen sind und deren gemeinsame Spitze ein im Innenraum des Vielflaches liegender Punkt ist. Jede dieser Pyramiden lässt sich durch Ebenen durch ihre Spitze und die von einem Punkte der Grundfläche ausgehenden Diagonalen in $m - 2$ Vierflache (Tetraeder) zerlegen, wenn diese Grundfläche ein m-eck ist, wodurch die Berechnung des Inhaltes des Polyeders auf die des Vierflaches zurückgeführt ist. Dessen Inhalt ist aber als der einer dreiseitigen Pyramide (gleich $\frac{1}{3}$ Grundfläche mal Höhe) sowie auch aus den sechs Kanten bestimmbar[2]), d. h. der Rauminhalt eines gewöhnlichen Polyeders ist algebraisch ausdrückbar durch die bestimmenden Strecken (Kanten)· — Um nun auch dem Inhalte der aussergewöhnlichen Polyeder eine Bedeutung beilegen zu können, seien folgende Festsetzungen vorausgeschickt. Die Oberfläche des Tetraeders $OABC$ soll auf dessen Aussenseite als positiv gelten. Dann ist nach voriger Nummer der Umlaufssinn des Perimeters der Fläche ABC auf der Aussenseite des Tetraeders entgegengesetzt dem Uhrzeigersinn zu wählen, wonach infolge der Geltung des Kantengesetzes auch die drei übrigen Flächen, von aussen gesehen, denselben Sinn aufweisen. Von der Ecke O aus erscheint dann die Fläche ABC negativ. Dem Tetraeder komme ein positiver Inhalt zu. Daraus folgt: *Soll der Inhalt eines Tetraeders $OABC$ positiv sein, so muss von einer seiner Ecken aus die gegenüberliegende Fläche negativ erscheinen.* Tritt das Gegenteil ein, so schreibt man dem Inhalte einen negativen Wert zu. Diese Festsetzung stimmt für die Berechnung des Volumens des von einem Innenpunkte aus in Tetraeder zerlegten gewöhnlichen Vielflachs; denn von diesem Punkte aus erscheinen sämtliche Flächen des Vielflachs negativ, wenn ihre Aussenseite positiv ist. Bezeichnet also allgemein $O\alpha_i$ eine Pyramide über der Grundfläche α_i und mit der Spitze O, wo α_i eine der Seitenflächen des Polyeders bedeutet, so ist das Volumen dieses Vielflachs gleich der Summe aller $O\alpha_i$. Dass dasselbe für ein aussergewöhnliches (zweiseitiges) Polyeder gilt, ergiebt sich nach Beweis des folgenden *Satzes: Errichtet man auf*

---

1) Die hier anzustellenden Betrachtungen schliessen sich eng an die der Nr. 8 an und sind ebenso wie jene Möbius zu verdanken. Sie sind wie das von ihm entdeckte Kantengesetz in der bereits zitierten Abhandlung „Über die Bestimmung des Inhaltes eines Polyeders" enthalten. Vergl. Gesammelte Werke Bd. II, S. 475 ff.

2) Rausenberger, Die Elementargeometrie etc., S. 217. Baltzer, Elemente II, S. 349. (Die Formel von Jungius und Euler).

den Flächen eines Polyeders, das dem Kantengesetz genügt, Pyramiden, welche alle die gemeinsame Spitze O besitzen, so ist die algebraische Summe dieser Pyramiden unabhängig von der Lage des Punktes O.[1]) Es werde die Summe der Pyramiden für zwei verschiedene, beliebig gelegene Punkte O und O' verglichen. Die

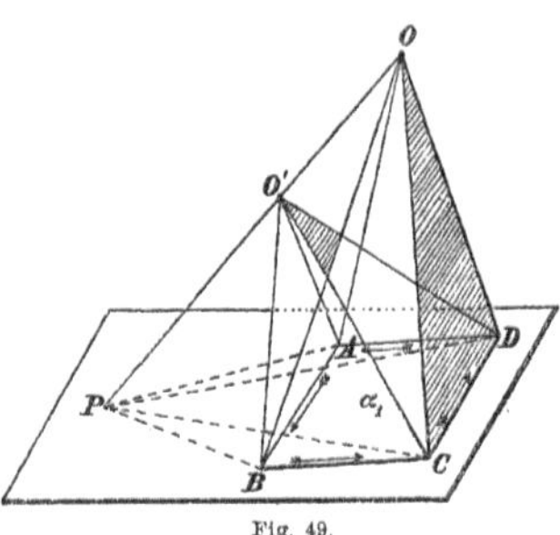

Fläche α_1 sei $ABCD\ldots.$ Ist die Gerade OO' *parallel* mit der Ebene von α_1, so ist $O\alpha_1 = O'\alpha_1$. Andernfalls schneidet OO' die Ebene α_1 in einem Punkte P (Fig. 49). Verbindet man P mit den Ecken von α_1 durch Gerade PA, PB u. s. w., so ist nach Nr. 8:

$$\alpha_1 = PAB + PBC + PCD + \cdots,$$

folglich:

$$O\alpha_1 = OPAB + OPBC + OPCD + \cdots,$$

und ebenso:

$$O'\alpha_1 = O'PAB + O'PBC + O'PCD + \cdots.$$

Nun ist aber offenbar:

$$OPAB - O'PAB = OO'AB$$

u. s. w., also ergiebt sich:

$$O\alpha_1 - O'\alpha_1 = OO'AB + OO'BC + OO'CD + \cdots.$$

Fig. 49.

Auf der rechten Seite dieser Gleichung bedeutet jedes Glied ein Tetraeder, dessen Grösse und Vorzeichen von der Grösse und Richtung derjenigen Kante der Fläche α_1 abhängt, welche in ihm vorkommt. Bildet man nun die entsprechenden Differenzen für sämtliche Flächen α und addiert diese Differenzen, so erhält man rechts doppelt so viel Glieder, als das Vielflach Kanten hat, denn jede Kante erscheint in zwei Tetraedern, nämlich bei Bildung der Differenzen für diejenigen beiden Flächen, welche die betr. Kante gemein haben. Gilt nun das Kantengesetz für das vorgelegte Vielflach, so ist der Sinn der Kante in den beiden Fällen entgegengesetzt, d. h. die beiden betr. Tetraeder, z. B. $OO'AB$ und $OO'BA$ erscheinen mit entgegengesetztem Vorzeichen[2]); je zwei Tetraeder heben sich gegenseitig auf, die Summe aller ist Null, d. h. es ist

$$O\alpha_1 + O\alpha_2 + O\alpha_3 + \cdots - (O'\alpha_1 + O'\alpha_2 + O'\alpha_3 + \cdots) = 0,$$

womit der Satz, dass die Summe aller Pyramiden über den Seitenflächen des gegebenen Vielflaches unabhängig von der Lage des Punktes O ist, bewiesen ist. — Da nun die Summe aller Pyramiden $O\alpha$ für ein gewöhnliches Vielflach nichts andres als dessen Inhalt ist, wenn O innerhalb des Vielflachs liegt, so bezeichnet man für jedes Vielflach, das dem Kantengesetze genügt, diese von der Lage von O unabhängige Summe als seinen Inhalt.

Betrachtet man die Oberfläche eines gewöhnlichen oder aussergewöhnlichen, aber zweiseitigen Vielflachs, so ist bei ersterem selbstverständlich, was unter der äussern oder der innern Seite der Oberfläche zu verstehen ist, bei letzterem bedarf es einer Festsetzung, die im allgemeinen willkürlich ist. Es möge die *äussere* Oberfläche, als positiv bezeichnet, beim gewöhnlichen Vielflach durch *Färbung* von der innern unterschieden werden.[3]) Beim aussergewöhnlichen Vielflach bestimme man die positive, zu färbende Seite einer ersten Fläche nach der Regel der vorigen Nummer und setze dann diese Färbung der Flächenzellen nach den in Nr. 8 erläuterten Grundsätzen fort. Die ganze selbe Seite eines solchen Vielflachs erscheint dann entweder aus positiven und negativen Flächenzellen zusammengesetzt (gefärbten und ungefärbten Zellen) oder lediglich aus positiven, wobei die Zellen beider Arten noch verschiedene Koeffizienten haben können, was durch den Grad (Intensität) der Färbung auszudrücken ist. Die algebraische Summe aller Flächenzellen der Oberfläche des Vielflachs heisst dann schlechthin die Oberfläche desselben, und es leuchtet ein, dass diese bei einem

---

1) Möbius a. a. O. S. 494. Rausenberger, Die Elementargeom., S. 220. Baltzer, Elemente II, S. 234.

2) Denn $OO'AB$ und $OO'BA$ sind zwei Tetraeder mit derselben Spitze O, aber den Grundflächen $O'AB$ und $O'BA$, von denen die zweite im umgekehrten Sinne der ersten umschritten erscheint, also ihr entgegengesetzt gleich ist.

3) Diese Färbung bietet für die Unterscheidung der beiden Flächenseiten eines Vielflachs dieselbe Erleichterung wie die Schraffierung beim Vieleck, nur dass wir früher dort die negative Seite des Perimeters durch Schraffierung hervorhoben.

aussergewöhnlichen Polyeder *Null* sein kann, wenn die Summe der positiven Zellen der der negativen absolut genommen gleichwertig ist. Nach entsprechender Färbung der in Frage kommenden Seite der Oberfläche des Vielflachs ergiebt sich nun noch eine zweite Bestimmung seines Volumens, die der Bestimmung des Inhaltes eines beliebigen Polygons entsprechend ist. Ein aussen gefärbtes Tetraeder besitzt einen einfach zu rechnenden Inhalt, oder, kurz ausgedrückt, den Koeffizienten 1. Dem Aussenraum kommt naturgemäss der Koeffizient Null zu. Ein aus dem Aussenraum durch die Oberfläche schreitender Punkt gelangt also in einen Raum, dessen Koeffizient um eins grösser ist, als der des vorhergehenden, wenn der Durchgang durch die trennende Fläche von der gefärbten zur ungefärbten Seite derselben geschieht. Ein aussergewöhnliches Vielflach wird nun durch seine Oberfläche, da sich dieselbe selbst schneidet, in räumliche Zellen geteilt, deren jeder ein bestimmter Koeffizient in dem obigen Sinne zukommt. Und zwar sind die Koeffizienten zweier Nachbarzellen, d. h. solcher, die eine Fläche gemein haben, stets um eins verschieden, falls der trennenden Fläche in ihrer Ebene der Koeffizient 1 zukommt, sie also mit einfacher Intensität gefärbt ist, derart, dass diejenige Zelle den grösseren Koeffizienten hat, welche auf der ungefärbten Seite dieser Fläche liegt. Die Bestimmung dieser Koeffizienten erfolgt dadurch, dass man einen Punkt aus dem Aussenraume mit dem Koeffizienten Null durch die trennenden Flächen nach und nach in alle Zellen übertreten lässt. Entsprechend dem früher beim Vieleck Gesagten schliesst man leicht: Aus einer Zelle mit dem Koeffizienten c kann man in eine Zelle desselben Koeffizienten nicht durch eine gemeinsame Fläche gelangen; solche Zellen können nur in einer Kante oder Ecke zusammenstossen. Aus einer Zelle mit dem Koeffizienten c gelangt man durch eine Fläche in eine Nachbarzelle des Koeffizienten $c + c'$, wenn dem trennenden Flächenstück in seiner Ebene der Koeffizient c' zukommt. Die algebraische Summe aller Zellen (jede mit ihrem Koeffizienten angesetzt) ist der Inhalt des Vielflachs, d. h. $V = \varphi_1 z_1 + \varphi_2 z_2 + \varphi_3 z_3 \cdots$, wobei die φ_i die positiven bez. negativen Koeffizienten, die z_i die absoluten einfachen Inhalte der Zellen im gemeinen Sinne sind. Ein Polyeder hat den Inhalt Null, wenn diese Summe verschwindet.

62. Beispiele zur vorstehenden Theorie. Vielflache, deren Oberfläche bez. Inhalt Null ist. Die entsprechenden Betrachtungen für einseitige Polyeder. Als erstes Beispiel zu den bisher allgemein angestellten Betrachtungen werde das Fünfflach Fig. 27, Tafel I, mit drei überschlagenen Vierecken gewählt. Die Flächen dieses dem Kantengesetz gehorchenden Polyeders seien geschrieben: AFE, $FADK$, $EFKJ$, $AEJD$ und KDJ. Der Perimeter jedes der beiden Dreiecke erscheint dann von O, dem gemeinschaftlichen Doppelpunkt der drei Vierecke aus gesehen im Uhrzeigersinn, d. h. negativ. Wählt man also diesen Punkt O als gemeinsame Spitze der Pyramiden über den Seitenflächen des Polyeders, so besteht das Gesamtvolumen aus der Summe der beiden Tetraeder $OAFE$ und $OKDJ$, die also beide positiv sind. Färbt man das Dreieck AFE auf seiner Aussenseite, die positiv ist, so ist die Färbung auf den unteren Zellen der Vierecke aussen fortzusetzen. Aber auch das obere Tetraeder ist *aussen* zu färben. Denn die obere Zelle eines der drei Vierecke, z. B. ODK, gehört einer andern Seite der Ebene des Vierecks an als die untere Zelle FAO. Die beiden Zellen eines überschlagenen Vierecks aber haben auf *derselben* Seite der Ebene des Vierecks entgegengesetzte Vorzeichen. Beiden räumlichen tetraedrischen Zellen, aus denen das Fünfflach besteht, kommt also der Koeffizient $+1$ zu.

Als zweites Beispiel betrachte man das bereits in voriger Nummer besprochene Fünfflach Fig. 32, Tafel I, das eine Pyramide mit der Spitze A und dem überschlagenen Viereck $CBLM$ als Grundfläche ist. Fällt der bisher mit O bezeichnete Punkt nach A, so ist das Volumen dieses Polyeders gleich $ACBLM = ACBS + ASLM$. Nun ist aber von A aus gesehen bei dem festgesetzten Umlaufssinn des Perimeters der Grundfläche das Dreieck CBS negativ, dagegen SLM positiv, d. h. das Tetraeder $ACBS$ ist positiv, das Tetraeder $ASLM$ negativ. Beginnt man die Färbung der Oberfläche des Polyeders bei der äusseren Grundfläche des ersten Tetraeders, so hat man weiter die Fläche ABC aussen, dann die Fläche ACM, aber nur das Stück ACS, das dieses Tetraeder begrenzt, zu färben, denn der Rest ASM ist auf der inneren Seite des Tetraeders $ASLM$ mit Färbung zu versehen, damit man auf derselben Seite der Fläche verbleibt; d. h. dieses letztere Tetraeder ist aussen ungefärbt zu lassen, wie denn in der That die

Fläche SLM von aussen negativ erscheint. Das Gesamtpolyeder besteht aus zwei tetraedrischen Zellen mit den Koeffizienten $+1$ und -1. Ist die Fläche CBS absolut genommen gleich SLM, so ist der Inhalt des Polyeders Null. Ebenso wie dieses Fünfflach bestehen die Fünfflache Fig. 26 und Fig. 29, Tafel I, aus je zwei Zellen mit den Koeffizienten $+1$ und -1. Um nun ein Polyeder zu erhalten, das auch Koeffizienten grösser als 1 aufweist, errichte man z. B. über einem Siebeneck dritter Art ein gerades Prisma, indem man die Kanten des Siebenecks in der Richtung senkrecht zu seiner Ebene parallel mit sich selbst fortbewegt. (Vergl. Fig. 2, Taf. I und Fig. 17, Taf. VIII.) Denkt man sich die gesamte Oberfläche des Polyeders auf der positiven, d. h. äusseren Seite gefärbt, wobei natürlich die Färbung auch auf den inneren verborgenen Flächenteilen fortzusetzen ist, so ergiebt sich nach den allgemeinen Regeln leicht, dass den sieben äussersten dreiseitigprismatischen Zellen die Koeffizienten $+1$, den sieben nächstfolgenden vierseitigprismatischen Zellen die Koeffizienten $+2$ und der innersten Zelle, die ein gewöhnliches siebenseitiges gerades Prisma darstellt, der Koeffizient $+3$ zu erteilen ist. Ein von aussen kommender Punkt muss, um in diese innerste Zelle zu gelangen, die Oberfläche des Polyeders dreimal in der Richtung von der gefärbten zur ungefärbten Seite durchdringen. Dies leuchtet ein, wenn der Punkt senkrecht gegen die „Achse" in das Polyeder eintritt, ist aber auch gültig, wenn der Punkt in der Richtung dieser Achse etwa von oben sofort in die innerste Zelle gelangt; denn die innerste Flächenzelle des Siebenecks dritter Art hat den Koeffizienten $+3$, d. h. dieser Teil der Polyederoberfläche ist gewissermassen mit dreifacher Intensität zu färben.

Ähnliche Verhältnisse treten ein, wenn man ein gerades Prisma über einem Zehneck vierter Art konstruiert, wie es Fig. 14, Tafel I, zeigte. Vergl. Fig. 18, Tafel VIII. Hier treten Zellen mit den Koeffizienten $+1$, $+2$, aber auch mit Null und -1 auf. Die Zellen mit den Koeffizienten Null gehören ebenso wenig wie der Aussenraum dem Polyeder an, sie bilden gleichsam hohle Durchgänge durch den Körper. Die innerste Zelle, ein fünfseitiges Prisma, hat den Koeffizienten -1 und ist ungefärbt zu lassen, während sämtliche übrigen Oberflächenteile zu färben sind. Ein Vielflach, das eine innere Zelle mit dem Koeffizienten 3 und zwölf äussere, auf den Flächen jener aufsitzende Zellen mit den Koeffizienten 1 hat, ist das zwölfeckige Sternzwölfflach. (Vergl. Nr. 128.)

Zum Schlusse sei noch auf ein Polyeder hingewiesen, das lediglich von zehn überschlagenen Vierecken begrenzt wird (Fig. 4, Taf. VIII). Dieses Polyeder besteht aus zehn, absolut genommen, inhaltsgleichen, körperlichen Zellen, die abwechselnd die Koeffizienten $+1$ und -1 haben. Inhalt und Oberfläche dieses aussergewöhnlichen, aber zweiseitigen Polyeders sind gleichzeitig Null.[1]

Bildet man in derselben Weise wie bei den zweiseitigen Polyedern bei einem einseitigen den Inhalt durch Addition der Pyramiden $O\alpha$ über sämtlichen Grenzflächen α und mit einer gemeinsamen Spitze O, so kommt in dieser Summe jede Pyramide $O\alpha$ zweimal, und zwar mit entgegengesetztem Vorzeichen vor, weil beide Seiten der Fläche α an der Oberfläche des Vielflachs teilnehmen. Es verschwindet daher diese Summe identisch, d. h. jedem einseitigen Polyeder ist der Inhalt Null zuzuschreiben, wenn man überhaupt hier noch von Inhalt reden will.[2] Es war ferner bereits bemerkt, dass bei dem Versuche, eine Seite eines einseitigen Vielflachs durch Färbung auszuzeichnen, man der Natur des Gebildes gemäss dazu gelangen muss, jede Grenzfläche auf beiden Seiten zu färben, so dass also auch der Begriff der Oberfläche hier hinfällig wird; man müsste denn vorziehen, jede Fläche zweimal mit entgegengesetztem Vorzeichen anzusetzen, wodurch auch der Wert der Oberfläche sich identisch gleich Null ergeben würde.

63. Die Art $A = 1$ eines gewöhnlichen Vielflaches. Um die allgemeinen Betrachtungen über Vielflache den früheren über Vielecke analog zu Ende zu führen, erübrigt es noch, auf zwei Begriffe einzugehen, die für jene von besonderer Bedeutung waren: die Art A eines Vielflaches (entsprechend der Art a eines Vielecks) und die Reziprozität. Der erste Begriff soll aber erst später ausführlich erörtert werden,

---

1) Vergl. über die Gruppe dieser eigentümlichen, von Hess als Stephanoide bezeichneten Vielflache Nr. 162.

2) Man könnte auch sagen: Da das Kantengesetz nicht erfüllt ist, so bleiben die Sinne der Flächen unbestimmt, und es kann nicht mehr eine von O unabhängige Pyramidensumme, also auch nicht mehr ein Inhalt angegeben werden. Möbius a. a O. S. 499.

da er von wesentlicher Bedeutung erst bei der Betrachtung der besonderen konvexen und nichtkonvexen Vielflache wird, deren Art A grösser als 1 ist. Hier sei nur bemerkt, dass jedes Eulersche konvexe Vielflach — und allein auf solche werden sich im nächsten Abschnitte die Betrachtungen erstrecken — von der Art $A = 1$ ist, ebenso wie der Art a eines konvexen gewöhnlichen Vielecks dieser Wert zukam. Die Definition von A ist dabei analog der von a (vergl. Nr. 9): *Es bedeutet A die Anzahl der Kugeln, der die Summe aller Polarecken der Ecken des Vielflaches gleich ist.* Die Definition der Polarecke ist dabei die in Nr. 41 gegebene. Man sieht sofort, dass bei einem Eulerschen (kugelartigen) konvexen Polyeder diese Summe gerade eine Kugel beträgt[1]), wonach für ein solches, wie behauptet, $A = 1$ ist. Wie a bei einem konvexen Vielecke unter Umständen auch als die Anzahl der Kreisbedeckungen gedeutet werden konnte, wenn der Perimeter des Vielecks von einem Innenpunkte aus auf die Peripherie projiziert wurde, so stellt analog bei einem konvexen Vielflach A die Anzahl der Kugelbedeckungen dar, wenn die Oberfläche des Vielflaches von einem innerhalb liegenden Punkte aus auf die Oberfläche einer Kugel projiziert wird, deren Centrum dieser Punkt ist, vorausgesetzt, dass alle Flächen des Vielflaches diesem Centrum dieselbe (negative) Seite zuwenden. Dies ist bei einem Vielflach erster Art stets der Fall.

64. Die polare Reziprozität der Vielflache. Ein räumliches System Σ heisst einem andern Σ' reziprok zugeordnet, wenn jedem Punkte des einen eine Ebene des andern entspricht, und umgekehrt. Der Verbindungsgeraden zweier Punkte des einen Systems entspricht die Schnittgerade der entsprechenden Ebenen des andern. — *Ein System Σ heisst polar-reziprok zu einem anderen Σ', wenn die Ebenen des einen die Polarebenen zu den Punkten des andern als Polen in Bezug auf eine feste Kugel (Direktrix) sind.*

Liegt ein Punkt P ausserhalb einer Kugel, so erhält man bekanntlich seine Polarebene E als Ebene des Kreises, in welchem der Tangentialkegel, dessen Spitze P ist, die Kugel berührt. Schneidet eine Gerade durch P und das Centrum der Kugel deren Oberfläche in den Punkten A und B, die Ebene E in P', so sind P und P' die zugeordneten harmonischen Punkte auf der Geraden zu A und B als Grundpunkten. Die Polarebene zu P' als Pol geht durch P und steht senkrecht auf PP'. Fällt der Pol P auf die Oberfläche der Kugel, so ist die zugehörige Polarebene die Tangentialebene in P; rückt P in bestimmter Richtung ins Unendlichweite, so ist seine Polarebene die zu dieser Richtung senkrechte Äquatorealebene der Kugel, u. s. w. Es bestehe nun das System Σ aus n Punkten $P_1, P_2, \ldots P_n$ ausserhalb der Kugel und den durch sie möglichen Geraden und Ebenen. Ihm ist das System Σ' zugeordnet, das aus den n Polarebenen $E_1, E_2, \ldots, E_n$ jener Punkte als Pole und den durch sie erzeugten Geraden und Punkten besteht. Jeder Verbindungsgeraden je zwei der Punkte P entspricht eine Schnittgerade je zwei der Ebenen E. Bewegt sich der Punkt P_1 auf der Geraden $P_1 P_2$ von P_1 nach P_2, so dreht sich die Ebene E_1 um die Schnittgerade $(E_1 E_2)$ in die Lage von E_2. Die Ebene der drei Punkte P_1, P_2, P_3 ist die Polarebene zu dem Schnittpunkte der drei Ebenen E_1, E_2, E_3 als Pol. Die drei Geraden $P_1 P_2, P_2 P_3, P_3 P_1$ sind den drei Geraden $(E_1 E_2), (E_2 E_3), (E_3 E_1)$ zugeordnet, in denen sich je zwei der Ebenen schneiden. Die Zahl der Ebenen E ist gleich der Zahl der Punkte P; die Zahl der Ebenen durch je drei der Punkte P ist gleich der Zahl der Punkte, in denen sich je drei der Ebenen E schneiden; die Zahl der Verbindungsgeraden der P ist gleich der Zahl der Schnittgeraden der Ebenen E.[2])

Es sei nun das System Σ irgend ein Vielflach V, der Einfachheit wegen zunächst ein konvexes Eulersches, mit e Ecken, f Flächen, k Kanten, zwischen denen also die Relation $e - k + f = 2$ besteht. Das polar-reciproke System Σ' ist dann ein ebensolches Vielflach V' mit $e' = f$ Ecken, $f' = e$ Flächen und $k' = k$ Kanten. Denn jeder Ecke des ersten Vielflaches V als Pol ist polar-reziprok eine Fläche von V' als Polarebene zugeordnet, jeder Fläche von V ebenso eine Ecke von V', während jeder Kante von V eine ebensolche von V' entspricht. Einer n-kantigen Ecke P von V entspricht eine n-kantige Fläche E von V', denn n aufeinander folgende Ebenen durch den Punkt P mit ihren n Schnittgeraden entsprechen n Punkte in der Ebene E mit ihren n Verbindungsgeraden. Das Vielflach V hat also ebensoviel n-kantige $\begin{Bmatrix} \text{Ecken} \\ \text{Flächen} \end{Bmatrix}$, als V' n-kantige $\begin{Bmatrix} \text{Flächen} \\ \text{Ecken} \end{Bmatrix}$ hat. Zwei

---

1) Fried. Roth, Beiträge zur Stereometrie. Progr. Buxtehude, 1890, S. 23.   2) Vergl. Nr. 40.

solche Vielflache heissen *polar-reziprok* oder auch kurz nur *polar* oder nur *reziprok.*[1]) Für zwei solche Vielflache hat also die Grösse $\sigma = e - k + f$ denselben Wert; es ist neben $e = f'$, $f = e'$, $k = k'$ aber überdies $e_i = f_i'$, $f_i = e_i'$, wenn e_i und f_i die Zahl der i-kantigen Ecken und Flächen des einen Vielflaches, die gestrichelten Buchstaben die entsprechenden Zahlen für das polare Vielflach bedeuten. Dabei entspricht die Anordnung der Ecken und Flächen von V der Anordnung der Flächen und Ecken von V'. Einer Kante von V, die eine λ-kantige und eine μ-kantige Ecke verbindet, entspricht in V' eine Kante, die einem λ-eck und einem μ-eck gemein ist u. s. w.

65. Isomorphe und allomorphe, spiegelbildlich-isomorphe und autopolare Vielflache. Zwei durch je n Ebenen begrenzte Vielflache V_1 und V_2 sollen *isomorph*[2]) (gleichgestalt) heissen, wenn nach beliebig, aber fest gewählter Bezeichnung der n Ebenen von V_1 durch $\alpha_1, \alpha_2, \ldots \alpha_n$ die n Ebenen von V_2 mit $\beta_1, \beta_2, \ldots \beta_n$ so benannt werden können, dass entsprechende α_i und β_i gleichviel Kanten besitzen, und dass jeder Ecke $\alpha_i \alpha_k \alpha_\lambda \ldots$ die ebensovielkantige Ecke $\beta_i \beta_k \beta_\lambda \ldots$ entspricht. Die beiden Vielflache haben also gleichviel i-seitige Ecken und gleichviel m-kantige Flächen; jedem Flächenpaare des einen Vielflaches, das aus einem λ-eck und einem μ-eck mit gemeinsamer Kante besteht, entspricht ein ebensolches des andern Vielflaches u. s. w. Die beiden Polyeder stimmen in der Kantenzahl, der Anordnung ihrer Ecken und Flächen überein und unterscheiden sich lediglich in ihren Massverhältnissen; z. B. sind ein Würfel und ein beliebiges schiefwinkliges Parallelepiped, ebenso eine gerade und eine schiefe n-seitige Pyramide isomorph. Diese Definition des Isomorphismus ist gültig für *alle* Vielflache, kommt aber im folgenden Abschnitte zunächst nur für die allgemeinen und singulären[3]) Eulerschen Polyeder zur Beachtung. — Unter den allgemeinen und singulären Eulerschen Vielflachen mögen ferner zwei solche Individuen, die von gleichviel Flächen begrenzt werden und gleichviel Ecken besitzen, *allomorph* heissen, wenn unter diesen Flächen je gleichviel i-kantige Flächen, unter den Ecken je gleichviel h-kantige Ecken auftreten, aber ihre Anordnung in beiden Individuen eine verschiedene ist. Man betrachte als Beispiel hierfür u. a. die fünf allgemeinen Zehnflache 10^a bis 10^e auf Tafel III.[4])

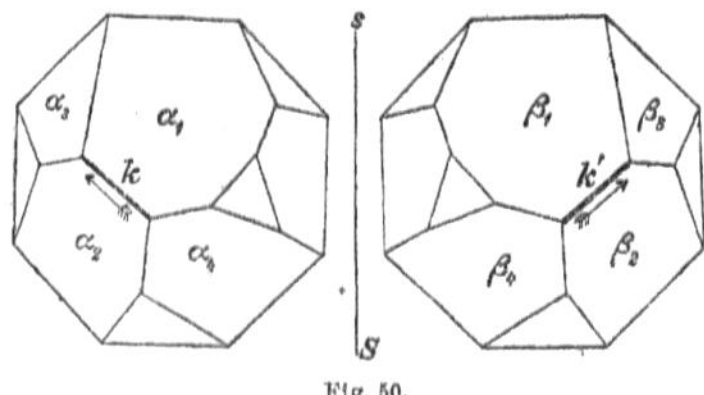

Fig. 50.

Es leuchtet ein, dass eine unendlich grosse Anzahl Polyederindividuen gebildet werden kann, so dass jedes dieser Polyeder einem gegebenen n-flach nach der obigen Definition isomorph ist. Alle diese isomorphen Individuen können aber noch in zwei Klassen geteilt werden. Man betrachte z. B. die beiden in Fig. 50 gezeichneten Zehnflache, von denen das erste das in Nr. 10^e Taf. III dargestellte ist. k und k' sind entsprechende Kanten der beiden Vielflache, als gemeinsame Kanten eines Sieben- und eines Sechsecks, α_1 und α_2, bez. β_1 und β_2, da ihre Enden die Ecken entsprechender Vier- und Sechsecke, α_3 und α_4, bez. β_3 und β_4 sind. Von zwei in k und k' liegenden, mit den Köpfen nach entsprechenden Ecken $\alpha_1 \alpha_2 \alpha_3$ und $\beta_1 \beta_2 \beta_3$ gerichteten, ins Innere der beiden Körper blickenden Beobachtern hat aber der eine die

---

1) „Corpora reciproca voco, quorum utrumque tot habet angulos solidos, quot alterum latera; hinc et tot latera, quot alterum angulos solidos." Meister, Comment. soc. reg. Gotting., T. VII, 1785. Commentatio de solidis geometricis etc., S. 39. Die Reziprozität besonderer Polyeder war schon früher bemerkt worden, z. B. von Maurolycus 1532 (er spricht von *korrelativen* Körpern; vergl. J. H. T. Müller in Grunerts Archiv 84, S. 1 und Cantor II, S. 526) und später von Kepler, Harmonice mundi V, 1. Französische Mathematiker bezeichnen diese Polyeder als *konjugiert (polyèdres conjugués)*. Vergl. u. a. Catalan a. a. O. S. 2.

2) Nach Eberhard, Morphologie etc., S. 10. C. Jordan nennt solche Polyeder *ähnlich (pareil)*, die einander entsprechenden Begrenzungsstücke *homolog;* vergl. Recherches sur les polyèdres. Borchardts Journal Bd. 66, S. 22 ff.

3) Vergl. Nr. 41.

4) Das Konstruktionsprinzip der auf den Tafeln II bis VI gezeichneten Vielflache besteht meist darin, dass ausserhalb des Vielflaches über einer seiner Seitenflächen (gewählt ist immer eine solche mit der grössten Anzahl der Kanten) ein Punkt angenommen und aus ihm die ganze Oberfläche des Vielflaches, d. h. dessen Ecken und Kanten, auf diese Seitenfläche projiziert wird. Der Verf. hat eine solche ebene Projektion eines Vielflaches, die sich als eine Polygonteilung darstellt, das *Diagramm* des Vielflaches genannt (Progr. Zwickau, 1897). Isomorphe Vielflache haben isomorphe Diagramme.

Fläche α_1 zur Rechten, der andre die entsprechende Fläche β_1 zur Linken. Dasselbe gilt für je zwei entsprechende Kanten der beiden Vielflache.[1]) Man überzeugt sich leicht, dass das eine Vielflach das *Spiegelbild* des andern an der Ebene irgend einer seiner Begrenzungsflächen oder an einer beliebigen Ebene Ss ist. Zwei solche Vielflache sollen daher *spiegelbildlich-isomorph* heissen.[2]) Die einem gegebenen Vielflach isomorphen bilden also die beiden Klassen der direkt- und der nur spiegelbildlich-isomorphen Individuen. Es soll aber in Zukunft bei den weiteren Betrachtungen von den Individuen der zweiten Klasse, die aus denen der ersten leicht konstruierbar sind, abgesehen werden, zumal ein einziger Körper schon hinreicht, die gestaltliche Eigenart des Typus zu charakterisieren.

Im Anschluss an die vorige Nummer soll schliesslich eine besondere Gattung von Vielflachen noch hervorgehoben werden. Einem e-eckigen f-flach mit h i-kantigen Grenzflächen und l m-seitigen Ecken war ein f-eckiges e-flach mit l m-kantigen Grenzflächen und h i-seitigen Ecken polar-reziprok zugeordnet. Ein allgemeines Vielflach ist also polar-reziprok einem Trigonalpolyeder, und umgekehrt. Ein beliebiges singuläres Vielflach, das kein Trigonalpolyeder ist, ist einem andern singulären Vielflach reziprok. *Ist nun das zu einem singulären Vielflach V polar-reziproke Vielflach V' isomorph mit V, so nennt man V ein autopolares Vielflach*[3]), oder man sagt, V ist sich selbst reziprok. Für ein solches autopolares Vielflach bestehen also die Bedingungen $e_3 = f_3, e_4 = f_4, \ldots e_i = f_i$ und es ist $e = f = \dfrac{k}{2} + 1$, wenn das Vielflach ein Eulersches ist. Es ist z. B. jede n-seitige Pyramide ein autopolares $(n+1)$-flach. Diese Bedingungen $e_i = f_i$ sind aber nur *notwendig*, nicht *hinreichend*, um ein gegebenes Polyederindividuum als autopolar zu charakterisieren. Denn es ist nicht ausgeschlossen, dass das einem Vielflach V, welches diese Bedingungen befriedigt, polarreziproke Vielflach V', welches also diesen Bedingungen dann ebenfalls genügen muss, nur *allomorph* mit V ist. (Vergl. das Beispiel am Ende von Nr. 67.) Man hat sich also streng an die obige *geometrische Definition* zu halten, die übrigens im folgenden noch weiter zur Erörterung kommt.

66. Möbius' Darstellung eines Vielflaches: Das Kantengesetz in zweiter Form. Reziprozität der einseitigen Vielflache. Nach Nr. 60 lassen sich die Ausdrücke für die Flächen eines gegebenen Vielflachs, nachdem seine Ecken mit Buchstaben bezeichnet sind, in solchem Umlaufssinne schreiben, dass jede Kante zweimal in entgegengesetzter Richtung dabei *durchschritten* wird, d. h. dass das Möbiussche Kantengesetz gilt, wenn das Vielflach zweiseitig ist. Es wird hiernach ein Vielflach charakterisiert durch die Zusammenstellung der Ausdrücke aller der Vielecke, durch deren Verbindung es entsteht. *Ebenso kann nun aber ein Vielflach auch charakterisiert werden durch die Ausdrücke aller seiner Ecken, nachdem man seine Flächen bezeichnet hat.* Es seien in Fig. 51 mit $\alpha, \beta, \gamma, \delta \ldots$ die positiven (äusseren) Seiten eines zweiseitigen Vielflaches benannt. Bezeichnet man nun eine Ecke als positiv, wenn sie auf der positiven Seite der Oberfläche des Vielflaches im entgegengesetzten Sinne des Uhrzeigers umlaufen wird, so sind die beiden Ecken A und B: $A = \gamma\alpha\beta\delta$ und $B = \varepsilon\zeta\beta\alpha$. Die Kante, welche die Flächen α und β gemeinsam haben, wird also in den beiden Fällen im entgegengesetzten Sinne — als $\alpha\beta$ und $\beta\alpha$ — überschritten. Es ergiebt sich durch Aufstellung der weiteren Eckenausdrücke sofort: Nach Bezeichnung sämtlicher Flächen eines Vielflaches durch $\alpha, \beta, \gamma \ldots$ lässt sich allen Ecken, ausgedrückt durch die Flächen, ein solcher Umlaufssinn beilegen, dass jede Kante in zweierlei Richtung überschritten wird, wenn das Vielflach zweiseitig ist. Dies ist die zweite Form des Kantengesetzes, und wie man sieht ist die Darstellung eines Vielflaches durch seine Eckenausdrücke gleichwertig mit der durch die Flächenausdrücke; auf beide Weisen ist die gestaltliche Beschaffenheit des Vielflaches vollkommen bestimmt.[4])

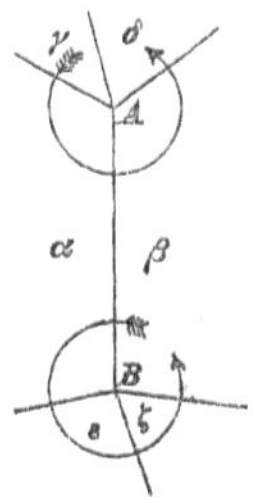

Fig. 51.

---

1) Eberhard, Morphologie, S. 12.

2) Nach Legendre könnte man sie auch symmetrisch nennen. Doch soll hier *ein* Polyeder *symmetrisch* heissen, wenn sich wenigstens eine Ebene durch dasselbe so legen lässt, dass von den beiden Teilen, in die das Polyeder hierdurch zerfällt, der eine das Spiegelbild des andern an dieser Ebene ist.

3) Nach Kirkman, On autopolar Polyedra. Philos. transact. 1857.   4) Möbius I, Werke, Bd. II, S. 500 ff.

Es sei nun ein *zweiseitiges* Vielflach V durch seine Flächenausdrücke $\alpha = ABCD\ldots$ u. s. w. gegeben. Fasst man die Buchstaben $A, B, \ldots$ dieser Ausdrücke als Bezeichnungen von Flächen auf, so stellen die Ausdrücke die Ecken desjenigen Vielflaches V' dar, welches zu V polar-reziprok ist. (Dessen Ecken sind dann mit $\alpha, \beta, \ldots$, die Flächen mit $A, B, C \ldots$ bezeichnet.) Da nun in diesen Ausdrücken jede Kante zweimal in entgegengesetztem Sinne vorkam, d. h. für das Vielflach V das Kantengesetz in seiner ersten Form galt, so gilt für das reziproke Vielflach das Kantengesetz der zweiten Form, insofern jede Kante beim Umschreiten der *Ecken* in zweierlei Sinn erscheint, d. h. V' ist zweiseitig. Dies ergiebt aber den Satz: *Reziproke Vielflache sind gleichzeitig zweiseitig oder einseitig.*[1]) Denn wenn V einseitig ist, so kann V' nicht zweiseitig sein, weil zu einem zweiseitigen V' ein zweiseitiges Vielflach reziprok ist. — Für diejenigen einseitigen Vielflache, bei denen der Wert von $\sigma = e - k + f$ ungerade ist, kann man die Richtigkeit dieses Satzes, dass auch die dazu reziproken einseitig sind, übrigens schon daraus schliessen, dass für das reziproke Vielflach die Grösse σ denselben ungeraden Wert beibehält, da nur die Zahlen e und f vertauscht werden. Ein Vielflach mit ungeradem σ ist aber stets einseitig.

67. Beispiele zu der in Nr. 65 und 66 entwickelten Theorie. Um die eben ganz allgemein skizzierte Darstellungsweise eines Vielflaches durch seine Flächen- und Eckenausdrücke, wie sie von Möbius angegeben worden ist, durch bestimmte Fälle zu erläutern, wählen wir vier Beispiele: ein siebeneckiges Sechsflach und das ihm polar-reziproke siebenflächige Sechseck, ein autopolares Achtflach, ein (bereits früher betrachtetes) einseitiges Vielflach und endlich ein paar achteckige Achtflache, die den Bedingungen $e_i = f_i$ genügen, ohne autopolar zu sein. Es sei zunächst das in Fig. 52a dargestellte singuläre Vielflach und das ihm reziproke, Fig. 52b, in seinen Flächen- und Eckenausdrücken angeschrieben. Die sechs Flächen sind: $\alpha = ABCDE$, $\beta = AEF$, $\gamma = AFGB$, $\delta = BGC$, $\varepsilon = CGFD$, $\zeta = DFE$, und die sieben Ecken: $A = \beta\gamma\alpha$, $B = \gamma\delta\alpha$, $C = \delta\varepsilon\alpha$, $D = \varepsilon\zeta\alpha$, $E = \zeta\beta\alpha$, $F = \beta\zeta\varepsilon\gamma$, $G = \varepsilon\delta\gamma$. Das Vielflach gehorcht dem Kantengesetze in der

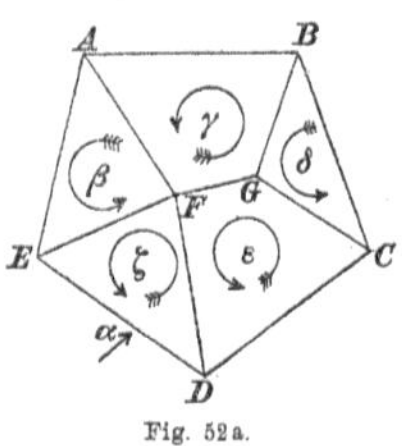

Fig. 52a.

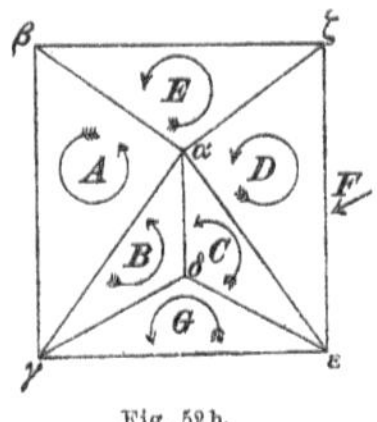

Fig. 52b.

Schreibung sowohl der Flächen- als der Eckenausdrücke. Es sind aber die Flächenausdrücke und Eckenausdrücke dieses Vielflaches Fig. 52a zugleich die Eckenausdrücke und Flächenausdrücke des ihm reziproken Vielflaches Fig. 52b, das von einem Viereck und sechs Dreiecken begrenzt wird und eine fünfkantige, zwei vierkantige und drei dreikantige Ecken aufweist. Beide Vielflache sind gleichzeitig zweiseitig.

Die Flächen und Ecken des in Fig. 53 dargestellten achteckigen Achtflaches lassen sich folgendermassen schreiben, wobei das Kantengesetz in beiderlei Form befriedigt ist, das Vielflach also als zweiseitiges sich kundgiebt:

$$\alpha = ALMK, \quad \beta = KME, \quad \gamma = MLDE, \quad \delta = LCD, \quad \varepsilon = BCL,$$
$$A = \alpha\lambda\mu\varkappa, \quad B = \varkappa\mu\varepsilon, \quad C = \mu\lambda\delta\varepsilon, \quad D = \lambda\gamma\delta, \quad E = \beta\gamma\lambda,$$
$$\varkappa = ABL, \quad \lambda = KEDCA, \quad \mu = ACB.$$
$$K = \alpha\beta\lambda, \quad L = \varkappa\varepsilon\delta\gamma\alpha, \quad M = \alpha\gamma\beta.$$

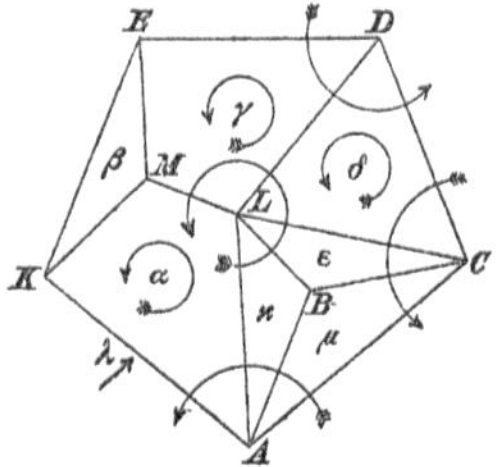

Fig. 53.

Betrachtet man nun die Flächen- und Eckenausdrücke als Ecken- und Flächenausdrücke, so ergiebt sich das reziproke Vielflach. Man sieht aber hier, dass diese Ausdrücke sich vollständig entsprechen: es tritt nur eine Vertauschung der lateinischen und griechischen Buchstaben ein; das reziproke Vielflach ist also isomorph mit dem ursprünglichen, d. h. dieses ist autopolar Hieraus ergiebt sich ein leichtes Kriterium eines *autopolaren Vielflaches als eines solchen, dessen Flächen- und Eckenausdrücke als vertauschbar geschrieben werden können.*

---

1) Möbius I, Werke Bd. II, S. 504.

Als drittes Beispiel sei ein einseitiges Vielflach gewählt, das also das Kantengesetz nicht erfüllt. Es seien die Flächen und Ecken des schon wiederholt betrachteten sechseckigen Siebenflaches Fig. 46 in der Form geschrieben: $\alpha = ABCD$, $\beta = ECFA$, $\gamma = BEDF$, $\delta = DCE$, $\varepsilon = AFD$, $\zeta = BAE$, $\eta = FCB$, und $A = \alpha\varepsilon\beta\zeta$, $B = \alpha\zeta\gamma\eta$, $C = \delta\alpha\eta\beta$, $D = \alpha\delta\gamma\varepsilon$, $E = \delta\beta\zeta\gamma$, $F = \eta\gamma\varepsilon\beta$. Die Flächen sind nicht so schreibbar, dass das Kantengesetz erfüllt wird, es sind die Kanten DA, AE und ED zweimal in demselben Sinne durchlaufen. Das ihm reziproke siebeneckige Sechsflach ist in Fig. 54 dargestellt.[1]) Es kann aus dem Würfel konstruiert werden, wie das ursprüngliche Vielflach aus dem dem Würfel polar-reziprok zugeordneten Oktaeder. Doch ist, um nicht Punkte ins Unendliche fallen zu lassen, nicht der regelmässige Sechsflächner (Würfel) gewählt, sondern ein Sechsflach $R\varepsilon M\eta P\zeta Q\delta$, bei welchem die je vier Flächen, die an jede der drei in M zusammenstossenden Flächen grenzen, in den ausserhalb liegenden Punkten α, β, γ sich schneiden. Das einseitige Vielflach, welches dadurch entstanden ist, wird von drei Vierecken der zweiten Art mit einem einspringenden Winkel begrenzt, die in der Ecke δ zusammenstossen (die Vierecke $D = \alpha\delta\gamma\varepsilon$, C und E; s. oben) und von drei überschlagenen Vierecken (A, B, F), die alle drei als Doppelpunkt den Punkt M

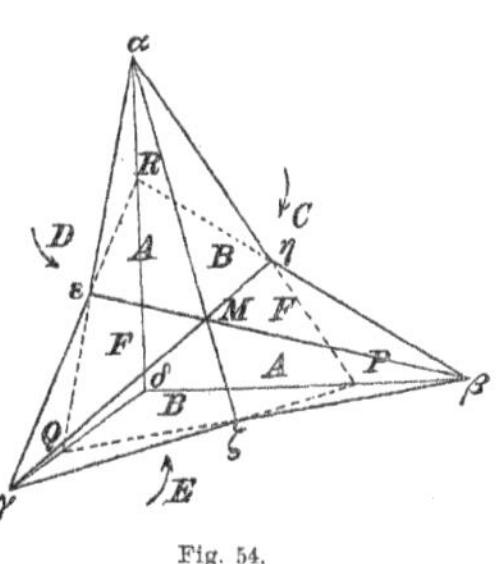
Fig. 54.

haben, ohne dass dieser Punkt eine Ecke des Vielflaches wäre. Von den sieben Ecken des Vielflaches sind drei vierkantig (α, β, γ), die übrigen (δ, ε, ζ, η) dreikantig, und die obigen Flächen- und Eckenformeln sind zugleich die Ecken- und Flächenformeln dieses zum vorigen reziproken einseitigen Vielflaches. Dass es einseitig ist, ergiebt sich daraus, dass die „äussere" Seite seiner Oberfläche (man vergegenwärtige sich nach Fig. 54 das Modell des Körpers) aus positiven und negativen Flächenzellen zusammengesetzt ist, welche *längs Kanten* zusammenstossen, was bei zweiseitigen Vielflachen unmöglich ist, da man ja über eine solche Kante schreitend, auf derselben (positiven) Seite der Oberfläche bleibend, aus dem Äussern ins Innere des Vielflaches gelangen würde. Sind die äusseren Seiten der Flächenzellen $\alpha\varepsilon M$, $\alpha M\eta$, $\eta M\beta$ der drei überschlagenen Vierecke positiv, wie die obige Schreibweise dieser Vierecke dies erkennen lässt, so sind die drei andern Zellen $M\beta\zeta$, $\zeta\gamma M$, $M\gamma\varepsilon$ negativ, und da die drei übrigen Vierecke C, D und E mit ihrer positiven Seite nach aussen liegen, so ist der von dem Kantenpolygon $\varepsilon\beta\zeta\gamma\varepsilon$ begrenzte, aus drei Dreiecken bestehende Teil der Oberfläche *aussen negativ*, d. h. ein auf der *positiven* Seite der Oberfläche wandernder Punkt gelangt beim Überschreiten dieses Polygons in das Innere des Vielflaches. Es sei noch bemerkt, dass die Punkte M, P, Q, R, in denen sich drei Kanten des Vielflaches schneiden, ohne dass sie Ecken desselben wären, jenen vier Ebenen polar zugeordnet sind, in denen je drei Kanten des Vielflaches Fig. 46 liegen,

ohne dass die von diesen drei Kanten begrenzten Dreiecke Grenzflächen des Vielflaches wären, z. B. das Dreieck ADE, das der Ecke Q polar zugeordnet ist. (Denn wie ADE von den drei Kanten begrenzt ist, welche die Ecken A, D und E verbinden, so ist Q von den drei Kanten gebildet, in denen sich die Flächen A, D und E des reziproken Vielflaches schneiden.)

Es sei endlich das in Fig. 55 dargestellte achteckige Achtflach gegeben durch die Flächenausdrücke $\alpha = CDEKL$, $\beta = AEDB$, $\gamma = AMCL$, $\delta = AKE$, $\varepsilon = ALK$, $\varkappa = ABM$, $\lambda = BCM$, $\mu = DCB$, oder durch die Eckenausdrücke: $A = \delta\beta\varkappa\gamma\varepsilon$, $B = \varkappa\beta\mu\lambda$, $C = \gamma\lambda\mu\alpha$, $D = \mu\beta\alpha$, $E = \beta\delta\alpha$, $K = \delta\varepsilon\alpha$, $L = \varepsilon\gamma\alpha$, $M = \varkappa\lambda\gamma$. Die ersten sind zugleich die Ecken-

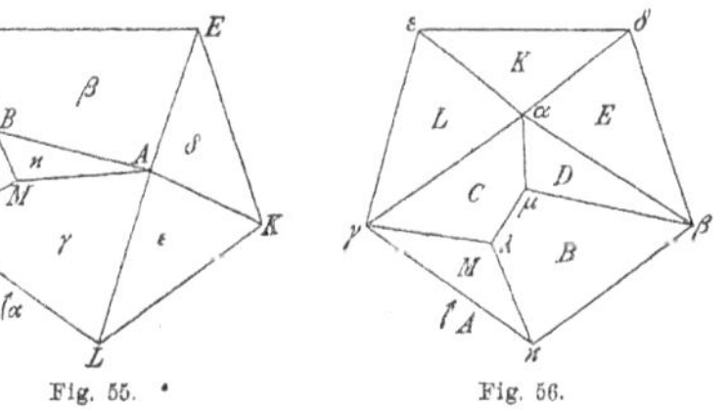
Fig. 55.   Fig. 56.

---

1) Vergl. C. Reinhardt, Zu Möbius' Polyedertheorie a. a. O., S. 109. Die Figur ist geändert, so dass sämtliche Grenzflächen als Vierecke zweiter Art erscheinen, da das in Fig. 46 dargestellte Vielflach keine einfachen viereckigen Ecken (erster Art) enthielt.

ausdrücke, die zweiten die Flächenausdrücke des in Fig. 56 S. 77 dargestellten ihm reziprok-polaren Vielflaches. Für beide Vielflache gelten die Gleichungen $e = f = 8$, $e_3 = f_3 = 5$, $e_4 = f_4 = 2$, $e_5 = f_5 = 1$; sie sind aber nicht autopolar, sondern nur eins das reziproke des anderen. Man hat also nicht isomorphe, sondern nur zwei allomorphe Typen achteckiger Achtflache vor sich. Unter den 16 autopolaren Achtflachen existieren 8, welche die obigen Gleichungen befriedigen, sie sind also allomorph mit den beiden Typen Fig. 55 und 56, und isomorph mit ihrem reziproken Achtflach.[1]

D. Theorie der Eulerschen Vielflache.

68. Einleitende Bemerkungen. Der folgende Abschnitt soll sich mit der Morphologie der Eulerschen (konvexen) Vielflache, besonders der allgemeinen, beschäftigen. — Es ist schon früher gelegentlich bemerkt worden, dass eins der Hauptprobleme in der Theorie der Vielflache, welches den Mathematikern vorlag und wiederholt von ihnen in Angriff genommen wurde, das der Aufzählung aller möglichen Typen von Vielflachen einer bestimmten Zahl n von Begrenzungsflächen war; und auf die Erledigung dieses Problems, soweit man nämlich von einer solchen sprechen kann, zielen die im folgenden besprochenen Untersuchungen zunächst hin. Steiner hatte wiederholt die Frage gestellt[2]), wie sich die *Anzahl* der von n Ebenen gebildeten verschiedenen konvexen Polyeder *berechne*. Eine Antwort auf diese Frage ist aber bis heutigen Tages von keiner Seite erfolgt. Es ist zweifelhaft, ob dies nur daran liegt, dass das Problem von äusserster Schwierigkeit ist, wie von Cayley gelegentlich bemerkt wurde, oder aber daran, dass es in der Art, wie es von Steiner formuliert wurde, überhaupt unlösbar ist und sein muss. Wenn auch gezeigt werden kann, dass es unschwer gelingt, für eine allmählich wachsende Zahl n von Begrenzungsflächen die überhaupt möglichen Typen auf verschiedene Weise, entweder aus einander oder unabhängig von einander, *konstruktiv* abzuleiten, so ist es doch nicht gelungen — und kann aus später anzugebenden Gründen nicht gelingen —, diese Wege rechnerisch zu verfolgen, d. h. die *Zahl* der Typen, wie es die strikte Beantwortung der Steinerschen Frage erheischt, zu bestimmen. Ja, es schien fraglich, ob zur Zeit die richtigen Wege, die dazu dienen könnten, das Problem der Aufzählung der n-flache der Lösung entgegenzuführen, bereits eingeschlagen seien — die Möglichkeit der Lösung noch vorausgesetzt. Hatte man zunächst für die Untersuchung der einfach zusammenhängenden Vielflache das Eulersche Fundamentaltheorem zum Ausgangspunkt genommen, ohne der Lösung des Hauptproblems auf solchem Wege wesentlich näher zu kommen, so lag es nun nahe, zu vermuten, dass für die morphologische Betrachtung dieser Vielflache überhaupt andre Gesichtspunkte als massgebend erachtet werden müssten. Und in der That gelang es denn, neue Wege zu finden, die einen Einblick in die systematische Abhängigkeit der verschiedenen Formen der Vielflache gestatteten, und deren Verfolgung schliesslich dazu ührte, eine Einteilung der Polyedertypen zustande zu bringen, die — wenngleich weitaus verschieden von einer Beantwortung der Frage in der ursprünglichen Steinerschen Fassung — in gewissem Sinne doch als eine Lösung des Problems der Aufzählung der Vielflache betrachtet werden kann. — Es soll im weiteren eine kurze Darstellung dieser Morphologie der Eulerschen Polyeder gegeben werden[3]), nachdem zunächst

---

1) Unter den singulären Achtflachen giebt es drei Paar achteckige, die den Bedingungen $e_i = f_i$ genügen, ohne autopolar zu sein, so dass nur je ein Individuum des einen Paares reziprok dem ihm allomorphen Individuum desselben Paares ist. (O. Hermes, briefliche Mitteilung. Hermes nennt solche Vielflache *parapolar*.)

2) In den Annales de Mathém. von Gergonne, tome XIX, S. 36, und in dem Anhang zur Systematischen Entwickelung etc., Ges. Werke, Bd. I, S. 227 und 454.

3) Es kann unmöglich die Absicht d. Verf. sein, die sämtlichen grundlegenden Untersuchungen, die sich in Eberhards Morphologie der Polyeder angestellt finden, hier zu wiederholen, zumal für ein weiteres Arbeiten auf diesem Gebiete ein genaues Studium dieses Werkes unbedingt nötig sein dürfte. Es wird genügen, wenn hier ein übersichtliches Bild der

die (ältere) elementare Theorie, wie sie im Anschluss an den Eulerschen Satz sich aufbaut, in ihren wesentlichsten Zügen erledigt ist. Es liegt um so näher, auch diese in den Bereich der Untersuchung zu ziehen, als sie ohne Zweifel einen nicht allzugering anzuschlagenden Überblick über die Gestalten der Vielflache nicht allzugrosser Flächenzahl vermittelt. Überdies ist sie von bedeutendem historischem Interesse.

69. Folgerungen aus dem Eulerschen Fundamentalsatze. Es ist hier zunächst auf die bereits in Nr. 56 angemerkten Folgerungen hinzuweisen, von denen besonders die Gleichungen und Ungleichungen $2k \geqq 3f$ und $2k \geqq 3e$ auch weiterhin Verwendung finden. Es seien nun unter den f Flächen des Vielflaches f_3 Dreiecke, f_4 Vierecke u. s. w., unter den e Ecken e_3 dreiseitige, e_4 vierseitige u. s. w., so dass:[1]

a)
$$f = f_3 + f_4 + f_5 + \cdots, \qquad e = e_3 + e_4 + e_5 + \cdots.$$

ist. Ausserdem gelten die Gleichungen:

b)
$$2k = 3f_3 + 4f_4 + 5f_5 + \cdots, \qquad 2k = 3e_3 + 4e_4 + 5e_5 + \cdots,$$

da jede Kante zu zwei Flächen gehört. Diese Gleichungen b) lassen sich schreiben:

$$3(f_3 + f_5 + f_7 + \cdots) + 2(2f_4 + f_5 + 3f_6 + 2f_7 + \cdots) = 2k,$$
$$3(e_3 + e_5 + e_7 + \cdots) + 2(2e_4 + e_5 + 3e_6 + 2e_7 + \cdots) = ek.$$

Demnach ist jede der beiden Summen $f_3 + f_5 + f_7 + \cdots$ und $e_3 + e_5 + e_7 + \cdots$ ohne Rest durch 2 teilbar, d. h.: In jedem Vielflach ist die Anzahl der *unpaaren* Grenz$\{{}^{\text{flächen}}_{\text{ecken}}$ eine *gerade* Zahl; ein Vielflach mit einer *ungeraden* Anzahl von Grenz$\{{}^{\text{flächen}}_{\text{ecken}}$ besitzt *mindestens eine paare* Grenz$\{{}^{\text{fläche.}}_{\text{ecke.}}$ Die Gleichungen a) und b) ergeben in Verbindung mit dem Eulerschen Satze $2f + 2e = 4 + 2k$ die Gleichungen:

c)
$$\begin{cases} 2(f_3 + f_4 + f_5 + \cdots) = 4 + e_3 + 2e_4 + 3e_5 + \cdots \\ 2(e_3 + e_4 + e_5 + \cdots) = 4 + f_3 + 2f_4 + 3f_5 + \cdots, \end{cases}$$

und durch Addition beider erhält man:

d)
$$f_3 + e_3 = 8 + f_5 + e_5 + 2(f_6 + e_6) + \cdots,$$

d. h. bei keinem Vielflach können dreieckige Flächen und dreiseitige Ecken zugleich fehlen; es sind deren mindestens acht vorhanden. Aus c) folgt ferner, wenn man die Gleichungen addiert, nachdem man die eine mit 2 multipliziert hat:

e)
$$\begin{cases} 3f_3 + 2f_4 + f_5 = 12 + 2e_4 + 4e_5 + \cdots + f_7 + 2f_8 + \cdots \\ 3e_3 + 2e_4 + e_5 = 12 + 2f_4 + 4f_5 + \cdots + e_7 + 2e_8 + \cdots. \end{cases}$$

Aus diesen Gleichungen ist zu schliessen: Es giebt kein Vielflach, in welchem jede $\{{}^{\text{Fläche}}_{\text{Ecke}}$ mehr als fünf Kanten hätte. Ein Vielflach, das keine dreikantige und vierkantige $\{{}^{\text{Fläche}}_{\text{Ecke}}$ hat, besitzt wenigstens zwölf fünfkantige $\{{}^{\text{Flächen.}}_{\text{Ecken.}}$ Ein Vielflach ohne dreikantige und fünfkantige $\{{}^{\text{Flächen}}_{\text{Ecken}}$ besitzt wenigstens sechs vierkantige; ein Vielflach ohne vier- und fünfkantige $\{{}^{\text{Flächen}}_{\text{Ecken}}$ besitzt wenigstens vier dreikantige $\{{}^{\text{Flächen.}}_{\text{Ecken.}}$ Multipliziert man die eine Gleichung c) mit 3, die andre mit 2 und addiert, so kommt:

$$4f_3 + 2f_4 + e_3 = 20 + 2e_4 + 5e_5 + 8e_6 + \cdots + 2f_6 + 4f_7 + \cdots,$$
$$4e_3 + 2e_4 + f_3 = 20 + 2f_4 + 5f_5 + 8f_6 + \cdots + 2e_6 + 4e_7 + \cdots,$$

Ergebnisse entworfen wird, wobei der Hauptwert auf die Anschaulichkeit zu legen ist, während von der ausführlichen Wiedergabe der strengen Beweise (die a. a. O. zu vergleichen sind) wenigstens zum Teil, schon aus Rücksicht auf den Raum, abgesehen werden soll.

1) Vergl. hierzu: van Swinden, Elemente d. Geometrie, S. 441. Baltzer, Elemente II, S. 215. Rausenberger, Die Elementargeometrie etc., S. 207. Catalan a. a. O. S. 4. Eberhard, Morphologie, S. 13, u. a.

d. h.: Ein Vielflach ohne dreikantige und vierkantige $\left\{\begin{array}{l}\text{Flächen}\\\text{Ecken}\end{array}\right.$ hat wenigstens 20 dreikantige $\left\{\begin{array}{l}\text{Ecken}\\\text{Flächen}\end{array}\right.$ u. s. w. Überdies bestehen zwischen den Zahlen der p-kantigen Grenzflächen, die durch h q-kantige Ecken gehen, sowie den Zahlen der q-kantigen Ecken, die in h p-kantigen Grenzflächen liegen, noch Gleichungen, die von geringerer Bedeutung sind.[1])

    Nicht jedes System von zulässigen Lösungen e_i und f_i der Gleichungen a) bis e), das zugleich den in Nr. 56 aufgeführten Bedingungen genügt, braucht aber einem existierenden Vielflache anzugehören. Es ist z. B. das siebeneckige Sechsflach, für das $f_3 = 4$, $f_5 = 2$, $e_3 = 6$, $e_4 = 1$ sein soll, wiewohl es dem Gleichungssysteme und den übrigen Bedingungen genügt, unmöglich, da zwei Fünfecke, selbst wenn sie eine Kante gemein haben, schon acht Ecken ergeben. Es ist eben zu beachten, dass die Eulersche Gleichung nicht nur für die Stücke (Flächen, Kanten, Ecken), die die Oberfläche eines Vielflaches zusammensetzen, gültig ist, sondern für jedes Netz auf der Kugelfläche, welches die Kugel derart in Bereiche teilt, dass jeder solche Bereich mit jeder seiner Kanten (die hier Bogen sind) an nur einen Nachbarbereich grenzt.[2]) Solche Teilungen der Kugeloberfläche in Bereiche werden dann durch die Lösungen dargestellt, die nicht als Vielflache realisierbar sind. Z. B. ergiebt das oben angeführte Lösungssystem die in Fig. 57 gezeichnete Kugelteilung. Die beiden fünfkantigen Bereiche $ABDEF(A)$ und $ACDEG(A)$ stossen in der vierkantigen Ecke A zusammen und haben die Kante DE gemein. Unter Umständen gehört ein Lösungssystem zwar nicht zu einem konvexen Vielflach, ist aber durch ein nichtkonvexes realisierbar. So stellt z. B. das System $e_3 = 104$, $f_4 = 48$, $f_{20} = 6$ $(k = 156)$ kein allgemeines konvexes Vielflach dar, aber es besitzt das in Fig. 2 Tafel II gezeichnete nichtkonvexe Polyeder diese Zahlen.

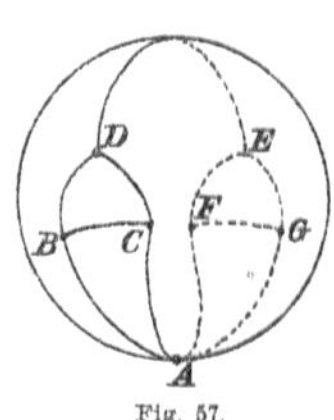
Fig. 57.

    Will man nach dem Gesagten die möglichen Typen der Vielflache einer bestimmten Anzahl von Begrenzungsstücken durch Lösung der Gleichungen bestimmen[3]), so hat dies den Nachteil, dass noch eine besondere Untersuchung nötig ist, um zu entscheiden, welche der Lösungen wirklich konstruierbare konvexe Vielflache darstellen.[4]) Es ist deshalb zur Auffindung der allgemeinen und singulären Vielflache einer bestimmten Flächenzahl ein andrer Weg einzuschlagen.[5])

    70. Ordnung der Vielflache einer bestimmten Flächenzahl $f = n$. Für ein allgemeines Vielflach gilt: $3e = 2k$, für ein Trigonalpolyeder: $3f = 2k$. Diese Gleichungen ergeben in Verbindung mit dem Eulerschen Satze für ein allgemeines Vielflach mit $f = n$ Flächen: $e = 2n - 4$, $k = 3n - 6$; für ein Trigonalpolyeder derselben Flächenzahl: $e = \dfrac{n}{2} + 2$, $k = \dfrac{3n}{2}$, woraus nebenbei folgt, dass die letzteren nur für gerades n existieren. Aus den angeführten Worten geht hervor, wie die n-flache sich nach der Zahl der Ecken ordnen: Das Maximum von e kommt den allgemeinen n-flachen zu, das Minimum den Trigonalpolyedern; alle n-flache, welche das Maximum $2n - 4$ der Ecken nicht erreichen, sind singulär. — Nun ist das allgemeine Vielflach das normale Gebilde, das durch n Ebenen erzeugt wird, unter der Annahme, dass nicht mehr als je drei Ebenen sich in einem Punkte schneiden, wobei sich die Maximalzahl der Ecken ergiebt. Die singulären Vielflache werden also Schritt für Schritt dadurch erzeugt werden können, dass durch

---

1) Vergl. Eberhard, Morphologie, S. 16.   2) Vergl. Nr. 47.

3) Vergl. Rausenberger, Die Elementargeom. etc., S. 209 ff., für $f = 5$ und 6.

4) Man kann allerdings zwischen den e_i und f_i noch weitere Bedingungsgleichungen aufstellen, die die Untersuchung der Realisierbarkeit des Lösungssystems erleichtern (vergl. Catalan a. a. O. S. 7 ff.); doch reichen auch sie nicht hin, die angegebene Methode über ein blosses Probieren zu erheben, weshalb sie hier übergangen werden.

5) Es soll nicht unerwähnt bleiben, dass einige Autoren die Polyeder nicht nach der Zahl ihrer Flächen oder Ecken, sondern nach der der Kanten aufgezählt wissen wollen. So bezeichnet C. Jordan die Einteilung nach der Flächenzahl als fehlerhaft, weil man dadurch die polar-reziproken Polyeder von einander trenne. (Borchardts Journ., 66. Bd., 1866, S. 83.) Desgl. Breton, Note sur la classification des polyèdres, Compt. rend. t. 51 (1860), S. 722. Bei Breton findet man übrigens die Eulersche Gleichung in interessanter Weise geometrisch interpretiert. Vergl. hierüber Brückner, Geschichtl. Bemerkungen zur Aufzählung der Vielflache, Progr. Zwickau, Realgymn. 1897, S. 5. Vergl. ferner Reinhardt, Einleitung in d. Theorie d. Polyeder. Progr. Meissen (Fürstenschule) 1890, S. 1.

bestimmte Bewegungen der Ebenen Ecken des allgemeinen Vielflaches zum Zusammenfallen gebracht werden. Dies ist nur so lange möglich, als nicht sämtliche Grenzflächen Dreiecke sind, weil alsdann ein solches Zusammenrücken von Ecken ohne Verschwinden von Grenzflächen nicht mehr möglich ist.

Subtrahiert man nun die zweite Gleichung a) in Nr. 69, nachdem man sie mit 3 multipliziert hat, von der zweiten Gleichung b) daselbst, so ergiebt sich: $e_4 + 2e_5 + 3e_6 + \cdots = 2k - 3e$. Für die allgemeinen Vielflache ist der Wert von $2k - 3e$ gleich Null, für die singulären ergiebt sich ein von Null verschiedener Wert ϱ, den man als den *Grad der Singularität* bezeichnet.[1]) Das Maximum von ϱ ergiebt sich für die Trigonalpolyeder aus $e = \dfrac{n}{2} + 2$ und $k = \dfrac{3n}{2}$ zu $\varrho = \dfrac{3n}{2} - 6$.[2]) Die Bedeutung von ϱ ist einfach. Es entsteht nämlich eine vierkantige Ecke durch Zusammenrücken von 2 dreikantigen, wobei also die Eckenzahl des Vielflaches um 1 abnimmt; eine fünfkantige Ecke entsteht durch Zusammenrücken von 3 dreikantigen Ecken, was eine Abnahme der Eckenzahl um 2 ergiebt u. s. w., d. h. es giebt der Grad ϱ der Singularität an, wie viel Ecken das singuläre Vielflach weniger hat, als das gleichvielflächige allgemeine. — Eine erschöpfende Aufzählung der konvexen n-flache hätte also in aufsteigender Reihenfolge, von den allgemeinen Vielflachen ($\varrho = 0$) ausgehend, die verschiedenen Klassen der singulären nach den wachsenden Werten von ϱ geordnet, zu behandeln. Es soll daher im folgenden gezeigt werden, wie die singulären Vielflache *konstruktiv* aus den allgemeinen abzuleiten sind, nach Erledigung einiger Vorbemerkungen, die auch über den Zusammenhang der einzelnen Typen der allgemeinen n-flache Aufklärung geben. Das Hauptproblem, wie diese selbst gefunden werden, kommt alsdann zur Besprechung.

71. Die Kreuzungskanten eines allgemeinen Vielflaches. Ableitung der singulären Vielflache aus den allgemeinen. Eine Kante eines allgemeinen Vielflaches heisst *Kreuzungskante*[3]), wenn ihre Endpunkte die Ecken zweier Flächen α_l und α_m sind, deren Ebenen sich nur *ausserhalb* des Vielflaches schneiden. Aus dieser Definition folgt sofort, dass die Kanten der dreieckigen Grenzflächen nicht Kreuzungskanten sein können. Denn die Endpunkte der Kante eines Dreiecks sind Ecken zweier Flächen, welche die Kante gemein haben, die von der dritten Ecke des Dreiecks ausgeht; d. h. diese Flächen schneiden sich *auf* dem Vielflache. Von einer Ecke eines allgemeinen Vielflaches geht also wenigstens *eine* Kreuzungskante aus, da in keiner Ecke drei Dreiecke zusammenkommen (ausgenommen ist das Vierflach, das keine Kreuzungskanten besitzt). Dagegen können von einer Ecke, die keinem Dreiecke angehört, unter Umständen doch nur zwei Kreuzungskanten ausgehen, wie z. B. von der Ecke a des Sechsflaches VI_1 Tafel II.[4]) — Es seien nun γ_i und δ_k die Flächen, die eine Kreuzungskante a bilden und α_l und β_m die durch deren Endpunkte gehenden Ebenen, wobei der Index die Kantenzahl der betr. Fläche angeben soll. Bewegt man nun die beiden Ebenen der α_l und β_m stetig im Raume so, dass zunächst die beiden Endpunkte der Kante a zum Zusammenfallen kommen und weiterhin die beiden Ebenen einander in einer Kante b schneiden, so ist diese Kante b, deren Endpunkte Ecken von γ und δ sind, nunmehr Kreuzungskante des neuen Vielflaches, das von dem ursprünglichen morphologisch verschieden ist. Denn an Stelle von γ_i, δ_k, α_l, β_m sind die Flächen γ_{i-1}, δ_{k-1}, α_{l+1} und β_{m+1} getreten. *Beispiel:* Tritt an Stelle der Kante k_1 des Siebenflaches VII_2 (Tafel II) die Kante $k_1{}'$ des Siebenflaches VII_3 (ebenda), so nimmt die Kantenzahl von γ und δ um 1 ab, während die von α und β um 1 wächst; man sagt, das zweite Siebenflach ist aus dem ersten durch *Kreuzung* längs der Kante $\gamma \,|\, \delta$ entstanden.

Es lässt sich zeigen[5]), dass die Ebenen eines allgemeinen Vielflaches stets im Raume stetig so variiert werden können, dass genau nur eine bestimmte Kreuzungskante a ausgeschieden wird, an deren Stelle eine andre Kante b als Kreuzungskante tritt, wobei die vier in Frage kommenden Flächen die angemerkte mor-

---

1) Eberhard, Morphologie, S. 20.   2) Ist n ungerade, so ist das Maximum $\dfrac{3n - 1}{2} - 6$.

3) Eberhard, Morphologie, S. 21.

4) Die allgemeinen Sechs- bis Zehnflache der Tafeln II—V werden nach ihrer Flächenzahl mit einem römischen Zahlzeichen angeführt nebst einem Index, welcher die Nummer des Vielflaches auf der betr. Tafel angiebt.

5) Eberhard, Morphologie, S. 22—24.

phologische Änderung erleiden. Daraus schliesst man weiter: Da eine gestaltliche Änderung eines allgemeinen Vielflaches immer zugleich mit einem Wechsel der Kreuzungskanten verbunden ist, so sind zwei n-flache isomorph, wenn sie in den Systemen der Kreuzungskanten übereinstimmen.[1]) A und B seien zwei n-flache, von denen dies vorausgesetzt werde. Ist $(\alpha_i, \alpha_k, \alpha_l)$ eine Ecke von A, so ist unter deren Kanten mindestens eine Kreuzungkante, z. B. $\alpha_i | \alpha_k$. Dann ist aber nach Voraussetzung $\beta_i | \beta_k$ Kreuzungskante von B, und β_l eine durch einen Endpunkt dieser Kante gehende Grenzebene. Also entspricht einer Ecke $(\alpha_i, \alpha_k, \alpha_l)$ von A wieder eine Ecke $(\beta_i, \beta_k, \beta_l)$ von B, d. h. die beiden Vielflache sind isomorph.

Unter den n-flachen ohne dreieckige Grenzflächen sind stets auch Typen vorhanden, deren sämtliche $3n - 6$ Kanten Kreuzungskanten sind[2]), z. B. das $(n - 2)$-seitige Prisma. Aus diesen n-flachen (bez. aus einem von ihnen) lassen sich dann durch fortlaufende Kreuzung sämtliche Typen des n-flaches ableiten, wobei, wenn eine der beiden die Kreuzungskante bildenden Flächen oder beide Vierecke sind, Dreiecke entstehen, so dass sich die Zahl der Kreuzungskanten allmählich vermindert, bis deren Minimum erreicht ist, nämlich für diejenigen n-flache, welche das mögliche Maximum von Dreiecken besitzen.[3]) Da eine Ecke nicht mehr als einem Dreieck angehören kann, so ergiebt sich für dieses Maximum von Dreiecken der Wert[4]) $\left[\dfrac{2n - 4}{3}\right]$, und also für das Minimum der Kreuzungskanten eines allgemeinen Vielflaches $3n - 6 - 3 \cdot \left[\dfrac{2n - 4}{3}\right]$, welche Zahl sich noch um 1 vermindern kann, falls n von der Form 3ν ($\nu = 2, 3 \ldots$) ist.[5])

Es handelt sich nun um die Ableitung der Typen der singulären n-flache aus den allgemeinen. Unterbricht man den Prozess der Kreuzung längs einer bestimmten Kreuzungskante eines allgemeinen Vielflaches in dem Augenblicke, in welchem die oben mit α_l und β_m bezeichneten Flächen sich *auf* dem Vielflache schneiden, so bilden die vier Flächen α, β, γ, δ eine vierkantige Ecke des neu entstandenen Vielflaches, das also singulär ist. Im allgemeinen verbleiben bei diesem Prozess die übrigen Kreuzungskanten des ursprünglichen allgemeinen Vielflaches auch bei dem singulären als solche bestehen, so lange nicht der Prozess Veranlassung zur Bildung von Dreiecken gegeben hat.[6]) Es ist leicht ersichtlich, wie man, falls

---

1) Hierin liegt die Bedeutung der Kreuzungskanten. Dass von zwei beliebigen isomorphen allgemeinen Vielflachen das eine durch blosse Lagenveränderung der Ebenen seiner Grenzflächen (ohne Kreuzung) in das andre übergeführt werden kann, beweist Eberhard, Morphologie, S. 26 ff.

2) Dass nicht sämtliche Kanten eines n-flaches ohne Dreiecke Kreuzungskanten sein müssen, ersieht man z. B. an dem Zehnflach X_{78b} Tafel V; die gemeinsame Kante der beiden Fünfecke ist keine Kreuzungskante.

3) Beispiel: $n = 7$ (Tafel II). Aus dem Prisma VII_5 ergiebt sich 1) durch Kreuzung längs k das Siebenflach VII_4, 2) durch Kreuzung längs k' das Siebenflach VII_2. Aus VII_2 ergiebt sich 1) durch Kreuzung längs k_1 das Siebenflach VII_3, 2) durch Kreuzung längs k_2 das Siebenflach VII_1, womit das Maximum von Dreiecken erreicht ist und sämtliche Typen des Siebenflaches abgeleitet sind. Hierin ist eine erste allgemeine Methode zur Ableitung sämtlicher Typen der Vielflache einer bestimmten Zahl n von Grenzflächen gegeben, die aber für die wirkliche Durchführung von zweifelhaftem Werte ist, da dasselbe n-flach durch Kreuzung aus verschiedenen Typen erhalten wird, wodurch grosse Weitläufigkeit entsteht.

4) Die Klammer [ ] deutet an, dass die nächst kleinere ganze Zahl zu nehmen ist.

5) Man erhält ein n-flach mit dem Minimum von Kreuzungskanten, wenn man von einem m-flach mit $m = n - \left[\dfrac{2n - 4}{3}\right]$ Flächen $\left[\dfrac{2n - 4}{3}\right]$ Ecken durch dreiseitige Schnitte abschneidet. Wählt man aber als m-flach z. B. ein solches mit zwei Dreiecken, $m - 4$ Vierecken, und zwei $(m - 1)$-ecken (vergl. X_{41} Tafel IV), so hat man, falls n von der Form 3ν ist, sämtliche Ecken dieses m-flaches bis auf zwei abzuschneiden. Unterlässt man das Abschneiden zweier solcher Ecken, welche Endpunkte einer Verbindungskante der beiden $(m - 1)$-ecke sind, so gehört diese Kante nicht mit zu dem System der Kreuzungskanten des entstehenden n-flaches, wodurch eben die obige Minimalzahl noch um 1 verringert wird. Beispiel: Für $n = 12$ ist $m = 6$. Das m-flach ist VI_1 Tafel II. Die Zahl der Kreuzungskanten der entstehenden Zwölfflache — Fig. 3 und 4 Tafel II — ist nicht zwölf, sondern elf. Für ein bestimmtes n existieren immer $\left[\dfrac{m - 2}{2}\right]$ solcher Typen. Das eine Neunflach IX_2 Tafel III hat nur acht Kreuzungskanten, während die beiden andern Neunflache mit vier Dreiecken, IX_1 und IX_3, deren neun besitzen.

6) Selbstverständlich ist dann die Definition der Kreuzungskante dahin zu erweitern, dass *keine der Flächen,* welche eine Ecke in dem einen Ende der Kante haben, irgend eine der im allgemeinen mehrfach vorhandenen Flächen, zu deren Ecken das andre Ende der Kante zählt, auf dem Vielflache schneidet.

eine der Kanten der vierkantigen Ecke Kreuzungskante ist, zur Erzeugung einer fünfkantigen Ecke gelangt. Setzt man das Verfahren so lange fort, bis das letzte singuläre Vielflach keine Kreuzungskanten mehr besitzt, so hat man entweder ein Vielflach nur von Dreiecken begrenzt erhalten, d. h. ein Trigonalpolyeder, oder ein Vielflach, welches mehr als dreikantige Flächen nur noch isoliert besitzen kann (da sonst noch Kreuzungskanten als gemeinsame Kanten zweier solchen Flächen aufträten), d. h. rings umgeben von Dreiecken. Das erläuterte Verfahren ist die konstruktive Ausführung dessen, was in Nr. 69 kurz als Verschwindenlassen von Ecken des allgemeinen Vielflaches bezeichnet war; man kann mit demselben Rechte von einem Zumverschwindenbringen von Kanten, nämlich der Kreuzungskanten, reden. Als Beispiel sei die Ableitung der singulären Sechsflache aus den beiden allgemeinen VI_1 und VI_2 (Tafel II) angeführt. .Aus VI_1 entsteht durch Verschwinden der Kante ab das singuläre Sechsflach VI_1' ($\varrho = 1$), aus diesem durch Verschwinden der Kante bc die fünfseitige Pyramide VI_1'' ($\varrho = 2$), die keine Kreuzungskanten mehr enthält, aber ein isoliertes Fünfeck. Aus VI_2 entsteht durch Verschwinden der Kante ab das Sechsflach VI_2' ($\varrho = 1$), aus diesem durch Verschwinden der Kreuzungskante cd das Sechsflach VI_2'' ($\varrho = 2$) und hieraus endlich durch Zusammenrücken der Ecken e und f das Trigonalpolyeder VI_2'' ($\varrho = 3$). (Vergl. die Figg. 5 auf Tafel II.) Der in Klammer beigefügte Grad ϱ der Singularität giebt also an, wieviel Kreuzungskanten vom allgemeinen Vielflach zum Verschwinden gebracht wurden bis das betr. singuläre sich ergab. Es könnte scheinen, als ob im Anschluss an diese Methode der Ableitung der singulären Vielflache aus den allgemeinen Schlüsse auf die Anzahl jener gezogen werden dürften. Dass diese Erwartung hinfällig ist, ergiebt sich aus der Geltung des Satzes: *Jedes singuläre konvexe Vielflach stellt (im allgemeinen) einen gemeinsamen Grenzfall mehrerer allomorphen allgemeinen Vielflache dar.*[1]) Es geht z. B. das in Fig. 58 gezeichnete Achtflach ($\varrho = 2$) aus den drei allomorphen Typen VIII_4,

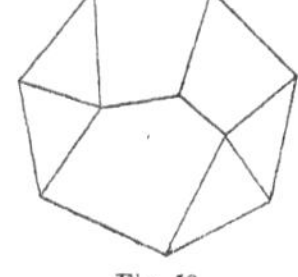
Fig. 58.

VIII_5, VIII_6 (Tafel II) durch Verschwinden der je zwei Kanten k_1 und k_2 hervor. Es lassen sich also wohl die singulären Typen *konstruktiv* aus den allgemeinen ableiten, ein Schluss auf die Anzahl der ableitbaren Typen lässt sich aber nicht ziehen.

72. Fundamentalkonstruktion der allgemeinen Vielflache und der Trigonalpolyeder.

Nach dem bisher Gesagten ist ersichtlich, dass die Konstruktion der möglichen Typen der Vielflache einer bestimmten Flächenzahl n zurückgeführt ist auf die der allgemeinen. Da aber aus der Kenntnis der allgemeinen n-flache zugleich die der Trigonalpolyeder mit n Ecken folgt, und umgekehrt, weil diese die polar-reziproken Körper zu jenen sind, so ist es gleichgültig, welche der beiden Arten von Vielflachen zunächst konstruktiv abgeleitet wird.[2]) In der That ist das Problem in beiderlei Weise gelöst worden, und es beruht die hier zunächst zu besprechende Lösung darauf, die allgemeinen, bez. die Trigonalpolyeder mit $n + 1$ Flächen, bez. Ecken aus denen mit n Flächen, bez. Ecken zu konstruieren. Die dazu nötigen Operationen, die sich in den beiden Fällen dual entsprechen *(Fundamentalkonstruktionen)*, sollen erläutert werden, nachdem die folgenden Grundlagen für das Verfahren geschaffen sind. Es sei dabei ein allgemeines n-flach durch das Symbol P_n, ein n-eckiges Trigonalpolyeder mit Π_n bezeichnet. Multipliziert man die beiden Gleichungen a) in Nr. 69 mit 6 und subtrahiert von jeder der dann erhaltenen Gleichungen die entsprechende der Gleichungen b), so kommt:

$$6f - 2k = 3f_3 + 2f_4 + f_5 - f_7 - 2f_8 - \cdots, \qquad 6e - 2k = 3e_3 + 2e_4 + e_5 - e_7 - 2e_8 + \cdots.$$

Nun ist für die allgemeinen Vielflache $6f - 2k = 12$, für die Trigonalpolyeder $6e - 2k = 12$, also gilt für die ersteren:

<hr>

1) Eberhard, Morphologie, S. 19.

2) Aus den Trigonalpolyedern lassen sich auch ohne Schwierigkeit die übrigen singulären Typen und die allgemeinen derselben *Eckenzahl* ableiten, indem man nur das dem früheren gewissermassen dual zugeordnete Konstruktionsverfahren einschlägt. Wie man dort benachbarte Ecken zusammenfallen liess, so vereinigt man hier benachbarte Dreiecke zu mehrkantigen Flächen, indem man ihre Ebenen zusammenfallen lässt. Die zwei benachbarten Dreiecke dürfen dabei nicht in einer Kante aneinander grenzen, von der auch nur ein Endpunkt eine dreikantige Ecke des Vielflachs ist. Man erhält dann eine Klassifikation der Vielflache nach der Zahl der Ecken.

für die letzteren:

$$3f_3 + 2f_4 + f_5 = 12 + f_7 + 2f_8 + \cdots,$$
$$3e_3 + 2e_4 + e_5 = 12 + e_7 + 2e_8 + \cdots.$$

Aus diesen Gleichungen folgt:[1)]

Ausser dem Tetraeder giebt es kein P mit nur dreiseitigen Grenzflächen. Drei-, vier- und fünfseitige Flächen können nicht gleichzeitig fehlen. Fehlen die drei- und vierseitigen Flächen, so hat das P wenigstens zwölf fünfseitige Flächen. Es werden darnach die P_n in drei Klassen geteilt: Erstens die P_n', unter deren Grenzflächen sich Dreiecke befinden; zweitens die P_n'', unter deren Grenzflächen sich keine Dreiecke, aber Vierecke befinden, und drittens die P_n''', die weder Dreiecke noch Vierecke besitzen.

Ausser dem Tetraeder giebt es kein Π mit nur dreikantigen Ecken. Drei-, vier- und fünfkantige Ecken können nicht gleichzeitig fehlen. Fehlen die drei- und vierkantigen Ecken, so hat das Π wenigstens zwölf fünfkantige Ecken. Die Π_n zerfallen darnach in drei Klassen: Erstens die Π_n', die auch dreikantige Ecken haben; zweitens die Π_n'', unter deren Ecken sich keine dreikantigen, wohl aber vierkantige befinden, und drittens dis Π_n''', die weder dreikantige noch vierkantige Ecken besitzen.

Es werden nun die Methoden abgeleitet, mittels deren die P_{n+1} bez. Π_{n+1} aus den P_n bez. Π_n durch gewisse zu erläuternde Operationen zu konstruieren sind.

a) Sind alle P_n', P_n'', P_n''' bekannt, so findet man aus ihnen die P_{n+1}', indem man irgend eine, etwa von den Flächen L, M, N (Fig. 59a) gebildete Ecke durch eine Ebene, d. h. durch ein Dreieck abschneidet. Waren die Flächen L, M, N bez. λ-, μ-, ν-seitig, so werden sie in P_{n+1} bez. $\lambda + 1$-, $\mu + 1$-, $\nu + 1$-seitig, und das erhaltene P_{n+1} ist sicher ein P_{n+1}',

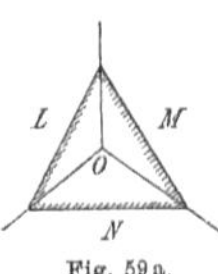

Fig. 59 a.

denn es besitzt mindestens *ein* Dreieck, nämlich das Schnittdreieck O.[2)]

b) Für die Auffindung der P_{n+1}'' gilt folgendes. Sind zunächst K, L, M, N vier Flächen von P_n in der in Fig. 60a gezeichneten gegenseitigen Lage, so schneide man P_n durch einen vierseitigen Schnitt O, so dass die gemeinsame Kante von L und N wegfällt. Waren in P_n die Flächen K, L, M, N bez. $\varkappa$-, λ-, μ-, ν-seitig, so sind sie in P_{n+1} bez. $\varkappa + 1$-, λ-, $\mu + 1$-, ν-seitig. Sind also L und N

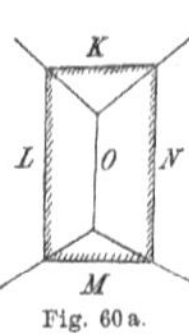

Fig. 60 a.

Dreiecke, so bleiben sie bei dieser Operation als solche erhalten. An Stelle der Dreiecke K und M dagegen treten Vierecke. Daraus ersieht man, dass die P_{n+1}'' aus folgenden P_n zu konstruieren sind:

a) Sind alle Π_n', Π_n'', Π_n''' bekannt, so findet man aus ihnen die Π_{n+1}', indem man auf irgend ein Dreieck, etwa LMN, des Π_n (Fig. 59b) ein Tetraeder aufsetzt, so dass das entstehende Π_{n+1} die Ecke O erhält. Waren die Ecken L, M, N bez. λ-, μ-, ν-kantig, so werden sie in Π_{n+1} bez. $\lambda + 1$-, $\mu + 1$-, $\nu + 1$-kantig,

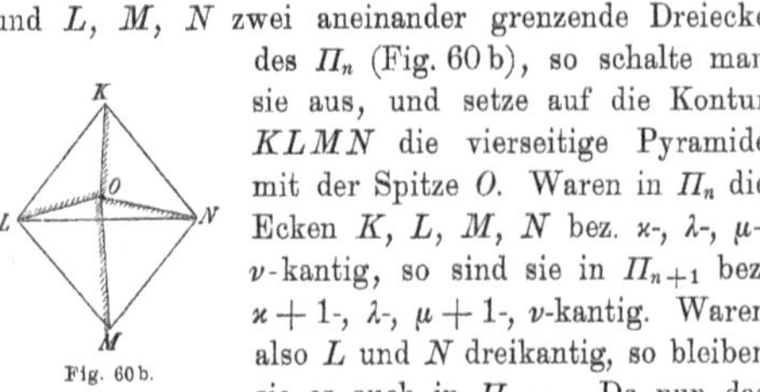

Fig. 59 b.

und das erhaltene Π_{n+1} ist sicher ein Π_{n+1}', denn es besitzt mindestens *eine* dreikantige Ecke, nämlich die Ecke O.

b) Es sind nun die Π_{n+1}'' zu finden. Sind K, L, N und L, M, N zwei aneinander grenzende Dreiecke des Π_n (Fig. 60b), so schalte man sie aus, und setze auf die Kontur $KLMN$ die vierseitige Pyramide mit der Spitze O. Waren in Π_n die Ecken K, L, M, N bez. $\varkappa$-, λ-, μ-, ν-kantig, so sind sie in Π_{n+1} bez. $\varkappa + 1$-, λ-, $\mu + 1$-, ν-kantig. Waren also L und N dreikantig, so bleiben sie es auch in Π_{n+1}. Da nun das

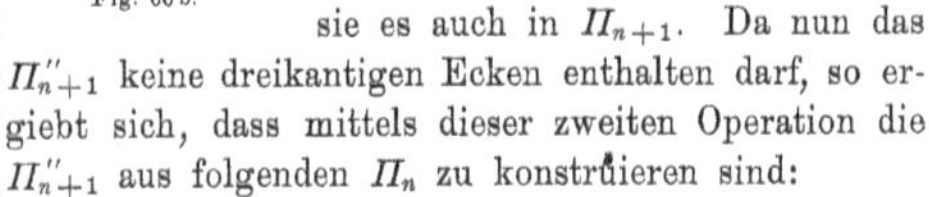

Fig. 60 b.

Π_{n+1}'' keine dreikantigen Ecken enthalten darf, so ergiebt sich, dass mittels dieser zweiten Operation die Π_{n+1}'' aus folgenden Π_n zu konstruieren sind:

---

    1) Die sich dual entsprechenden Betrachtungen für die allgemeinen Vielflache und Trigonalpolyeder werden im folgenden in bekannter Weise nebeneinander gestellt.

    2) Dass bei dieser Operation kein P_{n+1}' ungefunden bleiben kann, geht daraus hervor, dass man umgekehrt durch Verlängerung der Nachbarflächen irgend einer dreieckigen Grenzfläche eines P_{n+1}' über deren Kanten bis zum gegenseitigen Schnitte (— und *ein* Dreieck muss zu dieser Konstruktion mindestens vorhanden sein, da man sonst kein P_{n+1}' hätte —) ein P_n irgend einer der drei Klassen erhält, die sämtlich als bekannt vorausgesetzt waren. Der entspr. Schluss gilt für die Erzeugung der Π_{n+1}' aus den Π_n.

α) aus allen P_n'' und P_n''' durch Abschneiden der Kanten; β) aus den P_n' mit einem einzigen Dreieck K durch Abschneiden einer von dessen Ecken ausgehenden Kante; γ) aus den P_n' mit zwei Dreiecken in der gegenseitigen Lage K und M der Fig. 60a durch Abschneiden der Kreuzungskante $L\,|\,N$.

c) Es sind schliesslich noch die P_{n+1}''' zu konstruieren. Es seien J, K, L, M, N fünf Flächen von P_n in der durch Fig. 61a gekennzeichneten Lage. Man schneide von P_n durch eine Ebene mittels eines fünfseitigen Schnittes die drei Ecken (JKN), (KNL) und (LMN) ab. Waren in P_n die Flächen J, K, L, M, N bez. ι-,

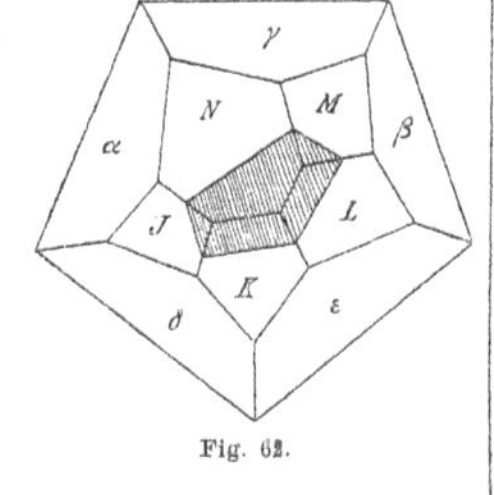
Fig. 61a.

$\varkappa$-, λ-, μ-, ν-seitig, so sind sie in P_{n+1} bez. $\iota+1$-, $\varkappa$-, λ-, $\mu+1$-, $\nu-1$-seitig. Die P_{n+1}''' ergeben sich also α) aus allen P_n''' durch Abschneiden von drei auf einander folgenden Ecken (JKN), (KNL), (LMN) einer Fläche N, wenn diese mindestens sechsseitig ist. β) Aus gewissen P_n'' in derselben Weise, wenn (mit Rücksicht auf Fig. 61a) N wenigstens sechsseitig, J und M vierseitig, alle andern Flächen von P_n aber mindestens fünfseitig sind. Dieser Fall tritt zum ersten Male bei einem P_{11}'' auf. Sind (Fig. 62) die Flächen J, K, L, M, N vollständig gezeichnet, so ergiebt sich sofort, dass die Flächen α und β keine Kante gemeinsam haben können, weil sonst γ ein Viereck würde. Dasselbe gilt von γ und δ,

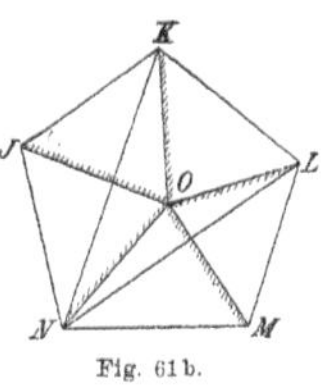
Fig. 62.

bez. δ und β, weil sonst α, bez. ε Vierecke wären. Es sind also α, β, γ, δ, ε (mindestens) Fünfecke, und durch ein weiteres Fünfeck wird das Vielflach geschlossen. Man erhält ein P_{11}'' und aus diesem durch den schraffierten Schnitt das einzige P_{12}''', *das Pentagon-dodekaeder*.

α) aus allen Π_n'' und Π_n'''; β) aus den Π_n' mit einer einzigen dreikantigen Ecke K; γ) aus den Π_n' mit zwei dreikantigen Ecken in der gegenseitigen Lage K und M der Fig. 60b, denn nach dem Gesagten verschwinden in den Fällen β) und γ) diese dreikantigen Ecken und das entstehende Π_{n+1} ist in der That ein Π_{n+1}''.[1])

c) Es folgt endlich die Konstruktion der Π_{n+1}'''. Es seien JKN, KNL, LNM drei Dreiecke eines Π_n in der in Fig. 61b gezeichneten Lage. Man schalte diese drei Dreiecke aus dem Π_n aus und setze auf die Kontur $JKLMN$ eine fünfseitige Pyramide mit der Spitze O. Waren in Π_n die Ecken J, K, L, M, N bez. ι-, $\varkappa$-, λ-, μ-, ν-kantig, so werden sie in Π_{n+1} bez. $\iota+1$-, $\varkappa$-, λ-, $\mu+1$-, $\nu-1$-kantig, d. h. die Ecke N hat in Π_{n+1} eine Kante weniger wie in Π_n. Man ersieht dann leicht, dass für die Konstruktion der Π_{n+1}''' zwei Möglichkeiten vorhanden sind; sie ergeben sich nämlich: α) aus allen Π_n''' durch Ersetzung von drei wie in Fig. 61b aneinander stossenden Dreiecken durch die betreffende fünfseitige Pyramide, wenn die gemeinsame Ecke N der drei Dreiecke mindestens sechskantig ist (fünfkantig darf N nicht sein, weil das neu entstehende Trigonalpolyeder sonst eine vierkantige Ecke enthielt, d. h. ein Π_{n+1}'' wäre); β) aus gewissen Π_n'' durch dieselbe Operation, wenn N wenigstens sechskantig, J und M zwei vierkantige Ecken, alle andern Ecken von Π_n'' aber mindestens fünfkantig sind. Auch ist die Operation an den Π_n'' nur für diese vierkantigen Ecken durchzuführen, nicht anderswo, da gerade die vierkantigen Ecken zum Verschwinden zu bringen sind, damit ein Π_{n+1}''' entstehe. Schon Cayley bemerkte, dass diese dritte Operation zuerst auf Π_{11} anzuwenden ist, für die Herstellung der Π_{11} aus den Π_{10} aber die beiden ersten Operationen vollkommen genügen.

Aus dem Gesagten folgt nun: Da man jedes P_{n+1} bez. Π_{n+1} durch eine der drei Operationen aus mindestens einem der P_n bez. Π_n erhalten kann, so lassen sich Schritt für Schritt durch die beschriebenen Fundamentalkonstruktionen alle P_n und Π_n aus dem Tetraeder $P_4 \equiv \Pi_4$ ableiten.[2]) Es hat diese Methode

---

[1]) Natürlich ist bei diesen Π_n' die Operation *nur* an den dreikantigen Ecken auszuführen, da ja diese verschwinden sollen, bei den Π_n'' und Π_n''' aber an jedem Dreieckspaare. Das Gleiche gilt für die entsprechende Operation an den P_n.

[2]) Möbius, Werke, Bd. II, S. 530, und Eberhard, Morphologie, S. 17.

den Vorteil, dass nicht leicht ein mögliches Vielflach übersehen wird, aber den Nachteil, dass zur Auffindung der Vielflache der Flächenzahl n die Kenntnis der $(n-1)$-flache erforderlich ist. Zudem gestattet die Methode nicht, aus der Anzahl der P_n Schlüsse auf die Anzahl der P_{n+1} zu ziehen, und zwar aus dem Grunde, weil derselbe Typus der P_{n+1} sich mittels Konstruktion aus verschiedenen allomorphen Typen der P_n ergiebt.[1]) Z. B. wird das Neunflach IX_{10^b} Tafel III sowohl aus dem Achtflach VIII_{7a} als auch aus dem Achtflach VIII_8 Tafel II mittels der daselbst punktiert gezeichneten dreiseitigen Schnitte erhalten.

Auf den Tafeln II bis V findet man sämtliche Typen der allgemeinen Sechs- bis Zehnflache gezeichnet.[2]) Solche Vielflache, die in der Anzahl der f_i übereinstimmen und sich nur durch deren Anordnung unterscheiden (allomorphe Typen), sind unter derselben Nummer und mit fortlaufendem Index geführt. Es giebt darnach 2 Sechsflache, 5 Siebenflache, 14 Achtflache, 50 Neunflache und 233 Zehnflache[3]) mit nur dreikantigen Ecken.

73. Die Stammflächen eines allgemeinen Vielflaches. Andere Konstruktion der allgemeinen Vielflache.

Ehe wir eine historische Zusammenstellung der übrigen Methoden geben, die ihren Ausgang von den fundamentalen Gleichungen zwischen den Begrenzungsstücken nehmen, um die Formen der allgemeinen und singulären Eulerschen Vielflache (namentlich solche besonderen Charakters) zu finden, wollen wir in den beiden folgenden Nummern[4]) die Zusammensetzung eines allgemeinen Vielflachs aus seinen Einzelflächen etwas eingehender studieren, um einerseits eine weitere Konstruktion der allgemeinen n-flache, *die von der der* $(n-1)$-*flache unabhängig ist,* zu begründen und um andrerseits eine Klassifikation der allgemeinen Vielflache, die von der Art des Zusammenhangs der Einzelflächen unter einander abhängig ist, zu stande zu bringen.

Die im folgenden gewählten Bezeichnungen sind diese: Es bedeute $(\alpha_1)_i$ ein i-eck, dessen Fläche in der Ebene α_1 liegt; ein in ( ) gefügter Buchstabe ohne Index, z. B. (p), gebe zugleich die Benennung und die Kantenzahl p einer Grenzfläche des Vielflachs an. Haben zwei Flächen (p) und (q) eine Kante gemein, so sagt man, *sie seiten sich,* und schreibt $(p)\,|\,(q)$. Eine *Scheitelkante* zweier Flächen ist eine solche, welche zwei von deren Ecken verbindet, ohne Kante einer der beiden Flächen zu sein. Haben die Flächen (p) und (q) m Scheitelkanten, so werde dies durch $(p)\overline{}_{\!m}(q)$ bezeichnet. Seiten sich die beiden Flächen ausserdem, so sei dies symbolisch durch $(p)\,|\overline{}_{\!m}(q)$ ausgedrückt.[5]) Es heisse nun ein System gestaltlich unabhängiger Grenzflächen eines gegebenen Vielflachs[6]) ein *konstituierendes System* oder ein *Stammsystem*[7]), wenn durch die Anzahl, die Form und den gegenseitigen Zusammenhang seiner Elemente der morphologische Charakter des Vielflaches vollkommen und unzweideutig bestimmt ist. Man veranschauliche sich dies so: das gegebene Vielflach liege fest im Raume; entfernt man alle die Flächen (Kanten und Ecken), die nicht zu dem Stammsystem gehören, so muss die Wiedereinfügung dieser Elemente eindeutig möglich sein.[8]) Darnach ist ein Flächensystem dann und nur dann ein Stammsystem eines Vielflaches, wenn erstens von den drei Bestimmungsflächen einer Ecke mindestens eine dem Flächensystem angehört, und wenn zweitens in jeder Fläche des Systems mindestens eine Ecke liegt, durch die keine zweite Systemfläche geht. Denn wären (p), (q), (r)

---

1) „Die Mehrdeutigkeit in der Reduktion eines Polyeders auf eine Fundamentalkonstruktion bildet das wesentlichste Hindernis für die Ausführung des an sich naheliegenden Gedankens, von den Fundamentalkonstruktionen aus die Systematisierung der verschiedenen Polyedertypen zu versuchen." Eberhard, Morphologie, S. 19.

2) Eine tabellarische Übersicht findet sich in des Verf. Programm: Geschichtliche Bemerkungen zur Aufzählung der Vielflache, Zwickau 1897, S. 10 ff. Vergl. die Bemerkung 23) daselbst. Vergl. ferner: O. Hermes, Verzeichnis der einfachsten Vielflache, Progr. d. Kölln. Gymn., Berlin 1896.

3) Die Vielflache der Tafeln sind nach der Methode der Fundamentalkonstruktionen aus einander abgeleitet. Vergl. die folgenden historischen Bemerkungen. Für die Zehnflache 71a—71f (Tafel V) ist $f_3 = 1$, $f_4 = 4$, $f_5 = 2$, $f_6 = 2$, $f_7 = 1$. Ein diesen allomorphes Zehnflach, 71g, das bei der ersten Ableitung der Vielflache vom Verf. übersehen wurde (Herr Prof. Hermes machte darauf aufmerksam), findet sich in Fig. 6 Tafel II gezeichnet.

4) Im Anschluss an Eberhard, Morphologie, S. 29—46.

5) Die symbolische Bezeichnung ist hier für den besonderen Zweck etwas einfacher als in Eberhards Morphologie gewählt. Der Ausdruck *seiten,* den wir beibehalten, wäre vielleicht passender durch *kanten* zu ersetzen.

6) Es sind hier immer nur allgemeine verstanden.   7) Eberhard, Morphologie, S. 29.

8) Man beachte hierzu das später angeführte Beispiel.

drei eine Ecke bildende Flächen, von denen keine dem Stammsystem angehörte, so könnte man diese Ecke durch einen dreiseitigen Schnitt entfernen und die Flächen (p), (q), (r) also verändern, ohne das Stammsystem zu verletzen; dieses bestimmte aber dann das Vielflach nicht eindeutig, wäre also kein Stammsystem. Hiermit ist die erste Behauptung bewiesen. Ginge aber zweitens durch jede Ecke der Fläche (p), die dem Stammsystem angehört, noch eine zweite Fläche des Stammsystems, so könnte man (p) aus dem System entfernen, ohne die Eindeutigkeit der Bestimmung des Vielflaches aufzuheben, d. h. (p) wäre überflüssig. Damit ist der zweite Teil des Satzes als richtig erkannt. — Dasselbe Vielflach kann selbstverständlich durch verschiedene Stammsysteme bestimmt sein. Z. B. besitzt das Siebenflach VII_1 (Tafel II) fünf morphologisch verschiedene Stammsysteme, nämlich die drei dreiflächigen Systeme $\alpha_1, \alpha_4, \alpha_7$; $\alpha_1, \alpha_2, \alpha_4$; $\alpha_2, \alpha_4, \alpha_6$ und die beiden vierflächigen Systeme $\alpha_3, \alpha_4, \alpha_5, \alpha_7$ und $\alpha_2, \alpha_4, \alpha_5, \alpha_7$.

Es ist nicht schwer, auf Grund der Definition eine allgemeine Regel zu bilden, nach der man sämtliche Stammsysteme eines gegebenen Vielflaches ableitet.[1]) Wichtiger ist das andere Problem, in allgemeiner Form alle diejenigen Flächensysteme eines n-flaches, von den einfacheren zu den komplizierteren Systemen fortschreitend, abzuleiten, die als Stammsysteme der verschiedenen Typen des n-flaches auftreten können. Hat man nämlich alle möglichen Stammsysteme des n-flachs gefunden, so haben sich gleichzeitig dessen sämtliche Typen ergeben; allerdings übertrifft die Zahl der hierzu abgeleiteten Stammsysteme die Zahl der Typen beträchtlich, da jedem Typus, wie oben erläutert, mehrere Stammsysteme zugehören. Dies ist der Nachteil dieser Methode der Ableitung der n-flache, die aber insofern von Bedeutung ist, als sie deren Kenntnis vermittelt, ohne die Bekanntschaft mit den Typen der $(n-1)$-flache vorauszusetzen. Die faktische Ausführung des Gedankens wird freilich an der Umständlichkeit des Verfahrens scheitern, das, um seine Durchführbarkeit zu zeigen, von Eberhard a. a. O.[2]) nur zur Bestimmung der Typen der Siebenflache verwandt wurde. Man findet im folgenden die allgemeine Theorie für die zwei- und dreiflächigen Stammsysteme des n-flaches durchgeführt und an Beispielen erläutert. Für die Bestimmung der mehrflächigen Stammsysteme ist das allgemeine Verfahren angedeutet.

Besteht das System nur aus zwei Flächen (p) und (q), so sind zwei Fälle möglich: entweder seiten sich (p) und (q), oder sie thun es nicht. Im zweiten Falle ist $p + q$, d. h. die Summe der Ecken beider Flächen identisch mit der Zahl aller Ecken des n-flaches, also $p + q = 2n - 4$, oder da (p) und (q) vertauschbar sind, $p = q = n - 2$. Im ersten Falle $(p) \mid (q)$ ist $p + q = 2n - 2$, da die zwei Flächen zwei Ecken gemeinsam haben, und aus demselben Grunde wie vorher: $p = q = n - 1$. *Beispiel:* Für $n = 10$ ergeben sich die beiden Typen X_{77} (Tafel V) und X_{41} (Tafel IV).

Soll das Stammsystem des n-flaches aus drei Flächen (p), (q), (r) bestehen, so sind für deren gegenseitige Lage bereits fünf Fälle zu unterscheiden: a) Die drei Flächen liegen isoliert, d. h. seiten sich nicht. b) Zwei Flächen (p) und (q) seiten sich; die dritte (r) liegt isoliert. c) Eine Fläche, etwa (p), seitet sich mit jeder der beiden andern. d) Jede der drei Flächen seitet sich mit jeder der beiden andern. e) Die drei Flächen haben eine Ecke gemein.

a) Der Zusammenhang der drei sich nicht seitenden Flächen sei gegeben durch die Symbole:

$$(p)\underset{x}{-}(q), \qquad (q)\underset{y}{-}(r), \qquad (r)\underset{z}{-}(p),$$

worin die Anzahlen x, y, z der Scheitelkanten zu bestimmende Unbekannte sind. Es gilt dann, da die drei Flächen keine Ecke gemein haben, die Gleichung: $p + q + r = 2n - 4$. Von (p) gehen im ganzen $x + z$ Kanten aus, nämlich von jeder Ecke eine, also ist $x + z = p$. Ebenso findet man $x + y = q$, $y + z = r$, und aus diesen Gleichungen ergiebt sich für die Unbekannten: $2x = p + q - r$, $2y = -p + q + r$, $2z = p - q + r$. *Beispiel:* Ist $n = 10$, so ist $p + q + r = 16$. Es werde noch, da die drei Flächen gleichwertig sind, $p \geq q \geq r$ vorausgesetzt. Es sind dann für p, q, r alle zulässigen Lösungen ihrer Gleichung zu nehmen, derart, dass die Summe zweier der Grössen immer grösser ist als die dritte allein, damit die Werte für x, y, z grösser als Null werden, weil doch zwischen den drei Flächen sicher Scheitelkanten existieren müssen. Als mögliche Lösungen erscheinen dann:

---

1) Eberhard, Morphologie, S. 32.   2) Ebenda, S. 35 ff.

$$p = 7, \quad q = 6, \quad r = 3, \text{ und damit } x = 5, \quad y = 1, \quad z = 2, \quad \text{Fig. 70}$$
$$p = 7, \quad q = 5, \quad r = 4, \quad „ \quad „ \quad x = 4, \quad y = 1, \quad z = 3, \quad „ \quad 79$$
$$p = 6, \quad q = 6, \quad r = 4, \quad „ \quad „ \quad x = 4, \quad y = 2, \quad z = 2, \quad „ \quad 81$$
$$p = 6, \quad q = 5, \quad r = 5, \quad „ \quad „ \quad x = 3, \quad y = 2, \quad z = 3, \quad „ \quad 82$$
$$\left.\right\}\text{Tafel V.}$$

b) Hier sei $(q)\frac{}{x_1}(p)$, $(q)\frac{}{y}(r)$, $(q)\frac{}{x_2}(p)$, $(r)\frac{}{z}(p)$, wo also die y Scheitelkanten von (q) und (r) die x_1 von den x_2 Scheitelkanten von (p) und (q) trennen. (Vergl. Fig. 7 Tafel II.) Es ist dann $p+q+r=2n-2$, $p = 2 + x_1 + x_2 + z$, $q = 2 + x_1 + x_2 + y$, $r = y + z$. Daraus folgt: $2(x_1 + x_2) = p + q - r - 4$, $2z = p - q + r$, $2y = -p + q + r$. *Beispiel:* Ist $n = 8$, so ist $p + q + r = 14$, und es kann $p \geq q$ vorausgesetzt werden. Die möglichen Lösungen sind dann:

$$p = 6, \quad q = 5, \quad r = 3, \text{ und damit } x_1 = 1, \quad x_2 = 1, \quad y = 1, \quad z = 2, \quad VIII_3$$
$$p = 6, \quad q = 4, \quad r = 4, \quad „ \quad „ \quad x_1 = 1, \quad x_2 = 0, \quad y = 1, \quad z = 3, \quad VIII_{10}$$
$$p = 5, \quad q = 5, \quad r = 4, \quad „ \quad „ \quad x_1 = 1, \quad x_2 = 0, \quad y = 2, \quad z = 2, \quad VIII_{11}$$
$$p = 6, \quad q = 3, \quad r = 5, \quad „ \quad „ \quad x_1 = 0, \quad x_2 = 0, \quad y = 1, \quad z = 4, \quad VIII_{11}$$
$$p = 5, \quad q = 4, \quad r = 5, \quad „ \quad „ \quad x_1 = 0, \quad x_2 = 0, \quad y = 2, \quad z = 3, \quad VIII_{13}$$
$$\left.\right\}\text{Tafel II.}$$

c) Der Zusammenhang der drei Flächen sei in diesem Falle bestimmt durch $(q)|\frac{}{x_1}(p)$, $(q)\frac{}{y}(r)$, $(q)\frac{}{x_2}(p)$, $(r)|\frac{}{z_1}(p)$, $(r)\frac{}{z_2}(p)$. (Vergl. Fig. 8 Tafel II.) Es ist $p + q + r = 2n$, $p = 4 + x_1 + x_2 + z_1 + z_2$, $q + 2 + x_1 + x_2 + y$, $r = 2 + z_1 + z_2 + y$, und daraus folgt: $2(x_1 + x_2) = p + q - r - 4$, $2y = -p + q + r$, $2(z_1 + z_2) = p - q + r - 4$. *Beispiel:* Es sollen die möglichen Neunflache abgeleitet werden, für die $p + q + r = 18$ ist. Hier sind aber die drei Flächen nicht gleichwertig, insofern (p) eine Ausnahmestellung einnimmt. Dagegen kann man unbeschadet der Allgemeinheit $q \geq r$ setzen. Es ergeben sich dann folgende Lösungen (sämtliche Neunflache befinden sich auf Tafel III):

α) $p = 8$, $q = 7$, $r = 3$, $x_1 + x_2 = 4$, $y = 1$, $z_1 + z_2 = 0$, und zwar: $x_1 = 4$, $x_2 = 0$, Fig. 13; $x_1 = 3$, $x_2 = 1$, Fig. 4[b]; $x_1 = 2$, $x_2 = 2$, Fig. 4[a].

β) $p = 8$, $q = 6$, $r = 4$, $x_1 + x_2 = 3$, $y = 1$, $z_1 + z_2 = 1$ und zwar: $x_1 = 3$, $x_2 = 0$, $z_1 = 1$, $z_2 = 0$, Fig. 14; $x_1 = 3$, $x_2 = 0$, $z_1 = 0$, $z_2 = 1$, Fig. 15[b]; $x_1 = 2$, $x_2 = 1$, $z_1 = 1$, $z_2 = 0$, Fig. 5[b]; $x_1 = 2$, $x_2 = 1$, $z_1 = 0$, $z_2 = 1$, Fig. 5[a].

γ) $p = 8$, $q = 5$, $r = 5$, $x_1 + x_2 = 2$, $y = 1$, $z_1 + z_2 = 2$. Man erhält die fünf Lösungen: $x_1 = 2$, $x_2 = 0$, $z_1 = 2$, $z_2 = 0$, Fig. 15[a]; $x_1 = 2$, $x_2 = 0$, $z_1 = 1$, $z_2 = 1$, spiegelbildlich isomorph mit Fig. 6; $x_1 = 2$, $x_2 = 0$, $z_1 = 0$, $z_2 = 2$, Fig. 16; $x_1 = 1$, $x_2 = 1$, $z_1 = 2$, $z_2 = 0$, Fig. 6; $x_1 = 1$, $x_2 = 1$, $z_1 = 1$, $z_2 = 1$, Fig. 1.

δ) $p = 7$, $q = 7$, $r = 4$, $x_1 + x_2 = 3$, $y = 2$, $z_1 + z_2 = 0$. Es ergeben sich nur die beiden Lösungen: $x_1 = 3$, $x_2 = 0$, Fig. 24 und $x_1 = 2$, $x_2 = 1$, Fig. 17[b].

ε) $p = 7$, $q = 6$, $r = 5$, $x_1 + x_2 = 2$, $y = 2$, $z_1 + z_2 = 1$. Es sind drei Lösungen möglich: $x_1 = 2$, $x_2 = 0$, $z_1 = 1$, $z_2 = 0$, Fig. 18[b]; $x_1 = 2$, $x_2 = 0$, $z_1 = 0$, $z_2 = 1$, Fig. 19[c] und $x_1 = 1$, $x_2 = 1$, $z_1 = 1$, $z_2 = 0$, Fig. 10[b].

ζ) $p = 6$, $q = 7$, $r = 5$, $x_1 + x_2 = 2$, $y = 3$, $z_1 + z_2 = 0$. Man findet zwei Lösungen: $x_1 = 2$, $x_2 = 0$, Fig. 25[c] und $x_1 = x_2 = 1$, Fig. 19[a].

η) $p = 6$, $q = 6$, $r = 6$, $x_1 + x_2 = 1$, $y = 3$, $z_1 + z_2 = 1$, und zwar: $x_1 = 1$, $x_2 = 0$, $z_1 = 1$, $z_2 = 0$, Fig. 21 und $x_1 = 1$, $x_2 = 0$, $z_1 = 0$, $z_2 = 1$, Fig. 22[b]. Als letzte zulässige Lösung der Grundgleichung findet man schliesslich:

ϑ) $p = 5$, $q = 7$, $r = 6$, $x_1 + x_2 = 1$, $y = 4$, $z_1 + z_2 = 0$, woraus sich für $x_1 = 1$, $x_2 = 0$ das einzige Neunflach Fig. 25[a] ergiebt. Durch die so bestimmten 22 dreiflächigen Stammsysteme haben sich also 21 allomorphe Typen der Neunflache von dem vorausgesetzten Zusammenhange der drei Stammflächen ergeben. In den Fällen, wo $p < q$ ist, hat man das erhaltene Vielflach auf die Fläche (q) zu projizieren, um die auf der Tafel gezeichnete Ansicht zu erhalten.

d) Es werde ferner zwischen den drei Flächen des Stammsystems der Zusammenhang durch die Symbole festgesetzt: $(q)|_{\overline{x_1}}(p)$, $(q)|_{\overline{y_1}}(r)$, $(q)_{\overline{y_2}}(r)$, $(q)_{\overline{x_2}}(p)$, $(r)|_{\overline{z_1}}(p)$, $(r)_{\overline{z_2}}(p)$. (Vergl. Fig. 9 Tafel II.) Es gilt dann die Gleichung: $p + q + r = 2n + 2$, denn die Eckensumme $p + q + r$ enthält von den $2n - 4$ Ecken des Vielflaches die sechs gemeinsamen Ecken der drei Flächen doppelt gezählt. Weiter ist: $p = 4 + x_1 + x_2 + z_1 + z_2$, $q = 4 + x_1 + x_2 + y_1 + y_2$, $r = 4 + y_1 + y_2 + z_1 + z_2$ und daraus ergeben sich die Werte: $2(x_1 + x_2) = p + q - r - 4$, $2(y_1 + y_2) = -p + q + r - 4$, $2(z_1 + z_2) = p - q + r - 4$. *Beispiel:* Es sei $n = 8$, also $p + q + r = 18$. Man kann voraussetzen, dass $p \geq q \geq r$ sei und $r \geq 5$, weil für $r = 4$ die Fläche (r) alle Ecken mit (p) und (q) gemein hätte, also in dem System der Stammflächen überflüssig wäre. Als Lösungen ergeben sich dann: α) $p = 7$, $q = 6$, $r = 5$; sowohl $x_1 = 2$, $x_2 = y_1 = y_2 = 0$, $z_1 = 1$, $z_2 = 0$ als auch $x_1 = 1$, $x_2 = 1$, $y_1 = y_2 = 0$, $z_1 = 1$, $z_2 = 0$ ergiebt das Achtflach VIII_2. β) $p = q = r = 6$. Man erhält für $x_1 = y_1 = z_1 = 1$, $x_2 = y_2 = z_2 = 0$ das Achtflach VIII_1; für $x_1 = y_2 = z_2 = 1$, $x_2 = y_1 = z_1 = 0$, ebenso wie für $x_1 = y_2 = z_1 = 1$, $x_2 = y_1 = z_2 = 0$ das Achtflach VIII_3.

e) Haben schliesslich (p), (q) und (r) eine Ecke gemein, so möge der Zusammenhang der drei Flächen mit dem im vorigen Falle übereinstimmen (vergl. Fig. 10 Tafel II), nur ist jetzt $x_2 = y_2 = z_2$ identisch Null, und die Gleichungen selbst werden andere, weil die allen drei Flächen gemeinsame Ecke dreifach, die drei andern Ecken der gemeinsamen Kanten aber wieder nur doppelt gezählt sind, d. h. es ist hier: $p + (q - 2) + (r - 3) = 2n - 4$ oder $p + q + r = 2n + 1$. Dazu kommen die Gleichungen $p = 3 + x + z$, $q = 3 + x + y$, $r = 3 + y + z$, die durch Auflösung $2x = p + q - r - 3$, $2y = -p + q + r - 3$, $2z = p - q + r - 3$ ergeben. *Beispiel:* Ist $n = 9$, also $p + q + r = 19$, so ergeben sich, da man wegen der Gleichwertigkeit der drei Flächen $p \geq q \geq r$ voraussetzen kann, die folgenden vier Stammsysteme der angemerkten vier Neunflache (Tafel III): $p = 8$, $q = 7$, $r = 4$, $x = 4$, $y = 0$, $z = 1$, Fig. 13; $p = 8$, $q = 6$, $r = 5$, $x = 3$, $y = 0$, $z = 2$, Fig. 15^{b}; $p = 7$, $q = 7$, $r = 5$, $x = 3$, $y = 1$, $z = 1$, Fig. 7^{b}; $p = 7$, $q = 6$, $r = 6$, $x = 2$, $y = 1$, $z = 2$, Fig. 9^{b}.

Hiermit sind die dreiflächigen Stammsysteme des n-flaches erledigt und es ist zu den vier- und mehrflächigen Systemen fortzuschreiten. Zu deren Bestimmung ist der folgende Weg einzuschlagen, der in grösster Allgemeinheit kurz angedeutet sei. Sind (p), (q), (r), (s), ... die Stammflächen, unter denen λ sich seitende Flächenpaare vorkommen, d. h. existieren auf dem n-flach λ Kanten, in denen sich Stammflächen seiten, und ist μ die Anzahl der Ecken, in denen drei Stammflächen zusammentreffen, so ist die Beziehung zwischen den Grössen p, q, r, s, ... gegeben in $p + q + r + s + \cdots = 2n - 4 + 2\lambda - \mu$. Es sind dann ferner, wie bisher, alle möglichen Zusammenhangsweisen der Stammflächen der Reihe nach festzusetzen, die Werte p, q, r, s, ... durch die Zahlen der Scheitelkanten auszudrücken und aus den betr. Gleichungen alsdann die zulässigen Werte für die Anzahl der Scheitelkanten zu berechnen. Diese Werte in Verbindung mit der oben hingeschriebenen Gleichung ergeben die möglichen n-flache durch ihre Stammsysteme.[1]

74. Die Scheitelflächensysteme eines allgemeinen Vielflaches. Einteilung der Vielflache in drei Klassen. Einen weiteren Einblick in die gestaltliche Beschaffenheit der allgemeinen Vielflache erhält man durch die folgenden Betrachtungen, die in entferntem Zusammenhange mit denen der vorigen Nummer stehen.

Konstruiert man zu einer Fläche α_1 eines Vielflaches sämtliche Scheitelflächen, zu jeder derselben wieder sämtliche Scheitelflächen u. s. w., so nennt man das schliesslich erhaltene System von Flächen ein *Scheitelflächensystem* des Vielflaches. Sind α_1 und α_2 zwei Flächen eines Vielflaches, die eine Kante gemein haben, so sind *sämtliche* an α_2 grenzende Flächen Scheitelflächen von α_1, wenn α_2 von *ungerader* Kantenzahl *(unpaar)* ist. Denn geht man von α_1 aus zur Bestimmung seiner Scheitelflächen in bestimmtem Sinne um α_2 herum, so ergiebt sich zunächst die 2te, 4te, 6te ... an α_2 grenzende Fläche und schliesslich als letzte Fläche die, welche mit α_1 und α_2 eine Ecke bildet; von hier aus weitergehend ergiebt sich die 1te, 3te, 5te ... Fläche, bis man wieder nach α_1, als mittelbarer Scheitelfläche zu sich selbst, zurückkehrt. Ist dagegen α_2

---

[1] Weitere Bemerkungen über den Wert der Methode der Stammflächen zur Auffindung der n-flache vergl. in dem zitierten Progr. d. Verf. S. 15.

  D. Theorie der Eulerschen Vielflache.

von *gerader* Kantenzahl (*paar*), so sind die an α_2 grenzenden Flächen nur *abwechselnd* Scheitelflächen von α_1, weil dieses schon nach einmaligem Umlauf um α_2 Scheitelfläche zu sich selbst wird. Diese Bemerkungen dienen zum Beweise des Satzes: *Konstruiert man zu einer Fläche α_1 alle Scheitelflächen (unmittelbare und mittelbare), so ist unter diesen mindestens auch eine der drei Flächen $\alpha_\lambda, \alpha_\mu, \alpha_\nu$ einer beliebigen Ecke E.* Man bestimme auf dem Vielflach zwischen α_1 und einer der drei die Ecke E bildenden Flächen, z. B. α_λ, eine Reihe Flächen $\alpha_2, \alpha_3, \alpha_4 \ldots$, von denen jede folgende mit der vorhergehenden eine Kante gemein hat. Eine der Flächen, welche die Kante $\alpha_h \mid \alpha_{h+1}$ in ihren Endpunkten begrenzen, heisse β_h. Es ist nun mindestens eine der Flächen α_3 und β_2 mittelbare Scheitelfläche von α_1. Ebenso ist aber wenigstens eine der Flächen α_4 und β_3 Scheitelfläche zu β_2. Es ist also sicher eine der drei Flächen α_3, β_3, α_4, die eine Ecke bilden, mittelbare Scheitelfläche von α_1. Indem man diese Schlussweise fortsetzt, gelangt man schliesslich zu den drei Flächen α_λ, α_μ, α_ν, welche die Ecke E bilden, von denen somit wenigstens eine auch Scheitelfläche von α_1 ist.

Liegen an einer Ecke eines Vielflaches zwei Flächen, die zu verschiedenen Scheitelflächensystemen gehören, so gilt dies für jede Ecke des Vielflaches. Denn die Flächen α_1 und α_2 einer Ecke, welche verschiedenen Systemen angehören, können nicht dieselbe Fläche α_λ einer andern Ecke zur Scheitelfläche haben, weil sonst durch α_λ auch α_1 Scheitelfläche zu α_2 würde; d. h. zu α_2 gehört an jener Ecke eine andre Fläche als Scheitelfläche. Hieraus folgt: Gehören an einer beliebigen Ecke die drei Flächen zu 1, 2 oder 3 Scheitelflächensystemen, so geht durch jede Ecke des Vielflaches je eine Fläche der drei Systeme. Dass es Vielflache mit 1, 2 oder 3 Systemen giebt, lehren das Vierflach (hier gehören alle Flächen zu einem System), das Fünfflach (zwei Systeme) und der Würfel (drei Systeme). *Man teilt demgemäss die Vielflache in drei Klassen*: Die n-flache A_n^1 mit einem Scheitelflächensystem Σ_1, die n-flache A_n^2 mit zwei Scheitelflächensystemen Σ_1, Σ_2 und die n-flache A_n^3 mit drei Scheitelflächensystemen Σ_1, Σ_2, Σ_3. Zunächst sind nun die folgenden Sätze zu beweisen. *Hat ein Vielflach ein Scheitelflächensystem Σ_1, das nicht sämtliche Flächen des Vielflaches in sich fasst, sondern an jeder Ecke eine, so sind die ausserhalb desselben befindlichen Flächen alle von gerader Kantenzahl.* Es sei α_i eine der nicht zu Σ_1 gehörenden Flächen und E eine ihrer Ecken. In E liegt sicher eine Fläche des Systems Σ_1, etwa α_k. Wäre aber α_i von ungerader Kantenzahl, so würde jede Grenzfläche von α_i nach früherem Scheitelfläche von α_k sein, d. h. in E lägen zwei Flächen des Systems Σ_1, was gegen die Voraussetzung ist.

Enthält das System Σ_1 eine Fläche α_m von ungerader Kantenzahl, so bilden sämtliche übrigen Flächen gerader Kantenzahl nur ein zweites System Σ_2. Denn sämtliche Grenzflächen von α_m sind Scheitelflächen von einander, d. h. je zwei Flächen derselben Ecke gehören zu demselben System, eben zu Σ_2.

Enthält Σ_1 nur Flächen gerader Kantenzahl, so bilden die übrigen Flächen gerader Kantenzahl zwei Systeme Σ_2 und Σ_3. Zum Beweise schneide man aus dem Vielflache alle zu Σ_1 gehörenden m Flächen aus; dann entsteht eine mehrfach zusammenhängende, m-fach berandete Fläche aus Vielecken gerader Kantenzahl, die ausser Randecken keine Ecken mehr enthält. Bezeichnet man irgend ein Vieleck der Fläche mit a, alle Nachbarvielecke mit b, die Nachbarvielecke von b wieder mit a und so fort, so werden je zwei Vielecke a und b durch eine Kante von Rand zu Rand getrennt. Alle Flächen a bilden ein Scheitelflächensystem Σ_2, die Flächen b ein System Σ_3, denn keine Fläche b kann Scheitelfläche einer Fläche a sein, weil jedes a nur wieder a zu Scheitelflächen hat, da die m Ränder, die durch Ausschneiden der Σ_1 angehörenden Flächen entstanden sind, nach Voraussetzung nur von gerader Kantenzahl sind.

Enthält das System Σ_1 irgend zwei sich seitende Flächen ungerader Kantenzahl, so gehören sämtliche Flächen des Vielflaches zu diesem einen System Σ_1. Denn sind α_1 und α_2 zwei sich seitende Flächen ungerader Kantenzahl, so ist jede an α_2 grenzende Fläche Scheitelfläche von α_1, auch α_1 selbst, und da dieses unpaar ist, so ist wieder α_2 mittelbare Scheitelfläche zu α_1, d. h. alle drei Flächen im Endpunkte der Kante $\alpha_1 \mid \alpha_2$ sind Scheitelflächen von α_1. Dies gilt aber dann für jede Ecke, womit der Satz bewiesen ist.

Aus dem Vorstehenden folgt nun: Hat ein Vielflach A_n zwei sich seitende Flächen ungerader Kantenzahl, so ist es ein A_n^1; hat es nur Flächen gerader Kantenzahl, so ist es ein A_n^3; hat es Flächen ungerader Kantenzahl, die sich nicht seiten, so ist es ein A_n^2 — und zwar gehören die unpaaren Flächen sämtlich (nebst anderen paaren Flächen) zu dem einen System Σ_1, während die übrigen paaren Flächen ein System Σ_2 bilden — oder aber, es ist ein A_n^1. Die Bedingung nämlich, dass ein A_n^1 seitende Flächen ungerader Kantenzahl besitzt, ist nur hinreichend, nicht notwendig, denn es existieren auch Vielflache A_n^1, d. h. mit nur einem System Σ_1, ohne seitende Flächen ungerader Kantenzahl, wenn z. B. die Dreiecke β_1 und β_2 gegen die Vielecke α_1, α_2, α_3 von gerader Kantenzahl die durch Fig. 63 angezeigte Lage haben. Dann gehören die drei Flächen α_1, α_2, β_1 der Ecke E zu demselben System Σ_1; denn es sind Scheitelflächen zu einander: $\beta_1 - \alpha_3 - \alpha_2 - \alpha_1$. Solche Vielflache sind z. B. die Zehnflache Fig. 18^a und 18^b Tafel III.

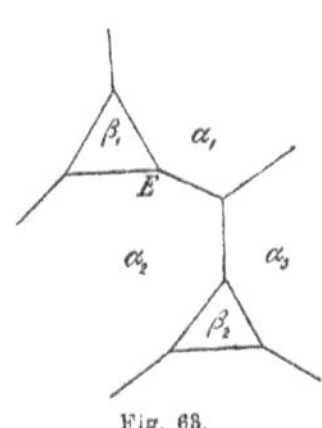

Fig. 63.

Es kann gezeigt werden, dass die Vielflache einer Klasse durch gewisse Fundamentalkonstruktionen aus denen einer anderen Klasse erzeugt werden können[1]), und andrerseits giebt es Operationen, welche die Klasse invariant lassen. Es sind die folgenden. Schneidet man mittels der Ebene α_{n+1} die Ecke α_i, α_k, α_l eines A_n ab, darauf von dem erhaltenen A_{n+1} mittels des Dreiecks α_{n+2} die Ecke α_i, α_l, α_{n+1} und schliesslich von dem nun erhaltenen A_{n+2} mittels des Vierecks α_{n+3} die Kante $\alpha_i \mid \alpha_{n+1}$, so ist das erhaltene A_{n+3} von derselben Klasse wie A_n. Sind ferner α_i, α_k, α_l wieder drei Flächen einer Ecke eines A_n, und schneidet man mittels des Vierecks α_{n+1} die Kante $\alpha_l \mid \alpha_k$ ab, von dem erhaltenen A_{n+1} mittels des Vierecks α_{n+2} die Kante $\alpha_l \mid \alpha_{n+1}$, so ist das erhaltene A_{n+2} von derselben Klasse wie A_n.[2]) Nun giebt es für $n = 8$ und $n = 9$ Vertreter aller drei Klassen; es folgt also aus dem eben Gesagten, dass für $n > 8$ stets Vertreter aller drei Klassen existieren. Es ist VIII_{12} ein A_8^3; VIII_1 und VIII_{10} sind A_8^2; alle übrigen Achtflache sind A_8^1. Von den Neunflachen (Tafel III) ist ein A_9^3 nur Fig. 30; A_9^2: Fig. 5^a, 12, 14, 21, 26, 29, 31; alle übrigen sind A_9^1. Es gehören sonach die allomorphen Typen 5^a und 5^b zu verschiedenen Klassen. Ferner sind (Tafel III) A_{10}^3: Fig. 77, 81; A_{10}^2: Fig. 5^3), 12, 48^c, 51, 52^c, 60, 64, 66, 70, 74, 79, 82; A_{10}^1: sämtliche übrigen Zehnflache. — Man ersieht übrigens noch leicht die Richtigkeit des Satzes: Die drei Systeme Σ_1, Σ_2, Σ_3 eines A_n^3 sind zugleich Stammsysteme des Vielflachs; das System Σ_1 eines A_n^2, welches die unpaaren Flächen enthält, ist ein Stammsystem. Hiermit sind die Betrachtungen dieser Nummer in Verbindung mit denen der vorigen gebracht.

75. Die autopolaren Vielflache. Die Betrachtungen in den letzten beiden Nummern haben schon den Rahmen dessen überschritten, was ursprünglich kurz als die ältere Polyedertheorie bezeichnet wurde, die ihren Ausgang mehr oder weniger offenkundig von dem Eulerschen Satze nahm. Um aber den Zusammenhang der späteren Entwickelungen nicht unterbrechen zu müssen, wurden die verschiedenen Methoden zur Auffindung der allgemeinen n-flache nach einander behandelt, woran sich die Einteilung der n-flache nach den Scheitelflächensystemen ungezwungen fügen liess. Im folgenden wollen wir uns mit einer besonders interessanten Klasse der singulären Vielflache, nämlich mit der der autopolaren, beschäftigen. (Vergl. Nr. 65 und 67.)

Ist die Kante $M_i L_k$ gemeinsame Kante der beiden Flächen α_h und γ_l eines autopolaren Vielflaches (wobei der Index stets die Anzahl der Kanten der betr. Ecke bez. Fläche angeben soll), so besitzt dieses Vielflach auch eine Kante zwischen den Ecken A_h und C_l, die den beiden Flächen μ_i und λ_k gemeinsam ist. Zwei solche Kanten mögen *polare Kanten* des Vielflaches heissen. Dieses besitzt deren $n - 1$ Paare, da die Gesamtzahl der Kanten $2n - 2$ ist, wenn die Anzahl der Grenzflächen n beträgt. Die Flächen, die sich in einer gegebenen Kante seiten, sind den Ecken polar zugeordnet, welche die Endpunkte der zu jener polaren Kante bilden. Nun ist ein Typus der autopolaren Vielflache jeder Flächenzahl n von vornherein bekannt, nämlich die Pyramide $\mathfrak{P}_n^0$ auf $(n - 1)$-kantiger Basis[4]); es handelt sich also darum, die übrigen autopolaren n-flache abzuleiten. Dies geschieht, ähnlich wie bei den allgemeinen Vielflachen, durch Einführung einer oder hier mehrerer neuer Flächen, wobei nur zu beachten ist, dass ein aus einem $\mathfrak{P}_n$ erzeugtes $\mathfrak{P}_{n+1}$

---

1) Eberhard, Morphologie. S. 42—45. 2) Die Beweise vergl. ebenda, S. 45.

3) Wo keine Indices stehen, gehören sämtliche allomorphe Typen zu derselben Klasse.

4) Ein autopolares n-flach werde mit $\mathfrak{P}_n$ bezeichnet.

12*

nicht nur eine Fläche, sondern auch eine Ecke mehr besitzt. Ferner ist zu berücksichtigen, dass (abweichend von den Fundamentalkonstruktionen bei den allgemeinen Vielflachen) die neue Fläche durch Schnitte eingeführt werden kann, die durch Ecken des bereits vorhandenen Vielflaches gehen, da die Kantenzahl in einer Ecke grösser als drei sein darf. Es soll diese Neueinführung einer Fläche in das n-flach daher hier so aufgefasst werden, als ob eine bereits vorhandene Fläche längs einer einzuführenden Kante *geknickt* würde. Diese Konstruktion ist auf dreierlei Weise möglich, und diese drei Fälle sind zunächst zu erläutern.

Erstens. Es sei $\varepsilon \equiv ABCDS$ eine Fläche des $\mathfrak{P}_n$ und $E \equiv \alpha\beta\gamma\delta\sigma$ die ihr polar zugeordnete Ecke.[1])

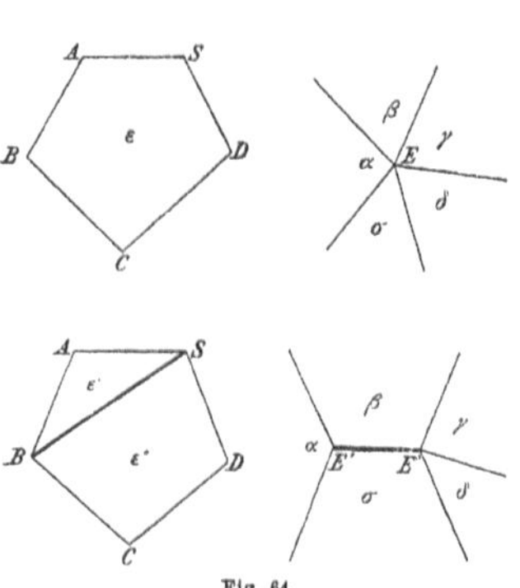

Man knicke ε (Fig. 64) längs einer Kante, welche zwei Ecken dieser Fläche, etwa B und S, verbindet. Dadurch entstehen aus der Fläche $\varepsilon_\varkappa$ zwei Flächen $\varepsilon'_{\varkappa'}$ und $\varepsilon''_{\varkappa''}$, wobei $\varkappa' + \varkappa'' = \varkappa + 2$ ist. Aus den Ecken B_ν und S_μ werden die Ecken $B_{\nu+1}$ und $S_{\mu+1}$. Soll nun das neue Vielflach wieder autopolar sein, so muss auch die Ecke $E_\varkappa$, welche der Fläche $\varepsilon_\varkappa$ polar ist, durch zwei neue Ecken $E'_{\varkappa'}$ und $E''_{\varkappa''}$ ersetzt werden, die durch eine Kante ebenso getrennt sind, wie die Flächen $\varepsilon'_{\varkappa'}$ und $\varepsilon''_{\varkappa''}$, wobei diese Kante die Flächen β_ν und σ_μ zu $(\nu + 1)$- bez. $(\mu + 1)$-ecken macht. Ein durch diese erste Konstruktion aus einem $\mathfrak{P}_n$ erhaltenes autopolares $(n + 1)$-flach werde durch $\mathfrak{P}^1_{n+1}$ bezeichnet. Es leuchtet ein, dass die zur Konstruktion verwandte Fläche ε mindestens vierkantig sein muss, um sie längs einer Diagonale knicken zu können.[2]) Die Kanten BS und $\beta \mid \sigma$ sind die beiden neuen polaren Kanten des $\mathfrak{P}^1_{n+1}$.

Fig. 64.

Zweitens. Es sei $\varepsilon \equiv ABCD$ eine Fläche und $E \equiv \alpha\beta\gamma\delta$ die ihr polare Ecke eines autopolaren n-flaches. Man knicke ε längs einer Kante, die von einer Ecke, etwa B, der Fläche ausgehend in einem Punkte einer Kante, hier F in CD, endet (Fig. 65). Dadurch entstehen aus der Fläche $\varepsilon_\varkappa$ die beiden Flächen $\varepsilon'_{\varkappa'}$ und $\varepsilon''_{\varkappa''}$, wobei $\varkappa' + \varkappa'' = \varkappa + 3$ ist. Dabei wird die Ecke B_ν zu einer Ecke $B_{\nu+1}$, und die an ε längs CD grenzende Fläche τ_μ (d. h. die Fläche, der ebenso wie ε die Ecken C und D angehören) wird zu einer Fläche $\tau_{\mu+1}$; die neue Ecke F ist dreikantig. Soll nun das neu entstehende Vielflach wieder autopolar sein, so muss auch die der Fläche ε entsprechende Ecke $E_\varkappa$ in zwei Ecken $E'_{\varkappa'}$ und $E''_{\varkappa''}$ zerlegt werden, die durch eine Kante $E'E''$ verbunden sind. Dabei wird die Fläche β_ν zu einer Fläche $\beta_{\nu+1}$. Wie an Stelle der Kante CD die beiden Kanten CF von ε'' und DF von ε' treten, welche der dreikantigen Ecke F angehören, so ergeben sich die neuen Kanten $\gamma \mid \varphi$ von E'' und $\delta \mid \varphi$ von E', welche der dreikantigen Fläche φ angehören, die der Ecke F polar zugeordnet ist. Das neue autopolare Vielflach hat zwei Flächen und zwei Ecken mehr als das ursprüngliche. Ein solches durch die zweite Konstruktion aus einem $\mathfrak{P}_n$ erhaltenes Vielflach werde mit $\mathfrak{P}^2_{n+2}$ bezeichnet.

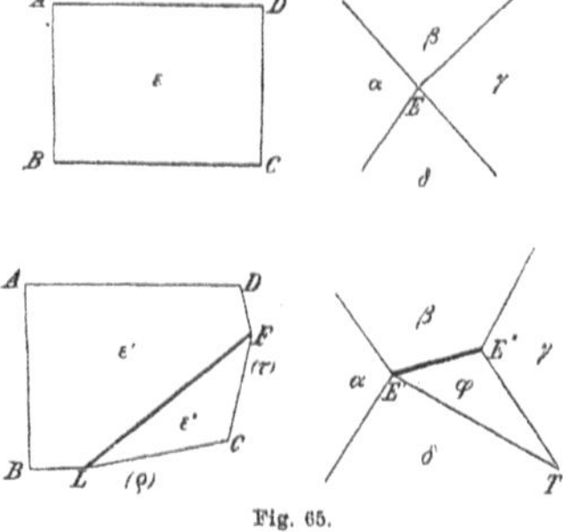

Fig. 65.

Drittens. $\varepsilon_\varkappa \equiv ABCD$ und $E_\varkappa \equiv \alpha\beta\gamma\delta$ seien dieselben zugeordneten Elemente wie vorher. Man knicke ε längs einer Kante LF (Fig. 66, s. Seite 93), welche zwei Punkte L und F zweier Kanten, etwa auf BC und CD verbindet, wodurch die Flächen $\varepsilon'_{\varkappa'}$ und $\varepsilon''_{\varkappa''}$ entstehen. Dabei ist $\varkappa' + \varkappa'' = \varkappa + 4$. Die an ε grenzenden Flächen ϱ und τ erhalten je eine Ecke (nämlich L und F) und eine Kante mehr. Entsprechend ist die Ecke E in E' und E''

---

1) Über die Bezeichnung vergl. Nr. 67.

2) Das $\varkappa$-eck ε kann bekanntlich auf $\dfrac{\varkappa(\varkappa - 3)}{2}$ Weisen in zwei Vielecke mit $\varkappa'$ und $\varkappa''$ Kanten zerlegt werden, wobei natürlich nicht ausgeschlossen ist, dass die in den verschiedenen Fällen entstehenden autopolaren Vielflache isomorph sind.

zu trennen. Der Kante $LF \equiv \varepsilon' \mid \varepsilon''$ zwischen zwei neuen dreikantigen Ecken ist die Kante $\lambda \mid \varphi \equiv E'E''$ zwischen den neu auftretenden dreieckigen Flächen λ und φ zugeordnet. Wie die Flächen ϱ und τ, so erhalten die Ecken R und T je eine Kante mehr u. s. w.[1]) Das neu entstandene autopolare Vielflach hat drei Flächen und drei Ecken mehr als das ursprüngliche. Ein durch die dritte Konstruktion aus $\mathfrak{P}_n$ entstehendes Vielflach soll ein $\mathfrak{P}_{n+3}^3$ heissen. Es ist ersichtlich, dass für die zweite und dritte Konstruktion ε auch ein Dreieck sein darf. Eine vierte Fundamentalkonstruktion ist unmöglich, weil sich die Fläche ε nur auf eine der drei beschriebenen Weisen in zwei Flächen knicken lässt. Andrerseits leuchtet ein, dass man die Konstruktionen erst zur Erzeugung der $\mathfrak{P}_6$ anwenden wird, da für $n = 4$ und 5 nur die Pyramiden $\mathfrak{P}_4^0$ und $\mathfrak{P}_5^0$ existieren. — Ausser $\mathfrak{P}_6^0$ giebt es ein aus $\mathfrak{P}_5^0$ zu konstruierendes $\mathfrak{P}_6^1$; vergl. Tafel I Fig. 33.[2]) Die $\mathfrak{P}_7$: Es existieren sechs Typen. Die Pyramide $\mathfrak{P}_7^0$;

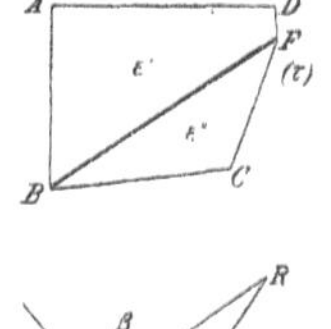

drei aus der fünfseitigen Pyramide $\mathfrak{P}_6^0$ zu konstruierende $\mathfrak{P}_7^1$ (Fig. 34—36); zwei aus der vierseitigen Pyramide $\mathfrak{P}_5^0$ zu erhaltende $\mathfrak{P}_7^2$ (Fig. 37 und 38). Die $\mathfrak{P}_8$: Es giebt 16 Typen. Die Pyramide $\mathfrak{P}_8^0$; durch die erste Konstruktion ergeben sich fünf $\mathfrak{P}_8^1$ aus der Pyramide $\mathfrak{P}_7^0$ (nämlich die Fig. 39—43) und drei $\mathfrak{P}_8^1$ aus den drei $\mathfrak{P}_7^1$ (die Fig. 44—46).[3]) Durch die zweite Konstruktion ergeben sich vier $\mathfrak{P}_8^2$ aus der Pyramide $\mathfrak{P}_6^0$ (Fig. 47—50) und zwei $\mathfrak{P}_8^2$ aus dem $\mathfrak{P}_6^1$ (Fig. 51 Tafel I und Fig. 1 Tafel II).[4])

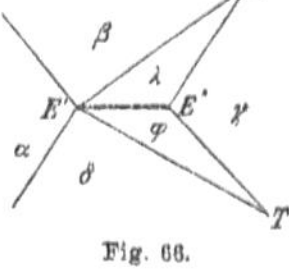

Endlich ergiebt sich durch die dritte Konstruktion ein $\mathfrak{P}_8^3$ aus $\mathfrak{P}_5^0$ (Fig. 52 Taf. I). Es tritt übrigens auch bei dieser Ableitung der autopolaren Vielflache der Übelstand ein, dass verschiedene Konstruktionen isomorphe Vielflache ergeben, d. h. dass dasselbe Vielflach aus verschiedenen Typen mit weniger Flächen ableitbar ist. Eine Bemerkung ist

Fig. 66.

noch zu beachten. Während sich im allgemeinen die Elemente eines autopolaren n-flaches nur in einer Weise polar zuordnen lassen, existieren für ein $\mathfrak{P}_n^0$ mehrere Zuordnungen. Nach Bezeichnung der Basisecken in einem bestimmten Cyklus 1, 2, 3 ... $n-1$ kann man die Seitenflächen ebenso benennen, indem man bei irgend einer, *deren Wahl beliebig ist*, beginnt, und in demselben Cyklus weitergeht. Dadurch wird es verständlich, dass aus der einen Pyramide $\mathfrak{P}_7^0$ sich fünf Typen $\mathfrak{P}_8^1$ erzeugen lassen. — Es sei zum Schlusse bemerkt, dass, falls es sich nur darum handelt, überhaupt Typen autopolarer n-flache ausser den betr. Pyramiden abzuleiten, u. a. folgender Satz das gewünschte Konstruktionsverfahren andeutet: Wenn man bei einem autopolaren Vielflach an einer Fläche (oder Flächengruppe) ein beliebiges Vielflach ansetzt und an der ihr polar zugehörigen Ecke (oder Eckengruppe) das polare Vielflach (Vieleck) abtrennt, so erhält man einen neuen autopolaren Körper.[5]) Beispiel: Jede abgestumpfte Pyramide, deren eine Grundfläche durch eine gleichvielseitige Pyramide bedeckt ist, ist autopolar. (Man erhält hierdurch aus jedem $\mathfrak{P}_n^0$ ein $\mathfrak{P}_{2n-1}$.)

76. Geschichtliche Bemerkungen. (Möbius, Cayley, Poinsot, Kirkman, Hermes, Eberhard.)

Die nächstliegenden Folgerungen aus dem nach ihm benannten Satze hatte Euler, wie früher schon bemerkt, selbst gezogen und auf Grund dieser Folgerungen eine Einteilung der Vielflache nach der Zahl ihrer Flächen empfohlen, das

---

1) Eine einfache Überlegung lehrt die Zerlegung der Ecke E in die beiden neuen Ecken E' und E'' auch für den Fall, dass die Kante LF zwei nicht benachbarte Kanten von E verbindet.

2) Polar zugeordnete Ecken und Flächen sind in den autopolaren 6-, 7- und 8-flachen Fig. 33—52, Taf. I und Fig. 1 Tafel II mit denselben *Zahlen* bezeichnet, Kirkman folgend, dessen Abhandlung: On autopolar Polyedra, Philos. transact. 1857, die Figuren entnommen sind. (Vergl. auch die folgenden geschichtl. Bemerkungen.)

3) Kirkman leitet alle autopolaren Polyeder aus den $\mathfrak{P}^0$ ab, d. h. er verfolgt die hier vorzunehmende Konstruktion der $\mathfrak{P}_8^1$ aus den $\mathfrak{P}_7^1$ zurück bis auf die Pyramide $\mathfrak{P}_6^0$, aus welcher die $\mathfrak{P}_7^1$ erhalten wurden. In den Fig. 44 ff. ist dies gleichzeitig ersichtlich gemacht. Es ist also klar, dass man sagen kann, alle $\mathfrak{P}_n$ lassen sich durch Konstruktion aus den Pyramiden $\mathfrak{P}_{n-1}^0$, $\mathfrak{P}_{n-2}^0$, ... erhalten.

4) Vergl. botr. des Aussehens der Fig. 51 die vorige Bemerkung. Hier und bei Fig. 1 Taf. II tritt übrigens der Fall ein, dass die zu knickende Fläche ε ein Dreieck ist. Diese Fig. 1 weicht von der entsprechenden Figur bei Kirkman ab. Bei allen Figuren ist aber so wie bei Kirkman die bei der zweiten und dritten Konstruktion in zwei Kanten zerfallende Kante geradlinig gelassen, was den Nachteil hat, dass die Endpunkte der neu einzuführenden Kante nicht als Ecken erscheinen, doch den Vorteil, dass sich beim ersten Anblick das ursprüngliche Vielflach leicht ersehen lässt. Im übrigen ist die schwer verständliche Darstellung Kirkmans hier bedeutend vereinfacht.   5) O. Hermes, briefliche Mitteilung.

Problem der Auffindung der möglichen Typen selbst aber nicht in Angriff genommen. Die Forschungen der Mathematiker der folgenden Zeit bezogen sich alsdann, abgesehen von einigen schon erwähnten Arbeiten, die das Eulersche Theorem selbst einer Kritik unterzogen (z. B. Hessel), mehr auf besondere Arten von Polyedern, namentlich auf die später ausführlich zu betrachtenden halbregelmässigen Körper, wie bei Kästner, Gergonne, Lhuilier, Meier Hirsch u. a., so dass Steiner das noch ungelöste Problem der Aufzählung der Vielflache wiederholt in Anregung bringen konnte. Die oben im Texte zur Sprache gebrachten und die noch zu erwähnenden Versuche, der Lösung des Problems näher zu kommen, entstammen sämtlich der zweiten Hälfte dieses Jahrhunderts und verteilen sich besonders auf englische und deutsche Mathematiker, wobei es geschah, dass dieselben Resultate mehrmals von verschiedenen Autoren unabhängig von einander gefunden wurden. Dies gilt zunächst für die Ableitung der Trigonalpolyeder durch Möbius und Cayley.

Bereits in Nr. 56 war die Preisarbeit erwähnt worden, die die Pariser Akademie für die Jahre 1861 und 1863 gestellt hatte. Kurz nachdem ihm dieselbe bekannt geworden war, (1858) begann Möbius seine Untersuchungen über Polyeder, die er mit der Einsendung seiner Preisschrift (Juni 1861) vorläufig abschloss.[1] Bei der Revision seiner Arbeit, die übrigens den Preis nicht erhielt, teilte er sie in die bereits mehrfach zitierten beiden Abhandlungen „Theorie der elementaren Verwandtschaft“ und „Über die Bestimmung des Inhalts eines Polyeders“[2], nicht ohne verschiedenes auszuscheiden, was nach seinen hinterlassenen Diarien dem Inhalte der Gesamtausgabe seiner Werke später wieder beigefügt wurde. Unter diesen hier erst veröffentlichten Untersuchungen befinden sich auch die über Trigonalpolyeder, mit welchem Namen Möbius die betr. Gebilde durchweg bezeichnet.

Die Ableitung der Π_{n+1} aus den Π_n, wie sie sich in Nr. 72 erläutert findet, ist in dieser Form Möbius zu verdanken, der die Theorie an Beispielen bis zur Erzeugung der achteckigen aus den siebeneckigen Trigonalpolyedern verfolgt.[3] Mit diesen Aufzeichnungen von Möbius, die dem Jahre 1858 oder 1859 entstammen, deckt sich fast vollständig eine Abhandlung von Cayley[4], in der die Ableitung der möglichen Typen der Trigonalpolyeder auch genau so weit geführt ist, wie bei dem deutschen Geometer, der übrigens mit Cayleys Arbeit später bekannt geworden ist.[5] Über den Wert der befolgten Methode zeigt sich Cayley vollkommen unterrichtet; er lehnt es ab, sie weiter als bis zur Erzeugung der achteckigen Trigonalpolyeder zu verwenden, nicht nur, da sich eine Verfolgung des geometrischen Verfahrens durch parallelgehende Rechnung als unthunlich herausstellt, sondern auch wegen der Mehrdeutigkeit der Zurückführung eines bestimmten n-Ecks auf die $(n-1)$-Ecke. Er bemerkt sogar ausdrücklich, dass die wirkliche Darstellung der Typen ihm wichtiger erscheine als die Berechnung ihrer Anzahl. Auf die vorher erschienenen Abhandlungen Kirkmans wird empfehlend hingewiesen.

Ehe wir diese würdigen, sei der Vollständigkeit wegen noch einer gleichzeitigen Arbeit Poinsots[6] über Trigonalpolyeder gedacht. Für Poinsot ist ein Polyeder überhaupt nur eine Kette von Dreiecken, deren jedes mit drei anderen in einer gemeinsamen Kante zusammenkommt und die insgesamt eine geschlossene Fläche bilden, die von einer Geraden in beliebig viel Punkten geschnitten werden kann. Die Fundamentalgleichungen für Trigonalpolyeder (der Name kommt nicht vor) werden abgeleitet. Da es zwischen n Punkten $\dfrac{n(n-1)}{2}$ Kanten giebt, diese Zahl aber für $n > 4$ von $3n - 6$ verschieden ist, so giebt es im allgemeinen zu denselben n Ecken verschiedene Polyeder, deren Anzahl sich leicht berechnen lässt. (Z. B. giebt es zu 5 Ecken bereits 10 verschiedene Hexaeder.) Er beschäftigt sich dann besonders mit der Frage: Giebt es zu jeder Zahl n der Ecken *primitive Polyeder*, d. h. solche, die sich nicht dadurch erhalten lassen, dass man zwei Polyeder von kleinerer Eckenzahl mit je einer Fläche an einander setzt? Es giebt z. B. kein primitives 5-Eck, denn das einzige existierende 5-Eck wird durch Zusammensetzen zweier Tetraeder erhalten. Man sieht sofort: Ein primitives n-Eck darf keine dreikantigen Ecken besitzen, denn sonst ist es aus einem $(n-1)$-Eck und einem 4-Eck entstanden. Diese Bedingung ist aber nur notwendig, nicht hinreichend, denn nicht alle Π_n'' und Π_n''' sind primitiv. Setzt man z. B. zwei Trigonalpolyeder, die mit der vierseitigen und fünfseitigen Doppelpyramide isomorph sind, mit je einem Dreieck aneinander, so erhält man ein convex konstruierbares nicht primitives Polyeder mit 10 Ecken, von denen keine dreikantig ist. Es giebt aber Poinsot weder eine Methode zur Feststellung der Primitivität, noch überhaupt eine genaue Definition davon[7]; auch scheint uns die Beantwortung der Frage selbst nicht von grosser Wichtigkeit zu sein.

---

1) Vergl. Möbius, Ges. Werke Bd. II. S. 517.

2) Berichte d. Kgl. sächs. Gesellsch. d. Wissenschaften, math. phys. Klasse. 1863. Bd. 15. S. 18—57 und 1865. Bd. 17. S. 31—68. Ges. Werke Bd. II. S. 433 u. S. 473.   3) Ges. Werke Bd. II. S. 532—538.

4) Cayley, On the Δ-faced Polyacrons, in reference to the problem of the enumeration of polyhedra. Mem. of the Literary and philos. society of Manchester. 3. series. I. vol. 1862 (vorgelegt am 2. Okt. 1860).

5) Möbius. Ges. Werke Bd. II. S. 530.

6) Poinsot, Note sur la théorie des polyèdres. Compt. Rend. tome 86. Jan.—Juni 1858. S. 65.

7) Die bei Poinsot fehlende Definition ist: Ein Π_n ist primitiv, so lange sich nicht irgend drei nicht benachbarte Ecken A, B, C auf ihm so bestimmen lassen, dass die Verbindungsgeraden AB, BC, CA Kanten von Π_n sind. Denn sonst lässt es sich durch den dreieckigen Schnitt ABC in zwei Polyeder Π_λ und Π_μ zerlegen, wobei $\lambda + \mu = n + 3$ ist.

Durch eine grössere Reihe von Abhandlungen hat sich Kirkman um die Theorie der Polyeder verdient gemacht. Dieselben beschäftigen sich sowohl mit den allgemeinen, als auch mit den singulären Vielflachen, wobei von letzteren den autopolaren Vielflachen, von den ersteren den sogenannten *Grund-n-flachen*[1]), d. h. solchen, welche ein $(n - 1)$-eck als Grenzfläche enthalten, besondere Aufmerksamkeit geschenkt wird. Die der Zeit nach erste Abhandlung[2]) enthält nach einleitenden Bemerkungen, die sich auf den Eulerschen Satz beziehen und den bereits früher angedeuteten originellen Beweis desselben einschliessen, die Ableitung der allgemeinen Vielflache für $n = 8$ nach einer Methode, die von der im obigen Texte dargestellten verschieden ist. Dieselbe Methode wurde später von O. Hermes aufs neue gefunden, und soll deshalb nachher zur Sprache kommen. Die zweite Abhandlung[3]) über die *Grund-n-flache* ist sehr beachtenswert, wenn auch nicht verschwiegen werden soll, dass sie, wie viele Arbeiten Kirkmans, namentlich die letzten, durchaus nicht leicht lesbar ist, da sich ihr Verfasser besonders in seinen algebraischen Entwickelungen einer eigentümlichen mathematischen Sprache bedient, so dass eine Übersetzung der Resultate in die uns geläufige Ausdrucksweise für Formeln fast unmöglich erscheint. Der Gedankengang der Schrift ist dieser. An der Spitze steht der Satz, dass sich jedes Grund-n-flach durch Verschwindenlassen der Dreiecke an der Basis — dadurch dass die gemeinsame Kante der beiden Nachbarflächen eines Dreiecks bis zum Schnitt mit der Grundfläche verlängert wird — entweder bis auf das Vierflach oder auf das Fünfflach zurückführen lässt. Umgekehrt können alle Grund-n-flache Schritt für Schritt durch dreiseitige Schnitte an den Basisecken aus diesen beiden Urtypen, also die n-flache aus den $(n - 1)$-flachen erhalten werden. Schreibt man nun die Eckenzahlen der an die Grundfläche grenzenden Flächen in fortlaufender Reihe auf die Peripherie eines Kreises, so kann diese Reihe, wenn man von einer bestimmten Zahl ausgeht, entweder mit der im entgegengesetzten Sinne durchlaufenen identisch sein oder nicht, und kann überdies in jedem der beiden Fälle entweder eine, oder zwei, oder drei gleichlautende Folgen — Perioden — aufweisen.[4]) Als Beispiele *umkehrbarer Vielflache* (im Kirkmanschen Sinne) mit 1, 2, oder 3 Perioden seien das Siebenflach VII_2 (Tafel II), das Neunflach IX_1 (Tafel III) und das Siebenflach VII_1 (Tafel II) angeführt, deren Reihen $\overline{6}\,3\,4\,4\,4\,3$, $\overline{6}\,3\,5\,3\,6\,3\,5\,3$ und $\overline{3}\,5\,3\,5\,3\,5$ sind.[5]) Nicht umkehrbare Vielflache mit 1, 2 und 3 Perioden sind das Achtflach VIII_5, das Siebenflach VII_3 (Tafel II) und das Zehnflach X_{22} (Tafel III) mit den Reihen $\overline{6}\,3\,4\,4\,5\,3\,4$, $\overline{4}\,3\,5\,4\,3\,5$ und $\overline{6}\,4\,3\,6\,4\,3\,6\,4\,3$. Es ergeben sich also für Kirkman 6 Klassen von Grund-n-flachen, und es wird nun von ihm untersucht, wie gross die Anzahl der Vertreter jeder Klasse von $(n + 1)$-flachen ist, die sich durch einen dreiseitigen Schnitt aus den n-flachen der sechs Klassen ableiten lassen. Es gelingt, allgemeine Formeln für diesen Zusammenhang zu finden[6]), und als Beispiel wird die Berechnung der Grund-11-flache auf zehnkantiger Basis, die 82 Typen[7]) ergiebt, durchgeführt; auch die eben charakterisierten Reihen für diese Typen werden schliesslich noch angeschrieben. Weitergehende Versuche Kirkmans, die gefundenen Formeln für singuläre Grund-n-flache zu erweitern, scheitern, wie er bemerkt, an der Kompliziertheit der nötigen Operationen.

Die soeben besprochene Methode, neue Vielflache aus gegebenen durch Abschneiden von Ecken zu erhalten, in der erwähnten Abhandlung allerdings nur für den Fall dreiseitiger Schnitte durchgeführt, ist an sich sehr naheliegend und in der That schon älter, ebenso wie die zugeordnete des Aufsetzens von Pyramiden auf die Flächen eines n-Ecks. Schon Paciuolo bringt beide in seiner Divina Proportione (1509) zur Erzeugung neuer Polyederformen aus den regelmässigen Körpern als *Abschneiden* (abscindere) und *Aufsetzen* (elevare) in Anwendung[8]), und bei Kästner[9]) findet sich dasselbe Verfahren zu demselben Zwecke. Die durch Diskussion der Gleichung $3f_3 + 2f_4 + f_5 = 12 + f_7 + \ldots$, welche zur Einteilung der allgemeinen n-flache in die drei Klassen der P_n', P_n'', P_n''' führte, als notwendig erkannten drei Operationen des Abschneidens mittels 3-, 4- und 5-seitiger Schnitte finden sich als Fundamentalkonstruktionen klar unterschieden erst in Eberhards Morphologie. Die von mir durch sie bewirkte Ableitung der Neun- und Zehnflache stammt aus dem Jahre 1893.[10])

Von den weiteren Arbeiten Kirkmans, die sämtlich in den Philosophical Transactions veröffentlicht

---

1) Diese Bezeichnung rührt aber erst von O. Hermes her (s. später).

2) Kirkman, On the Representation and Enumeration of Polyedra. Memoirs of the Literary and Philos. Society of Manchester. 2. series. vol. XII. 1855. S. 47.

3) Kirkman, On the Enumeration of x-edra having triedral summits and an $(x - 1)$-gonal base. Philos. Transact. of the Royal Society. 1856. S. 399.

4) Es wird bewiesen, dass nicht vier gleiche Folgen vorkommen können. a. a. O. S. 400.

5) Man schreibe jede Reihe auf einen Kreis und beginne den Umlauf in beiderlei Sinne bei der überstrichenen Zahl.

6) a. a. O. S. 408.

7) a. a. O. S. 410. Für $n = 4, 5, 6, 7, 8, 9, 10$ ist die Anzahl der Grundvielflache bez. 1, 1, 1, 3, 4, 12, 27. Unter den 82 Grundelfflachen befinden sich 20, 42, 19, 1 mit bez. 2, 3, 4, 5 Dreiecken.　　8) Vergl. Cantor II. S. 313.

9) Kästner, De corporibus regularibus abscissis et elevatis. Comment. soc. reg. scient. Gottingensis classis math. Tom. XII. 1793 u. 94. S. 61 ff.

10) Vergl. Programm, Realgymn. Zwickau. 1897. S. 10. Anm. 23.

wurden[1]), ist die über die autopolaren Polyeder besonders bemerkenswert; die Ergebnisse derselben sind in nuce in den Entwickelungen von Nr. 75 des Textes mit einigen Abänderungen und Vereinfachungen enthalten, auch ist hier von allem algebraischen Beiwerk, das sich in der Originalabhandlung findet, abgesehen worden. In der zweiten Abhandlung vom Jahre 1857 (s. unten) wird die Untersuchung der Grund-n-flache nochmals vorgenommen und auf die Polygonteilung zurückgeführt. Die übrigen Abhandlungen beschäftigen sich mit den singulären Vielflachen, die letzte besonders mit den Symmetrieverhältnissen, und es wird auf Grund dieser eine Einteilung der n-flache in Klassen zustande gebracht, auf die hier nicht eingegangen werden kann. Nicht unerwähnt soll aber bleiben, dass sich bei Kirkman wiederholt Versuche finden, eine kurze Bezeichnung für Polyeder durch Ecken- und Flächenausdrücke festzusetzen; zuerst in der Abhandlung On the Representation of Polyedra, dann in einer von Cayley herrührenden Note „On the Analytic Problem of the Polyedra“ in der Schrift über autopolare Polyeder. Nachdem die Ecken eines Vielflaches ebenso wie seine Flächen durch Buchstaben (a, b, $c \ldots$ bez. A, B, $C \ldots$) bezeichnet sind, wird gezeigt, wie sich die Ecken durch die Flächen und umgekehrt, die Kanten durch beide ausdrücken lassen, und es wird die Darstellung des Vielflaches durch Ecken- und Flächenausdrücke gelehrt, wie bei Möbius, nur mit dem wesentlichen Unterschiede, dass auf das Kantengesetz keine Rücksicht genommen ist. Es sei beiläufig bemerkt, dass auch Catalan[2]) eine symbolische Bezeichnung für Polyeder giebt, die dazu dient, die Möglichkeit der geometrischen Konstruktion eines Lösungssystemes der Gleichungen der e_i und f_i zu untersuchen; doch ist die Darstellung so kompliziert, dass unsres Erachtens ein blosses Probieren ebenso rasch zum Ziele führt.

Einen etwas breiteren Raum müssen wir der Besprechung von Hermes' Methode zur Ableitung der n-flache widmen, die sich, wie bemerkt, in Kirkmans erster Abhandlung vom Jahre 1855 bereits findet, und die von Hermes aufs neue gefunden, vervollkommnet, ausführlich dargestellt und zur Bestimmung der Typen der Vielflache bis zu denen mit zwölf Grenzflächen (einschliesslich) verwandt wurde. Von den beiden zunächst zu erwähnenden Arbeiten von Hermes[3]) beschäftigt sich die erste mit den Grund-n-flachen, die zweite mit den allgemeinen Vielflachen überhaupt. — Eine Fläche des n-flaches, welche die grösste vorkommende Kantenzahl besitzt, werde als *Grundfläche* bezeichnet. Die Anzahl der *Seitenflächen*, d. h. derjenigen, welche mit der Grundfläche eine Kante gemein haben, und der *Deckflächen*, d. i. der übrigen noch vorhandenen Flächen, ist durch die Zahl der Kanten der Grundfläche bestimmt. Ist diese ein m-eck, so existieren m Seitenflächen und $m - n - 1$ Deckflächen. Nennt man die Kanten der Grundfläche *Grundkanten*, die, welche einen Endpunkt in einer Ecke der Grundfläche haben, *Seitenkanten*, alle übrigen *Deckkanten*, so ist die Anzahl dieser drei Arten bez. m, m und $3n - 2m - 6$. Man kann dann die n-flache nach der Zahl der Grundkanten, oder da durch diese die Zahl der Deckflächen bestimmt ist, nach deren Zahl ordnen. Ein n-flach mit λ Deckflächen ist eins über einem $(n - \lambda - 1)$-eck als Grundfläche. Für jedes n-flach lässt sich auch leicht eine Schreibweise (Formel) angeben, aus der sich die geometrische Gestalt selbst sofort ablesen lässt: Zunächst wird die Grundfläche angeschrieben, alsdann die Seitenflächen, immer in einem bestimmten Sinne genommen, und dann die Deckflächen in demselben Cyklus, und zwar so, dass die erstgewählte Deckfläche auf die letzte Seitenfläche folgt; dabei ist die Verbindung der Deckflächen durch *Zwischenkanten* als charakteristisch für das Vielflach mit anzumerken. Es würden z. B. die Zehnflache X_{79} und X_{60} auf Tafel V, sowie das Zehnflach X_{38a} auf Tafel IV zu schreiben sein: $(7; 4, 6, 4, 4, 6, 4, 4; 5 - 4)$, $(6; 6, 6, 4, 6, 6, 4; 3 - 4 - 3)$, und $(7; 6, 6, 3, 5, 6, 5, 4; 3 \overline{-}_3 3)$. Da durch die Zahl m der Grundkanten eines n-flaches die Zahl der Deckflächen und Deckkanten vollkommen bestimmt ist, braucht man, um alle n-flache für einen bestimmten Wert λ von Deckflächen zu finden, nur alle möglichen Deckflächen- und Deckkantensysteme aufzustellen. Hermes bezeichnet als *Kantenfigur* eines n-flaches das System von Flächen und Kanten, welches übrig bleibt, wenn man von dem Vielflach alle Seitenflächen und -kanten, sowie die Grundfläche und ihre Kanten weglässt.[4]) Umgekehrt ist das zu einer gegebenen Kantenfigur gehörige Vielflach sofort zu zeichnen: „Man hat zu diesem Zweck nur an jeden freien Endpunkt einer Kante der Deckkantenfigur ein Seitendreieck anzusetzen, an jede frei vortretende Deckkante ein Viereck, an jeden einspringenden Winkel zweier Deckkanten ein Fünfeck, an jede durch aufeinanderfolgende Deckkanten gebildete einspringende offene Figur von 3, 4 ... Kanten bez. ein Sechseck, Siebeneck ... Es bedarf geringer Übung, um die Deckkantenfigur sich zur Figur des zugehörigen Vielflachs vervollständigt zu denken.“[5]) Es ist also ersichtlich, dass die Auffindung der Vielflache einer bestimmten Flächenzahl n auf die Auffindung aller möglichen Kantenfiguren

---

1) Im Jahre 1856: On the Representation of Polyedra (a. a. O. 1856. S. 413); im Jahre 1857: On autopolar Polyedra (a. a. O. 1857. S. 183) und On the K-partitions of the R-gon and R-ace (a. a. O. 1857 S. 217); im Jahre 1858: On the Partitions of the R-Pyramid, being the first class of R-gonous X-edra (a. a. O. 1857. S. 145); und im Jahre 1862: On the theory of the Polyedra (a. a. O. 1862. S. 121).	2) Catalan, a. a. O. S. 11 ff.

3) Über Anzahl und Form von Vielflachen. Progr. Kölln. Gymn. Berlin 1894 und: Verzeichnis der einfachsten Vielflache. Progr. ebenda. 1896.

4) In den Diagrammen der Sechs-, Sieben- und Achtflache, Tafel II, sind die *Kantenfiguren* durch stärkere Linien und Schraffierung der Deckflächen kenntlich gemacht.

5) Hermes, Progr. 1896. S. 6.

zurückgeführt ist.[1]) Es sei das Gesagte an den Grund-n-flachen und den Achtflachen mit einer Deckfläche erläutert. Bei einem Grund-n-flach ist die Zahl der Deckkanten $k - 2\,(n - 1)$ d. h. $n - 4$. Es existieren unter den Seitenflächen mindestens zwei Dreiecke, weil der Zug der Deckkanten, da er nicht geschlossen sein darf, mindestens zwei freie Ecken hat. Ist der Deckkantenzug verzweigt, so wächst die Zahl der Dreiecke bis zu dem Maximum $\dfrac{n-2}{2}$ oder $\dfrac{n-1}{2}$, je nachdem n gerade oder ungerade ist. (Vergl. die Siebenflache VII_2, VII_3, VII_1 und die Achtflache VIII_4, VIII_5, VIII_6, VIII_2 auf Tafel II.) Für die Minimalzahl 2 der Dreiecke ist zu unterscheiden, wieviel freie Ecken der Grundfläche zwischen den beiden Dreiecken liegen. Bei *keiner* freien Ecke ergiebt sich nur *ein* Grundflach (z. B. für $n = 10 : X_{41}$, Tafel IV). Ist *eine* freie Ecke vorhanden, so kann diese mit jeder einzelnen der $n - 5$ Zwischenecken des Deckkantenzuges verbunden sein; aber verschiedene Typen ergeben sich nur, wenn man die freie Ecke mit der ersten Hälfte der Zwischenecken verbindet, denn weiterhin treten die Spiegelbilder der bisherigen Vielflache auf. (Vergl. die Zehnflache 42, 44^b, 45^b, Tafel IV.) Man findet also $\dfrac{n-4}{2}$ oder $\dfrac{n-5}{2}$ derartige n-flache, je nachdem n gerade oder ungerade ist. Die weitere Behandlung der Grund-n-flache mit zwei Dreiecken findet sich bei Hermes, Progr. 1894. S. 12 ff. und führt für deren Anzahl zu den Werten $2^{\frac{n-8}{2}} \cdot \left(2^{\frac{n-6}{2}} + 1\right)$ oder $2^{\frac{n-7}{2}} \cdot \left(2^{\frac{n-7}{2}} + 1\right)$, je nachdem n gerade oder ungerade ist. Diese Formeln geben für die Zahl der genannten Grundflache dieselben Werte, welche Kirkman S. 410 seiner (als zweiten bezeichneten) Abhandlung anführt. Bei Hermes werden aber weiter nur noch die Resultate für den Fall von drei Dreiecken gegeben.[2])

Es sollen ferner noch die Vielflache mit *einer* Deckfläche, deren Grundfläche also ein $(n - 2)$-eck ist, betrachtet werden. Die Deckfläche ist dann ein Vieleck mit $n - 2$, $n - 3$, $n - 4$, ... 5, 4, oder 3 Kanten. Von den $3\,n - 6$ Kanten des Vielflaches sind $n - 2$ Grundkanten und ebensoviel Seitenkanten. Hat demnach die Deckfläche μ Kanten, so besitzt sie noch $3\,n - 6 - 2\,(n - 2) - \mu$ d. h. $n - 2 - \mu$ *freie* Kanten, die in den verschiedensten Gruppierungen, vereinzelt oder auch sämtlich zu offenen Systemen vereinigt und an verschiedene konvexe Ecken der Deckfigur verteilt vorkommen können. Ist z. B. $n = 8$, so ist die Deckfläche ein 6-, 5-, 4- oder 3-eck mit bez. 0, 1, 2 oder 3 freien Kanten und es sind für die Gestalt der Deckfläche mit ihren freien Kanten die Anordnungen möglich, wie sie die Figuren 67 zeigen. Aus diesen Deckkantenfiguren — die beiden letzten ausgenommen — lassen sich in der vorher geschilderten Weise die Achtflache VIII_{12} bis $VII_{7\,b}$ (in der Reihenfolge wie sie Tafel II zeigt) konstruieren. Die letzte und vorletzte Anordnung dagegen führen, wie man sich leicht überzeugt, auf die Achtflache VIII_2 und VIII_5, nur dass dann jedesmal das vorkommende Sechseck als Grundfläche erscheint. Auf diesen Uebelstand der Methode, dasselbe Vielflach auf verschiedenerlei Weise zu ergeben, war aber bereits hingewiesen. O. Hermes hat mittels derselben die Typen der allgemeinen n-flache für $n = 11$ und $n = 12$ bestimmt, und an Zahl zu beiläufig 1250

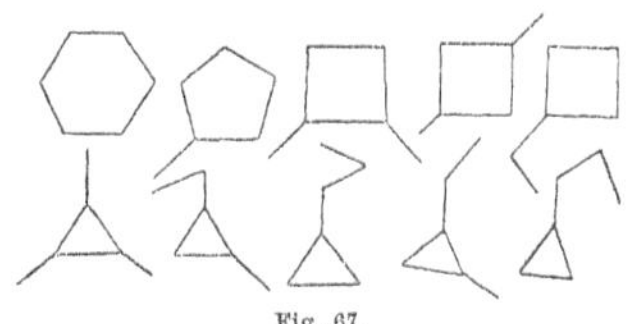

Fig. 67.

und 7533 gefunden.[3]) In der Abhandlung „Die Formen der Vielflache" im ersten Hefte von Bd. 120 des Journals für die reine und angewandte Mathematik hat Hermes seine Methode der Ableitung der allgemeinen Vielflache im Zusammenhange dargestellt; auch ist sie von ihm für die singulären Vielflache verallgemeinert worden[4]), worauf wir sogleich noch eingehen wollen. Soll nicht verkannt werden, dass für die Ableitung der möglichen Typen der allgemeinen Vielflache einer bestimmten Anzahl n von Grenzflächen mittels dieser geschilderten Methode ebensoviel

---

1) Hermes' Methode hat die Vorteile, dass die Ableitung der m-flache von der Kenntnis der $(n - 1)$-flache unabhängig ist, dass die Kantenfigur schneller durch Zeichnung zu fixieren ist, als das ganze Diagramm, auch nicht leicht, wenigstens bei den Vielflachen nicht zu grosser Flächenzahl, bei einiger Aufmerksamkeit eine Kantenfigur übersehen wird, aber den Nachteil, dass auch hier dasselbe Vielflach mehrere Male erscheint, auf verschiedene seiner Grenzflächen als Grundfläche bezogen, wenngleich dieser Übelstand hier nicht so oft auftritt, wie bei den früher geschilderten Verfahren.

2) Progr. 1894. S. 17.

3) Ob dies die endgültigen Werte sind, dürfte noch offenstehen, da für $n = 10$ die Anzahl nach derselben Methode zunächst irrtümlicherweise zu 231 gegeben war. (Progr. 1896. S. 23.) Bei grösserer Flächenzahl des Vielflaches ist eben die Bestimmung der Deckkantenfigur an sich schon ein nicht zu unterschätzendes kombinatorisches Problem. Man vergleiche hier noch die Zehnflache mit einer Deckfläche, deren Grundfläche also ein Achteck ist: X_1, $X_{5\,a}$ bis X_{12}, $X_{25\,a}$ bis $X_{27\,b}$ auf Tafel III; $X_{28\,a}$ bis X_{33}, $X_{48\,a}$ bis $X_{53\,f}$ auf Tafel IV und X_{64} bis $X_{67\,b}$, X_{77} auf Tafel V. Von den allgemeinen Elfflachen besitzen 82, 279, 510, 336, 43 Typen bez. 0, 1, 2, 3, 4 Deckflächen. Es existieren 228, 986, 2237, 2806, 1205, 70 Typen der Zwölfflache mit 0, 1, 2, 3, 4, 5 Deckflächen und ein Zwölfflach, das Pentagondodekaeder, mit sechs Deckflächen.

4) Dieselbe Zeitschrift. Bd. 120. Heft 4. S. 305 ff.

geleistet wird, und mindestens nicht umständlicher, als durch andre Methoden, so lässt sich doch kaum leugnen, dass das Herausgreifen einer bestimmten Fläche als Grundfläche, wenn es nicht nur zur bequemeren bildlichen Darstellung geschieht, an und für sich etwas Willkürliches ist, wodurch dieser Fläche für das Vielflach eine Bedeutung beigelegt wird, die ihr nicht zukommt. Das wird um so bemerkbarer, je grösser der Wert n der Flächenzahl ist. Dieses Beziehen des Gesamtvielflachs auf eine Fläche lässt sich vergleichen mit der Einführung eines Koordinatensystems, das der Gestaltung eines geometrischen Gebildes an sich fremd ist. Wenn aber die symbolische Darstellung eines Vielflaches durch eine Formel von Hermes auch auf die singulären ausgedehnt wird[1]), so geschieht gewiss ein wesentlicher Schritt, diese bisher ziemlich vernachlässigten Gebilde in den Kreis der Betrachtung zu ziehen und es erweist sich diese Darstellung insofern von besonderer Bedeutung, als es durch sie gelingt, die polar-reciproken singulären Vielflache in einfacher Abhängigkeit von einander zu zeigen. Auch zur Auffindung der autopolaren Vielflache ist die Methode dann dienlich.[2]) Zunächst ist zu bemerken, dass bei Hermes die Ableitung der singulären Vielflache aus den allgemeinen in andrer Weise erfolgt, als in unsrem Texte erläutert wurde. Entfernt man nämlich bei einem singulären Vielflache V mit e Ecken, unter denen sich μ mit $m_1, m_2, \ldots m_\mu$ Kanten $(m > 3)$ befinden, alle diese mehr als dreikantigen Ecken durch ebene Schnitte, so entsteht ein allgemeines Vielflach V_0 mit e_0 Ecken und f_0 Flächen, und es ist: $e_0 = e - \mu + m_1 + m_2 + \ldots + m_\mu = e + \Sigma m - \mu$, $f_0 = f + \mu$. Da nun e_0 gleich $2 f_0 - 4$ ist, so kommt $e + \Sigma m - \mu = 2 f + 2\mu - 4$, oder $2\mathfrak{f} - e = \Sigma m - 3\mu + 4$.[3]) Umgekehrt erhält man ein singuläres Vielflach aus einem allgemeinen, indem man auf einer oder mehreren der mehrkantigen Flächen α des allgemeinen Vielflaches *Pyramiden* errichtet, deren Seitenflächen in den Ebenen der Nachbarflächen jener zur Basis gewählten Fläche α liegen; die also entstehen, indem man alle Nachbarflächen einer mehr als dreikantigen Fläche eines allgemeinen Vielflaches zum Schnitt bringt.[4]) Diese Nachbarflächen verlieren dadurch je eine Ecke. Es sind daher nur solche Flächen α zur Konstruktion verwendbar, von deren Nachbarflächen keine dreikantig ist. Auch sind bei Fortsetzung der Konstruktion alle Flächen α ausgeschlossen, die mehr als dreikantige Ecken besitzen.[5]) Ein bestimmtes singuläres Vielflach V ist demnach aus einem allgemeinen V_0 abzuleiten, dessen Flächenzahl um die Anzahl der mehrkantigen Ecken von V grösser ist, als die Flächenzahl von V. Nun besitzt V das Maximum mehrkantiger Ecken, wenn die Ecken durchweg vierkantig sind. Dann wird die zuletzt geschriebene Gleichung $2 f - e_4 = 4 e_4 - 3 e_4 + 4$, d. h. $e_4 = f - 2 = \mu$, also $f_0 = 2 f - 2$. Im ungünstigsten Falle braucht man also zur Herstellung der Typen des singulären n-flaches noch die allgemeinen $(2 n - 2)$-flache, z. B. zur Erzeugung der singulären Achtflache noch die allgemeinen Vierzehnflache, da für $n = 8$ in der That ein singuläres Vielflach mit durchweg vierkantigen Ecken existiert.[6]) Die Bezeichnung des singulären Vielflaches und seine Ableitung aus dem allgemeinen sei durch das folgende Beispiel erläutert.

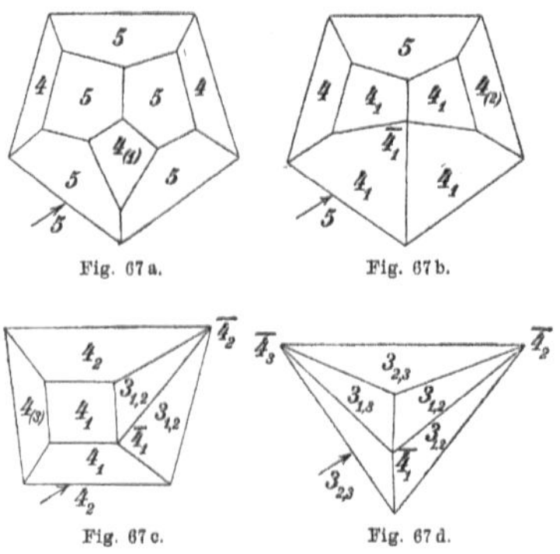

Fig. 67a.   Fig. 67b.

Fig. 67c.   Fig. 67d.

Das in Fig. 67a dargestellte Neunflach IX_{88} (nach Taf. III) hat die Formel: $(5; 5, 4, 5, 5, 4; 5, 5, 4_{(1)})$, wobei der Index (1) die Fläche heraushebt, die durch Aufsetzen einer Pyramide eliminiert werden soll. Diese Elimination führt zu dem Achtflache Fig. 67b mit der Formel: $(5; 5, 4_{(2)}, 4_1, 4_1, 4; 4_1, 4_1, 4_1)$. Hier deuten die Indices 1 an, dass an den betr. Flächen, die der eliminierten Fläche 4_1 benachbart waren, eine mehr als dreikantige Ecke liegt, so dass also nur die den Zahlen ohne Index zugehörigen Flächen ringsum von dreikantigen Ecken umgeben sind und für die weitere Konstruktion in Betracht kommen. $\overline{4}_1$ bedeutet die vierkantige Ecke, die an Stelle der Fläche 4_1 getreten ist. Die Elimination eines der noch hierzu verfügbaren Vierecke (z. B. $4_{(2)}$ in Fig. 67b) führt zu dem Siebenflache Fig. 67c mit der Formel: $(4_2; 4_2, \overline{4}_2, 3_{1,2}, 4_1, 4_{(3)}; 4_1, \overline{4}_1, 3_{1,2})$, und die Elimination des Vierecks $4_{(3)}$ endlich ergiebt das Sechsflach Fig. 67d, dessen Formel $(3_{2,3}; 3_{2,3}, \overline{4}_2, 3_{1,2}, 3_{1,3}, \overline{4}_3; 3_{1,3}, \overline{4}_1, 3_{1,2})$ ist. Die Anzahl der Indices an einer Fläche zeigt hier an, wieviel mehr-

<hr>

1) a. a. O. S. 308 ff.

2) Nach briefl. Mitteilungen. Die betr. Untersuchungen bilden den Inhalt des dritten Teiles ders. Abhandlung des Verf. (z. Z. noch nicht veröffentlicht.)

3) Den reciproken Satz und das Verhältnis beider Sätze zum Eulerschen Satz s. a. a. O. S. 306.

4) Es lässt sich nach früherem stets unter den unendlich vielen isomorphen Typen eines bestimmten allgemeinen Vielflaches einer finden, bei dem die n Nachbarflächen einer Fläche durch einen Punkt gehen.

5) Weitere Beschränkungen s. a. a. O. S. 307.

6) Zur Ableitung der singulären Fünf-, Sechs-, Siebenflache hat man die allgemeinen Vielflache bis zu $n = 6, 9, 11$ Flächen nötig, da bei den genannten singulären Vielflachen nicht alle Ecken vierkantig sein können. Vergl. a. a. O. S. 312.

kantige Ecken diese Fläche besitzt. — Hermes giebt S. 316—333 a. a. O. das vollständige Verzeichnis der singulären Fünf-, Sechs-, Sieben- und Achtflache[1]), worin ein Hauptverdienst der Abhandlung besteht. Auf die weiteren sich anschliessenden interessanten Untersuchungen dieser Vielflache (a. a. O. S. 333—353) sei hier nur hingewiesen. — Wir wenden uns im folgenden zurück zur Morphologie der *allgemeinen* Vielflache im Sinne Eberhards, dem auch die Betrachtungen über Stamm- und Scheitelflächensysteme, sowie über die Kreuzungskanten bereits angehörten.

77. Die Kantenpolygone eines Vielflaches.[2])

Ein einfaches, einteiliges Kantenpolygon P auf einem n-flach A_n ist eine Folge beliebig vieler Kanten $k_1, k_2, \ldots k_m$, in welcher der Endpunkt einer Kante k_i mit dem Anfangspunkte der nächsten Kante k_{i+1} zusammenfällt und der Endpunkt der letzten Kante k_m identisch mit dem Anfangspunkte der ersten Kante k_1 ist. Schneidet sich P nicht selbst, so wird die Oberfläche von A_n durch P in zwei einfach berandete Flächenstücke S_1 und S_2 geteilt, deren Ränder P_1 und P_2 isomorph mit P sind. Es heissen nämlich zwei Polygone P und P' isomorph, wenn sich ihre — an Zahl gleichen — Kanten $k_1, k_2 \ldots k_m$ und $k_1', k_2' \ldots k_m'$ so ordnen, dass, falls irgend welche aufeinanderfolgende Kanten $k_\lambda, k_{\lambda+1} \ldots k_{\lambda+\mu}$ in einer Ebene liegen, dies auch für die Folge entsprechender Kanten $k_\lambda', k_{\lambda+1}' \ldots k_{\lambda+\mu}'$ gilt. — Man nennt die Flächen von S_1, von denen nur eine Kante dem Polygone P angehört, *zurücktretende Flächen* von S_1, die andern *vorgeschobene Flächen*. Das Entsprechende gilt für S_2. Bezeichnet man mit b_h und c_h die Menge der Randflächen β von S_1 bez. γ von S_2, welche h auf einander folgende Kanten des Polygons P enthalten, so ist die Zahl m aller Kanten von P sowohl durch $b_1 + 2b_2 + 3b_3 + \ldots$ als auch durch $c_1 + 2c_2 + 3c_3 \ldots$ ausgedrückt. Nun gehören die erste und letzte Kante, die eine vorgeschobene Fläche von S_1 in P hat, zu einer vorgeschobenen Fläche von S_2, d. h. zu einem vorgeschobenen n-eck β gehören $n - 2$ zurücktretende Flächen γ, also ist deren Gesamtzahl $c_1 = b_3 + 2b_4 + 3b_5 \ldots$ Analog ist $b_1 = c_3 + 2c_4 + 3c_5 + \ldots$ Zieht man von $b_1 + 2b_2 + 3b_3 + \ldots = c_1 + 2c_2 + 3c_3 + \ldots$ die Gleichungen $b_1 = c_3 + 2c_4 + \ldots$ und $b_3 + 2b_4 + \ldots = c_1$ ab, so kommt nach Division durch $2 : b_2 + b_3 + b_4 + \ldots = c_2 + c_3 + c_4 \ldots$ d. h. *die Anzahl der vorgeschobenen Flächen von S_1 und S_2 ist dieselbe*. Bezeichnet man diese Anzahl mit v, und schreibt den obigen Wert für m in der Form: $m = b_1 + 2 (b_2 + b_3 + b_4 + \ldots) + b_3 + 2b_4 + 2b_5 + \ldots$ so ergiebt dies: $m = b_1 + 2v + c_1$, d. h.: *Die Zahl aller an ein Polygon P grenzenden Flächen $b_1 + c_1 + 2v$ ist gleich der Zahl seiner Kanten; jede Fläche so oft gezählt, als sie getrennte Kantenfolgen in P enthält;* und: *Ein Polygon P besitzt stets eine gerade Anzahl $2v$ gemeinsamer Kanten zweier vorgeschobenen Flächen β und γ.*

Denkt man sich die Kanten des Polygons P, die derselben Grenzfläche angehören, durch die übrigen Kanten der Grenzfläche ersetzt, d. h. schafft man eine Fläche von S_1 gewissermassen auf die andre Seite des Polygons, dass sie S_2 angehört, so heisst das neue Polygon P' ein *Nachbarpolygon* von P. Aus dem vorhergehenden folgt dann: *Jedes Polygon P besitzt m Nachbarpolygone.*

Denkt man sich durch zwei auf einander folgende Kanten von P die Ebene gelegt, d. i. nichts anderes, als die Ebene einer an P grenzenden Fläche des Vielflaches, so liegt dieses, da es konvex vorausgesetzt ist, lediglich auf einer Seite dieser Ebene. Umgekehrt lässt sich zeigen[3]), dass ein beliebig im Raume gegebenes (aus Strecken zusammengesetztes) Polygon $P = k_1 k_2 \ldots k_m$ als Kantenpolygon eines konvexen Vielflaches aufgefasst werden kann, wenn jede durch zwei oder mehrere auf einander folgende Kanten gehende Ebene alle übrigen Kanten des Polygons auf ein und derselben Seite liegen hat. Wie ferner nach früherem isomorphe Polyeder durch Variation der Grenzebenen stetig in einander übergeführt werden können, so können auch zwei isomorphe Kantenpolygone — man denke sie sich als Polygone isomorpher Vielflache — unter Erhaltung ihres morphologischen Charakters stetig in einander übergeführt werden. Hat man nun auf einem Vielflache A_n μ Polygone $P_1, P_2, \ldots P_\mu$, die sich nicht selbst oder gegenseitig durchsetzen, und zerschneidet man das Vielflach[4]) längs dieser Polygone, so zerfällt es in μ einfach berandete und ein

---

1) Es ist, wenn $V_{n,i}$ die Anzahl der singulären n-flache mit i mehrkantigen Ecken bezeichnet: $V_{5,1} = 1$; $V_{6,1} = 3$, $V_{6,2} = 1$, $V_{6,3} = 1$; $V_{7,1} = 11$, $V_{7,2} = 11$, $V_{7,3} = 6$, $V_{7,4} = 1$; $V_{8,1} = 54$, $V_{8,2} = 93$, $V_{8,3} = 70$, $V_{8,4} = 23$, $V_{8,5} = 2$, $V_{8,6} = 1$. Die zugehörigen Figuren sind nach den bei Hermes angeführten Formeln leicht herzustellen.

2) Im folgenden ist nur von allgemeinen Vielflachen die Rede, wenn nichts Besonderes bemerkt ist.

3) Eberhard, Morphologie. S. 57.   4) Selbstverständlich ist hier und weiterhin stets die Oberfläche gemeint.

μ-fach berandetes Flächenstück. Ist also umgekehrt eine durch die Polygone P_1, P_2, $\ldots P_\mu$ μ-fach berandete polyedrische Fläche gegeben, so kann man sie durch μ einfach berandete Flächenstücke S_1, S_2 $\ldots S_\mu$ schliessen, falls deren Randpolygone P_1', P_2', $\ldots P_\mu'$ isomorph mit P_1, P_2, $\ldots P_\mu$ sind, lediglich durch Variation jener Polygone unter Erhaltung ihres morphologischen Charakters.

78. Enthaltende (reducible) und enthaltene Vielflache. Erweiterung eines Vielflaches. Sind die eben besprochenen Polygone P_1, P_2, $\ldots P_\mu$ des Vielflaches A_n so beschaffen, dass sich, mit Weglassung des μ-fach berandeten Stückes, die μ polyedrischen Flächenstücke S_1, S_2, $\ldots S_\mu$ (natürlich nach Variation der Grenzebenen, welche den morphologischen Charakter nicht ändert) zu einem neuen Vielflach A_p (wo $p < n$ ist) zusammensetzen lassen, so heisst dieses neue Vielflach A_p *enthalten* in A_n, oder *enthaltenes Vielflach*, und A_n heisst das *enthaltende (reducible) Vielflach*. Umgekehrt wird sich dann aus A_p durch Zerschneidung längs gewisser polygonaler Züge, wodurch die Oberfläche in μ einfach zusammenhängende Stücke zerfällt, und Einfügung des μ-fach berandeten Flächengürtels zwischen die nun getrennten Teile S_1, S_2, $\ldots S_\mu$ durch *Erweiterung* das Vielflach A_n herstellen lassen. Existiert nun auf einem Vielflache ein System von Polygonen P_1, $\ldots P_\mu$, von denen jedes mit einer bestimmten Anzahl der anderen längs je eines bestimmten Zuges dentisch ist, welche das Vielflach in μ einander ausschliessende Stücke S_1, S_2, $\ldots S_\mu$ teilen, und lassen sich diese Stücke nach Zerschneidung des Vielflaches längs der polygonalen Züge nach Einfügung von *Erweiterungsflächen* an ihren Rändern zu einem neuen Vielflach schliessen, so heisse das System der Polygone ein *Erweiterungsnetz* des ursprünglichen Vielflaches. Wie längs eines solchen Erweiterungsnetzes *stets* aus einem ursprünglichen A_n ein erweitertes $A_{n+\nu}$ erhalten werden kann, zeigt die folgende Konstruktion. Es bestehe zunächst das Netz nur aus dem einen Polygone P, und S_1 und S seien die einfach durch P berandeten Teile, in welche das Vielflach A_n durch Zerschneidung längs P zerfällt. Die Randflächen auf S_1 seien β_1, β_2, $\ldots \beta_i$, die auf $'S$ seien γ_1, γ_2, $\ldots \gamma_k$. Auf den beiden Randgürteln der β und γ konstruiere man die mit P isomorphen Polygone P' und P'' — in Fig. 68 punktiert gezeichnet —, welche die mit S_1 und S isomorphen polyedrischen Flächen S_1' und S' beranden. Man orientiere dann die beiden Polygone P' und P'' so, dass jede Kantenfolge, die

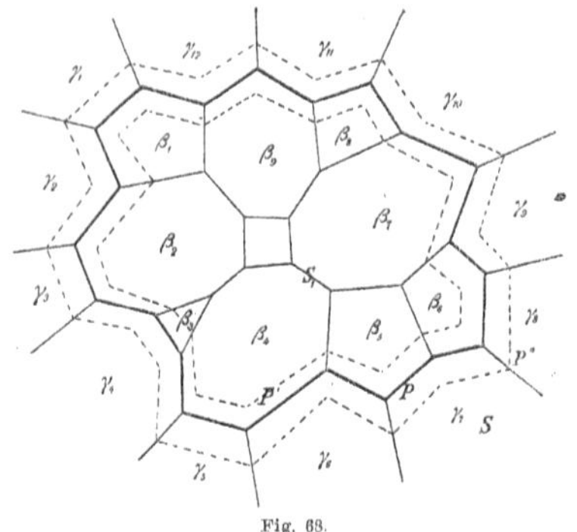

Fig. 68.

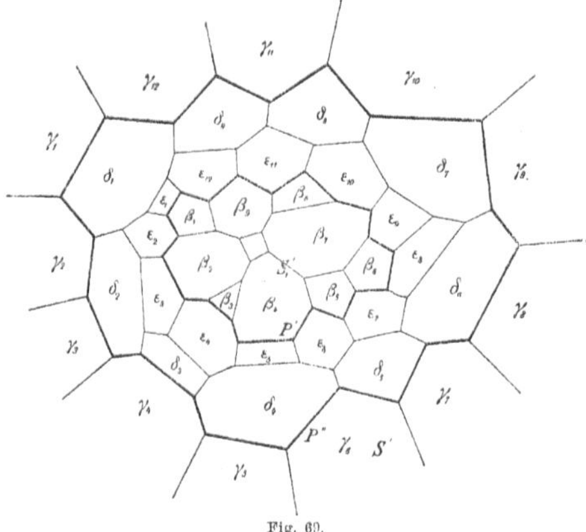

Fig. 69.

in P'' auf einer und derselben Fläche γ verläuft, in P' in einer Ebene liegt, und dass umgekehrt jede Kantenfolge, die in P' in derselben Fläche β verläuft, in P'' in einer Ebene liegt. Legt man dann durch alle Kanten von P' und P'' Ebenen, durch die Kantenfolgen die schon erwähnten, durch Einzelkanten — wie die Mittelkante auf β_4 (Fig. 68), welche der einzelverlaufenden Kante von P'' auf γ_5 entspricht — beliebige, so bringt man diese Ebenen, deren Anzahl gleich der Zahl m der Kanten des Polygons P ist, leicht so zum Schnitt, dass gerade das Polygon P von dem Vielflach abgeschnitten wird, und zwischen die beiden Bestandteile

S' und S_1' ein Gürtel von m Flächen eingeschaltet ist. Vergl. Fig. 69, S. 100. Die hier stark gezeichneten Polygone sind die punktierten der Fig. 68. Die eingeschalteten Flächen δ, die an S' grenzen, sind an Zahl den β gleich, denn sie grenzen an entsprechende Ufer der isomorphen Polygone; die Flächen ε stimmen an Zahl mit den γ überein, aus demselben Grunde. P hatte m Kanten. Dies war nach dem früheren Satze auch die Anzahl $\beta + \gamma$ der Flächen; also sind auch $m = \delta + \varepsilon$ Flächen eingeschaltet, und das die Flächen δ und ε trennende neue Polygon ist somit ebenfalls m-kantig. Längs dieses neuen m-kantigen Polygons kann man mittels derselben Konstruktion wieder m Flächen einschalten u. s. w. Man kann somit durch Erweiterung längs eines m-kantigen Polygons P aus einem Vielflach A_n ein Vielflach $A_{n+\sigma m}$ konstruieren, wo σ jede beliebige positive ganze Zahl bedeutet. Da man ferner das Polygon P beliebig wählen kann (die Beschränkungen s. später), so lässt jedes Vielflach unbeschränkt viel Erweiterungen zu, auch von einer nicht durch m teilbaren ganz beliebigen Anzahl von Flächen, da man ja auf dem eingeschalteten Gürtel durch Abschneiden von Ecken und Kanten, d. h. durch eine der drei Fundamentalkonstruktionen, beliebig viel Dreiecke, Vierecke und Fünfecke einfügen kann.

Besteht das Erweiterungsnetz aus mehreren Polygonen $P_1, P_2, \ldots P_\mu$, die sich nicht schneiden, so führe man die obige Konstruktion zunächst an einem Polygone, etwa P_1, aus. Auf dem erweiterten Vielflache sind noch den $P_2, P_3, \ldots P_\mu$ isomorphe Polygone enthalten, da ja das „ausserhalb" P_1 befindliche polyedrische Flächenstück S nicht morphologisch geändert worden ist. Nun erweitere man längs P_2 u. s. w. Das schliesslich erhaltene Vielflach enthält die μ von den Polygonen P_i einfach berandeten Flächenstücke $S_1, S_2 \ldots S_\mu$ in durchaus getrennten Lagen.

Jeder Bestandteil S muss mindestens drei Flächen enthalten. Denn besteht S_1 nur aus einer Fläche α, so liegen alle Randkanten des übrigen Teiles von A_n in einer Ebene, und da in einer Ecke nur drei Flächen zusammenstossen dürfen, so kann man an den Rand von $A_n - S_1$ keine andern Flächen ansetzen, als eben wieder die Fläche α. Entsprechend ist die Überlegung, wenn S_1 nur zwei Flächen α und β enthält. Dagegen kann man wohl einzelne Flächen $\alpha, \beta \ldots$ isolieren, nur müssen die sie berandenden Polygone sich um *mehrere getrennte* Flächenstücke S_i erstrecken. Ein Beispiel hierfür zu geben wird sich in Nr. 83 Gelegenheit finden. (Vergl. Fig. 3^{b} Tafel VI.) Woran erkennt man nun, dass ein Vielflach A' durch Erweiterung aus einem andern Vielflach A entstanden ist, d. h. dass A' enthaltendes (reducibles) Vielflach ist? Dass es nicht-enthaltende (irreducible) Vielflache giebt, lehren das Vier-, Fünf-, Sechs- und Siebenflach; denn aus diesen lassen sich keine Flächen ausschalten, so dass die Restflächen für sich zur geschlossenen Oberfläche eines Vielflaches zusammenfügbar bleiben. Soll ein Vielflach enthaltend sein, so muss auf ihm eine μ-fach berandete ($\mu \geq 2$) polyedrische Fläche F_μ existieren, deren μ Randpolygone $P_1, \ldots P_\mu$ folgende Eigenschaften besitzen: Sie müssen sich so in einzelne getrennte Stücke (Kantenfolgen) zerlegen lassen,

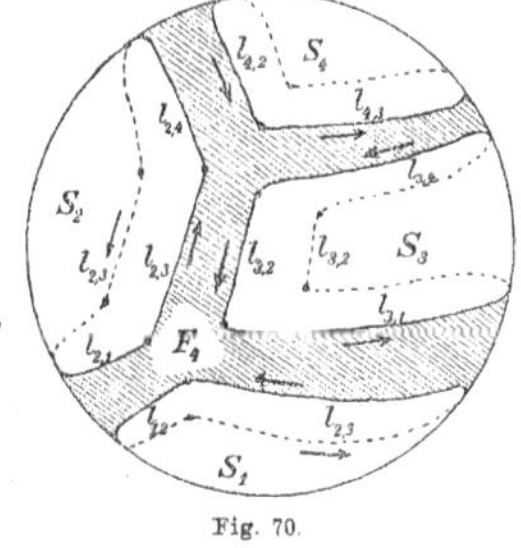

Fig. 70.

$$P_h = l_{h,1} + l_{h,2} + \cdots + l_{h,h-1} + l_{h,h+1} + \cdots + l_{h,\mu}$$
$$(h = 1, 2, \ldots \mu)\,^1)$$

— jedes Polygon P_h in Bezug auf den eingeschlossenen Bestandteil S_h in demselben positiven Sinne, d. h. dass ein im Polygone wandernder Punkt die eingeschlossene Fläche S_h zur Linken hat, durchlaufen —, dass erstens je zwei Kantenfolgen $+ l_{i,k}$ und $\mp l_{k,i}$ entsprechend isomorph sind, dass zweitens in P_i und P_k auf die Züge $+ l_{i,k}$ und $- l_{k,i}$ resp. zwei Züge $+ l_{i,k'}$ und $- l_{k,k'}$ folgen, und dass drittens in $P_{k'}$ an den Zug $+ l_{k',i}$ sich der Zug $+ l_{k',k}$ schliesst. Als Beispiel diene ein in Fig. 70 dargestelltes reducibles Vielflach mit vier Polygonen P_1, P_2, P_3, P_4, welche die polyedrischen Flächen S_1, S_2, S_3, S_4 einfach beranden. Nach

----

1) Natürlich braucht das h^{te} Polygon P_h nicht sämtliche Kantenfolgen $l_{h,i}$ ($i = 1, 2 \ldots \mu$, aber verschieden von h) zu enthalten. Vergl. das folgende Beispiel.

Ausschaltung der vierfach berandeten Fläche F_4 lassen sich dann die vier Stücke S_1, S_2, S_3, S_4 zu dem Vielflache Fig. 71 zusammensetzen. Die vier Polygone sind hier:

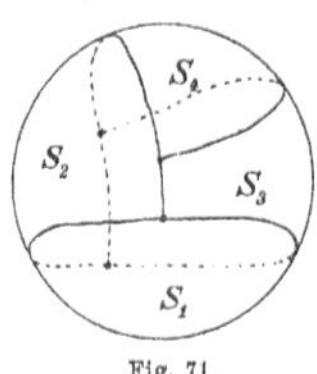

Fig. 71.

$$P_1 \equiv l_{1,2} + l_{1,3},$$
$$P_2 \equiv l_{2,1} + l_{2,3} + l_{2,4} + l_{2,3},$$
$$P_3 \equiv l_{3,1} + l_{3,2} + l_{3,4} + l_{3,2},$$
$$P_4 \equiv l_{4,2} + l_{4,3}.$$

Die einzelnen Züge sind in der Figur durch schärfer hervortretende Punkte getrennt. Zu jedem Zuge existiert ein isomorpher, z. B. ist $l_{1,3}$ isomorph mit $-l_{3,1}$. Auch die andern obigen Bedingungen sind erfüllt. Z. B. folgen in P_2 und P_3 auf die Züge $+ l_{2,3}$ und $- l_{3,2}$ bez. die Züge $+ l_{2,4}$ und $- l_{3,4}$, und in P_4 schliesst sich an den Zug $+ l_{4,2}$ der Zug $+ l_{4,3}$. — Ein weiteres Mittel, ein gegebenes Vielflach A_n auf seine Reducierbarkeit zu prüfen, wird sofort gegeben werden.

79. Die charakteristische Gleichung eines Vielflaches. Definitionen verschiedener Erweiterungen. Aus den beiden Gleichungen für ein (allgemeines) n-flach:

$$f_3 + f_4 + f_5 + \cdots + f_{n-1} = n \quad \text{und} \quad 3f_3 + 4f_4 + \cdots + (n-1)f_{n-1} = 6n - 12$$

folgt, wenn man die erste mit sechs multipliziert und dann die zweite subtrahiert:

$$\mathbf{3f_3 + 2f_4 + f_5 - f_7 - 2f_8 - \cdots - (n-7)f_{n-1} = 12,}$$

d. h. die linke Seite dieser Gleichung hat den von der morphologischen Eigenart, d. i. von der Zahl und Art der Flächen des Vielflaches invarianten Zahlenwert 12. Diese Gleichung soll *die charakteristische Gleichung des allgemeinen n-flaches* heissen. Die nächste Nummer wird weiter auf sie eingehen; hier dient sie nur zu folgender Betrachtung. Es sei mit Bezug auf die vorhergehenden Untersuchungen f_i' die Zahl der i-ecke der polyedrischen Einschaltungsfläche F_μ und f_i die entsprechende Zahl für das enthaltene Vielflach, also $f_i + f_i'$ die Zahl der i-ecke in dem enthaltenden Vielflache. Dann ist

$$3(f_3 + f_3') + 2(f_4 + f_4') + f_5 + f_5' - (f_7 + f_7') - 2(f_8 + f_8') - \cdots = 12,$$

und da die charakteristische Gleichung auch für das enthaltene Vielflach gilt, $3f_3 + 2f_4 + f_5 - f_7 - \cdots = 12$. Durch Subtraktion beider Gleichungen ergiebt sich für die Begrenzungsflächen der Einschaltungsfläche F_μ die Relation: $3f_3' + 2f_4' + f_5' - f_7' - 2f_8'' - \cdots = 0$. Sie giebt ein Mittel an die Hand, um zu untersuchen, ob ein gegebenes Vielflach enthaltend ist, und um die etwa in ihm enthaltenen Vielflache zu bestimmen. Sehr bemerkenswert ist dabei, dass diese Relation, ebensowenig wie die charakteristische Gleichung, die Zahl der Sechsecke enthält; diese können also in F_μ noch in beliebiger Anzahl vorkommen. Hat die Gleichung die Lösungen $f_3 = f_4 = f_5 = f_7 = \cdots \equiv 0$, so besteht F_μ nur aus Sechsecken. Eine solche Erweiterung heisse *Elementarerweiterung;* das Polygonnetz auf A_n, das eine solche Erweiterung zulässt, heisse *Elementarnetz* und die polyedrische Fläche F_μ, die lediglich aus Sechsecken zusammengesetzt ist, werde ein *Hexagonoid* genannt. Besteht das Elementarnetz nur aus einem einzigen Polygone P, so heisse dieses ein *Elementarpolygon*, und die aus Sechsecken bestehende nur zweifach berandete Erweiterungsfläche soll *Elementargürtel* heissen. Ein Elementarpolygon P, welches das Vielflach in die beiden Bestandteile S_1 und S_2 so teilt, dass sich zwischen den Rändern P' und P'' von S_1 und S_2 eine *einfache Reihe* von Sechsecken derart einschalten lässt, dass jedes Sechseck zugleich Kanten von P' und P'' enthält, wird *Normalpolygon* genannt; die einfache Reihe von Sechsecken heisst *Normalgürtel*. Die Wichtigkeit und Notwendigkeit der Einführung dieser neuen Begriffe ergiebt sich aus den weiteren Untersuchungen.

80. Einteilung der Vielflache in Bereiche, Stämme und Familien. Die charakteristische Gleichung für die allgemeinen Vielflache lässt sich in die beiden Gleichungen zerfällen:

$$3f_3 + 2f_4 + f_5 - 12 = m, \quad f_7 + 2f_8 + 3f_9 + \cdots = m,$$

worin m eine positive ganze Zahl ist. Sie sollen weiterhin kurz als die beiden *Stammgleichungen* bezeichnet werden. Alle Vielflache, die zu demselben Werte von m gehören, sollen einen *Bereich* bilden. Es werden also dem Werte von m gemäss sämtliche vorhandenen Vielflache in die Bereiche $B_0, B_1, \ldots B_m$ eingeordnet. Für einen bestimmten Wert von m, d. h. in einem bestimmten Bereiche, existiert (so lange m endlich ist) eine ganz bestimmte Anzahl von Lösungen $f_3, f_4, f_5, f_7, f_8 \ldots$ der beiden Stammgleichungen. Alle Vielflache, die zu demselben Lösungssystem gehören, bilden einen *Stamm*. Danach besitzt jeder Bereich eine bestimmte *endliche* Anzahl von Stämmen. Alle Vielflache desselben Stammes können sich in zweierlei Hinsicht von einander unterscheiden. Erstens in der Anordnung der Flächen des für den Stamm charakteristischen Lösungssystems $f_3, f_4 \ldots f_9 \ldots$ und zweitens in der Anzahl der Sechsecke, die von dem Lösungssystem unabhängig ist. Nicht alle Lösungen des Systems der Stammgleichungen werden ja für sich die Oberfläche eines existierenden Vielflaches bilden können; eine gewisse bestimmte Minimalzahl von Sechsecken wird unter Umständen zur Konstruktion hinzugenommen werden *müssen*. Lassen sich aus einem aus dem Lösungssystem der Stammgleichungen und einer gewissen Anzahl von Sechsecken konstruierten Polyeder keine Sechsecke ausschliessen, so dass die Restflächen allein ein Vielflach bilden können, so heisst das Polyeder *irreducibel*, im andern Falle *reducibel*. Jeder Stamm enthält dann eine *endliche Anzahl irreducibler Stammvielflache*. Aus jedem dieser irreduciblen Stammvielflache lassen sich nun durch Elementarerweiterung, d. h. Einfügung von weiteren Sechsecken, unbegrenzt viele Vielflache, die also reducibel sind (eben auf das Stammvielflach) ableiten. Alle so aus demselben irreduciblen Stammvielflach abgeleiteten Vielflache gehören zu derselben *Familie*. Es gilt sonach, um das Gesagte zusammenzufassen: Die Vielflache zerfallen in unendlich viel Bereiche $B_0, B_1, B_2 \ldots$, jeder Bereich hat endlich viel Stämme $\Sigma_m^1, \Sigma_m^2, \ldots$, jeder Stamm hat endlich viel irreducible Vielflache und somit endlich viel Familien, jede Familie hat unendlich viel Typen, die sich nur durch die Einschaltungsflächen, welche lediglich aus Sechsecken bestehen, unterscheiden.[1]) Hiernach sind sämtliche existierenden Vielflache eingeteilt, allerdings nicht nach der blossen *Anzahl* ihrer Grenzflächen, sondern nach ihrer *morphologischen Abhängigkeit von einander*, und für jedes vorgelegte Vielflach lässt sich der Platz in diesem System sofort angeben.

81. Stellung der weiteren Probleme. Ein Vielflach $A_{n+\mu}$, das durch Elementarerweiterung aus einem irreduciblen Vielflach A_n entstanden ist, besitzt dieselben charakteristischen Zahlenwerte der f_3, f_4 u. s. w. und gehört zu demselben Stamme und Bereiche. Zur Ableitung aller möglichen Polyedertypen wird man sich also auf die Stammpolyeder beschränken können. Für jedes derselben sind dann die Polygone bez. Erweiterungsnetze zu bestimmen, längs denen eine Einschaltung von hexagonoidischen Flächen statthaft ist. Es sind also die Eigenschaften solcher Polygone im folgenden zunächst zu untersuchen; es ist ferner zu zeigen, in welcher Weise die gewünschte Erweiterung zu erledigen ist. Von besonderer Wichtigkeit wird dabei die Betrachtung der hexagonoidischen Einschaltungsfläche F_μ an sich sein. Dann sind noch die Fragen zu beantworten, welche für die Einteilung der Vielflache in der geschilderten Weise von grundlegender Bedeutung sind: Gehört zu jeder beliebigen Zahl m ein Bereich von Vielflachen? Definiert jedes Lösungssystem f_i der Stammgleichungen auch wirklich einen Stamm von Vielflachen, d. h. giebt es, unter Umständen mit einer bestimmten endlichen Zahl von Sechsecken verbunden, wenigstens zu *einem* Vielflach Veranlassung? Die folgenden Nummern sollen hierüber Aufschluss erteilen.

82. Die Elementarpolygone und Elementargürtel. Unter einem Elementarpolygon eines Vielflaches war ein solches zu verstehen, das eine Spaltung des Vielflaches in zwei einfach durch dieses Polygon berandete Stücke S_1 und S_2 und Erweiterung durch einen Elementargürtel, d. h. einen Gürtel von Sechsecken zuliess. Es sei P ein solches Elementarpolygon auf A_n und mit G sei der einzuschaltende Gürtel von m Sechsecken bezeichnet, dessen Randpolygone R_1 und R_2 also isomorph mit P sind. G besteht im allgemeinen aus mehreren *Elementarstreifen*, d. h. einfachen Reihen von Sechsecken, von denen immer nur *ein* vorhergehendes an *ein* folgendes grenzt. Teilt man den Gürtel von R_1 aus in solche Elementarstreifen, so mögen sich r_1 vollständige, d. h. ringsum geschlossene, zweifach berandete, und ϱ_1 unvollständige, einfach oder mehrfach unterbrochene Streifen ergeben. Die entsprechende Zerlegung von G von R_2 aus führe zu r_2 vollständigen

---

1) Soweit diese Behauptungen nicht von selbst einleuchten, sind sie später zu beweisen.

und ϱ_2 unvollständigen Streifen. Dann lässt sich leicht beweisen:[1]) *Wie auch der Gürtel G beschaffen sein mag, es gilt stets $r_1 = r_2$ und $\varrho_1 = \varrho_2$*, d. h. die Zahl der vollständigen und unvollständigen Elementarstreifen ist unabhängig davon, ob die Zerlegung des Gürtels von dem einen oder andern seiner Randpolygone aus erfolgt. Die Zahl $\gamma = r_1 + \varrho_1$ der vollständigen und unvollständigen Streifen heisst die *Amplitude* des Gürtels G. — Es wird nun weiter der Satz bewiesen: *Jedes Polygon P_1 auf G, welches G in zwei zweifach berandete Gürtel G_1 und G_2 teilt, ist ein Elementarpolygon.* Denn da das mit R_1 isomorphe Polygon R_2 ein Elementarpolygon ist, so kann man an R_2 nach Weglassung der polyedrischen Fläche S_2 wieder einen Gürtel G_1' ansetzen, welcher isomorph mit G_1 ist. Dann ist das Randpolygon P_2 dieses Gürtels natürlich isomorph mit P_1, und die Polygone P_1 und P_2 schliessen einen aus m Sechsecken bestehenden Gürtel ein, d. h. aber, P_1, an welches sich dieser Gürtel $(P_1 P_2)$ hat ansetzen lassen, ist ein Elementarpolygon. — Es werde nun angenommen, auf dem Gürtel $G(R_1 R_2)$ seien zwei unter sich isomorphe Polygone P_1 und P_2 vorhanden, die sich nicht schneiden. Dann kann bewiesen werden:[2]) *Zwischen P_1 und P_2 liegt auf G stets noch ein drittes mit den Randpolygonen R_1 und R_2 des Gürtels isomorphes Polygon P_q.* Ein solcher Einschaltungsgürtel G, welcher zwei isomorphe Polygone P_1 und P_2 enthält, heisst aber dann *reducibel*, denn er zerfällt in die Gürtel $G(R_1 P_q)$ und $G(P_q R_2)$, welche von isomorphen Polygonen berandet sind; es kann also einer dieser Teilgürtel weggelassen werden und die Stücke S_1 und S_2 können durch den andern Teilgürtel allein schon zu einem erweiterten Vielflache geschlossen werden. *Ein Gürtel G ist demnach irreducibel, wenn sich auf ihm keine isomorphen Polygone P_1 und P_2 ziehen lassen.* Hat man andrerseits auf einem Gürtel G alle mit R_1 und R_2 isomorphen Polygone $R^1 R^2 .. R^\sigma$ gezogen, so kann man ihn in $\sigma + 1$ im allgemeinen nicht isomorphe *irreducible* Elementargürtel zerlegen. Ist $\sigma = 0$, so ist schon der ursprüngliche Gürtel irreducibel. Es gilt nun der äusserst wichtige Satz:[3]) *Die Anzahl der zu einem beliebigen Elementarpolygone gehörigen irreduciblen und allomorphen Elementargürtel ist endlich;* d. h. ein bestimmtes Vielflach A_n lässt sich längs eines auf ihm etwa enthaltenen Elementarpolygons nur auf eine endliche Anzahl Weisen durch irreducible allomorphe Elementargürtel erweitern. Zum Beweise des Satzes setze man an das Polygon R_1 fortgesetzt Elementarstreifen an, dass man eine, vielleicht in das Unendliche gehende, polyedrische Fläche von Sechsecken erhält. Man konstruiere ferner auf dieser Fläche alle möglichen mit R_1 isomorphen Polygone R_2, R_3, R_4 ..., welche mit R_1 die *nichtisomorphen* irreduciblen Gürtel G_2, G_3 ... beranden. Dann kann R_3 nicht ganz auf dem Gürtel zwischen R_1 und R_2 liegen, denn sonst wäre der Gürtel G_2 eben reducibel. Es kann aber jedes folgende Polygon, z. B. R_3, nicht ganz ausserhalb des Gürtels G_2 liegen, sonst wäre der Gürtel G_3 reducibel, d. h. es wird R_2 von jedem folgenden Polygon geschnitten. Hat aber das Polygon R_1 a Kanten, so hat jedes mit ihm isomorphe Polygon R_i ebenfalls a Kanten. Da sich nun kein Polygon über mehr als $\left[\frac{a}{4}\right]$ Elementarstreifen erstrecken kann, da es ja mit einer Fläche α eines Elementarstreifens, den es durchquert, mindestens zwei Kanten gemeinsam hat, $\left(\text{bei } \left[\frac{a}{4}\right] \text{ Streifen hätte} \right.$ das Polygon, da es doch nach dem Ausgangsstreifen zurück muss, schon $4 \cdot \left[\frac{a}{4}\right]$ „Querkanten"$\left.\right)$, so folgt: Ist γ die Amplitude des Gürtels $(R_1 R_2)$, so sind sämtliche mit R_1 isomorphen Polygone $R_3, \ldots R_i$ auf dem an R_1 gesetzten Gürtel von Elementarstreifen von der Amplitude $\gamma + \left[\frac{a}{4}\right]$ enthalten, wenn a die Zahl der Kanten des Polygons R_1 ist. Nun ist die Zahl der Elementarpolygone dieses Gürtels sicher endlich, also giebt es auch nur eine endliche Zahl von Polygonen, die mit R_1 isomorph sind und irreducible allomorphe Gürtel beranden, w. z. b. w. — Bezeichnet σ_i die Anzahl der Sechsecke des irreduciblen Elementargürtels G_i, so ist die Zahl der Sechsecke eines zu einem Elementarpolygon P gehörigen reduciblen Gürtels gegeben durch $\alpha_1 \sigma_1 + \alpha_2 \sigma_2 + \cdots + \alpha_\varrho \sigma_\varrho$, wo ϱ die Anzahl der möglichen irreduciblen Gürtel, die α_i beliebige positive ganze Zahlen einschliesslich der Null bedeuten. Im allgemeinen wird ein reducibler Gürtel G auf mehr als eine Weise in ein System sich ausschliessender irreducibler Gürtel zerlegt werden können.

---

1) Eberhard, Morphologie, S. 67.   2) ebenda, S. 69.
3) ebenda, S. 71.

83. Normalpolygone und Normalgürtel. Reduziert sich für ein Elementarpolygon wenigstens ein zugehöriger irreducibler Elementargürtel auf nur *einen* vollständigen oder unvollständigen Elementarstreifen, so ist das Polygon Normalpolygon genannt worden, der Gürtel ein Normalgürtel. Die vergleichende Betrachtung der Vielflache lehrt, dass diese Polygone die häufigsten und auch wichtigsten sind. Als Beispiele dienen die Normalpolygone eines Sechsflaches, Fig. 1ᵃ und 2ᵃ, Tafel VI. Längs des Polygons der Form, wie es Fig. 1ᵃ zeigt, lässt sich ein aus drei Sechsecken bestehender, vollständiger Normalgürtel einschalten. Das resultierende Neunflach ist in Fig. 1ᵇ dargestellt.[1]) Längs des Polygons in Fig. 2ᵃ lässt sich sowohl ein unvollständiger als ein vollständiger irreducibler Gürtel einfügen. Den ersten zeigt Fig. 2ᵇ, den zweiten Fig. 2ᶜ; jener besteht aus zwei, dieser aus vier Sechsecken. In Fig. 2ᵈ sieht man die aus jenen beiden irreduciblen Gürteln bestehende reducible Einschaltungsfläche aus sechs Sechsecken. Man findet den in voriger Nummer erwähnten Satz, dass sich diese Einschaltungsfläche von beiden Polygonen R_1 und R_2 aus in gleichviel· vollständige und unvollständige Streifen zerlegen lässt, bewahrheitet. Die trennenden Polygone sind in der Figur punktiert gezeichnet. Sie sind isomorph mit R_1, was die Einschaltungsfläche als reducibel charakterisiert. — Es fragt sich nun, welches ist die Gestalt eines Normalpolygons, wie findet man auf einem Vielflach ein Normalpolygon und wie erhält man die Einschaltungsfläche. Zunächst gilt der Satz: *Von den Kanten eines Normalpolygons können höchstens drei auf einander folgende in einer Ebene liegen.* Denn lägen in dem Normalpolygon P, welches das Vielflach in die Teile S und S' spaltet, die vier auf einander folgenden Kanten k_1, k_2, k_3, k_4 in einer Ebene d. h. einer Fläche α des Bestandteiles S', so würde, wenn man das Vielflach längs P zerschnitte und an die freie Berandung von S die Reihe Sechsecke ansetzte, das Sechseck α', welches an der Stelle der früheren Fläche α liegt, vier Kanten mit dem Polygon gemein haben; es blieben also nur zwei Kanten dieses Sechsecks übrig, die nicht an P grenzen, d. h. aber, die α' benachbarten, an P grenzenden Sechsecke β und γ hätten eine Kante k gemein. Der Erweiterungsgürtel bestände also nicht aus einer einfachen Reihe von Sechsecken, d. h. P wäre kein Normalpolygon, was gegen die Voraussetzung ist. Es lässt sich nun weiter durch ausführliche Betrachtungen[2]) zeigen: *Damit ein Kantenpolygon $P \equiv k_1, k_2, k_3, \ldots k_{2m}$ ein Normalpolygon sei, ist es notwendig und hinreichend, dass die Anzahl seiner Kanten eine paare ist und dass in mindestens einer der beiden Kantenfolgen $k_1, k_3, k_5 \ldots k_{2m-1}$ und $k_2, k_4, k_6 \ldots k_{2m}$, je zwei benachbarte Kanten nicht in einer Ebene liegen.* Man bezeichnet die Kantenfolge, welche diese Bedingung erfüllt — etwa $k_1, k_3, \ldots k_{2m-1}$ — als eine *Folge von Gegenkanten.* Ist auf einem Viel-

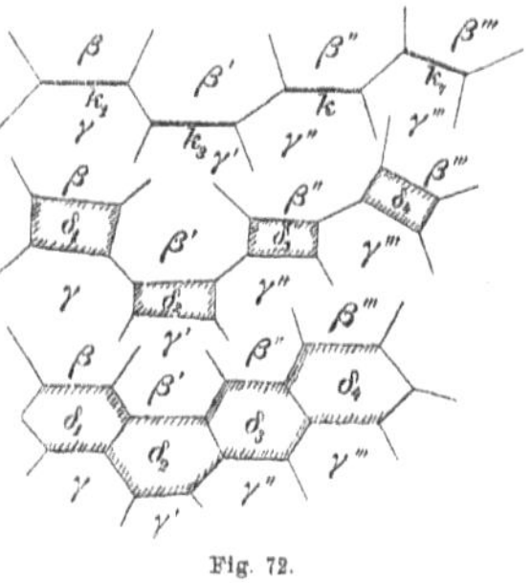

Fig. 72.

flach eine solche Folge von Gegenkanten gegeben, die mit ihren Verbindungskanten das Normalpolygon bilden, so geschieht die Einschaltung des Sechsecksgürtels auf folgende Weise. Man kappe alle Gegenkanten $k_1, k_3 \ldots$ (Fig. 72) des Polygons durch sich nicht störende vierseitige Schnitte $\delta_1, \delta_3, \delta_5, \ldots$ weg. Jede der Randflächen β_i bez. γ_i der beiden Bestandteile S und S' erhält dadurch, je nach dem Laufe des Polygons eine oder zwei Kanten mehr. Nun bringe man jedes der Vierecke mit den beiden Nachbarvierecken zur Kreuzung. Es ergiebt sich dann die fortlaufende Reihe von Sechsecken $\delta_1, \delta_3, \ldots$, an Zahl gleich der der Gegenkanten des Normalpolygons[3]), und die Randflächen β_i und γ_i nehmen dabei ihre ursprüngliche Gestalt wieder an. Es streitet übrigens nicht gegen den Begriff des Normalpolygons, wenn zwei isomorphe Züge desselben identisch zusammenfallen; jede doppelte Kante ist bei der Konstruktion des zugehörigen Normalgürtels durch zwei einander seitende Vierecke von dem Vielflach abzuschneiden. So ergiebt sich aus dem Sechsflach Fig. 3ᵃ Tafel VI das Zehnflach Fig. 3ᵇ durch Einschaltung des aus vier Sechsecken bestehenden vollständigen Normalgürtels längs des Polygons,

---

1) Die eingeschalteten Sechsecke sind hier und im folgenden schraffiert. Die Polygone sind dem früheren entsprechend bezeichnet. 2) Eberhard, Morphologie, S. 76.

3) Wenn es sich, wie bisher vorausgesetzt, nicht selbst schneidet (s. hierüber später).

welches die den Bestandteil S_1 bildenden beiden Dreiecke isoliert. (Vergl. hierzu Nr. 78.) Der Fall, dass sich das Normalpolygon selbst schneidet, kommt in der nächsten Nummer zur Sprache.

84. Die Gegenkantensysteme eines Vielflaches und die Bestimmung der Normalpolygone. Bestimmt man zu einer beliebigen Kante k_0 eines Vielflaches A_n die vier Gegenkanten k_{01}, k_{02}, k_{03}, k_{04} (Fig. 73), zu jeder von diesen wieder die vier Gegenkanten, u. s. w., so erhält man ein *Gegenkantensysiem* des Vielflaches.

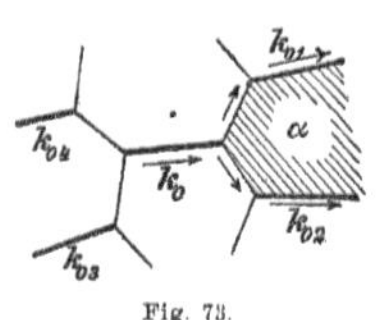

Fig. 73.

Umfasst dieses System noch nicht alle $3n - 6$ Kanten, so nehme man eine noch nicht darin enthaltene Kante des Vielflaches und wiederhole für diese die Bestimmung der Gegenkanten. Da, wie leicht ersichtlich, von jeder Ecke des Vielflaches eine Kante eines Systems ausgehen muss, in jeder Ecke aber nur drei Kanten zusammentreffen, so kann es höchstens drei Gegenkantensysteme geben. Um nun sämtliche Normalpolygone eines gegebenen Vielflaches zu bestimmen, verfahre man folgendermassen. Man gebe der zuerst gewählten Kante k_0 einen bestimmten Sinn, in dem sie durchlaufen wird, und bestimme in demselben Sinne zu k_0 die beiden Gegenkanten k_{01} und k_{02}. Dabei bewegt sich ein von der Kante k_0 nach k_{01} oder k_{02} schreitender Punkt von dem Endpunkte von k_0 im ersten Falle nach links, im zweiten Falle nach rechts um die zu k_0 gehörige Scheitelfläche α (Fig. 73). Man bezeichnet deshalb k_{01} als *linksseitige*, k_{02} als *rechtsseitige* Gegenkante von k_0. Nun bestimme man in demselben Sinne weiter die linksseitigen und rechtsseitigen Gegenkanten zu k_{01} und k_{02}, etwa k_{011} und k_{012}, sowie k_{021} und k_{022}, zu jeder von diesen wiederum die beiden Gegenkanten, und so fort. Dann wird nach i-maliger Wiederholung dieses Prozesses eine beliebige erhaltene Kante $K = k_{0\,\varepsilon_1\,\varepsilon_2\,\varepsilon_3\,\ldots\,\varepsilon_i}$ (wo jedes ε entweder 1 oder 2 bedeutet) entweder identisch mit k_0 sein oder mit irgend einer der Kanten $k_{0\,\varepsilon_1\,\varepsilon_2\,\ldots\,\varepsilon_h}$ ($h < i$), durch welche man bei der Ableitung von k_0 nach K gelangt.[1] Im ersten Falle sind die von k_0 ausgehenden und dahin zurückführenden Gegenkanten die eines Normalpolygons, dem die Kante k_0 angehört. Im zweiten Falle ergiebt sich ein Normalpolygon, dessen Gegenkanten die von $k_{0\,\varepsilon_1\,\varepsilon_2\,\ldots\,\varepsilon_h}$ nach der mit ihr identischen Kante $k_{0\,\varepsilon_1\,\varepsilon_2\,\ldots\,\varepsilon_i}$ führenden Gegenkanten sind. Denselben Prozess hat man von der Kante k_0 aus zu wiederholen, indem man ihr den entgegengesetzten Sinn beilegt. Sind in den gefundenen Normalpolygonen noch nicht sämtliche Kanten des Vielflaches enthalten, so verfahre man mit einer neuen Kante k_0' wie mit k_0 u. s. w. Nach dem früher Gesagten wird man im ungünstigsten Falle den Prozess dreimal auszuführen haben, da dann sämtliche Kanten des Vielflaches erschöpft sein müssen. Damit sind auch alle Normalpolygone des Vielflaches bestimmt. Es fragt sich nun, wie gross ist die Zahl der Gegenkantensysteme eines vorgelegten Vielflaches? Es seien $k_0, k_1, k_2 \ldots k_m$ die auf einander folgenden Kanten einer seiner Flächen α_{m+1}. Die von den Ecken dieser Fläche ausgehenden Kanten seien mit k_i' bezeichnet, und zwar soll k_i' mit k_{i-1} und k_i eine Ecke bilden. Dann gehören, wenn man rings um diese Fläche von k_0 aus geht, zu *einem* System von Gegenkanten: $k_0, k_2', k_3, k_5', k_6, k_8' \ldots$, d. h. es ist von den Kanten der Fläche immer die drittfolgende Kante mittelbare Gegenkante von k_0. Ist also $m+1$ eine durch drei teilbare Zahl, so gelangt man bei Bestimmung der Gegenkanten zu k_0 nach einem Umlauf um die Fläche zu k_0 zurück und an jeder Ecke von α_{m+1} befindet sich soweit eine Gegenkante von k_0. Um *alle* Kanten von α_{m+1} als Gegenkanten von einander zu erhalten, muss man den Umlauf noch bei zwei weiteren Kanten, etwa k_1 und k_2, beginnen. Man schliesst leicht weiter: *Besitzen sämtliche Flächen eines Vielflaches eine durch drei teilbare Kantenzahl, so hat es drei getrennte Gegenkantensysteme.* Kommt dagegen an einem Vielflach auch nur *eine* Fläche vor, deren Kantenzahl von der Form $3\nu + 1$ oder $3\nu + 2$ ist, so zeigt sich, dass sämtliche Kanten dieser Fläche mittelbare Gegenkanten zu einander sind, d. h. aber, *alle Kanten des Vielflaches bilden in diesem Falle ein einziges Gegenkantensystem*, da die Zahl der Gegenkanten verschiedener Systeme an jeder Ecke dieselbe ist. Es lässt sich beweisen[2], dass für jedes n von der Form $8 + 2p$ Vielflache konstruiert werden können, für welche die Zahl der Kanten jeder Grenzfläche ein Vielfaches von 3 ist. Diese

---

1) Natürlich gelten sie nur als identisch, wenn sie beim zweiten Male in derselben Richtung durchlaufen werden.
2) Eberhard, Morphologie, S. 84.

Vielflache seien als solche der zweiten Klasse, alle übrigen als solche der ersten Klasse bezeichnet. In Fig. 74 ist als Beispiel für ein Vielflach der zweiten Klasse das Zehnflach X_{18a} mit seinen drei Gegenkantensystemen dargestellt.

Bestimmt man auf einem Vielflach A_n, nachdem man einer ersten Kante k_1 einen bestimmten Sinn beigelegt hat, eine linksseitige Gegenkantenfolge $k_1, k_2, k_3 \ldots$, d. h. eine Folge von Kanten derart, dass jede nächste Kante linksseitige Gegenkante der vorhergehenden ist (Fig. 74), dann ist die Folge der Zwischenkanten eine rechtsseitige Gegenkantenfolge, wenn man sie in derselben Richtung beschreitet. Nun ist die Zahl der Gegenkanten zu k_1 eine begrenzte; also muss, wenn man genügend weit geht, eine Kante k_m auftreten, die entweder a) mit einer der vorhergehenden Kanten zusammenfällt, und zwar entweder mit einer Kante der Folge $k_1, k_2, k_3 \ldots$ *(Fall a′)* oder einer ihrer Zwischenkanten *(Fall a″)* oder, die b) als dritte Kante in eine Ecke des Zuges neu eintritt. Bei einem Vielflach der zweiten Klasse mit drei vollständigen Gegenkantensystemen können die Fälle a″) und b) sicher nicht eintreten, denn sonst kämen in einer Ecke zwei Gegenkanten zusammen; dagegen muss Fall a′) stets eintreten, und zwar kehrt der linksseitige wie der rechtsseitige Gegenkantenzug zu k_1 wieder nach k_1 selbst zurück. Wäre nämlich k_m die erste Kante, die mit einer Kante des Zuges $k_1, k_2, \ldots k_{i-1}$,

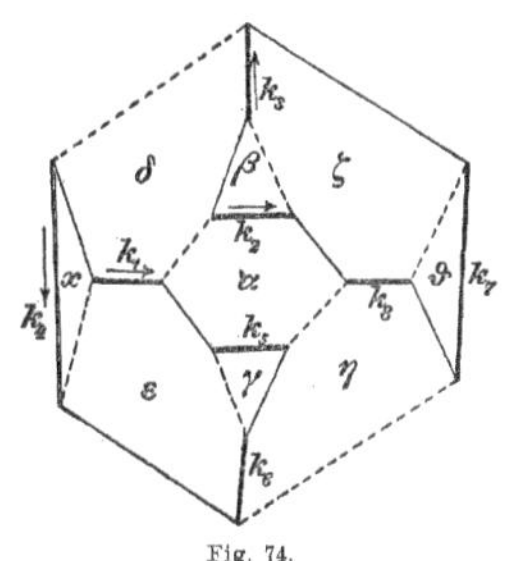

Fig. 74.

$k_i \ldots k_{m-1}$, k_m zusammenfiele, etwa mit k_i, dann müsste auch als vorhergehende linksseitige Gegenkante k_{m-1} mit k_{i-1} zusammenfallen, d. h. k_m wäre nicht die erste in den Zug hineinfallende Kante: es muss daher k_m mit k_1 zusammenfallen. Eine solche Folge von Gegenkanten wird sich also zu einem geschlossenen, sich nicht kreuzenden Polygon schliessen lassen, d. h.: *Auf einem Vielflach der zweiten Klasse giebt es sich nicht selbst schneidende Normalpolygone und zwar durch jede Kante zwei, ein linksseitiges und ein rechtsseitiges.*[1]) Die Einschaltung des Sechsecksgürtels für diesen Fall ist bereits erledigt. Auch auf einem Vielflach der ersten Klasse, dessen sämtliche Kanten nur ein Gegenkantensystem bilden, muss sich der zu einer bestimmten Anfangskante k_1 gehörige links- und rechtsseitige Gegenkantenzug schliessen, indem eine letzte Kante identisch mit k_1 wird, da die Zahl der Gegenkanten endlich ist. Dabei kann es aber geschehen, dass (zunächst) der Fall a″) eintritt[2]), d. h. dass vorher eine Kante k_m mit einer der *Zwischenkanten* von $k_{i-1}, k_i, k_{i+1} \ldots$ zusammenfällt, z. B. mit der Zwischenkante von k_{i-1} und k_i (Fig. 6 Tafel VI), wobei diese Kante in demselben Sinne durchlaufen erscheint, wie als Zwischenkante des Zuges k_{i-1}, k_i, k_{i+1} oder im entgegengesetzten Sinne.[3]) Das Normalpolygon durchsetzt sich dann längs der Kante k_m.[4]) Es lässt sich zeigen[5]), dass sich auch in diesem Falle die aus Sechsecken bestehende Einschaltungsfläche konstruieren lässt[6]), und es ergiebt sich der Satz: *Ist auf einem Vielflach der ersten Klasse eine links- oder rechtsseitige Folge von m Gegenkanten gegeben, deren Kantenpolygon sich h-mal durchsetzt, ohne dass aber in einer Ecke mehr als zwei dieser Gegenkanten zusammenstossen, so kann man längs desselben eine*

---

1) Denn für die rechtsseitige Gegenkantenfolge einer Kante k_1 lässt sich dieselbe Betrachtung anstellen. In Fig. 74 sind die zu der Kante k_1 gehörigen beiden Polygone mit den Gegenkanten k_1, k_2, k_3, k_4 bez. k_1, k_5, k_6, k_4 leicht auffindbar. Der zu jedem der beiden Polygone gehörige Normalgürtel besteht aus vier Sechsecken. Das längs des ersten Polygons erweiterte Vielflach zeigt Fig. 4, Tafel VI. Zu derselben Kante k_1 gehören unter Umständen ausser dem links- und rechtsseitigen noch weitere Normalpolygone. So besitzt das Vielflach Fig. 74 zu k_1 das aus sämtlichen Gegenkanten des einen Systems bestehende Polygon $k_1, k_2, k_3, k_7, k_8, k_5, k_6, k_4$. Das erweiterte Vielflach mit der Einschaltungsfläche zeigt Fig. 5, Tafel VI. Die Bezeichnung der Flächen ist bei dieser und der vorigen Figur dieselbe wie in Fig. 74 des Textes.

2) Natürlich kann auch hier der Fall a′) eintreten, wonach sich ein nicht schneidendes links- oder rechtsseitiges Normalpolygon ergiebt, z. B. für jede Kante eines Pentagondodekaeders.

3) Der erste Fall ist in der Figur dargestellt.

4) Vergl. für die verschiedenen Möglichkeiten dieses Durchsetzens des Normalpolygons: Eberhard, Morphologie, S. 88.   5) Ebenda, S. 88 ff.

6) Die zu Fig. 6 Taf. VI gehörige Einschaltungsfläche nimmt an der Kreuzungsstelle des Normalpolygons die in Fig. 7 Taf. VI gezeichnete Gestalt an, wo die Flächen $\alpha, \beta \ldots$ die der Fig. 6 entsprechenden sind.

14*

aus $m + h$ Sechsecken zusammengesetzte Elementarfläche in die Oberfläche des Vielflaches einschalten. Im Gegensatze zu einem Elementargürtel zeigt aber diese Einschaltungsfläche nicht mehr die Eigenschaft, dass auf ihr ein dem Grundpolygon isomorphes oder auch nur gleichartiges, d. h. wieder ein links- oder rechtsseitiges Normalpolygon existiert.[1])

Tritt endlich der oben als b) bezeichnete Fall ein, dass nämlich von der geschlossenen Folge von Gegenkanten drei in einer Ecke zusammenstossen, so gehört jede von diesen drei Kanten zu zwei der drei Züge des Normalpolygons, die durch eben diese Ecke gehen. In Fig. 8 Taf. VI sind die drei durch ihre Gegenkanten bezeichneten Züge $Z_1 \equiv k_{i-1}, k_i, k_{i+1}$; $Z_2 \equiv k_{h-1}, k_h, k_{h+1}$ und $Z_3 \equiv k_{l+1}, k_l, k_{l+1}$. Auch in diesem Falle lässt sich die aus Sechsecken bestehende Elementarfläche einschalten[2]); an der Kreuzungsstelle der drei Polygonzüge hat sie die in Fig. 9 Taf. VI gezeichnete Gestalt. Nach allem ergiebt sich schliesslich der wichtige Satz: *Auf jedem Vielflache giebt es zu jeder Kante stets ein links- und ein rechtsseitiges Normalpolygon, längs deren sich je eine Elementarfläche in die Oberfläche des Vielflachs einschalten lässt.* Dabei kann es vorkommen, dass eine solche links- oder rechtsseitige Folge von Gegenkanten alle $3n - 6$ Kanten des Vielflaches umfasst. Ein Beispiel hierfür ist das Fünfflach. Dann treten nach Einfügung der zugehörigen Einschaltungsfläche die fünf Flächen des Fünfflaches auf dem erweiterten Vielflache gänzlich voneinander getrennt auf. Es wird später gezeigt werden, dass sich *jedes* Vielflach elementar so erweitern lässt, dass in dem neuen Vielflache die n Flächen des ursprünglichen isoliert erscheinen.[3])

85. Die Charakteristik eines Kantenpolygons. Um die Elementarpolygone und Gürtel, sowie die Elementarerweiterungen längs eines Netzes eines Vielflaches studieren zu können, ist es nötig, den Begriff der Charakteristik eines Polygons einzuführen. Bezeichnet man, wie in Nr. 77, mit b_h und c_h die Anzahl derjenigen Randflächen auf beiden Ufern eines Polygons P, welche h auf einander folgende seiner Kanten enthalten, so soll $C(P) = b_3 + 2b_4 + 3b_5 + \cdots - (c_3 + 2c_4 + 3c_5 + \cdots)$ die *Charakteristik* des Polygons heissen. Es seien ferner s und s' die Summen der Randflächen auf beiden Seiten des Polygons, so dass $s = b_1 + b_2 + b_3 + b_4 + \cdots$ und $s' = c_1 + c_2 + c_3 + c_4 + \cdots$ ist. Jedes Vieleck wird dabei so oft als Randvieleck gezählt, als es getrennte Kanten in dem Polygon besitzt. Da nun, wie in Nr. 77 abgeleitet wurde, $b_2 + b_3 + b_4 + \cdots = c_2 + c_3 + c_4 + \cdots$ ist, so folgt aus den beiden vorhergehenden Gleichungen: $s - s' = b_1 - c_1$. Da nun aber auch $b_1 = c_3 + 2c_4 + 3c_5 + \cdots$ und $c_1 = b_3 + 2b_4 + 3b_5 + \cdots$ gesetzt werden kann, so ergiebt sich als Wert der eben definierten Charakteristik $C(P) = c_1 - b_1 = s' - s$. Nennt man die Einzelkanten, welche die zurücktretenden Randflächen des Polygons in diesem besitzen, Kanten *erster* und *zweiter* Art des Polygons, je nachdem sie zu den Flächen des einen oder andern Ufers gehören, so sagt die letzte Gleichung aus: *Die Charakteristik $C(P)$ eines Polygons P ist gleich der Differenz der Zahlen der auf beiden Ufern liegenden Grenzflächen (jede so oft gezählt, als sie getrennte Kantenfolgen aufweist), oder gleich der Differenz der Kanten erster und zweiter Art.* Welche der beiden Definitionen weiterhin benutzt wird, ist im allgemeinen gleichgültig, doch ist für die Grenzfälle die letztere leichter anwendbar. Setzt man $+ C(P) = c_1 - b_1 = s' - s$, so sagt man, die Charakteristik ist *auf das Innere des Polygons bezogen*, wenn die Flächen, welche die c_1 einkantigen Züge liefern, als *innerhalb* des Polygons liegend gerechnet sind. Auf das Äussere des Polygons bezogen ist die Charakteristik dann gleich $- C(P)$. Daraus folgt: Die Charakteristik eines ebenen m-kantigen Polygons ist gleich $\pm m$, je nachdem dessen Fläche als eingeschlossen oder als ausgeschlossen angesehen wird.

86. Die Hexagonoide von einfachem und zweifachem Zusammenhange und die Charakteristik eines Elementarpolygons.[4]) Unter einem Hexagonoide schlechthin ist nach früherem eine polyedrische Fläche zu verstehen, deren sämtliche Grenzvielecke Sechsecke sind. Jedes auf einem solchen Hexagonoide verlaufende

---

1) Beweis: Eberhard, Morphologie, S. 89 ff.   2) Ebenda, S. 90 ff.

3) Vergl. Nr. 94.

4) Vergl. für das Folgende: Eberhard, Morphologie, S. 94 ff., und A. Schönfliess, Über die Eberhardschen Hexagonoide, Nachrichten d. Kgl. Gesellsch. d. Wissensch. zu Göttingen aus dem Jahre 1894 (1895), S. 816. In dieser Abhandlung ist die Theorie bedeutend vereinfacht, weshalb wir uns zunächst an die Schönfliesssche Darstellung halten.

Kantenpolygon besitzt höchstens fünfkantige ebene Züge. Der Begriff der Charakteristik eines solchen Polygons ist der in voriger Nummer abgeleitete. Ein Hexagonoid kann keine geschlossene Fläche sein, da es sonst ein Vielflach darstellte, das lediglich von Sechsecken begrenzt wäre, was unmöglich ist. Es ist also ein Hexagonoid eine einfach oder mehrfach berandete polyedrische Fläche. Es soll zunächst ein einfach zusammenhängendes, also einfach berandetes Hexagonoid betrachtet werden. Ein solches lässt sich stets auf eine Ebene abbilden, und da man die einzelnen Sechsecke von beliebiger Gestalt annehmen darf, ohne die morphologischen Eigenschaften dabei zu ändern, so kann man sie auch regulär annehmen, wodurch ein einfach zusammenhängendes Hexagonoid nichts andres wird, als ein Stück einer ebenen regulären Sechsecksteilung (Fig. 75)· Verbindet man die Mittelpunkte der aufeinander folgenden Sechsecke, welche die Randflächen eines Polygons P des Hexagonoides bilden, so erhält man ein sog. *Mittelpunktspolygon*. Jedes Kantenpolygon besitzt danach zwei Mittelpunktspolygone, deren Kanten sämtlich den drei Zügen von parallelen Geraden angehören, die die Mittelpunkte der Sechsecke enthalten und eine reguläre Dreiecksteilung der Ebene bilden. Man denke sich nun das Kantenpolygon und ebenso in demselben Sinne die Mittelpunktspolygone

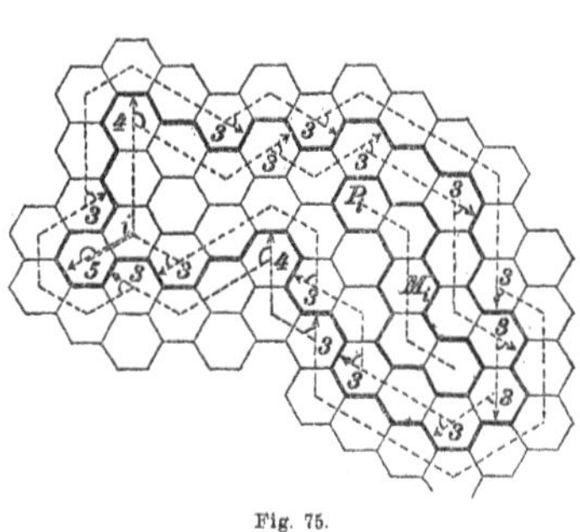

Fig. 75.

umlaufen und den Umfangswinkeln der letzteren einen bestimmten positiven Sinn beigelegt. Die Umlaufsrichtung des Polygons dreht sich dann bei einem Drei-, Vier- und Fünfzügler[1]) bez. um $\frac{\pi}{3}$, $\frac{2\pi}{3}$, $\frac{3\pi}{3}$, und zwar sei, wenn der Dreizügler der innern Seite des Polygons angehört, die Änderung der Umlaufsrichtung $+\frac{\pi}{3}$; dann ist sie, wenn der Dreizügler der äussern Seite des Polygons angehört, $-\frac{\pi}{3}$. Die Summe aller Drehungen ist aber[2]), da sich das Polygon nicht selbst durchsetzen soll, also einfach ist, 2π oder $6\cdot\frac{\pi}{3}$, d. h. es ist:

$$b_3\cdot\frac{\pi}{3}+b_4\cdot\frac{2\pi}{3}+b_5\cdot\frac{3\pi}{3}-c_3\cdot\frac{\pi}{3}-c_4\cdot\frac{2\pi}{3}-c_5\cdot\frac{3\pi}{3}=6\cdot\frac{\pi}{3},$$

worin die b und c die frühere Bedeutung haben. Aus dieser Gleichung folgt: $C(P)=6$, d. h.: *Die Charakteristik jedes Kantenpolygons auf einem einfach zusammenhängenden Hexagonoide ist gleich 6.*[3])

Ein Polygon auf einem zweifach zusammenhängenden (also zweifach berandeten) Hexagonoide hat, wenn es eine einfach zusammenhängende Fläche einschliesst, natürlich ebenfalls die Charakteristik sechs, da es sich mit seiner Innenfläche auf eine ebene Sechsecksteilung abbilden lässt. Es mögen nun auf einem zweifach zusammenhängenden Hexagonoide *zwei sich nicht kreuzende* Polygone laufen, die selber einen zweifach zusammenhängenden Flächenteil begrenzen, und deren Charakteristiken $C(P)$ und $C'(P)$ seien, bezogen auf das Innere des von ihnen berandeten Sechsecksgürtels. Dieses Hexagonoid ist wohl auf die Ebene abbildbar, aber zunächst nicht so, dass die Sechsecke regulär sind. Man denke sich nun jedes der beiden Polygone je durch ein Mittelpunktspolygon[4]) ersetzt — es ist leicht, nach den vorhergehenden Betrachtungen einzusehen, dass schon *ein* Mittelpunktspolygon zur Festlegung des Kantenpolygons genügt — und verbinde diese beiden Mittelpunktspolygone durch einen Querschnitt, der wieder längs einer Mittelpunktslinie verläuft, und längs dessen man das Hexagonoid zerschneidet, so dass es einfach zusammenhängend wird. Man kann den Querschnitt im allgemeinen so wählen, dass seine Enden nicht in Ecken der beiden

---

1) D. h. wenn bez. drei, vier oder fünf Kanten des Polygons des nicht in der Ebene abgebildeten Hexagonoids in einer Ebene liegen.

2) Wieners Definitionen (s Nr. 12) sind hier zu Grunde gelegt.

3) Bei der Bestimmung der Charakteristik des in Fig. 75 gezeichneten Polygons mittels der Formel $C(P)=s'-s$ ist das mit i bezeichnete Sechseck aus bekannten Gründen doppelt zu zählen.

4) Ein solches Mittelpunktspolygon ist natürlich jetzt kein ebenes.

Mittelpunktspolygone fallen. Nun kann man das zerschnittene Hexagonoid als einfach zusammenhängend auf die Ebene mit regulären Sechsecken abbilden.[1]) Der Querschnitt ist gleichwertig einem Polygon auf einem einfach zusammenhängenden Hexagonoide[2]), also ist seine Charakteristik 6, und da seine zwei Ufer mit den beiden Polygonen zusammen ein auf einem Hexagonoide von einfachem Zusammenhange verlaufendes Polygon darstellen, so ist $C(P) + C'(P') + 6 = 6$ oder $C'(P') = -C(P)$, d. h.: *Jedes auf einem zweifach zusammenhängenden Hexagonoide verlaufende Polygon, welches jenes in zwei zweifach berandete Gürtel teilt, hat (das Vorzeichen unberücksichtigt) dieselbe Charakteristik.[3])* Es haben also auch die beiden Randpolygone eines solchen Hexagonoids dieselbe Charakteristik, und nach deren Werte C sei das Hexagonoid mit H_C bezeichnet. Setzt man an die freien Ufer der Randpolygone eines solchen H_C nach und nach weitere Sechsecksreihen an, so wird, da C die Differenz der Sechsecke auf beiden Seiten eines Polygons ist, dieser Prozess des Sechseckansetzens auf einer Seite schliesslich ein Ende nehmen, ausgenommen für ein Hexagonoid H_0, wo auf jedes Ufer jedes Polygons der Charakteristik Null gleichviel Sechsecke zu liegen kommen.[4]) Ein solches H_0 kann nach beiden Seiten ins Unbegrenzte fortgesetzt werden; jeder Gürtel enthält gleichviel Sechsecke, denn die Charakteristik jedes neuen Randpolygons ist wieder Null.[5]) Es gilt nun der zu beweisende Satz: *Einfache, sich nicht durchsetzende Kantenpolygone eines Vielflaches, längs deren eine Elementarerweiterung möglich ist, liegen auf einem Hexagonoid H_0.* Denn ist P ein solches Kantenpolygon eines Vielflaches, so wird die längs P einschaltbare hexagonoidische Fläche G ausser von P noch von einem zu P isomorphen Polygone P_1 begrenzt. An G lässt sich aber längs P_1 ein mit G isomorpher Gürtel G_1 ansetzen, der zu P_1 ebenso liegt, wie G zu P u. s. w. (Vergl. Nr. 82.) G ist also nach beiden Seiten unbegrenzt fortsetzbar, was nur der Fall ist, wenn P auf einem Hexagonoid H_0 liegt, also selbst die Charakteristik Null hat, d. h.: *Die Elementarpolygone eines Vielflaches haben die Charakteristik Null.* Diese Bedingung ist nun zwar notwendig, aber noch nicht hinreichend, um ein Kantenpolygon als Elementarpolygon zu kennzeichnen. Hat ein Polygon P eines Vielflaches die Charakteristik Null, und konstruiert man das zu ihm gehörige Hexagonoid H_0 durch beiderseitiges Ansetzen von Sechsecken, so kann es geschehen, dass H_0 zu P eine solche Lage annimmt, dass sich P auf H_0 selbst durchsetzt; dann ist aber schon ein Teil von P Elementarpolygon, d. h. P ist reducibel. Soll also ein Polygon P eines Vielflaches ein Elementarpolygon sein, so muss es die Charakteristik Null haben und überdies irreducibel sein, d. h. es darf nicht bereits ein Teil desselben isomorph auf ein geschlossenes Polygon eines Hexagonoids H_0 abbildbar sein.

87. Die Morphologie der Hexagonoide H_0 und die drei Grundformen der Elementarpolygone. Es sei ein nach beiden Seiten ins Unendliche verlaufendes Hexagonoid H_0 vorgelegt.[6]) (In Fig. 76 ist es durch zwei Polygone $\mathfrak{P}$ berandet.) Man ziehe von dem Mittelpunkt M irgend eines Sechsecks die drei Mittelpunktslinien; dann können zwei verschiedene Fälle eintreten.

---

1) Es schadet nichts, wenn sich dabei Teile der Abbildung überdecken.

2) Vergl. z. B. die Mittelpunktslinie M_i und das zugehörige Polygon P_i in Fig. 75.

3) Die Charakteristiken stimmen auch im Vorzeichen überein, wenn man beide Polygone in solcher Richtung umläuft, dass das Ufer, welches die geringere Zahl von Sechsecken als Randflächen hat, bei beiden Polygonen gleichzeitig zur Rechten oder Linken liegt.

4) Die an sich höchst interessanten Sätze über die allgemeinen Hexagonoide H_c müssen hier übergangen werden. Man vergl. hierüber das betr. Kapitel bei Eberhard (Morphol. S. 94—110) u. Schönfliess a. a. O. Am einfachsten gestalten sich die Untersuchungen für solche H_c, die dadurch entstehen, dass an ein ebenes c-kantiges Polygon Reihen von Sechsecken angesetzt werden. Die h^{te} Reihe enthält dann $h \cdot c$ Sechsecke. Eberhard betrachtet nur diese Art der H_c.

5) Man könnte die H_0 wohl danach als Cylinderhexagonoide bezeichnen, während man die H_c paraboloidisch nennen könnte.

6) Um das Folgende der Anschauung näher zu bringen, denke man sich ein solches H_0 dadurch erzeugt, dass man ein rechteckiges Stück $ABCD$ aus einer ebenen regulären Sechseckteilung herausschneidet und so zu einem Cylinder zusammenbiegt (Modell!), dass die letzten Sechsecke des Randes AD, der an den Rand BC anzufügen ist, mit Sechsecken des Randes BC zusammenfallen. Laufen dann zwei gegenüberliegende Kanten der Sechsecke parallel mit der Achse des erzeugten Cylinders, so ist das Hexagonoid ein H_0^{I}, andernfalls ein H_0^{II}, nach den weiteren Erläuterungen des obigen Textes.

Erstens. Die eine Mittelpunktslinie t kehrt nach einem Umlauf um das Hexagonoid nach dem Punkte M zurück, nachdem sie, das erste Sechseck eingerechnet, deren m durchlaufen hat. Jede der beiden andern Mittelpunktslinien t' und t'' windet sich dann in Form einer *Schraubenlinie* an dem Hexagonoid in die Höhe, ohne sich also je selbst wieder zu durchsetzen. Dagegen wird die eine die andre, da die Umläufe im entgegengesetzten Sinne erfolgen, unendlich oft schneiden. Der erste neue Schnittpunkt sei M'. Die Zahl q der Sechsecke, die von t' und t'' zwischen M und M' durchlaufen werden, ist dieselbe, wie eine blosse Betrachtung der Figur zeigt. Es sei nun M_1 derjenige Sechsecksmittelpunkt auf t, welcher auf M folgt. Man lasse jetzt die Mittelpunktslinie t' auf die benachbarte t_1' durch M_1 fallen. Dann geht das ganze Hexagonoid notwendig in sich selbst über, d. h., da man in derselben Weise fortfahren kann, *es lässt m cyklische Transformationen zu.* Den andern Mittelpunktslinien t' und t'' entsprechen *loxodromische Transformationen*, d. h. man kann das Hexagonoid gewissermassen an sich selbst hinaufschrauben, indem man den Mittelpunkt M auf den nächsten M_1' von t' fallen lässt u. s. w. Ein solches Hexagonoid heisse eins *der ersten Art H_0^{I}*. Die Zahl dieser loxodromischen Transformationen ist bestimmt durch die Anzahl q der Sechsecke, welche t' oder t'' von M bis M' durchläuft. Da von den drei Zügen MtM, $Mt'M'$ und $Mt''M'$ jeder die beiden andern unter einem Winkel von 60° schneidet, so sind sie unter einander gleich, woraus $q = m$ folgt. Ein Hexagonoid H_0^{I} hängt also nur von der Zahl m der Sechsecke der sich schliessenden Mittelpunktslinie ab. Von M aus kann man auf zwei geschlossenen, das Hexagonoid umlaufenden Mittelpunktszügen nach M zurückgelangen: auf dem Zuge MtM und auf dem Zuge $Mt'M' + M't''M$; der erste durchschreitet m, der zweite $2m$ Sechsecke.

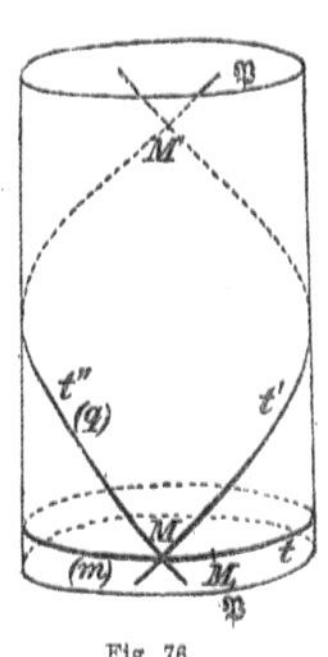
Fig. 76.

Zweitens. Es kehre keine der drei von einem beliebigen Sechsecksmittelpunkt M ausgehenden Mittelpunktslinien nach M zurück (Fig. 77); *jede* läuft dann schraubenförmig an dem Hexagonoide in die Höhe. Um die Vorstellung zu präzisieren, sei diejenige Mittelpunktslinie mit t bezeichnet, welche den langsamst aufsteigenden Schraubengang bildet, und der Sinn, in welchem dieser das Hexagonoid umläuft, sei als links- oder rechtsdrehender festgesetzt; als linksdrehender, wenn ein in t aufsteigender Punkt einem ausserhalb des Hexagonoids befindlichen Auge von rechts unten nach links oben laufend erscheint (wie in Fig. 77). Von den beiden andern Mittelpunktslinien läuft dann stets die eine (hier t'') in gleichem Sinne mit t, die andre (t') in entgegengesetztem Sinne um das Hexagonoid, und die, welche gleichen Sinn mit t hat, ist die am steilsten ansteigende.[1]) Von den im entgegengesetzten Sinne sich aufschraubenden Mittelpunktslinien möge sich nun zum ersten Male wieder schneiden: t und t' in M', t und t'' in M''; im letzteren Falle durchlaufe t zwischen M und M'' p Sechsecke, t'' aber q Sechsecke; im ersten Falle möge t zwischen M und M' p' Sechsecke, t aber q' Sechsecke durchlaufen. Dann ist $q' = q$ und $p' = p - q$, weil die drei Züge $Mt''M''$, MtM' und $Mt'M''$ gleichviel Sechsecke enthalten, da die drei Mittelpunktslinien in den genannten Punkten gleiche Winkel von 60° miteinander bilden. Ein *Hexagonoid zweiter Art H_0^{II}* ist also von zwei Grössen, p und q, abhängig, und es giebt hier drei loxodromische Transformationen. Von M aus kann man auf zwei geschlossenen, das Hexagonoid umlaufenden Mittelpunktszügen nach M zurückgelangen: auf dem Zuge $Mt'M' + M'tM$, und auf dem Zuge $Mt''M'' + M''t'M$; der zweite durchschreitet $p + q$, der erste $p' + q' = p$ Sechsecke.

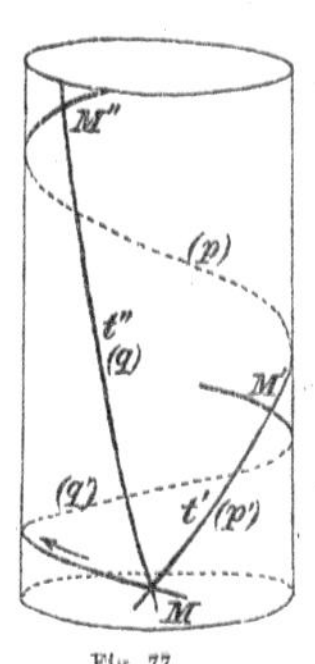
Fig. 77.

---

1) Leicht zu beweisen. So lange t die am langsamsten aufsteigende Linie ist, sind t, t' und t'' Schraubenlinien. Für den Grenzfall, wo t und t' gleich steil laufen, wird t'' zu einer der Achse des Cylinders parallelen Geraden. Verlaufen t' und t'' gleich steil, so wird t zu einer geschlossenen Mittelpunktslinie (Kreis), wodurch sich der erste Fall eines H_0^{I} wieder ergiebt.

Es sollen nun die durch die betrachteten Züge charakterisierten Polygone der Hexagonoide studiert werden, und zwar zunächst die des Hexagonoids erster Art H_0^I. Von den Kanten des durch t auf H_0^I bestimmten Polygons liegen immer je zwei in einer Ebene. Das Polygon hat die Gestalt, wie sie Fig. 78 zeigt, und ist ein links- oder rechtsseitiges *Normalpolygon* $P_1(2m)$[1]), je nachdem man die Gegenkanten zu einer Kante, oder zu ihrer Nachbarkante bestimmt. Solcher Normalpolygone $P_1(2m)$ enthält H_0^I ein unendliches System. — Der Zug $Mt'M' + M't''M$ auf H_0^I charakterisiert ein *Elementarpolygon* P_2 der Gestalt, wie sie Fig. 79 zeigt. Es hat mit dem den Punkt M enthaltenden Sechsecke einen vierkantigen Zug gemein, ist also kein Normalpolygon. Da die Zahl der sämtlichen von dem Mittelpunktszuge durchlaufenen Sechsecke $2q = 2m$ beträgt[2]), von diesen aber eins vier Kanten, eins keine Kante (das, welches den Mittelpunkt M' hat), die diesen benachbarten je eine Kante, alle übrigen aber zwei Kanten zu dem Polygon liefern, so ist

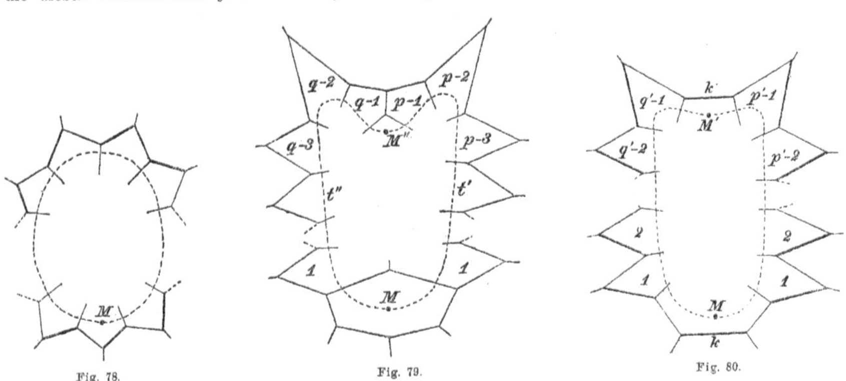

Fig. 78.   Fig. 79.   Fig. 80.

die Zahl der Kanten des Polygons $4m - 2$. Weil der Mittelpunkt jedes an P_1 grenzenden Sechsecks zum Ausgangspunkt M der Mittelpunktszüge t' und t'' gewählt werden kann und es unendlich viel Polygone P_1 giebt, so existieren auf dem H_0^I m-mal unendlich viel solcher Elementarpolygone $P_2(4m - 2)$. Es leuchtet ein, dass alle diese P_2 desselben H_0^I isomorph sein müssen; allomorphe Typen P_2 können nicht vorkommen.

Das zu dem Zuge $Mt'M' + M'tM$ auf dem Hexagonoide zweiter Art H_0^{II} gehörige Polygon P_3 hat die Gestalt Fig. 80. Es ist wiederum ein *Normalpolygon*, da die Kanten k und k' der beiden einzigen ebenen dreikantigen Züge, welche das Polygon enthält, Gegenkanten zu einander sind. Von diesen dreikantigen ebenen Zügen gehört der eine dem den Punkt M enthaltenden Sechsecke an, während das M' enthaltende Sechseck nur eine Kante mit dem Polygon P_3 gemein hat. Die Zahl der Kanten des Polygons beträgt also $2p$, wenn p die Anzahl der von dem Mittelpunktszuge durchstrichenen Sechsecke war. — Das zu dem Zuge $Mt''M'' + M''t'M$ gehörige *Elementarpolygon* hat die Gestalt Fig. 79 und ist deshalb mit P_2 zu bezeichnen, nur ist jetzt die Zahl der Sechsecke, die von den beiden Mittelpunktslinien durchstrichen werden, verschieden (gleich p und q). Die Zahl der Kanten des Polygons beträgt $2p + 2q - 2$; die Ableitung dieses Wertes geschieht wie in dem früheren Falle, nur ist $2m$ durch $p + q$ zu ersetzen. Man ersieht leicht, dass das vorher betrachtete Elementarpolygon $P_2(4m - 2)$ aus dem jetzigen $P_2(2p + 2q - 2)$ erhalten wird, wenn das Hexagonoid H_0^{II} dadurch in ein H_0^I übergeht, dass eine der drei loxodromischen Transformationen cyklisch wird. Auf H_0^{II} existieren $p' + q' = p$-mal unendlich viel isomorphe Polygone $P_3(2p)$, und $p + q$-mal unendlich viel isomorphe Polygone $P_2(2p + 2q - 2)$. Allomorphe Typen P_3 und P_2 können auf demselben H_0^{II} nicht vorkommen.[3])

Nun ist offenbar, dass jedes beliebige Elementarpolygon der Charakteristik Null durch Ansetzung von Sechsecken zu einem Hexagonoid H_0^{I} oder H_0^{II} führt, und es ergiebt sich, da die Polygone der Form P_2 auf jedem Hexagonoide existieren, der Satz: *Jedes Elementarpolygon P ist Nachbarpolygon eines durch zwei Zahlen p und q definierten Elementarpolygons $P_2(2p + 2q - 2)$ der Grundform Fig. 79. Ist dabei $p > q$, so enthält das zu P_2 gehörige Hexagonoid unendlich viel Normalpolygone $P_3(2p' + 2q') \equiv P_3(2p)$ der Grundform Fig. 80, wobei $p' = p - q$, $q' = q$ ist. Ist aber $p = q$, das Polygon P_2 also ein $P_2(4p - 2)$, so existieren auf dem zu P_2 gehörigen Hexagonoide einfach unendlich viele Normalpolygone $P_1(4p)$ der Form Fig. 78.*[1]) Man sieht ferner, wenn man den Verlauf der Mittelpunktslinien ins Auge fasst, sofort die Richtigkeit des Satzes ein: Auf einem Hexagonoide H_0^{I} besitzt das Normalpolygon P_1, auf einem H_0^{II} das Normalpolygon P_3 die Minimalzahl von Kanten unter allen auf dem betr. Hexagonoid verlaufenden Elementarpolygonen.[2])

88. Reduktion der Elementarpolygone eines Vielflaches. Es brauchen nur solche Polygone $P(2m)$ der Charakteristik Null auf dem Vielflache ins Auge gefasst zu werden, deren ebene Kantenzüge höchstens fünfkantig sind. Dann sind folgende vier Fälle möglich. a) Es sind alle ebenen Züge zweikantig. b) Es folgt auf einen dreikantigen Zug $+ 1$ nach $0, 1, 2, \ldots h$ zweikantigen Zügen ein dreikantiger Zug ∓ 1.[3]) In diesen beiden Fällen ist $P(2m)$ ein *Normalpolygon* im Sinne der Nr. 83. c) Es folgt in $P(2m)$ auf einen dreikantigen Zug $+ 1$ nach h zweikantigen ein dreikantiger Zug $+ 1$, und d) es treten auch vier- und fünfkantige ebene Züge auf. Ersetzt man im Falle c) (vergl. Fig. 81) den Zug $e_1 S e_2$ durch den Zug $e_1 S' e_2$, indem man an die freie Berandung von S zwischen e_1 und e_2 die Sechsecke anfügt, und ersetzt man im Falle d) einen vier- bez. fünfkantigen ebenen Zug durch die fünfte und sechste bez. sechste Kante des zugehörigen Sechsecks, so gelangt man in beiden Fällen zu einem Nachbarpolygon $P(2m_1)$ [wobei $m_1 = m - 1$ oder $m - 2$ ist], welches entweder ein Normalpolygon a) oder b) ist, oder wieder zur Klasse c) bez. d) gehört. Setzt man im letzteren Falle diese Operation fort — im ungünstigsten Falle im ganzen $(m - 3)$-mal, da jedes folgende Nachbarpolygon zwei oder vier Kanten weniger zählt —, so erhält man entweder ein Normalpolygon oder einen mindestens sechskantigen ebenen Zug. *Ein höchstens fünfkantige ebene Züge enthaltendes Kantenpolygon $P(2m)$ der Charakteristik 0 ist hiernach dann und nur dann Elementarpolygon, wenn in einer Reihe von $\mu \leq m - 3$ ihm benachbarten Polygonen $P(2m_1), P(2m_2), \ldots P(2m_\mu)$, in der jedes folgende zwei oder vier Kanten weniger als das vorhergehende zählt, das letzte Polygon ein Normalpolygon darstellt.* Es wäre schliesslich noch zu zeigen, wie man ein beliebiges Normalpolygon $P(2m)$ auf eine der Grundformen P_1 oder P_3 reduziert, doch soll hierfür auf die Eberhardsche Originalarbeit verwiesen werden.[4]) Es genüge folgendes zu bemerken. Hat man auf einem Vielflache A_n ein beliebiges Elementarpolygon bestimmt, so denke man es sich auf das zu ihm gehörige Hexagonoid H_0^{I} oder H_0^{II} gelegt. Dann gelangt man im zweiten Falle, sowohl wenn man an dem einen, als wenn man an dem andern Ufer eine gewisse Zahl Sechsecke zufügt, zu einem der unendlich vielen Polygone P_3, im ersten Falle zu Polygonen P_1. Sind nun S und S_1 die beiden Stücke, in welche A_n durch P geteilt wird, so setzt man an deren Berandung gemäss den obigen Betrachtungen so lange Sechsecke an, bis man zu einem Polygon P_3 oder P_1 gelangt. Dann sind die beiden je durch P_3 oder P_1 berandeten polyedrischen Flächen längs des isomorphen Randes aneinanderfügbar, und man hat das erweiterte Vielflach erhalten.

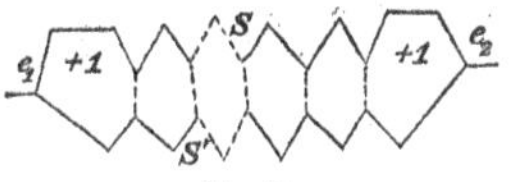

89. Die Elementarpolygone des Pentagondodekaeders und dessen Erweiterung. Um die vorstehende Theorie an einem Beispiel zu erläutern, sei das Pentagondodekaeder A_{12} gewählt. Es sei seine Grundfläche α_1, die daranstossenden Flächen der Reihe nach α_2, α_3, α_4, α_5, α_6, und die übrigen sechs Flächen

Fig. 81.

---

1) Die bisher gegebene Darstellung weicht von der Eberhards ab; die Grundlinien für sie hat Schönfliess a. a. O. vorgezeichnet.

2) Eberhard, Morphologie, S. 133.

8) Das entgegengesetzte Vorzeichen zweier Züge deutet an, dass die Vielecke, welche die betr. Züge liefern, auf verschiedenen Ufern des Polygons liegen.   4) A. a. O. S. 141 ff.

seien so bezeichnet, dass einer jener sechs ersten Flächen α_h die Fläche α_{h+6} gegenüberliegt. Die Elementarpolygone P sind dann diejenigen, welche A_{12} in zwei einfach berandete Stücke S und S' teilen, von denen jedes sechs Fünfecke besitzt.[1]) Sie sind bestimmt als Berandung der folgenden Stücke: 1) $S = \alpha_1, \alpha_2, \alpha_3, \alpha_4, \alpha_5, \alpha_6$. Hier ist P ein links- oder rechtsseitiges Normalpolygon. 2) $S = \alpha_1, \alpha_2, \alpha_3, \alpha_{10}, \alpha_{11}, \alpha_{12}$. P ist ein Normalpolygon mit nur dreikantigen Zügen. In diesen beiden Fällen ist die Erweiterung von A_{12} bereits erledigt. 3) $S = \alpha_1, \alpha_2, \alpha_9, \alpha_{10}, \alpha_{11}, \alpha_{12}$. Setzt man an den Rand $P(18)$ von S die Sechsecke $\beta_3, \beta_6, \beta_7$ an,[2]) so gelangt man zu einem Polygon $P_1(12)$. Ebenso führt die Ansetzung der Sechsecke $\beta_1, \beta_9, \beta_{12}$ an den Rand $P(18)$ von S' zu einem Polygon $P_1(12)$. Die Aneinanderfügung der neuen polyedrischen Flächen längs $P_1(12)$ führt zu dem erweiterten Vielflach Fig. 10 Tafel VI.[3]) 4) $S = \alpha_1, \alpha_2, \alpha_3, \alpha_7, \alpha_8, \alpha_{12}$. Elementarpolygon $P(16)$. S wird erweitert durch β_4, β_{11}, S' durch $\beta_1, \beta_2, \beta_7, \beta_8$. Randpolygone $P_1(12)$. Das erweiterte Vielflach ist Fig. 11 Taf. VI. 5) $S = \alpha_1, \alpha_2, \alpha_3, \alpha_7, \alpha_{10}, \alpha_{11}$. Elementarpolygon $P(12)$. S wird erweitert durch β_4, β_{12}, S' durch β_1, β_8. Randpolygone $P_3(12)$. Fig. 12 Taf. VI. 6) $S = \alpha_1, \alpha_2, \alpha_3, \alpha_4, \alpha_7, \alpha_{11}$. Elementarpolygon $P(14)$. S wird erweitert durch β_{12}, S' durch β_7. Randpolygone $P_3(12)$. Fig. 13 Taf. VI. 7) $S = \alpha_1, \alpha_2, \alpha_3, \alpha_7, \alpha_8, \alpha_{10}$. Elementarpolygon $P(18)$. S wird erweitert durch $\beta_6, \beta_9, \beta_{11}$, S' durch $\beta_1, \beta_3, \beta_8$. Randpolygone $P_3(14)$. Fig. 14 Taf. VI. 8) $S = \alpha_1, \alpha_2, \alpha_3, \alpha_7, \alpha_8, \alpha_{11}$. Elementarpolygon $P(16)$. S wird erweitert durch β_4, β_{12} und ein drittes Sechseck β', das an den freien Rand von $\alpha_8, \beta_{12}, \beta_4$ anzusetzen ist, S' durch β_7, β_8 und ein drittes Sechseck β'' an den freien Rand von $\alpha_{12}, \beta_8, \beta_7$. Randpolygon $P_3(14)$. Fig. 15 Taf. VI. 9) $S = \alpha_1, \alpha_2, \alpha_4, \alpha_7, \alpha_9, \alpha_{11}$. Elementarpolygon $P(20)$. S wird erweitert durch $\beta_{10}, \beta_3, \beta_{12}$ und drei weitere Sechsecke $\beta', \beta'', \beta'''$ an den freien Rand von $\beta_3, \beta_{12}, \alpha_7$, S' durch $\beta_9, \beta_4, \beta_1$ und drei Sechsecke $'\beta, ''\beta, '''\beta$ an den freien Rand von $\beta_4, \beta_1, \alpha_6$. Randpolygone $P_3(16)$. Fig. 16 Taf. VI. 10) $S = \alpha_1, \alpha_2, \alpha_3, \alpha_5, \alpha_7, \alpha_{10}$. Elementarpolygon $P(18)$. S wird erweitert durch β_6, β_{11}, S' durch β_5, β_7. Die $P(18)$ benachbarten Randpolygone sind Normalpolygone $P_3(14)$. Fig. 17 Taf. VI. —

Längs des in den Figuren 10—17 stärker gezeichneten Normalpolygons, das die erweiterten Flächenstücke S und S' trennt, können weiter in bekannter Weise ein oder mehrere Sechsecksgürtel eingeschaltet werden. Durch Einfügung zweier Reihen von je sechs Sechsecken, $\gamma_1, \gamma_2 \cdots \gamma_6$ und $\delta_1, \delta_2 \ldots \delta_6$ entsteht z. B. aus Fig. 13 das in Fig. 18 Tafel VI dargestellte, erweiterte Vielflach. Hier sind die stark gezeichneten Polygone R_1 und R_2 die Randpolygone der nun völlig getrennt liegenden Teile S und S' des ursprünglichen Pentagondodekaeders, d. h. diese Polygone R_1 und R_2 sind isomorph mit dem ursprünglichen Elementarpolygon; die fein gestrichelten Polygone sind die R_1 und R_2 benachbarten Normalpolygone P_3.[4])

---

[1]) Dies folgt aus einem Satze in Nr. 91. Vergl. die Ableitung der Elementarpolygone des Dodekaeders bei Eberhard, a. a. O. S. 146—152. Es genügt, immer nur eins der Polygone eines bestimmten Typus ins Auge zu fassen, obgleich jeder Typus auf dem Dodekaeder eine bestimmte Anzahl mal auftritt. Es ist ferner im Text nur der eine Bestandteil S von A_n angegeben, da S' von selbst daraus folgt.

[2]) Das soll heissen, man setze an Stelle des Fünfecks α_3, welches ursprünglich an das andre Ufer von P grenzte, das Sechseck β_3, an Stelle des Fünfecks α_6 das Sechseck β_6 u. s. w.

[3]) Hier und in den folgenden Figuren ist das stärker gezeichnete stets das Normalpolygon P_1 oder P_3. Die Elementarpolygone sind als Ränder der nicht schraffierten Flächenteile leicht auffindbar. Da $P_1(12)$ sich selbst sechsmal isomorph ist, so können die polyedrischen Flächen hier in verschiedener Weise aneinandergesetzt werden, wodurch sich allomorphe Typen erweiterter Vielflache ergeben.

[4]) Es kann diese Figur 18 zugleich dazu dienen, die in Nr. 82 abgeleiteten Sätze zu erläutern. Die Bezeichnungen der Figur sind denen in Nr. 82 entsprechend. Die Normalpolygone $P_1 \equiv P_2 \equiv P_3$ sind die auf dem Gürtel G verlaufenden isomorphen Polygone, zwischen denen noch ein den beiden Randpolygonen R_1 und R_2 isomorphes Elementarpolygon P_Q (hier stark punktiert) existieren muss. (Es ist nebensächlich, dass P_Q mit P_1 und P_2 Züge gemeinsam hat.) Der Gürtel G erweist sich auch hiernach als reducibel. Er lässt sich sowohl von R_1 als von R_2 aus in zwei vollständige und zwei unvollständige Elementarstreifen zerlegen. Das Polygon P_Q zerlegt G in den an S grenzenden Gürtel G_1 und den an S' grenzenden Gürtel G_2. Dann lässt sich das ursprüngliche Pentagondodekaeder längs des Elementarpolygons P sowohl durch G_1 als auch durch G_2 allein erweitern. (Im zweiten Falle z. B. denke man sich das durch P_Q berandete Flächenstück herausgeschnitten und die entstandene Öffnung durch S geschlossen). G_1 und G_2 sind irreducible Erweiterungsgürtel, ebenso wie der lediglich aus den Sechsecken β_7 und β_{12} bestehende Gürtel, der aus dem Dodekaeder durch Erweiterung Fig. 13 Taf. VI entstehen liess.

90. Die Hexagonoide von mehrfachem Zusammenhange. Die folgenden Betrachtungen schliessen sich an Nr. 86 an. Die allgemeinste Erweiterungsfläche F_μ (vergl. Nr. 78) mit den μ Randpolygonen $P_1, P_2, \ldots P_\mu$, welche isomorph mit den Rändern der Flächenstücke $S_1, S_2, \ldots S_\mu$ sind, ist nichts andres als ein μ-fach zusammenhängendes Hexagonoid. Es sei nun $C(P_h)$ die Charakteristik eines dieser Polygone P_h, in Bezug auf das Innere des Hexagonoides gerechnet. Es sind $\mu - 1$ Querschnitte erforderlich, um das μ-fach zusammenhängende Hexagonoid einfach zusammenhängend zu machen. Dann ergiebt sich aber, analog den Betrachtungen in Nr. 86, zwischen den Charakteristiken die Gleichung $C(P_1) + C(P_2) + \ldots C(P_\mu) + (\mu - 1) \cdot 6 = 6$, da jedem Querschnitte, als gleichwertig einem Polygon auf einem einfach zusammenhängenden Hexagonoide, die Charakteristik 6 zukommt. Es ist also: $\sum_1^\mu C(P_h) = -6(\mu - 2)$. Daraus schliesst man weiter: *Versteht man unter $C(P_h)$ die Charakteristik des Randpolygons des Flächenstücks S_h in Bezug auf sein Inneres gerechnet, so besteht zwischen den μ Randpolygonen der μ Flächenstücke $S_1, S_2, \ldots S_\mu$, welche mit dem eingeschalteten Hexagonoid die vollständige Oberfläche eines Vielflaches bilden können, die Gleichung:*

$$\sum_h^\mu C(P_h) = 6(\mu - 2).$$

Aus dieser Gleichung lassen sich zunächst die in folgender Nummer gegebenen Schlüsse ziehen.

91. Die allgemeinen Elementarnetze und Erweiterungen.[1]) Unter den μ Polygonen $P_1, P_2, \ldots P_\mu$ eines Elementarnetzes können nicht mehr als $\mu - 1$ Elementarpolygone sein. Denn wären sämtliche Polygone Elementarpolygone, so wäre $\sum C(P_\mu) \equiv 0$, was gegen die obige Gleichung verstösst. Sind von den μ Polygonen $\mu - 1$ Elementarpolygone, so hat das μ^{te} Polygon die Charakteristik $6 \cdot (\mu - 2)$, also bei einem Netz aus drei Polygonen die Charakteristik 6. Es soll nun auf einem Vielflache ein $(\mu + 1)$-teiliges Netz $P_0, P_1, P_2, \ldots P_\mu$ mit $\mu + 1$ Flächenteilen $S_0, S_1, S_2 \ldots S_\mu$ gegeben sein, von denen die Teile $S_1, S_2, \ldots S_\mu$ identisch mit den ebenen Grenzflächen $\alpha_1, \alpha_2, \ldots \alpha_\mu$ des Vielflaches sind. Dann gilt die obige Hauptgleichung in der Form: $C(P_0) + \sum_1^\mu C(P_h) = 6(\mu - 1)$. Da aber nach früherem (vergl. Nr. 85) die Charakteristik eines ebenen m-kantigen Polygons gleich m ist, so folgt hieraus: $C(P_0) = -\sum_1^\mu m_h + 6(\mu - 1)$. Nun ist aber das Polygon P_0 nicht nur die Berandung des Flächenteils S_0, sondern zugleich die Berandung der aus den μ Vielecken mit den Kantenzahlen m_h bestehenden übrigen polyedrischen Fläche. Daher ergiebt sich der Satz: *Die Charakteristik C des Randpolygons einer aus μ gegebenen ebenen Vielecken $(\alpha_h)_{m_h}$ zusammengesetzten polyedrischen Fläche ist von deren Zusammensetzungsweise unabhängig und berechnet sich nach der Formel:*

$$C = \sum_h^\mu m_h - 6(\mu - 1).$$

Setzt man also aus μ gegebenen ebenen Vielecken, deren Kantenzahl insgesamt $6(\mu - 1)$ ist, eine polyedrische Fläche zusammen, so hat deren Randpolygon die Charakteristik Null.[2]) Die angeschriebene Gleichung gestattet, auf leichte Weise die Polygone der Charakteristik Null eines gegebenen Vielflaches zu bestimmen. Es ist natürlich dabei nicht ausgeschlossen, dass die μ Flächen in isolierten Teilen auftreten, nur ist das Polygon dabei um sämtliche Teile zu führen. Z. B. ergeben sich für die Werte $f_4 = 2$, $f_5 = 2$, die nach obiger Gleichung zu $C = 0$ führen, unter anderen die in Fig. 82 (s. Seite 116) dargestellten Polygone. In beiden Fällen kann die Bestimmung der Charakteristik auch nach früher abgeleiteten Methoden erfolgen. Im

---

1) Eberhard, Morphologie, S. 156—179. Die im Text gegebene Darstellung schliesst sich an die von Schoenfliess an.

2) Z. B. bei sechs Fünfecken, vergl. Nr. 89; ebenso bei drei Vierecken und bei zwei Dreiecken.

15*

ersten Fall ist, wenn die Formel $C = s - s'$ angewandt wird, die Fläche α doppelt zu zählen, da sie getrennte Kantenfolgen des Polygons aufweist. Im zweiten Falle bestimmt man leichter C als Differenz der Kanten erster und zweiter Art. (Hier 1, 2, 3, 4 und $1', 2', 3', 4'$.)

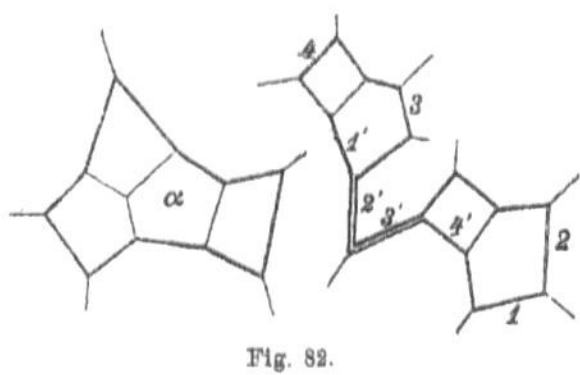
Fig. 82.

Es sei nun auf einem Vielflache A_n ein Elementarnetz aus μ Polygonen P_h vorgelegt, deren Charakteristiken also die obige Gleichung befriedigen, und es soll die Einschaltungsfläche F_μ und ihre Konstruktion weiter untersucht werden. Die notwendigen Bedingungen dafür, dass die Polygone P_h überhaupt ein Erweiterungsnetz bestimmen, sind bereits in Nr. 78 abgeleitet, und zur Veranschaulichung des Folgenden kann man Fig. 70 benutzen, von der in Fig. 83 nur ein Teil neu dargestellt ist. Verbindet man die vor der Erweiterung identischen Endpunkte zweier isomorpher Elementarzüge — hier $l_{2,3}$ und $l_{3,2}$ — quer durch F_μ durch Züge z und z', die weder einen weiteren Elementarzug, noch sich gegenseitig schneiden, und längs Kanten von Sechsecken laufen, so berandet das Polygon $l_{2,3}$, z, $l_{3,2}$, z' eine hexagonoidische Fläche $\Sigma_{2,3}$, die ein Stück eines H_6 ist, sich also, wenn man ihre Sechsecke regulär werden lässt, als ein einfach berandetes Stück einer ebenen Sechseckteilung dar-

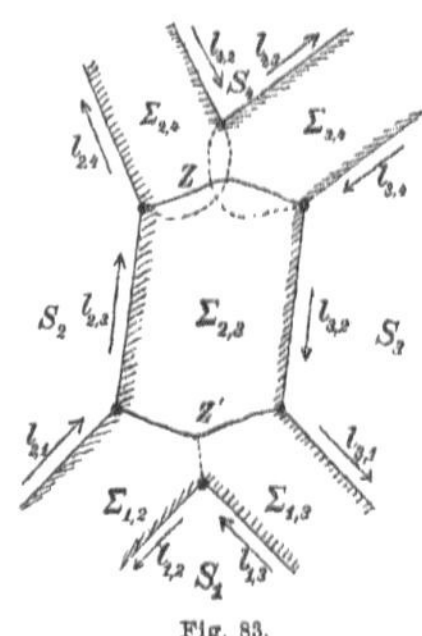
Fig. 83.

stellt. *Es sind also die isomorphen Elementarzüge $l_{i,h}$ und $l_{h,i}$ zweien, sich selbst und einander nicht durchsetzenden Kantenzügen in der ebenen Sechseckteilung H_6 isomorph.* Da von jeder Ecke von H_6 sechs Züge ausgehen, welche dem, höchstens fünfkantige ebene Züge enthaltenden, Zuge $l_{2,3}$ isomorph sind, so kann man auf H_6 die isomorphen Züge $l_{2,3}$ und $l_{3,2}$ stets auf unendlich viel Weisen so ziehen, dass zwischen ihnen, nach Verbindung ihrer entsprechenden Endpunkte durch die Züge z und z', die einfach berandete hexagonoidische Fläche $\Sigma_{2,3}$ gefunden ist. Verfährt man ebenso zur Auffindung der Flächen $\Sigma_{2,4}$, $\Sigma_{3,4}$ u. s. w. der benachbarten Züge, so werden die Einschaltungsflächen Σ gewisse Sechsecke längs der Ränder z gemein haben, von denen also einige wieder zu tilgen sind.[1])

Es werde nun $\Sigma_{2,3}$ von $l_{2,3}$ aus in elementare, vollständige und unvollständige, Streifen zerlegt, und zwar mögen sich im ganzen, bis man an den Rand $l_{2,3}$ gelangt, deren $d_{2,3}$ ergeben. Man bezeichnet $d_{2,3} = d_{3,2}$ nach Eberhard als *Distanz* der beiden Züge.[2]) Die $\dfrac{\mu\,(\mu-1)}{2}$ Distanzen aller Züge[3]) sind aber nicht unabhängig von einander; es lässt sich zeigen, dass durch die $\mu - 1$ Distanzen, welche ein Polygon P_1 mit den übrigen $\mu - 1$ Polygonen hat, die andern Distanzen in gewisse Grenzen eingeschlossen werden. Es seien $d_{1,2} \leqq d_{1,3} \leqq \ldots \leqq d_{1,\mu}$ die Distanzen des Polygons P_1, welches die Fläche S_1 berandet, von den übrigen Polygonen. Man setze an die als freischwebend gedachte polyedrische Fläche S_1 $d_{1,2}$ Elementarstreifen an. Der freie Rand P_1' des letzten Streifens kann, da seine Kantenzahl endlich ist, nur eine endliche bestimmte Zahl von Kantenzügen enthalten, die mit dem Randpolygon P_2 von S_2 isomorph sind. Man kann also nur auf eine endliche Zahl Weisen S_2 ansetzen. An die nun entstandene polyedrische Fläche $S_{1,2}$ setze man $d_{1,3} - d_{1,2}$ Streifen an. Das freie Randpolygon muss mindestens einen Zug enthalten, der mit P_3 isomorph ist, da ja P_3 von P_1 die Distanz $d_{1,3} = d_{1,2} + (d_{1,3} - d_{1,2})$ hat, aber sicher nur wieder eine endliche Anzahl von solchen Zügen, so dass die Ansetzung von S_3 nur auf eine endliche Zahl von Weisen möglich ist, man also nur eine endliche Zahl von Flächen $S_{1,2,3}$ erhält u. s. w. d. h.: *Die gegebenen $\mu - 1$ Distanzen bestimmen nur eine endliche Anzahl von Elementarflächen $S_{1,2,3\ldots\mu} = F_\mu$ und beschränken dadurch das System der übrigen Distanzen auf eine endliche Zahl endlicher Wertsysteme.*[4])

---

1) Vergl. das ausführlich dargestellte Verfahren der Bestimmung einer Fläche F_μ zu einem gegebenen Elementarnetze bei Eberhard, a. a. O. S. 170 ff.

2) Die Distanz $d_{i,h}$ entspricht dem, was in Nr. 82 als Amplitude γ eines Gürtels definiert wurde.

3) Es ist dabei ganz allgemein vorausgesetzt, dass jedes Polygon P mit jedem andern einen Zug gemein hat.

4) Eberhard, a. a. O. S. 176.

Aber auch die Werte der gegebenen Distanzen können ein gewisses Maximum nicht überschreiten, ohne dass die Einschaltungsfläche reducibel wird[1]), so dass schliesslich das Endresultat lautet: *Zu einem auf der Oberfläche eines Vielflaches A_n gezogenen Elementarnetze gehört stets nur eine endliche Anzahl von irreduciblen elementaren Einschaltungsflächen.*

92. Die Existenz von Elementarpolygonen auf jedem Vielflache.

Auf jedem allgemeinen konvexen Vielflache giebt es mindestens ein sich selbst nicht durchsetzendes Kantenpolygon der Charakteristik Null. Der Satz ist bewiesen, wenn gezeigt werden kann, dass auf jedem Vielflach μ Vielecke mit den Kantenzahlen $m_1, m_2, m_3 \ldots m_\mu$ existieren, welche der Gleichung $\sum_1^\mu m_h = 6 \, (\mu - 1)$ genügen. Das diese Flächen umschliessende Polygon, welches sich nicht selbst durchsetzt, aber natürlich gemeinsame isomorphe Züge haben wird, da die Flächen m_h im allgemeinen getrennt liegen können, ist das verlangte von der Charakteristik Null. Nun gilt für die 3-, 4- und 5-kantigen Flächen jedes Vielflaches die Bedingung: $3f_3 + 2f_4 + f_5 \geq 12$. Also kommt auf *jedem* Vielflache eine der folgenden sieben Kombinationen dieser Vielecke sicher mindestens vor: a) $f_3 = 2$, b) $f_3 = 1$, $f_4 = 1$, $f_5 = 1$, c) $f_3 = 1$, $f_5 = 3$, d) $f_4 = 3$, e) $f_4 = 2$, $f_5 = 2$, f) $f_4 = 1$, $f_5 = 4$ und g) $f_5 = 6$. Jede dieser sieben Kombinationen befriedigt aber die obige Gleichung, womit der Satz soweit bewiesen ist, dass die Existenz eines Polygons der Charakteristik Null auf jedem Vielflach erhellt. Der weitere Nachweis, dass diese Polygone in allen sieben Fällen Elementarpolygone sind, ist aber nach früherem leicht zu führen; es ist demnach der oben ausgesprochene Satz als richtig erkannt.

93. Die Charakteristikensysteme eines Vielflaches A_n und der aus ihm elementar abgeleiteten.

Es gilt zunächst zu beweisen: Zu jedem beliebigen, sich selbst nicht durchsetzenden Polygone P eines Vielflaches A_n giebt es auf einem Vielflach B_m, welches aus A_n durch Elementarerweiterung entstanden ist, ein Polygon P' derselben Charakteristik. Es möge nämlich das Polygon P das Vielflach A_n in die zwei polyedrischen Flächenstücke A_1 und A_2 teilen. A_1 besitze n' Vielecke mit den Kantenzahlen m_h'', A_2 aber n'' Vielecke mit den Kantenzahlen m_h''. Dann ist die Charakteristik $C(P)$ des Polygons sowohl $C(P) = \sum_1^{n'} m_h' - 6\,(n' - 1)$, als auch $C(P) = \sum_1^{n''} m_h'' - 6\,(n'' - 1)$. Es ist aber $C(P)$ nur abhängig von den *nicht-sechsseitigen* Grenzflächen; denn fügt man A_1 ein Sechseck zu, so nimmt in $C(P)$ das erste Glied um 6 zu, das zweite, da n' um 1 zunimmt, um 6 ab. Ein Polygon auf dem aus A_n durch Elementarerweiterung entstandenen Vielflach B_m braucht also nur die n' Vielecke, die zu A_1 gehörten, auf dem einen, die zu A_2 gehörenden n'' Vielecke auf seinem andern Ufer zu haben, um dieselbe Charakteristik $C(P)$ zu besitzen, wie das Polygon auf A_n. Es lässt sich nachweisen, dass sich die Flächen m_h' und m_h'' auf B_m stets durch ein *sich nicht selbst schneidendes* Polygon trennen lassen.[2]) Zu *jedem* Polygone der Charakteristik C auf A_n gehört also auf B_m, das durch Elementarerweiterung aus A_n erhalten ist, ein Polygon derselben Charakteristik.[3]) Da sich nun die n Vielecke von A_n nur auf eine endliche Anzahl Weisen in zwei Gruppen von n' und n'' ($n' + n'' = n$) Vielecken zerlegen lassen, so folgt: *Die Polygonsysteme aller Vielflache, die aus einem gegebenen Vielflach elementar ableitbar sind, haben ein und dasselbe endliche Charakteristikensystem.*

94. Das für jedes Vielflach existierende n-teilige Elementarnetz und die Prozesse Π_1 und Π_2.

Auf jedem Vielflach A_n bestimmen die Perimeter der n Grenzflächen ein n-teiliges Elementarnetz. Wenn dieser Satz richtig ist, so muss die Gleichung $\sum_1^n C(P_h) = 6\,(n - 2)$ gelten. Nun ist aber $C(P_h)$ hier

---

1) Eberhard, a. a. O. S. 176 ff.   2) Eberhard, a. a. O. S. 187.

3) Zu einem Elementarpolygon auf A_n muss auf B_n wieder ein Polygon der Charakteristik Null existieren, das aber nicht notwendig Elementarpolygon zu sein braucht. Vergl. Eberhard, a. a. O. S. 187—197.

nichts andres als die Kantenzahl der Fläche α_h, also ist die Summe aller C gleich der doppelten Kantenzahl des Vielflaches d. h. gleich $2 \cdot (3n - 6)$, was mit $6(n - 2)$ identisch ist. Zu diesem n-teiligen Elementarnetze sollen zwei Einschaltungsflächen näher betrachtet werden. *Der erste Erweiterungsprozess sei mit Π_1 bezeichnet*: Man schneide die $2n - 4$ Ecken von A_n durch Dreiecke ab, und variiere diese so, dass jedes Dreieck mit seinen drei Scheiteldreiecken und nur mit diesen zum Schnitt gelangt. Das neue Vielflach A_{3n-4} besitzt dann $2n - 4$ Sechsecke und die n Flächen von A_n in isolierten Lagen. Bezeichnet man die Zahl der Flächen des Vielflaches, das aus A_n nach m-maliger Wiederholung dieses Prozesses Π_1 hervorgeht, mit n'_m, so ist $n'_m = 3n'_{m-1} - 4$. Setzt man hier rückwärts die Werte für n'_{m-1}, $n'_{m-2} \ldots$ ein, so ergiebt sich: $n'_m = 3^m \cdot n - 2(3^m - 1)$. Da bei jedesmaliger Wiederholung des Prozesses nur neue Sechsecke entstehen, die bereits vorhandenen aber ihrer Art nach erhalten bleiben, so hat das schliesslich entstehende $A_{n'_m}$ $(3^m - 1)(n - 2)$ eingeführte Sechsecke. Dem *einmaligen* Erweiterungsprozesse Π_1 entspricht eine *irreducible* Einschaltungsfläche. Denn hat man eine hexagonoidische Einschaltungsfläche mit n den Grenzflächen von A_n isomorphen Randpolygonen, so kann ein Sechseck höchstens drei dieser Randpolygone seiten. Nun haben die n Randpolygone $6n - 12$ Kanten, also muss die Einschaltungsfläche mindestens $\frac{6n - 12}{3}$ d. h. $2n - 4$ Sechsecke als Minimum enthalten. Eine solche Einschaltungsfläche mit dem Minimum der Sechsecke ist aber sicher irreducibel, also ist die durch Π_1 erzeugte Einschaltungsfläche irreducibel. Fig. 19 Taf. VI zeigt das durch einmalige Ausführung des Prozesses Π_1 aus dem Siebenflach VII_4 Tafel II entstandene 17-flach. *Ein zweiter Erweiterungsprozess Π_2* werde folgendermassen ausgeführt. Man schneide die $3n - 6$ Kanten von A_n durch Ebenen ab und variiere diese so, dass jede mit den Ebenen der vier Nachbarkanten und nur mit diesen zum Schnitt gelangt. Dadurch entstehen $3n - 6$ Sechsecke und die Flächen von A_n treten isoliert auf. Ist n''_μ die Zahl der Flächen des nach μ-maliger Anwendung des Prozesses entstandenen Vielflaches, so ist $n''_\mu = 4n''_{\mu-1} - 6$ und daraus berechnet sich wieder durch Rekursionsverfahren: $n''_\mu = 4^\mu \cdot n - 2(4^\mu - 1)$, wovon $(4^\mu - 1)(n - 2)$ eingeführte Sechsecke sind. Fig. 20 Taf. VI zeigt das durch Π_2 aus dem Siebenflach VII_4 entstandene 22-flach. — Dem einmaligen Prozesse Π_2 entspricht eine *reducible* Einschaltungsfläche.[1]) Es ergiebt sich nun dasselbe Resultat N, wenn man n'_m für n in n''_μ und n''_μ für n in n''_μ einsetzt, nämlich $N = 3^m \cdot 4^\mu \cdot n - 2(3^m \cdot 4^\mu - 1)$, wovon $(3^m 4^\mu - 1)(n - 2)$ Sechsecke sind, d. h.: Unterwirft man ein Vielflach A_n m-mal dem Prozesse Π_1 und μ-mal dem Prozesse Π_2, so ist das sich ergebende Endpolyeder A_N von der Reihenfolge der $m + \mu$ Prozesse unabhängig. Dass die entstehenden Vielflache isomorph sind, ist nachgewiesen, wenn gezeigt wird, dass das durch den Prozess Π_1 (Π_2) entstehende Vielflach isomorph mit dem durch Π_2 (Π_1) entstehenden ist. Dieser Beweis ist aber leicht zu führen[2]) Nachdem nun in den Nr. 82 u. ff. die verschiedenen Methoden der Erweiterung eines gegebenen Vielflaches durch Sechsecke erläutert worden sind, wobei selbstverständlich das betr. Vielflach auch ein Stammvielflach in dem früher definierten Sinne sein kann, sollen nun im folgenden die in Nr. 81 am Schlusse angezeigten Probleme noch einer kurzen Besprechung unterzogen werden.

95. Die Existenz des Bereiches B_m. Nach Nr. 80 bilden alle Vielflache, die zu demselben Werte m der beiden Stammgleichungen $3f_3 + 2f_4 + f_5 = m$, $f_7 + 2f_8 + 3f_9 + \ldots = m$ gehören, einen Bereich. Es soll bewiesen werden, dass jede positive Zahl m einen Bereich definiert. Zu dem Zwecke ist es nötig zu zeigen, dass sich für jedes m ein Vielflach konstruieren lässt, welches die Gleichungen befriedigt. Es sei ein 6-flach VI_2 (Taf. II) mit den gegenüberliegenden Flächen α_1, α_4; α_2, α_5; α_3, α_6 gegeben. Man schalte längs des Elementarpolygons $\alpha_5|\alpha_1$, $\alpha_6|\alpha_1$, $\alpha_6|\alpha_2$, $\alpha_4|\alpha_2$, $\alpha_4|\alpha_3$, $\alpha_5|\alpha_3$ zwischen die beiden Bestandteile $S_1(\alpha_1, \alpha_2, \alpha_3)$ und $S_2(\alpha_4, \alpha_5, \alpha_6)$ einen Sechsecksgürtel aus $m' \geqq 1 + \left[\frac{m}{2}\right]$ Streifen ein. Die aufeinanderfolgenden Streifen seien: $\alpha'_4, \alpha'_5, \alpha'_6$; $\alpha''_1, \alpha''_2, \alpha''_3$; $\alpha'''_4, \alpha'''_5, \alpha'''_6$; $\alpha''''_1, \alpha''''_2, \alpha''''_3$; $\ldots$ so dass die Flächen $(\alpha_k)_4$, $(\alpha'_k)_6$, $(\alpha'''_k)_6 \ldots (k = 1, 2, 3)$ und ebenso die Flächen $(\alpha'_k)_6$, $(\alpha'''_k)_6$, $(\alpha'''''_k)_6 \ldots (k = 4, 5, 6)$ Scheitelflächen sind.[3]) (Figur!) Es ergiebt sich

---

1) Beweis s. Eberhard, a. a. O. S. 184.   2) Eberhard, a. a. O. S. 182.
3) Der äussere Index giebt die Kantenzahl der Fläche an.

ein Vielflach $A_{3m'+6}$, für welches noch $m = 0$ ist. Kappt man nun durch einen vierseitigen Schnitt β_1 die Kante $\alpha_1|\alpha_5'$ ab, so ist in dem entstehenden $A_{3m'+7}$: $f_3 = 0, f_4 = 6, f_5 = 1, f_6 = 3m' - 1, f_7 = 1$, d. h. $m = 1$. Kappt man weiter die Kante $\alpha_5'|\alpha_6'$ durch einen vierseitigen Schnitt β_2 ab, so wird $f_3 = 0, f_4 = 6, f_5 = 2,$ $f_6 = 3m' - 2, f_7 = 2$, also $m = 2$. So führe man dieses Abschneiden durch Vierecke längs der Reihe der Kanten $\alpha_5'|\alpha_1, \alpha_5'|\alpha_6', \alpha_5'|\alpha_1'', \alpha_3''|\alpha_1'', \alpha_5''|\alpha_1''' \ldots$ fort. Es wird immer der vorige vierseitige Schnitt zum Fünfeck; da aber das neue Viereck eingeführt wird, bleibt die Zahl dieser ungeändert gleich 6. Bei jedem Schnitt wird überdies ein Sechseck zu einem Siebeneck, während die bereits erhaltenen Siebenecke nicht gestört werden. Nach m-maliger Wiederholung ist also $f_3 = 0, f_4 = 6, f_5 = m, f_6 = 3m' - m, f_7 = m$, d. h. das Vielflach $A_{3m'+6+m}$ gehört dem Bereiche B_m an.

96. Die Stämme des Bereiches B_0. Die weitere Frage, die zu beantworten ist, lautet: Definiert jedes Lösungssystem f_i der beiden wiederholt angeführten Stammgleichungen bei bestimmtem m einen Stamm von Vielflachen, d. h. giebt es, unter Umständen mit einer bestimmten endlichen Zahl von Sechsecken verbunden, wenigstens zu einem Vielflach Veranlassung, das sich konstruieren lässt? Es sollen zunächst die Stämme des Bereiches B_0 gefunden werden.[1] Die Gleichung $3f_3 + 2f_4 + f_5 = 12$ lässt folgende 19 Lösungen zu, von denen die ersten elf Lösungen der Gruppe a) ohne Sechsecke geometrisch darstellbar sind, während die übrigen acht der Gruppe b) die mitangegebene Zahl von Sechsecken brauchen, um ein geschlossenes Vielflach zu liefern. Die Nummern der Figuren auf den Tafeln sind beigefügt, so weit es nötig ist.

Gruppe a.

1) $f_3 = 4, \quad f_4 = 0, \quad f_5 = 0.$
2) $f_3 = 2, \quad f_4 = 3, \quad f_5 = 0.$
3) $f_3 = 2, \quad f_4 = 2, \quad f_5 = 2.$ (VI_1, Taf. II)
4) $f_3 = 2, \quad f_4 = 0, \quad f_5 = 6.$ (VIII_9, Taf. II)
5) $f_3 = 1, \quad f_4 = 3, \quad f_5 = 3.$ (VII_4, Taf. II)
6) $f_3 = 0, \quad f_4 = 6, \quad f_5 = 0.$ (VII_2, Taf. II)

7) $f_3 = 0, \quad f_4 = 5, \quad f_5 = 2.$ (VII_5, Taf. II)
8) $f_3 = 0, \quad f_4 = 4, \quad f_5 = 4.$ (VIII_{13}, Taf. II)
9) $f_3 = 0, \quad f_4 = 3, \quad f_5 = 6.$ (IX_{33}, Taf. III)
10) $f_3 = 0, \quad f_4 = 2, \quad f_5 = 8.$ (X_{85}, Taf. V)
11) $f_3 = 0, \quad f_4 = 0, \quad f_5 = 12.$ Das Pentagondodekaeder.

Gruppe b.

12) $f_3 = 3, f_4 = 1, f_5 = 1, f_6 = 3.$ (VIII_9, Taf. II)
13) $f_3 = 3, f_4 = 0, f_5 = 3, f_6 = 1.$ (VII_1, Taf. II)
14) $f_3 = 2, f_4 = 1, f_5 = 4, f_6 = 1.$ (VIII_8, Taf. II)
15) $f_3 = 1, f_4 = 4, f_5 = 1, f_6 = 2.$ (VIII_{10}, Taf. II)
16) $f_3 = 1, f_4 = 2, f_5 = 5, f_6 = 1.$ (IX_{28}, Taf. III)
17) $f_3 = 1, f_4 = 1, f_5 = 7, f_6 = 2.$ (Fig. 11, Taf. II)
18) $f_3 = 1, f_4 = 0, f_5 = 9, f_6 = 3.$ (Fig. 12, Taf. II)
19) $f_3 = 0, f_4 = 1, f_5 = 10, f_6 = 2.$ (Fig. 13, Taf. II)

Es definiert also jedes positive ganzzahlige Lösungssystem der Gleichung $3f_3 + 2f_4 + f_5 = 12$ einen Stamm allgemeiner Vielflache. Es zeichnet sich übrigens der Bereich B_0 dadurch aus, dass jeder Polyederstamm nur ein einziges Stammvielflach enthält. Die Lösung 8) $f_3 = 0, f_4 = 4, f_5 = 4$ z. B. ergiebt als Stammpolyeder nur das Achtflach VIII_{13}, denn das Neunflach IX_{32} (Taf. III) mit einem Sechseck und die drei allomorphen Typen der Zehnflache X_{88} (Taf. V) lassen sich aus VIII_{13} durch Elementarerweiterung längs gewisser Polygone erhalten. Zerschneidet man, um einen Fall herauszugreifen, VIII_{13} längs des Normalpolygons, welches dieses Achtflach in die beiden Teile S und S' zerfällt, von denen jeder zwei sich seitende Vierecke und die beiden Fünfecke enthält, von denen jedes mit jedem der beiden Vierecke eine Kante gemein hat, so lassen sich S' und S nach Einfügung eines aus zwei Sechsecken bestehenden unvollständigen Normalgürtels zu dem Zehnflach X_{88a} zusammenfügen.

97. Die Stämme des Bereiches B_m. Um die Stämme des Bereiches B_m für einen bestimmten Wert von m zu finden, hat man die Lösungen der beiden Gleichungen $3f_3 + 2f_4 + f_5 = 12 + m$ und $f_7 + 2f_8 + 3f_9 + \cdots + mf_{m+6} = m$ zu bestimmen. Jedes Lösungssystem der ersten Gleichung ist dann mit jedem

---

1) Die ausführlichen Ableitungen vergl. bei Eberhard, a. a. O. S. 201 ff.

Lösungssystem der zweiten Gleichung zu kombinieren. Es kann bewiesen werden: *Jedes positive ganzzahlige Lösungssystem der beiden Stammgleichungen bez. der charakteristischen Gleichung definiert einen Stamm allgemeiner Vielflache,* da sich mindestens ein Stammpolyeder geometrisch konstruieren lässt.[1] Die Aufgabe, die Lösungen der beiden Stammgleichungen zu finden, ist ein Problem der unbestimmten Analytik; es handelt sich um Auflösung zweier diophantischen Gleichungen mit drei, bez. m Unbekannten. Die *Anzahl aller Lösungen* bei gegebenem m ist gleich dem Produkt der Anzahl der Lösungen der beiden Gleichungen. Diese zwei Anzahlen geben an, auf wieviel verschiedene Arten die Zahlen $m + 12$ und m sich als Summe von einer, zwei oder drei der Zahlen 1, 2, 3 und als Summe von einer, zwei, drei, vier ... m der m Zahlen 1, 2, 3 ... m darstellen lassen. Sie lassen sich für jeden Wert von m durch Rekursionsverfahren berechnen.[2] Zu einem bestimmten Lösungssystem der Stammgleichungen werden für $m > 0$ im allgemeinen *mehrere* allomorphe Stammvielflache gehören. Z. B. ergiebt sich für $m = 3$ u. a. die Lösung $f_3 = 3$, $f_4 = 2$, $f_5 = 2$, $f_7 = 1$, $f_8 = 1$, die sich, schon ohne Sechsecke, in den beiden allomorphen Typen des Neunflaches IX_4 (Taf. III) konstruieren lässt.[3]

98. Die Bestimmung der Polyederfamilien eines Stammes. Hat man ein Lösungssystem $f_3, f_4, f_5, f_7, f_8 \cdots$ der beiden Stammgleichungen gefunden, so handelt es sich nun um eine Methode, um aus diesen M Stammflächen und aus einer nicht näher bestimmten Anzahl μ von Sechsecken die möglichen *irreduciblen* Vielflache des Stammes zu konstruieren. Jedes solche Vielflach bildet dann mit allen aus ihm durch Elementarerweiterung ableitbaren, also reduciblen Vielflachen eine Familie. Bezüglich der Lage der M Stammflächen sind nun vier Fälle zu unterscheiden.[4] a) Die M Stammflächen setzen (ohne Sechsecke) die vollständige Oberfläche eines Vielflaches zusammen; dies sind an sich Stammvielflache. b) Sie bilden m isolierte einfach berandete Bestandteile $S_1, S_2, \ldots S_m$, ($m \leq M$.) c) Sie bilden i isolierte mehrfach berandete Flächen F_i. d) Sie bilden i' isolierte einfach berandete Bestandteile S_i' und i'' isolierte mehrfach berandete Flächen F_i''. Jede der drei Gruppen a) b) c) zerfällt wieder in eine endliche Anzahl von Untergruppen. Diese unterscheiden sich bei b) erstens durch die *Anzahl m* der isolierten einfach berandeten Teile S_h, zweitens durch die *Art der Verteilung* der M Stammflächen auf die m Bestandteile, und drittens noch durch die *Zusammensetzungsweise* der zu einem Bestandteile genommenen Vielecke. Komplizierter wird die Bestimmung der Untergruppen in den Fällen c) und d), da hier bei gleicher Anzahl von Flächen S_i bez. F_i noch Verschiedenheiten in deren gegenseitiger Lage in Betracht zu ziehen sind. Sicher aber ergiebt sich in jedem Falle nur eine *endliche Anzahl von Untergruppen,* die der Reihe nach angegeben werden können. Nicht alle Untergruppen sind jedoch durch Stammvielflache darstellbar. Denn hat man z. B. im Falle b) m isolierte einfach berandete Flächen $S_1, S_2, \ldots S_m$ mit den Randpolygonen $P_1, P_2 \ldots P_m$ aus den M Stammflächen zusammengesetzt, so sind diese Polygone zugleich die Randpolygone der noch hinzuzufügenden hexagonoidischen Fläche F_μ, und es muss also, wenn $C(P_h)$ die Charakteristik des Polygons P_h in Bezug auf das Innere des Flächenstücks S_h ist, die

Gleichung $\sum_1^m C(P_h) = 6(m - 2)$ befriedigt werden, worin jedes $C(P_h)$ durch die Zahl und Art der Vielecke, welche S_h zusammensetzen, nach der Formel in Nr. 91 bestimmt ist. *Die Zusammensetzung der M Stammflächen zu den S_i muss also im Einklange mit der besprochenen Gleichung stehen.* Entsprechendes gilt in den

---

1) Vergl. den Beweis bei Eberhard, a. a. O. S. 205—221.

2) S. Euler, Introductio in analysin infinitorum, Lib. I. Cap. 16. Vergl. Cantor III. S. 696 ff. Bezeichnet man z. B. die Zahl der Lösungen der ersten Stammgleichung mit $S_{3\nu}$, $S_{3\nu+1}$, $S_{3\nu+2}$, je nachdem m von der Form 3ν, $3\nu + 1$, $3\nu + 2$ ist, so ist $S_{3\nu+1} = S_{3\nu} + 2 + \left[\frac{\nu+1}{2}\right]$, $S_{3\nu+2} = S_{3\nu} + 5 + \left[\frac{\nu+1}{2}\right] + \left[\frac{\nu}{2}\right]$, wo [ ] die bekannte Bedeutung hat, und es ist $S_{3\nu}$ gleich $3\left(3 + \frac{\nu-1}{2}\right)^2$ oder gleich $3\left(3 + \frac{\nu}{2}\right)^2 - \left(8 + \frac{3\nu}{2}\right)$, je nachdem ν ungerade oder gerade ist. Komplizierter ist die Behandlung der zweiten Stammgleichung, auf die hier verzichtet werden soll. Empirisch lassen sich für nicht zu grosses m die Lösungen leicht angeben.

3) Vergl. dazu die elf Typen des Zehnflaches X_{29} (Taf. IV) mit einem Sechseck.

4) Nach Eberhard, a. a. O. S. 224 ff.

Fällen c) und d). Setzen die M Stammflächen ein polyedrisches Flächenstück S_1 zusammen, so hat dessen Randpolygon die Charakteristik — 6, weil die zur Vervollständigung von S_1 zum geschlossenen Vielflach benötigte hexagonoidische Fläche von einfachem Zusammenhange ist. Dabei kann die Art der Zusammensetzung von S_1 aus den M Stammflächen auch eine mehrfache sein, wodurch sich allomorphe Stammvielflache ergeben. Beispiel: $f_3 = 1$, $f_4 = 3$, $f_5 = 4$, $f_7 = 1$; die drei allomorphen Stammzehnflache $X_{72,\,a,\,b,\,c}$. Bilden die M Stammflächen, um den einfachsten Fall c) zu nehmen, eine mehrfach berandete Fläche, so müssen deren sämtliche Randpolygone die Charakteristik — 6 haben, aus demselben Grunde wie im vorigen Beispiele. Setzen die M Stammflächen ein einfach berandetes Stück S_1 und ein zweifach berandetes Stück F_1 zusammen, so muss von den Charakteristiken $C(P')$ und $C(P'')$ der beiden Polygone von F_1 die eine gleich — 6, die andere gleich der Charakteristik des Randpolygons von S_1 sein, weil dieses von F_1 durch einen zweifach berandeten Sechsecksgürtel getrennt ist u. s. w. Es lässt sich nun beweisen, dass zu einem den gemachten Angaben entsprechend bestimmten System von isolierten Flächen S_i (oder F_i) nur eine endliche Anzahl irreducibler, isomorph berandeter hexagonoidischer Einschaltungsflächen existiert.[1]) Es folgt daher der Satz: *Die Anzahl der zu einem beliebigen Vielflachstamme gehörigen Familien ist endlich.* Jede Familie enthält dann neben ihrem Stammvielflach alle durch Elementarerweiterung aus ihm ableitbaren Typen, deren Anzahl unendlich gross ist.

E. Die besonderen Eulerschen Vielflache.

99. Einteilung der besonderen Vielflache. Bei der Betrachtung der als besondere Vielflache bezeichneten räumlichen Gebilde kommen ebensowohl die Grenzflächen als die Ecken in Frage, und zwar nicht nur nach ihrer Zahl, sondern auch nach ihrer Beschaffenheit. Ein Vielflach heisst *regelmässig (regulär)*, wenn seine sämtlichen Grenzflächen kongruente regelmässige Vielecke (Polygone) und seine sämtlichen Ecken ebenfalls regulär und kongruent sind, d. h. sich zur Deckung bringen lassen. Ein reguläres Vielflach besitzt demnach gleiche Kanten — es ist *gleichkantig* — und gleiche Flächenwinkel. (Beispiel: *Würfel.*) — Ein Vielflach heisst *gleicheckig und gleichflächig,* wenn seine Flächen und ebenso seine Ecken sämtlich kongruent sind. Ein solches ist nicht notwendig regulär; dies ist es nur dann, wenn die kongruenten Flächen regelmässige Vielecke sind, d. h. wenn das Vielflach zugleich gleichkantig ist. (Beispiel: Ein Vierflach, dessen Netz dadurch entsteht, dass man die Mittelpunkte der Seiten eines ungleichseitigen Dreiecks untereinander verbindet, ein sog. Sphenoid.) — Ein Vielflach heisst *gleicheckig,* wenn es lauter gleiche (kongruente oder symmetrisch-gleiche) Ecken hat, während die Grenzflächen, die nicht regulär zu sein brauchen, von einander verschieden sind (Beispiel: rechtwinkliges Parallelepiped); es heisst *gleichflächig,* wenn es von lauter gleichen (kongruenten oder symmetrisch gleichen) Flächen begrenzt wird, wobei die Ecken, die ebenfalls nicht notwendig regulär sein müssen, von einander verschieden sind. Sind bei einem gleicheckigen bez. einem gleichflächigen Körper die Flächen bez. Ecken regelmässig, so heisst der Körper ein *halbregulärer,* weil er zu einem regulären wird, wenn im ersten Falle die regulären Flächen, im zweiten die regulären Ecken sämtlich von einerlei Kantenzahl sind. Alle bisherigen Definitionen sind ebenso wie für die Eulerschen Vielflache der Art $A = 1$, soweit sie im folgenden zunächst zur Sprache kommen, auch für die Vielflache höherer Art, die später zu untersuchen sind, gültig. — Es erübrigt noch eine Bemerkung über die Ecken der Vielflache. Konstruiert man um den Scheitel einer Ecke eine Kugel, die von sämtlichen Seitenflächen der Ecke in grössten Kreisen geschnitten wird, so heisst die Ecke regelmässig (regulär), wenn das erzeugte sphärische Polygon auf der Kugel regelmässig ist. (Vergl. Nr. 37.) Zwei Ecken heissen gleich (kongruent), wenn bei umbeschriebener Kugel von gleichem Radius die sphärischen Polygone kongruent sind, und wenn die

---

1) Eberhard a. a. O. S. 226.

Kanten der einen Ecke mit entsprechenden Kanten der andern Ecke, in demselben Umlaufssinn genommen, der Grösse nach übereinstimmen. Ist die eine Ecke, bei Berücksichtigung auch der Länge ihrer Kanten, nur das Spiegelbild der andern gegen eine ihrer Grenzebenen, so heissen die beiden Ecken *symmetrisch-gleich*.

100. Die regelmässigen Vielflache. Ableitung und Existenzbeweis. Ein Vielflach besitze f n-eckige (regelmässige) Flächen und e m-kantige (reguläre) Ecken. Es ist dann $n \cdot f = 2k$, $m \cdot e = 2k$, wenn k die Zahl der Kanten bedeutet, und da $e + f = k + 2$ ist, so ergiebt sich:

$$k = \frac{2mn}{2(m+n) - mn}, \qquad e = \frac{4n}{2(m+n) - mn}, \qquad f = \frac{4m}{2(m+n) - mn}.$$

Da weder m noch n gleich 6 sein kann, beide aber grösser als 2 sein müssen, so erhält man durch Kombination von $n = 3, 4, 5$ mit $m = 3, 4, 5$ nur folgende endliche positive ganzzahlige Werte für e, f, k:

$$1) \quad n = 3, \qquad m = 3, \qquad e = 4, \qquad f = 4, \qquad k = 6.$$
$$2) \quad n = 3, \qquad m = 4, \qquad e = 6, \qquad f = 8, \qquad k = 12.$$
$$3) \quad n = 3, \qquad m = 5, \qquad e = 12, \qquad f = 20, \qquad k = 30.$$
$$4) \quad n = 4, \qquad m = 3, \qquad e = 8, \qquad f = 6, \qquad k = 12.$$
$$5) \quad n = 5, \qquad m = 3, \qquad e = 20, \qquad f = 12, \qquad k = 30.$$

Nach der Zahl ihrer Flächen heissen diese einzig möglichen fünf regelmässigen Vielflache in der angegebenen Reihenfolge: Tetraeder, Oktaeder, Ikosaeder, Hexaeder (Würfel), Dodekaeder (Pentagondodekaeder). Hiermit ist gezeigt, *dass nur fünf regelmässige Vielflache möglich sind;* ihre thatsächliche Existenz muss noch bewiesen werden.[1])

Bildet man aus n (< 6) gleichseitigen Dreiecken eine n-kantige Ecke, so dass die aufeinander folgenden Flächen gleiche Winkel (Flächenwinkel) mit einander bilden, so ist der freie Rand der n Dreiecke ein ebenes regelmässiges n-eck. Für $n = 3$ lässt sich der freie Rand durch ein den vorigen kongruentes gleichseitiges Dreieck zum regelmässigen Vierflach, dem *Tetraeder*, schliessen (Fig. 84). — Man setze nun die vier kongruenten gleichseitigen Dreiecke $\alpha = ABC$, $\beta = ACD$, $\gamma = ADE$, $\delta = AEB$ zu der vierkantigen Ecke A zusammen, so dass die vier Flächenwinkel gleich sind. In einer Ecke des Randes, etwa B, setze man zwei weitere gleichseitige, den vorigen kongruente Dreiecke $\varepsilon = BCF$ und $\zeta = FCD$ an, welche die mit A kongruente vierseitige Ecke C ergeben. Dann ist in B und D nur je ein gleichseitiges Dreieck hinzuzufügen, um auch hier mit A kongruente Ecken zu erzeugen, und es ist das *Oktaeder* entstanden. Die drei kongruenten Polygone $BCDE$, $ABFD$ und $ACFE$ sind Quadrate (Fig. 85 S. 124). — Werden fünf kongruente gleichseitige Dreiecke unter gleichen Flächenwinkeln aneinandergelegt, so ergiebt sich eine Ecke A, deren ebener Rand $BCDEF$ (Fig. 87 S. 125) ein regelmässiges Fünfeck ist. In einem ersten Eckpunkte desselben, z. B. B, lassen sich dann drei weitere, den vorigen kongruente gleichseitige Dreiecke sicher so ansetzen, dass sie mit den zwei daselbst bereits vorhandenen eine der Ecke A kongruente Ecke E bilden. Da die Flächenwinkel immer dieselben sind, so lassen sich zu den drei nun in C zusammenstossenden Drei- ecken zwei weitere fügen, so dass die Ecke C kongruent der Ecke A wird u. s. w. Nach Anfügung von zehn gleichseitigen Dreiecken werden fünf derselben noch einen freien Rand bilden, und da die drei Dreiecke an jeder Ecke dieses Randes dieselben Winkel mit einander bilden, wie je drei Dreiecke des freien Randes der Ecke A, so ist jener Rand kongruent mit diesem und kann durch eine mit A kongruente fünfkantige Ecke geschlossen werden. So ergiebt sich das *Ikosaeder*. Je fünf einem seiner Eckpunkte benachbarte Eckpunkte bilden ein regelmässiges ebenes Fünfeck. — Da sich aus drei Quadraten nur eine bestimmte Ecke bilden lässt, so ist der Beweis der Existenz des Hexaeders, dem vorigen entsprechend, klar. — Auch aus drei regelmässigen kongruenten Fünfecken lässt sich nur eine ganz bestimmte Ecke bilden. Setzt man also an jede Kante eines regelmässigen Fünfecks ein ebensolches an, dass je zwei aufeinander folgende mit jenem eine Ecke bilden, so sind die fünf entstehenden Ecken kongruent, und je zwei aufeinander folgende

---

1) Dieser Existenzbeweis ist der Vollständigkeit wegen hier geführt, obgleich die regelmässigen Polyeder den Elementen angehören, wie auch ihre Kenntnis gelegentlich von uns schon vorausgesetzt wurde.

der angesetzten Fünfecke bilden mit einander denselben Flächenwinkel, wie jedes derselben mit dem ersten Fünfeck, so dass die freien Kanten jedes angesetzten Fünfecks im Endpunkt der vom ersten Fünfeck ausgehenden Kante denselben Winkel, nämlich den Fünfeckswinkel von 108° bilden. An den freien zehnkantigen Rand der bisher erhaltenen polyedrischen Figur lassen sich dann fünf weitere regelmässige Fünfecke so ansetzen, dass zehn neue kongruente Ecken entstehen. Längs des schliesslich verbleibenden fünfkantigen Randes, der ein reguläres Fünfeck sein muss — denn er ist kongruent mit dem Rande, den die ersten fünf angesetzten Fünfecke nach Tilgung des Ausgangsfünfecks bildeten — lässt sich das Gebilde durch ein zwölftes Fünfeck zum *Dodekaeder* (Fig. 88 S. 125) schliessen.[1]) Aus dem Gesagten folgt noch, dass jedes regelmässige Vielflach durch seine Kante vollkommen und eindeutig bestimmt ist.

101. Die zum regulären Vielflach gehörenden Kugeln. Um und in jedes reguläre Vielflach lässt sich eine Kugel beschreiben, desgleichen eine Kugel durch die Mitten aller Kanten. Das gemeinschaftliche Centrum M dieser drei Kugeln ist der Mittelpunkt des Vielflaches. Denn errichtet man in den Mitten zweier sich seitenden Flächen Senkrechte, so schneiden sie sich, weil sie in der Ebene liegen, welche die Grenzkante senkrecht halbiert. Jedes solche Paar von seitenden Flächen kann wegen der Gleichheit der Flächenwinkel mit jedem andern Paare auf zwei Arten zur Deckung gebracht werden, und da dann auch die Senkrechten und die auf ihnen gebildeten Abschnitte zur Deckung kommen, so sind alle vier Abschnitte unter einander gleich. Die Senkrechte einer Fläche wird daher von den Senkrechten aller seitenden Flächen in demselben Punkte getroffen; durch den gleichen Punkt gehen wieder die Senkrechten der weiteren seitenden Flächen u. s. w. Dieser Punkt M ist also gleichweit von allen Flächen und allen Kantenmitten und damit auch gleichweit von allen Ecken entfernt. Er ist der gemeinsame Mittelpunkt dreier Kugeln, einer umbeschriebenen (vom Radius R), einer einbeschriebenen (vom Radius P) und einer durch die Kantenmitten (vom Radius A). Die Kanten des Vielflaches sind Tangenten an die letztgenannte Kugel.

102. Elementare Betrachtung des Tetraeders, Hexaeders und Oktaeders. (Metrische Relationen, Reziprozität, Achsensysteme.) Bei jedem regelmässigen Vielflache sei im folgenden mit a die Kante bezeichnet, mit n die Zahl der Kanten einer Grenzfläche, mit f die Anzahl der letzteren, mit F der Inhalt einer derselben und mit r und ϱ die Radien ihres ein- und umbeschriebenen Kreises. Es sei ferner ω der Flächenwinkel des Vielflaches, O die Oberfläche, V das Volumen. Dann gelten ganz allgemein die leicht zu beweisenden bez. schon bewiesenen oder als bekannt vorauszusetzenden Formeln:

$$A^2 = R^2 - \frac{a^2}{4}, \quad \varrho = \frac{a}{2}\cot\frac{\pi}{n}, \quad r = \frac{a}{2\sin\frac{\pi}{n}}, \quad P = A\sin\frac{\omega}{2},$$

$$P = \varrho\tan\frac{\omega}{2}, \quad O = f\cdot F, \quad V = \frac{P}{3}\cdot O.$$

In dem *Tetraeder* $ABCD$ (Fig. 84) trifft die Höhe AF die Grundfläche im Mittelpunkte F des ein- und umbeschriebenen Kreises, so dass $EF = \varrho = \frac{1}{3}DE = \frac{a}{6}\sqrt{3}$, $DF = r = \frac{2}{3}DE = \frac{a}{3}\sqrt{3}$,

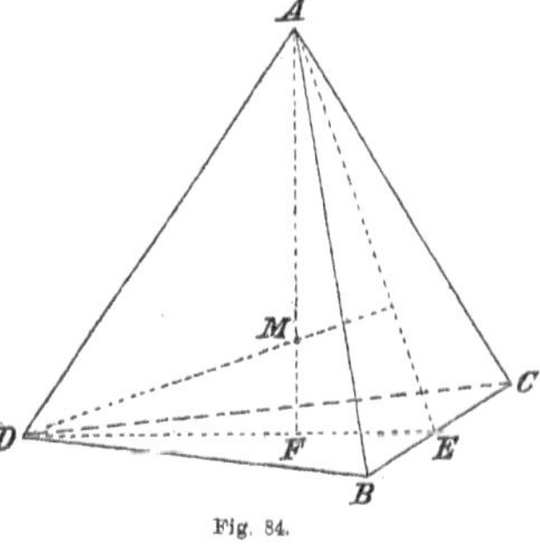
Fig. 84.

$AF^2 = AD^2 - DF^2$, also $AF = a\sqrt{\frac{2}{3}}$ ist. Der Mittelpunkt M liegt auf AF und es ist $MF = AF - R = \sqrt{DM^2 - FD^2}$ oder

$\left(a\sqrt{\frac{2}{3}} - R\right)^2 = R^2 - \frac{a^2}{3}$, woraus sich $R = \frac{a}{4}\sqrt{6}$ ergiebt. Ferner ist $P^2 = MF^2 = R^2 - r^2$, d. h. $P = \frac{a}{12}\sqrt{6}$, und $A^2 = ME^2 = P^2 + \varrho^2$, d. h. $A = \frac{a}{4}\sqrt{2}$. Den Flächenwinkel ω findet man aus $\cos\omega = \frac{FE}{AE} = \frac{1}{3}$ zu $70^0\,31'\,43'',6$. Übrigens ist $O = a^2\sqrt{3}$ und $V = \frac{a^3}{12}\sqrt{2}$.

---

1) Ähnlich bei Legendre, Éléments de Géométrie, 8. éd., 1809, S. 236. Anders bei Holzmüller, Einleitung in d. stereom. Zeichnen, Leipzig 1886, S. 19.

Im *Hexaeder* schneiden sich die Verbindungslinien je zweier entgegengesetzter Eckpunkte, ebenso wie die Verbindungslinien der Mittelpunkte zweier Grenzflächen in M und es ist $P = \frac{a}{2}$, $A = \frac{a}{2}\sqrt{2}$, $R = \frac{a}{2}\sqrt{3}$, $\omega = 90^0$, $O = 6a^2$, $V = a^3$.

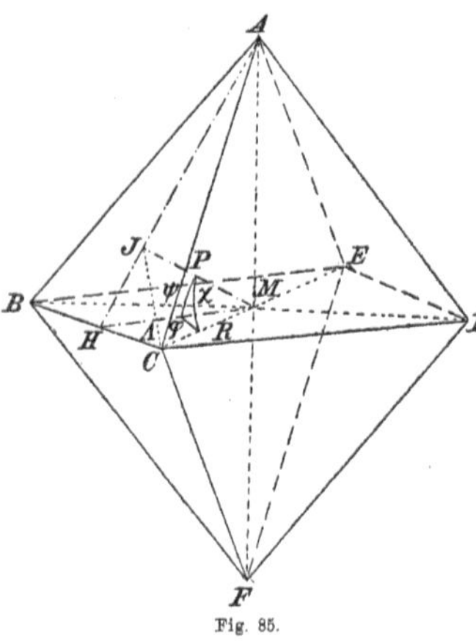

Fig. 85.

Die Endpunkte der vier von der Ecke A des *Oktaeders* (Fig. 85) ausgehenden Kanten bilden ein Quadrat, dessen Diagonalen sich in M schneiden. Es ist $A = MH = \frac{a}{2}$, $R = BM = \frac{a}{2}\sqrt{2}$, $P^2 = A^2 - \varrho^2$, also $P = \frac{a}{6}\sqrt{6}$. Ferner: $\tan\frac{\omega}{2} = \frac{AM}{HM} = \frac{R}{A} = \sqrt{2}$, d.h. $\omega = 109^0\,28'\,16'',4$. Überdies ist $O = 2a^2\sqrt{3}$, $V = \frac{a^3}{3}\sqrt{2}$.

Verbindet man die Hälfte der Ecken des Würfels, wie es Fig. 86 zeigt, durch Diagonalen der Würfelflächen, so ergiebt sich ein Tetraeder. Dieses ist sonach die *Hemigonie*[1]) des Hexaeders. Die Verbindungslinien der noch übrigen Würfelecken ergeben ein zweites Tetraeder.[2]) Die Verbindungslinien der Mittelpunkte der Hexaederflächen mit den Mittelpunkten der je vier Nachbarflächen sind die Kanten eines Oktaeders, von dessen acht Flächen je vier sich nicht seitende in die Ebenen der Flächen eines der eben besprochenen beiden Tetraeder fallen. Das Tetraeder ist also die *Hemiedrie*[1]) des Oktaeders. Die umbeschriebene Kugel dieses Oktaeders ist identisch mit der einbeschriebenen des Würfels, desen Flächen Tangentialebenen in den Eckpunkten des Oktaeders sind; die beiden Vielflache sind also *polar-reziprok* zu einander. Ebenso bilden auch die Mittelpunkte der Flächen des Oktaeders die Ecken eines diesem eingeschriebenen Würfels.

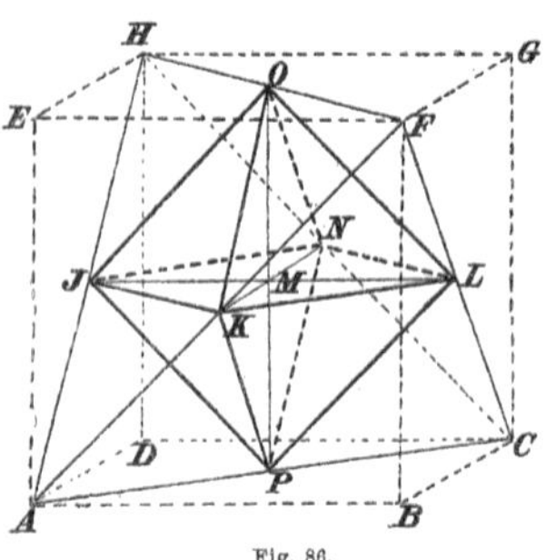

Fig. 86.

Die Mittelpunkte der Flächen des Tetraeders sind die Ecken eines neuen Tetraeders: Dieses ist sich selbst reziprok oder autopolar. Die oben angeschriebenen metrischen Relationen für die drei besprochenen regelmässigen Vielflache lassen sich aus Fig. 86 z. T. direkt ablesen.

Verbindet man sämtliche Ecken, Flächenmittelpunkte und Kantenmittelpunkte des Oktaeders und Hexaeders in Fig. 86 mit dem Centrum M der drei Kugeln, so gilt für dieses Strahlensystem das Folgende: Die sechs Ecken des Oktaeders liefern sechs, zu je zwei einander diametral gegenüberliegende, eine Achse bildende Strahlen, die man *viergliedrig* nennt, da der Körper in Bezug auf eine solche Achse als Rotationsachse vier identische Stellungen darbietet. Diese drei viergliedrigen Eckenachsen des Oktaeders sind zugleich die Flächenachsen des Hexaeders. Die Verbindungslinien der Flächenmittelpunkte des Oktaeders mit dem Centrum M bilden ein System von acht dreigliedrigen Strahlen, von denen je zwei gegenüberliegende zusammen eine der vier Flächenachsen des Oktaeders darstellen. Diese vier Flächenachsen sind identisch mit den vier dreigliedrigen Eckenachsen des Hexaeders. Die zwölf zweigliedrigen Strahlen aus M nach den Kantenmitten des Oktaeders sind gleichgerichtet mit den Kantenstrahlen des Würfels und bilden sechs zweigliedrige Kantenachsen. — Das Tetraeder besitzt vier dreigliedrige Eckenstrahlen, vier dreigliedrige Flächenstrahlen und sechs zweigliedrige Kantenstrahlen. Von den letzteren liegen je zwei einander diametral gegenüber und bilden die drei zweigliedrigen Kantenachsen, die mit den drei Eckenachsen des Oktaeders, bez. den

---

1) Über diese der Krystallographie entnommenen Werte vergl. z. B. P. Groth, Physikalische Krystallographie, Leipzig 1885, S. 226 etc.

2) Es bildet mit dem ersten zusammen die sog. stella octangula Keplers. (Vergl. Fig. 20 Taf. VII.)

Flächenachsen des Hexaeders gleichgerichtet sind. Dagegen liegt je einem Eckstrahl des Tetraeders ein Flächenstrahl diametral gegenüber und bildet mit ihm eine *ungleichendige*[1]) dreizählige Achse.

Je drei *benachbarte* Strahlen eines Oktaeders oder Hexaeders, nämlich ein viergliedriger, ein dreigliedriger und ein zweigliedriger Strahl bilden eine mit dem Scheitel in M liegende dreiflächige Ecke, deren körperlicher Winkel den 48sten Teil der Kugel beträgt.[2]) — Der Winkel, den ein viergliedriger Strahl mit einem benachbarten zweigliedrigen bildet, sei φ; der eines benachbarten viergliedrigen und dreigliedrigen χ, und endlich der eines benachbarten dreigliedrigen und zweigliedrigen Strahles sei ψ. Die Grösse dieser Winkel lässt sich am Oktaeder berechnen. Es ist (vergl. Fig. 85): $\cos \varphi = \dfrac{A}{R}$, $\cos \chi = \dfrac{P}{R}$, $\cos \psi = \dfrac{P}{A}$, $(\cos \varphi \cdot \cos \psi = \cos \chi)$ also $\cos \varphi = \dfrac{1}{2}\sqrt{2}$, $\varphi = 45^0$; $\cos \chi = \dfrac{1}{3}\sqrt{3}$, $\chi = 54^0\,44'\,8''{,}2$; $\cos \psi = \dfrac{1}{3}\sqrt{6}$, $\psi = 35^0\,15'\,51''{,}8$ und es ist $\varphi + \chi + \psi = 135^0$.

103. Elementare Betrachtung des Ikosaeders und Dodekaeders. (Metrische Relationen, Reziprozität, Achsensysteme.) Die Verbindungslinien $AL, BI\ldots$ (Fig. 87) je zweier entgegengesetzter Eckpunkte des Ikosaeders sind gleichlang und schneiden einander im Mittelpunkt M; sie sind Durchmesser der umbeschriebenen Kugel. Legt man die Ebene durch AB und AL und zieht in ihr BL, so ist $\sphericalangle ABL$ ein Rechter, und wenn AL die Ebene des Fünfecks $BCDEF$ in N trifft, so ist BN senkrecht zu AL, daher $AB^2 = AN \cdot AL$. Nun ist im regelmässigen Fünfeck $BCDEF$:

$$BC = BN \cdot \sqrt{\frac{5 - \sqrt{5}}{2}}$$

(vgl. Nr. 16), oder $BN = a\sqrt{\dfrac{5 + \sqrt{5}}{10}}$, also ist

$$AN = \sqrt{a^2 - \overline{BN}^2} = a\sqrt{\frac{5 - \sqrt{5}}{10}},$$

mithin $a^2 = AN \cdot AL = a\sqrt{\dfrac{5 - \sqrt{5}}{10}} \cdot 2R$, woraus $R = \dfrac{a}{4}\sqrt{10 + 2\sqrt{5}}$ folgt. Weiter ist $P = \sqrt{R^2 - r^2} = \dfrac{a}{2}\sqrt{\dfrac{7 + 3\sqrt{5}}{6}} = \dfrac{a}{12}(3 + \sqrt{5})\sqrt{3}$.[3]) Endlich ist $A^2 = R^2 - \dfrac{a^2}{4}$, d. h. $A = \dfrac{a}{4}\sqrt{6 + 2\sqrt{5}}$. — Man

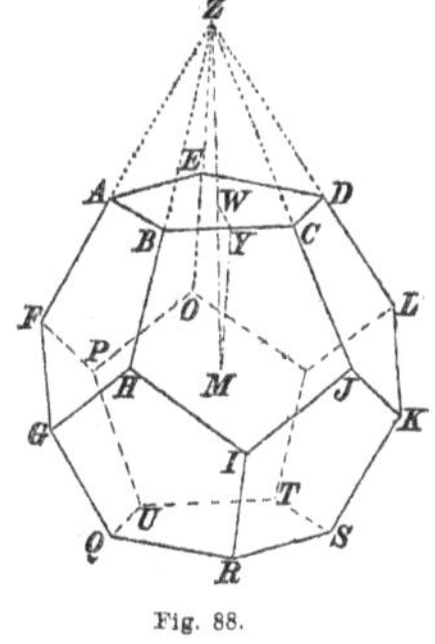

Fig. 87.   Fig. 88.

verbinde C und F mit dem Halbierungspunkt T von AB, so ist $\sphericalangle CTF = \omega$. $CF = 2a\sin FBN = 2a\sin 54^0$, $\sin\dfrac{\omega}{2} = \dfrac{CF}{2} : FT = a\sin 54^0 : \dfrac{a}{2}\sqrt{3} = \dfrac{2}{3}\sqrt{3}\sin 54^0$, daraus folgt $\omega = 138^0\,11'\,22''{,}6$.[4]) Für die Oberfläche und den Inhalt des Ikosaeders ergiebt sich $O = 20 \cdot \dfrac{a^2}{4}\sqrt{3} = 5a^2\sqrt{3}$ und $V = \dfrac{P}{3} \cdot O = \dfrac{5}{12}a^3(3 + \sqrt{5})$.

Die Nachbarflächen der Fläche $ABCDE$ des Dodekaeders (Fig. 88) schneiden sich in einem Punkte Z, da sie gleiche Winkel ω mit $ABCDE$ bilden. Im gleichschenkligen Dreiecke BZC ist $\sphericalangle BZC = 36^0$,

---

1) Der Ausdruck *n-gliedrige Achse* ist von Hessel; Sohnke nennt sie *n-zählig*, Bravais bezeichnet sie als solche der Ordnungszahl *n*. Vergl. Hess II, S. 16.

2) Denn die Flächenwinkel der Ecke an dem vier-, drei- bez. zweigliedrigen Strahle betragen bez. $\dfrac{\pi}{4}$, $\dfrac{\pi}{3}$, $\dfrac{\pi}{2}$, woraus sich nach der Anm. in Nr. 37 der körperliche Winkel der Ecke zu $\dfrac{\frac{\pi}{4} + \frac{\pi}{3} + \frac{\pi}{2} - \pi}{2\pi} \cdot \dfrac{\Theta}{2} = \dfrac{\Theta}{48}$ ergiebt, wenn Θ die Kugel bedeutet.

3) Hier und bei weiteren Umformungen ist von der Formel Gebrauch zu machen:
$$\sqrt{a \pm \sqrt{b}} = \sqrt{\tfrac{1}{2}(a + \sqrt{a^2 - b})} \pm \sqrt{\tfrac{1}{2}(a - \sqrt{a^2 - b})}.$$

4) Oder $\sin\dfrac{\omega}{2} = \dfrac{P}{A} = \dfrac{1}{6}\sqrt{6(3 + \sqrt{5})} = \dfrac{1}{6}\sqrt{3}(\sqrt{5} + 1)$, d. h. derselbe Wert wie oben, da $\sin 54^0 = \dfrac{1}{4}(\sqrt{5} + 1)$ ist.

d. h. BZ ist Radius des umbeschriebenen Kreises eines regulären Zehnecks, dessen Kante $BC = a$ ist, also ist $BZ = a \cdot \frac{\sqrt{5}+1}{2}$ (vergl. Nr. 16). Die Höhe ZY dieses Dreiecks folgt aus $ZY^2 = BZ^2 - \frac{a^2}{4}$ zu $ZY = \frac{a}{2}\sqrt{5 + 2\sqrt{5}}$. Bezeichnet W den Mittelpunkt der Fläche $ABCDE$, so ist $YW = \varrho = \frac{a}{4}\cot 36^0$ $= \frac{a}{2}\sqrt{\frac{5 + 2\sqrt{5}}{5}}$, und $\cos ZYW = \frac{\varrho}{ZY} = \sqrt{\frac{1}{5}}$, also $\cos \omega = -\sqrt{\frac{1}{5}}$, woraus sich $\omega = 116^0\, 33'\, 54'',2$ ergiebt. Nun ist $\cos \frac{\omega}{2} = \frac{YW}{YM} = \frac{\varrho}{\varLambda}$, also $\varLambda = \frac{\varrho}{\cos \frac{\omega}{2}}$, und da $\cos \frac{\omega}{2} = \sqrt{\frac{1 + \cos \omega}{2}} = \sqrt{\frac{5 - \sqrt{5}}{10}}$ ist, so erhält man $\varLambda = \frac{a}{2}\sqrt{\frac{7 + 3\sqrt{5}}{2}}$. Es ist ferner $R^2 = \varLambda^2 + \frac{a^2}{4}$, woraus man $R = \frac{a}{4}\sqrt{18 + 6\sqrt{5}}$ berechnet. Endlich ist $P^2 = \varLambda^2 - \varrho^2$ und somit $P = \frac{a}{2}\sqrt{\frac{25 + 11\sqrt{5}}{10}}$. Für die Oberfläche und den Inhalt des Dodekaeders findet man: $O = 12 \cdot 5 \cdot \frac{a\varrho}{2} = 3a^2 \cdot \sqrt{25 + 10\sqrt{5}}$ und $V = \frac{P}{3} \cdot O = \frac{a^3}{4}\sqrt{10\,(47 + 21\sqrt{5})} = \frac{a^3}{4}(15 + 7\sqrt{5})$.

Da die Flächenwinkel eines Dodekaeders sämtlich unter einander gleich sind und die Mittelpunkte der Flächen von den Mitten der Kanten überall dieselbe Entfernung haben, so sind die 30 Verbindungslinien der Mittelpunkte je zweier Nachbarflächen unter einander gleich und je drei derselben bilden also ein gleichseitiges Dreieck. Das von den 20 entstandenen gleichseitigen Dreiecken begrenzte Vielflach ist demnach das Ikosaeder, das mit dem Dodekaeder den Mittelpunkt M gemeinsam hat (konzentrisch ist). Die einbeschriebene Kugel des Dodekaeders ist zugleich die umbeschriebene des Ikosaeders[1]), d. h. *Ikosaeder und Dodekaeder sind polar-reziprok*. Zieht man in den beiden so vereinigten Körpern sämtliche Strahlen aus dem Centrum M nach den Ecken, Kantenmitten und Flächenmittelpunkten, so fallen die Eckenstrahlen des einen Körpers mit den Flächenstrahlen des andern zusammen, und die Kantenstrahlen beider Körper sind identisch in ihrer Richtung. Es besitzt also das Dodekaeder zwölf Flächenstrahlen, welche sechs fünfgliedrige Achsen bilden, diese sind zugleich die fünfgliedrigen Eckenachsen des Ikosaeders. Weiter kommen dem Dodekaeder zwanzig Eckenstrahlen zu, welche zehn dreigliedrige Achsen bilden, die zugleich die Flächenachsen des Ikosaeders sind; und endlich hat das Dodekaeder dreissig Kantenstrahlen, fünfzehn zweigliedrige Kantenachsen bildend, die mit den Kantenachsen des Ikosaeders ihrer Richtung nach zusammenfallen. Je drei benachbarte Strahlen verschiedener Art eines Ikosaeders (oder Dodekaeders) bilden eine mit dem Scheitel in M liegende Ecke, deren körperlicher Winkel den 120-sten Teil der Kugel bildet, da ihre Flächenwinkel an dem fünf-, drei- und zweigliedrigen Strahle bez. $\frac{\pi}{5}$, $\frac{\pi}{3}$ und $\frac{\pi}{2}$ sind.[2]) Bezeichnet man mit φ den Winkel eines fünfgliedrigen Strahles mit einem benachbarten zweigliedrigen, mit χ den eines fünfgliedrigen und eines benachbarten dreigliedrigen, und endlich mit ψ den eines drei- und eines nächstliegenden zweigliedrigen Strahles, so gelten wieder die folgenden aus Fig. 87 direkt abzulesenden Formeln, in denen R, P, $\varLambda$ die betr. Grössen für das Ikosaeder darstellen: $\cos \varphi = \frac{\varLambda}{R}$, $\cos \chi = \frac{P}{R}$, $\cos \psi = \frac{P}{\varLambda}$. Durch Einsetzung der oben bei Betrachtung des Ikosaeders gefundenen Werte von R, P, $\varLambda$ in diese Formeln findet man: $\cos \varphi = \sqrt{\frac{1}{10}(5 + \sqrt{5})}$ und $\tan \varphi = \frac{\sqrt{5}-1}{2}$, also $\varphi = 31^0\, 43'\, 2'',9$. $\cos \chi = \frac{1}{15}\sqrt{15\,(5 + 2\sqrt{5})}$ oder $\tan \chi = \sqrt{2\,(7 - 3\sqrt{5})} = 3 - \sqrt{5}$, somit $\chi = 37^0\, 22'\, 38'',5$. $\cos \psi = \frac{1}{6}\sqrt{6\,(3 + \sqrt{5})}$, $\tan \psi = \frac{3 - \sqrt{5}}{2}$, $\psi = 20^0\, 54'\, 18'',6$. Dabei bestehen die Beziehungen: $\tan \psi = \tan^2 \varphi$, $\tan 2\psi = \sin 2\varphi$, $\tan \chi = 2 \tan \psi = 2 \tan^2 \varphi$, $\varphi + \chi + \psi = 90^0$.[3])

---

1) Auch das Umgekehrte lässt sich leicht beweisen.

2) Die Berechnung geschieht wie bei dem Oktaeder.

3) Die Bestimmung der Grösse der Flächenwinkel, der Achsenwinkel u. a. m. gelingt leicht mit Hilfe sphärischer Dreiecke (s. Nr. 104). Hier ist alles unmittelbar aus der eigenen Natur der Vielflache hergeleitet, wenn auch, wie sich nicht

104. Zweite Ableitung der regulären Vielflache. Die regulären Kugelnetze. Der in Nr. 101 gelieferte Beweis, dass jedes regelmässige Vielflach eine umbeschriebene und eine einbeschriebene Kugel besitzt, ist von der individuellen Beschaffenheit des Vielflaches völlig unabhängig und hätte nur auf Grund der Definition der Regelmässigkeit des Vielflaches gegeben werden können, ehe die Zahl und Beschaffenheit der möglichen Typen abgeleitet war. Um diese direkt zu finden, kann daher der folgende umgekehrte Weg eingeschlagen werden. Projiziert man sämtliche Kanten eines regulären Vielflaches aus dem Centrum M der umbeschriebenen Kugel auf deren Oberfläche, so erscheinen die Projektionen der Kanten als Teile (Bögen) von grössten Kreisen der Kugel und die Seitenflächen des Vielflaches projizieren sich als regelmässige sphärische Polygone (vergl. Nr. 37), um welche sich kleine Kugelkreise beschreiben lassen, die umbeschriebenen Kreise der Seitenflächen des Vielflaches. Eine solche aus Bögen grösster Kreise bestehende Teilung der Kugeloberfläche soll als *reguläres Kugelnetz* bezeichnet werden. Die Aufgabe, die möglichen regelmässigen Vielflache zu bestimmen, ist also auf die andre zurückgeführt: die Oberfläche der Kugel durch kongruente, reguläre, sphärische Polygone lückenlos einfach zu überdecken, die jetzt gelöst werden soll.

Es bestehe das Netz aus f regulären sphärischen n-ecken. Dann gilt, wenn A den Innenwinkel des n-ecks bedeutet und Θ die gesamte Kugelfläche:[1]) $f \cdot \dfrac{nA - (n-2)\pi}{2\pi} \cdot \dfrac{\Theta}{2} = \Theta$, oder $f = \dfrac{4\pi}{nA - (n-2)\pi}$. Da in jedem Eckpunkte gleichviel, etwa m, Polygone zusammenstossen, so ist $A = \dfrac{2\pi}{m}$. Durch Einführung dieses Wertes in die Formel für f ergiebt sich $f = \dfrac{4m}{2n - (n-2)m}$.[2]) Hieraus erhält man, wenn m und n alle zulässigen, positiven, ganzzahligen Werte erteilt werden, für welche f eine positive ganze Zahl wird, in Verbindung mit $A = \dfrac{2\pi}{m}$ und der Formel $\cos \dfrac{\alpha}{2} \cdot \sin \dfrac{A}{2} = \cos \dfrac{\pi}{n}$ [3]) alle regulären sphärischen Kugelteilungen von der geforderten Beschaffenheit. Dabei ist zu beachten, dass $n \cdot f = m \cdot e = 2k$ ist, wenn e die Zahl der Ecken, k die der Kanten des Netzes bedeutet. Es ergeben sich folgende Lösungen:

1) Für $m = 2$ ist: $f = 2$, $e = n$, $A = \pi$, $\alpha = \dfrac{2\pi}{n}$, d. h. für jeden Wert $n \gtreqless 2$ wird ein Netz aus zwei regulären sphärischen n-ecken erhalten, deren Fläche je eine Halbkugel beträgt. 2) Für $n = 2$ ergiebt sich: $f = m$, $e = 2$, $A = \dfrac{2\pi}{m}$, $\alpha = \pi$, d. h. jedem Werte $m \gtreqless 2$ entspricht ein aus m sphärischen Zweiecken gebildetes Netz, in dessen zwei gegenüberliegenden Eckpunkten je m Halbkreise unter gleichen Winkeln A zusammenstossen.[4]) Die Netze 1) und 2) stellen nur Grenzfälle dar und ergeben keine regulären Polyeder. 3) Für $n = 3$ und $m = 3$ folgt: $f = 4$, $e = 4$, $A = 120^0$, $\cos \dfrac{\alpha}{2} = \dfrac{1}{\sqrt 3}$, d. h. $\alpha = 109^0\,28'\,16'',4$. Dies ist das *Netz des Tetraeders*. 4) $n = 3$, $m = 4$ ergiebt: $f = 8$, $e = 6$, $A = 90^0$, $\alpha = 90^0$, d. i. das durch die acht Kugeloktanten gebildete *Oktaedernetz*. 5) Für $n = 3$ und $m = 5$ wird $f = 20$, $e = 12$, $A = 72^0$, $\cos \dfrac{\alpha}{2} = \dfrac{1}{2 \sin 36^0}$, $\alpha = 63^0\,26'\,5'',8$: das reguläre *Ikosaedernetz*. 6) $n = 4$, $m = 3$ ergiebt $f = 6$, $e = 8$, $A = 120^0$, $\cos \dfrac{\alpha}{2} = \sqrt{\dfrac{2}{3}}$, $\alpha = 70^0\,31'\,43'',6$; dies ist das *Hexaedernetz*. 7) Für $n = 5$, $m = 3$ erhält man

---

leugnen lässt, die Rechnungen dadurch umständlicher werden. Sehr ausführlich sind die metrischen Relationen der regulären Vielflache behandelt bei van Swinden, Elem. d. Geom., deutsch von Jacobi, Jena 1834, S. 394 ff. Die regelm. Polyeder sind in die Kugel beschrieben S. 417—425. Auch in Klügels Math. Wörterbuch, Bd. V, S. 841 ff. In die Elementarbücher ist die Theorie der regulären Vielflache vielfach aufgenommen; z. T. abweichend von der obigen ist die Darstellung bei Holzmüller, Method. Lehrbuch d. Elem.-Math., 1895, I. Tl., S. 205 ff. (vergl. Nr. 105), und namentlich bei Heinze-Lucke (so künftig zitiert), Genetische Stereometrie von K. Heinze, bearbeitet von F. Lucke, Leipzig 1886, S. 144—152, in Folge der Thatsache, dass es bei ihm wesentlich auf die Inhaltsberechnung der regulären Körper ankommt, die mehr oder weniger ausgesprochen auf die Berechnung eines gewissen Centralkörpers zurückgeführt ist, worauf hier nicht eingegangen werden kann.

1) Vergl. die Anm. in Nr. 37.
2) Wie in Nr. 100.
3) Es bedeutet α die sphärische Kante, vergl. Nr. 37.
4) Eine Kugel mit zwei Polen und m unter gleichen Winkeln an den Polen zusammenstossenden „Meridianen".

schliesslich $f = 12$, $e = 20$, $A = 120^0$, $\cos \dfrac{\alpha}{2} = \dfrac{\cos 36^0}{\frac{1}{2}\sqrt{3}}$, $\alpha = 41^0\,48'\,37'',2$, d. h. das reguläre *Pentagondodekaeder-netz*. Damit sind die zulässigen Werte erschöpft und es haben sich auf diesem Wege fünf Netze ergeben, deren Endpunkte die Ecken des betr. eingeschriebenen regulären Vielflaches sind, da jeder Fläche des Netzes sich ein kleiner Kugelkreis umschreiben lässt.[1]) Für die in Nr. 103 berechneten Winkel φ, χ, ψ, von denen die beiden ersten hier die sphärischen Radien des ein- und umbeschriebenen Kreises der Fläche des Dodekaeder-netzes, der letzte ihre halbe Kante darstellt, ergeben sich nach Nr. 37 leicht die bereits erwähnten

Relationen und Werte: $tan\,\varphi = tan\,\dfrac{A}{2} \cdot sin\,\dfrac{\alpha}{2} = 2\,sin\,18^0 = \dfrac{\sqrt{5}-1}{2}$, $tan\,\chi = \dfrac{tan\,\frac{\alpha}{2}}{cos\,\frac{A}{2}} = 2\,tan\,\psi$, $\psi = \dfrac{\alpha}{2}$, u. s. w.

Für spätere Untersuchungen sind nun die eben erhaltenen Netze noch weiter zu betrachten. Das Netz 1 sei als *reguläres Kreisteilungsnetz*, das Netz 2 als *reguläres Zweiecksnetz* bezeichnet. Das eine ist die Polarfigur des andern, d. h. die Endpunkte des einen Netzes sind die Pole zu den Hauptkreisen des andern, und umgekehrt die Hauptkreise des einen die Polaren (Aequatoren) zu den Eckpunkten des andern. Liegen, ganz allgemein zu reden, die Eckpunkte jeder Grenzfläche eines Netzes auf einem kleinen Kugelkreise, so erhält man, wenn die Mittelpunkte je zweier kleinen Kugelkreise, denen benachbarte Grenzflächen ein-beschrieben sind, durch Bögen von Hauptkreisen, die im Mittelpunkte der gemeinsamen Kante beider Grenz-flächen senkrecht stehen, verbunden werden, ein zweites Netz, welches das *Symmetrienetz* des vorigen heisst. Tritt der besondere Fall ein, dass auch die Grenzflächen des Symmetrienetzes kleinen Kreisen einschreibbar sind, so heissen die Netze *konjugiert;* jedes ist das Symmetrienetz des andern. Man sieht sofort: *Das reguläre Kreisteilungsnetz und Zweiecksnetz sind konjugiert.* Fig. 21 Tafel VI stellt die stereographische Projektion zweier solcher konjugierter Netze für $n = 7$ dar. Das Projektionscentrum ist einer der beiden Eckpunkte A des Zweiecksnetzes, die Bildebene ist die Tangentialebene an die Kugel im andern Eckpunkt A' desselben Netzes.[2]) Gemeinschaftliche Symmetrieebenen[3]) der beiden Netze sind die Ebene des Hauptkreises des Kreisteilungs-netzes und die n Ebenen der auf diesem Kreise senkrechten Hauptkreise, welche die Kanten des Zwei-ecksnetzes und die seine Winkel halbierenden Kanten bilden. Ausser den beiden nach den Punkten A und A' verlaufenden, entgegengesetzt gerichteten gleichen n-zähligen *Hauptachsen*[4]) besitzen die beiden Netze noch zwei Gruppen von je n auf diesen senkrechten zweizähligen *Querachsen*, von denen je n einer Gruppe angehörende gleich sind. Die Achsen der einen Gruppe halbieren die Winkel der Achsen der andern. Für $n = 2p + 1$ gehören je zwei entgegengesetzt verlaufende zweizählige Achsen verschiedenen Gruppen an und sind ungleichendig. Durch die erwähnten Symmetrieebenen zerfällt die Kugelfläche in $4n$ zweirechtwinklige Dreiecke, von denen eines das *charakteristische Dreieck* der beiden Netze heisst.[5])

Das Netz des *Oktaeders* wird von drei Hauptkreisen a_1, a_2, a_3 gebildet, die sich in sechs Punkten,

---

1) Der Beweis der Existenz der fünf regulären Vielflache mit Hilfe sphärisch-trigonometrischer Sätze und die Ab-leitung der regulären Kugelnetze finden sich bei Meier Hirsch, Sammlung geometrischer Aufgaben 2. Tl. Berlin 1807 S. 65 ff. Ebenso bei E. F. August, Konstruktion der regelmässigen Körper nach einer für alle übereinstimmenden Methode. Progr. d. Kölln. Realgymn. Berlin 1854, und bei L. Sohnke, Die Konstruktion der fünf regulären Körper. Grunerts Archiv. Bd. 47. 1867. Vergl. auch die trigon. Berechnung bei Legendre, a. a. O. S. 311 und die ausführliche Behandlung der regulären Kugelteilung in Hess II. S. 22—35. Ebenso: Steggell, Note on the regular solids. Edinb. M. S. Proc. VII 66. Von älteren Darstellungen der Theorie der regulären Vielflache bes. des Existenzbeweises sei noch erwähnt: Lhuilier, Mémoire sur les solides réguliers, Gergonnes Ann. Bd. III. 1812/13. S. 233.

2) Jeder grösste Kreis der Kugel, der durch den Projektionspunkt geht, bildet sich dann bekanntlich bei dieser stereographischen Projektion als Gerade in der Ebene ab; jeder andre [grösste] Kreis als Kreis in der Ebene. Der Winkel zweier Kreise in der Ebene ist gleich dem Winkel der entsprechenden Kreise auf der Kugel u. s. w.

3) Symmetrieebenen sind solche Ebenen, welche das Netz derart halbieren, dass jede Hälfte das Spiegelbild der andern gegen diese Ebene ist.

4) Hier und im folgenden sind, abweichend vom bisherigen Gebrauche, oft die Strahlen selbst als Achsen bezeichnet.

5) Weiteres s. Hess II. S. 26 ff.

in A_1, A_2, A_3 und ihren Gegenpunkten $A_1{}'$, $A_2{}'$, $A_3{}'$, schneiden. Das ihm *konjugierte* Netz ist das von den vier Ecken C_1, C_2, C_3, C_4 und ihren Gegenecken $C_1{}'$, $C_2{}'$, $C_3{}'$, $C_4{}'$ gebildete *Hexaedernetz*, das aus den Bögen von sechs Hauptkreisen b_1, b_2, b_3, b_4, b_5, b_6 besteht, deren Pole die gemeinschaftlichen Kantenmittelpunkte B der beiden Netze sind. Die stereographische Projektion der drei Hauptkreise a und der sechs Hauptkreise b des Oktaeder-Hexaedernetzes stellt Fig. 14 Taf. II dar. Das Projektionscentrum ist die Ecke $A_1{}'$ des Oktaedernetzes. Das Gesamtnetz besitzt drei Paare entgegengesetzt gerichtete gleiche vierzählige Achsen nach den Punkten A, vier Paare entgegengesetzt gerichtete gleiche dreizählige Achsen nach den Punkten C, und sechs Paare dergl. zweizählige Achsen nach den Punkten B, was nach dem früher Gesagten keiner Erläuterung bedarf. Die Endpunkte dreier benachbarter Achsen verschiedener Art bilden das *charakteristische Dreieck*, z. B. $\triangle A_1 B_1 C_1$ des Gesamtnetzes; es beträgt den 48-sten Teil der Kugelfläche.[1]) Dieses aus den Hauptkreisen a und b gebildete Gesamtnetz wird übrigens später als *Hexakisoktaedernetz* und weiterhin auch kurz als *erstes Hauptnetz* bezeichnet werden. In Fig. 14 sind zugleich die konjugierten Tetraedernetze $C_1 C_2{}' C_3{}' C_4$ und $C_1{}' C_2 C_3 C_4{}'$ enthalten, denen die beiden Tetraeder einschreibbar sind, deren Ecken je die Hälfte der Ecken des dem Hexaedernetze einbeschriebenen Würfels bilden.[2])

Das reguläre Ikosaedernetz und das reguläre Dodekaedernetz, welche konjugiert sind, werden von denselben fünfzehn Hauptkreisen c_1, c_2, $c_3 \ldots c_{14}$, c_{15} gebildet, deren stereographische Projektion Fig. 15 Taf. II zeigt; Projektionscentrum ist die Ecke $G_1{}'$ des Ikosaedernetzes. Diese fünfzehn Hauptkreise schneiden sich erstens zu je fünf unter gleichen Winkeln in den zwölf Punkten $G_1, \ldots G_6$, $G_1{}', \ldots G_6{}'$, den Ecken des Ikosaedernetzes; zweitens zu je dreien unter gleichen Winkeln in den zwanzig Punkten C_1, $C_2, \ldots C_{10}$, $C_1{}'$, $C_2{}', \ldots C_{10}{}'$, den Ecken des Dodekaedernetzes, und drittens senkrecht zu je zwei in den dreissig gemeinschaftlichen Kantenmittelpunkten B_1, $B_2, \ldots B_{15}$, $B_1{}'$, $B_2{}', \ldots B_{15}{}'$ der beiden Netze. Die Punkte G, C und B sind bez. die Endpunkte der sechs Paare entgegengesetzt gerichteten gleichen fünfzähligen, zehn Paare dergl. dreizähligen und der fünfzehn Paare dergl. zweizähligen Achsen des Gesamtnetzes, und je drei benachbarte dieser Achsen verschiedener Art bilden das *charakteristische Dreieck*, z. B. $\triangle G_1 C_1 B_1$ des Ikosaeder-Dodekaedernetzes; es beträgt den 120-sten Teil der Kugelfläche.[3]) Das von den fünfzehn Hauptkreisen c gebildete Dreiecksnetz wird später als *Dyakishexekontaedernetz* und weiterhin kurz als *zweites Hauptnetz* bezeichnet.

Dem regulären Tetraedernetze, Oktaedernetze und Hexaedernetze ist je das Vielflach einzuschreiben, nach dem das Netz benannt ist, und es lassen sich in den Endpunkten dieser Netze der Kugel reguläre Vielflache umschreiben, die den einbeschriebenen polar-reziprok sind. Die zwei konjugierten Netzen ein- und umbeschriebenen Vielflache besitzen dieselben Achsen und Symmetrieebenen, wie die Netze selbst, und umgekehrt: die Symmetrieebenen sind die Ebenen der Hauptkreise a und b im Falle des ersten Hauptnetzes, die Ebenen der Hauptkreise c im Falle des zweiten Hauptnetzes.

Bezeichnet man diejenigen Netze, bei denen zu jeder Fläche auch die Gegenfläche dem Netze angehört, als *holoëdrisch*, bei denen zu jeder Ecke auch die Gegenecke dem Netze angehört, als *hologonisch*, so sind die Netze des Hexaeders und Oktaeders, des Ikosaeders und Dodekaeders, sowie das Kreisteilungsnetz und Zweiecksnetz für gerades n *holoëdrisch-hologonisch* (oder auch *vollzählig*) zu nennen, während das Tetraedernetz und die beiden vorher zuletzt genannten für ungerades n als *halbzählig* zu bezeichnen sind. Es ist das Kreisteilungsnetz für $n = 2p + 1$ die *Hemigonie* eines solchen für $n = 4p + 2$, denn es ergiebt sich aus diesem durch Entfernung von $2p + 1$ abwechselnd auf einander folgenden Eckpunkten. Das Zweiecksnetz für $n = 2p + 1$ ist die *Hemiëdrie* eines ebensolchen für $n = 4p + 2$. Das Tetraedernetz ist die *Hemigonie* des Hexaedernetzes.[4])

105. Geschichtliche Bemerkungen. Die regelmässigen Körper finden sich in Euklids Elementen, Buch XIII bereits behandelt; auch wird bemerkt, dass es nur fünf solche reguläre Polyeder geben könne.[5]) Ihre Bestimmung erfolgt immer durch Lösung der Aufgabe, das betr. reguläre Vielflach, welches sich von einer gegebenen Kugel um-

---

1) Hess II. S. 29. 2) Vergl. über das Tetraedernetz Hess II. S. 28. 3) Hess II. S. 31.

4) Während aber das Tetraeder die Hemiëdrie des Oktaeders ist, lässt sich das Tetraeder*netz* nicht aus dem Oktaedernetze durch Entfernung von Kanten herleiten. 5) Cantor I, S. 234.

fassen lässt, zu konstruieren. Abweichend von der Betrachtung unsres Textes ist wesentlich nur die Konstruktion des Dodekaeders mit Hilfe des Würfels.[1]) Das XIV. und XV. Buch Euklids, wie sie die Handschriften mehrfach enthalten, von denen aber das erste Hypsikles von Alexandria (zwischen 200 und 100 v. Chr.), das zweite einem mehrere Jahrhunderte n. Chr. lebenden Schriftsteller als Verfassern zuzuweisen ist[2]), vervollständigen die Theorie der regelmässigen Vielflache. Des Hypsikles' Buch enthält besonders eine Reihe Sätze[3]) über das Verhältnis der Kanten und Oberflächen der verschiedenen regulären Polyeder, ein einheitliches Ganze bildend, „welches seinem Verfasser wohl Ehre macht". Das sog. XV. Buch Euklids besteht aus sieben Aufgaben, die Einbeschreibung der regulären Vielflache in einander betreffend. Wem zuerst die Kenntnis der fünf regelmässigen Vielflache zuzuschreiben ist, wird sich kaum entscheiden lassen.[4]) Dass Tetraeder, Würfel und Oktaeder eher bekannt waren, als die beiden letzten komplizierteren Vielflache, darf man wohl annehmen. Wahrscheinlich ist, dass Pythagoras mit den fünf Körpern bekannt war[5]), sicher die Pythagoräer, da Philolaus schon von den fünf Körpern in der Kugel redet.[6]) Uebereinstimmende Berichte bezeichnen sämtliche regelmässigen Polyeder als *pythagoräisch*. Jedenfalls übernahm Timäus von Lokri aus irgend einer Quelle die Lehre, wie der nach ihm benannte platonische Dialog erkennen lässt: „Das Feuer trete als Tetraeder auf, die Luft bestehe aus Oktaedern, das Wasser aus Ikosaedern, die Erde aus Würfeln und da noch eine fünfte Gestaltung möglich war, so habe Gott diese, das Pentagondodekaeder, benutzt, um als Umriss des Weltganzen zu dienen". Der Name *Kosmische Körper* oder, wie sie weiterhin vielfach bezeichnet wurden, *Platonische Körper* ist damit erklärt. Dass später Kepler den regelmässigen Vielflachen wiederholt seine Aufmerksamkeit zugewandt hat, ist bekannt; ebenso der Gebrauch, den er von ihrer Theorie in seinen ersten Werken zur Konstruktion der Planetensphären machte. Die Ableitung der Körper findet sich in der Harmonice mundi, opera omnia, ed. Frisch Bd. V. S. 120[7]) und S. 270; die astronomische Anwendung erhellt aus der Figur auf S. 276 ebenda. Das Dodekaeder wird von Kepler, Euklid folgend, aus dem Würfel abgeleitet, das Ikosaeder in das Dodekaeder, das Oktaeder in das Hexaeder einbeschrieben.[8]) —

Die Theorie der fünf regelmässigen Vielflache gehört jetzt den Elementen an; die Euklidsche Ableitung des Dodekaeders aus dem Würfel findet sich, etwas abgeändert, z. B. bei Holzmüller.[9]) Einiger Nebenbetrachtungen wegen sei sie hier beigefügt, zumal sich weitere Folgerungen aus ihr ziehen lassen. Setzt man auf die Flächen eines Würfels gerade vierseitige Pyramiden von gleicher Höhe auf, so entsteht der *Pyramidenwürfel* (das *Tetrakishexaeder*), Fig. 1 Taf. VII. Sind sämtliche Seitenflächen jeder der aufgesetzten Pyramiden unter gleichem Winkel von 45⁰ gegen die betr. Würfelfläche geneigt, so fallen je zwei Dreiecke des Pyramidenwürfels in eine Ebene und bilden zusammen einen Rhombus, dessen Diagonalen sich wie 1 zu $\sqrt{2}$ verhalten; die kleinere Diagonale ist die Kante des ursprünglichen Würfels. Dies ist das *Rhombendodekaeder*, Fig. 2 Taf. VII. Bezeichnet man die Flächen eines Pyramidenwürfels abwechselnd mit $+$ und $-$, und lässt die mit $-$ bezeichneten Flächen wegfallen, erweitert die mit $+$ bezeichneten so weit, dass der neue Körper wieder geschlossen ist, d. h. bildet man die parallelflächige

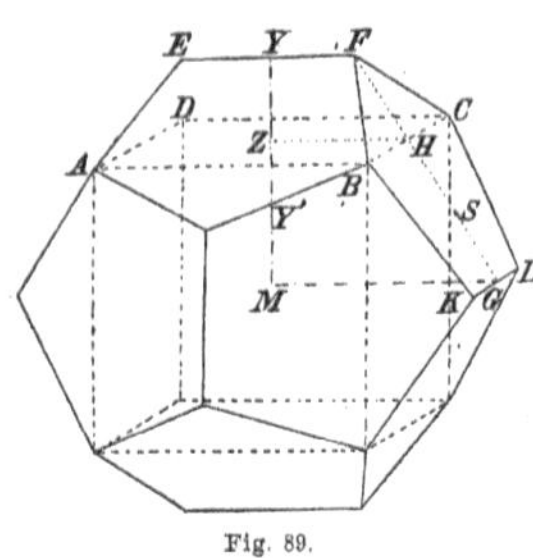

Fig. 89.

Hemiëdrie des Pyramidenwürfels, so ergiebt sich im allgemeinen das *symmetrische Pentagondodekaeder*, d. h. ein von zwölf symmetrischen Fünfecken begrenzter Körper[10]), der mit dem regulären Dodekaeder isomorph ist. Bei bestimmtem Neigungswinkel der Flächen des Pyramidenwürfels gegen die Flächen des zu seiner Erzeugung dienenden Hexaeders wird das symmetrische Dodekaeder zum regulären. Fig. 89 zeigt das Hexaeder (punktiert) mit dem regulären Dodekaeder. Da die Mittellinie FG des regelmässigen Fünfecks $BFCLK$ durch die Diagonale BC stetig geteilt wird und ZH parallel mit MG ist, so ist auch MY durch den Mittelpunkt Z der Würfelfläche stetig geteilt. Wenn dann $ZY' = ZY$ ist, so ist ZM durch Y' stetig geteilt, d. h.: Um den Punkt Y zu erhalten, muss man die Flächenachse MZ des Würfels stetig in Y' teilen und um den grössern Abschnitt der geteilten Strecke verlängern. Aus Fig. 89 lassen sich einige früher bemerkte Sätze sofort ablesen; so bilden die beiden Kantenachsen MY und MG einen rechten Winkel, d. h. es ist $\not\subset YMF + \not\subset FMS + \not\subset SMG = \psi + \chi + \varphi = 90^0$. Demselben in der Figur gezeichneten Hexaeder lässt sich ein zweites Dodekaeder umlegen, dessen Flächen die mit $-$ bezeichneten des Pyramidenwürfels sind. Die durch Y gehende Kante des zweiten Dodekaeders steht senkrecht zu EF.[11]) Von den dreissig Kanten des Dodekaeders in

<hr>

1) Euklids Elemente, deutsch von Lorenz, Halle 1824, S. 414.   2) Cantor I, S. 309.

3) Die Sätze sind angeführt bei Cantor I, S. 309 ff.   4) Vergl. Cantor I, S. 147.

5) Nach dem sog. Mathematikerverzeichnis: „Pythagoras ist es auch, der die Konstruktion der kosmischen Körper erfand."   6) Cantor I. S. 148.   7) Vergl. daselbst die köstliche Tafel Abbildungen.

8) Vergl. die Figuren a. a. O. S. 271.   9) Method. Lehrb. d. Elem.-Math. Tl. I, S. 214.

10) Vergl. Nr. 116 und Fig. 7ᵇ Taf. VII.

11) Beide einander durchdringende Dodekaeder zeigt Fig. 31 Taf. VIII.

Fig. 89 laufen sechs parallel den sechs Flächen des Würfels (z. B. EF parallel $ABCD$, u. s. w.), je weitere sechs einem andern Würfel, dessen Ecken in den Ecken des Dodekaeders liegen. Dieses besitzt also fünf solche einbeschriebene Würfel, deren insgesamt vierzig Ecken zu je zwei mit den Ecken des Dodekaeders zusammenfallen.[1] Beschreibt man um das Dodekaeder Fig. 89 die Kugel durch die Kantenmitten und legt durch diese um dieselbe Kugel die Kanten eines Ikosaeders, so sind auch je sechs von dessen Kanten (nämlich diejenigen, welche senkrecht zu den Kanten EF, KL ... des Dodekaeders verlaufen) parallel mit den Flächen des dem Dodekaeder einbeschriebenen Würfels über der Fläche $ABCD$. Die Endpunkte dieser sechs Ikosaederkanten stellen aber die sämtlichen Ecken dieses Vielflaches dar, d. h. es ergiebt sich nach einiger Ueberlegung der von Schönemann[2] auf andrem Wege bewiesene Satz: „Die Eckpunkte des Ikosaeders liegen in drei kongruenten, einander senkrecht durchkreuzenden Achsenrechtecken. Das Verhältnis der kurzen Seite des Achsenrechtecks, welche eine Kante des Ikosaeders bildet, zur langen Seite ist das Verhältnis der Seite eines regelmässigen Fünfecks zu seiner Diagonale."

Da sich überdies jedem der fünf Würfel im Dodekaeder zwei Tetraeder, wie früher gezeigt, einschreiben lassen, die man als rechtes und linkes unterscheiden mag, so lassen sich direkt jedem Dodekaeder entweder fünf linke oder rechte, oder gleichzeitig alle zehn Tetraeder einschreiben, so dass im letzten Falle jede Dodekaederecke zugleich Ecke zweier Tetraeder ist.[3] Endlich bilden die sechs Mittelpunkte Y, G ... der den Würfelflächen parallelen sechs Kanten des Dodekaeders die Ecken eines Oktaeders, deren fünf sich in das Dodekaeder in der geschilderten Weise einschreiben lassen,[4] u. s. w. — Die Konstruktion der regelmässigen Polyeder in einander ist ausführlich behandelt von van Swinden, Elemente u. s. w. a. a. O. S. 393 ff. Nicht unerwähnt soll die sog. Nieuwlandsche Aufgabe bleiben: Den grössten Würfel zu finden, der sich durch einen gegebenen Würfel hindurchschieben lässt.[5] Von weiteren Arbeiten, die sich mit den regelmässigen Vielflachen beschäftigen, seien noch die von Hugel[6], Löwe[7], Zeppenfeld[8], Roth[9] und Wiener[10] angeführt.

Wie die Konstruktion der ebenen regelmässigen Vielecke auf die Kreisteilung zurückgeführt wurde, so die Konstruktion der räumlichen regelmässigen Vielflache auf die Teilung der Kugeloberfläche. Die halbregelmässigen ebenen Vielecke, d. h. die gleicheckigen und die gleichkantigen Polygone, liessen zweierlei Konstruktionsweisen zu: Zum ersten durch bestimmte Teilung des Kreises, und andrerseits durch Kombination zweier sie erzeugenden konzentrischen regulären Polygone, d. h. durch Abstumpfung oder Zuschärfung der Ecken eines regelmässigen Vielecks durch ein zweites. In ebenderselben Weise sind auch die halbregulären Vielflache — um den Namen ganz allgemein zu brauchen — auf zweierlei Weise ableitbar: Erstens durch bestimmte Kugelteilung und zweitens durch Kombination *mehrerer*[11] regulären Vielflache. Es soll jedoch, bei dem grossen Reichtum der in Frage kommenden Gestalten, hier historisch vorgegangen und bei jeder Art von Vielfachen zunächst der Weg beschritten werden, auf dem sie nachweislich oder wahrscheinlicherweise zuerst gefunden worden sind. Es wird daher im folgenden zunächst die Theorie der halbregulären Vielflache (im Sinne der Erklärung in Nr. 99), aber nur der sog. *Archimedeischen Polyeder* besprochen, d. h. der halbregulären Vielflache mit gleichen Ecken aber mehreren Arten regelmässiger Seitenflächen, während die ihnen reziproken, welche Spezialfälle der gleichflächigen Polyeder, wie jene solche der gleicheckigen Polyeder sind, zunächst unberücksichtigt bleiben sollen. Alsdann sollen die beiden angedeuteten Ableitungsmethoden für die gleicheckigen und die gleichflächigen Vielflache nach einander zur Sprache kommen, und die Bemerkungen über die geschichtliche Entwickelung der Theorie dieser sämtlichen Vielflache werden am Ende beigefügt werden.

---

1) Fig. 24 Taf. XII stellt diese fünf einander durchdringenden Würfel nach Weglassung des Dodekaeders dar.

2) Schönemann, Über die Konstruktion und Darstellung des Ikosaeders und Sterndodekaeders, Ztschrft. f. Math. u. Phys. v. Schlömilch-Cantor, 18. Jahrg. 1873, S. 387. Auf den zitierten Satz gründet Schönemann eine Fadenkonstruktion des Ikosaeders.

3) Die fünf Tetraeder und die zehn Tetraeder ohne das Dodekaeder zeigen Fig. 11 und Fig. 3 Taf. IX.

4) S. Taf. IX Fig. 6, die Oktaeder ohne das Dodekaeder. Wie die fünf Würfel durch passende Verbindung der Ecken des Dodekaeders entstehen, so die fünf Oktaeder durch Verlängerung der Flächen eines Ikosaeders; je zwei Oktaederflächen liegen in der Ebene derselben Ikosaederfläche; weiteres hierüber s. später.

5) van Swinden, a. a. O. S. 394 und S. 542.

6) Th. Hugel, Die regulären und halbregulären Polyeder (mit 113 stereoskopischen Figuren). Neustadt a. d. H. 1876.

7) O. Löwe, Über die regulären und Poinsotschen Körper und ihre Inhaltsbestimmung vermittelst Determinanten. München 1883.

8) Zeppenfeld, Beitrag zur Projektion der regulären Polyeder. Progr. Elberfeld 1884.

9) Fr. Roth, Beiträge zur Stereometrie. Progr. Buxtehude 1890.

10) H. Wiener, Herstellung der Platonischen Körper aus Papierstreifen. Der deutschen Mathematikervereinigung. Katalog der Münchner Ausstellung 1893. Nachtrag S. 52.

11) Hier kommen für die Abstumpfung u. s. w. nicht nur die Ecken, sondern auch die Kanten in Frage.

17*

106. Die Archimedeischen (halbregulären) Vielflache. Ihre Ableitung. In jeder Ecke eines Archimedeischen, halbregulären Vielflaches, dessen Ecken sämtlich gleichvielkantig, kongruent oder symmetrischgleich, dessen Flächen mehrerlei Kantenzahl regelmässige Vielecke sind, können höchstens fünf Kanten zusammentreffen, und nur zwei oder drei Arten von Vielecken vorkommen. Denn bezeichnet w_i die Grösse des Winkels im regelmässigen i-eck, so ist $5w_3 + w_4 = 390^0$ und $w_3 + w_4 + w_5 + w_6 = 378^0$. Da diese beiden denkbar günstigsten Fälle bereits unmöglich sind, so ist die Richtigkeit der Behauptung bewiesen. Ähnlich wie bei den regelmässigen Vielflachen in Nr. 100 erfolgt auch hier die Ableitung der überhaupt möglichen Typen, deren thatsächliche Existenz alsdann durch Ausführung der Konstruktion zu erhärten ist. Von den F Flächen des Vielflaches seien M m-ecke, N n-ecke und S s-ecke, und zwar besitze jede Ecke deren bez. μ, ν und σ. Es werde also der allgemeinere Fall behandelt, wonach drei Arten von Flächen an dem Vielflache auftreten sollen. Ist E die Anzahl aller Ecken, so ist $M \cdot m = \mu \cdot E$, $N \cdot n = \nu \cdot E$, $S \cdot s = \sigma \cdot E$. Dazu kommt noch, wenn K die Zahl aller Kanten ist, $E + F = K + 2$. Diese Gleichung lässt sich, da K gleich der halben Summe der Kanten aller Seitenflächen und $F = M + N + S$ ist, in der Form schreiben:

$$M + N + S + E = \frac{1}{2}(Mm + Nn + Ss) + 2.$$

Setzt man hierin aus den obigen Gleichungen die Werte für M, N, S ein, so ergiebt sich:

$$(2mn\sigma + 2s(m\nu + n\mu) - mns(\mu + \nu + \sigma - 2)) \cdot E - 4mns,$$

oder, wenn man den Faktor von E zur Abkürzung durch C ersetzt:

$$E = \frac{4mns}{C}, \text{ und somit } M = \frac{4ns\mu}{C}, \; N = \frac{4ms\nu}{C}, \; S = \frac{4mn\sigma}{C}.$$

Kommen nur zwei Arten von Flächen vor, so ist $\sigma = 0$ und die Formeln lauten:

$$E = \frac{4mn}{C_1}, \; M = \frac{4n\mu}{C_1}, \; N = \frac{4m\nu}{C_1},$$

worin $C_1 = 2(m\nu + n\mu) - mn(\mu + \nu - 2)$ ist. Diese Gleichungen sind für $\mu + \nu + \sigma < 6$ aufzulösen und es dürfen sich nur ganze Zahlen ergeben. Die zulässigen Werte sind in der folgenden Tabelle zusammengestellt.[1])

a) Vielflache mit zweierlei Flächen.

Nr.	m	n	μ	ν	M	N	E	K	(F)		Taf. VI
I	3	6	1	2	4	4	12	18	ein 8-flach		Fig. 22
II	3	8	1	2	8	6	24	36	ein 14-flach		Fig. 27
III	3	10	1	2	20	12	60	90	ein 32-flach	3-kantige	Fig. 28
IV	4	6	1	2	6	8	24	36	ein 14-flach	Ecken	Fig. 23
V	4	n	2	1	n	2	$2n$	$3n$	Archimedeisches Prisma		Fig. 35
VI	5	6	1	2	12	20	60	90	ein 32-flach		Fig. 25
VII	3	4	1	3	8	18	24	48	ein 26-flach		Fig. 29
VIII	3	4	2	2	8	6	12	24	ein 14-flach	4-kantige	Fig. 24
IX	3	5	2	2	20	12	30	60	ein 32-flach	Ecken	Fig. 26
X	3	n	3	1	$2n$	2	$2n$	$4n$	Archimed. Antiprisma		Fig. 36
XI	3	4	4	1	32	6	24	60	ein 38-flach	5-kantige	Fig. 33
XII	3	5	4	1	80	12	60	150	ein 92-flach	Ecken	Fig. 34

<hr>

1) Vergl. zur Diskussion der obigen Gleichungen: Baltzer, Elemente der Math. II. 1883, S. 217 ff. K. Heinze, Die halbregelmässigen Körper, Progr. Cöthen 1868. Spitz, Sphärische Trigonometrie, S. 116 und 134. Catalan, a. a. O. S. 32 u. a. Die obige Darstellung schliesst sich im weitern bes. an Heinze an.

b) Vielflache mit dreierlei Flächen.

Nr.	m	n	s	μ	ν	σ	M	N	S	E	K	(F)		Taf. VI
XIII	4	6	8	1	1	1	12	8	6	48	72	ein 26-flach	3-kantige	Fig. 30
XIV	4	6	10	1	1	1	30	20	12	120	180	ein 62-flach	Ecken	Fig. 32
XV	3	4	5	1	2	1	20	30	12	60	120	ein 62-flach.	4-kantige Ecken	Fig. 31

Diese fünfzehn Vielflache sind zu konstruieren, doch sollen zunächst einige sie betreffende Sätze abgeleitet und die metrischen Relationen in völliger Allgemeinheit angeführt werden.

107. Allgemeine Sätze über die halbregulären Vielflache. Metrische Relationen. Zuvörderst gilt der Satz: *Sämtliche Ecken eines Archimedeischen Polyeders sind gleich weit von einem Punkte M innerhalb entfernt.* Dieser Punkt ist der Mittelpunkt der dem Polyeder umbeschriebenen Kugel, deren Radius R sei. Sind A und B die Mittelpunkte zweier Nachbarflächen des Vielflaches und X der Mittelpunkt der gemeinsamen Kante dieser Flächen, so stehen AX und BX senkrecht auf dieser Kante. Legt man durch A, X und B die Ebene und in dieser senkrecht auf AX und BX durch A und B Gerade, so schneiden sich diese im Punkte M. Denkt man sich auf drei benachbarten Flächen die Mittelsenkrechten und legt durch je zwei derselben Ebenen, so müssen jene, als nicht parallele Kanten dreier sich schneidenden Ebenen in einem Punkte zusammentreffen, eben dem Punkte M. Zu je zwei der Flächen nimmt man nun eine dritte hinzu und wiederholt dieselbe Folgerung: d. h. alle Mittelsenkrechten schneiden sich in einem Punkte. Verbindet man M mit allen Ecken des Körpers, so entstehen lauter gerade Pyramiden, von denen jede mit jeder benachbarten eine Seitenfläche gemein hat: also sind alle Kanten nach der Spitze gleich, worin der zu beweisende Satz ausgesprochen ist. Diese Pyramiden werden *Centripyramiden* genannt. Alle F Centripyramiden besitzen kongruente gleichschenklige Dreiecke als Seitenflächen. Bezeichnet r_i den Radius des umbeschriebenen Kreises der Grundfläche, wobei der Index die Kantenzahl dieser anzeigt (also $i = m, n$ oder s), und P_i die Höhe der Centripyramide, so ist $P_i^2 = R^2 - r_i^2$. Ist nun $m > n > s$, so ist, da alle Grenzflächen des Vielflaches dieselbe Kante k haben, $r_m > r_n > r_s$, also $P_m < P_n < P_s$, d. h. alle Seitenflächen gleicher Kantenzahl des Archimedeischen Vielflaches liegen gleichweit vom Centrum M entfernt, und zwar liegt die mehrkantige Fläche dem Mittelpunkte M näher. *Es besitzt also das Archimedeische Vielflach soviel einbeschriebene Kugeln, als es Flächen verschiedener Kantenzahl hat, entweder zwei oder drei.* Ferner haben die Mitten aller Kanten gleichen Abstand von M, nämlich die Höhe der Seitenfläche einer Centripyramide, d. h. es giebt eine Kugel, auf der die Mitten aller Kanten liegen.

Ist A eine Ecke eines halbregulären Vielflaches, und sind $B, C, D \ldots$ die Endpunkte der von A ausgehenden Kanten, so sind die gleichschenkligen Dreiecke $MAB, MAC, MAD, \ldots$ kongruent. Fällt man aus $B, C, D, \ldots$ die Lote auf MA, so haben diese einen gemeinsamen Fusspunkt N und sind gleich, da die Dreiecke $BAN, CAN, \ldots$ kongruent sind; d. h. die einer Ecke A des Vielflaches benachbarten Ecken $B, C, D, \ldots$ liegen auf einem Kreise in einer Ebene. Die durch diese Ebene von dem Vielflach abgetrennte Pyramide $ABCD \ldots$ heisst seine *Eckpyramide*. Die Grundfläche einer solchen Eckpyramide wird durch die Geraden $NB, NC \ldots$ in gleichschenklige Dreiecke zerlegt, von denen drei Arten existieren:[1] μ Dreiecke mit dem Winkel $2x$ an der Spitze, ν Dreiecke mit dem Winkel $2y$ und σ Dreiecke mit dem Winkel $2z$, so dass: $2\mu x + 2\nu y + 2\sigma z = 360^0$ ist. Überdies hat man: $\dfrac{\sin y}{\sin x} = \dfrac{d_1}{d}$, $\dfrac{\sin z}{\sin x} = \dfrac{d_2}{d}$, worin d, d_1, d_2 je nach der Beschaffenheit der Eckpyramiden bald Kanten, bald Flächendiagonalen des halbregulären Vielflaches bedeuten, die sich in jedem Falle berechnen lassen. Es sind also durch die drei Gleichungen die drei Unbekannten x, y, z bestimmbar. Es sei nun α_i ($i = m, n, s$) der halbe Centriwinkel einer Seitenfläche des Vielflaches, also $\alpha_i = \dfrac{180^0}{i}$, so dass die Flächeninhalte dieser Flächen $\frac{1}{4} m k^2 \cot \alpha_m$, $\frac{1}{4} n k^2 \cot \alpha_n$, $\frac{1}{4} s k^2 \cot \alpha_s$

---

[1] Es wird der Allgemeinheit wegen bei der Ableitung stets ein halbregulärer Körper mit drei Arten von Seitenflächen vorausgesetzt.

sind. Ist ω_i der Neigungswinkel von Grundfläche und Seitenfläche einer Centripyramide, so ist deren Höhe $P_i = \dfrac{k}{2} \cdot \cot \alpha_i \cdot \tan \omega_i$. Hier ist der Winkel ω_i noch unbekannt. Nun ist bei jeder geraden regelmässigen Pyramide der cosinus des halben Neigungswinkels zweier Seitenflächen gleich dem Produkte aus dem sinus des Neigungswinkels der Grund- und Seitenfläche und dem sinus des halben Centriwinkels der Grundfläche. Bei der in Frage kommenden Centripyramide sind aber die Neigungswinkel zweier Seitenflächen nichts andres, als die vorher mit x, y, z bezeichneten Winkel, da $BN, CN \ldots$ senkrecht in N auf AM stehen, d. h. es ist: $\cos x = \sin \omega_m \cdot \sin \alpha_m$, $\cos y = \sin \omega_n \cdot \sin \alpha_n$, $\cos z = \sin \omega_s \sin \alpha_s$. Da x, y und z berechnet sind, so sind hiermit auch die Winkel ω_i bestimmt. Aus $\sin \omega_i$ ergiebt sich leicht $\tan \omega_i$ zur Einsetzung in die Formeln für P_i. Zur Berechnung der Oberfläche O und des Inhaltes V des halbregulären Vielflaches hat man die leicht verständlichen Formeln:

$$O = \frac{1}{4} k^2 \left(Mm \cot \alpha_m + Nn \cot \alpha_n + Ss \cot \alpha_s \right)$$

und

$$V = \frac{k^2}{12} \left(Mm \cdot P_m \cot \alpha_m + Nn \cdot P_n \cot \alpha_n + Ss \cdot P_s \cot \alpha_s \right) =$$

$$\frac{k^3}{24} \left(Mn \cot^2 \alpha_m \cdot \tan \omega_m + Nn \cot^2 \alpha_n \cdot \tan \omega_n + Ss \cot^2 \alpha_s \cdot \tan \omega_s \right).$$

Die Flächenwinkel $W_{i,j}$ des Vielflaches ergeben sich je durch Addition zweier bestimmter Winkel ω_i. Der Radius R der umbeschriebenen Kugel bestimmt sich aus $R^2 = P_i^2 + r_i^2$ zu $R = \dfrac{k}{2 \sin \alpha_i} \sqrt{\cos^2 \alpha_i \cdot \tan^2 \omega_i + 1}$. Zur Berechnung des halbregulären Vielflaches sind also zunächst die Grössen d, d_1, d_2, alsdann die Winkel x, y, z, hiernach die Winkel ω_i und die Radien P_i zu bestimmen, wonach sich O, V, R und die Winkel $W_{i,j}$ leicht ergeben.

108. Die durch Entecken aus den regulären Vielflachen abzuleitenden halbregulären. Unter Entecken eines regulären Vielflaches versteht man das Abschneiden regelmässiger kongruenter Pyramiden von allen Ecken, welches so erfolgt, dass die Schnittebene senkrecht zu dem der Ecke zugehörigen Radius der umbeschriebenen Kugel liegt. Es sei dabei a die Kante des regelmässigen, k die des abgeleiteten halbregulären Vielflaches.

Aus dem Tetraeder erhält man, indem man es an jeder Ecke um $\frac{1}{3}$ Kante enteckt, d. h. so, dass die Seitenkante einer abgeschnittenen Pyramide $\frac{1}{3}$ der Kante a beträgt, das 8-flach Nr. I, begrenzt von vier Dreiecken und vier Sechsecken, dessen Kante also $k = \dfrac{a}{3}$ ist: Fig. 22 Tafel VI.[1]) Enteckt man das Tetraeder um $\frac{1}{2}$ der Kante, so ergiebt sich das regelmässige Oktaeder.

Aus dem Oktaeder ergiebt sich durch Entecken um $\frac{1}{3}$ der Kante das von sechs Quadraten und acht Sechsecken begrenzte 14-flach Nr. IV Fig. 23; durch Entecken um $\frac{1}{2}$ der Kante das von sechs Quadraten und acht Dreiecken begrenzte 14-flach Nr. VIII Fig. 24. Die Kanten der beiden Vielflache sind bez. $k = \dfrac{a}{3}$ und $k = \dfrac{a}{2}$.

Aus dem Ikosaeder erhält man durch Entecken um $\frac{1}{3}$ und $\frac{1}{2}$ der Kante folgende Vielflache: das von zwölf Fünfecken und zwanzig Sechsecken begrenzte 32-flach Nr. VI Fig. 25, wobei $k = \dfrac{a}{3}$ und das von zwölf Fünfecken und zwanzig Dreiecken begrenzte 32-flach Nr. IX Fig. 26, wobei $k = \dfrac{a}{2}$ ist.

Aus dem Hexaeder ergiebt sich, wenn man so enteckt, dass jede Seitenfläche zum Achteck wird,

---

1) Die Figuren sämtlicher Archimedeischen Polyeder befinden sich auf Tafel VI.

das von sechs Achtecken und acht Dreiecken begrenzte 14-flach Nr. II Fig. 27. Man berechnet leicht $k = a\,(\sqrt{2} - 1)$. Durch Entecken um $\frac{1}{2}$ der Kante ergiebt sich wieder das Vielflach Nr. VIII.

Aus dem Dodekaeder leitet man, wenn man so enteckt, dass jedes Fünfeck zum Zehneck wird, das von zwanzig Dreiecken und zwölf Zehnecken begrenzte 32-flach Nr. III Fig. 28 ab; es ist $k = \frac{a}{5}\sqrt{5}$. Durch Entecken um $\frac{1}{2}$ der Kante ergiebt sich wieder das 32-flach Nr. IX. Im folgenden ist die Berechnung dieser halbregulären Vielflache im Einzelnen durchgeführt oder wenigstens angedeutet.

Das 8-flach Nr. I Fig. 22. Die Grundfläche der Eckpyramide ist ein gleichschenkliges Dreieck, dessen Basis die Kante k, dessen Schenkel d die kleinere Diagonale des Sechsecks ist. Die zur Bestimmung der Winkel x und y dienenden Gleichungen sind dann: $x + 2y = 180^0$, $\frac{\sin x}{\sin y} = \frac{k}{d}$. Da nun nach der ersten Gleichung $\sin x = \sin 2y$ ist, so ergiebt sich aus der zweiten: $\cos y = \frac{k}{2d}$ und danach: $\cos x = -\cos 2y = 1 - 2\cos^2 y = 1 - \frac{1}{2}\left(\frac{k}{d}\right)^2$. Hier ist speziell $d = 2k\cos 30^0 = k\sqrt{3}$, $\alpha_m = 60^0$, $\alpha_n = 30^0$, folglich $\cos x = \frac{5}{6}$, $\cos y = \frac{1}{6}\sqrt{3}$; $\sin \omega_m = \frac{\cos x}{\sin \alpha_m} = \frac{5}{9}\sqrt{3}$, $\tan \omega_m = \frac{5}{2}\sqrt{2}$, $\sin \omega_n = \frac{\cos y}{\sin \alpha_n} = \frac{1}{3}\sqrt{3}$, $\tan \omega_n = \frac{1}{2}\sqrt{2}$, also $\omega_m = 74^0\,12'\,24'',5$, $\omega_n = 35^0\,15'\,51'',8$. Da $\cot \alpha_m = \frac{1}{3}\sqrt{3}$, $\cot \alpha_n = \sqrt{3}$ ist, so ergeben sich für die Radien der beiden einbeschriebenen Kugeln die Werte $P_m = \frac{5}{12}k\sqrt{6}$, $P_n = \frac{k}{4}\sqrt{6}$ und nach leichter Rechnung für die Oberfläche und den Inhalt des Vielflaches, sowie für den Radius der umbeschriebenen Kugel: $O = 7k^2\sqrt{3}$, $V = \frac{23}{12}k^3\sqrt{2}$ und $R = \frac{k}{4}\sqrt{22}$. Bezeichnet man allgemein mit $W_{i,j}$ den Flächenwinkel des Vielflaches, der von einem i-eck und einem j-eck gebildet wird, so ergiebt sich hier $W_{8,6} = \omega_m + \omega_n = 109^0\,28'\,16'',3$ und $W_{6,6} = 2\omega_n = 70^0\,31'\,43'',6$.

Das 14-flach Nr. II Fig. 27. Die Gleichungen für x und y sind dieselben wie bei Nr. I, nur ist $d = 2k\cos 22\tfrac{1}{2}^0 = k\sqrt{2 + \sqrt{2}}$, $\alpha_m = 60^0$, $\alpha_n = 22\tfrac{1}{2}^0$, also $\cos x = \frac{1}{4}\left(2 + \sqrt{2}\right)$, $\sin \omega_m = \frac{1}{6}\left(2 + \sqrt{2}\right)\sqrt{3}$, $\tan \omega_m = \left(1 + \sqrt{2}\right)^2$; $\cos y = \sqrt{\frac{2 + \sqrt{2}}{8}}$, $\sin \omega_n = \frac{1}{2}\sqrt{2}$, $\tan \omega_n = 1$. Danach ist $\omega_m = 80^0\,15'\,51'',8$, $\omega_n = 45^0$. Hiermit berechnet man $P_m = \frac{k}{6}\sqrt{3}\left(1 + \sqrt{2}\right)^2$, $P_n = \frac{k}{2}\left(1 + \sqrt{2}\right)$, $O = 2k^2\left(\sqrt{3} + 6\left(1 + \sqrt{2}\right)\right)$, $V = \frac{7}{3}k^3\left(\sqrt{2} + 1\right)^2$, $R = \frac{k}{2}\sqrt{7 + 4\sqrt{2}}$; $W_{3,8} = \omega_m + \omega_n = 125^0\,15'\,51'',8$, $W_{8,8} = 2\omega_n = 90^0$.

Das 32-flach Nr. III Fig. 28. Bei denselben Gleichungen für x und y ist hier $d = 2k\cos 18^0 = \frac{k}{2}\sqrt{10 + 2\sqrt{5}}$, $\alpha_m = 60^0$, $\alpha_n = 18^0$, folglich $\cos x = \frac{1}{20}\left(15 + \sqrt{5}\right)$, $\sin \omega_m = \frac{15 + \sqrt{5}}{10\sqrt{3}}$, $\tan \omega_m = \frac{1}{2}\left(9 + 5\sqrt{5}\right)$, $\cos y = \frac{1}{4\cos \alpha_n}$, $\sin \omega_n = \frac{\cos y}{\sin \alpha_n} = \frac{1}{2}\sqrt{\frac{10 + 2\sqrt{5}}{5}}$, $\tan \omega_n = \frac{1}{2}\left(\sqrt{5} + 1\right)$, $\omega_m = 84^0\,21'\,24'',4$, $\omega_n = 58^0\,16'\,57''$. $P_m = \frac{k}{12}\sqrt{3}\left(9 + 5\sqrt{5}\right)$, $P_n = \frac{k}{4}\sqrt{50 + 22\sqrt{5}}$, $O = 5k^2\left(\sqrt{3} + 6\sqrt{5 + 2\sqrt{5}}\right)$, $V = \frac{5}{12}k^3\left(99 + 47\sqrt{5}\right)$, $R = \frac{k}{4}\sqrt{2\left(37 + 15\sqrt{5}\right)}$, $W_{5,10} = 142^0\,38'\,21'',4$, $W_{10,10} = 116^0\,33'\,54''$.

Das 14-flach Nr. IV Fig. 23. Die Gleichungen für x und y sind: $x + 2y = 180^0$, $\frac{\sin x}{\sin y} = \frac{d}{d_1}$; $\cos y = \frac{d}{2d_1}$, $\cos x = 1 - \frac{1}{2}\left(\frac{d}{d_1}\right)^2$ worin $d = 2k\cos 45^0 = k\sqrt{2}$, $d_1 = 2\cos 30^0 = k\sqrt{3}$ ist. Ferner ist $\alpha_m = 45^0$, $\alpha_n = 30^0$, mithin $\cos x = \frac{2}{3}$, $\sin \omega_m = \frac{2}{3}\sqrt{2}$, $\tan \omega_m = 2\sqrt{2}$; $\cos y = \frac{1}{6}\sqrt{6}$, $\sin \omega_n = \frac{1}{8}\sqrt{6}$, $\tan \omega_n = \sqrt{2}$; $\omega_m = 70^0\,31'\,43'',6$, $\omega_n = 54^0\,44'\,8'',2$. $P_m = k\sqrt{2}$, $P_n = \frac{k}{2}\sqrt{6}$. $O = 6k^2\left(1 + 2\sqrt{3}\right)$, $V = 8k^3\sqrt{2}$, $R = \frac{k}{2}\sqrt{10}$. $W_{4,6} = 125^0\,15'\,51'',8$, $W_{6,6} = 109^0\,28'\,16'',4$.

Das 32-flach Nr. VI Fig. 25. In den vorigen Gleichungen für x und y ist hier $d = 2k \cos 36^0 = \frac{k}{2}(\sqrt{5}+1)$, $d_1 = 2 \cos 30^0 = k\sqrt{3}$; $\alpha_m = 36^0$, $\alpha_n = 30^0$. Danach ist $\cos x = \frac{1}{12}(9 - \sqrt{5})$, $\sin \omega_m = \frac{1}{6}\sqrt{\frac{85 - \sqrt{5}}{5}}$, $\tan \omega_m = \frac{1}{2}(9 - \sqrt{5})$, $\cos y = \frac{1}{12}(\sqrt{5}+1)\sqrt{3}$, $\sin \omega_n = \frac{1}{6}(\sqrt{5}+1)\sqrt{3}$, $\tan \omega_n = \left(\frac{1+\sqrt{5}}{2}\right)^2$, $\omega_m = 73^0\,31'\,40''$, $\omega_n = 69^0\,5'\,41'',5$. $P_m = \frac{k}{20}\sqrt{10\,(125 + 41\sqrt{5})}$, $P_n = \frac{k}{4}(3 + \sqrt{5})\sqrt{3}$; $O = 15k^2(2\sqrt{3} + \sqrt{1 + 0,4\sqrt{5}})$, $V = \frac{1}{4}k^3(125 + 43\sqrt{5})$, $R = \frac{k}{4}\sqrt{2\,(29 + 9\sqrt{5})}$; $W_{5,6} = 142^0\,37'\,21'',5$, $W_{6,6} = 138^0\,11'\,23''$.

Das 14-flach Nr. VIII Fig. 24. Die Grundfläche der Eckpyramide ist ein Rechteck mit den Kanten k und $d = k\sqrt{2}$. Die Gleichungen für x und y sind hier $x + y = 90^0$, $\frac{\sin x}{\sin y} = \frac{k}{d}$. Daraus ergiebt sich $\cos x = \frac{d}{\sqrt{k^2 + d^2}}$, $\cos y = \frac{k}{\sqrt{k^2 + d^2}}$ und mit Benutzung des speziellen Wertes von d: $\cos x = \frac{1}{3}\sqrt{6}$, $\cos y = \frac{1}{3}\sqrt{3}$. Weiter ist $\alpha_m = 60^0$, $\alpha_n = 45^0$, also $\sin \omega_m = \frac{2}{3}\sqrt{2}$, $\tan \omega_m = 2\sqrt{2}$, $\sin \omega_n = \frac{1}{3}\sqrt{6}$, $\tan \omega_n = \sqrt{2}$, $\omega_m = 70^0\,31'\,43'',3$, $\omega_n = 54^0\,44'\,8'',2$. $P_m = \frac{k}{3}\sqrt{6}$, $P_n = \frac{k}{2}\sqrt{2}$, $O = 2k^2(3 + \sqrt{3})$, $V = \frac{5}{3}k^3\sqrt{2}$, $R = k$, $W_{3,4} = 125^0\,15'\,15'',5$.

Das 32-flach Nr. IX Fig. 26. Die Gleichungen für x und y sind die vorigen, nur ist $d = 2k \cos 36^0 = \frac{k}{2}(\sqrt{5}+1)$, $\alpha_m = 60^0$, $\alpha_n = 36^0$. Es ist $\cos x = \sqrt{\frac{5 + \sqrt{5}}{10}}$, $\sin \omega_m = 2\sqrt{\frac{5 + \sqrt{5}}{80}}$, $\tan \omega_m = 3 + \sqrt{5}$; $\cos y = \sqrt{\frac{5 - \sqrt{5}}{10}}$, $\sin \omega_n = \frac{2}{5}\sqrt{5}$, $\tan \omega_n = 2$. $\omega_m = 79^0\,11'\,15'',7$, $\omega_n = 63^0\,26'\,5'',8$.

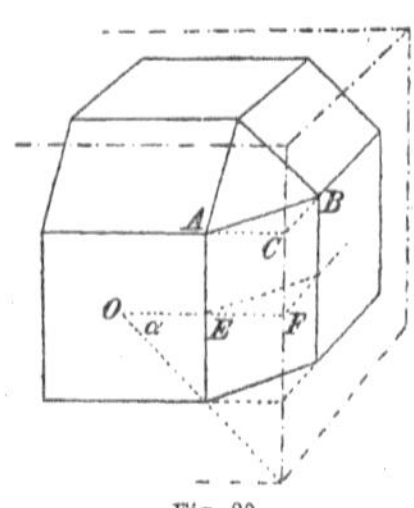

Fig. 90.

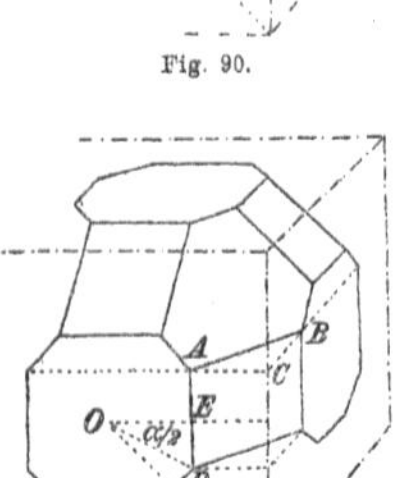

Fig. 91.

$P_m = \frac{k}{6}\sqrt{3}\,(3 + \sqrt{5})$, $P_n = k\sqrt{\frac{5 + 2\sqrt{5}}{5}}$; $O = k^2\left(5\sqrt{3} + 3\sqrt{5\,(5 + 2\sqrt{5})}\right)$, $V = \frac{k^3}{6}(45 + 17\sqrt{5})$, $R = \frac{k}{2}(1 + \sqrt{5})$, $W_{3,5} = 142^0\,37'\,21'',5$.

Hiermit sind die durch Entecken der regulären Vielflache zu erhaltenden halbregulären erledigt, soweit dies auf Grund der vorhergehenden allgemeinen Betrachtungen geschehen kann; weiteres über sie wird später hinzugefügt werden, wenn sie als Spezialfälle der gleicheckigen Vielflache betrachtet werden. Dasselbe gilt für die in den folgenden beiden Nummern zu untersuchenden Körper.

109. Die durch Entecken und Entkanten parallel den Kanten der regulären Vielflache aus diesen hervorgehenden halbregulären. Das Entecken und Entkanten des regelmässigen Vielflaches — die Reihenfolge der beiden Operationen ist beliebig — hat in der Weise zu erfolgen, dass die Ebenen, welche das Entecken bewirken, senkrecht zu den Eckradien des regelmässigen Körpers liegen, die Ebenen, die zum Entkanten dienen, parallel einer Kante des ursprünglichen Körpers laufen und seine in dieser Kante zusammentreffenden Flächen unter gleichen Winkeln schneiden. Je nach dem Abstande dieser zwei Arten Schnittflächen vom Centrum M des regulären Vielflaches entstehen halbreguläre Vielflache, welche Flächen derselben oder der doppelten Kantenzahl des ursprünglichen aufweisen. Um die Vorstellung zu erleichtern, zeichne man in die Flächen des regulären Vielflaches kongruente regelmässige Vielecke derselben oder der doppelten Kantenzahl ein, Fig. 90 und 91, und verbinde die Ecken dieser Vielecke, wie es die Figuren zeigen. Das entstehende Gebilde ist das durch Entecken und Entkanten erzeugte halbreguläre Vielflach, wenn die einbeschriebenen Vielecke so genommen werden, dass alle vorkommenden Kanten gleich sind. Ist α der halbe Centriwinkel der Fläche des regelmässigen Vielflaches, ω dessen Flächenwinkel, so ist mit Rücksicht auf Fig. 90 im ersten Falle: $AC \sin \frac{\omega}{2} = \frac{AB}{2}$. Nun soll $AD = AB = k$ werden, es muss also $AC = EF = \dfrac{k}{2 \sin \frac{\omega}{2}}$ sein. In $OF = OE + EF$ ergiebt sich zwischen a und k die Gleichung:

$$\frac{a}{2} \cot \alpha = \frac{k}{2} \cot \alpha + \frac{k}{2 \sin \frac{\omega}{2}}, \quad \text{und daraus} \quad k = \frac{a \sin \frac{\omega}{2}}{\sin \frac{\omega}{2} + \tan \alpha}.$$

Im zweiten Falle, Fig. 91, ist, da die Grenzflächen regulär werden sollen, $\sphericalangle EOD = \frac{\alpha}{2}$. Wie vorhin ist $EF = \dfrac{k}{2 \sin \frac{\omega}{2}}$, und aus $OF = OE + EF$ ergiebt sich zwischen a und k die Gleichung: $\frac{a}{2} \cot \alpha =$

$$\frac{k}{2} \cot \frac{\alpha}{2} + \frac{k}{2 \sin \frac{\omega}{2}}, \quad \text{oder} \quad k = \frac{a \cot \alpha \sin \frac{\omega}{2}}{\sin \frac{\omega}{2} \cot \frac{\alpha}{2} + 1}.$$

— Wendet man die beiden geschilderten Operationen auf die fünf regulären Vielflache an, so ergeben sich aus dem Tetraeder die bereits besprochenen Vielflache VIII und IV, aus dem Oktaeder und Ikosaeder dieselben halbregulären Körper wie aus dem Hexaeder und Dodekaeder.[1]) Es sollen daher nur die beiden letzten Vielflache zur weiteren Konstruktion verwandt werden.

Aus dem Hexaeder ergiebt sich durch die erste Konstruktion das von acht Dreiecken und achtzehn Vierecken begrenzte 26-flach **Nr. VII Fig. 29**, für das $k = a(\sqrt{2} - 1)$ wird; durch die zweite Konstruktion das von zwölf Vierecken, acht Sechsecken und sechs Achtecken begrenzte 26-flach **Nr. XIII Fig. 30**, dessen Kante $= \frac{a}{7}(2\sqrt{2} - 1)$ ist.

Aus dem Dodekaeder entsteht durch die erste Konstruktion das von zwanzig Dreiecken, dreissig Vierecken und zwölf Fünfecken begrenzte 62-flach **Nr. XV Fig. 31**, für welches $k = \frac{a}{6}(\sqrt{5} + 1)$ ist; durch die zweite Konstruktion das 62-flach **Nr. XIV Fig. 32**, begrenzt von dreissig Vierecken, zwanzig Sechsecken und zwölf Zehnecken, dessen Kante $k = \frac{a}{10}(\sqrt{5} + 1)$ ist.

Hieran schliesst sich wieder die Berechnung dieser vier Vielflache gemäss den früher gemachten allgemeinen Angaben.

Das 26-flach Nr. VII Fig. 29. Die Grundfläche der Eckpyramide ist ein gleichschenkliges Trapez, dessen eine Parallelkante k, dessen andere Kanten $d = k\sqrt{2}$ sind. Die Gleichungen für x und y lauten: $x + 3y = 180^0$, $\frac{\sin x}{\sin y} = \frac{k}{d}$. Die Elimination von x ergiebt für y die Gleichung $4 \cos^2 y - 1 = \frac{k}{d}$, d. h. $\cos y = \frac{1}{2}\sqrt{\frac{d+k}{d}}$, und nach leichter Rechnung $\cos x = \sqrt{1 - \left(\frac{k}{2d}\right)^2 \cdot \left(3 - \frac{k}{d}\right)}$. Nun ist hier $\alpha_m = 60^0$, $\alpha_n = 45^0$, also da $\cos x = \frac{1}{4}\sqrt{10 + \sqrt{2}}$, $\cos y = \frac{1}{4}\sqrt{4 + 2\sqrt{2}}$ wird: $\sin \omega_m = \frac{1}{6}\sqrt{3(10 + \sqrt{2})}$, $\tan \omega_m = 3 + \sqrt{2}$; $\sin \omega_n = \frac{1}{2}\sqrt{2 + \sqrt{2}}$, $\tan \omega_n = 1 + \sqrt{2}$; $\omega_m = 77^0\ 14'\ 8'',2$, $\omega_n = 67^0\ 30'$. $P_m = \frac{k}{6}\sqrt{3}(3 + \sqrt{2})$, $P_n = \frac{k}{2}(1 + \sqrt{2})$, $O = 2k^2(9 + \sqrt{3})$, $V = \frac{2}{3}k^3(6 + 5\sqrt{2})$, $R = \frac{k}{2}\sqrt{5 + 2\sqrt{2}}$, $W_{8,4} = 144^0\ 44'\ 8'',2$, $W_{4,4} = 135^0$

Das 26-flach Nr. XIII Fig. 30. Die Grundfläche der Eckpyramide ist ein ungleichseitiges Dreieck, dessen Kanten $d = k\sqrt{2}$, $d_1 = k\sqrt{3}$, $d_2 = k\sqrt{2 + \sqrt{2}}$ die ersten Diagonalen des 4-, 6-, und 8-ecks sind. Die cosinus der zugehörigen halben Centriwinkel x, y, z (diese sind zugleich die Winkel des Dreiecks) berechnet man nach dem Cosinussatz, z. B. $\cos x = \frac{d_1^2 + d_2^2 - d^2}{2 d_1 d_2}$ u. s. w. Da hier $\alpha_m = 45^0$, $\alpha_n = 30^0$,

---

1) Heinze-Lucke, a. a. O. S. 159.

$\alpha_s = 22\frac{1}{2}^0$ ist, so wird: $\cos x = \frac{1}{2}\sqrt{\frac{10+\sqrt{2}}{6}}$, $\sin \omega_m = \frac{1}{2}\sqrt{\frac{10+\sqrt{2}}{3}}$, $\tan \omega_m = 3+\sqrt{2}$, $\omega_m = 77^0\ 14'\ 8'',2$;

$\cos y = \frac{1}{4}\sqrt{2+\sqrt{2}}$, $\sin \omega_n = \frac{1}{2}\sqrt{2+\sqrt{2}}$, $\tan \omega_n = 1+\sqrt{2}$, $\omega_n = 67^0\ 30'$; $\cos z = \frac{3-\sqrt{2}}{2\sqrt{6}}$, $\sin \omega_s = \frac{1}{2}\sqrt{\frac{10-\sqrt{2}}{3}}$,

$\tan \omega_s = 3-\sqrt{2}$, $\omega_s = 57^0\ 45'\ 51'',8$. $P_m = \frac{k}{2}(3+\sqrt{2})$, $P_n = \frac{k}{2}(1+\sqrt{2})\sqrt{3}$, $P_s = \frac{k}{2}(1+2\sqrt{2})$.

$O = 12k^2(2+\sqrt{2}+\sqrt{3})$, $V = 2k^3(11+7\sqrt{2})$, $R = \frac{k}{2}\sqrt{13+6\sqrt{2}}$, $W_{4,8} = \omega_m + \omega_s$, $W_{6,8} = \omega_n + \omega_s$.

Das 62-flach Nr. XIV Fig. 32. Die Gleichungen für x, y, z, sowie die Werte von d und d_1 sind dieselben wie beim vorigen Vielflache, es ist aber jetzt $d_2 = k\sqrt{\frac{5+\sqrt{5}}{2}}$ und $\alpha_s = 18^0$. Danach ergiebt sich:

$\cos x = \frac{1}{2}\sqrt{\frac{25+2\sqrt{5}}{15}}$, $\sin \omega_m = \sqrt{\frac{25+2\sqrt{5}}{30}}$, $\tan \omega_m = 3+2\sqrt{5}$, $\omega_m = 82^0\ 22'\ 38'',5$; $\cos y = \frac{1}{4}\sqrt{\frac{10+4\sqrt{5}}{5}}$,

$\sin \omega_n = \frac{1}{2}\sqrt{\frac{10+4\sqrt{5}}{5}}$, $\tan \omega_n = 2+\sqrt{5}$, $\omega_n = 76^0\ 43'\ 2'',9$; $\cos z = \frac{\sqrt{6}}{24}(5-\sqrt{5})$, $\sin \omega_s = \frac{1}{6}\sqrt{30}$,

$\tan \omega_s = \sqrt{5}$, $\omega_s = 65^0\ 54'\ 18'',6$. $P_m = \frac{k}{2}(3+2\sqrt{5})$, $P_n = \frac{k}{2}(2+\sqrt{5})\sqrt{3}$, $P_s = \frac{k}{2}\sqrt{5(5+2\sqrt{5})}$.

$O = 30k^2(1+\sqrt{3}+\sqrt{5+2\sqrt{5}})$, $V = 5k^3(19+10\sqrt{5})$, $R = \frac{k}{2}\sqrt{31+12\sqrt{5}}$. $W_{4,6} = \omega_m + \omega_n$,

$W_{4,10} = \omega_m + \omega_s$, $W_{6,10} = \omega_n + \omega_s$.

Das 62-flach Nr. XV Fig. 31. Die Grundfläche jeder Eckpyramide ist ein gleichschenkliges Trapez, dessen kleinere Parallele die Kante k des Körpers, die grössere die Diagonale des Fünfecks $d_1 = \frac{k}{2}(\sqrt{5}+1)$ ist; die beiden Schenkel sind die Diagonalen $d = k\sqrt{2}$ der Quadrate. Es gilt: $x + 2y + z = 180^0$, $\sin x : \sin y : \sin z = k : d : d_1$ und so wird $\sin y = \sqrt{2}.\ \sin x$ und $\sin z = \frac{1}{2}(\sqrt{5}+1)\sin x$. Um den Wert der Funktion von x zu finden, betrachte man $x, 2y$ und z als Winkel eines Dreiecks, von welchem die Gegenseiten der Winkel x und z bekannt, d. h. k und d_1 sind, die Gegenseite von $2y$ dagegen berechnet werden muss, eine Annahme, auf welche obige Gleichungen unmittelbar hinweisen. Also: $\sin x : \sin 2y = k : \varphi$; $\varphi = \frac{k \sin 2y}{\sin x}$. Ferner muss $\varphi^2 = k^2 + d_1^2 - 2kd_1 \cos 2y = \left(\frac{k \sin 2y}{\sin x}\right)^2$ sein. (Nach dem Cosinussatze.) Nun ist $\sin 2y = 2 \sin y \cos y = 2\sqrt{2} \sin x \sqrt{1 - 2 \sin^2 x} = 2\sqrt{2} \sin x \sqrt{\cos 2x}$; $\cos 2y = \cos^2 y - \sin^2 y = 1 - 4 \sin^2 x = 1 - 2(1 - \cos 2x) = 2 \cos 2x - 1$. Führt man diese Werte für $\sin 2y$ und $\cos 2y$ und den für d_1 in die Gleichung ein, so wird sie zu: $4k^2 \cos 2x = k^2 + k^2\left(\frac{\sqrt{5}+1}{2}\right)^2$ $- k^2(\sqrt{5}+1)(2\cos 2x - 1)$. Hieraus folgt $\cos 2x = \frac{1}{20}(5+2\sqrt{5})$ und damit $\cos x = \frac{1}{2}\sqrt{\frac{25+2\sqrt{5}}{10}}$. Die weitere Rechnung bleibt die bisherige; es ist $\alpha_m = 60^0$, $\alpha_n = 45^0$, $\alpha_s = 36^0$, $\sin x = \frac{1}{2}\sqrt{\frac{15-2\sqrt{5}}{10}}$,

$\sin y = \frac{1}{2}\sqrt{\frac{15-2\sqrt{5}}{5}}$, $\sin z = \frac{1}{4}\sqrt{\frac{35+9\sqrt{5}}{5}}$, $\cos y = \frac{1}{2}\sqrt{\frac{5+2\sqrt{5}}{5}}$, $\cos z = \frac{3}{4}\sqrt{\frac{5-\sqrt{5}}{5}}$, $\sin \omega_m = \sqrt{\frac{25+2\sqrt{5}}{30}}$,

$\sin \omega_n = \sqrt{\frac{5+2\sqrt{5}}{10}}$, $\sin \omega_s = \frac{3}{10}\sqrt{10}$; $\tan \omega_m = 3+2\sqrt{5}$, $\tan \omega_n = 2+\sqrt{5}$, $\tan \omega_s = 3$; $\omega_m = 82^0\ 22'\ 38'',5$,

$\omega_n = 76^0\ 43'\ 2'',9$, $\omega_s = 71^0\ 33'\ 54'',2$. $P_m = \frac{k}{6}\sqrt{3}(3+2\sqrt{5})$, $P_n = \frac{k}{2}(2+\sqrt{5})$, $P_s = \frac{3k}{2}\sqrt{\frac{5+2\sqrt{5}}{5}}$.

$O = 5k^2(6+\sqrt{3}+3\sqrt{1+0{,}4\sqrt{5}})$, $V = \frac{k^3}{3}(60+29\sqrt{5})$, $R = \frac{k}{2}\sqrt{11+4\sqrt{5}}$; $W_{3,4} = \omega_m + \omega_n$,

$W_{4,5} = \omega_n + \omega_s$.

110. Die Archimedeischen Vielflache Nr. XI und XII. Durch Entecken der regulären Vielflache und Entkanten *nicht-parallel* ihren Kanten entstehen die im folgenden noch zu besprechenden beiden Polyeder. Da sich durch diese Konstruktion aus dem Hexaeder und Dodekaeder keine andern Körper er-

geben, als aus dem Dodekaeder und Ikosaeder, so werden nur die *von Dreiecken begrenzten* regelmässigen Vielflache zur Betrachtung herangezogen. Die Anschauung zu unterstützen sei folgendermassen verfahren. Man
zeichne in jede dreieckige Grenzfläche des regelmässigen Vielflaches ein kleineres gleichseitiges Dreieck, um
seinen mit dem des vorigen gemeinsamen Mittelpunkt gedreht: Vergl. Fig. 92 für das Oktaeder. Durch Entecken von P mittels einer Ebene durch die Ecken $a, b, c \ldots$ dieser Drei-
ecke entsteht ein regelmässiges Vieleck $ABC \ldots$, welches durch Entkanten des regulären Vielflaches in das kleinere $abc \ldots$ übergeht, während
sich an jeder Ecke dieses letzteren Vielecks noch drei Dreiecke einfinden
(z. B. in der Ecke a die Dreiecke abg, ahg und adi). Diese Dreiecke
werden nun bei einem bestimmten Drehungswinkel und bei bestimmter
Kante des ersten eingezeichneten Dreiecks regelmässig. Ist das ursprüngliche Vielflach ein Tetraeder, so ist das entstehende Vielflach, da auch
abc ein gleichseitiges Dreieck wird, nichts andres als das Ikosaeder. Ist
das ursprüngliche Vielflach das Oktaeder, bez. Ikosaeder, so ist das er-

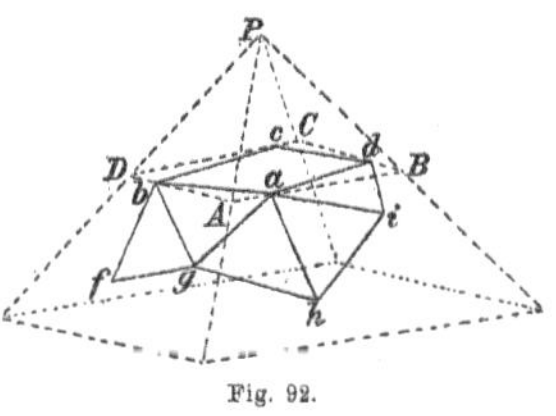

Fig. 92.

zeugte halbreguläre Polyeder das Vielflach Nr. XI bez. XII; Fig. 33 und 34 Tafel VI. Die Bedingung dafür,
dass die oben erwähnten Dreiecke abg, u. s. w. gleichseitig werden, ergiebt eine kubische Gleichung zwischen
a und k, welche eine durch die Cardansche Formel zu bestimmende reelle Wurzel für k zulässt. Diese
Gleichung soll hier übergangen werden, da dieselben beiden Vielflache XI und XII später auch als Varietäten allgemeinerer Vielflache erhalten werden, wobei sich Gelegenheit findet, den kubischen Charakter der
Lösung nochmals zu betonen.

Das 38-flach Nr. XI Fig. 33. Die Grundfläche der Eckpyramide ist ein symmetrisches Fünfeck mit
vier Kanten gleich k und einer Kante $d = k\sqrt{2}$. Die Gleichungen für x und y sind $4x + y = 180^0$ und
$\frac{\sin y}{\sin x} = \frac{d}{k}$. Da hier $\sin y = \sin 4x$ ist, so kommt nach leichter goniometrischer Umformung $\frac{\sin 4x}{\sin x} = 8\cos^3 x$
$- 4\cos x$ d. h.: $\cos^3 x - \frac{1}{2}\cos x - \frac{d}{8k} = 0$. Nur eine reelle Wurzel ist vorhanden, sobald $\left(\frac{d}{16k}\right)^2 > \left(\frac{1}{6}\right)^3$;

dann giebt die Cardansche Formel: $\cos x = \sqrt[3]{\frac{d}{16k} + \sqrt{\left(\frac{d}{16k}\right)^2 - \left(\frac{1}{6}\right)^3}} + \sqrt[3]{\frac{d}{16k} - \sqrt{\left(\frac{d}{16k}\right)^2 - \left(\frac{1}{6}\right)^3}}$. Für

diesen Körper gilt speziell $\alpha_m = 60^0$, $\alpha_n = 45^0$, und es ist $\left(\frac{\sqrt{2}}{16}\right)^2 > \left(\frac{1}{6}\right)^3$, so dass die reelle Wurzel

$\cos x = \frac{1}{2}\left(\sqrt[3]{\cos 45^0 \cdot \left(1 + \sqrt{\frac{11}{27}}\right)} + \sqrt[3]{\cos 45^0 \cdot \left(1 - \sqrt{\frac{11}{27}}\right)}\right) = 0{,}842509..$ wird. Daraus folgt $x = 32^0 35' 38'',3$.
Weiter ist $\sin y = \sqrt{2} \cdot \sin x$, d. h. $y = 49^0 37' 27''$ und danach $\omega_m = 76^0 27' 2''$, $\omega_n = 66^0 21' 58{,}2''$. Die
Zahlenwerte der P sind leicht zu berechnen. Ueberdies ist $O = 2k^2(4\sqrt{3} + 3)$, $V = k^3 \cdot 7{,}889472$,
$R = k \cdot 1{,}29461$ u. s. w.

Das 92-flach Nr. XII Fig. 34. Die Gleichung für $\cos x$ ist die vorige. Hier ist $d = 2k\cos 36^0 = \frac{k}{2}(\sqrt{5} + 1)$,
$\alpha_m = 60^0$, $\alpha_n = 36^0$. Da $\left(\frac{\cos 36^0}{8}\right)^2 > \left(\frac{1}{6}\right)^3$ ist, so ist $\cos x = \frac{1}{2}\left(\sqrt[3]{\cos 36^0 + \sqrt{\cos^2 36^0 - \left(\frac{2}{3}\right)^3}} +\right.$
$\left.\sqrt[3]{\cos 36^0 - \sqrt{\cos^2 36^0 - \left(\frac{2}{3}\right)^3}}\right) = 0{,}857779..$, $x = 30^0 55' 54'',4$. Weiter ist: $\sin y = \frac{d}{k}\sin x$, also
$y = 56^0 16' 24'',3$. $\sin \omega_m = \frac{\cos x}{\sin \alpha_m}$, $\omega_m = 82^0 5' 14'',3$, und analog berechnet: $\omega_n = 70^0 50' 29'',2$. Ferner ist:
$O = 5k^2\left(4\sqrt{3} + 3\sqrt{1 + 0{,}4\sqrt{5}}\right)$. Von den übrigen numerischen Werten sei noch angeführt: $V = k^3 \cdot 37{,}61549$
und $R = k \cdot 2{,}7654$.

111. Das Archimedeische Prisma und Antiprisma. Das halbreguläre Vielflach Nr. V Fig. 35 bedarf
keines weiteren Existenzbeweises; es ist ein gerades n-seitiges Prisma, dessen Seitenflächen Quadrate sind.
Von seiner Berechnung soll hier abgesehen werden; sie kann u. a. nach den Formeln des halbregulären

Vielflaches Nr. IV erfolgen, wenn man daselbst x mit y, d mit d_1 vertauscht und dann $d = k\sqrt{2}$, $d_1 = 2k \cos \frac{180^0}{n}$ setzt. Doch lässt sich die Rechnung hier auch leicht ganz elementar ausführen. Für $n = 4$ ist das Archimedeische Prisma das reguläre Hexaeder. Das halbreguläre Vielflach Nr. X Fig. 36 wird von zwei n-ecken und $2n$ gleichseitigen Dreiecken begrenzt, von denen in jeder Ecke neben einem n-eck drei auftreten. Für $n = 3$ ist das Archimedeische Antiprisma identisch mit dem regulären Oktaeder. Die Berechnung ist im allgemeinen Falle die folgende, eng im Anschluss an die in Nr. 107 abgeleiteten Relationen.

Die Gleichungen für x und y sind: $3x + y = 180^0$, $\frac{\sin y}{\sin x} = \frac{d}{k}$; $\cos x = \frac{1}{2}\sqrt{1 + \frac{d}{k}}$,

$\cos y = \sqrt{1 - \left(\frac{2k}{d}\right)^2 \cdot \left(3 - \frac{d}{k}\right)}$. Da nun $d = 2k \cos \frac{180^0}{n}$, $\alpha_m = 60^0$, $\alpha_n = \frac{180^0}{n}$ ist, so ist $\cos x = \frac{1}{2}\sqrt{1 + 2 \cos \alpha_n}$,

$\sin \omega_m = \frac{\cos x}{\sin \alpha_m} = \sqrt{\frac{1 + 2 \cos \alpha_n}{3}}$, $\cos y = 2 \sin^2 \frac{\alpha_n}{2} \sqrt{1 + 2 \cos \alpha_n}$, $\sin \omega_n = \frac{\cos y}{\sin \alpha_n} = \tan \frac{\alpha_n}{2} \sqrt{1 + 2 \cos \alpha_n}$;

$\tan \omega_m = \frac{\sqrt{1 + 2 \cos \alpha_n}}{2 \sin \frac{\alpha_n}{2}}$, $\tan \omega_n = \frac{\sin \frac{\alpha_n}{2}}{\cos \alpha_n} \sqrt{1 + 2 \cos \alpha_n}$. ω_m und ω_n sind nach speziellen Werten von α_n zu

bestimmen. Weiter berechnet man leicht: $O = \frac{1}{2} n\, k^2 (\sqrt{3} + \cot \alpha_n)$, $V = \frac{1}{24} n\, k^3 \left(\cot \frac{\alpha_n}{2} + \cot \alpha_n\right) \sqrt{3 - \tan^2 \frac{\alpha_n}{2}}$,

$R = \frac{k}{2} \sqrt{1 + \left(\frac{1}{2 \sin \frac{\alpha_n}{2}}\right)^2}$. $W_{3,n} = \omega_m + \omega_n$, $W_{3,3} = 2\omega_m$. Eine Probe für die Richtigkeit der Formeln

liefert ihre Anwendung für $n = 3$.[1])

112. Bezeichnung und Konstruktion der gleicheckigen und der gleichflächigen Vielflache. Bezüglich der Definitionen ist auf Nr. 99) zu verweisen. Die gleickeckigen Vielflache werden im folgenden durch Abschneiden von Ecken und Kanten aus dem regelmässigen n-seitigen Prisma, dem Oktaeder und Hexaeder und dem Ikosaeder und Dodekaeder erhalten[2]), in ähnlicher Weise wie sich aus den letztgenannten regulären Körpern die halbregulären (Archimedeischen) ergaben, die hier dann nur als Spezialfälle, *Archimedeische Varietäten* genannt, wieder mit erscheinen. Die gleichflächigen Vielflache, welche den gleicheckigen polarreziprok sind (Vergl. Nr. 64) ergeben sich durch Konstruktionen, die den vorigen dual zugeordnet sind und z. T. bereits in Nr. 72) in allgemeiner Form erläutert wurden. Hier sollen diese Konstruktionen nochmals zusammengestellt werden, damit sie bei Ableitung der einzelnen Vielflache sofort zur Hand sind; zunächst seien aber einige neu einzuführende Bezeichnungen erklärt. An den gleicheckigen Vielflachen, deren Ecken entweder kongruent oder symmetrisch gleich sind — im letzteren Falle zerfallen sämtliche, entweder 3-, 4- oder 5-kantige Ecken in zwei gleichviel Ecken enthaltende Gruppen[3]) —, treten als Grenzflächen neben regelmässigen Vielecken besonders die gleicheckigen $2n$-ecke (erster Art, vergl. Nr. 23), gleichschenklige und ungleichseitige Dreiecke und gleichschenklige Trapeze auf. Ein gleicheckiges $2n$-eck soll hier als $(n + n)$-eck bezeichnet werden, um anzudeuten, dass es je n Kanten verschiedener Art besitzt; danach bedeutet z. B. ein $(2 + 2)$-eck nichts andres als ein Rechteck. An den gleichflächigen Vielflachen, deren 3-, 4- oder 5-kantige Flächen entweder kongruent oder symmetrisch[4]) gleich sind — im letztern Falle besitzt das Vielflach zwei an Zahl der Flächen gleichmächtige Gruppen, — treten neben regelmässigen Ecken besonders die $(n + n)$-kantigen auf, d. h. solche Ecken, deren Seitenflächen auf der um den Scheitel der Ecke beschriebenen Kugel

---

1) Bei Heinze-Lucke a. a. O. sind wesentlich nur Oberflächen- und Inhaltsberechnungen durchgeführt. In andrer Weise sind die halbregulären Polyeder erschöpfend von Meier Hirsch a. a. O. behandelt.

2) Vergl. Hessel, Uebersicht der gleicheckigen Polyeder und Hinweisung auf die Beziehungen dieser Körper zu den gleichflächigen Polyedern. Marburg 1871.

3) Es werden die Ecken der einen Art dann auch als *rechte*, die der andern Art als *linke* Ecken bezeichnet.

4) Die eine Fläche lässt sich erst nach Umwenden im Raume mit der andern zur Deckung bringen; man spricht auch von *rechten* und *linken* Flächen.

$(n + n)$-kantige Polygone (vergl. Nr. 38) ergeben; überdies auch drei- und vierseitige Ecken, deren Kugelschnitte gleichschenklige und ungleichseitige Dreiecke, oder sphärische Deltoide[1] sind. — Die Namen der ···leitenden Körper werden in erster Linie durch Berücksichtigung der Zahl der Flächen und Ecken erhalten. Die gleicheckigen Polyeder seien als „*Ecke*", die gleichflächigen Polyeder als „*Flache*" bezeichnet, erstere nach der Zahl der Ecken, letztere nach der Zahl der Flächen, während im ersten Falle die Zahl der verschiedenen Arten von Grenzflächen, im zweiten die Zahl der verschiedenen Arten der Ecken als unterscheidendes Merkmal dient. So ist z. B. ein $(m + n + 2p)$-flächiges $2q$-Eck ein gleicheckiges Polyeder, das drei Gruppen von verschiedenvielkantigen Flächen besitzt, von denen die eine Gruppe p rechte und p linke Flächen aufweist, und dessen Ecken in zwei Gruppen, an Zahl von je q, q rechte und q linke zerfallen. Das ihm polar-reziproke gleichflächige Polyeder ist ein $(m + n + 2p)$-eckiges $2q$-Flach, das nun weiter keiner Erklärung bedarf.

Zur Konstruktion der beiden Arten von Polyedern dienen besonders folgende dual zugeordnete Operationen. Dem Abschneiden einer n-kantigen Ecke A eines Polyeders P durch eine Ebene, welche die von A ausgehenden Kanten schneidet, so dass P als neue Grenzfläche ein n-eck aufweist, entspricht polar das Aufsetzen einer n-seitigen Pyramide auf diejenige n-kantige Fläche α des zu jenem reziproken Polyeders P', welche der n-kantigen Ecke A polar zugeordnet ist. Geht im ersten Falle die schneidende Ebene durch μ Nachbarecken von A, so liegt im zweiten Falle die Spitze der aufgesetzten Pyramide in μ der an α grenzenden Flächen von P'. Ist das Schnittpolygon im ersten Falle ein $(p + p)$-eck, so ist der sphärische Schnitt der Spitze der aufgesetzten Pyramide im zweiten Falle ein $(p + p)$-kant; ein regelmässiges n-eck einerseits bringt das Entstehen einer regulären Ecke andrerseits mit sich, u. s. w. — Dem Abschneiden einer Kante AB von P durch einen vierseitigen Schnitt (A und B seien dreikantige Ecken) entspricht das Ersetzen der den Ecken A und B in P' entsprechenden Dreiecke α und β durch eine vierseitige Pyramide. Geht der vierseitige Schnitt im ersten Falle durch irgend welche A oder B benachbarte Ecken $A', B', \ldots$, so liegt die Spitze der Pyramide im zweiten Falle in den Ebenen der α oder β seitenden Grenzflächen $\alpha', \beta' \ldots$. Bezüglich der Beschaffenheit von Schnittfläche und polar zugeordneter Ecke gilt dasselbe wie oben.

Es war schon bemerkt worden, dass die Konstruktion der gleicheckigen und der gleichflächigen Polyeder durch die erläuterten Operationen ihren Ausgang von dem geraden n-seitigen Prisma und den regelmässigen Vielflachen bez. den ihnen polar zugeordneten Körpern nimmt. Dabei wird sich zeigen, dass die Ausführung der Operationen an sämtlichen Ecken oder deren Hälfte, sowie an sämtlichen Flächen oder deren Hälfte nichts andres bedeutet als die *Kombination zweier Körper*, von denen im ersten Falle die Flächen des einen die Ecken des andern abstumpfen: der neue Körper besitzt die Ebenen der *Flächen* der beiden ihn erzeugenden; während im zweiten Falle der erzeugte Körper die Kombination zweier andrer insofern ist, als seine *Ecken* die dieser beiden Körper sind.

113. Einteilung der gleickeckigen und der gleichflächigen Polyeder in Klassen, Ordnungen u. s. w. Nach den Vielflachen, aus denen die gleicheckigen und die gleichflächigen Polyeder durch Konstruktion entstehen, erfolgt ihre Einteilung in Klassen, Ordnungen, Gruppen und Untergruppen. Von der Entstehung ist die Zahl und Art der Achsen und Symmetrieebenen abhängig, in denen die gleicheckigen und die gleichflächigen Polyeder entweder mit den ursprünglichen Körpern vollkommen übereinstimmen oder nicht, falls nämlich ein Teil der Symmetrieeigenschaften infolge der Konstruktion verloren gegangen ist. Der *ersten Hauptklasse* der gleicheckigen [gleichflächigen] Polyeder gehören die aus dem n-seitigen Prisma [Doppelpyramide] abzuleitenden an, die zwei gleiche entgegengesetzt gerichtete n (oder p)-zählige Hauptachsen und zwei Systeme von je n (oder p) zweizähligen Querachsen besitzen. Nach der Zahl der Symmetrieebenen ergeben sich drei Gruppen. *Die zweite Hauptklasse* enthält die aus den regulären Vielflachen abzuleitenden Polyeder, welche also gleiche Hauptachsen nach mehr als zwei Richtungen haben, und besteht aus zwei Ordnungen. Die *erste Ordnung*: Die dreizähligen Achsen sind nach den Eckpunkten eines regulären Hexaeders

---

1) $ABCD$ heisst ein Deltoid, wenn $AB = BC$ und $CD = DA$ ist.

gerichtet (Ordnung des Oktaeder-Hexaeders). Die *zweite Ordnung:* Die dreizähligen Achsen sind nach den Eckpunkten eines regulären Pentagondodekaeders gerichtet (Ordnung des Ikosaeder-Dodekaeders). Die zweite Ordnung enthält zwei nach den Symmetrieebenen unterschiedene Gruppen; die erste Ordnung zerfällt zunächst nach den Achsen in drei Gruppen, von denen die erste und dritte Gruppe nach den Symmetrieebenen in zwei Untergruppen zerfallen. Die Polyeder dieser Ordnung sind zum grössten Teile aus der Krystallographie bekannt und sollen die daselbst gebräuchlichen Benennungen berücksichtigt werden, ebenso wie die dort üblichen Bezeichnungen der verschiedenen Hemiëdrien u. s. w. Die Gegenüberstellung der reziproken Gebilde ist die bekannte, die Numerierung rechts und links entsprechend.

114. Die gleicheckigen und die gleichflächigen Polyeder der ersten Hauptklasse. Sie zerfallen in drei Gruppen. Die erste Gruppe, die unter 1) und 2) (bez. 1′) und 2′)) aufgeführten Polyeder enthaltend, die als *prismatisch (ebenrandig)* bezeichnet werden, ist ausgezeichnet durch das Vorkommen von zwei Arten von Symmetrieebenen: eine Hauptsymmetriebene durch die $2n$ Querachsen und n (bez. p) unter gleichen Winkeln gegen einander geneigte Symmetrieebenen senkrecht zu jener durch die Hauptachse. In der zweiten Gruppe, die Polyeder 3), 4) und 5) und die ihnen reziproken enthaltend, die *kronrandig* genannt werden, fällt die Hauptsymmetrieebene weg; in der dritten Gruppe, die als *sägerandig* bezeichneten Polyeder 6) und 7) (6′ und 7′)) umfassend, fallen alle Symmetrieebenen fort.

1) *Das prismatische $(2 + n)$-flächige $2n$-Eck ist* das gerade n-seitige Prisma mit regulären Deckflächen. Die Seitenflächen sind $(2+2)$-ecke; sind sie Quadrate, so entsteht die Archimedeische Varietät (Nr. V, Fig. 35 Taf. VI), die für $n = 4$ zum regulären Hexaeder wird.

1′) *Das ebenrandige $(2 + n)$-eckige $2n$-Flach ist* die gerade n-seitige Doppelpyramide, deren ebener Rand (Kranz) ein reguläres n-eck ist. (Fig. 37 Taf. VI zu 1) und 1′).) Die Seitenflächen sind gleichschenklige Dreiecke. Die Arch. Var. entsteht, wenn die vierkantigen Ecken regulär werden; für $n = 4$ ergiebt sich dann das regelmässige Oktaeder.

2) *Das prismatische $(2 + \overline{p + p})$-flächige $2 . 2p$-Eck* entsteht aus 1) für $n = p$ durch Abstumpfung der Kanten, welche nicht den Deckflächen angehören, mittels rechteckiger Schnitte (Fig. 38ᵃ Taf. VI). Die neuen Deckflächen sind $(p + p)$-ecke, die Seitenflächen zwei Gruppen von $(2 + 2)$-ecken. Für $p = 2$ hat man das $(2 + \overline{2 + 2})$-flächige $2 . 4$-Eck, das rechtwinklige Parallelepiped, obgleich es kein Prisma 1) giebt, aus dem es abzuleiten wäre (Fig. 39).

2′) *Das ebenrandige $(2 + \overline{p + p})$-eckige $2 . 2p$-Flach* entsteht aus 1′) für $n = p$ durch Ersetzung zweier Nachbarflächen, die verschiedenen der Pyramiden angehören, durch eine $(2 + 2)$-kantige Pyramide, deren Spitze in der Hauptsymmetrieebene liegt (Fig. 38ᵇ Taf. VI.) Die Seitenflächen sind ungleichseitige Dreiecke, der ebene Rand (Kranz) des Körpers ist ein $(p + p)$-kant. Für $p = 2$ hat man das rhombische Oktaeder (Fig. 39), obgleich es keinen erzeugenden Körper 1′) giebt.

3) *Das kronrandige $(2 + 2p)$-flächige $2p$-Eck.* Stumpft man bei einem Prisma 1) mit gerader Kantenzahl $n = 2p$ der Deckflächen die abwechselnden Ecken durch dreiseitige Schnitte ab, so dass die Ebene jedes Schnittes durch die drei Ecken geht, welche der abzuschneidenden benachbart sind (Fig. 40ᵃ Taf. VI), so entsteht dieser von zwei regulären p-ecken als Deckflächen und $2p$ gleichschenkligen Dreiecken begrenzte Körper.[1] Man bezeichnet ihn nach dem Gebrauche in der Krystallographie als gyroidische Hemigonie von 1). Die Archimedeische Varietät ergiebt sich,

3′) *Das kronrandige $(2 + 2p)$-eckige $2p$-Flach.* Setzt man auf die abwechselnden Flächen einer $n = 2p$-seitigen Doppelpyramide 1) dreiseitige Pyramiden derart auf, dass die Spitze jeder solchen Pyramide in den Ebenen der drei Nachbarflächen der ursprünglichen Doppelpyramide liegt, so entsteht dieses von $2p$ Deltoiden begrenzte Vielflach (Fig. 40ᵇ Taf. VI). Da man kurz sagen kann, 3′) entsteht aus 1′) durch Berücksichtigung der abwechselnden Flächen allein, so ist nach krystallographischer Bezeichnung 3′) die gyroidische (plagiedrische) Hemiedrie[2] von 1′). Bei der

---

[1] Die nicht den Deckflächen angehörenden Kanten bilden einen fortlaufenden Zug, nach dessen Gestalt der Körper benannt ist.   [2] Vergl. Groth, Physikalische Krystallographie, S. 291.

wenn alle Dreiecke gleichseitig sind.[1] (Nr. X Fig. 36.) Für $p = 3$ wird die Arch. Var. zum Oktaeder.

4) *Das kronrandige 4-flächige 4-Eck* ist der Spezialfall von 3) für $p = 2$. An Stelle der Deckflächen treten zwei Kanten. Zwei solche sog. *Tetragonale Sphenoide* sind der quadratischen Säule ebenso einbeschrieben, wie für den Fall der Archimedeischen Varietät zwei Tetraeder dem Hexaeder. (Vergl. Nr. 102.) Ein solches Sphenoid zeigt Fig. 41ª Taf. VI.

5) *Das unterbrochen-kronrandige $(2 + 2p')$-flächige $2 . 2p'$-Eck* erhält man aus 2) für $p = 2p'$, wenn man die abwechselnden Kanten der einen Art der beiden $(2p' + 2p')$-ecke so abstumpft, dass die Schnittebene durch die vier den Endpunkten der Kante benachbarten Eckpunkte von 2) geht. Fig. 42ª Taf. VI für $p' = 3$. Die beiden Deckflächen sind $(p' + p')$-ecke, die Seitenflächen gleichschenklige Trapeze. Der neue Körper hat die Hälfte der Ecken mit dem ursprünglichen gemein, und zwar sind die Ecken zur Hälfte als rechte, zur andern Hälfte als linke zu bezeichnen.[5]

6) *Das sägerandige $(2 + 2p)$-flächige $2p$-Eck* entsteht aus 2) mittels derselben Konstruktion, durch die 3) aus 1) erhalten wurde. (Fig. 43ª Taf. VI für $p = 5$.) Die beiden Deckflächen sind regelmässige p-ecke, die Seitenflächen ungleichseitige Dreiecke. Das Polyeder ist ein rechtes oder linkes, je nachdem die abgestumpften Ecken von 2) entweder die rechten oder die linken sind.[6]

7) *Das sägerandige 4-flächige 4-Eck* ist der Spezialfall von 6) für $p = 2$. Es ist die Hemigonie des rechtwinkligen Parallelepipeds, wie 4) die der quadratischen Säule. (Fig. 44 Taf. VI.)

Archimedeischen Varietät sind die dreikantigen Ecken gleichkantig. Für $p = 3$ ist die Arch. Var. ein (auf der Spitze stehendes) Hexaeder.[2]

4') *Das kronrandige 4-eckige 4-Flach* ist der Spezialfall von 3') für $p = 2$, d. h. die gyroidische Hemiëdrie der vierseitigen quadratischen Doppelpyramide. Dieser Körper, der mit 4) identisch ist, ergiebt als Arch. Var. also ebenfalls das Tetraeder. Die Seitenflächen des Körpers sind gleichschenklige Dreiecke (Fig. 41ᵇ Taf. VI).

5') *Das unterbrochen-kronrandige $(2 + 2p')$-eckige $2 . 2p'$-Flach (Skalenoeder)* entsteht aus 2) für $p = 2p'$ dadurch, dass man die abwechselnden Paare rechter und linker Flächen der obern und untern Pyramide weglässt und je ein solches Paar durch eine vierseitige Pyramide ersetzt, deren Spitze in den vier Nachbarflächen des Paares liegt. Fig. 42ᵇ Taf. VI für $p' = 3$. Nach krystallographischem Gebrauche ist dieses Polyeder als rhomboedrische Hemiëdrie von 2) zu bezeichnen.[3] Fig. 42ᶜ zeigt ein tetragonales Skalenoeder.[4]

6') *Das sägerandige $(2 + 2p)$-eckige $2p$-Flach* entsteht aus 2') mittels derselben Konstruktion, durch die 3') aus 1') erhalten wurde (Fig. 43ᵇ Taf. VI für $p = 5$), d. h. es ist die gyroidische Hemiëdrie von 2'). Die Seitenflächen sind Trapezoide. Je nachdem man die eine oder die andre Hälfte der Flächen von 2') beibehält, erhält man ein linkes oder rechtes $2p$-Flach.[7]

7') *Das sägerandige 4-eckige 4-Flach* ist die gyroidische Hemiëdrie von 2') für $p = 2$, d. h. die Hemiëdrie der geraden Doppelpyramide auf rhombischer Basis (Kranz), und wird daher als *Rhombisches Sphenoid* bezeichnet. Es ist identisch mit 7), d. h. autopolar. (Fig. 44 Taf. VI.)

---

1) Ist a die Kante des $2p$-ecks des Prisma 1), b die andre Kante des Seitenrechtecks, so entsteht die Archimedeische Varietät von 3), wenn die kleinste Diagonale des $2p$-ecks gleich der Diagonale des Rechtecks ist, woraus sich die Bedingung

$$b = a \sqrt{4 \cos^2 \frac{90^0}{p} - 1}$$ ergiebt.

2) Für $p = 3$ hat man im allgemeinen Falle das *Rhomboeder*. Groth a. a. O. S 340.

3) Groth a. a. O. S. 337. 4) Groth a. a. O. S. 410.

5) Man kann 5) aus 3) auch dadurch erhalten, dass man durch 3) in gleichem Abstande von den beiden Deckflächen zu diesen parallele Ebenen legt. Vergl. Hessel a. a. O. S. 7.

6) Die Seitenkanten der einen Art sind, bei senkrechter Hauptachse des Polyeders, steiler als die der andern Art, wonach der fortlaufende Zug der Seitenkanten als *Sägerand* bezeichnet ist. Entsprechendes gilt für die Kanten des Kranzes des polaren Vielflaches 6').

7) Groth a. a. O. S. 368.

Die beiden Sphenoide, das tetragonale unter 4) beschriebene und das eben besprochene rhombische, finden sich sowohl in der Reihe der gleichflächigen als auch der gleicheckigen Polyeder. Sie sind neben den regulären Vielflachen die einzigen gleichflächigen und zugleich gleicheckigen Polyeder der ersten Art, ohne aber wie die regulären Vielflache zugleich gleichkantig zu sein.

115. Die Polyeder der ersten Gruppe der ersten Ordnung aus der zweiten Hauptklasse. Die Polyeder der Oktaeder-Hexaederordnung zerfallen in drei Gruppen, deren Benennung für die gleicheckigen Polyeder nach demjenigen gewählt ist, welches bei dem Maximum von Symmetrie die grösste Zahl Ecken besitzt, bei den gleichflächigen Polyedern nach dem, welches bei möglichst grosser Symmetrie das Maximum der Flächen hat. Die dreizähligen Achsen sind bei allen, wie schon bemerkt, nach den Eckpunkten eines regulären Hexaeders gerichtet. Die erste Gruppe, als Gruppe des $(6 + 8 + 12)$-flächigen 2.24-Ecks, bez. des $(6 + 8 + 12)$-eckigen 2.24-Flachs oder als *Hexakisoctaedergruppe* bezeichnet, begreift Vielflache in sich, denen die Achsen des Oktaeder-Hexaeders zukommen, nämlich drei Paare von entgegengesetztgerichteten gleichen vierzähligen Achsen, vier Paare dergl. dreizähligen Achsen und sechs Paare dergl. zweizähligen Achsen. Die Gruppe zerfällt weiter in zwei Untergruppen. Die erste enthält vollzählige symmetrische Polyeder, deren Symmetrieebenen die Ebenen der drei Hauptkreise a und der sechs Hauptkreise b (vergl. Nr. 104) sind. Diese erste Untergruppe begreift die Vielflache 8) bis 12) (bez. 8') bis 12')) in sich. Die zweite Untergruppe ist durch das Vielflach 13) bez. 13') gebildet, bei dem in Folge der Konstruktion sämtliche Symmetrieebenen fortgefallen sind. Dieses Polyeder ist nicht vollzählig, sondern hemigonisch bez. hemiëdrisch.

Als erstes hierher gehöriges Vieleck wäre das Oktaeder selbst anzuführen, aus dem durch Konstruktion die folgenden gewonnen werden. Stumpft man die Ecken des Oktaeders gerade durch Ebenen in gleichem Abstande von den Scheiteln der Ecken ab, so entsteht zunächst

8) *das* $(6 + 8)$-*flächige* 6.4-*Eck.* Die Seitenflächen sind acht $(3 + 3)$-ecke und sechs Quadrate. Da die abstumpfenden Ebenen auch in gleichem Abstande vom Mittelpunkte des Oktaeders liegen, so sind sie die Seitenflächen eines diesem konzentrischen Würfels und man sagt kurz, dieses, sowie die folgenden Vielecke sind Kombinationsgestalten von Oktaeder und Hexaeder, wobei man sich das Oktaeder fest, den Würfel bei parallelbleibenden Seitenflächen veränderlich vorzustellen hat. Werden die $(3 + 3)$-ecke des Polyeders 8) reguläre Sechsecke, so entsteht die Archimedeische Varietät. (Das Vielflach Nr. IV Fig. 23 Taf. VI.)

9) *Das* $(6 + 8)$-*flächige* 12-*Eck* (Kubooktaeder). Stumpft man soweit durch den Würfel ab, dass die Kanten des Oktaeders verschwinden, so werden die $(3 + 3)$-ecke zu regelmässigen Dreiecken. Das entstehende Kubooktaeder ist an und für sich ein Archimedeisches Vielflach, Nr. VIII Fig. 24 Taf. VI.

10) *Das* $(6 + 8)$-*flächige* 8.3-*Eck* entsteht, wenn

Das erste hier aufzuführende Vielflach ist das reguläre Hexaeder, aus dem durch Konstruktion die nächstfolgenden gleichflächigen Polyeder erhalten werden. Setzt man auf die Seitenflächen des Hexaeders (niedrige) gerade vierseitige Pyramiden auf, so entsteht das dem gleicheckigen Polyeder 8) polarreziproke, nämlich

8') *das* $(6 + 8)$-*eckige* 6.4-*Flach* (Pyramidenwürfel, Tetrakishexaeder) Fig. 1 Taf. VII. Die Spitzen der Pyramiden liegen wie die Ecken eines dem Hexaeder konzentrischen Oktaeders, und man sagt, das Vielflach ist (ebenso wie die folgenden) in Folge der Lage seiner Ecken die Kombinationsgestalt von Hexaeder und Oktaeder. Indem man bei festem Hexaeder den gleichen vierzähligen Achsen des Oktaeders variable Länge erteilt und durch die Endpunkte dieser Achsen und die Ecken des Würfels Ebenen legt, erhält man die Reihe der Vielflache 8'), 9'), 10'). Die Seitenflächen von 8') sind gleichschenklige Dreiecke; die Arch. Var. hat reguläre 6-kantige Ecken.

9') *Das* $(6 + 8)$-*eckige* 12-*Flach* (Rhombendodekaeder) entsteht aus 8'), wenn die an eine Würfelkante stossenden Flächen zweier Nachbarpyramiden in eine Ebene fallen; Fig. 2 Taf. VII. Dieses wie 9) bereits in Nr. 105 erwähnte Vielflach ist an und für sich ein Archimedeisches mit sechs regulären 4-kantigen und acht regulären 3-kantigen Ecken.

10') *Das* $(6 + 8)$-*eckige* 8.3-*Flach* (Triakisokta-

die Kanten des Hexaeders die Oberfläche des Oktaeders durchschneiden. Die Flächen des Oktaeders sind dann die isoliert liegenden gleichseitigen Dreiecke, die Flächen des Hexaeders sind $(4+4)$-ecke, die für die Archimedeische Varietät (Nr. II Fig. 27 Taf. VI) zu regulären Achtecken werden. Derselbe Körper kann natürlich auch durch gerade Abstumpfung der Ecken eines Hexaeders erhalten werden, wobei die abstumpfenden Flächen die des veränderlich gedachten Oktaeders sind; die Fortsetzung der Abstumpfung ergiebt dann rückwärts die Reihe der eben besprochenen Polyeder. Das Hexaeder selbst ist als letzter Körper in dieser Reihe der gleicheckigen zu betrachten.

11) *Das* $(6+8+12)$-*flächige* 2 . 24-*Eck* wird durch gerade Abstumpfung der Ecken des Kubooktaeders oder durch gerade Abstumpfung der Oktaederkanten von 8) oder der Hexaederkanten von 10) erhalten; Fig. 4ᵃ Taf. VII. Da die abstumpfenden Flächen parallel den Ebenen eines mit dem Oktaeder und Hexaeder konzentrischen Rhombendodekaeders laufen (sie sind, wie aus Fig. 4ᵃ ersichtlich ist, unter gleichem Winkel gegen zwei benachbarte Hexaederflächen geneigt), so ist dieses Vielflach die Kombination der drei genannten Polyeder. Die Seitenflächen sind sechs $(4+4)$-ecke, acht $(3+3)$-ecke und zwölf $(2+2)$-ecke; die Ecken sind 24 linke und 24 rechte. Für die Arch. Var. sind alle Seitenflächen regulär. (Nr. XIII Fig. 30 Taf. VI.)

12) *Das* $(6+8+12)$-*flächige* 24-*Eck*, Fig. 5ᵃ Taf. VII, entsteht wie 11) als Kombinationsgestalt von Hexaeder, Oktaeder und Rhombendodekaeder, nur hat jede Fläche des letzteren mit jeder der vier benachbarten einen Punkt gemein. Die Würfelflächen sind Quadrate, die Oktaederflächen gleichseitige Dreiecke, die Flächen des Rhombendodekaeders $(2+2)$-ecke, die für die Archimedeische Varietät ebenfalls zu Quadraten werden (No. VII Fig. 29 Taf. VI). Greifen die abstumpfenden Dodekaederflächen noch weiter ein, so ist das entstehende $(6+8+12)$-flächige Polyeder kein gleicheckiges mehr, es hat dann Ecken von zwei verschiedenen Arten.

13) *Das* $(6+8+24)$-*flächige* 24-*Eck*. Man stumpfe von dem $(6+8+12)$-flächigen 24-Eck 11) die abwechselnden Ecken so ab, dass die abstumpfende Ebene durch die drei der abzustumpfenden Ecke be-

eder). So wie je zwei Würfelflächen von 10) eine Schnittkante auf dem erzeugten Polyeder haben, so je zwei Oktaederecken eine Verbindungskante auf 10'). Es entsteht, indem man durch eine Würfelecke und durch die Endpunkte von je zwei der drei benachbarten Eckenachsen des Oktaeders Ebenen legt. Fig. 3 Taf. VII. Dasselbe Vielflach kann auch erhalten werden, indem man auf die Flächen eines Oktaeders gerade dreiseitige (niedrige) Pyramiden aufsetzt (Pyramidenoktaeder). Es besitzt sechs $(4+4)$-kantige Ecken und acht 3-kantige Ecken. Für die Arch. Var. werden die erstern regulär. Die Flächen des Vielflachs sind gleichschenklige Dreiecke, deren Basen die Oktaederkanten sind. Das Oktaeder selbst ist als letzter Körper in dieser Reihe der gleichflächigen zu betrachten.

11') *Das* $(6+8+12)$-*eckige* 2 . 24-*Flach* (Hexakisoktaeder, Achtundvierzigflächner) wird durch Aufsetzen von geraden vierseitigen Pyramiden auf die Flächen des Rhombendodekaeders oder durch Ersetzung je zweier Flächen von 8'), welche eine Würfelkante gemein haben, durch eine vierseitige Pyramide oder endlich durch Ersetzen je zweier Flächen von 10'), welche eine Oktaederkante gemein haben, durch eine vierseitige Pyramide, erhalten. Fig. 4ᵇ Taf. VII. Wie aus diesen drei Entstehungsweisen, bes. der ersten hervorgeht, sind seine Ecken die eines Oktaeders, Hexaeders und Kubooktaeders, als deren Kombination es zu bezeichnen ist. Die Flächen sind ungleichseitige Dreiecke, 24 rechte und 24 linke. Bei der Arch. Var. sind alle Ecken regulär.

12') *Das* $(6+8+12)$-*eckige* 24-*Flach* (Deltoidikositetraeder), Fig. 5ᵇ Taf. VII, besitzt wie 11') die Ecken eines Oktaeders, Hexaeders und Kubooktaeders, doch fallen die Kanten von 11'), welche die Oktaeder- und Hexaederecken verbinden, hier weg. Die beiden Dreiecke, ein rechtes und ein linkes, welche solche Kante gemein hatten, fallen in eine Ebene und bilden danach ein Deltoid. Die Arch. Var. mit regulären Ecken ist leicht zu konstruieren, die Scheitel sämtlicher vierkantigen Ecken liegen dann auf einer Kugel; je acht in einer Ebene eines Hauptkreises a liegende bilden ein reguläres Achteck.

13') *Das* $(6+8+24)$-*eckige* 24-*Flach* (Pentagonikositetraeder). Man setze auf die abwechselnden Flächen des Hexakisoktaeders 11') dreiseitige Pyramiden auf, deren Spitzen in den drei die Aufsatz-

nachbarten Ecken geht; Fig. 6ᵃ Taf. VII. Aus den Achtecken werden 6 Quadrate, aus den Sechsecken 8 gleichseitige Dreiecke, dazu treten 24 ungleichseitige Dreiecke, die Abstumpfungsflächen, neu auf. Je nachdem man die eine oder die andre Hälfte der Ecken von 11) abstumpft, erhält man ein rechtes oder linkes $(6 + 8 + 12)$-flächiges 24-Eck. Bei der Archimedeischen Varietät (Nr. XI, Fig. 33 Taf. VI) sind sämtliche Dreiecke gleichseitig.[1]) Symmetriebenen sind bei diesem gleicheckigen Körper nicht mehr vorhanden.

fläche seitenden Nachbarflächen von 11') liegen, oder was dasselbe ist, man bilde die gyroidische Hemiëdrie des Hexakisoktaeders. Die Flächen des entstehenden gleichflächigen Polyeders sind ungleichkantige Fünfecke, Fig. 6ᵇ Taf. VII. Je nachdem man die eine oder die andre Hälfte der Flächen des Hexakisoktaeders beibehält, erhält man das linke oder rechte Vielflach.[2]) Symmetrieebenen besitzt es nicht mehr. Die Seitenflächen der Arch. Var. sind symmetrische Fünfecke[3]), auch die 24 sonst nicht regulären dreieckigen Ecken sind dann regulär.

116. Die Polyeder der zweiten Gruppe der ersten Ordnung aus der zweiten Hauptklasse. Sie besitzen zwei Systeme von je vier gleichen dreizähligen Achsen nach den Ecken eines Hexaeders, [je zwei entgegengesetzt gerichtete sind symmetrisch gleich,] und drei Paare von entgegengesetzt gerichteten gleichen zweizähligen Achsen nach den Ecken eines Oktaeders. Symmetrieebenen sind die Ebenen der drei Hauptkreise a. Die beiden hierhergehörigen gleicheckigen Polyeder sind Hemigonien, die polar zugeordneten gleichflächigen Polyeder Hemiëdrien von bestimmten Typen der vorigen Gruppe.

14) *Das* $(2 \cdot 4 + 12)$-*flächige 12-Eck* entsteht aus 8), wenn man daselbst die abwechselnden Ecken so abstumpft, dass die abstumpfende Ebene durch die drei Nachbarecken der abzustumpfenden Ecke geht. Es ergiebt sich ein Polyeder, Fig. 7ᵃ Taf. VII, an welchem die acht gleichseitigen Dreiecke den Ebenen des Oktaeders in 8) angehören, oder was dasselbe aussagt, die $2 \cdot 4$ gleichseitigen Dreiecke liegen wie die Flächen zweier Tetraeder. Die zwölf gleichschenkligen Dreiecke sind die erwähnten Abstumpfungsflächen. Die Würfelflächen von 8) sind ersetzt durch die sechs Basiskanten dieser zwölf gleichschenkligen Dreiecke. Die Arch. Var. ist das reguläre Ikosaeder.

14') *Das* $(2 \cdot 4 + 12)$-*eckige 12-Flach* (symmetrisches Pentagondodekaeder) entsteht aus 8') durch Aufsetzen dreiseitiger Pyramiden auf die abwechselnden Flächen, derart, dass die Spitze einer Pyramide in drei Nachbarflächen einer Fläche von 8') zu liegen kommt, Fig. 7ᵇ Taf. VII (vergl. auch Nr. 105 und die Fig. 89 des Textes); es ist also die gyroidische Hemiëdrie des Tetrakishexaeders. Die Flächen sind symmetrische Fünfecke. Von den dreiseitigen Ecken liegen $2 \cdot 4$ so wie die Ecken der dem Würfel einbeschriebenen beiden Tetraeder; sie sind gleichkantig. Die übrigen zwölf dreikantigen Ecken besitzen je zwei gleiche Kanten. Die Arch. Var. ist das reguläre Pentagondodekaeder.

15) *Das* $(6 + 2 \cdot 4 + 12)$-*flächige* $2 \cdot 12$-*Eck.* Schneidet man von dem $(6 + 8 + 12)$-flächigen $2 \cdot 24$-Eck 11) je zwei neben einander liegende Ecken der $(4 + 4)$-eckigen Grenzflächen, bez. die sie verbindende Kante durch eine Ebene ab, welche durch die vier Nachbarpunkte der Endpunkte der Kante geht, so erhält man das in Fig. 8ᵃ Taf. VII dargestellte gleich

15') *Das* $(6 + 2 \cdot 4 + 12)$-*eckige* $2 \cdot 12$-*Flach* (Dyakisdodekaeder). Fasst man bei einem $(6 + 8 + 12)$-eckigen $2 \cdot 24$-Flach 11') je zwei neben einander liegende Flächen einer $(4 + 4)$-kantigen Ecke, deren gemeinsame Kante in einer Symmetrieebene eines Hauptkreises a liegt, zu einem Paar zusammen, und ersetzt diese abwechselnden Paare je durch eine vier-

---

1) Ist im gleicheckigen Vielflach 11) a die gemeinsame Kante von Viereck und Achteck, b die von Sechseck und Achteck, c die von Sechseck und Viereck, so ist zum Entstehen der Arch. Var. nötig, dass die kleinsten Diagonalen der drei Grenzflächen gleich sind. Bezeichnet man diese Diagonale mit x, so gilt: $x^2 = a^2 + c^2$, $x^2 = b^2 + c^2 - 2bc \cos 120^0$, $x^2 = a^2 + b^2 - 2ab \cos 135^0$. Setzt man $b = \tau \cdot a$, $c = \sigma \cdot a$ und die Werte der Winkelfunktionen in diese Gleichungen ein und eliminiert x, so fällt a heraus und es resultieren zwischen σ und τ die Gleichungen $\tau^2 + \sigma\tau = 1$, $\tau^2 + \tau\sqrt{2} = \sigma^2$, woraus durch Elimination von τ bez. σ für σ bez. τ die Gleichungen folgen: $\sigma^3\sqrt{2} - 2\sigma^2 + \sigma\sqrt{2} - 1 = 0$, $\tau^3\sqrt{2} + 2\tau^2 - 1 = 0$. Hiermit ist das in Nr. 110 bei Behandlung des Archimedeischen Vielflaches gegebene Versprechen eingelöst.

2) Groth a. a. O. S. 292.

3) Über die Konstruktion der Seitenflächen der Archimedeischen Varietäten der gleichflächigen Polyeder vergl. Nr. 122.

eckige Polyeder. Die sechs Würfelflächen, d. h. die (4 + 4)-ecke von 11), werden zu (2 + 2)-ecken, die acht Oktaederflächen, d. h. die (3 + 3)-ecke von 11) werden zu gleichseitigen Dreiecken und die neuen zwölf Schnittflächen sind gleichschenklige Trapeze, die wie die Flächen eines symmetrischen Pentagondodekaeders liegen. Schneidet man die beiden andern Kanten jedes (4 + 4)-eckes von 11) ab, welche mit den vorigen keinen Endpunkt gemein haben, so erhält man ein zweites solches Polyeder 15), welches als rechtes zu bezeichnen ist, wenn das erste ein linkes genannt ist.[1]

seitige Pyramide, deren Spitze in den vier Nachbarflächen des Paares liegt, so entsteht das in Fig. 8[b] dargestellte gleichflächige Polyeder, dessen Seitenflächen ungleichkantige Vierecke (Trapezoide) sind. Dieses Polyeder ist also die (pentagonale) Hemiëdrie des Hexakisoktaeders 11'), da seine Flächen diejenigen der andern Paare von Seitenflächen von 11') sind, die nicht durch Pyramiden ersetzt wurden. Je nach Wahl der Flächenpaare erhält man ein rechtes oder linkes Polyeder.[2] Von den Ecken sind die auf den vierzähligen Achsen liegenden (2 + 2)-kantig; die übrigen zwölf vierkantigen besitzen zwei gegenüberliegende gleiche Kanten, während die dreikantigen regulär sind.

117) Die Polyeder der dritten Gruppe der ersten Ordnung aus der zweiten Hauptklasse. Die Vielflache dieser Gruppe sind Hemigonien, bez. Hemiëdrien von Vielflachen der ersten Gruppe dieser Ordnung. Die Achsen sind die des Tetraeders, nämlich zwei Systeme von je vier gleichen dreizähligen Achsen, wobei je zwei entgegengesetzt gerichtete, nämlich nach einer Ecke und der gegenüberliegenden Fläche des Tetraeders, ungleichwertig sind, und drei Paare von entgegengesetzt gerichteten zweizähligen Achsen, nach den Kanten des Tetraeders. Die Symmetrieebenen sind bei den Vielflachen 16), 17), 18) und 16'), 17'), 18') die Ebenen der sechs Hauptkreise b des ersten Hauptnetzes, während dem Vielflach 19) bez. 19') keine Symmetrieebenen zukommen.

Das erste hierher gehörige gleicheckige Polyeder ist das Tetraeder selbst, entstanden aus dem Hexaeder durch Abstumpfung der abwechselnden Ecken durch Ebenen durch die drei Nachbarecken (Tetragonische Hemigonie).

16) *Das (4 + 4)-flächige 4 . 3-Eck* entsteht aus dem Tetraeder durch gerade Abstumpfung der Ecken. Da die abstumpfenden Flächen parallel den gegenüberliegenden des Tetraeders sind, so ist dieses Polyeder als Kombinationsgestalt zweier Tetraeder aufzufassen. Die Flächen α, Fig. 9[a] Taf. VII, sind gleichseitige Dreiecke, die Flächen β sind (3 + 3)-ecke. Die Archimedeische Varietät ist das Vielflach I Fig. 22 Taf. VI.

17) *Das (4 + 4 + 6)-flächige 2 . 12-Eck* ergiebt sich aus 16) durch Abstumpfung der Reste der ursprünglichen Tetraederkanten mittels vierseitiger Schnitte, welche (2 + 2)-ecke sind, wobei die Dreiecke α zu (3 + 3)-ecken werden. Die (3 + 3)-ecke β verbleiben solche. Die abstumpfenden Flächen liegen wie die eines Würfels. Fig. 10[a] Taf. VII. Die Archimedeische Varietät ist Nr. IV Fig. 23 Taf. VI.

Das erste hierher gehörige gleichflächige Polyeder ist das Tetraeder selbst, entstanden aus dem Oktaeder durch Aufsetzen dreiseitiger Pyramiden auf die abwechselnden Flächen, wobei die Spitzen je in den drei Nachbarflächen liegen (tetraedrische Hemiëdrie).

16') *Das (4 + 4)-eckige 4.3-Flach* (Triakistetraeder, Pyramidentetraeder, Trigondodekaeder) entsteht aus dem Tetraeder durch Aufsetzen (niedriger) dreiseitiger Pyramiden auf seine Flächen. Die Ecken sind die zweier Tetraeder, Fig. 9[b] Taf. VII. Es ist die tetraedrische Hemiëdrie des Ikositetraeders 12').[3] Die Flächen sind gleichschenklige Dreiecke, die 3-kantigen Ecken sind regulär, die übrigen (3 + 3)-kantig. Die Arch. Var. ist leicht zu erhalten.

17') *Das (4 + 4 + 6)-eckige 2 . 12-Flach* (Hexakistetraeder) Fig. 10[b] Taf. VII ergiebt sich aus 16'), wenn man je zwei Nachbarflächen, welche die Kante des ursprünglichen Tetraeders gemein haben, durch eine vierseitige Pyramide ersetzt. Die neuen Ecken liegen wie die eines Oktaeders. Das Polyeder ist die tetraedrische Hemiëdrie des Hexakisoktaeders. Es giebt eine Arch. Varietät.

---

1) Vergl. auch Hessel a. a. O. S. 15. 2) Groth a. a. O. S. 284.
3) Groth a. a. O. S. 275.

18) *Das* $(4 + 4 + 6)$-*flächige 12-Eck.* Stumpft man die ursprünglichen Tetraederkanten von 16) so weit ab, dass die Vierecke in den Ecken zusammentreffen, so werden die Sechsecke α und β zu Dreiecken, Fig. 11ᵃ Taf. VII. Das Polyeder ist noch immer eine Kombination zweier Tetraeder verschiedener Stellung und eines Hexaeders, dessen Flächen $(2 + 2)$-ecke sind. Bei der Arch. Var. sind alle Dreiecke gleichseitig, die Rechtecke werden Quadrate; dies ist das Kubooktaeder, Nr. VIII Fig. 24 Taf. VI.

19) *Das* $(4 + 4 + 12)$-*flächige 12-Eck* entsteht aus 17) durch Abstumpfung der Hälfte der Ecken, wobei die Schnittebene durch die drei Nachbarecken geht, Fig. 12ᵃ Taf. VII. Der Körper besitzt je vier gleichseitige Dreiecke verschiedener Grösse und zwölf ungleichseitige Dreiecke als Grenzflächen. Durch Abstumpfung der einen oder andern Hälfte der Ecken von 17) entsteht ein rechtes bez. linkes Polyeder. Die Arch. Varietät, bei welcher alle Dreiecke gleichseitig sind, ist das Ikosaeder.[1])

18′) *Das* $(4 + 4 + 12)$-*eckige 12-Flach* (Deltoiddodekaeder). Errichtet man die vierseitigen Pyramiden in 17′) so, dass ihre Seitenflächen mit den angrenzenden Seitenflächen der Nachbarpyramiden in eine Ebene fallen, so entsteht dieses von Deltoiden begrenzte gleichflächige Polyeder, Fig. 11ᵇ Taf. VII. Es ist die tetraedrische Hemiëdrie des Pyramidenoktaeders. Die Arch. Var. ist das Rhombendodekaeder.

19′) *Das* $(4 + 4 + 12)$-*eckige 12-Flach* entsteht aus 17′) durch Aufsetzen dreiseitiger Pyramiden auf die abwechselnden Flächen, so dass die Spitze jeder Pyramide in den Ebenen der drei Nachbarflächen liegt. Dieses, auch als Tetraedrisches Pentagondodekaeder, Fig. 12ᵇ Taf. VII, bezeichnete gleichflächige Polyeder ist also die gyroidische Hemiëdrie des Hexakistetraeders. Behält man die eine oder andre Hälfte von dessen Flächen bei, so erhält man ein rechtes, bez. linkes Polyder.[2]) Die Flächen sind ungleichseitige nicht symmetrische Fünfecke. Werden alle Ecken regulär, so entsteht das reguläre Dodekaeder.

118. Die Polyeder der zweiten Ordnung aus der zweiten Hauptklasse. Die Achsen dieser Vielflache sind die des Ikosaeder-Dodekaeders, nämlich sechs Paare von entgegengesetzt gerichteten, gleichen fünfzähligen Achsen, zehn Paare dergl. dreizähligen Achsen und fünfzehn Paare dergl. zweizähligen. Die einzige Gruppe dieser Ordnung ist für die gleicheckigen Polyeder die Gruppe des $(12 + 20 + 30)$-flächigen $2 . 60$-Ecks, für die gleichflächigen Polyeder die des $(12 + 20 + 30)$-eckigen $2 . 60$-Flachs oder des Diakishexekontaeders. Es sind sämtliche Vielflache, ausgenommen das letzte, vollzählige symmetrische Formen mit den Symmetrieebenen der fünfzehn Hauptkreise c des zweiten Hauptnetzes; das letzte Polyeder ist eine hemigonische, bez. hemiëdrische Form, bei welcher keine Symmetrieebenen mehr vorhanden sind. Die Entstehung dieser Polyeder aus dem Ikosaeder, bez. Dodekaeder verläuft analog der der gleicheckigen und gleichflächigen Polyeder der ersten Gruppe der vorigen Ordnung aus dem Oktaeder bez. Hexaeder.

20) *Das* $(12 + 20)$-*flächige* $12 . 5$-*Eck,* Fig. 13ᵃ Taf. VII, entsteht aus dem Ikosaeder, das selbst als erster Vertreter der Vielecke dieser Gruppe zu gelten hat, durch gerade Abstumpfung sämtlicher Ecken. Da die abstumpfenden Flächen in gleichem Abstande vom Centrum des Ikosaeders wie die Ebenen eines Dodekaeders liegen, so ist dieses Polyeder, ebenso wie die zunächst folgenden, als Kombinationsgestalt von Ikosaeder und Dodekaeder zu deuten. Die Seitenflächen sind zwölf reguläre Fünfecke und zwanzig $(3 + 3)$-ecke. Die Archimedeische Varietät entsteht, wenn die $(3 + 3)$-ecke reguläre 6-ecke werden, Nr. IX, Fig. 26 Taf. VI.

20′) *Das* $(12 + 20)$-*eckige* $12 . 5$-*Flach* (Pentakisdodekaeder) Fig. 13ᵇ Taf. VII entsteht aus dem Dodekaeder, das als erster Vertreter der Vielflache dieser Gruppe zu gelten hat, durch Aufsetzen (niedriger) gerader fünfseitiger Pyramiden auf die Seitenflächen. Die Spitzen dieser Pyramiden liegen auf den fünfzähligen Achsen des Dodekaeders in gleichem Abstande von dessen Centrum, sind also die Ecken eines Ikosaeders, so dass das Vielflach nach seinen Ecken als Kombinationsgestalt von Dodekaeder und Ikosaeder zu deuten ist. Die Arch. Var. entsteht, wenn die $(3 + 3)$-kantigen Dodekaederecken regulär werden.

---

1) Da vier der gleichseitigen Dreiecke in den Ebenen eines Tetraeders liegen, so ist dies die Entstehung des Ikosaeders, die in Nr. 110 erwähnt wurde.   2) Groth a. a. O. S. 297.

21) *Das* (12 + 20)-*flächige 30-Eck* ergiebt sich wie das vorige Vieleck durch Abstumpfung der Ecken des Ikosaeders durch ein Dodekaeder, wenn die benachbarten Dodekaederflächen mit ihren Ecken zusammenstossen. Dieses Vieleck ist an und für sich ein Archimedeisches (Nr. IX, Fig. 26 Taf. VI), begrenzt von zwölf regulären 5-ecken und zwanzig gleichseitigen Dreiecken. Es wird auch Triakontagon genannt.

22) *Das* (12 + 20)-*flächige* 20 . 3-*Eck*, Fig. 15ᵃ Taf. VII, wird durch weitere Abstumpfung erhalten, wenn die benachbarten Dodekaederflächen zum Schnitt gelangen. Fasst man das Dodekaeder als festen Körper, das Ikosaeder als variabel auf, so entsteht das Polyeder auch aus dem Dodekaeder durch gerade Abstumpfung der Ecken, wie dies an der Archimedeischen Varietät Nr. III Fig. 28 Taf. VI ersichtlich ist. Im allgemeinen Falle sind die Seitenflächen zwölf (5 + 5)-ecke und zwanzig gleichseitige Dreiecke.

23) *Das* (12 + 20 + 30)-*flächige* 2 . 60-*Eck*, Fig. 16ᵃ Taf. VII, entsteht, wenn man die Ikosaederkanten eines (12 + 20)-flächigen 12 . 5-Ecks 20) durch gerade vierseitige Schnitte abstumpft. Da diese senkrecht zu den zweizähligen Achsen des Ikosaeders bez. Dodekaeders verlaufen, so ist das entstandene Polyeder die Kombinationsgestalt eines Ikosaeders, Dodekaeders und Rhombentriakontaeders. Die Seitenflächen sind zwölf (5 + 5)-ecke [Dodekaederflächen], zwanzig (3 + 3)-ecke [Ikosaederflächen] und dreissig (2 + 2)-ecke [Rhombentriakontaederflächen]. Die Archimedeische Varietät, bei welcher alle Flächen reguläre Vielecke sind, ist das Polyeder Nr. XIV Fig. 32 Taf. VI.

24) *Das* (12 + 20 + 30)-*flächige 60-Eck*, Fig. 17ᵃ Taf. VII, ist ebenfalls die Kombinationsgestalt eines Dodekaeders, Ikosaeders und Rhombentriakontaeders, nur treffen sich die (2 + 2)-eckigen Flächen, die von letzteren herrühren, in den Eckpunkten, so dass die Dodekaederflächen zu regulären 5-ecken, die Ikosa-

21′) *Das* (12 + 20)-*eckige 30-Flach* (Rhombentriakontaeder) entsteht wie das vorige Vielflach durch Aufsetzen gerader Pyramiden auf die Dodekaederflächen so, dass benachbarte Flächen je zweier Nachbarpyramiden in eine Ebene fallen. Fig. 14 Taf. VII. Die Seitenflächen sind dreissig Rhomben, deren Mittelpunkte auf den zweizähligen Achsen des Dodekaeders liegen; sämtliche Ecken sind regulär, das Vielflach ist ein Archimedeisches gleichflächiges Polyeder.[1])

22′) *Das* (12 + 20)-*eckige* 20 . 3-*Flach* (Triakisikosaeder), Fig. 15ᵇ Taf. VII, wird aus 21′) in entsprechender Weise abgeleitet wie 10′) aus 9′) oder kürzer, indem man auf die Flächen des Ikosaeders (niedrige) gerade dreiseitige Pyramiden aufsetzt (Pyramidenikosaeder). Die Flächen des Körpers sind gleichschenklige Dreiecke, deren Basen die Ikosaederkanten sind. Die Ecken sind neben den zwanzig regulär dreiseitigen zwölf (5 + 5)-kantige.

23′) *Das* (12 + 20 + 30)-*eckige* 2 . 60-*Flach* (Dyakishexekontaeder), Fig. 16ᵇ Taf. VII, entsteht aus dem Pentakisdodekaeder 20′), wenn man je zwei Dreiecke benachbarter Pyramiden, deren gemeinsame Basis eine Dodekaederkante ist, durch eine vierseitige Pyramide ersetzt. Die Spitzen dieser Pyramiden liegen auf den zweizähligen Achsen, d. h. das Vielflach ist nach seinen Ecken die Kombinationsgestalt eines Dodekaeders, Ikosaeders und eines (12 + 20)-flächigen 30-Ecks. Es besitzt 60 rechte und 60 linke ungleichseitige Dreiecke als Grenzflächen. Die Ecken sind den Flächen des reziproken Körpers 23) entsprechend und werden für die Archimedeische Varietät regulär.

24′) *Das* (12 + 20 + 30)-*eckige 60-Flach* (Deltoidhexekontaeder), Fig. 17ᵇ Taf. VII. Die Ecken liegen auf denselben Achsen wie die des vorhergehenden Körpers, nur fallen die vier Flächen jeder Pyramide in die Ebenen der anstossenden Flächen der vier Nachbarpyramiden, wodurch je zwei Dreiecke, die in

---

1) Bezeichnet man die kleinere und grössere Diagonale der rhombischen Fläche mit d_1 bez. d_2, so ist d_1 die Kante a des Dodekaeders, und da der Neigungswinkel von d_2 gegen die Fläche des Dodekaeders dessen halben Flächenwinkel zu 90° ergänzt, so ist $d_2 = 2A \cot \frac{\omega}{2}$, wo A und ω die frühere Bedeutung haben. Durch Berücksichtigung der Werte dieser Grössen findet man $d_2 = \frac{a}{2} \sqrt{2(3 + \sqrt{5})}$. Aus d_1 und d_2 berechnet sich die Kante des Triakontaeders zu $k = \frac{a}{2} \sqrt{\frac{5 + \sqrt{5}}{2}}$.

ederflächen zu Dreiecken werden. Für die Archimedeische Varietät werden die $(2 + 2)$-ecke zu Quadraten: Nr. XV Fig. 31 Taf. VI.

25) *Das $(12 + 20 + 60)$-flächige 60-Eck*, Fig. 18[a] Taf. VII, entsteht aus 23) durch Abstumpfung der abwechselnden Ecken mittels Schnitten durch die je drei benachbarten Ecken. Die von dem Dodekaeder herrührenden $(5 + 5)$-ecke werden zu regulären 5-ecken, die von dem Ikosaeder stammenden $(3 + 3)$-ecke zu gleichseitigen Dreiecken und die Flächen des Triakontaeders verschwinden. Die Abstumpfungsflächen sind 60 ungleichseitige Dreiecke. Es giebt ein rechtes und ein linkes Polyeder, je nachdem man die eine oder die andre Hälfte der Ecken von 23) abstumpft. Bei gewissem Verhältnis der Kanten[1]) dieses ursprünglichen Körpers ist das erhaltene die Archimedeische Varietät Nr. XII Fig. 34 Taf. VI, dessen dreieckige Grenzflächen sämtlich gleichseitig sind.

einer Ebene liegen, ein Deltoid bilden. Von den Ecken, die den Flächen von 24) entsprechen, werden bei der Arch. Var. die $(2 + 2)$-kantigen regulär.

25') *Das $(12 + 20 + 60)$-eckige 60-Flach* (Pentagonhexekontaeder), Fig. 18[b] Taf. VII, entsteht aus 23') durch Aufsetzen dreiseitiger Pyramiden auf die abwechselnden Flächen derart, dass die Seitenflächen jeder Pyramide in den Ebenen ihrer drei Nachbarflächen von 23') liegen, d. h. dieses Vielflach ist die gyroidische Hemiëdrie des Dyakishexekontaeders. Die Seitenflächen des Vielflaches sind unsymmetrische Fünfecke; die Ecken sind den Flächen von 25) entsprechend. Diese beiden reziproken Vielflache besitzen keine Symmetrieebenen mehr. Für die Archimedeische Varietät werden die Seitenflächen symmetrische Fünfecke.

119. Beziehung der gleicheckigen und der gleichflächigen Polyeder zu den Kugelnetzen. Dass die in den Nrn. 114 bis 118 aufgeführten Vielflache gleicheckig, bez. gleichflächig sind, folgt direkt aus ihrer Konstruktion. Es fragt sich nun, ob damit die Zahl dieser Gebilde erschöpft ist oder ob nicht noch andre solche Polyeder existieren, die bei der gewählten Art der Ableitung übersehen wurden. Dies zu entscheiden, muss das Problem der Aufzählung der gleicheckigen, bez. gleichflächigen Polyeder von einem andern Punkte aus in Angriff genommen werden. Zunächst erfolgen die weiteren Betrachtungen noch im Hinblick auf die bereits abgeleiteten Körper.

Homologe Punkte auf den Ebenen der Grenzflächen eines regulären Polyeders sind solche, welche wie die Eckpunkte kongruenter gleicheckiger (oder speziell regulärer) Vielecke liegen, die mit den Vielecken des regulären Vielflachs konzentrisch sind und mit ihnen die Symmetrieachsen gemein haben. Auf Grund des Satzes: Homologe Punkte der (Kanten und) Flächen eines regelmässigen Vielflaches haben gleichen Abstand von seinem Centrum M[2]), ersieht man sofort die Richtigkeit des weiteren Satzes: Die Ecken aller gleicheckigen Polyeder sind gleichweit von einem Punkte innerhalb entfernt, d. h.: *Jedes gleicheckige Polyeder besitzt eine umbeschriebene Kugel.* Denn die Ecken der gleicheckigen Polyeder sind nichts anderes als homologe Punkte auf den Flächen derjenigen regulären Polyeder, deren Kombinationsgestalten sie sind. Auch für die unsymmetrischen Polyeder (z. B. 25 u. s. w.) ist der Satz giltig, denn deren Ecken sind identisch mit der Hälfte der Ecken eines andern gleicheckigen Vielflaches. Für die Polyeder der ersten Hauptklasse lässt sich der behauptete Satz auf Grund des Hilfssatzes ebenso beweisen, da jedes gerade n-seitige Prisma über regulärer Grundfläche eine umbeschriebene Kugel besitzt. Legt man in den Eckpunkten des gleicheckigen Polyeders an diese umbeschriebene Kugel Tangentialebenen, so entsteht, da das Polyeder keine überstumpfen Flächen- und Kantenwinkel besitzt, ein wiederum konvexer Körper, das dem gleicheckigen polare gleichflächige Polyeder; d. h.: *Einem gleichflächigen Polyeder lässt sich eine Kugel einschreiben.*

Projiziert man nun das gleicheckige Polyeder aus seinem Mittelpunkt M auf seine umbeschriebene Kugel, so entsteht ein *gleicheckiges Netz*, dessen Definition entsprechend der des Polyeders ist: Die sphärischen Ecken sind kongruent oder symmetrisch, die Flächen sind sphärische reguläre und halbreguläre Vielecke erster Art. Da jedes solche sphärische Vieleck einen Mittelpunkt besitzt, seine Ecken also in einer Ebene

---

1) Diese Verhältniszahlen werden ähnlich abgeleitet, wie bei dem gleicheckigen Polyeder 13).

2) Sie haben denselben Abstand r' vom Mittelpunkt der Seitenfläche des regulären Vielflaches; also ist der Radius der Kugel um M, auf welcher sie liegen, die Hypotenuse des rechtwinkligen Dreiecks, dessen Katheten P und r' sind u. s. w.

liegen, so ist umgekehrt *jedem gleicheckigen Netze ein gleicheckiges Polyeder einbeschrieben*[1]), *ein gleichflächiges Polyeder umbeschrieben.*

Fällt man aus einem beliebigen Punkte P innerhalb eines gleicheckigen Vielflaches Lote auf die Innenseiten aller Grenzflächen und legt durch je zwei benachbarte Lote, welche auf zweien in einer Kante des Vielflaches sich schneidenden Grenzflächen senkrecht stehen, Ebenen, so erhält man die Polarecken der Ecken des Vielflaches, welche ebenso wie diese selbst kongruent, bez. symmetrisch sind. Ihre Ebenen werden daher auf einer um P gelegten Kugel ein Netz erzeugen, das *gleichflächig* ist. Lässt man P mit M zusammenfallen und nimmt als Kugel die umbeschriebene Kugel des Vielflaches, so ersieht man, dass nach früherem das gleichflächige Netz als das *Symmetrienetz* des gleicheckigen zu bezeichnen ist. Im allgemeinen sind seine Flächen nicht kleinen Kugelkreisen einbeschreibbar; tritt dieser Fall ein, so heissen die Netze *konjugiert*. Hat man nun umgekehrt ein gleichflächiges Netz der Kugel, so erhält man ein oder mehrere zugeordnete gleicheckige Netze, deren Eckpunkte homologe Punkte der Flächen des ersten Netzes sind. Den gleichflächigen Netzen sind entweder *keine* oder nur besondre *Varietäten*[2]) von gleichflächigen Polyedern einbeschreibbar und von gleicheckigen Polyedern umbeschreibbar. Im letzteren Falle liegen die Ecken des Netzes auf kleinen Kugelkreisen, das gleichflächige und das zugeordnete gleicheckige Netz sind konjugiert. Die zugehörigen Polyeder, *konjugierte Polyeder*[3]), sin dalso dadurch charakterisiert, dass bei den gleicheckigen Polyedern die Grenzflächen zugleich eine der umbeschriebenen konzentrische einbeschriebene Kugel berühren, bei den gleichflächigen Polyedern die Eckpunkte zugleich auf einer der einbeschriebenen konzentrischen umbeschriebenen Kugel liegen.

Um alle überhaupt möglichen gleichflächigen und gleicheckigen Vielflache abzuleiten, hat man also den folgenden Weg einzuschlagen. Es müssen zunächst alle Fälle ermittelt werden, in denen ein sphärisches Polygon (3-, 4- oder 5-eck) nebst seinen kongruenten oder symmetrischen Wiederholungen eine geschlossene Fläche bildet, welche die Kugelfläche einmal bedeckt. Das von den Kanten gebildete Netz ist dann ein gleichflächiges Kugelnetz. Mit der Lösung dieses Problems hat man das weitere, alle gleicheckigen Netze zu finden, sofort erledigt, indem man innerhalb jeder Fläche des gleichflächigen Netzes einen Punkt so bestimmt (was unter Umständen auf mehrerlei Weise möglich ist), dass um ihn die übrigen in übereinstimmender Weise gruppiert sind, und die Nachbarpunkte durch Hauptkreise verbindet. Jedem solchen gefundenen gleicheckigen Netze ist dann ein gleicheckiges Polyeder einzuschreiben und ein gleichflächiges

---

1) Seine Kanten sind die Sehnen zu den sphärischen Kanten des Netzes.

2) Dies ist z. B. stets der Fall, wenn die Flächen des gleichflächigen Netzes Dreiecke sind.

3) Nicht zu verwechseln mit den konjugierten Polyedern Catalans. (C. u. a. nennen konjugiert, was hier überhaupt polar-reziprok heisst.) Catalan a. a. O. S. 2. Konjugierte Varietäten sind, abgesehen von den regulären Vielflachen und den Sphenoiden Nr. 4 und 7, die an und für sich konjugierte Polyeder sind, weil sie zugleich den gleichflächigen und gleicheckigen Körpern zugehören, für die folgenden in Nr. 114—118 aufgezählten Polyeder möglich (die polaren sind immer beizufügen): Aus der ersten Hauptklasse: 1), 3), 5), 6). Aus der ersten Ordnung der zweiten Hauptklasse: 8), 10), 11), 13), [14) ergiebt das reguläre Dodekaeder]. Aus der zweiten Ordnung der zweiten Hauptklasse: 20), 22), 23), 25). Die konjugierten Varietäten von 10) und 22), bez. von 10′) und 22′) sind aber nichtkonvexe Polyeder. Das konjugierte Polyeder 10) zeigt Fig. 33 Taf. VIII. Die (4 + 4)-ecke, die wie die Flächen eines Würfels liegen, sind sog. inverse Vielecke der ersten Art; Vergl. Nr. 31. Verwandelt man durch die dort erläuterte andre Auffassung des Perimeters diese inversen Achtecke in solche dritter Art, so ist das entstandene Polyeder eine Varietät eines $[8\,(3)_1 + 6\,(8)_3]$-flächigen $8 \cdot 3$-Ecks siebenter Art, wie dies später zu besprechen ist. Färbt man an dem Modell Fig. 33 Taf. VIII die Aussenseite, etwa mit der viereckigen Zelle eines $2 \cdot 4$-ecks beginnend, so sind die sichtbaren Seiten seiner dreieckigen Zellen ungefärbt zu lassen, ebenso wie die an den Ecken der dreieckigen Grenzflächen sichtbaren Teile dieser, so dass die gewissermassen an den Oktaederkanten des inneren $(6 + 8)$-flächigen $6 \cdot 4$-Ecks angesetzten tetraedrischen Raumzellen negativen Inhalt besitzen, wie dies in Nr. 61 und 62 erläutert wurde. — Das konjugierte Polyeder 22) konstruiert man analog durch Ansetzung solcher tetraedrischen, negativ zu rechnenden Raumzellen an die Reste der Ikosaederkanten eines $(12 + 20)$-flächigen $12 \cdot 5$-Ecks 20). Die $(5 + 5)$-eckigen Seitenflächen haben die Gestalt der Fig. 13 Taf. I. Die konj. Var. von 10′) wird erhalten, wenn die zur Erzeugung von 10′) auf die Flächen des Oktaeders aufzusetzenden Pyramiden von solcher Höhe genommen werden, dass ihre Spitzen dieselbe Entfernung vom Mittelpunkt des Oktaeders besitzen, wie dessen Ecken. Die $2 \cdot 4$-kantigen Ecken ergeben dann als sphärischen Schnitt ein $2 \cdot 4$-kant mit abwechselnd einspringenden Winkeln; die Flächenwinkel an den Kanten des ursprünglichen Oktaeders sind überstumpf u. s. w.

umzuschreiben. Die durchgeführte Lösung des Problems ergiebt nun die Thatsache, *dass in den im Text abgeleiteten gleichflächigen und gleicheckigen Vielflachen deren Typen vollständig erschöpft sind.*[1]) Die Bestimmung der gleichflächigen Netze soll hier nicht vollständig durchgeführt werden, doch sind für die späteren Untersuchungen der Polyeder und Netze höherer Art die folgenden Betrachtungen von Wichtigkeit.

120. Weitere Bemerkungen über die Kugelnetze, bes. die festen gleichflächigen. Ein gleichflächiges Netz auf der Kugel, das von f kongruenten oder symmetrisch-gleichen n-ecken ($n = 3, 4, 5$) gebildet wird, heist ein *festes Netz*, wenn jeder der Winkel $A_1, \ldots A_n$ einer Grenzfläche ein aliquoter Teil von 2π (d. h. $180°$) ist. Das Netz enthält dann soviel verschiedene Gruppen unter sich kongruenter Ecken, als verschiedene Winkel vorhanden sind: Die Ecken einer Gruppe werden von je einer bestimmten Anzahl Flächen gebildet, die denselben Winkel A in dieser Ecke haben. Sind sämtliche oder einige Winkel A der Fläche nicht aliquote Teile von 2π, so hat man ein *veränderliches (bewegliches)* gleichflächiges Netz. Die gleicheckigen Netze entstehen durch Verbindung homologer Punkte P der Flächen der gleichflächigen Netze durch Hauptkreisbogen. Kann dieser Punkt P jede Lage auf einem Symmetriehauptkreisbogen der Fläche des gleichflächigen Symmetrienetzes einnehmen (ist also nur linear beschränkt), so ist das gleicheckige Netz ein *einfach veränderliches*. Ist dagegen jede Lage des Punktes P innerhalb der Fläche des gleichflächigen Symmetrienetzes zulässig, so ist das gleicheckige Netz ein *zweifach veränderliches*. Die gleicheckigen Netze sind sämtlich veränderlich, mit Ausnahme der regulären Netze, des Kubooktaedernetzes und des Symmetrienetzes des Rhombentriakontaedernetzes. Hier soll nur die Ableitung der *festen gleichflächigen* Netze angedeutet werden, die bis auf eins sämtlich von den Hauptkreisen a, b bez. c der Netze gebildet werden, die als erstes bez. zweites Hauptnetz früher bezeichnet wurden.

Bedeckt ein aus f sphärischen n-ecken ($n = 3, 4, 5$) bestehendes Netz einmal die Kugelfläche Θ, so ist $f \cdot \dfrac{\Sigma A_n - (n-2)\,\pi}{2\pi} \cdot \dfrac{\Theta}{2} = \Theta$, d. h. $\Sigma A_n = \left(n - 2 + \dfrac{4}{f}\right)\pi$. Stossen nun in einer Ecke einer der n Gruppen v_n gleiche Winkel A_n zusammen, so ist $v_n \cdot A_n = 2\pi$, oder $A_n = \dfrac{2\pi}{v_n}$, und die vorhergehende Gleichung wird: $\displaystyle\sum \dfrac{2\pi}{v_n} = \left(n - 2 + \dfrac{4}{f}\right)\pi$, woraus sich durch Auflösung nach f ergiebt: $f = \dfrac{4}{\displaystyle\sum \dfrac{2}{v_n} - (n-2)}$.

Um alle möglichen von n-ecken gebildeten festen gleichflächigen Netze zu finden, sind den Grössen $v_1, \ldots v_n$ alle zulässigen positiven ganzzahligen Werte zu erteilen, welche für f eine positive ganze Zahl ergeben. Ist dann e_n die Anzahl der Ecken des Netzes, in denen v_n gleiche Winkel A_n liegen, so ist $e_n = \dfrac{f}{v_n}$. Es ergeben sich die folgenden Netze. Für ein gleichschenkliges Dreieck sei A_1 der Winkel an der Spitze, und $A_2 = A_3$, also auch $v_2 = v_3$. Die Gleichung wird dann $f = \dfrac{4}{\dfrac{2}{v_1} + \dfrac{4}{v_2} - 1}$. Man erhält sechs verschiedene Netze (bei verschiedenem v_1 und v_2), deren Benennung, wie die aller gleichflächigen Netze, nach dem gleichflächigen Polyeder gewählt ist, welches dem zugeordneten gleicheckigen Netze umbeschrieben werden kann: a) für $v_1 = n$, $v_2 = 4$ das Doppelpyramidennetz[2]) Fig. 21 Taf. VI. b) für $v_1 = 3$, $v_2 = 6$ das Triakistetraedernetz.[3]) c) für $v_1 = 4$, $v_2 = 6$ das Tetrakishexaedernetz.[4]) d) für $v_1 = 5$, $v_2 = 6$ das Pentakisdodekaedernetz.[5]) e) für $v_1 = 3$, $v_2 = 8$ das Triakisoktaedernetz.[6]) f) für $v_1 = 3$, $v_2 = 10$ das Triakisikosaedernetz.[7]) — Ist die Fläche des Netzes ein ungleichkantiges Dreieck[8]), so ergiebt die Gleichung $f = \dfrac{4}{\dfrac{2}{v_1} + \dfrac{2}{v_2} + \dfrac{2}{v_3} - 1}$ nur die beiden Lösungen $v_1 = 8$, $v_2 = 6$, $v_3 = 4$ und $v_1 = 10$, $v_2 = 6$, $v_3 = 4$, das Hexakisoktaedernetz Fig. 14 Taf. II, und das Dyakishexekontaedernetz Fig. 15 Taf. II, die als erstes und zweites Hauptnetz bezeichnet waren, und von den vollständigen Hauptkreisen a und b, bez. c gebildet werden.

---

1) Die Ableitung sämtlicher gleichflächigen und gleicheckigen Kugelnetze nebst den zugehörigen Polyedern findet man bei Hess, Einleitung in die Lehre von der Kugelteilung. Leipzig 1883. (Hess II.)
2) Hess II a. a. O. S. 39.   3) Ebenda S. 52.   4) Ebenda S. 57.   5) Ebenda S. 64.
6) Ebenda S. 67.   7) Ebenda S. 71.   8) Ebenda S. 85.

Die vorher genannten Netze von gleichschenkligen Dreiecken sind in diesen beiden Hauptnetzen enthalten und werden z. T. nur von Teilen der betreffenden Hauptkreise gebildet. Das Tetrakishexaedernetz c) hat die Fläche $A_1 C_1 C_2$ und wird also aus dem ersten Hauptnetze durch Zusammenfassen je zweier charakteristischen Dreiecke, die einen Bogen eines Hauptkreises a gemein haben, erhalten. Es besteht aus den vollständigen Hauptkreisen b. Das Triakisoktaedernetz e) hat die Fläche $A_1 C_1 A_2$ ($\equiv A_2 C_1 A_3$) und wird von den vollständigen Hauptkreisen a und denjenigen Teilen der Hauptkreise b gebildet, welche die Ecken C des Hexaedernetzes mit den drei benachbarten Ecken A des Oktaedernetzes verbinden. Das Pentakisdodekaedernetz d) entsteht dadurch, dass man die Ecken C des regulären Pentagondodekaedernetzes mit den Mittelpunkten seiner Fünfecke verbindet; es besitzt also die Fläche $G_1 C_1 C_2$ (Fig. 15 Taf. II), die aus zwei charakteristischen Dreiecken des zweiten Hauptnetzes besteht, und ist somit in diesem enthalten. Von den Hauptkreisen c sind die Teile nicht vorhanden, welche die Kanten des regulären Ikosaedernetzes bilden. — Das Triakisikosaedernetz f) besitzt die Fläche $G_1 C_1 G_2$, und wird erhalten, wenn die Mitten C der Flächen des Ikosaedernetzes mit deren Ecken durch Hauptkreisbogen verbunden werden; von den Hauptkreisen c des zweiten Hauptnetzes sind hier die das Dodekaedernetz bildenden Bögen nicht vorhanden. Das Triakistetraedernetz b) endlich wird aus dem Tetraedernetz erhalten, wenn man die Mittelpunkte C_1, C_2', C_3', C_4 (vergl. Nr. 104) seiner vier Dreiecke, welche die Ecken des konjugierten Tetraedernetzes sind, mit den Ecken C_1', C_2, C_3, C_4' durch Hauptkreisbögen verbindet. Das Netz ist also durch die Hauptkreise b gebildet, die bis auf einen Bogen ausgezogen sind. Die direkten Symmetrieebenen der Hauptkreise a sind nicht mehr vorhanden. Dasselbe gilt für das Hexakistetraedernetz, das von den ganzen Hauptkreisen b gebildet wird und also mit dem Tetrakishexaedernetze identisch erscheint (vergl. Fig. 10$^\mathrm{b}$ Taf. VII mit Fig. 1 ebenda), aber dadurch unterschieden ist, dass die Eckpunkte C in zwei Gruppen von je vier zerfallen, die den Eckpunkten zweier konjugierten Tetraeder entsprechen.

Für die festen gleichflächigen *Vierecksnetze* kommen die folgenden Möglichkeiten in Betracht. Die Fläche des Netzes ist α) ein Rhombus[1]), d. h. $A_3 = A_1$, $A_4 = A_2$. Die Gleichung $f = \dfrac{4}{\dfrac{4}{v_1} + \dfrac{4}{v_2} - 2} = \dfrac{2 v_1 v_2}{2 v_1 + 2 v_2 - v_1 v_2}$ hat nur die Lösungen $v_1 = 4$, $v_2 = 3$ und $v_1 = 5$, $v_2 = 3$, welche dem Rhombendodekaedernetz und Rhombentriakontaedernetz zugehören. Das erste ist im ersten Hauptnetz enthalten und hat die Fläche $A_1 C_1 A_2 C_2$, das zweite im zweiten Hauptnetz und besitzt die Fläche $G_1 C_1 G_2 C_2$. Weiter seien β) drei Winkel A gleich, $A_2 = A_3 = A_4$, der vierte A_1 davon verschieden.[2]) Es ergiebt sich, abgesehen von einigen besonderen Varietäten veränderlicher Netze, deren entsprechende Polyeder der ersten Hauptklasse angehören, nur das Ikositetraedernetz, das im ersten Hauptnetze enthalten ist und dessen Fläche $A_1 B_1 C_1 B_2$ ist. Sind endlich γ) von den vier Winkeln drei aufeinander folgende A_1, A_2, A_3 verschieden, der letzte gleich dem zweiten, $A_4 = A_2$, so ergiebt sich[3]) das Deltoidhexekontaedernetz, das im zweiten Hauptnetz enthalten ist und die Fläche $G_1 B_1 C_1 B_2$ hat. — Von gleichflächigen *Fünfecksnetzen* kommen, wenn von dem regulären Netze des Dodekaeders abgesehen wird, als feste Netze nur solche in Betracht, die spezielle Varietäten, und zwar Archimedeische, von veränderlichen Netzen sind, nämlich für $A_2 = A_3 = A_4 = A_5$ und davon verschiedenem A_1, als Lösungen der Gleichung $f = \dfrac{4}{\dfrac{2}{v_1} + \dfrac{8}{v_3} - 3}$ für $v_1 = 4$, $v_2 = 3$ und $v_1 = 5$, $v_2 = 3$ das Netz der Archimedeischen Varietät des Pentagonikositetraedernetzes[4]) und des Pentagonhexekontaedernetzes[5]), welche zweifach veränderlich sind. Ein zweifach veränderliches Fünfecksnetz ist auch das des tetraedrischen Pentagondodekaeders[6]), während das als Spezialfall in ihm enthaltene Netz des symmetrischen Pentagondodekaeders[7]) einfach veränderlich ist und das feste Fünfecksnetz des regulären Dodekaeders als speziellsten Fall in sich schliesst. Alle übrigen bisher nicht aufgeführten gleichflächigen Netze sind ver-

---

1) Hess II a. a. O. S. 118. 2) Ebenda S. 129. 3) Ebenda S. 129. 4) Ebenda S. 176.
5) Ebenda S. 188. 6) Ebenda S. 199 7) Ebenda S. 206.

änderlich, doch sollen sie hier unbesprochen bleiben, da der wesentliche Zweck des Vorstehenden war, das erste und zweite Hauptnetz, die der Ableitung der weiterhin zu untersuchenden, die Kugel mehrfach bedeckenden gleichflächigen Netze höherer Art zu Grunde zu legen sind, möglichst ausführlich zu betrachten. Jedoch soll in der folgenden Nummer kurz noch einmal auf die vollzähligen Vielflache selbst eingegangen werden.[1])

121. Die Ableitungskoëffizienten der vollzähligen Polyeder der zweiten Hauptklasse. Der allgemeinste vollzählige gleichflächige Körper der ersten Ordnung aus der zweiten Hauptklasse, das Hexakisoktaeder oder $(6 + 8 + 12)$-eckige $2 \cdot 24$-Flach [und die übrigen Polyeder dieser Gruppe] wird nach dem in der Krystallographie üblichen Verfahren aus dem regulären Hexaeder erhalten, wenn man die Flächen- und die Kantenachsen in einem bestimmten Verhältnisse, das bekanntlich für alle in der Natur vorkommenden Krystallformen ein rationales ist, verlängert und durch je drei benachbarte Eckpunkte der beiden verlängerten Achsen und der unveränderten Eckenachse eine Ebene legt. Die dreizählige Achse habe die konstante Länge C für alle diese Polyeder. Dann ist für das Hexaeder die Länge der vierzähligen und der zweizähligen Achse $A_h = \dfrac{C \sqrt{3}}{3}$ bez. $B_h = \dfrac{C}{3} \sqrt{6}$. Für die aus dem Hexaeder abgeleiteten gleichflächigen Polyeder sei dann $A = A_h \cdot \tau$ und $B = B_h \cdot \sigma$, wobei τ und σ veränderliche Grössen, die, sog. *Ableitungskoëffizienten* sind.

Das allgemeinste vollzählige gleicheckige Polyeder der ersten Ordnung aus der zweiten Hauptklasse, das $(6 + 8 + 12)$-flächige $2 \cdot 24$-Eck 11) wird, wie die übrigen Polyeder dieser Gruppe, aus dem regulären Oktaeder durch gleichmässige und gerade Abstumpfung der Ecken- und Kantenachsen erhalten (vergl. Nr. 115) oder ist eine Kombination von Oktaeder, Hexaeder und Rhombendodekaeder. Es genügt, die senkrechten Abstände der Grenzflächen dieser drei Körper vom gemeinsamen Centrum anzugeben. Der Abstand der Oktaederfläche, d. h. die Länge der dreizähligen Achse, sei konstant $= C$, dann ist die Länge der andern Achsen $A_o = C \sqrt{3}$ (die Eckenachse des Oktaeders) und $B_o = \dfrac{C}{2} \sqrt{6}$ (seine Kantenachse). Für die abgeleiteten Polyeder seien die Längen der vierzähligen und zweizähligen Achse bez. $A' = A_o \cdot t$ und $B' = B_o \cdot s$, wo t und s die variabeln Ableitungskoëffizienten sind. Die Werte von t und s sowie τ und σ stehen in einfacher Beziehung, die durch Anwendung des Prinzips der Polarität erhalten wird. Nimmt man die mit dem konstanten dreigliedrigen Strahl C beschriebene Kugel als Direktrix (d. h. die umbeschriebene Kugel des Hexaeders, die einbeschriebene des Oktaeders), so ist zunächst $A_h \cdot A_o = C^2$, $B_k \cdot B_o = C^2$, und für die abgeleiteten polar-reziproken Körper $A A' = C^2$ und $B \cdot B' = C^2$ d. h. $\tau t = \sigma s = 1$. Es ergeben sich für die gleicheckigen und die gleichflächigen Polyeder die Werte der Ableitungskoëffizienten in folgender Zusammenstellung, in der auch die Archimedeischen Varietäten (AV) und die konjugierten Varietäten (CV), so weit solche existieren, berücksichtigt sind.[2])

<table>
<tr><td>(Gleicheckige Polyeder:)</td><td>(Gleichflächige Polyeder:)</td></tr>
<tr><td>

Oktaeder: $t = 1$, $s = 1$.

Hexaeder: $t = \dfrac{1}{3}$, $s = \dfrac{2}{3}$.

Kubooktaeder (Nr. 9): $t = \dfrac{1}{2}$, $s = 1$.

$(6 + 8)$-*fl.* $6 \cdot 4$-*Eck* (Nr. 8): t, $s = 1$.

AV: $t = \dfrac{2}{3}$, $s = 1$. CV: $t = \dfrac{1}{\sqrt{3}}$, $s = 1$.

</td><td>

Hexaeder: $\tau = 1$, $\sigma = 1$.

Oktaeder: $\tau = 3$, $\sigma = \dfrac{3}{2}$.

Rhombendodekaeder (Nr. 9'): $\tau = 2$, $\sigma = 1$.

Tetrakishexaeder (Nr. 8'): τ, $\sigma = 1$.

AV: $\tau = \dfrac{3}{2}$, $\sigma = 1$. CV: $\tau = \sqrt{3}$, $\sigma = 1$.

</td></tr>
</table>

---

1) Vergl. hierüber die betr. Kapitel bei Hess II, bes. die Zusammenstellung S. 216—251. Auf die sog. *Polarnetze*, die sich aus den Polarfiguren der sämtlichen gleichen Flächen eines Symmetrienetzes zusammensetzen und selbst gleichflächig sind, aber nur in seltenen Fällen ein die Kugelfläche ein oder mehrere Mal bedeckendes Netz bilden, sei nur hingewiesen. Vergl. Hess a. a. O. S. 215 ff. Die ausführliche analytische Behandlung aller Kugelnetze giebt Hess im zweiten Teile seines Buches S. 266—429.

2) Hess II a. a. O. S. 309 ff. Über die Arch. Var. s. später.

$(6 + 8)$-*fl.* $8 \cdot 3$-*Eck* (Nr. 10): $t = \frac{s}{2}$ oder $s = 2t$.

AV: $t = \sqrt{2} - 1$, $s = 2(\sqrt{2} - 1)$. CV[1]): $t = \frac{1}{\sqrt{3}}$, $s = \frac{2}{\sqrt{3}}$.

$(6 + 8 + 12)$-*fl.* 24-*Eck* (Nr. 12): $t = 2s - 1$ oder $s = \frac{1+t}{2}$.

AV: $t = \frac{1}{2\sqrt{2} - 1}$, $s = \frac{\sqrt{2}}{2\sqrt{2} - 1}$.

$(6 + 8 + 12)$-*fl.* $2 \cdot 24$-*Eck* (Nr. 11):[2]) t, s.

AV: $t = \frac{3 - \sqrt{2}}{3}$, $s = \frac{4 - \sqrt{2}}{3}$. CV: $t = \frac{1}{\sqrt{3}}$, $s = \sqrt{\frac{2}{3}}$.

Triakisoktaeder (Nr. 10′): $\tau = 2\sigma$ oder $\sigma = \frac{\tau}{2}$.

AV: $\tau = \sqrt{2} + 1$, $\sigma = \frac{\sqrt{2} + 1}{2}$. CV[1]): $\tau = \sqrt{3}$, $\sigma = \frac{\sqrt{3}}{2}$.

Deltoidikositetraeder (Nr. 12′): $\tau = \frac{\sigma}{2 - \sigma}$ oder $\sigma = \frac{2\tau}{\tau + 1}$.

AV: $\tau = 2\sqrt{2} - 1$, $\sigma = \frac{2\sqrt{2} - 1}{\sqrt{2}}$.

Hexakisoktaeder (Nr. 11′): τ, σ.

AV: $\tau = \frac{3(3 + \sqrt{2})}{7}$, $\sigma = \frac{3(4 + \sqrt{2})}{14}$. CV: $\tau = \sqrt{3}$, $\sigma = \sqrt{\frac{3}{2}}$.

Entsprechende Betrachtungen sind für die vollzähligen symmetrischen Gestalten der zweiten Ordnung der zweiten Hauptklasse anzustellen. Die Länge des dreigliedrigen Strahles sei für alle Polyeder der Gruppe konstant $= C$. Die Länge des fünfgliedrigen Strahles sei für Dodekaeder und Ikosaeder G_d bez. G_i, die Länge des zweigliedrigen Strahles B_d bez. B_i. Es ist dann[3]) $G_d = \frac{C}{\sqrt{3}} \cot \varphi \cdot \cos \varphi$, $B_d = \frac{C}{\sqrt{3}} \cot \varphi$, wo der Winkel φ die frühere Bedeutung hat. Wird die Kugel vom Radius C zur Direktrix gewählt, so ergeben sich für die Länge der Strahlen G_i und B_i aus $G_d \cdot G_i = C^2$ und $B_d \cdot B_i = C^2$ die Werte $G_i = C\sqrt{3} \cdot \frac{\tan \varphi}{\cos \varphi}$ und $B_i = C\sqrt{3} \cdot \tan \varphi$. Für die gleichflächigen Polyeder der Gruppe, abgeleitet aus dem Dodekaeder, sei $G = G_d \cdot \tau$, $B = B_d \cdot \sigma$; für die aus dem Ikosaeder abgeleiteten gleicheckigen Polyeder sei $G' = G_i \cdot t$, $B' = B_i \cdot s$. Es sind hier C, G' und B' die Abstände der Flächen des Ikosaeders, Dodekaeders und Rhombentriakontaeders, deren Kombinationsgestalt das betr. Vielflach ist, vom gemeinsamen Centrum. Wie vorher ist $t \cdot s = \sigma \cdot \tau = 1$.

(Gleicheckige Polyeder:)[4])

Ikosaeder: $t = 1$, $s = 1$.

Dodekaeder: $t = \frac{1}{3} \cot^2 \varphi \cdot \cos^2 \varphi$, $s = \frac{1}{3} \cot^2 \varphi$.

$(12 + 20)$-*fl.* 30-*Eck* (Nr. 21): $t = \cos^2 \varphi$, $s = 1$.

$(12 + 20)$-*fl.* $12 \cdot 5$-*Eck* (Nr. 20): $t, s = 1$.

AV: $t = \frac{2\sqrt{5} + 1}{3\sqrt{5}}$, $s = 1$. CV: $t = \frac{\cot \varphi \cos \varphi}{\sqrt{3}}$, $s = 1$.

$(12 + 20)$-*fl.* $20 \cdot 3$-*Eck* (Nr. 22): $t = s \cos^2 \varphi$.

AV: $t = \frac{1}{2\sqrt{5} - 3}$, $s = \frac{2\sqrt{5}}{7 - \sqrt{5}}$.

CV (nicht-convex): $t = \frac{\cot \varphi \cos \varphi}{\sqrt{3}}$, $s = \frac{1}{\sqrt{3} \cdot \sin \varphi}$.

(Gleichflächige Polyeder:)[4])

Pentagondodekaeder: $\tau = 1$, $\sigma = 1$.

Ikosaeder: $\tau = \frac{3 \tan^2 \varphi}{\cos^2 \varphi}$, $\sigma = 3 \tan^2 \varphi$.

Rhombentriakontaeder (Nr. 21′): $\tau = \frac{1}{\cos^2 \varphi}$, $\sigma = 1$.

Pentakisdodekaeder (Nr. 20′): $\tau, \sigma = 1$.

AV: $\tau = \frac{3\sqrt{5}}{2\sqrt{5} + 1}$, $\sigma = 1$. CV: $\tau = \frac{\sqrt{3} \tan \varphi}{\cos \varphi}$, $\sigma = 1$.

Triakisikosaeder (Nr. 22′): $\sigma = \tau \cos^2 \varphi$.

AV: $\tau = 2\sqrt{5} - 3$, $\sigma = \frac{7\sqrt{5} - 5}{2}$.

CV (nicht-convex): $\tau = \frac{\sqrt{3} \tan \varphi}{\cos \varphi}$, $\sigma = \sqrt{3} \cdot \sin \varphi$.

---

1) Diese konj. Var. ist nicht konvex, s. früher.

2) Für Gestalten, die in der Natur vorkommen, müssen die Ableitungskoëffizienten rational sein. Hess II S. 318 ff. Groth, Krystallographie S. 246 ff.

3) Vergl. Nr. 103. Es ist G_d der Radius P der einbeschriebenen Kugel des Dodekaeders, B_d die dort mit A bezeichnete Grösse. Dabei ist im folgenden immer: $\tan \varphi = \frac{\sqrt{5} - 1}{2}$, $\cot \varphi = \frac{\sqrt{5} + 1}{2}$, $\cos \varphi = \sqrt{\frac{1}{10}(5 + \sqrt{5})}$, $\sin \varphi = \sqrt{\frac{1}{10}(5 - \sqrt{5})}$.

4) Vergl. Hess II S. 364 ff.

20*

$(12 + 20 + 30)$-*fl.* 60-*Eck* (Nr. 24):

$$t = (4s - \cot^2 \varphi)\cos^2 \varphi \quad \text{oder} \quad s = \frac{1}{4}\left(\frac{t}{\cos^2 \varphi} + \cot^2 \varphi\right).$$

$$\mathrm{AV}: \quad t = \frac{3}{\sqrt{5}\,(4 - \sqrt{5})}, \quad s = \frac{2}{5\sqrt{5} - 9}.$$

$(12 + 20 + 30)$-*fl.* $2 \cdot 60$-*Eck* (Nr. 23): $t,\ s$.

$$\mathrm{AV}^1): \quad t = \frac{\sqrt{5}}{3}, \quad s = \frac{3\sqrt{5} - 1}{6}.$$

$$\mathrm{CV}: \quad t = \frac{\cot \varphi \cos \varphi}{\sqrt{3}}, \quad s = \frac{\cot \varphi}{\sqrt{3}}.$$

Deltoidhexekontaeder (Nr. 24′):

$$\tau = \frac{\sigma}{(4 - \sigma \cot^2 \varphi)\cos^2 \varphi} \quad \text{oder} \quad \sigma = \frac{4\,\tau \cos^2 \varphi}{1 + \tau \cot^2 \varphi \cos^2 \varphi}.$$

$$\mathrm{AV}: \quad \tau = \frac{\sqrt{5}\,(4 - \sqrt{5})}{3}, \quad \sigma = \frac{5\sqrt{5} - 9}{2}.$$

Dyakishexekontaeder (Nr. 23′): $\tau,\ \sigma$.

$$\mathrm{AV}: \quad \tau = \frac{3}{5}\sqrt{5}, \quad \sigma = \frac{3\,(3\sqrt{5} + 1)}{22}.$$

$$\mathrm{CV}: \quad \tau = \frac{\sqrt{3} \cdot \tan \varphi}{\cos \varphi}, \quad \sigma = \sqrt{3} \cdot \tan \varphi.$$

122. Geschichtliche Bemerkungen (Archimedes, Paciuolo, Dürer, Jamitzer, Stifel, Kepler, Kästner, M. Hirsch, Gergonne, Catalan, Hessel, Badoureau, Pitsch, Hess, Fedorow u. a.). Es ist nicht bekannt, bei welcher Gelegenheit und in welchem Zusammenhange Archimedes seine Untersuchungen über die halbregelmässigen Körper angestellt hat. Pappus, der einzige Schriftsteller, der sie erwähnt[2]), schildert sie aber mit genügender Deutlichkeit, so dass an der Thatsache nicht zu zweifeln ist. Archimedes kennt dreizehn halbreguläre Vielflache, da er das Prisma und Antiprisma ihrer Unbestimmtheit wegen nicht berücksichtigt. Wenn Cantor behauptet[3]), dass zuerst Kepler wieder seine Aufmerksamkeit diesem Gegenstande zugewandt habe, so stimmt dies nicht mit den weiteren Angaben in seinem eignen Werke, dem wir, so weit es die darin behandelte Zeit zulässt, die folgenden Angaben entnehmen. Luca Paciuolo[4]) verfertigte eine Sammlung von Modellen der fünf regulären und vieler abgeleiteten Körper, und veröffentlichte 1509 in der Divina Proportione Tafeln von Abbildungen derselben, die von Leonardo da Vinci gezeichnet sind. Nach Besprechung der regelmässigen Körper leitet er hier aus ihnen andre ab durch zwei ihm zuerst eigentümliche Konstruktionen: das Abschneiden, abscindere, und das Aufsetzen, elevare. So schneidet er z. B. die Ecken des Tetraeders bis zu $\frac{1}{3}$ der Kante ab, und erhält den bekannten Archimedeischen Körper; das Aufsetzen erfolgt immer nur durch Pyramiden aus gleichseitigen Dreiecken. Albrecht Dürer bespricht im vierten Buche der „Unterweysung der messung mit dem zirkel und richtscheyt...[5])" 1525, die regelmässigen und halbregelmässigen Vielflache. Im Modell diese herzustellen war bekannt; Dürer zeichnet nun die zusammenhängenden Netze der Körper, und zwar der fünf regulären und von acht Archimedeischen. Auf diese Netze weist Michael Stifel im zweiten Buche seiner Arithmetica integra, 1544 hin und bringt im Druckfehlerverzeichnis am Ende des ganzen Bandes diese Netze selbst.[6]) Hier ist auch Wenzel Jamitzer[7]) zu nennen, auf den später Kästner sich bezieht. Jamitzer veröffentlichte (i. J. 1568) Abbildungen zahlreicher geometrischer Körper: „... ein schöne Anleytung wie aufs denselbigen fünf (regelmässigen) Körpern one Endt gar viel andere Körper, mancherlei Art und Gestalt gemacht und gefunden werden mügen..." Auf diese Schrift kommen wir noch zurück. François de Foix-Candalla[8]) fügt seiner sog. Euklidausgabe (1566, 1578) einige neue Bücher eigner Erfindung über „regelmässige Körper" hinzu. Unter den neuen Körpern ist einer durch sechs Quadrate und acht Dreiecke, ein andrer durch zwanzig Dreiecke und zwölf Fünfecke begrenzt. Er giebt ihnen die Namen Exoctaedron und Ikosidodecaedron. Kepler beschreibt in dem „harmonice mundi" betitelten Werke 1619 das Rhombendodekaeder, das Rhombentriakontaeder[9]) und die dreizehn „corpora Archimedea"[10]) und giebt deren Abbildungen.

    A. G. Kästner[11]) bespricht die Archimedeischen Körper ausführlich in der Abhandlung De corporibus polyedris data lege irregularibus.[12]) Die Darstellung ist analytisch und von der bei ihm gewöhnten Weitschweifigkeit, allerdings auch erschöpfend. In der historischen Einleitung verweist er auf Kepler und Marpurg, sowie auf Jamitzer. Marpurg hatte in dem Werke: „Anfangsgründe des Progressionalcalculs nebst der Konstruktion der

---

1) Für die Archimedeischen Varietäten lassen sich die Koëffizienten t und s leicht aus den Resultaten der Rechnungen in Nr. 108 und Nr. 109 ableiten. Denn die dort angeführten Werte der P_m, P_n und P_s (im allgemeinen Falle) sind nichts andres als die Radien der einbeschriebenen Kugeln der das Vielflach erzeugenden Polyeder. (Dort noch ausgedrückt durch die Kante k des Vielflaches, die zu eliminieren ist.)

2) Pappus V. ed. Hultsch. S. 350 ff.   3) Cantor I S. 264.

4) Cantor II S. 313. S. auch: Staigmüller, Luca Paciuolo, Schlöm.-Cantors Ztschrft. 34. Jahrgang 1889, hist. litt. Abt. S. 89. Kästner, Gesch. der Math. I. S. 428.

5) Cantor II. S. 422, S. 428.   6) Cantor II. S. 403.

7) Kästner, Gesch. d. Math. II. S. 19—24. Cantor II. S. 536, S. 609.   8) Cantor II. S. 510.

9) Opera omnia, ed. Frisch 1864. vol. V lib. II. Prop. XXVII. S. 123.   10) Ebenda, Prop. XXVIII.

11) Wir stützen uns hier und weiterhin wieder auf die Originalarbeiten.

12) Commentationes Societat. Reg. scient. Gottingensis. Tom. VI 1783/84. S. 3. (1. Teil). Tom. VIII 1785/86. S. 3—29. (2. Teil) und S. 30—74. (3. Teil). Tom. IX. 1787/88.

eckigten geometrischen Körper", Berlin 1774, die Netze für die Archimedeischen Körper gegeben, die er, wie als Kuriosum erwähnt sein mag, corpora angulose sphaerica (eckig-kuglige) nannte, weil sie einer Kugel einbeschrieben werden können. Kästner erteilt den abgeleiteten Körpern besondre Namen: Keplers cubioctaedron, der an den Ecken bis zur Mitte der Kanten abgestumpfte Würfel heisst hier *Tessareskaidecaedron*[1]); das ebenso abgestumpfte Dodekaeder *Ikosidodecaedron.*[2]) Die Netze der Körper sind gezeichnet. Im dritten Teile wird die allgemeine Ableitung der möglichen Archimedeischen Polyeder gegeben. In einer zweiten Abhandlung, die sich mit demselben Thema befasst: De corporibus regularibus abscissis et elevatis[3]) betont er ausdrücklich, zu der folgenden Untersuchung durch die Divina proportione Paciuolos veranlasst zu sein. Es handelt sich um die Körper, die entstehen, wenn man bei den regelmässigen Polyedern die Ecken in gewisser Weise abschneidet oder auf die Flächen Pyramiden setzt. Für das Tetraeder, Ikosaeder und Dodekaeder finden sich die durch Abschneiden erzeugten Körper vollständig angeführt;[4]) die Arbeit ist im übrigen wesentlich wieder analytisch. Das abgeschnittene Hexaeder und Oktaeder waren schon ausführlich in einer dritten Arbeit: De sectionibus solidorum, crystallorum structuram illustrantibus[5]), behandelt. Man darf also sagen, dass nicht nur die vollständige Aufzählung der halbregulären Archimedeischen Körper, sondern auch ihre Berechnung von Kästner geleistet ist. Eine andre Darstellung, auch in der Methode der Ableitung, verdankt man Meier Hirsch in seiner Sammlung geometrischer Aufgaben, 2. Teil. Berlin 1807. Nachdem er S. 65 die platonischen Polyeder durch Kugelteilung abgeleitet und sich S. 127—139 mit ihrer Berechnung beschäftigt hat, studiert er im Kap. IX. S. 139—170 diejenigen Körper, welche von regulären Figuren zweierlei Art begrenzt werden, in Kap. X, S. 170 ff. die Archimedeischen Körper[6]) mit Begrenzungsflächen dreierlei Art. Für sämtliche giebt er auch die Netze. Die Ableitung erfolgt durch Diskussion der Gleichung, die man erhält, wenn man in der Formel für die Summe der Winkel aller Flächen eines Polyeders[7]) $\Sigma w = (4e - 8) R$ die linke Seite durch das e-fache der Winkelsumme an einer Ecke ersetzt. Bei Benutzung der Bezeichnung in Nr. 106 ergiebt sich für den allgemeinen Fall dreier Flächenarten die Gleichung:

$$\left(\mu \cdot \frac{2m-4}{m} + \nu \cdot \frac{2n-4}{n} + \sigma \cdot \frac{2s-4}{s}\right) \cdot e = 4e - 8.$$

Daraus berechnet sich e, und das weitere verläuft dann wie in Nr. 106, nur der Eulersche Satz ist durch die Winkelformel umgangen. In den §§ 126 und 127 folgt dann die allgemeine Behandlung zunächst der von zweierlei Flächen begrenzten Archimedeischen Körper durch Lösung des Problems: Ein körperlicher Winkel (Ecke), der von μ Kantenwinkeln, jeder $= \varkappa$, und von ν Winkeln, jeder $= \varkappa'$ eingeschlossen wird[8]), ist innerhalb einer Kugel von einem gegebenen Radius r so gesetzt worden, dass seine Spitze in der Kugelfläche liegt und alle seine Schenkel einander gleich werden: man soll die den Winkeln $\varkappa, \varkappa'$ correspondierenden sphärischen Winkel ϑ, ϑ' und den Bogen η der gleichen Schenkel finden. Mit dem Bogen η ist dann seine Sehne, die Kante des gesuchten Körpers bestimmt.[9]) Sämtliche Stücke des Polyeders werden also hier durch den Radius r der umbeschriebenen Kugel ausgedrückt, die Berechnung der einzelnen Körper wird in den folgenden §§ vollständig erledigt. In analoger Weise ist die Behandlung der von Flächen dreierlei Art begrenzten Vielflache durchgeführt.[10]) Von den heute als Archimedeische Varietäten der gleichflächigen Polyeder zu bezeichnenden Körpern finden sich nur die von lauter Rhomben begrenzten berechnet, die als Rhomboidal-Dodekaeder und Rhomboidal-Triakontaeder bezeichnet werden.[11]) — Auf diese beiden Vielflache weist auch Lhuilier in einer Abhandlung[12]) hin, die sich im übrigen mit der Bestimmung der möglichen *regulären* Polyeder in bekannter Weise befasst. Unabhängig von den bisher genannten sind die nun zu besprechenden Arbeiten französischer Mathematiker entstanden. Schon 1808 hatte Lidonne die Archimedeischen Polyeder aufgezählt[13]), aber die ausführliche Abhandlung[14]) über diese Materie in Gergonnes Annalen Bd. 9, 1818/19 S. 321 ist

---

1) a. a. O. 1. Teil S. 45.   2) a. a. O. 1. Teil S. 48.

3) Dieselben Commentat. tom. XII. 1793/94. S. 61—98.   4) a. a. O. S. 96.

5) Dieselben Commentat. tom. VI. S. 52.   6) Diesen Namen gebraucht M. Hirsch nicht.

7) Vergl. Nr. 56.   8) $\varkappa$ und $\varkappa'$ sind ja bekannt.

9) Es gelten die Gleichungen: $\sin \frac{\varkappa}{2} = \cos \frac{\eta}{2} \cdot \sin \frac{\vartheta}{2}$ und $\sin \frac{\varkappa'}{2} = \cos \frac{\eta}{2} \cdot \sin \frac{\vartheta'}{2}$, also $\sin \frac{\vartheta}{2} : \sin \frac{\vartheta'}{2} = \sin \frac{\varkappa}{2} : \sin \frac{\varkappa'}{2}$*),

und wegen $\mu\vartheta + \nu\vartheta' = 2\pi$ auch: $\sin \frac{1}{2} \nu\vartheta' = \sin \frac{1}{2} \mu\vartheta$.**) Aus den Gleichungen*) und**) berechnet man $\sin \frac{\vartheta}{2}$ und $\sin \frac{\vartheta'}{2}$, nachdem man $\sin \frac{1}{2} \nu\vartheta'$ und $\sin \frac{1}{2} \mu\vartheta$ durch sie ausgedrückt hat, was überall leicht ist, da μ und ν die 4 nicht übersteigen. Dann ist $\cos \frac{\eta}{2} = \sin \frac{\varkappa}{2} : \sin \frac{\vartheta}{2}$, und die Kante k des Vielflaches ist $k = 2r \sin \frac{\eta}{2}$.

10) a. a. O. S. 170 ff.   11) a. a. O. S. 186 ff.

12) Mémoire sur les solides réguliers. Gergonnes Annalen. Bd. III. S. 233.

13) Diese Arbeit hat dem Verf. nicht vorgelegen. (Vergl. Günther, a. a. O. S. 62. Anm.)

14) Recherches sur les polyèdres, renfermant en particulier un commencement de solution du problème proposé à la page 256 du VIIe vol. des Annales. Par un Abonné.

von einem Ungenannten, der nach einer handschriftlichen Note in einem Exemplar der Zeitschrift in der Bibliothek der Sorbonne kein anderer als Gergonne selbst gewesen ist.[1]) Die Abhandlung enthält dreierlei Bemerkenswertes.

Zum ersten Betrachtungen über die Teilung der Ebene. Schon Lhuilier hatte auf die Grenzfälle der Lösungen der zur Auffindung der regulären Vielflache dienenden Gleichung (in Nr. 100) hingewiesen. Für $n = 3$, $m = 6$; $m = 4$, $n = 4$; $m = 6$, $n = 3$ ergiebt die Gleichung $f = e = k = \infty$, worin ausgesprochen ist, dass sich die unendliche *Ebene* lückenlos durch gleichseitige Dreiecke, Quadrate und regelmässige Sechsecke überdecken lässt, von denen in jeder Ecke — dieses Wort mag auch hier gebraucht werden — bez. 6, 4 und 3 zusammenstossen.[2]) Von diesen ebenen Netzen ist das erste dem dritten, das zweite sich selbst reziprok; unter reziproken[3]) Netzen hier solche verstanden, in denen die Kantenzahl von Ecke und Fläche vertauscht erscheint. Gergonne betrachtet nun die analogen Grenzfälle für die Archimedeischen Polyeder, leitet sie aber nur unvollständig ab, indem er mehrere Fälle übersieht. Die vollständige Lösung des Problems findet man bei Badoureau.[4]) Wie dieser die Archimedeischen Varietäten der gleicheckigen Polyeder als figures isoscèles bezeichnet, so ihre ebenen Grenzfälle als assemblages isoscèles convexes. Die verschiedenen Möglichkeiten, die unendliche Ebene durch mehrerlei reguläre Polygone so zu überdecken, dass die Ecken kongruent oder symmetrisch-gleich sind, ergeben sich als Lösungen

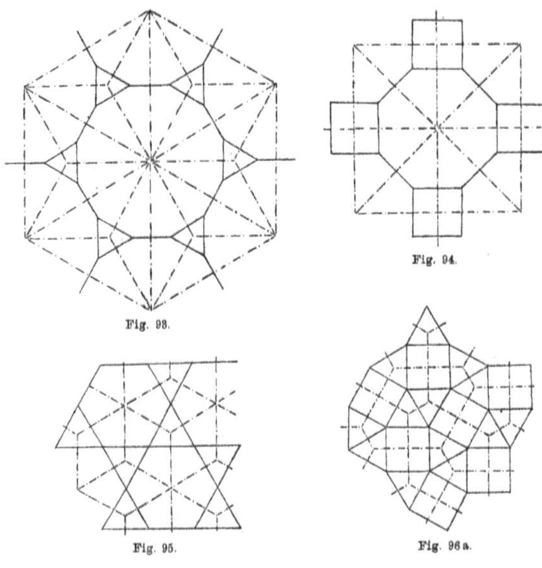

Fig. 93.

Fig. 94.

Fig. 95.

Fig. 96 a.

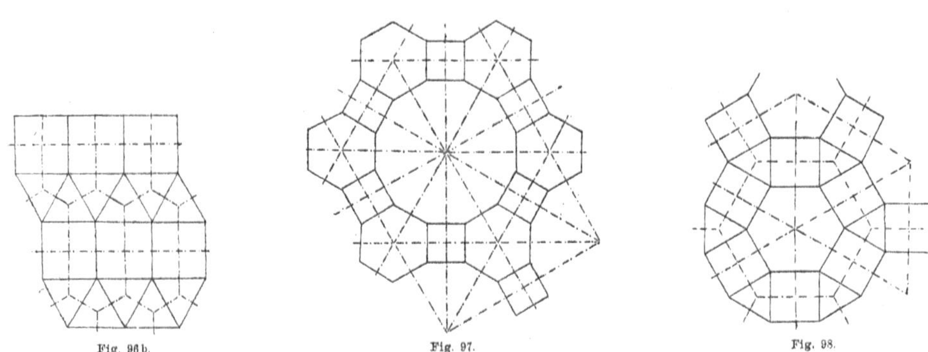

Fig. 96 b.

Fig. 97.

Fig. 98.

der Gleichung: $\mu \cdot \dfrac{2m-4}{m} + \nu \cdot \dfrac{2n-4}{n} + \sigma \cdot \dfrac{2s-4}{s} = 4$, da die Winkel um eine Ecke zusammen 4 R betragen.

1) S. die Bemerkung bei Badoureau, Mémoire sur les figures isoscèles. Compt. Rend. XLIXe Cahier. (Vorgelegt 1878.)
2) Dass von einer Teilung der *Kugelfläche* in kongruente unendlichkleine Flächenzellen hier nicht die Rede sein kann, zeigt u. a. Badoureau a. a. O. S. 49. Vergl. auch Hess II S. 24.
3) Statt reziprok schreibt Gergonne *konjugiert*, auch bei den Polyedern.   4) a. a. O. S. 93.

Die Gleichung ist aber (nach einiger Umformung) identisch mit $C = 0$ (bez. mit $C_1 = 0$, wenn $\sigma = 0$ ist), wenn C die in Nr. 106 angemerkte Bedeutung hat, wonach diese ebenen Netze eben die Grenzfälle der Archimedeischen Polyeder darstellen. Die Lösungen sind für Flächen zweierlei Art: α) $m = 12$, $\mu = 2$, $n = 3$, $\nu = 1$, Fig. 93. β) $m = 8$, $\mu = 2$, $n = 4$, $\nu = 1$, Fig. 94. γ) $m = 6$, $\mu = 2$, $n = 3$, $\nu = 2$, Fig. 95. δ) $m = 4$, $\mu = 2$, $n = 3$, $\nu = 3$, Fig. 96a und 96b bei verschiedener Anordnung der Flächen an einer Ecke. Für Flächen dreierlei Art: ε) $m = 12$, $\mu = 1$, $n = 6$, $\nu = 1$, $s = 4$, $\sigma = 1$, Fig. 97. ζ) $m = 6$, $\mu = 1$, $n = 4$, $\nu = 2$, $s = 3$, $\sigma = 1$, Fig. 98. Die zugeordneten ebenen gleichflächigen Netze, in den Figuren gestrichelt gezeichnet, sind mit Ausnahme der Netze δ direkt aus den regulären Netzen ableitbar. Umgekehrt gilt: Die Netze α, γ, ζ, das reguläre 3-ecks- und 6-ecksnetz sind in dem Netze ε (Fig. 97) enthalten, das Quadratnetz in dem Netze β (Fig. 94), wie eine Reihe gleichflächiger Polyedernetze in dem 1. und 2. Hauptnetze enthalten waren. — Gergonnes Abhandlung beschäftigt sich weiter ausführlich mit den Polyedern, die aus den regulären durch die folgenden beiden Konstruktionen hervorgehen. Erstens durch Aufsetzen von Pyramiden auf die Seitenflächen: Polyèdres semi-réguliers[1] par excès (oder Polyeder der 1. Klasse). Die Seitenflächen der neuen Vielflache sind Dreiecke oder Rhomben. Zweitens durch Abschneiden der Ecken: Polyèdres semi-réguliers par défaut. Der Schnitt kann dabei bis zu den Kantenmitten gehen oder nicht, wonach die Ecken vierseitig oder dreiseitig werden. Die Durchführung der Konstruktionen an den fünf regulären Körpern zeigt, dass Gergonne nur einen Teil der Archimedeischen Vielflache angiebt. Über die Reziprozität der durch die beiden Konstruktionen abgeleiteten Vielflache herrscht Klarheit. — Interessant ist der letzte Teil der Abhandlung, in dem Polyeder dreierlei Art bestimmt werden sollen, die ebenfalls als halbregulär bezeichnet werden: solche, deren Flächen kongruente reguläre Polygone sind und deren gerade Anzahl von Ecken regulär sind, aber je zur Hälfte von verschiedener Kantenzahl; ferner die reziproken dieser; drittens solche, bei denen sowohl die an Zahl paaren regulären Ecken als Flächen in zwei gleichmächtigen Gruppen verschiedenkantiger Individuen vorkommen. Die zur Bestimmung der Werte für die Zahlen der Ecken und Flächen dienenden Gleichungen werden aufgestellt, die Diskussion der Gleichungen aber wird dem Leser überlassen, besonders die Beantwortung der Frage, ob die durch die gefundenen Zahlenwerte von f und e charakterisierten Polyeder wirklich von regelmässigen Vielecken begrenzt sein können. In der That zeigt die durchgeführte Diskussion, dass dies nicht der Fall ist,[2] mit Ausnahme eines einzigen Wertepaares für die dritte Klasse von Polyedern: $e_3 = f_3 = 4$, $e_4 = f_4 = 4$, das übrigens Gergonne selbst als Beispiel anführt. Es wird dieses Polyeder erhalten durch Zusammensetzung zweier dreiseitigen Archimedeischen Prismen an zwei Quadraten, sodass die Seitenkanten des einen senkrecht zu denen des andern sind.

Aus der vorstehenden Übersicht des Inhaltes von Gergonnes Arbeit ist ersichtlich, dass die Kenntnis der halbregulären Körper bei französischen Schriftstellern zu jener Zeit durchaus nicht so verbreitet war, wie man nach den bereits erschienenen sehr ausführlichen Untersuchungen deutscher Mathematiker erwarten könnte. Es wird dies aber nicht befremden, wenn man die weitere Entwickelung dieses speziellen mathematischen Wissenszweiges auf französischem Boden in diesem Jahrhundert verfolgt hat. Ist doch die ausführliche Arbeit von Catalan nicht nur ohne Berücksichtigung deutscher Forschungen entstanden, sondern sogar ohne Kenntnis der Abhandlung seines Landsmanns Gergonne. In Deutschland scheint die Lehre von den halbregulären Archimedeischen Vielflachen bald in die Elemente aufgenommen worden zu sein, wenigstens sind hier die Bücher von Hohl[3] und H. T. Müller[4] zu nennen. Bei Müller finden sich auch die den Archimedeischen Polyedern reziproken angeführt.[5] Die allgemeinen Gestalten der gleichflächigen Polyeder, soweit sie dem Oktaeder-Hexaedersystem angehören, haben natürlich aus krystallographischen Gründen, insofern sie eben in der Natur vorkommen können, schon zeitig Berücksichtigung gefunden.[6] Klügel verweist in seinem Math. Wörterbuche[7] nur auf M. Hirsch, Marpurg und Kästner und meint „der wissenschaftliche Wert solcher Untersuchungen ist sehr beschränkt".

Catalans inhaltsreiche Arbeit, Mémoire sur la théorie des Polyèdres, ist bereits früher[8] angeführt worden wegen ihres ersten Teiles, der sich mit der allgemeinen Theorie der Eulerschen Polyeder befasst, soweit sie sich als

---

1) Babinet und Cauchy nannten (1848) polyèdres semi-réguliers gewisse in ein Ellipsoid einbeschriebene Polyeder. (Vergl. Badoureau, a. a. O. S. 52.)

2) Wie der Verf. fand. Abzusehen ist natürlich dabei von den halbregulären Polyedern, die sich in den beiden ersten Klassen finden. Das Problem ist übrigens, auch wenn man von der Regelmässigkeit der Ecken und Flächen absieht, noch unbestimmt, da nicht gesagt ist, ob die gleichvielkantigen Ecken von je gleichviel Flächen derselben Kantenzahl gebildet sein sollen.

3) A. Hohl, Die Lehre von den Polyedern. Tübingen 1841. Die Arch. Pol. S. 232 ff. Ihre Konstr. und auf Tafeln die Netze. (Recht ausführlich.)

4) J. II. T. Müller, Lehrbuch der Mathematik. 2. Tl. 3. Abt. 1852. S. 301. (Teilung der Kugeloberfläche) und S. 345. (Sehr kurz.)   5) J. H. T. Müller, a. a. O. S. 345 ff.

6) Der Verf. hat die Litteratur daraufhin nicht verfolgt.

7) Bd. V 1831. Artikel: Vieleckiger Körper. S. 847: Archimedeische Körper.   8) Vergl. Nr. 56.

Folgerung aus dem Eulerschen Satze ergiebt, und besonders von der Bestimmung eines solchen Polyeders aus seinen Stücken handelt.[1]) Der zweite Teil der Arbeit, die, wie schon bemerkt war, als Bewerbungsschrift um den Preis der Akademie vom Jahre 1863 eingereicht und lobender Erwähnung gewürdigt wurde — keine der acht eingereichten Arbeiten erhielt den Preis[2]) — behandelt die Archimedeischen Vielflache und die ihnen reziproken Archimedeischen Varietäten der gleichflächigen Polyeder. Catalan nennt die beiden Klassen von Gebilden polyèdres semi-réguliers du premier genre[3]) und p. s-r. du second genre. Zunächst wird gezeigt, dass *nur fünfzehn* solche Gebilde der ersten Art möglich sind. Die Ableitung erfolgt, abgesehen von der Bezeichnung, ähnlich wie im Texte Nr. 106. Nun wird zweitens das Problem gelöst:[4]) „Décomposer la surface d'une sphère en polygones réguliers". Die für diese gleicheckigen (halbregulären) Netze gültige Gleichung ist nicht von der zur Ableitung der Archimedeischen Polyeder dienenden verschieden; die Ecken der Netze sind die Ecken der der Kugel einbeschriebenen Polyèdres du premier genre. Es folgt hierauf für diese einzeln die Konstruktion und Berechnung, die sich „auf ein einfaches Problem der Trigonometrie" reduziert.[5]) Obgleich nun Catalan ausdrücklich bemerkt, dass die „Polyèdres du second genre" nur die konjugierten der vorigen sind, leitet er sie doch in derselben Weise direkt ab, und erhält natürlich dieselbe Gleichung zur Diskussion, nur die Flächen mit den Ecken vertauscht.[6]) Nur gelegentlich wird auch der andern möglichen Entstehungsweise einzelner Körper, durch Abschneiden der Ecken oder Aufsetzen von Pyramiden bei den regulären, gedacht.[7]) Die erhaltenen Polyeder der zweiten Klasse werden ebenso ausführlich konstruiert und berechnet[8]), nachdem das Problem: die Oberfläche der einbeschriebenen Kugel in gleiche Polygone derart zu zerlegen, dass die Winkel um jede Ecke unter sich gleich sind, gelöst ist. Es wird erörtert, wie sich diese Kugelnetze aus den vorigen ableiten lassen, hier also zum ersten Male die Zuordnung der Netze verschiedener Art beachtet. Die ausführliche Catalansche Arbeit hat vor der von M. Hirsch nur das voraus, dass auch sämtliche den Archimedeischen reziproke Polyeder behandelt und überdies die Abbildungen aller besprochenen Körper gegeben sind, bedeutet aber sonst keinen wesentlichen Fortschritt, da das gestellte Problem an sich das alte ist. — Das in unserem Texte benutzte Programm von Heinze (Cöthen 1868) über die halbregulären Körper ist nur durch die Methode bemerkenswert, bringt aber nichts Neues. — In der grossen Arbeit von Hessel, Artikel „Krystall" in Gehlers Physikalischem Wörterbuche[9]), die mit vielen Figurentafeln der betr. Polyeder ausgestattet ist, finden sich nicht nur die in der Natur als Krystalle vorkommenden Gestalten studiert, sondern auch die des ikosaedrischen Systems. Es scheinen aber die von Hessel hier eingeführten Bezeichnungen fernerhin wenig Eingang gefunden zu haben.[10]) Doch gilt dies nicht für die kleine, aber inhaltsreiche Schrift „Übersicht der gleicheckigen Polyeder u. s. w."[11]) Hier ist ein bedeutender Schritt vorwärts gethan, indem zum ersten Male an Stelle der Archimedeischen Vielflache die allgemeineren gleicheckigen treten. Über die Art der Behandlung giebt unser Text Aufschluss. Die von Hessel gewählten Bezeichnungen sind als besonders instruktiv, da sie die Gestaltung des Polyeders gewissermassen gleich wie aus einer Formel ablesen lassen, späterhin von Hess für die Vielflache höherer Art verallgemeinert worden.

    Von weiteren hierher gehörigen Arbeiten sind noch die von Badoureau (1878), Pitsch (1881), Hess (1883) und Fedorow (1885) anzuführen, obgleich sich die beiden ersten wesentlich mit den Vielflachen höherer Art, und zwar nur deren Archimedeischen Varietäten, beschäftigen. Badoureau leitet im ersten Teile der bereits zitierten Schrift[12]) die halbregulären gleicheckigen Vielflache vollständig ab, und zwar in einer Weise, die am meisten Ähnlichkeit mit der von Heinze hat[13]), weshalb er mit Recht seine Methode als abweichend von der Catalans

---

1) a. a. O. S. 17. Vergl. Nr. 58.

2) So zu lesen bei Badoureau a. a. O. S. 50. Fedorow (in der historischen Einleitung seiner später zitierten Schrift) schreibt: „die Akademie habe Catalan den Preis für seine Arbeit erteilt, ohne mit dem Verfasser der vorgelegten Arbeit zu wissen, dass die darin enthaltene Ableitung der Archimedeischen Körper früher wenigstens zweimal von verschiedenen Mathematikern in französischen Zeitschriften publiziert wurde." Wieviel Catalan *französischen* Vorgängern hätte verdanken können, ist oben dargelegt. Wir hatten wiederholt über die geringe Berücksichtigung mathematischer Arbeiten der Schriftsteller einer Nation durch die einer andern zu berichten. Auch Fedorows Kenntnis der Litteratur ist keine vollständige, da er sonst viele seiner eignen Resultate in schon früher erschienenen Schriften bes. deutscher Mathematiker (Hessel, Hess u. a.) hätte finden können.

3) Vergl. die Anm. a. a. O. S. 25: „Il y a quelques semaines, j'ai appris, par hasard, que les polyèdres semi-réguliers du premier genre sont connus presque (?) tous depuis longtemps sous le nom de solides d'Archimède. Nil novi sub sole!"

4) a. a. O. S. 32.   5) a. a. O. S. 36—49. Die allgemeine Ableitung der Formeln S. 35/36.

6) a. a. O. S. 50 ff.   7) a. a. O. S. 54 und 62.   8) a. a. O. S. 54—71.

9) 1830. Bd. V S. 1023—1340.

10) Die Namengebung ist überhaupt noch eine schwankende. So werden für das Achtundvierzigflach 11') in Nr. 114 die Bezeichnungen angeführt: achtundvierzigwandiger Dreieckflächner, Tetracontaoctaedrum trigonoideum, Hexakisoktaeder, Pyramiden-Granatoeder, Trigonalpolyeder (!), Pyramidenrautenzwölfflach.   11) Vergl. Nr. 112.

12) Vergl. auch deren Inhaltsangabe in Badoureau, Sur les figures isoscèles. Compt. Rend. T. 87. Paris 1878. S. 823.

13) Vergl. z B. die Figuren a. a. O. S. 68, 70, 80 u. s. w.

hervorhebt.[1]) Er bemerkt richtig, dass diese Methode der Krystallographie entlehnt ist, und fügt hinzu, dass ihm die Untersuchungen von Bravais[2]) über die Symmetrieeigenschaften von wesentlichem Nutzen gewesen seien, wie er denn Bravais' Bezeichnungen allgemein anwendet. Die Worte „la symétrie est pour la Géométrie des polyèdres ce que la théorie des nombres est pour l'Arithmétique" setzt er als Motto an die Spitze seiner Abhandlung, auf deren zweiten wichtigeren Teil wir später zu sprechen kommen. Dasselbe gilt für mehrere kleinere Aufsätze von J. Pitsch „Über halbreguläre Sternpolyeder, mit einer Einleitung über die Beziehungen zwischen den halbregulären, und den ihnen polar zugeordneten Polyedern"[3]), die aber auch einiges hier zu Erwähnende enthalten.[4]) Es wird, wie der Titel der Schrift anzeigt, im Eingange derselben die Konstruktion der Archimedeischen Varietäten der gleichflächigen Polyeder aus den halbregulären gleicheckigen gelehrt. Als nicht uninteressant sei daraus die geometrische Konstruktion der Grenzfläche des Archimedeischen gleichflächigen Polyeders für den Fall, dass sie ein Dreieck ist, angeführt.[5]) Man denke sich die polaren Polyeder, das halbreguläre gleicheckige P und das ihm polare P', in solcher Lage, dass ihre Kanten ein und dieselbe Kugel berühren, und je zwei sich entsprechende Kanten in diesen Berührungspunkten senkrecht zu einander stehen. Die Mitten der Kanten von P liegen auf einem Kreise, und drei Kanten von P' sind Tangenten in diesen Punkten an diesen Kreis, d. h. die Fläche von P' und ein aus den ersten Diagonalen der drei Grenzflächen von P ge-bildetes Dreieck sind polar in Bezug auf den diesem letzteren Dreiecke umbeschriebenen Kreis als Direktrix, da man ja wegen der Ähnlichkeit an Stelle des aus den Ver-bindungslinien der Kantenmitten von P gebildeten Dreiecks das aus den besprochenen Diagonalen gebildete setzen kann. Die Konstruktion der Fläche von P' wird durch Fig. 99 nun hinreichend erläutert. Weiter wird auch die Konstruktion der Fläche von P' gelehrt, wenn sie ein Viereck oder Fünfeck ist, wiewohl hier die Rechnung zu Hilfe genommen wird.[6]) —

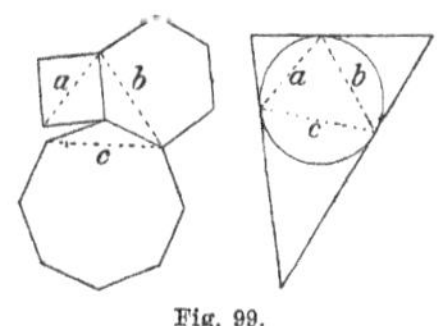

Fig. 99.

　　Es ist mit Recht darauf hingewiesen worden[7]), dass in Bezug auf Archi-medeische Sternkörper Hess die Priorität gebührt, wenngleich die zusammenhängende Darstellung sich erst in dem oft angeführten Werke über Kugelteilung findet, da der Verfasser Einzeluntersuchungen bereits seit 1872 veröffent-licht hat. Auch das Problem der gleicheckigen und gleichflächigen Polyeder erster Art ist in der dem Buche eigen-tümlichen Ableitungsweise hier zuerst vollständig und sehr ausführlich erledigt, so dass der Titel, der das Buch nur als Einleitung in diese Disziplin bezeichnet, allzu bescheiden klingen würde, wenn man ihn nicht auf den zweiten Teil des Problems: die die Kugel mehrfach bedeckenden Netze zu finden, mit bezöge.[8]) Das Netzproblem, soweit es hier zu besprechen war, findet zunächst in der in Nr. 120 nur für die gleichflächigen festen Netze angedeuteten Weise allgemeine Erledigung.[9]) Die erhaltenen Resultate werden dann, besonders mit Rücksicht auf die zugehörigen Polyeder, in neuer Weise gruppiert und diese Polyeder, namentlich ihre speziellen Varietäten, genauer Betrachtung unterworfen.[10]) Weiter folgt dann im V. Kapitel[11]) eine instruktive analytische Darstellung sämtlicher Netze und der zugehörigen Polyeder, der wir nur die kurze Betrachtung über die Ableitungskoëffizienten entnommen haben. Das

---

　　1) a. a. O. S. 51.

　　2) Bravais, Mémoire sur les polyèdres de forme symétrique. Liouvilles Journal 14. S. 137—180. 1849. Deutsch: Ostwalds Klassiker der exakten Wissenschaften Nr. 17, S. 8 ff. Wir benutzen diese Gelegenheit, auf weitere Schriften hin-zuweisen, die sich mit dem Problem der Symmetrie der Polyeder befassen, auf das wir in unserem Buche nicht ausführlich ein-zugehen beabsichtigen. Nach Bravais ist hier besonders C. Jordan zu nennen, der die Symmetrie der Eulerschen Polyeder erschöpfend in den beiden Abhandlungen gleichen Titels bespricht: Recherches sur les polyèdres, Crelles Journal Bd. 66, 1866. S. 22 ff. und Bd. 68, 1868, S. 297 ff. Seine Untersuchungen führen ihn dazu, die Eulerschen Polyeder nach der Symmetrie in neun Klassen zu teilen (die unsymmetrischen in der ersten Klasse mit eingeschlossen). Die drei letzten dieser Klassen ent-halten die Polyeder der tetraedrischen, kubooktaedrischen und ikosidodekaedrischen Symmetrie, von deren regulären und halb-regulären Typen wir gesprochen haben. (Vergl. hierzu Anhang I dieses Buches.) Kirkman behandelt die Symmetrie der Polyeder in der schon früher zitierten Arbeit: On the Theory of the Polyedra, Philosophical Transactions, 1862. S. 121, also vor C. Jordan. Die (nach unsrer Meinung) sehr schwer verständliche Abhandlung scheint aber wenig Beachtung, wenigstens ausserhalb Englands, gefunden zu haben. Nicht unerwähnt darf endlich bleiben, dass sich Möbius längere Zeit (1850—1861, vergl. Ges. Werke S. 564 ff.) mit Untersuchungen über die Symmetrie der Figuren beschäftigt hat, deren Ergebnisse C. Reinhardt im zweiten Bande der Ges. Werke von Möbius aus dessen Nachlasse veröffentlichte (a. a. O. S. 568—708).

　　3) Zeitschrift für das Realschulwesen von Kolbe. Wien 1881. VI. Jahrg. S. 9—24, 72—89. 216.

　　4) a. a. O. S. 9—21.　　　　5) a. a. O. S. 18.　　　　6) a. a. O. S. 20 ff.

　　7) Koch, Über reguläre und halbreguläre Sternpolyeder. Korresp.-Blatt f. d. Gel. u. Realsch. 1887. 3/4. Heft. Sonderabdr. S. 20.

　　8) Das Studium des Werkes ist für jeden, der tiefer in diese Materie eindringen will, unerlässlich.

　　9) Hess II S. 36—212.　　　　10) a. a. O. S. 213—265.

　　11) a. a. O. S. 266—382.

Schlusskapitel des ersten Teiles[1]) des Buches bringt Anwendungen und Erweiterungen der Theorie d. h. Beziehungen zu gewissen Problemen der Algebra und Funktionentheorie, auf die hier nicht eingegangen werden kann. Der wichtige zweite Teil enthält die Lösung des Problems der die Kugel mehrfach bedeckenden Netze, soweit es überhaupt bereits gelöst ist, und wird in den folgenden Nummern unseres Buches wesentlich der Darstellung mit zu Grunde gelegt werden. Nicht unerwähnt mögen die von Hess zur Veranschaulichung der Gestalt der Polyeder konstruierten Polyederkaleidoskope (räumliche Winkelspiegel) bleiben.[2]) — Es erübrigt endlich noch auf die Arbeiten von Fedorow einzugehen. Fedorows „Elemente der Gestaltenlehre"[3]) dürften in weiteren Kreisen nur durch die deutsche Inhaltsangabe in der unten zitierten Zeitschrift[4]) bekannt sein, auf die wir uns lediglich beziehen können. Es kann sich hier nur um Würdigung der Teile der Arbeit, die mit dem in diesem Kapitel unsres Buches Besprochenen in Verbindung zu bringen sind, handeln, d. h. der ersten beiden und des fünften Abschnittes, da der dritte Abschnitt, der die Lehre von der Symmetrie, der vierte, der die Zonenlehre und die reguläre Plan- und Raumteilung zum Inhalt haben, teils der Elementarmorphologie der räumlichen Gebilde zuzuweisen sind, teils mehr den Krystallographen berühren können. Auf die Abweichung seiner Morphologie von der Eberhards weist Fedorow bereits hier hin, und kommt später in einer zweiten Arbeit ausführlicher darauf zurück.[5]) Der erste Abschnitt beschäftigt sich mit den offenen Gestalten, d. h. Ecken, die hier *Gonoëder* genannt sind, und enthält die bekannte elementare Theorie dieser Gebilde.[6]) Der zweite Abschnitt bespricht die geschlossenen Gestalten, d. h. Polyeder, auch hier vielfach neue Bezeichnungen einführend. Fällt man aus dem Mittelpunkte einer Kugel auf sämtliche Flächen eines gegebenen Polyeders Senkrechte, wobei deren Sinn nicht ausser Acht zu lassen ist, und nimmt die durch die Schnittpunkte dieser Geraden mit der Kugeloberfläche gelegten Tangentialebenen als die Flächen eines neuen Polyeders, so heisst dieses ein *typisches* Polyeder Sind dessen Ecken nicht sämtlich Trigonoëder (dreikantige E.), so gelingt die Erzeugung solcher durch geringe Parallelverschiebung der Tangentialebenen, wodurch sich das sogenannte *veränderte typische* Polyeder ergiebt. Ein *subtypisches* ist dann dasjenige, dessen „Scheitelpunkte" die Berührungspunkte der Flächen des typischen sind, d. h.: typische und subtypische Polyeder sind reziprok, und das *veränderte subtypische* Polyeder ist ein Trigonalpolyeder nach unsrer Bezeichnung. Als besonders bemerkenswert werden nun die *Isoëder* (gleichflächige Pol.) und *Isogone* (gleicheckige Pol.) weiteren Betrachtungen unterworfen. Wenn aber behauptet wird „in allgemeinster Form ist diese Ableitung hier zum ersten Male gegeben; die früheren Autoren begnügten sich mit sehr speziellen Fällen vereinzelter symmetrischer Polyeder („halbregelmässige", „archimedische", „isoscèles" u. s. w.), die ich als besondre bezeichne" — so lässt sich dies nach dem vorstehenden historischen Überblick nicht aufrecht erhalten, denn nicht nur die die Ableitung der „Isogone" vollständig enthaltende Arbeit von Hessel, sondern selbst die Kugelteilung von Hess ist vor Fedorows Abhandlung erschienen.[7]) Schwerlich kann man sich die Ableitung aber noch allgemeiner denken als bei Hess. — Die Notwendigkeit der Einführung der neuen Bezeichnungen soll nicht erörtert werden. — Die Ableitung der Isogone erfolgt in bekannter Weise durch Diskussion der betr. Gleichung unseres Textes. Auch die Frage nach den nicht-typischen Isoëdern wird aufgeworfen. Einige Reihen solcher Figuren werden aufgestellt und es wird bemerkt „dass der Inhalt dieses Kapitels in direktem Widerspruche (?) mit der von Hess ausgesprochenen Meinung steht, dass alle gleichflächigen Polyeder der Bedingung genügen, einer Kugel umschrieben zu sein". Am Schlusse des zweiten Abschnittes kommt Fedorow auf die Klassifikation der Polyeder zu sprechen und betont, u. E. mit Recht, die Flächen zur Grundlage einer solchen zu wählen, wenngleich die Einteilung in die zwei Klassen der paarflächigen und unpaarflächigen Polyeder kaum allzuwichtig sein dürfte. Der Schwerpunkt der Abhandlung liegt ohne Zweifel in dem, auch an Umfang grössten, interessanten vierten Abschnitte, während der dritte, dessen Inhalt die Ausführung des Satzes bildet „dass jeder Symmetrieart typische Isoeder entsprechen, also umgekehrt sich auf Grund von deren Kenntnis sämtliche Symmetriearten ableiten lassen" um damit „nach Hessel die erste neue Auflösung der Aufgabe, alle Symmetriearten abzuleiten" zu geben, die Arbeiten von C. Jordan u. a. zu ignorieren scheint.[8]) — Von den zwei Kapiteln des letzten Abschnittes[9]) behandelt das zweite die Vielecke und Polyeder höherer Art, das erste die *Koiloëder*, d. h. Polyeder mit überstumpfen

---

1) Hess II S. 383—428.

2) a. a. O. S. 262, wo sich die früheren Arbeiten desselben Verf. hierüber angeführt finden. Vergl. auch den Katalog der math. Ausstellung, München 1893. S. 250.

3) Verhandlungen der k. russ. min. Gesellsch. St. Petersburg. 1885. 21. 1—279. Mit 18 Tfln. (russisch.)

4) Ztschrft. f. Krystallographie u. Mineralogie von P. Groth. 21. Bd. 5/6 Heft. Leipzig 1893. S. 679.

5) Fedorow, Grundlagen der Morphologie und der Systematik der Polyeder. St. Petersburger Min. Ges. XXX. 241—332. (russisch) 1893. Eine Inhaltsangabe in französ. Sprache folgt der Abhandlung (S. 332—342), die mir nicht vorgelegen hat.

6) Vergl. z. B. die Darstellung bei Rausenberger, Die Elementargeom. u. s. w. S. 182 ff.

7) Vergl. die berechtigten Bemerkungen von Hess in d. Sitzungsber. d. Marburger Naturforsch. Gesellsch. 1893. S. 45—53.   8) Vergl. Anhang I dieses Buches.

9) Abschnitt V. „Über die Polyeder mit konkaven Ecken, wirklichen oder scheinbaren".

Flächenwinkeln und von diesen besonders die *Isokoiloëder*. Es wird zunächst auf die der Eulerschen Gleichung nicht genügenden Polyeder hingewiesen; zu denen, welche sie befriedigen[1]), gehören aber auch Koiloëder. Existiert ein typisches Koiloëder, so existiert ein — wir würden sagen isomorphes — typisches (konvexes) Polyeder. Die Isokoiloëder der Holoedrie des regulären Systems (Fig. 19[a] und 19[b] auf Taf. VII zeigen Beispiele solcher Körper[2])), der tetraedrischen und dodekaedrischen Hemiëdrie desselben Systems werden abgeleitet, ebenso wie die des ikosaedrischen Systems, während die Existenz solcher Gebilde in den Fällen der gyroidischen Hemiëdrie und Tetartoëdrie des regulären Systems als unmöglich nachgewiesen wird. Diese Betrachtungen haben wir anderswo nicht gefunden. Nicht unerwähnt bleibe zum Schlusse noch eine kurze Abhandlung von Fédoroff[3]), die den Satz ausspricht: „Wenn ein Polyeder einer Kugel einbeschreibbar und einer konzentrischen Kugel umbeschreibbar ist, so existiert immer ein polares Polyeder, das denselben Kugeln ein- und umbeschreibbar ist."[4])

F. Die besonderen Vielflache höherer Art.

123. Einleitung. Von den Flächen und Ecken der Vielflache höherer Art.[5]) Nachdem die allgemeine Theorie der Eulerschen Vielflache und die Betrachtung der besonderen Gebilde dieser Art, soweit sie geplant war, in den bisherigen Kapiteln des Buches erledigt sind, handelt es sich im folgenden um die Untersuchung aller der Vielflache, die nach den früheren Bezeichnungen als aussergewöhnliche zu gelten haben. Im wesentlichen werden nur solche aussergewöhnliche Vielflache in Betracht kommen, die einen gewissen Grad von Regelmässigkeit, um diesen Ausdruck ganz allgemein zu gebrauchen, erkennen lassen, wie sich dies in Nr. 126 weiter ausgeführt findet. Doch sollen auch Bemerkungen über völlig irreguläre Vielflache gelegentlich mit eingeflochten werden, wiewohl zu erwähnen ist, dass Untersuchungen auf diesem Gebiete, die über das in Abschnitt C allgemein Gesagte hinausgehen, so gut wie noch nicht angestellt sind. So weit nicht anders bemerkt ist, sind die betrachteten besonderen Vielflache zweiseitig; die einseitigen Vielflache sollen in einem besonderen Kapitel am Schlusse zur Sprache kommen. Kann man von jedem Punkte der Oberfläche eines Vielflaches, auf ihr fortschreitend, zu jedem andern ihrer Punkte gelangen, so ist das Vielflach *kontinuierlich*, wie alle bisher in den Abschnitten D und E besprochenen. Ist diese Bedingung nicht erfüllt, so ist das Vielflach als *diskontinuierlich* zu bezeichnen, wie in dem entsprechenden Falle der ebenen Polygone. Alle diskontinuierlichen Vielflache müssen höherer als erster Art sein, aus Gründen, die in Nr. 124 erläutert sind. Ähnlich wie dies bei Betrachtung der ebenen Vielecke galt, lässt sich auch hier bemerken, dass ein grosser Teil der für kontinuierliche Vielflache geltenden Sätze sich auch auf die diskontinuierlichen erstreckt; Ausnahmen von dieser Thatsache sind besonders erwähnt. Es sollen hier zunächst einige Bemerkungen über die Begrenzungsflächen und die Ecken der im weiteren zu betrachtenden Vielflache angefügt werden. An einem nicht-Eulerschen Polyeder kommen entweder Flächen oder Ecken höherer als der ersten Art vor, oder beides zugleich. — Die Art einer Grenzfläche, d. h. eines Vielecks, ist dabei so zu bestimmen, wie es in Nr. 4 und 5 erläutert wurde. Sie ist also ausser von der Zahl der Kanten von der Innenwinkelsumme und der Zahl der überstumpfen Winkel abhängig. Ist die dort und fernerhin mit k bezeichnete Zahl überstumpfer Winkel grösser als Null, so ist das Vielflach sicher nicht konvex, denn min-

---

1) Vergl. die Bem. von de Jonquières in Nr. 56.

2) Auch Fig. 29. Taf. VIII kann so gedeutet werden, wenn das Dreieck als Grenzfläche betrachtet wird.

3) Un théoreme des éléments d'Euclide exprimé en forme très-générale. Darboux. Bull. (2). XVIII. 59—64. (1894.)

4) Im Anhange zu Steiners „Systematische Entwickelung u. s. w." (Steiner, Ges. Werke Bd. I S. 454) findet sich eine Frage, die sich kurz so formulieren lässt: „Existiert zu einem beliebig gegebenen konvexen Polyeder ein isomorphes, das sich in oder um eine Kugelfläche (oder irgend eine andre Fläche zweiten Grades) beschreiben lässt?" Sicher giebt es zu jedem Trigonalpolyeder ein isomorphes, das sich *in* eine Kugel beschreiben lässt, und demnach zu jedem allgemeinen ein isomorphes, das eine einbeschriebene Kugel besitzt. Wie ist die Frage für die bel. singulären Vielflache zu beantworten?

5) Dieser Zusatz wird weiterhin als selbstverständlich häufig unterdrückt werden.

destens an einer der übrigen, in dem betr. Eckpunkte des Vielflaches endigenden, Kanten muss der Flächenwinkel ebenfalls überstumpft sein, welches Vorkommnis die Bedingung des Nichtkonvexseins ausspricht. Doch ist die Existenz von überstumpfen Kantenwinkeln an einem nicht-konvexen Vielflach natürlich nicht notwendig.[1]) Die Art einer Grenzfläche sei auch weiterhin stets mit a bezeichnet. Denselben Wert a besitzt das aus Hauptkreisbogen gebildete sphärische Polygon[2]), das durch Projektion der ebenen Grenzfläche des Vielflaches auf eine dieses rings umschliessende Kugel aus deren Mittelpunkt entsteht. — Die Art α einer Ecke bestimmt sich folgendermassen. Man fälle aus einem beliebigen Punkte (innerhalb) der Ecke Senkrechte auf ihre Grenzflächen und zwar auf dieselbe Seite (etwa die innere der Ecke, die nicht gefärbt ist, wenn man die äussere durch Färbung davon unterschieden hat). Kehrt eine Fläche dem Punkte die entgegengesetzte Seite zu, so ist die Senkrechte in der entgegengesetzten Richtung zu ziehen. Durch je zwei der in der Ordnung der Flächen auf einanderfolgenden Senkrechten lege man Ebenen, welche dann die *Polarecke* der gegebenen Ecke bilden. Schneidet diese auf der um ihren Scheitel beschriebenen Kugel ein Polygon α-ter Art aus, so hat die ursprüngliche Ecke die Art α. — Lässt sich eine konvexe Ecke, d. h. eine Ecke ohne überstumpfe Flächenwinkel, so mit ihrem Scheitel auf eine Kugelfläche legen, dass ihre sämtlichen innerhalb der Kugel befindlichen Grenzebenen dem Kugelcentrum dieselbe Seite zuwenden, so bedeckt die Projektion dieser Ecke aus dem Centrum auf die Oberfläche der Kugel ein Stück dieser α-mal, wenn α die Art der Ecke ist. Diese geometrische Auffassung der Artzahl α ist auch die nächstliegende für sphärische Ecken höherer Art eines Kugelnetzes.

124. Die Art A eines Vielflaches. Die Formeln von Hess. (Erweiterter Eulerscher Satz.) Die Definition der Art A eines Vielflaches ist ganz entsprechend der für die Art eines ebenen Vielecks. Wie diese gleich a war, wenn die Summe der Umfangswinkel (Polarecken, vergl. Nr. 4) $2a\pi$ betrug, so gilt hier: *Die Art eines Vielflaches ist A, wenn die Summe aller seiner Polarecken A Kugeln beträgt.* Konstruiert man um einen beliebigen Punkt des Raumes die Polarecken zu sämtlichen Ecken eines Vielflaches, indem man aus diesem Punkte Senkrechte auf die Innenseiten der Grenzflächen fällt, und durch je zwei derselben, die zweien sich in einer Kante des Vielflaches schneidenden Grenzflächen entsprechen, Ebenen legt, so erfüllen die lückenlos an einander grenzenden Polarecken den Raum um den Scheitel herum A-mal. Die um diesen Scheitel beschriebene Kugel wird durch die Flächen der Polarecken nach grössten Kreisen geschnitten, und das erzeugte Netz sphärischer Polygone (von denen jedes einer bestimmten Ecke entspricht) bedeckt die Kugel ebenfalls A-mal. Nun verhält sich[2]) der Inhalt eines sphärischen Polygons zur Halbkugel wie sein sphärischer Excess, d. h. der Überschuss seiner Winkelsumme über die Summe der Winkel des ebenen Polygons, zu 2π, d. h. es ist der Inhalt des sphärischen Polygons der Polarecke: $F = \dfrac{w - (n + 2k - 2\alpha)\,\pi}{2\pi} \cdot \dfrac{\Theta}{2}$, wenn w die Winkelsumme des sphärischen Polygons, n die Kantenzahl (also zugleich die Kantenzahl der ursprünglichen Ecke), k die Zahl der überstumpfen Innenwinkel und α die Art des Polygons (d. h. auch der ursprünglichen Ecke) bezeichnen. Ist nun U die Summe der Umfangswinkel dieses Polygons, so ist[3]) $w + U = (n + 2k)\,\pi$. Eliminiert man hiermit w aus F, so ist $F = \dfrac{2\alpha\pi - U}{2\pi} \cdot \dfrac{\Theta}{2}$. Nun ist die Summe der Umfangswinkel der Polarecke gleich der Summe der ebenen Winkel, d. h. der Kantenwinkel, der ursprünglichen Ecke, da die Umfangswinkel der Polarecke der Reihe nach den einzelnen ebenen Winkeln der Ecke gleich sind, d. h. es ist $U = W$, wenn W die Summe der Kantenwinkel der Ecke ist. Es ist somit $F = \dfrac{2\alpha\pi - W}{2\pi} \cdot \dfrac{\Theta}{2}$. Ist nun die Summe aller sphärischen Polygone gleich dem A-fachen der Kugel, so kommt

$$\sum \frac{2\alpha\pi - W}{2\pi} \cdot \frac{\Theta}{2} = A \cdot \Theta \quad \text{oder} \quad 2\pi\Sigma\alpha - \Sigma W = 4\pi \cdot A.$$ Setzt man die Summe der ebenen Winkel des Polyeders, die sicher ein ganzzahliges Vielfaches von 2π ist, gleich $2p\pi$, so ergiebt sich aus der letzten Gleichung die *erste Formel von Hess:*

$$2A = \Sigma\alpha - p.$$

---

1) Vergl. die Koiloëder in Nr. 122.   2) Vergl. Nr. 37 und 38.   3) Vergl. Nr. 5.

Es ist hier die Art A des Vielflaches bestimmt durch die Art sämtlicher Ecken und die Summe $2p\pi$ aller Kantenwinkel. Aus dieser ersten Formel lässt sich leicht eine zweite, symmetrischer gebaute, ableiten. Es ist die Innenwinkelsumme eines n-ecks der Art a mit k überstumpfen Winkeln: $(n + 2k - 2a)\,\pi$. Es gilt also für die obige Summe aller Kantenwinkel des Vielflaches: $\Sigma\,(n + 2k - 2a)\,\pi = 2p\pi$ d. h.: $p = \frac{1}{2}\,\Sigma n + \Sigma k - \Sigma a$. Da aber Σn die doppelte Anzahl der Kanten des Vielflaches d. h. $2K$ ist, so ergiebt sich nach Einsetzung des Wertes von p in die erste Hesssche Gleichung die *zweite Formel von Hess*:

$$2A = \Sigma a + \Sigma a - K - \Sigma k.$$

Hierin bedeutet $\Sigma \alpha$ die Summe der Zahlen, welche die Arten der Ecken des Vielflaches angeben, Σa die Summe der Zahlen, welche die Arten der Flächen bestimmen, K die Summe aller Kanten, Σk die Summe der überstumpfen ebenen Winkel. Beide Hesssche Formeln gelten für konvexe und nicht konvexe Vielflache, wenn diese nur das Kantengesetz von Möbius erfüllen, d. h. zweiseitig sind. So lange k verschieden von Null ist, können nicht sämtliche a bez. sämtliche α gleich 1 sein. Sind sämtliche E Ecken von der ersten Art, so wird die zweite Hesssche Formel $E + \Sigma a = K + 2A$; falls sämtliche F Flächen von der Art 1 sind: $\Sigma \alpha + F = K + 2A$. Sind sämtliche Ecken *und* Flächen erster Art, so wird $A = 1$ und die Hesssche zweite Formel zum Eulerschen Satze: $E + F = K + 2$, weshalb die Hesssche Formel auch als *Erweiterter Eulerscher Satz*[1] bezeichnet wird. Die Beziehung dieser Formel zu den in Nr. 50 und 52, die in gleicher Weise benannt waren, ist naheliegend. Setzt man in der letzten Gleichung der Nr. 52 alle i Polyeder von der Grundzahl 1 voraus, so wird die Gleichung[2]: $e - k + f = 2i$, und wenn die erwähnten $i - 1$ polyedrischen Höhlungen als gleichwertig mit dem i-ten Polyeder betrachtet werden, so hat man ein diskontinuierliches, aus n Polyedern erster Art bestehendes Vielflach, dessen Art, wie der Vergleich mit der Hessschen Formel zeigt, gleich i ist. Es ist also umgekehrt ein Polyeder der Art A gewissermassen gleichwertig mit A Eulerschen Vielflachen, und ein diskontinuierliches Vielflach, das aus Vielflachen der Art A', A'', A'''... zusammengesetzt ist, besitzt die Artzahl $A = A' + A'' + A''' + \dots$

125. Die Reziprozität der Vielflache höherer Art.

Auch jedem Vielflache höherer Art entspricht polar in Beziehung auf eine beliebige Kugel als Direktrix ein zweites, wobei die Eckpunkte des ersten die Pole zu den Grenzflächen des andern als Polarebenen und die Flächen des ersten die Polarebenen zu den Ecken des zweiten als Pole sind. Doch ist das polar-reziproke Entsprechen nur dann *für die konvexen Vielflache* ein ungestörtes, wenn der Mittelpunkt der Kugel so gewählt werden kann, dass alle Grenzflächen ihm ihre Innenseite zuwenden, d. h. dass er *innerhalb* aller Ecken (und ausserhalb aller Umfangswinkel dieser) liegt. Es ist diese Bedingung für konvexe Polyeder erfüllt, wenn eine innerste Körperzelle mit dem Koëffizienten A existirt, innerhalb der das Kugelcentrum angenommen werden kann. Die beiden polar-reziproken Vielflache besitzen dann dieselbe Art A; *einer Ecke des einen mit der Artzahl α entspricht im andern eine Fläche der Art α und umgekehrt*. Die Projektion sämtlicher Grenzflächen auf die besprochene Kugel vom Centrum aus bedeckt diese A-mal. Die Konstruktion des einen Vielflaches aus seinem polaren erfolgt leicht durch Berücksichtigung der Thatsache, dass die sphärische Projektion einer Grenzfläche des einen identisch ist mit dem sphärischen Polygon der Polarecke der der Grenzfläche des ersten entsprechenden Ecke des andern Vielflaches.

126. Einteilung und Bezeichnung der Vielflache höherer Art.

Die Einteilung der besonderen Vielflache höherer Art erfolgt genau wie die der ersten Art auf Grund der Beschaffenheit der Ecken und Flächen, nur ist zu beachten, dass jetzt auch nicht-konvexe und diskontinuierliche Varietäten zu berücksichtigen sind. Im übrigen sind die Definitionen die früheren. Der höchste Grad der Besonderheit kommt denjenigen Vielflachen zu, die gleiche (kongruente), oder symmetrisch gleiche Ecken *und* Flächen besitzen, den *gleicheckigen und gleichflächigen Vielflachen*. Sowohl ihre Ecken wie auch ihre Flächen sind nicht notwendig regelmässig.

---

1) Vergl. die geschichtl. Bemerkungen Nr. 137.   2) Es ist $q = 1$ zu setzen.

Wird diese Bedingung hinzugefügt, so hat man die *regulären Vielflache* höherer Art. Auf Grund der Definition ergiebt sich, dass das einem gleicheckigen und gleichflächigen Vielflache polar-reziproke wieder ein solches ist; das entsprechende gilt für die regulären Vielflache. Besitzt ein Vielflach kongruente (oder symmetrisch-gleiche) Ecken, aber mehrerlei Flächen (verschiedener Art), so heisst es *gleicheckig*; besitzt es kongruente (oder symmetrisch-gleiche) Flächen, aber mehrerlei Ecken, so ist es *gleichflächig*. Jedem gleicheckigen Polyeder ist ein gleichflächiges polar zugeordnet. Die ersteren seien wieder als „Ecke", die letzteren als „Fläche" bezeichnet. Besitzt das gleicheckige Polyeder als Flächen[1] m n-ecke der Art a, m' n'-ecke der Art a' und m'' n''-ecke der Art a'' und sind seine μ Ecken ν-kantig und von der Art α, so heisse es ein $[m\,(n)_a + m'\,(n')_{a'} + m''\,(n'')_{a''}]$-flächiges $\mu \cdot (\nu)_\alpha$-Eck. Besitzt das gleichflächige Polyeder μ ν-kantige Ecken der Art α; μ' ν'-kantige Ecken der Art α', μ'' ν''-kantige Ecken der Art α'', und sind seine m Flächen n-ecke der Art a, so heisst es ein $[\mu\,(\nu)_\alpha + \mu'\,(\nu')_{\alpha'} + \mu''\,(\nu'')_{\alpha''}]$-eckiges $m \cdot (n)_a$-Flach. Diese Bezeichnungen sind analog denen für die entsprechenden Polyeder erster Art gebildet. Die Artzahl A des Vielflaches wird passend diesen Bezeichnungen angefügt. Die eigenartigen Benennungen der zugleich gleicheckigen und gleichflächigen Vielflache, insonderheit der regulären, werden an betr. Stelle erläutert werden. Sind bei einem gleicheckigen Vielflache die Vielecke verschiedener Kantenzahl regulär, bei dem gleichflächigen, jenem polaren, also die Ecken regelmässig, so spricht man auch hier von *Archimedeischen Varietäten*.[2] Wie die regulären Polygone höherer Art ihres Aussehens wegen Sternvielecke genannt werden, so bezeichnet man wohl die regulären Vielflache höherer Art, sowie die Archimedeischen Varietäten der gleicheckigen und gleichflächigen Polyeder gelegentlich auch als *Sternpolyeder*. Die Grenzflächen der gleicheckigen Vielflache sind neben den regulären Polygonen besonders die gleicheckigen Vielecke höherer Art, sowie die zu den Ecken der gleichflächigen Vielflache gehörenden sphärischen Vielecke gleichkantige Vielecke höherer Art sind. Danach ist ersichtlich, dass ein gleicheckiges Polyeder nur dann eine Archimedeische Varietät haben kann, wenn seine sämtlichen gleicheckigen Grenzflächen reguläre Polygone höherer Art als Spezialfälle besitzen. Es ist dies z. B. nicht der Fall, wenn Sechsecke zweiter Art, Zehnecke zweiter oder vierter Art vorkommen, da die betr. regulären Polygone dieser Arten diskontinuierlich sind.[3] — Es sollen nun zunächst die regulären Vielflache höherer Art eingehend betrachtet werden; daran schliesst sich die Untersuchung der gleicheckigen und der gleichflächigen Polyeder und schliesslich ist den zugleich gleicheckigen und gleichflächigen Polyedern, von denen es bekanntlich für $A = 1$ nur die beiden Sphenoide giebt, ein besonderes Kapitel zu widmen. Die diskontinuierlichen und nicht-konvexen Varietäten werden dabei gelegentlich erwähnt, doch sollen die durch Besonderheit ausgezeichneten Vielflache dieser Beschaffenheit auch im Zusammenhange in einigen Nummern besprochen werden. Dasselbe gilt von den einseitigen (Möbiusschen) Polyedern, sofern die Betrachtungen auf solche führen.

127. Allgemeine Sätze über die regulären Vielflache höherer Art. Der in Nr. 101 geführte Beweis des Satzes, dass sich in und um jedes reguläre Vielflach eine Kugel beschreiben lasse, ist unabhängig von der Art des Vielflaches, woraus sich ergiebt, dass der Satz für reguläre Vielflache höherer Art ebenfalls gültig ist, d. h.: *Ein reguläres Vielflach höherer Art besitzt eine einbeschriebene und eine umbeschriebene Kugel, sowie eine Kugel durch die Kantenmitten mit allen dreien gemeinschaftlichem Centrum.*[4] Auch der für die regulären Vielflache erster Art nach Nr. 100 bestehende Satz: *Die zweiten Endpunkte aller von einer Ecke des Vielflaches ausgehenden Kanten bilden ein regelmässiges Vieleck* ist hier gültig. Denn da die von einer Ecke des Vielflaches ausgehenden Kanten gleiche Sehnen der umbeschriebenen Kugel sind, so sind, da die Ecke regulär ist, die Verbindungslinien der andern Endpunkte dieser Kanten, als Basen kongruenter gleichschenkliger Dreiecke, gleich und liegen in einer Ebene, ein regelmässiges Vieleck der Art α der Ecke bildend, dessen Umhüllungspolygon ein regelmässiges Vieleck erster Art ist. — Die Ecken des regulären Polyeders P

---

1) Warum nicht mehr als drei Flächen-, oder Eckenarten vorkommen können, wird später klar.
2) Selbstverständlich nur in Analogie zu den Körpern erster Art.
3) An diskontinuierlichen Vielflachen können natürlich solche Grenzflächen auftreten.
4) Dostor, Les trois sphères des polyèdres réguliers étoilés. Grunerts Archiv. LXII. S. 78.

höherer Art stellen nun ein System von Punkten auf der dem Polyeder umbeschriebenen Kugel dar. Man lege durch je drei benachbarte Punkte Ebenen, so dass keiner der Punkte ausserhalb des von diesen Ebenen gebildeten, also konvexen Polyeders p erster Art liegt.[1]) Es wird behauptet, dass dieses der Kugel einbeschriebene Polyeder p, das seine Ecken mit P gemeinsam hat, ebenfalls regulär ist. Zum Beweise denke man sich mit dem Polyeder P ein ihm kongruentes P' zur Deckung gebracht. Dann kommt dessen konvexes Umhüllungspolyeder p' mit p zur Deckung, weil ja ihre Ecken zusammenfallen. Diese Deckung von P und P' findet aber stets statt, so oft man irgend eine Ecke von P mit irgend einer Ecke von P' zusammenfallen lässt, denn alle Ecken sind regulär kongruent, ebenso wenn man irgend eine Fläche von P mit irgend einer Fläche von P' zur Deckung bringt, aus analogem Grunde, denn es fallen auch die Nachbarflächen zusammen, da das reguläre Polyeder lauter gleiche Flächenwinkel besitzt. Ebensooft kommen gleichzeitig p und p', die mit P und P' starr verbunden sind, zur Deckung, was nur möglich ist, wenn p regulär ist, d. h.: *Die Ecken eines regulären Vielflaches höherer Art sind identisch mit denen eines regulären Vielflaches erster Art.*[2]) Da ferner sämtliche Flächen des regulären Vielflaches P dem Centrum der einbeschriebenen Kugel dieselbe Seite zukehren, so wird eine dieses Centrum enthaltende innerste räumliche Zelle (Kernzelle) existieren, d. h. ein derselben Kugel umbeschriebenes konvexes Polyeder erster Art q, an dessen Begrenzung *alle* Flächen des Vielflaches höherer Art teilnehmen. (Denn eine ausserhalb der Oberfläche von q verlaufende Ebene tangiert die Kugel nicht, ist also nicht Ebene einer Fläche von P.) Dann sind die Kernzellen q und q' zweier kongruenter Vielflache P und P' ebenfalls kongruent, und es lässt sich durch Schlüsse, analog denen beim vorigen Beweise, wieder zeigen, dass q und q' bei jeder beliebigen Deckung von P und P' ebenfalls zusammenfallen. Daraus folgt aber: *Das von den Flächen eines Vielflaches höherer Art gebildete konvexe Vielflach erster Art ist regulär.* Auf diesem und dem vorigen Satze, die völlig reziprok sind, beruhen die beiden in den folgenden Nummern angewandten Methoden zur Erzeugung der regulären Vielflache höherer aus denen der ersten Art. Man schliesst überdies noch, dass kein reguläres Vielflach höherer Art mehr als fünfkantige Ecken und Flächen besitzen kann, da dies sowohl von dem innern Kern als dem äusseren Umhüllungspolyeder gilt.

128. Erste Ableitung der regulären Vielflache höherer Art. Gemäss dem ersten der hierzu angekündigten Sätze lege man von einer Ecke eines regelmässigen Vielflaches erster Art der Reihe nach alle Gattungen von Geraden, jedesmal nach den gleichweit entfernten übrigen Ecken, und untersuche, ob durch zwei gleiche Gerade eine Ebene geht, in welcher die darin liegenden Ecken des Vielflaches zugleich die Ecken eines regelmässigen Vielecks bilden, von dem die zwei Geraden Kanten sind. Kann man durch jede Gerade zwei derartige Ebenen mit gleichen Vielecken legen, so sind die Geraden Kanten eines kontinuierlichen Vielflaches höherer Art, wenn die gebildete Ecke mit keiner irgend eines Vielflaches erster Art kongruent ist. Tritt aber dieser letztere Fall ein, so ergiebt sich ein diskontinuierliches Vielflach, das ebenfalls als reguläres höherer Art bezeichnet werden muss, wenn es die Bedingung erfüllt, dass der innerste Kern ein regelmässiges Vielflach erster Art ist. Es wird sich zeigen, dass die fünf regulären Polyeder solcherweise auf vier verschiedene kontinuierliche Vielflache höherer Art und drei dergl. diskontinuierliche führen. Das Tetraeder und das Oktaeder ergeben kein Vielflach höherer Art. Das *Hexaeder* liefert von einer Ecke aus ausser seinen drei eignen Kanten die drei Diagonalen der Seitenflächen, welche die Ecken eines Tetraeders bilden, deren zwei in das Hexaeder gestellt werden können. In ihrer Vereinigung[3]) bilden sie, da der innere Kern ein reguläres Oktaeder ist, einen diskontinuierlichen regulären Körper der Art $A = 2$. Fig. 20. Taf. VII. (Es ist $\Sigma\alpha = 8 \cdot 1$, $\Sigma a = 8 \cdot 1$, $K = 12$.)

Das Dodekaeder.[4]) Einer ersten Ecke a, in der die Konstruktion erfolgen soll (Fig. 100, S. 168.),

---

1) Es ist natürlich nicht ausgeschlossen, dass die Ebenen mehrerer benachbarter Flächen zusammenfallen, so dass das Polyeder p mehr als drei-kantige Grenzflächen besitzt. Jedenfalls giebt es aber nur *ein* völlig bestimmtes Polyeder p.

2) Wiener a. a. O. S. 21 und ausführlicher Wiener, Lehrbuch der darstellenden Geometrie Bd. I. S. 135.

3) Vergl. Nr. 102.

4) Es sind stets nur die Kombinationen von Geraden von einer Ecke aus beachtet, die thatsächlich zu einem geschlossenen regelmässigen Vielecke führen. Die vollständige Diskussion vergl. bei Wiener a. a. O. S. 22.

liegt eine zweite diametral gegenüber; die übrigen zehn ordnen sich zu je drei bez. sechs auf vier zu diesem Diameter senkrechten Ebenen, so dass es von a aus (ausser dem Diameter) viererlei Abstände einer Ecke von den übrigen giebt: ab, ac, ad und ae.[1]) 1) Von den sechs Abständen ac bilden je drei abwechselnde die Ecke eines Würfels, deren also zwei an einer Ecke des Dodekaeders liegen. Im ganzen stehen im Dodekaeder fünf solche Würfel, die aber kein diskontinuierliches reguläres Vielflach höherer Art bilden, da

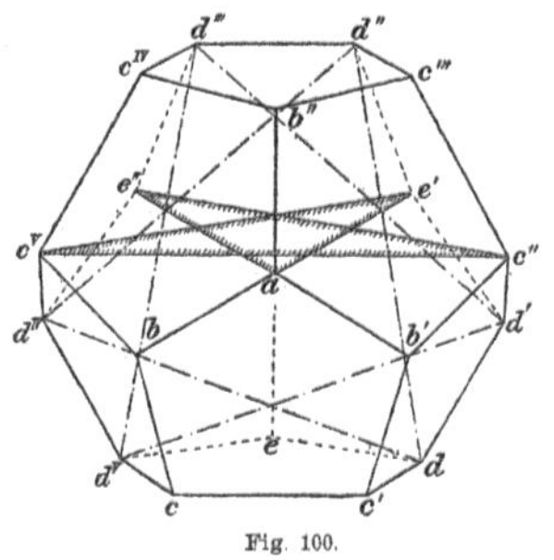

Fig. 100.

der innerste Kern kein reguläres Polyeder ist. (Vergl. Nr. 156 und Fig. 24 Taf. XII.) 2) Von den sechs Abständen ad liefern je drei abwechselnde eine Tetraederecke, deren also zwei in jeder Ecke des Dodekaeders entstehen. Im ganzen Dodekaeder erhält man zehn solche Tetraeder, zwei Gruppen von je fünf (fünf rechte und fünf linke, nach früherer Bezeichnung). Da aber die sechs Punkte d in einer Ebene liegen, so fallen die der Ecke a gegenüberliegenden Flächen der beiden Tetraeder[2]), die die Ecke a gemein haben, in eine Ebene. (Entsprechendes gilt für je zwei andere Flächen). Es genügt daher, um den innern Kern des Gebildes, der ein Ikosaeder ist, zu erhalten, nur die fünf Tetraeder einer Gruppe zu einem diskontinuierlichen regulären Vielflach zusammenzufassen, so dass in jeder Ecke des Dodekaeders eine Ecke des neuen Vielflaches liegt. Fig. 11. Taf. IX. Die andre Gruppe ergiebt dann ein gleiches diskontinuierliches reguläres Vielflach der Art $A = 5$, und diese beiden Vielflache können, wie früher geschehen als rechtes und linkes unterschieden werden. Beide vereinigt geben bei richtiger Auffassung[3]) ein reg. diskont. Vielflach der Art $A = 10$ mit je zwei zusammenfallenden Ecken und je zwei in eine Ebene fallenden Flächen, Fig. 3 Taf. IX, dessen innerster Kern das Ikosaeder bleibt. 3) Die drei Abstände ae bilden eine dreiflächige Ecke. Je zwei der Abstände liegen in einer Ebene, die einer bestimmten Fläche des Dodekaeders parallel läuft, indem sie durch die

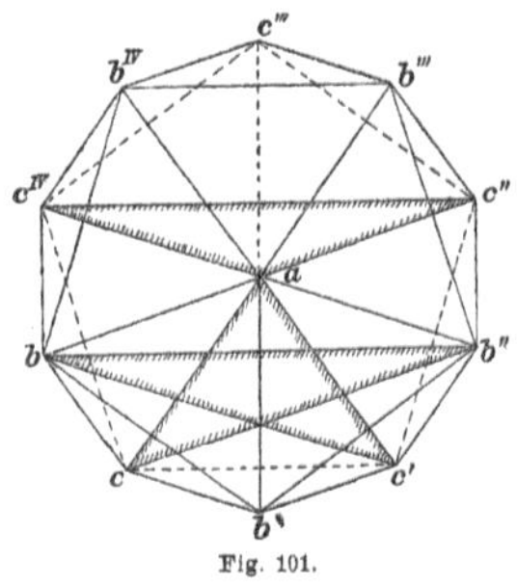

Fig. 101.

andern Enden der von den Ecken dieser Dodekaederfläche ausgehenden Kanten geht. Diese Ebene trägt also fünf, ein reguläres Fünfeck erster Art bildende Dodekaederecken, deren eine die Ecke a ist. Die von a ausgehenden Kanten ae' und ae'' z. B. gehören dann zu einem regulären Fünfeck 2. Art, $ae'c^v c''e''$, dessen Ecken mit jenem erster Art zusammenfallen und dessen Ebene parallel der Dodekaederfläche $b''c'''d''d'''c^{IV}$ ist. Das entstehende Vielflach höherer Art besitzt also zwanzig dreikantige Ecken erster Art und wird von $\frac{3 \cdot 20}{5} = 12$ Fünfecken zweiter Art begrenzt, deren Ebenen parallel denen des äusseren Umhüllungspolyeders laufen. Aus der ersten Hessschen Formel ergiebt sich, da $\Sigma a = 20$, $2p\pi = 12 \cdot \pi$ also $p = 6$ ist, $A = 7$. Dieses *20-eckige Stern-12-flach der 7. Art* zeigt Fig. 21 Taf. VII[4]) und (anders gestellt) Fig. 16 Taf. IX. Der innerste zwölfflächige Kern ist ein Dodekaeder. — Damit sind die aus dem Dodekaeder auf diese erste Weise ableitbaren Polyeder höherer Art erschöpft, da keine weiteren Kantenkombinationen möglich sind.

Das Ikosaeder. Der ersten Ecke a, von welcher die Konstruktion ausgeht, liegt eine zweite diametral gegenüber, die übrigen zehn liegen zu je fünf auf zwei zu diesem Diameter senkrechten Ebenen, es sind die Ecken b und c in Fig. 101. Es giebt daher ausser dem Diameter nur zwei verschiedene Abstände einer

---

1) Die Indices sind in der Figur nur für die weitere Unterscheidung angefügt.

2) Vergl. in Fig. 100 die beiden durch die Punkte d gebildeten Dreiecke $d'd'''d^v$ und $dd''d^{IV}$.

3) Eine andre Auffassung dieses Vielflaches vergl. Nr. 153.

4) Die Grenzfläche ist hier das Fünfeck $abcde$.

Ecke a von den übrigen, nämlich ab und ac. 1) Auf der Ebene zweier nicht benachbarten, von a ausgehenden Kanten des Ikosaeders, der Kanten ab und ab'', liegen zwei weitere Ecken c und c', und es sind also ab und ab'' Kanten eines Fünfecks erster Art, deren zwei durch jede Kante des Ikosaeders gehen. Die von fünf solchen Ebenen gebildete Ecke a ist von der zweiten Art, d. h. eine *Sternecke*, weshalb das erzeugte Vielflach als *12-flächiges Stern-12-Eck* bezeichnet wird. Denn da durch jede Kante zwei Flächen gehen, jede Fläche aber fünf Kanten hat, so ist die Zahl der Flächen des Vielflaches $\frac{2 \cdot 30}{5} = 12$. Die Art A ist nach der ersten Hessschen Formel, da $\Sigma a = 12 \cdot 2$, $2p\pi = 12 \cdot 3\pi$ ist, $A = 3$. Das Vielflach ist dargestellt in Fig. 22 Taf. VII (die Grenzfläche ist hier $abcde$) und Fig. 7 Taf. IX. Da der Körper zwölf Flächen besitzt, so ist der innerste Kern das Dodekaeder.[1]) 2) Zwei benachbarte der nächst längeren von a ausgehenden Geraden, z. B. ac und ac', sind Diagonalen der Grenzfläche des vorigen Vielflaches und bilden also mit den übrigen Diagonalen dieser Fläche ein Fünfeck zweiter Art. Solcher gehen durch jede Gerade ac zwei $acb''bc'$ und $acb^{IV}b'c^{IV}$). Die gebildete Ecke a ist von der ersten Art. Das erhaltene von zwölf Fünfecken (zweiter Art begrenzte Vielflach ist das *12-eckige Stern-12-Flach der 3. Art*. Denn nach der ersten Hessschen Formel ist $\Sigma a = 12 \cdot 1$, $2p\pi = 12 \cdot \pi$ d. h. $A = 3$. Der innerste Kern ist ein Dodekaeder, dessen Fläche die innere Zelle der Grenzfläche des Vielflaches ist. Vergl. Fig. 23 Taf. VII (Grenzfläche: $abcde$) und Fig. 5 Taf. X. 3) Zwei nicht benachbarte, von a ausgehende Kanten ac, z. B. ac'' und ac^{IV}, liefern mit der Verbindungsgeraden $c''c^{IV}$ ihrer Endpunkte ein gleichseitiges Dreieck und durch jede Gerade ac gehen deren zwei. Die dadurch gebildete Ecke a ist fünfflächig von der zweiten Art. Das entstehende Vielflach höherer Art besitzt $\frac{12 \cdot 5}{3} = 20$ Flächen und ist das *20-flächige Stern-12-Eck der 7. Art*. Denn da $\Sigma a = 12 \cdot 2$, $2p\pi = 20\pi$ ist, so ergiebt die erste Hesssche Formel[2]) $A = 7$. Der innerste Kern dieses von zwanzig Flächen begrenzten Vielflaches ist ein Ikosaeder. Dieses komplizierteste der vier regulären Polyeder höherer Art zeigt Fig. 24 Taf. VII (mit der Grenzfläche abc) und Fig. 24 Taf. XI. Weitere Vielflache höherer Art lassen sich auch aus dem Ikosaeder nicht ableiten.[3])

129. Zweite Ableitung der regulären Vielflache höherer Art. Da die innersten Kerne der regulären Vielflache höherer Art regelmässige Vielflache erster Art sind, so ergiebt sich zur Konstruktion jener folgendes einfache Verfahren. Man konstruiere auf der Ebene einer Fläche des regulären Vielflaches erster Art, die man als Zeichenebene wählt, die Schnittlinien (Spuren) der Ebenen aller übrigen Grenzflächen des Vielflaches. Die Schnittpunkte dieser Linien werden sich wegen der Regelmässigkeit des Vielflaches auf Kreisen um den Mittelpunkt der Grenzfläche der Zeichenebene gruppieren. Diejenigen Schnittpunkte (mindestens zweier Geraden) auf demselben Kreise, die in einem fortlaufenden Zuge von Schnittlinien ein reguläres Polygon (erster oder höherer Art) ergeben, sind dann die Eckpunkte der Grenzfläche eines regulären Vielflaches höherer Art. Aus dem Tetraeder und Hexaeder ist hier nichts zu erhalten; das Oktaeder liefert nur ein seiner Grenzfläche umbeschriebenes gleichseitiges Dreieck, d. h. die Fläche des ersten in voriger Nummer beschriebenen diskontinuierlichen Vielflaches. *Das Dodekaeder.* Die Fläche des Dodekaeders, die als Zeichenebene dient, sei mit 1 bezeichnet, die sie der Reihe nach seitenden mit 2, 3, 5, 8, 4. Die Zahl, welche eine der sechs übrigen Flächen bezeichnet, sei die Ergänzung der Zahl der gegenüberliegenden Fläche zu 13, so dass also der Fläche 1 die Fläche 12, der Fläche 2 die Fläche 11 gegenüberliegt u. s. w. Fig. 16 Taf. II zeigt dann die durch die Ebenen von zehn Dodekaederflächen auf der Ebene der Fläche 1 erzeugte Figur von Schnittgeraden (Spuren), wobei jede Spur mit der Zahl (in Klammer) bezeichnet ist, welche die zu-

---

1) Die Ebene der Fläche $abcc'b''$ (Fig. 101 S. 168) läuft parallel der Tangentialebene in b' an die dem Ikosaeder umbeschriebeneKugel, d. h. parallel einer Dodekaederfläche u. s. w.

2) Die zweite Hesssche Formel ist natürlich ebenfalls anwendbar und ergiebt immer dasselbe A.

3) Auf Grund dieser ersten Ableitung der regulären Vielflache höherer Art kann man sich *Fadenmodelle* solcher herstellen, indem man in dem Stabmodell der Kanten des äusseren Umhüllungspolyeders die Ecken in geeigneter Weise durch Fäden verbindet, welche die Kanten des Vielflaches darstellen. Ein solches Modell ist mehr geeignet den innern Bau des Körpers zu veranschaulichen, als ein Pappmodell, und lässt manche seiner Eigenschaften sofort ablesen.

gehörige Dodekaederfläche trägt.[1]) Das innerste schraffierte Fünfeck ist die Dodekaederfläche selbst, gebildet von den Schnittpunkten 1. Von den Schnittpunkten 2 werden zwei reguläre Fünfecke gebildet: ein Fünfeck erster Art, die Fläche des *12-flächigen Stern-12-Ecks der 3. Art,* und ein reguläres Fünfeck 2. Art, die Fläche des *12-eckigen Stern-12-Flaches der 3. Art.* Von den Schnittpunkten 3 wird ein reguläres Fünfeck 2. Art gebildet, die Fläche des *20-eckigen Stern-12-Flachs der 7. Art.* Hiermit sind die vorhandenen Möglichkeiten von Flächen höherer, aus dem Dodekaeder nach dieser Methode ableitbaren, Vielflache erschöpft. *Das Ikosaeder.* Die Fläche desselben, die als Zeichenebene dient, sei 1. Die Bezeichnung der übrigen Flächen zeigt Fig. 102. Die Spuren der Ebenen von achtzehn Ikosaederflächen — die Ebene des Dreiecks 20 schneidet die Ebene

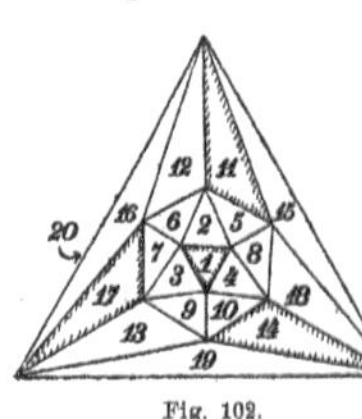
Fig. 102.

von 1 in der unendlich weiten Geraden — sind in Fig. 17 Tafel II dargestellt. Reguläre Vielecke werden nur durch die Verbindungslinien folgender Punkte erzeugt. Die Punkte 1 sind die Ecken der (schraffierten) Ikosaederfläche. Je drei der Punkte 6 geben ein gleichseitiges Dreieck, die Grenzfläche des aus fünf Tetraedern bestehenden diskontinuierlichen Vielflaches. Die sechs Punkte 6 ergeben zu je drei verbunden zwei sich kreuzende gleichseitige Dreiecke, die also die Ebene der innersten Ikosaederfläche zum Teil doppelt überdecken. Es sind zwei der Flächen des aus zehn Tetraedern bestehenden diskontinuierlichen regulären Vielflaches. Die drei Punkte 7 endlich bilden ein gleichseitiges Dreieck, die Grenzfläche des *20-flächigen Stern-12-Ecks der 7. Art.* Die übrigen Schnittpunkte ergeben keine Flächen *regulärer* Polyeder höherer Art und kommen bei späteren Untersuchungen zur Besprechung.[2])

130. Die regulären, die Kugel mehrfach bedeckenden Netze. Die Reziprozität. Es bestehe ein die Kugel A-mal überdeckendes Netz aus f n-ecken a-ter Art. In jeder der e Ecken α-ter Art stossen ν Flächen zusammen, und ein Winkel einer Fläche sei ω. Dann gilt also: $f \cdot \dfrac{n \cdot \omega - (n - 2a)\pi}{2\pi} \cdot \dfrac{\Theta}{2} = A \cdot \Theta$, wenn Θ wie früher die Kugelfläche bedeutet. Mit $\nu \cdot \omega = \alpha \cdot 2\pi$ ergiebt sich daraus:

$$f = \frac{4 A \nu}{2 n \alpha - \nu (n - 2a)}.$$

Es sind die ganzzahligen Werte von f, A, a, α, n, ν zu bestimmen, welche diese Gleichung befriedigen, während gleichzeitig $n f = \nu \cdot e = 2 K$ und, wenn $\varkappa$ die sphärische Kante des Polygons ist, $\cos \dfrac{\varkappa}{2} \cdot \sin \dfrac{\omega}{2} = \cos \dfrac{a\pi}{n}$ ist. (Vergl. Nr. 37.) Von den analytisch zulässigen Lösungen dieser Gleichungen sind aber nur wenige brauchbar, wegen des folgenden für die regulären Netze gültigen Satzes, der analog dem für die Polyeder gültigen zu beweisen ist[3]): *Die Ecken eines regulären Netzes höherer Art sind identisch mit denen eines erster Art.* Danach ergeben sich, abgesehen von dem Kreisteilungsnetze und dem Zweiecksnetze höherer Art, denen keine Polyeder (sondern nur Grenzfälle solcher) ein- oder umbeschrieben sind, nur die folgenden vier Netze höherer Art, die sämtlich von den fünfzehn, auch das Dodekaeder- und Ikosaedernetz erster Art bildenden Hauptkreisen erzeugt werden und also in dem sog. zweiten Hauptnetze Fig. 15 Taf. II enthalten sind. 1) Das Netz, dessen Grenzfläche das Dreieck $G_1 G_5' G_4'$ ist, und dessen zwölf Eckpunkte die eines Ikosaedernetzes sind. Ein solches Dreieck bedeckt zweiundvierzig charakteristische Dreiecke des aus 120 solchen bestehenden Hauptnetzes. Es ist also $A \cdot 120 = 20 \cdot 42$, d. h. $A = 7$, und die Zahl der Dreiecke des Netzes ist 20. Diesem Netze ist das 20-flächige Stern-12-Eck der 7. Art einbeschrieben, das 20-eckige Stern-12-Flach der-

---

1) Die Spur der Ebene der Fläche 12 auf 1 ist die unendlich ferne Gerade.

2) Auf Grund dieser zweiten Ableitung lassen sich leicht die Pappmodelle der sichtbaren Oberfläche der Vielflache darstellen. Das 12-eckige Stern-12-Flach z. B. stellt man sich her, indem man auf die zwölf Flächen eines Dodekaeders fünfseitige Pyramiden aufsetzt, deren Seitenflächen die Verlängerungen der fünf der Grundfläche benachbarten Flächen des Dodekaeders sind, das 20-eckige Stern-12-Flach durch Aufsetzen dreiseitiger Pyramiden auf die Flächen eines Ikosaeders. Die Seitenfläche einer solchen Pyramide ist die äussere dreieckige Zelle eines Fünfecks 2. Art, dessen innere fünfeckige Zelle die Ikosaederkante zur Kante hat u. s. w. Vergl. über die Herstellung der beiden übrigen Vielflache Wiener a. a. O. S. 24—26. Die Herstellung aus zusammenhängenden Netzen ist unpraktisch.   3) Hess II. S. 435.

selben Art umbeschrieben. 2) Das 12-flächige Netz, dessen Grenzfläche $C_4\, C_8'\, C_6\, C_9\, C_{10}'$ ist, und dessen zwanzig Eckpunkte die eines Pentagondodekaedernetzes sind. Diese Grenzfläche bedeckt $30 \cdot 2 + 10$ charakteristische Dreiecke des Hauptnetzes[1]), es ist also $A \cdot 120 = 12 \cdot 70$, d. h. $A = 7$. Dem Netze ist das 20-eckige Stern-12-Flach einbeschrieben, das 20-flächige Stern-12-Eck umbeschrieben. Die Netze 1 und 2 sind *konjugiert*, die beiden Polyeder sind *polar-reziprok*. 3) Das 12-flächige Netz, dessen Fläche das Fünfeck zweiter Art $G_2\, G_5\, G_4\, G_3\, G_6$ ist, und dessen zwölf Eckpunkte die eines Ikosaedernetzes sind. Eine Fläche bedeckt $10 \cdot 2 + 10$ charakteristische Dreiecke des Hauptnetzes; es ist $A \cdot 120 = 12 \cdot 30$, d. h. $A = 3$. Dem Netze ist das 12-eckige Stern-12-Flach einbeschrieben, das 12-flächige Stern-12-Eck umbeschrieben. 4) Das 12-flächige Netz, dessen Fläche das Fünfeck $G_2\, G_3\, G_5\, G_6\, G_4$ ist, und dessen fünfkantige Ecken zweiter Art die eines Ikosaedernetzes sind. Da eine Fläche dreissig charakteristische Dreiecke des Hauptnetzes bedeckt, so ist $A \cdot 120 = 12 \cdot 30$, d. h. $A = 3$. Diesem Netze ist das 12-flächige Stern-12-Eck einbeschrieben, das 12-eckige Stern-12-Flach umbeschrieben. Die Netze 3 und 4 sind *konjugiert*, die beiden Polyeder sind *polar-reziprok*.

131. Symmetrieachsen und -Ebenen. Metrische Relationen. Aus der Ableitung der regulären Vielflache höherer Art folgt ebenso direkt wie aus der ihrer sphärischen Netze, dass diesen Vielflachen dieselben Achsen und Symmetrieebenen zukommen wie dem Ikosaeder-Dodekaeder. Während aber bei den beiden die Kugel siebenmal bedeckenden Vielflachen die Ecken-, Flächen- und Kantenachsen mit denen der erzeugenden Polyeder zusammenfallen, sind bei den beiden die Kugel dreifach bedeckenden Vielflachen die 5-zähligen Achsen sowohl Ecken- als Flächenachsen, während die 3-zähligen Achsen nach den Doppelpunkten dieser Vielflache gerichtet sind.[2]) Es sei endlich noch kurz auf die metrischen Relationen bei diesen regulären Vielflachen hingewiesen. Die Berechnung von Oberfläche und Inhalt, sowie der Radien der ein- und umbeschriebenen Kugel erfolgt leicht trigonometrisch aus den Netzen, doch lässt sich die Rechnung auch elementar auf Grund der zweiten Konstruktion durchführen. Die folgende Andeutung mag hier genügen.[3]) Bezeichnet man für die drei Polyeder, deren innerster Kern ein Dodekaeder ist, mit Rücksicht auf Fig. 16 Taf. II die Längen der Kanten folgendermassen: die Kante $\overline{1,1}$ des innersten Dodekaeders mit k, die Kante $\overline{2,2}$ des 12-eckigen Stern-12-Flachs mit k', die Kante $\overline{2,2}$ des 12-flächigen Stern-12-Ecks mit k'' und die Kante $\overline{3,3}$ des 20-eckigen Stern-12-Flachs mit k''', so lassen sich leicht diese vier Kanten durch einander ausdrücken, entweder indem man von den elementaren Sätzen der stetigen Teilung Gebrauch macht, oder indem man direkt die Formeln S. 22 Anm. 3 anwendet.[4]) Es ist $k = k'\,(\sqrt{5} - 2) = \dfrac{k''}{2}\,(3 - \sqrt{5}) = \dfrac{k'''}{2}\,(5\sqrt{5} - 11).$[5]) Die Grenzfläche jedes Vielflaches ist durch die Kante nach den erwähnten Formeln bestimmt. Der Radius der einbeschriebenen Kugel wird aus dem für das innere Dodekaeder erhalten, indem man in dem Werte

$$P = \frac{k}{2}\,\sqrt{\frac{25 + 11\sqrt{5}}{10}}$$

(vergl. Nr. 103) k durch die Kante des betr. Vielflaches ausdrückt. Ist dessen Fläche F, so ist der Inhalt des Vielflaches $V = n\,\dfrac{F \cdot P}{3}$, wenn n die Flächenzahl bezeichnet. Es ist z. B. für das 12-eckige Stern-12-Flach:

$$F = \frac{k'^{\,2}}{4}\,\sqrt{5\,(5 - 2\sqrt{5})}, \qquad P = \frac{k'}{2}\,\sqrt{\frac{5 - \sqrt{5}}{10}} \qquad \text{und danach} \qquad V = \frac{k'^{\,3}}{2}\,\sqrt{\frac{35 - 15\sqrt{5}}{2}}.$$

Der Radius R der umbeschriebenen Kugel wird aus $R^2 = P^2 + r^2$ gefunden, worin r der Radius des umbeschriebenen Kreises der Grenzfläche ist. Für das eben berechnete Vielflach ist $R = \dfrac{k'}{2}\,\sqrt{\dfrac{5 - \sqrt{5}}{2}}$. Dieselbe Formel für den Flächeninhalt hätte sich übrigens ergeben, wenn man das dreifache innere Dodekaeder um die zwölf aufgesetzten Pyramiden vermehrt hätte. Es ist, wie eingangs bemerkt, nicht schwer, umgekehrt

---

1) Da das innere Fünfeck $G_2\, G_3\, G_5\, G_6\, G_4$ doppelt überdeckt ist.   2) Vergl. Nr. 133.

3) In den weiteren Nummern dieses Buches wird von metrischen Betrachtungen im allgemeinen abgesehen werden

4) Es sind z. B. k und k' Kanten von Fünfecken erster und zweiter Art, die den gemeinsamen Radius ϱ des einbeschriebenen Kreises besitzen, u. s. w.

5) Auf drei Stellen: $k = k' \cdot 0{,}236 = k'' \cdot 0{,}382 = k''' \cdot 0{,}090$.

alle zu berechnenden Grössen durch den Radius R der umbeschriebenen Kugel auszudrücken.[1]) Etwas komplizierter ist die elementare Berechnung der Kante k' des 20-flächigen Stern-12-Ecks aus der Kante k des inneren Ikosaeders. Das in Fig. 17 Taf. II von den Ecken 7 gebildete Dreieck ist der Schnitt der drei an das Dreieck 20 (Fig. 102 des Textes) grenzenden Dreiecke 15, 16, 19 mit der Ebene des Dreiecks 1. Diese drei Dreiecke bilden mit der Ebene des Dreiecks 20 den Flächenwinkel des Ikosaeders, welcher bekannt ist. Da die parallelen Ebenen von 1 und 20 um das Doppelte des Radius der einbeschriebenen Kugel des Ikosaeders von einander entfernt sind, so ist die Fläche des 20-flächigen Stern-12-Ecks die Grundfläche einer abgestumpften dreiseitigen Pyramide, deren Höhe der Durchmesser der dem Ikosaeder einbeschriebenen Kugel ist, deren obere Deckfläche die Ikosaederfläche ist, und deren Seitenflächen mit der oberen Deckfläche den Flächenwinkel des Ikosaeders bilden. Man findet $k' = k \cdot \dfrac{7 + 3\sqrt{5}}{2}$. Da die Fläche $F = \dfrac{k'^{2}}{4}\sqrt{3}$, der Radius der einbeschriebenen Kugel $P = \dfrac{k}{12}(3 + \sqrt{5})\sqrt{3} = \dfrac{k'}{12}(3 - \sqrt{5})$ ist, so ergiebt sich $V = 20 \cdot \dfrac{F \cdot P}{3} = \dfrac{5}{36} k'^{3}\sqrt{3}(3 - \sqrt{5})$. Für R findet man: $R = \dfrac{k'}{12}\sqrt{62 - 6\sqrt{5}}$. Derselbe Wert von k' lässt sich aus k auf Grund der Konstruktion von Fig. 17 Taf. II ableiten. Verlängert man eine in X stetig geteilte Strecke AB um den grösseren Abschnitt BX bis C, so ist bekanntlich AC wieder in B stetig geteilt, und es ist $AC = AB \cdot \sigma$, wenn $\sigma = \dfrac{1 + \sqrt{5}}{2}$ ist. Die Konstruktion von Fig. 17 Taf. II ist die folgende. Durch Verlängerung der stetig geteilten Kante $\overline{1,1}$ des Ikosaeders um den grösseren Abschnitt ergiebt sich Punkt 4. Durch dieselbe Konstruktion ergiebt sich auf der Verlängerung von $\overline{1,4}$ der Punkt 6. Es ist also $\overline{1,6} = k \cdot \sigma^{2}$. Wegen der Parallelität dieser Spur $\overline{1,6}$ mit $\overline{7,7}$ ist $\overline{1,6} = \overline{7,6}$. Verlängert man die stetig geteilte Strecke $\overline{7,6}$ um ihren grösseren Abschnitt und wiederholt diese Operation an der erhaltenen Strecke $\overline{7,6,6}$, so ergiebt sich $\overline{7,7} = \overline{7,6} \cdot \sigma^{2}$. Es ist also $\overline{7,7} = k' = k \cdot \sigma^{4}$, d. h. $k' = k \cdot \dfrac{7 + 3\sqrt{5}}{2}$. Um die Figur zu zeichnen, sind nur die Punkte 6 in der geschilderten Weise zu konstruieren.[2])

132. Die Doppelelemente eines Vielflaches höherer Art. Wie bei den Vielecken in der Ebene die Doppelpunkte und Diagonalen besondere Beachtung verdienten, so bei den räumlichen Vielflachen bez. Vielecken die Doppelpunkte, Doppelkanten und Doppelebenen. Es sollen zunächst die Definitionen dieser Elemente gegeben werden, alsdann sind die regulären Vielflache als Beispiele gewählt. — *Doppelpunkte* (Knotenpunkte) heissen die auf den Grenzflächen auftretenden Schnittpunkte mehrerer Flächen, wenn sie nicht Ecken des Vielflaches sind. Gehen mehr als drei Flächen durch einen solchen Punkt (mehrfacher Punkt), so ist er gleichwertig mit einer bestimmten Anzahl von durch drei Flächen gebildeten Doppelpunkten, bei vier Ebenen mit vier zusammenfallenden Doppelpunkten, bei fünf Ebenen mit zehn, allgemein bei n Ebenen mit $\dfrac{n(n-1)(n-2)}{1 \cdot 2 \cdot 3}$ Doppelpunkten.[3]) Solcher giebt es zwei Klassen: Die *Doppelpunkte erster Klasse* liegen auf den Kanten des Vielflaches, sind also zugleich Doppelpunkte der Grenzflächen d. h. in ihnen schneiden sich mindestens zwei Kanten, die einer Grenzfläche angehören. Die Zahl solcher Doppelpunkte eines Vielflaches sei D_1, wobei mehrfache Punkte in einfach zu zählende Doppelpunkte aufgelöst sind.[4]) Die *Doppelpunkte der 2. Klasse* liegen entweder auf einer oder mehreren Kanten *verschiedener* Grenzflächen oder im Innern der Grenzflächen. Durch sie, deren Anzahl für ein Vielflach D_2 sei, gehen die sogleich zu definierenden Flächendoppelkanten. Es zerfallen die Doppelkanten eines Vielflaches in die beiden Arten der Flächendoppelkanten

1) Vergl. hierzu auch: O. Löwe, Über d. regulären u. Poinsotschen Körper und ihre Inhaltsbestimmung vermittelst Determinanten (München 1883); mit Angaben interessanter Beziehungen zwischen den Inhalten der Sternpolyeder und der Polyeder erster Art. Ferner: Dostor, Propriétés générales des polyèdres réguliers étoilés. Liouvilles Journ. 3. série T. V. 1879. S. 269.

2) Vergl. hierzu: Hess, Über die zugleich gleicheckigen und gleichflächigen Polyeder. Kassel 1876. S. 36 ff. (künftig als Hess III zitiert).   3) Vergl. Nr. 40.

4) Dasselbe gelte für alle weiteren Doppelelemente.

und Eckendoppelkanten. *Flächendoppelkanten* sind solche Schnittlinien je zweier Grenzflächen eines Vielflaches, die nicht Kanten desselben sind und innerhalb jeder der beiden Grenzflächen liegen. Auch hier sind zwei Klassen zu unterscheiden. *Flächendoppelkanten der ersten Klasse* sind die, welche *mindestens durch eine Ecke* des Vielflaches gehen und also eigentliche Doppelkanten dieser Ecken, entsprechend den Doppelpunkten ebener Polygone, sind. Ihre Zahl sei K_1'. Die *Flächendoppelkanten der zweiten Klasse* gehen durch keine Ecke des Vielflaches, sondern treten nur als Verbindungslinien von Doppelpunkten auf. Ihre Zahl[1] sei $K_2^{\;\iota}$. *Eckendoppelkanten* sind solche Verbindungslinien je zweier Eckpunkte eines Vielflaches, die keine Kanten sind und die Eigenschaft haben, dass die durch sie gelegten Ebenen, welche nicht in den körperlichen Innenwinkel der einen Ecke fallen, auch bei der andern Ecke ausserhalb ihres Innenwinkels liegen. *Eckendoppelkanten der ersten Klasse* sind diejenigen, die mindestens in einer Grenzfläche des Vielflaches liegen und dieser Fläche als Doppelgeraden, d. h. solche Diagonalen, entsprechen, die zugleich in zwei Umfangswinkeln liegen. Ihre Anzahl sei $K_1^{\;e}$. Die *Eckendoppelkanten der zweiten Klasse* haben die genannte Eigenschaft nicht und sind *nur* Schnittlinien von Doppelebenen. Die Anzahl werde mit $K_2^{\;e}$ bezeichnet. *Doppelebenen* sind solche Ebenen, die, ohne Grenzflächen zu sein, durch drei oder mehrere Eckpunkte eines Vielflaches hindurchgelegt werden können, ohne dass sie in die Innenwinkel dieser Ecken hineinfallen. Eine durch drei Punkte gehende Doppelebene ist einfach zu zählen, eine durch n Punkte gehende mehrfache Ebene ist gleichwertig mit $\dfrac{n(n-1)(n-2)}{1\cdot2\cdot3}$ Doppelebenen. Die *Doppelebenen der ersten Klasse* gehen durch mindestens zwei Kanten derselben Ecke hindurch und sind zugleich Doppelebenen der Ecken, entsprechend den in Umfangswinkeln liegenden Diagonalen ebener Polygone. Ihre Zahl sei $\mathfrak{D}_1$. Die *Doppelebenen der zweiten Klasse* gehen durch eine oder mehrere Kanten des Vielflaches, die nicht derselben Ecke angehören, oder überhaupt durch keine Kante des Vielflaches und tragen überdies die erwähnten Eckendoppelkanten. Ihre Anzahl werde mit $\mathfrak{D}_2$ bezeichnet. — Die Reziprozität der Doppelelemente erhellt direkt aus ihren Definitionen, die in einander übergehen, wenn Punkt und Ebene mit einander vertauscht werden, während eine Kante wieder einer solchen entspricht. Unterscheidet man die Anzahl der Doppelelemente zweier polar-reziproker Vielflache V und V', deren Reziprozität eine ungestörte ist, durch ungestrichelte und gestrichelte Buchstaben, so gelten die Gleichungen: $D_1 = \mathfrak{D}_1'$, $D_2 = \mathfrak{D}_2'$, $K_1' = K_1^{\,\iota\prime}$, $K_2' = K_2^{\,e\prime}$, $K_1^{\,e} = K_1''$, $K_2^{\,e} = K_2''$, $\mathfrak{D}_1 = D_1'$, $\mathfrak{D}_2 = D_2'$, deren Bestehen an dem Beispiele der regulären Vielflache verfolgt werden mag. Die bisher betrachteten Doppelelemente sind als *eigentliche* zu bezeichnen. Wie aber bei den ebenen Polygonen auch diejenigen Doppelpunkte zu betrachten waren, die von einer Kante und der Verlängerung einer andern Kante gebildet wurden[2]), sowie solche Diagonalen, die in dem Umfangswinkel der einen und im Innenwinkel der andern Ecke liegen, so sind auch bei den Vielflachen *uneigentliche Doppelelemente* zu berücksichtigen. Es ist z. B. ein uneigentlicher Doppelpunkt ein gemeinsamer Punkt von p Grenzflächen, von denen aber q erst erweitert werden müssen; eine uneigentliche Doppelebene eine solche, welche durch p Ecken gelegt bei q derselben durch den körperlichen Innenwinkel hindurchgeht u. s. w.[3])

133. Die Doppelelemente des 12-eckigen Stern-12-Flaches und des 12-flächigen Stern-12-Ecks. Man beachte hier die Figuren 23 und 22 auf Tafel VII und die die Grenzflächen darstellende Fig. 16 auf Tafel II. Es sei zunächst das erste der angeführten Vielflache auf seine Doppelelemente untersucht. Die *Doppelpunkte der ersten Klasse* sind die Doppelpunkte der Grenzflächen, d. h. die Eckpunkte des innern dodekaedrischen Kernes (z. B. der Punkt D in Fig. 23). Jeder wird durch drei Ebenen gebildet; es ist $D_1 = 20$. *Doppelpunkte zweiter Klasse* sind nicht vorhanden, ebenso wie *Flächendoppelkanten* beider Klassen. *Eckendoppelkanten*

---

1) Gehen n Flächen durch eine solche Doppelkante, so ist sie für $\dfrac{n(n-1)}{2}$ einfache Doppelkanten zu zählen. Bei den regulären Vielflachen tritt dieser Fall nicht ein.   2) Vergl. Nr. 34.

3) Die Theorie der Doppelelemente eines Vielflaches findet man in Hess III S. 29 ff. Von den uneigentlichen Doppelpunkten u. s. w. ist S. 31 ff. gehandelt, wo über ihre Zählung nachzulesen ist. Bei den regulären Vielflachen kommen uneigentliche Doppelelemente nicht vor, wohl aber bei den später zu besprechenden gleicheckigen und gleichflächigen Polyedern. Doch sei für die letzteren auf die Originalarbeit von Hess verwiesen.

erster Klasse sind die Kanten des umhüllenden Ikosaeders (z. B. *ac* in Fig. 23). Sie verbinden zwei Nachbarecken des Vielflaches, ohne durch die körperlichen Innenwinkel zu gehen, und zugleich zwei Nachbarecken von zwei Grenzflächen, wodurch sich ihr Name erklärt. Es ist ersichtlich $K_1^e = 30$. *Eckendoppelkanten zweiter Klasse* existieren nicht, ebensowenig *Doppelebenen erster Klasse*. Die *Doppelebenen zweiter Klasse*, die durch keine Kante des Vielflaches gehen, sind die Ebenen des äusseren Ikosaeders (z. B. *agc* in Fig. 23), ihre Zahl ist also $\mathfrak{D}_2 = 20$. — Ebensoleicht ergeben sich die Doppelelemente des *12-flächigen Stern-12-Ecks*, das dem vorigen Vielflach polar-reziprok ist. Es besitzt, da die Grenzfläche ein Fünfeck erster Art, also ohne Doppelpunkte ist, keine *Doppelpunkte erster Klasse*. Die *Doppelpunkte zweiter Klasse* (*D′* in Fig. 22, die Punkte 1 auf der von den Punkten 2 gebildeten Grenzfläche in Fig. 16 Taf. II) in denen sich drei Flächen schneiden, sind die Ecken des innern Dodekaeders, d. h. $D_2 = 20$. Die *Flächendoppelkanten erster Klasse* sind die je fünf Diagonalen der zwölf Grenzflächen (z. B. *ad* in Fig. 22). Da jede solche Diagonale zu zwei Flächen gehört (daher der Name Flächen*doppel*kante), so ist $K_1^f = \dfrac{5 \cdot 12}{2} = 30$. *Flächendoppelkanten zweiter Klasse* sind nicht vorhanden, ebenso fehlen die *Eckendoppelkanten*. *Doppelebenen erster Klasse* sind die Flächen des äusseren Ikosaeders (z. B. *aef* in Fig. 22), sie gehen durch je zwei Kanten jeder Ecke. Es ist also $\mathfrak{D}_1 = 20$. *Doppelebenen der zweiten Klasse* existieren nicht.

134. Die Doppelelemente des 20-eckigen Stern-12-Flaches und des 20-flächigen Stern-12-Ecks. Hier sind die Figuren 21 und 24 auf Tafel VII und die die Grenzflächen der beiden Vielflache darstellenden Figuren 16 und 17 auf Tafel II zu berücksichtigen. Es sei zunächst das *20-eckige Stern-12-Flach* betrachtet. Die *Doppelpunkte erster Klasse* sind die Doppelpunkte der Grenzfläche, die ein Fünfeck zweiter Art ist (die Punkte 2 in Fig. 16, die Punkte *D* in Fig. 21). Durch jeden dieser zwölf Punkte gehen aber fünf Flächen des Vielflaches[1]), jeder zählt also nach den allgemeinen Ausführungen in Nr. 132 zehnfach, d. h. es ist $D_1 = 120$. — Die fünf durch den Punkt *D* in Fig. 21 gehenden Grenzflächen schneiden die Ebene der Fläche *abcde* in einem Sternfünfeck mit fünf Doppelpunkten, dessen Ecken die auf *abcde* liegenden Doppelpunkte erster Klasse sind. Jeder solche *Doppelpunkt zweiter Klasse* liegt also ausser auf *abcde* noch auf zwei Grenzflächen; es ist somit $D_2 = \dfrac{12 \cdot 5}{3} = 20$. *Flächendoppelkanten erster Klasse* existieren nicht. *Flächendoppelkanten zweiter Klasse* sind die Verbindungsgeraden der abwechselnden Doppelpunkte der Grenzflächen (z. B. die Gerade *fg* der Grenzfläche *abcde* in Fig. 21). Da auf jeder Grenzfläche fünf verlaufen, jede aber zu zwei Grenzflächen gehört, so ist $K_2^f = 30$. *Eckendoppelkanten erster Klasse* gehen sechs von jeder Ecke aus (die sechs in Fig. 21 von der Ecke *h* ausgehenden punktierten Geraden). Da aber jede doppelt gezählt wird, nämlich in ihren beiden Enden, so ist $K_1^e = \dfrac{20 \cdot 6}{2} = 60$. *Eckendoppelkanten zweiter Klasse* sind zwei Arten vorhanden. Erstens die dreissig Geraden, welche je zwei benachbarte Ecken verbinden (z. B. die Gerade *bi* in Fig. 21). Es sind die Kanten des umhüllenden Dodekaeders. Zweitens die Geraden, von denen je sechs von einer Ecke ausgehen[2]), wie die Gerade *bk* in Fig. 21. Es ist also $K_2^e = 30 + \dfrac{20 \cdot 6}{2} = 90$. — *Doppelebenen erster Klasse* existieren nicht, wohl aber solche *zweiter Klasse*, von denen sechs Arten zu unterscheiden sind. α) Die zwölf Ebenen des äusseren Dodekaeders tragen je fünf Ecken des Vielflaches und sind gemäss den allgemeinen Betrachtungen zehnfach zu rechnen. Sie gelten also für 120 Doppelebenen (z. B. die Ebene durch *hlopk* in Fig. 21). β) Die Ebenen durch je drei einer Ecke benachbarte Ecken (z. B. durch *h, p, c*, die der Ecke *k* benachbart sind, Fig. 21). Solcher Doppelebenen sind zwanzig vorhanden.

---

1) Durch jeden Punkt 2 in Fig. 16 Taf. II gehen vier Spuren; da aber die Zeichenebene mitzählt, so ergeben sich die angeführten fünf Ebenen. In derselben Weise erschliesst man auch fernerhin die Zähligkeit der Doppelpunkte durch Betrachtung der Grenzfläche und der auf ihr verlaufenden Spuren der übrigen Ebenen.

2) Man stelle das Modell des Vielflaches mit der Ecke *k* zu oberst, wonach sich leicht die angegebene Zahl 6 ablesen lässt. Die ebenso wie *b* gelegenen Ecken, die also mit *k* gleichlange Verbindungsgeraden ergeben, liegen in einer Ebene und bilden ein gleicheckiges (3 + 3)-eck. Die Benutzung von Modellen ist, um der Anschauung zu Hilfe zu kommen, immerhin zu empfehlen.

γ) Die Ebenen durch vier Ecken in der Lage wie die Ecken h,d,b,p. Fig. 21. Jede von diesen Ebenen läuft parallel einer Kante des Vielflaches, die genannte z. B. parallel der Kante ki. Es sind also dreissig Ebenen, welche aber vierfach zu rechnen sind, da sie durch je vier Ecken gehen, somit 120 Doppelebenen. δ) Die Ebenen durch drei Ecken in der Lage wie h,i,b. Solcher Ebenen gehen durch jede Ecke 9; da aber in jeder Ebene drei Ecken liegen, so ist die Anzahl dieser Doppelebenen $\frac{9 \cdot 20}{3} = 60$. ε) Die Ebenen durch drei Ecken in der Lage h,b,c. Durch jede Ecke gehen wieder neun Ebenen, es ist also wie vorher die Anzahl aller $\frac{9 \cdot 20}{3} = 60$. Alle Ebenen α) bis ε) tragen keine Kanten des Vielflaches. ζ) Die Ebenen durch sechs Ecken wie h,l,b,q,r,c. Eine solche Ebene trägt drei Kanten des Vielflaches, z. B. die genannte die Kanten hq, bc, lr. Da jede Ebene durch sechs Ecken geht, also 20-fach zu rechnen ist, und je eine parallel einer der Ebenen β läuft (die genannte z. B. parallel der Ebene keo), so ist ihre Zahl $20 \cdot 20 = 400$. Es ist somit $\mathfrak{D}_2 = 120 + 20 + 120 + 60 + 60 + 400 = 780$. Das *20-flächige Stern-12-Eck* besitzt keine *Doppelpunkte erster Klasse*, da die Grenzfläche ein Dreieck ist. Die *Doppelpunkte zweiter Klasse* sind aus Fig. 17 Taf. II sofort abzulesen; es giebt von ihnen sechs Arten. α) Die Punkte 1, d. h. die Ecken des inneren Ikosaeders. Solcher liegen je drei auf einer Fläche, jeder gebildet von fünf Ebenen, also 10-fach zu rechnen; da er aber fünf Ebenen angehört, so ist die Anzahl dieser Doppelpunkte $10 \cdot \frac{3 \cdot 20}{5} = 120$. β) Die Punkte 2, durch drei Ebenen gebildet, auf jeder Ebene drei: $\frac{3 \cdot 20}{3} = 20$. γ) Die durch vier Ebenen gebildeten Punkte 3, von denen sechs auf jeder Ebene liegen: $4 \cdot \frac{6 \cdot 20}{4} = 120$. δ) Die durch drei Ebenen gebildeten Punkte 4, von denen neun auf jeder Fläche liegen: $\frac{9 \cdot 20}{3} = 60$. ε) Die Punkte 5, an Zahl wie die vorigen gleich 60. Die Punkte α) bis ε) liegen im Innern der Grenzflächen. Von den auf den Kanten liegenden Doppelpunkten 6 befinden sich sechs auf jeder Ebene, und durch jeden Punkt gehen sechs Ebenen. Jeder solche Punkt 6 zählt also für zwanzig Doppelpunkte, und ihre Gesamtzahl ist daher $20 \cdot \frac{6 \cdot 20}{6} = 400$. Es ist also in Summa $D_2 = 120 + 20 + 120 + 60 + 60 + 400 = 780$. Die *Flächendoppelkanten erster Klasse* sind in Fig. 17 Taf. II die Spuren $\overline{6,7}$ auf der Fläche des Vielflaches. (In Fig. 24 Taf. VII z. B. die Gerade $\overline{a,6}$.) Sie gehen durch *eine* Ecke des Vielflaches. Auf jeder Fläche befinden sich sechs, also ist $K_1{}^f = \frac{20 \cdot 6}{2} = 60$, da jede auf zwei Ebenen gezählt ist. Die *Flächendoppelkanten zweiter Klasse* sind die die Doppelpunkte 6 auf jeder Grenzfläche verbindenden Geraden. Drei davon sind die verlängerten Kanten einer Fläche des innern Ikosaeders, die übrigen sechs die Kanten des Doppeldreiecks, welches aus zwei Flächen des diskontinuierlichen aus zehn Tetraedern bestehenden Körpers gebildet ist. Es ist also $K_2{}^f = 90$. *Eckendoppelkanten erster Klasse* existieren nicht. Die *zweiter Klasse* sind die dreissig Kanten des umhüllenden Ikosaeders (z. B. gh in Fig. 24). Eine *Doppelebene erster Klasse* ist die Ebene des Fünfecks zweiter Art $bcgih$ Fig. 24, die also durch fünf Ecken und fünf Kanten des Vielflaches geht. Es ist, da jede der zwölf Ebenen zehnfach zu rechnen ist, $\mathfrak{D}_1 = 120$. *Doppelebenen zweiter Klasse* sind die zwanzig Flächen des umhüllenden Ikosaeders, z. B. agh in Fig. 24. — Stellt man sich die Doppelelemente der vier betrachteten regulären Vielflache höherer Art in einer Tabelle zusammen, so übersieht man leicht ihre polare Zuordnung.

135. Die Doppelelemente eines diskontinuierlichen Vielflaches. Es soll an dem Beispiel des aus zwei Tetraedern gebildeten, als regulär zu bezeichnenden Vielflaches (der stella octangula Keplers, vergl. Nr. 128) gezeigt werden, dass die vorangehenden Betrachtungen auch für diskontinuierliche Vielflache ihre Gültigkeit behalten. Aus Fig. 20 Taf. VII liest man leicht die folgenden Werte ab, wobei die nicht angeführten Null sind. Doppelpunkte zweiter Klasse sind die vierfach zu zählenden Eckpunkte a des innern Oktaeders, durch die vier Ebenen gehen. Es ist also $D_2 = 24$. Flächendoppelkanten zweiter Klasse sind die zwölf Kanten $\overline{a,a}$ desselben Oktaeders. Eckendoppelkanten zweiter Klasse sind die zwölf Kanten $\overline{b,b}$ des äusseren Hexaeders, und Doppelebenen zweiter Klasse die vierfach zu zählenden Flächen dieses Hexaeders, da jede vier Ecken des Vielflaches trägt; es ist $\mathfrak{D}_2 = 24$. Das polare Entsprechen der Doppelelemente dieses autopolaren Vielflaches ist ersichtlich.

136. Abhängigkeit der Artzahl A von der Anzahl der Doppelelemente. Es lässt sich eine Gleichung zwischen der Zahl A und der Anzahl der Doppelpunkte sämtlicher Grenzflächen sowie der Doppelkanten sämtlicher Ecken für ein konvexes, eine Zelle des Koëffizienten A enthaltendes Vielflach angeben, für den Fall, dass die Fläche der Art a ihr mögliches Maximum von Doppelpunkten, die Ecke der Art α das Maximum von Doppelkanten besitzt. Die Grenzfläche sei ein n-eck. Dann ist ihr Maximum von Doppelpunkten $\vartheta = n\,(a - 1)$. Ist die Ecke ein ν-kant, so ist die Maximalzahl ihrer Doppelkanten[1] $\delta = \nu\,(\alpha - 1)$. Es ist also $a = \dfrac{\vartheta}{n} + 1$, $\alpha = \dfrac{\delta}{\nu} + 1$. Die erweiterte Eulersche Gleichung wird dann: $\Sigma\left(\dfrac{\vartheta}{n} + 1\right) + \Sigma\left(\dfrac{\delta}{\nu} + 1\right) = 2A + K$, oder, da die erste Summe über alle Flächen, die zweite über alle Ecken zu nehmen ist: $\Sigma\dfrac{\vartheta}{n} + \Sigma\dfrac{\delta}{\nu} = 2A - (E + F - K)$, worin E und F die *Zahlen* der Ecken und Flächen sind. Für alle Vielflache, welche sowohl gleiche Ecken wie Flächen haben, ist dann, wenn ϑ und δ die Summen aller an den Flächen bez. Ecken vorkommenden Doppelpunkte bez. Doppelkanten sind und $E + F - K = \gamma$ gesetzt wird[2]:

$$\frac{\vartheta}{n} + \frac{\delta}{\nu} = 2A - \gamma.$$

Beispiele: Für das 12-eckige Stern-12-Flach ist $\vartheta = 12 \cdot 5 = 60$, $n = 5$, $\delta = 0$, $\gamma = 12 + 12 - 30 = -6$, d. h. $A = 3$. Für das 20-flächige Stern-12-Eck ist $\vartheta = 0$, $\delta = 12 \cdot 5$, $\nu = 5$, $\gamma = 12 + 20 - 30 = 2$, d. h. $A = 7$. Für die stella octangula ist $\vartheta = 0$, $\delta = 0$, $\gamma = 8 + 8 - 12$, d. h. $A = 2$.

137. Geschichtliche Bemerkungen. (Jamitzer, Kepler, Poinsot, Cauchy, Bertrand, Cayley, Wiener, Hess, Badoureau, Becker, Möbius, Fedorow u. a.) Die Untersuchungen, die schliesslich zur Aufstellung der beiden Formeln von Hess führten, von denen sich die zweite als eine Verallgemeinerung des Eulerschen Polyedersatzes darstellt, nehmen ihren Ausgang bei Poinsot und schliessen sich zunächst wesentlich an die Betrachtung der regulären Vielflache höherer Art an, weshalb passend die historische Entwickelung dieser beiden Materien hier im Zusammenhange verfolgt wird. Reguläre Sternvielflache sind an sich bereits früher bekannt gewesen; ihre Erfindung ist Kepler zuzuschreiben. Es ist aber bemerkt worden[3]), dass schon Wenzel Jamitzer in dem in Nr. 122 erwähnten Werke eine Abbildung gegeben habe, die sichtlich das 12-flächige Stern-12-Eck darstelle. Können wir dieser Auffassung aus den in der Anm.[4]) angeführten Gründen nicht beistimmen, so erscheint uns die Bemerkung desselben Verfassers sehr berechtigt, dass von einer Kenntnis eines regulären Vielflaches höherer Art nur erst dann die Rede sein kann, wenn der Begriff des regelmässigen Sternvielecks und der entsprechenden Ecke klar vorliegt. Daher ist als Erster auf diesem Gebiete unzweifelhaft Kepler anzuführen; alle vor ihm sich findenden Zeichnungen, seien sie Abbildungen solcher Vielflache noch so ähnlich, sind nur zufällige.[5]) Kepler beschreibt in der harmonice mundi deutlich, so dass über die richtige Auffassung kein Zweifel möglich ist, das 12-eckige Stern-12-Flach und das 20-eckige Stern-12-Flach[6]) die daher in der Folge verschiedentlich als Keplersche *Sternpolyeder*

---

1) δ ist die Zahl der Doppelpunkte des sphärischen Polygons der Ecke.   2) Vergl. Hess III S. 33.

3) Günther, a. a. O. S. 53 ff. (Vergl. Nr. 12). Cantor II S. 536.

4) Günther reproduziert a. a. O. S. 36 zwei Jamitzersche Abbildungen. Die erste zeigt sicher kein reguläres Sternpolyeder, da sechskantige Ecken vorhanden sind. Aber auch die zweite, auf die sich die Behauptung „reguläre Sternvielflache sind, wenn auch nur der künstlerischen Phantasie entstammend, zuerst bei Jamitzer gezeichnet" stützt, ist durchaus nicht das 12-flächige Stern-12-Eck, da eine grosse Anzahl der Doppelkanten auf den Seitenflächen in dieser Figur gebrochene Linien sind. Hier scheint nur ein Ikosaeder mit nach innen aufgesetzten dreiseitigen Pyramiden vorzuliegen. Wir urteilen allerdings nur nach den bei Günther reproduzierten Figuren.

5) „Die morgensternartigen Aufsätze, welche man statt der Windfahnen oder dergl. an Giebeln und Dächern in oberdeutschen Städten noch jetzt häufig angebracht sieht, sind, wie eine genaue Untersuchung lehrt, oft genau nach dem Muster des 20-eckigen Stern-12-Flachs gebildet, und in einer nach alten Vorbildern restaurierten Mosaikplatte der Markuskirche zu Venedig wird jeder Kundige nicht ohne Staunen eine ebenso schön als richtig ausgeführte perspektivische Darstellung des regelmässigen Sterndodekaeders erkennen". Günther a. a. O. S. 88.

6) Ges. Werke. ed. Frisch. Bd. V S. 122. Die betr. Stelle mit den Figuren abgedruckt bei Günther a. a. O. S. 36.

angeführt worden sind, und giebt mehrere perspektivische Abbildungen derselben.[1]) Auf die Frage, ob Poinsot bei Abfassung seiner 1809 erschienenen ausführlichen Abhandlung[2]), in der die vier regulären Vielflache höherer Art abgeleitet sind, mit Keplers Untersuchungen bekannt gewesen ist, bez. ihnen den richtigen Sinn beigelegt hat, soll hier nicht eingegangen werden. Von Günther wurde sie verneinend beantwortet[3]), unsres Erachtens wohl mit Recht. Doch schliesst dies die Priorität Keplers für zwei dieser Körper natürlich nicht aus, denn der Auffassung Bertrands, als habe Kepler das eigentliche Wesen seiner beiden Vielflache als Sternkörper nicht erkannt, ist nicht beizupflichten. Andrerseits ist nicht zu verkennen. dass die *systematische* Betrachtung der regulären Vielflache höherer Art sich erst bei Cauchy findet.[4]) — Neu ist bei Poinsot zunächst die Ableitung des erweiterten Eulerschen Satzes für solche reguläre Vielflache, die mit Flächen erster Art infolge des Vorkommens von Sternecken die Kugel mehrfach überdecken. Er findet, nachdem er den Begriff der Sternecke an der Pyramide über einem Fünfeck zweiter Art als Basis erläutert hat, durch Kugelteilung für solche Polyeder die Gleichung[5]):

$$F \cdot \left(\frac{4\,\alpha\,n}{v} - 2n + 4 \right) = 8A,$$ deren allgemeine Lösung er kaum für möglich hält. Aber glücklicherweise sind eben die beiden von ihm nur gefundenen Lösungen, die das 20-flächige Stern-12-Eck (von ihm nouvel icosaèdre genannt) und das 12-flächige Stern-12-Eck (bei ihm nouveau dodécaèdre) darstellen, die einzig möglichen für reguläre Vielflache höherer Art, die sich durch Diskussion der hingeschriebenen Gleichung ableiten lassen. Für A rechnet er richtig 7 bez. 3. Diese beiden Vielflache werden häufig noch nach ihm die Poinsotschen genannt. Die zwei noch fehlenden, die Kepler kannte, können sich, da ihre Grenzflächen Fünfecke zweiter Art sind, nicht als Lösungen obiger Gleichung ergeben; Poinsot leitet sie geometrisch ab. Das 20-eckige Stern-12-Flach (dodécaèdre étoilé de 4ième éspèce) werde aus dem 12-flächigen Stern-12-Eck erhalten, „indem man die gewöhnlichen Fünfecke zu Sternfünfecken erweitere“. Es ist, wie gesagt, bei ihm von der vierten Art. Das 12-eckige Stern-12-Flach (dod. étoilé de 2de éspèce) ergiebt sich durch Erweiterung der Flächen eines gewöhnlichen Dodekaeders. Die unrichtigen Zahlen 4 und 2 für die Art der beiden Körper rühren daher, dass Poinsot nicht die richtige Auffassung für den Inhalt des Sternfünfecks hat.[6]) Bei den folgenden Versuchen, weitere konstruierbare Lösungen obiger Gleichung zu finden[7]), kommt er dem Satze, auf dem der Beweis der Unmöglichkeit solcher beruht, recht nahe. Er konstruiert z. B. aus sieben Dreiecken eine Ecke zweiter Art, die $\frac{5}{28}$ der Kugelfläche bedeckt, und fragt, ob sich dieses von 28 p Flächen begrenzte Gebilde nicht schliessen müsse? Projiziere man es aber auf die Kugel, so bildeten die Mittelpunkte der Flächen ein gewöhnliches konvexes Polyeder „welches regulär sein müsse“, und man hätte also ein solches mit anderen Zahlen als 4, 6, 8, 12, 20, was unmöglich sei. — In einem Zusatze[8]) leitet er die erweiterte Eulersche Gleichung in der Form $\alpha E + F = K + 2A$ ab, lässt aber bei ihrer Prüfung wohlweislich die sternflächigen Polyeder wieder bei Seite. — Den Beweis, dass mehr als vier reguläre Vielflache höherer Art unmöglich sind[9]), liefert Cauchy bereits 1811, im ersten Teile der in Nr. 57 zitierten Abhandlung, indem er zeigt, dass man *jedes* reguläre Sternpolyeder dadurch konstruieren könne, dass man die Kanten und die Flächen eines gewöhnlichen regelmässigen Polyeders verlängere. Er verallgemeinert also die von Poinsot nur für die beiden letzten oben gebrauchte Methode, und da er systematisch die fünf regulären Vielflache erster Art danach untersucht, so verdient seine Arbeit den Vorzug vor der Poinsots. Auf die Bestimmung der Art der Vielflache lässt er sich bei seiner rein geometrischen Darstellungsweise nicht ein. Dasselbe gilt für die nächste hier anzuführende Abhandlung, die Neues enthält, nämlich die Bertrands. Denn die 1849 erschienene Arbeit von Terquem[10]) reproduziert lediglich die Resultate von

---

1) a. a. O. S. 120 und S. 272.   2) Bereits in Nr. 12 zitiert.   3) Günther a. a. O. S. 38 ff.

4) Die folgenden Bemerkungen stützen sich auf die Originalarbeiten, doch können wir uns der Kürze befleissigen, da Ausführliches bis zu Wiener in Günthers schöner Arbeit nachgelesen werden kann.

5) Wir geben hier und weiterhin die betr. Formeln stets der Schreibweise unsres Textes angepasst. In genannter Gl. bedeutet also v die Zahl der Flächen an einer Ecke, n die Kantenzahl der Fläche u. s. w.

6) Vergl. Nr. 12.   7) a. a. O. S. 42.   8) S. 46 ders. Zeitschrift: Addition à l'article des Polyèdres.

9) Die diskontinuierlichen Vielflache existieren für keinen der folgenden Autoren, bis auf Hess, der sie berücksichtigt.

10) Angeführt in Nr. 19. Günther zitiert a. a. O. S. 35 eine Stelle aus Terquems Abhandlung, nach der es scheinen könnte, als ob Terquem Keplern die Erfindung seiner zwei regulären Sternkörper absprechen wollte. Diese Stelle bezieht sich aber auf die dreizehn Archimedeischen Polyeder und lautet vollständig: „Dans le second livre du même ouvrage Kepler décrit les treize corps archimédiques, et en donne les figures. Ce sont des solides terminés par divers polygones réguliers, et qui problablement sont ainsi nommés, parcequ' Archimède a aussi considéré des solides terminés par surfaces coniques, par un cône et un cylindre. À la manière dont Kepler en parle, il ne paraît pas que ces corps soient de son invention. on n'en connaît par l'auteur. Ils ont été souvent employés dans la perspective.“ Nun folgt die Anführung von Jamitzers Buch und der Abhandlung Kästners, de corporibus polyedris u. s. w. Es scheint, als ob Günther erst durch dieses kleine Missverständnis auf die Idee gekommen sei, bei Jamitzer nach regulären Sternkörpern zu suchen. — Terquem bemerkt ausdrücklich über die Sternpolyeder in einer Note (S. 135): Nous verrons que les deux premiers polyèdres de M. Poinsot appartiennent à Kepler.

Poinsot und Cauchy. Bertrand[1]) leitet die vier regulären Vielflache höherer Art auf Grund des Satzes ab „dass jedes Polyeder höherer Art notwendigerweise dieselben Ecken besitze, wie ein gewöhnliches regelmässiges Vielflach". Über alle Vorhergehenden hinaus gelangt nun Cayley[2]), indem er, den richtigen Flächeninhalt des Sternfünfecks einführend, der Eulerschen Gleichung die Form giebt, in der sie für alle regulären Vielflache höherer Art gültig wird, nämlich $\alpha E + aF = K + 2A$. Dadurch, dass er im Fünfeck zweiter Art der mittleren Zelle den Koëfficienten 2 erteilt, ergiebt sich ihm statt der Poinsotschen Werte A und 2, wie es sein muss, die Art der sternflächigen Polyeder zu 7 und 3. Die erweiterte Eulersche Formel, auch hier nur für solche Polyeder abgeleitet, die Flächen oder Ecken gleicher Art haben, wird durch Betrachtung des Kugelnetzes erschlossen, wie es Legendre und M. Hirsch für Netze erster Art gethan hatten. Besonders wird darauf aufmerksam gemacht, dass je zwei der vier regulären Sternpolyeder polar zugeordnet sind. In einer weiteren Note[3]) weist Cayley auf die ihm erst nachträglich bekannt gewordene Abhandlung von Cauchy hin. Die durch ihn in England eingeführten Bezeichnungen sind nicht glücklich gewählt.[4]) Alles bisher auf diesem Gebiete der Lehre von den regelmässigen Sternkörpern geleistete fasst Wiener in seiner schon mehrfach erwähnten Schrift zusammen. Hier werden zum ersten Male musterhafte Abbildungen nach Modellen[5]) und die Netze der Körper gegeben. Es ist nicht nötig die Schrift zu besprechen, da sie den Betrachtungen des Textes zum Teil zur Grundlage gedient hat. Die hier gebrauchten Bezeichnungen (von Hess) stimmen zum Teil mit denen von Wiener überein.[4]) Da dieser Poinsot, Cauchy, Bertrand und Cayley erwähnt hatte, nicht aber Kepler, so holte er das Versäumte in einer kleinern Mitteilung[6]) nach, indem er zugleich nochmals kurz auf die Reziprozität regulärer Vielflache eingeht. Obgleich mit Wieners Schrift die Kenntnis dieser Vielflache Gemeingut der Mathematiker geworden sein dürfte, giebt doch Hugel[7]) (1876) eine ungenaue Definition dieser Gebilde[8]): „Die Poinsotschen Polyeder sind Sternpolyeder, welche zufolge ihrer Entstehungsweise das Charakteristische an sich haben, dass je gleichviel ihrer Grenzflächen in einer Ebene liegen." So gelangt er dazu, ein fünftes reguläres Sternpolyeder, den auf Taf. VIII Fig. 26 dargestellten Körper, als 20-eckiges Keil-Ikosaeder mit zu beschreiben, das von zwanzig Ebenen gebildet wird; d. h. je drei Grenzflächen liegen in einer Ebene. Die Grenzflächen dieses Vielflaches sind aber zwanzig Sechsecke zweiter Art (von der Form des dritten Sechsecks $VI_{0,2}$ auf Taf. I), und die Ecken sind 6-kantig, mit abwechselnd aus- und einspringenden Winkeln.[9]) — Sehr ausführlich bespricht Hess die regulären Polyeder höherer Art.[10]) Hier finden sich auch die Untersuchungen über die Doppelelemente dieser räumlichen Gebilde. Ehe wir noch einige neuere Arbeiten über diese Materie anführen, sei die Geschichte des Eulerschen Satzes zu Ende geführt. Die Verallgemeinerung der bisher nur auf die regulären Vielflache höherer Art bezogenen Formel in der Gestalt, wie sie bei Cayley und Wiener auftritt, auf konvexe sternförmige Körper mit Ecken und Flächen mehrerlei Art lag sehr nahe. Badoureau[11]) (1878) leitet sie für gleicheckige Vielflache höherer Art ab (durch Kugelteilung) in der Form $\alpha E + \Sigma aF = K + 2A$, mit der Bemerkung, dass Rouché und de Comberousse sie für den Spezialfall der regulären Vielflache bewiesen und die Ungenauigkeit von Poinsots Formel gezeigt hätten. Er berücksichtigt keine nicht-französischen Autoren. In der That erfolgte der letzte Schritt, der Formel die allgemeinste Gestalt zu verleihen, schon vor Badoureau in Jahre 1876 durch Hess[12]), da, wie im Texte gezeigt ist, die beiden von uns Hesssche Formeln genannten sich auch auf nichtkonvexe Körper mit Ecken und Flächen beliebiger Art erstrecken. Alle bisher aufgestellten Formeln sind in der zweiten Gleichung als spezielle Fälle enthalten, auch die schon 1872 von Hess ausgesprochene Formel[13]) $\Sigma(\alpha E) + \Sigma(aF) = K + 2A$. In dem Werke über Kugelteilung[14]) findet sich die für konvexe Vielflache gültige Formel $\Sigma \alpha + \Sigma a = K + 2A$ nochmals abgeleitet und zwar für Kugelnetze. Der Inhalt eines sphärischen n_i-ecks der Art a und der Winkelsumme w_i ist, $\dfrac{w_i - (n_i - 2a)\,\pi}{2\pi} \cdot \dfrac{\Theta}{2}$. Die Summe aller Flächen ist das A-fache der Kugel, woraus $\Sigma\,(w_i - (n_i - 2a)\,\pi) = 4\pi A$ folgt. Da nun die Summe aller Winkel nichts andres als die Summe aller

---

1) Note sur la théorie des polyèdres réguliers. Comptes Rendus; tom. 46. 1858. S. 79. Günther a. a. O. S. 74 ff.

2) Cayley, On Poinsots four new Regular Solids. The London, Edinb. and Dubl. Philos. Magaz. vol. XVII, fourth series. (Jan.-June 1859) London. S. 123. Vergl. Günther a. a. O. S. 75 ff.

3) Second Note on Poinsot's four new Regular Polyhedre. Ders. Bd. S. 209.

4) Great stellated dodecahedron (Cayley) = 20-eckiges Stern-12-Flach (Wiener, Hess); Small stellated dodecahedron (Cayley) = 12-eckiges Stern-12-Flach (Wiener, Hess); Great icosahedron (Cayley) = sterneckiges 20-Flach (Wiener) = 20-flächiges Stern-12-Eck (Hess); Great dodecahedron (Cayley) = sterneckiges 12-Flach (Wiener) = 12-flächiges Stern-12-Eck (Hess).

5) Solche hatte bereits Poinsot angefertigt. Vergl. Günther a. a. O. S. 75.

6) Wiener, Bemerkungen über die regulären Sternvielflache. Schlömilch-Cantors Ztschrft. Jahrg. 12. 1867. S. 174.

7) Vergl. Nr. 104. Unter den 113 stereoskopischen Doppelbildern finden sich auch die der regulären Sternkörper.

8) a. a. O. S. 19. (Vielleicht veranlasst durch eine nicht ganz klare Bemerkung bei Poinsot? Vergl. Günther a. a. O. S. 59, letzte Zeile.)   9) Wir kommen auf dieses nicht-konvexe Vielflach in Nr. 161 zu sprechen.

10) Hess III S. 27 und S. 36 ff.   11) Mémoire sur les figures isoscèles. S. 102.

12) Hess III S. 14.   13) Marburger Berichte 1872. Nr. 5 S. 87.   14) Hess II S. 432.

Ecken multipliziert mit 2π ist, jede Ecke so oft gezählt, als ihre Art α angiebt, und da $\Sigma n_i = 2K$ ist, so wird die Gleichung $2\pi\Sigma\alpha - 2K\pi + 2\pi\Sigma a = 4\pi A$, woraus die verlangte Formel folgt.[1]) Die Ableitung gilt ebenso wie die von M. Hirsch unter der Annahme, dass die Kugel *lückenlos* überdeckt ist.[2]) — Wir finden hier Gelegenheit, noch auf eine Arbeit Beckers hinzuweisen[3]), in welcher der in Nr. 57 erwähnte von ihm aufgestellte Satz über die Zerlegung einer Polyederoberfläche in Dreiecke auf Sternpolyeder ausgedehnt wird: Lassen sich auf einer geschlossenen polyedrischen Oberfläche n geschlossene Linien (durch b Ecken) ziehen, ohne sie zu zerstückeln, und zieht man weiter als Grenzlinien m Polygone, welche ihre Ecken (an Zahl a) nur in Eckpunkten der polyedrischen Fläche haben, so dass keine der m Linien mit einer der vorigen n eine Ecke gemein hat, und bezeichnet man die Zahl aller noch übrigen Ecken mit c, so besitzt die polyedrische Fläche $a + 2(b + c + m + 2n - 2)$ Dreiecke, oder lässt sich durch Diagonalen in so viel Dreiecke zerlegen. Bemerkenswert sind auch die Betrachtungen von Möbius über die regulären Polyeder höherer Art.[4]) *Zählt* man bei einem solchen lediglich die Begrenzungsstücke, so ist für die die Kugel siebenmal bedeckenden Körper $E + F = K + 2$, d. h. sie sind nach Möbius von der ersten Klasse. (Vergl. Nr. 57.) Für die beiden, die Kugel dreifach bedeckenden Polyeder ist, wegen $E = F = 12$, $K = 30$: $E + F = K - 6$, sie sind also nach Möbius' Auffassung von der fünften Klasse. Nach unseren Festsetzungen (vergl. Nr. 50) ist für ein solches Vielflach $3 - n = - 6$ oder $n = 9$, d. h. das Vielflach ist von dem Charakter eines vierfachen Ringes (einer Kugel mit vier Henkeln). Halten wir uns an Möbius' Darstellung, so müssen sich auf der Oberfläche z. B. des sterneckigen 12-Flaches vier geschlossene, sich nicht schneidende Linien ziehen lassen, welche sie nicht zerstückeln. Die Kanten dieses Vielflaches sind identisch mit den dreissig Kanten des Umhüllungsikosaeders. Stellt Fig. 102 (in Nr. 129) dieses äussere Ikosaeder dar und schneidet man längs der vier schrafflerten dreikantigen Züge durch, so zerfällt die Oberfläche des 12-flächigen Stern-12-Ecks nicht, während dies nach Zerschneidung längs eines weiteren zusammenhängenden Zuges (der, um die vorigen nicht zu treffen, auf den Flächen laufen muss) geschieht. Diese Untersuchungen bei Möbius[5]) sind unsres Wissens die einzigen, in denen eine Verbindung zwischen den verschiedenen Gleichungen, die als erweiterte Eulersche Formeln bezeichnet wurden, angebahnt ist. — Es ist bereits darauf hingewiesen worden, dass sich Dostor wiederholt besonders mit den metrischen Beziehungen bei den regulären Vielflachen höherer Art beschäftigt hat.[6]) Wir erwähnen daher nur noch, was sich bei Fedorow hierüber findet. Kap. XV der zitierten Schrift behandelt die „Vielecke und Polyeder höheren Grades". Bei Besprechung der erweiterten Eulerschen Gleichung, die schliesslich in der Cayley-Wienerschen Form gegeben ist, werden wesentlich französische Autoren angeführt; die Priorität Wieners kam Fedorow erst später zur Kenntnis, und in einer Anmerkung wird auf Hess' allgemeinste Fassung des Satzes hingewiesen. In den weiteren Untersuchungen, die nicht nur die regulären Vielflache im Auge haben, sondern besonders die gleicheckigen und die gleichflächigen Polyeder (nach unsrer Bezeichnung), wird bewiesen, „dass ein Polyeder A-ten Grades ($= A$-ter Art) als aus A *Koiloëdern ersten Grades* zusammengesetzt gedacht werden kann". „Es ist das Prinzip angegeben, um die sämtlichen symmetrisch-konvexen Polyeder höheren Grades vollständig (?) abzuleiten". Daran anschliessend wird die Arbeit Badoureaus einer wohl gerechtfertigten Kritik unterzogen.[7]) Die eignen Resultate Fedorows lassen sich aus der kurzen Inhaltsangabe nicht erkennen. Unter den fünf regelmässigen Polyedern höheren Grades findet sich unter a) das Oktaeder zweiten Grades angeführt, worunter wohl die stella octangula zu verstehen ist. Befremdend wirkt dann aber die Nichtanführung der andern diskontinuierlichen regulären Polyeder höherer Art.

138) Allgemeine Sätze über die gleicheckigen und die gleichflächigen Kugelnetze und die zugehörigen Polyeder höherer Art. Die zur Konstruktion der gleicheckigen und der gleichflächigen Polyeder führenden Sätze können direkt wieder, wie dies in Nr. 127 für die entsprechenden Sätze von den regulären Vielflachen höherer Art durchgeführt ist, an den Polyedern selbst hergeleitet werden, doch kann man ebenso gut, wie dies hier geschehen soll, von den Kugelnetzen ausgehen, und dann die Eigenschaften der Polyeder aus denen der Netze erschliessen. Es handelt sich also um die *gleicheckigen* und die *gleichflächigen Netze* höherer Art. Ein gleicheckiges Netz höherer Art ist ein die Kugelfläche mehrfach bedeckendes Netz, dessen Ecken (erster oder höherer Art) kongruent oder symmetrisch-gleich sind und dessen Flächen mehrerlei

---

1) Hier wurde der Beweis nach früheren abgeändert.

2) Pitsch a. a. O. (vergl. Nr. 122) S. 72 leitet die entsprechenden Formeln für halbreguläre gleicheckige und ihre polaren Polyeder getrennt ab, Wieners Beweis verallgemeinernd.

3) Neuer Beweis und Erweiterung eines Fundamentalsatzes über Polyederoberflächen. Schlömilchs Ztschrft. 19. Bd. 1874. S. 459.   4) Möbius, Ges. Werke. Bd. II. S. 555.

5) Die gewählte Darstellung ist verschieden von der bei Möbius. Vergl. noch die a. a. O. S. 558 angefügten Bemerkungen unter § 18 über Polyeder höherer Klasse, die eine Fläche mehrfach bedecken.

6) Vergl. Nr. 127 und 131.

7) „Die von diesem gestellte Aufgabe ist von ihm sehr unvollständig und zum Teil irrtümlich aufgelöst."

sphärische Polygone erster oder höherer Art sind, in der Weise, dass in jeder Ecke gleichviel Polygone einer bestimmten Kantenzahl vorhanden sind. Für ein solches Netz gilt der folgende Satz, in welchem der über die regulären Netze höherer Art als Spezialfall enthalten ist: *Jedes gleicheckige Netz höherer Art hat seine Eckpunkte mit einem gleicheckigen Netze erster Art gemein.*[1]) Irgend welche Punkte auf einer Kugel, also auch die Eckpunkte eines gleicheckigen Netzes höherer Art, lassen sich stets nur auf eine Weise so durch Hauptkreisbögen verbinden, dass ein die Kugel einfach bedeckendes Netz von konvexen sphärischen Polygonen entsteht, welche sämtlich kleinen Kugelkreisen einbeschreibbar sind. Diese kleinen Kugelkreise sind die durch je drei (oder im günstigen Falle mehr) der gegebenen Punkte hindurchgehenden Kreise, welche in ihrem Innern (d. h. dem kleinern Teile der Kugelfläche, in welche diese durch den Kreis geteilt ist) keinen der übrigen Punkte einschliessen. Zu einem gleicheckigen Netze höherer Art P sei dieses eine Netz p konstruiert. Es soll bewiesen werden, dass dieses Netz p, dessen sämtliche Grenzflächen kleinen Kugelkreisen einbeschreibbar sind, ein gleicheckiges Netz sein muss. Die Ecken des gleicheckigen Netzes höherer Art seien zunächst als kongruent vorausgesetzt. Man denke sich neben P ein ihm kongruentes Netz P' mit seinem Netze erster Art p' starr gemacht. Dann deckt sich p' mit p, wenn P' mit P zur Deckung gebracht wird, und zwar jedesmal, so oft man irgend eine Ecke von P' mit einer bestimmten Ecke von P zur Deckung bringt. P' deckt sich aber stets mit P, wenn man irgend eine Ecke E' von P' mit einer bestimmten Ecke E von P zusammenfallen lässt, denn mit den von E' ausgehenden Kanten und ihren Endpunkten fallen wegen der Kongruenz der Ecken sämtliche in den Endpunkten dieser Kanten liegenden Ecken von P' mit Ecken von P zusammen, und dasselbe gilt für jede weitere Ecke. Es kann also jede Ecke von p' mit jeder von p zur Deckung gebracht werden, d. h. p ist ein gleicheckiges Netz, w. z. b. w. Zerfallen aber die Ecken des gleicheckigen Netzes P in zwei Gruppen gleicher Zahl, von denen die Ecken jeder Gruppe unter einander kongruent und denen der andern Gruppe symmetrisch-gleich sind, so lässt sich in ganz analoger Weise zeigen, dass auch die Ecken des zugehörigen Netzes p in zwei Gruppen derselben Beschaffenheit zerfallen und das Netz selbst wiederum ein einfaches gleicheckiges sein muss. — Ein einfaches gleicheckiges Netz p besitzt nun entweder die charakteristischen Achsen eines Kreisteilungs-Zweiecksnetzes oder eines Tetraedernetzes oder eines ersten oder zweiten Hauptnetzes und kann durch gewisse Drehungen um diese Achsen mit sich selbst zur Deckung gebracht werden, wobei das mit ihm starr verbundene Netz P ebenfalls mit sich selbst zur Deckung kommt; d. h.: *Jedes gleicheckige Netz höherer Art hat dieselben Achsen und von derselben Zähligkeit, wie ein gleicheckiges Netz der ersten Art, mit dem es seine Eckpunkte gemein hat.* Verbindet man die Mitten benachbarter Grenzpolygone eines gleicheckigen Netzes durch Hauptkreisbögen, so ergiebt sich das ihm zugeordnete *gleichflächige Netz.* Zur Bestimmung beider Arten von Netzen ergeben sich die folgenden beiden Methoden.[2]) Die *erste Methode* besteht in der direkten Bestimmung der *gleicheckigen Netze* höherer Art aus denen erster Art. Man untersucht zu dem Zwecke die vollständige sphärische Figur welche entsteht, wenn man einen jeden Eckpunkt eines einfachen gleicheckigen Netzes mit allen übrigen durch Hauptkreisbögen verbindet. „Von den sämtlichen, durch diese Verbindungshauptkreise des einfachen Netzes bestimmten, kleinen Kugelkreisen einschreibbaren Polygonen ergeben nun alle diejenigen in einem Eckpunkte zusammenstossenden Polygone, für welche die Summe der in diesem gemeinsamen Scheitelpunkte sich vereinigenden Polygonwinkel 2π oder ein Vielfaches davon beträgt, und wobei die gleichartigen in jenem Eckpunkte sich vereinigenden Polygone als Grenzflächen dieser sphärischen Ecke sämtlich vorhanden sein müssen, wegen der gleichartigen Beschaffenheit aller Ecken je ein gleicheckiges Netz. Die Mittelpunkte der Kreise, welche den in einem solchen Eckpunkte zusammenstossenden Grenzflächen umgeschrieben sind, bilden die Eckpunkte der Fläche des zugeordneten *gleichflächigen* Symmetrienetzes." Sind diese Mittelpunkte die Endpunkte der charakteristischen Achsen des Netzes, so ist das gleichflächige Netz in festes, und es ergiebt sich folgende *zweite Methode* der Ableitung, zunächst der *gleichflächigen* Netze. Man verbinde alle Endpunkte der charakteristischen Achsen auf der Kugel durch Hauptkreise, und suche die durch diese bestimmten sphärischen Polygone auf, deren Inhalt einen aliquoten Teil der einfachen oder mehrfachen Kugelfläche beträgt. Dieser besprochenen Hauptkreise sind zweierlei vorhanden.

---

1) Hess II S. 435.   2) Hess II S. 442.

Erstens die Hauptkreise, welche auch die Kanten der einfachen gleichflächigen Netze bilden. Es sind dies z. B. für die Polyeder der zweiten Hauptklasse die Hauptkreise a, b und c, welche das erste bez. zweite Hauptnetz bilden. Die durch diese Hauptkreise bestimmten Grenzflächen von gleichflächigen Netzen höherer Art entstehen also durch Zusammenfassen mehrerer charakteristischer Dreiecke dieser Netze oder sind *Nebendreiecke*[1]) (oder Scheiteldreiecke) von Grenzflächen der Netze erster Art. Sämtliche Kanten eines solchen Netzes entsprechen also direkt symmetrischen Mittelebenen und alle Winkel einer Grenzfläche sind aliquote Teile von 2π. Diese festen Netze heissen solche mit *direkt symmetrischen Kanten.*[2]) Es giebt aber *zweitens* auch Hauptkreise zwischen den Endpunkten der charakteristischen Achsen, welche nicht zu den eben besprochenen gehören.[3]) Netze mit Polygonen, von solchen Hauptnetzen gebildet, heissen solche mit *teilweise direkt symmetrischen Kanten* (wenn deren noch vorhanden sind) bez. *ohne direkt symmetrische Kanten.* Die homologen Punkte sämtlicher Grenzflächen beider Arten von gleichflächigen Netzen bilden ein gleicheckiges Netz, und es ist, wie früher bei den einfachen Netzen, zu entscheiden, ob ein solcher Punkt im Innern der Fläche des gleichflächigen Netzes fest, nur linear beschränkt oder beliebig liegt. Das gleicheckige Netz, dessen Flächen im allgemeinen gleicheckige Polygone sind, kann im speziellen Falle reguläre Polygone zu Grenzflächen haben, und heisst dann ein *Archimedeisches Netz*. Auch giebt es nicht-konvexe und diskontinuierliche Netze u. s. w. Soviel von den Netzen.[4]) Es sind nun aus den angestellten Betrachtungen die Folgerungen für die diesen Netzen zugehörigen Polyeder zu ziehen. In den Ecken der in kleine Kugelkreise einschreibbaren Flächen des gleicheckigen Netzes höherer Art liegen die Ecken des gleicheckigen Polyeders höherer Art. Mit dem Gesagten folgt: *Die Eckpunkte eines gleicheckigen Polyeders höherer Art liegen immer wie die eines solchen erster Art auf der umbeschriebenen Kugel.* (Dieses Polyeder erster Art wird künftig oft als Umhüllungspolyeder bezeichnet.) Die kongruenten Flächen einer bestimmten Kantenzahl haben dann gleichen Abstand vom Mittelpunkte dieser Kugel, berühren somit eine einbeschriebene Kugel, deren das gleicheckige Polyeder also soviel wie Flächen verschiedener Kantenzahl besitzt. Denkt man sich nun bei einem gleicheckigen Polyeder alle kongruenten Flächen derselben Kantenzahl fest, alle übrigen Flächen völlig entfernt, so erschöpfen die Ecken des noch verbleibenden Gebildes sämtliche Ecken des ursprünglichen Polyeders, weil in jeder Ecke dieses mindestens auch eine Fläche der festgehaltenen Art liegt. Die Normalen aus dem Centrum auf diese Flächen sind dann entweder die charakteristischen Achsen der betr. Polyedergruppe, oder es sind Eckenachsen konzentrischer gleicheckiger Polyeder derselben Gruppe. Das sagt aber aus, dass die Flächen selbst in den Ebenen eines gleichflächigen Polyeders liegen (oder solchen parallel sind), d. h.: *Die Grenzflächen eines gleicheckigen Polyeders höherer Art schliessen eine Kombinationsgestalt von mehreren gleichflächigen (zu denen auch reguläre zählen) Polyedern ein.* Der innere Kern dieser Kombinationsgestalt braucht aber nicht gleicheckig zu sein. — Für das dem gleicheckigen polar zugeordnete gleichflächige Polyeder höherer Art gelten dann die folgenden Sätze, die den angeführten zugeordnet sind: *Die Flächen jedes gleichflächigen Polyeders höherer Art schliessen ein solches erster Art als innern Kern ein.* (Kernpolyeder.) *Die Eckpunkte eines gleichflächigen Polyeders höherer Art sind die Eckpunkte konzentrischer gleicheckiger Polyeder erster Art (wozu auch die regulären zählen).* Ein solches Polyeder ist also nach seinen Ecken die Kombinationsgestalt mehrerer konzentrischer gleicheckiger Polyeder; die durch diese Eckpunkte bestimmte äussere Hülle braucht kein gleich-

---

1) Das Nebendreieck eines sphärischen Dreiecks ABC ist das von einer Kante (z. B. BC) und den Hauptkreisbögen der beiden andern Kanten gebildete Dreieck $A'BC$, welches mit ABC das sphärische Zweieck mit den Ecken A und A' bildet.

2) Der weitaus grösste Teil der später erwähnten Netze ist solcher Art. — Über die analytische Herleitung der festen gleichflächigen Netze höherer Art mit direkt symmetrischen Kanten in der Weise, wie dies für die festen gleichflächigen Netze erster Art in Nr. 120 geschehen ist, vergl. Hess II S. 445.

3) Z. B. im ersten Hauptnetze Fig. 14 Taf. II der Kreis durch $B_1'\,B_6'\,B_2\,B_1\,B_6\,B_2'$, und drei weitere Kreise in analoger Lage zu den drei Hauptkreisen a. Im zweiten Hauptnetze Fig. 15 Taf. II existiert eine grosse Zahl solcher Hauptkreise (Hess II. Vergl. daselbst Fig. 28 und 29 auf Tafel XV). In Fig. 14 und 15 Taf. II sind diese Kreise nicht gezeichnet, damit die Figuren nicht undeutlich werden; auch werden sie bei Besprechung der Polyeder im folgenden nur in Nr. 159 verwertet.

4) Die vollständige Bestimmung der *veränderlichen* gleichflächigen Netze höherer Art und der ihnen zugeordneten gleicheckigen Symmetrienetze ist ein noch ungelöstes Problem. Vergl. hierüber Hess II S. 446.

flächiges Polyeder erster Art zu sein. Auf den genannten Sätzen beruhen die in folgender Nummer erläuterten Konstruktionen. — Durch Zusammenfassung des Angeführten erkennt man sofort die Richtigkeit des weiteren Satzes, der später Verwendung findet: *Die äussere Hülle eines zugleich gleicheckigen und gleichflächigen Polyeders höherer Art ist ein gleicheckiges Polyeder erster Art, der innere Kern ein gleichflächiges Polyeder erster Art.*

139. Konstruktionen und Einteilung der gleicheckigen und der gleichflächigen Polyeder höherer Art. Handelt es sich um direkte Herleitung eines gleicheckigen Polyeders höherer Art, so kann man auf Grund des Satzes, dass dessen Ecken mit denen eines solchen erster Art zusammenfallen, mit Rücksicht darauf, dass sämtliche möglichen gleicheckigen Polyeder erster Art bekannt sind, so verfahren: Man lege durch die Eckpunkte eines einfachen gleicheckigen Polyeders, durch drei oder mehrere, sämtliche möglichen Ebenen, auf denen dann durch die Ecken des Polyeders und ihre Verbindungsgeraden bestimmte (kontinuierliche oder diskontinuierliche, konvexe oder nicht-konvexe) Flächen (Polygone) erzeugt werden. Alle diejenigen durch einen Eckpunkt gehenden Flächen, welche sich zu einer Ecke vereinigen, deren Kanten also Verbindungslinien des Eckpunktes mit andern Eckpunkten sind, und bei welchen die gleichartigen Flächen sämtlich als Seitenflächen vorhanden sein müssen, bestimmen die Ecke eines gleicheckigen (unter Umständen diskontinuierlichen oder nicht-konvexen) Polyeders höherer Art.[1] Sind alle Seitenflächen einer solchen Ecke kongruent, so ist das Polyeder gleicheckig und zugleich gleichflächig.[2]) — An den einfacheren gleicheckigen Polyedern erster Art ist dieses Konstruktionsverfahren leicht durchzuführen, bei den komplizierteren wird es wegen der grossen Anzahl der Ebenen, die sich schon durch eine Ecke legen lassen, rasch unübersichtlich. Vielfach geeignet ist diese Erzeugung von gleicheckigen Polyedern höherer Art zur Herstellung der Fadenmodelle solcher. Lässt man auch nicht-konvexe Ecken, z. B. überschlagene vierkantige Ecken, zu, so erhält man noch eine grosse Zahl, z. T. Möbiusscher Vielflache. Die beschriebene Methode ist von Badoureau in der mehrfach zitierten Schrift zur Ableitung der gleicheckigen Polyeder verwendet worden.[3]) Leichter zu übersehen ist die direkte Konstruktion der gleichflächigen Polyeder höherer Art auf Grund des Satzes, dass der innere Kern eines solchen ein gleichflächiges Polyeder erster Art sein muss. Man konstruiere auf der Ebene einer Fläche eines solchen als Zeichenebene die Schnittgeraden (Spuren) aller übrigen Flächen. Die Schnittpunkte dieser Geraden gruppieren sich in der Ebene auf konzentrischen Kreisen um den Mittelpunkt der Polyedergrenzfläche, liegen also auf konzentrischen Kugeln um den Polyedermittelpunkt wie die Eckpunkte gewisser gleicheckiger Polyeder derselben Gruppe. Alle Schnittpunkte, welche ein geschlossenes (kontinuierliches oder diskontinuierliches u. s. w.) Polygon bilden, dessen Kanten Schnittgerade sind, und bei welchem die gleichartigen Schnittpunkte, d. h. die auf demselben Kreise liegenden, sämtlich als Eckpunkte auftreten müssen, bestimmen die Grenzfläche eines gleichflächigen Polyeders höherer Art. Man kann aus dieser ebenen Figur leicht die Doppelelemente des Polyeders ablesen, wie dies in Nr. 129, 132 ff. für die nach dieser Methode konstruierten regulären Vielflache höherer Art geschehen ist. — Liegen sämtliche Eckpunkte des Polygons auf einem Kreise, also sämtliche Ecken des durch dasselbe bestimmten Polyeders auf einer Kugel, so ist die äussere Hülle ein gleicheckiges Polyeder, d. h. die Grenzfläche gehört einem gleichflächigen und zugleich gleicheckigen Polyeder zu.[4]) Eine weitere Methode zur Ableitung einer grossen Zahl gleicheckiger Polyeder beruht auf dem Satze, demzufolge diese Kombinationsgestalten mehrerer gleichflächiger, auch regulärer, Polyeder nach ihren Flächen sind[5]), wenngleich sich die Konstruktion noch nicht bekannter gleicheckiger Polyeder höherer Art auf diese Weise kaum *systematisch* durchführen lassen dürfte, da nicht die Flächen der Polyeder erster Art, sondern nur ihre Ebenen (d. h. die Verlängerungen dieser

---

1) Hess II S. 448.   2) Vergl. Nr. 152 ff.

3) Vergl. die geschichtl. Bem. Nr. 151. Die geschilderte Konstruktion entspricht der ersten Methode zur Herleitung der regulären Sternpolyeder in Nr. 128.

4) Diese Polyeder höherer Art sollen in Nr. 153 u. 156 auf diese Weise konstruiert werden. Vergl. auch: Hess, Über vier Archimedeische Polyeder höherer Art. Kassel 1878. In dieser Schrift sind die sog. Triakontaeder höherer Art (vergl. Nr. 147 und 156) nach dieser Methode konstruiert.

5) Vergl. hierzu auch: Hess, Über Kombinationsgestalten höherer Art. Marburger Berichte Nr. 9 Dez. 1879.

Flächen) durch ihre Lage die Gestaltung des Polyeders höherer Art bestimmen. Doch gelingt es in vielen Fällen, gleicheckige Polyeder durch Abstumpfung der Ecken von regulären Polyedern höherer Art, oder durch Abstumpfung von Kanten bereits abgeleiteter gleicheckiger Polyeder höherer Art herzustellen, was eben auf nichts anderes hinauskommt, als auf eine Kombination der Flächen des bereits vorhandenen Gebildes mit denen eines weiteren gleichflächigen Polyeders. Im ersten Falle ist dann das schliesslich erhaltene gleicheckige Polyeder die Kombinationsgestalt *zweier* gleichflächigen, des innern Kernes des regulären Polyeders höherer Art und des neu hinzugetretenen; im zweiten Falle ist es die Kombinationsgestalt *dreier* gleichflächigen Polyeder. Stimmen zwei gleicheckige (oder zwei gleichflächige) Polyeder in der Zahl und Art ihrer Grenzflächen und Ecken überein, unterscheiden sich aber durch verschiedene *Varietäten* der Grenzflächen oder Ecken, so rechnet man diese Polyeder zu derselben Spezies und spricht nur von verschiedenen *Varietäten* von Polyedern. Setzt man voraus, dass das gleicheckige Polyeder nach seinen Flächen die Kombinationsgestalt *zweier* gleichflächigen Polyeder ist, so wird man die verschiedenen Varietäten dadurch erhalten, dass man das eine gleichflächige Polyeder fest annimmt und die Ebenen des andern, parallel mit sich selbst bleibend, variabel. Ähnliches gilt, wenn das gleicheckige Polyeder die Kombinationsgestalt von drei gleichflächigen ist. An einigen Beispielen soll dies später ausführlich erläutert werden. — Am nächsten liegt es nun aber wohl, nicht die Polyeder, sondern die sphärischen Kugelnetze vorerst abzuleiten, da sich wenigstens die festen gleichflächigen Netze höherer Art, sei es mit direkt symmetrischen oder mit nur teilweise direkt symmetrischen Kanten sofort aus den einfachen Netzen ablesen lassen, wie dies in voriger Nummer erläutert ist.[1]) Nach der Beschaffenheit dieser Netze sollen auch die Polyeder höherer Art eingeteilt werden, von denen die gleicheckigen einem gleicheckigen Netze einbeschrieben, die gleichflächigen einem ebensolchen umbeschrieben sind, während sich einem gleichflächigen Netze überhaupt keine, oder nur spezielle Varietäten gleichflächiger Polyeder einschreiben, gleicheckiger Polyeder umschreiben lassen. Ebenso wie die entsprechenden Polyeder erster Art werden die gleicheckigen und gleichflächigen höherer Art in zwei Hauptklassen eingeteilt, von denen die zweite zwei Ordnungen enthält, je nachdem die Achsen die des Hexaeder-Oktaeders oder des Dodekaeder-Ikosaeders sind. Die Polyeder jeder Ordnung zerfallen wieder in eine Anzahl Gruppen nach der Kantenzahl der Grenzfläche der gleichflächigen Polyeder und überdies nach der besonderen Beschaffenheit dieser Grenzfläche.[2])

---

1) Eine Zusammenstellung der die Kugel mehrfach bedeckenden gleichflächigen sowie gleicheckigen *Netze* giebt Hess in dem Werke über Kugelteilung, S. 452 ff. Vergl. die geschichtl. Bem. Nr. 151.

2) In der folgenden Aufzählung der gleicheckigen und der gleichflächigen Polyeder, soweit sie sich nach den Arbeiten von Hess, Badoureau und Pitsch durchführen lässt, ist bei jedem Typus nach dem Namen, der ihm gemäss den in Nr. 126 gemachten Angaben zukommt, angegeben, durch welche Kombinationen von Flächen oder Ecken einfacher Polyeder er entsteht. Der grösste Teil der besprochenen Typen ist auf den Tafeln, besonders den Lichtdrucktafeln dargestellt. Über diese Figuren sei folgendes bemerkt. Von einer Anordnung derselben kann kaum gesprochen werden, da die Modelle lediglich nach der, bei Anfertigung zufällig erhaltenen, Grösse auf die einzelnen Tafeln verteilt wurden (nur die gleichflächigen Polyeder sind bis auf wenige Ausnahmen getrennt von den gleicheckigen zusammengestellt), was nötig war, um keine Platzvergeudung herbeizuführen. Es bringt dies leider den höchst unangenehmen Zwang mit sich, fortwährend bei Lesung der nächsten Nummern andre Tafeln aufschlagen zu müssen. Nicht so störend wird die andre Thatsache wirken, dass die Vielecke höherer Art, welche als Grenzflächen an den Modellen auftreten, nicht ihrem ganzen Perimeter nach gezeichnet sind, wie dies selbstverständlich der Fall sein müsste und auch in den betr. Figuren der Tafel VII durchgeführt ist. Dieser Mangel erklärt sich so. Wie an den von Herrn Prof. Hess in der Math. Ausstellung zu München 1893 vorgeführten Modellen waren die Flächen gleicher Kantenzahl der hier dargestellten gleicheckigen Polyeder mit einerlei (Öl-) Farbe gestrichen, um die Konfiguration rasch übersehen zu können. Zum Photographieren, behufs Darstellung von Lichtdruck, stellte sich dies als misslich heraus, und es musste jedes solche Modell weiss überstrichen werden, was, um keinen Glanz zu erzeugen, durch einen Überzug von Schlemmkreide geschah. Dann konnten aber die Kantenzüge nicht fortgeführt werden, wenn dieser Anstrich haften sollte. — Einige der beschriebenen Polyeder sind nicht dargestellt, meist ihrer Kompliziertheit wegen, zumal dem Verf. schliesslich das Nötigste — die Geduld — ausging. Vielleicht ist später das Fehlende nachzuholen. Ein grosser Teil der Polyeder der Lichtdrucktafeln ist jedenfalls vom Verf. zum ersten Male dargestellt. — Es soll hier noch Gelegenheit genommen werden, Herrn Prof. Hess für die Bereitwilligkeit, mit der er dem Verf. verschiedene Modelle seiner Sammlung zum Kopieren überliess, geziemenden Dank auszusprechen, der auch Herrn Prof. O. Hermes gebührt, für die vielfache Anregung, die er dem Verf. durch briefliche Mitteilungen angedeihen liess.

140. Die Polyeder höherer Art der ersten Hauptklasse (Prismen, Antiprismen u. s. w.). Über die Achsen und Symmetrieebenen vergl. man das in Nr. 114 Gesagte. Auf die Netze soll hier nicht eingegangen werden.[1]) Es wird hier wie später immer nur das gleicheckige Polyeder namentlich angeführt, da sich die Bezeichnung des polar zugeordneten gleichflächigen Polyeders, wie in Nr. 126 erläutert ist, damit von selbst ergiebt. Die Bezeichnungen „kronrandig" u. s. w. sind bereits früher erörtert. Die Nummerierung der Polyeder innerhalb der einzelnen Gruppen ist natürlich im allgemeinen eine willkürliche.

1) Das prismatische $[2\,(p+p)_q + 2\cdot p\cdot(2+2)_1]$*-flächige* $2\cdot 2p\,(3)_1$*-Eck der q-ten Art* hat zur Grund- und Deckfläche je ein gleicheckiges $(p+p)$-eck höherer Art und zu Seitenflächen zwei Gruppen von je p Rechtecken. Es besitzt am oberen und unteren Rande je zwei Gruppen von je p dreikantigen Ecken, p rechte und p linke. Die äussere Hülle ist ein prismatisches $(2+p+p)$-flächiges $2\cdot 2p$-Eck (das Polyeder 2) in Nr. 114), der innere Kern ein ebensolches Polyeder oder ein prismatisches $(2+p)$-flächiges $2p$-Eck. Nach den Flächen ist es die Kombinationsgestalt zweier prismatischen $(2+p)$-flächigen $2p$-Ecke. Die Varietäten für denselben Wert von q sind bestimmt durch die Varietät der gleicheckigen Deckfläche. Vergl. Fig. 18 Taf. VIII für $p=5$, $q=4$. In der hier dargestellten Varietät wendet ein Teil der Seitenflächen dem Mittelpunkte des Polyeders die innere Seite zu.[2]) Die reziproken Vielflache sind (ebenrandige) gerade Doppelpyramiden, deren ebener Rand ein gleichkantiges Polygon q-ter Art ist. Die äussere Hülle ist ein ebenrandiges $(2+p+p)$-eckiges $2\cdot 2p$-Flach oder ein $(2+p)$-eckiges $2p$-Flach. Der innere gleichflächige Kern ist ein ebenrandiges $(2+p+p)$-eckiges $2\cdot 2p$-Flach.

2) Das prismatische $[2\,(n)_q + n\,(2+2)_1]$*-flächige* $2n\,(3)_1$*-Eck der q-ten Art* (Fig. 17 Taf. VIII für $n=7$, $q=3$) ist ein spezieller Fall von 1), wenn für $2p=n$ das gleicheckige Vieleck ein reguläres wird. Danach ist die äussere Hülle und der innere Kern ein $(2+n)$-flächiges $2n$-Eck. Das reziproke gleichflächige Vielflach ist eine Doppelpyramide, deren ebener Rand ein reguläres n-eck q-ter Art ist. Werden die Seitenflächen des gleicheckigen Vielflaches Quadrate, so erhält man die *Archimedeische Varietät*. Ist q nicht prim zu n, so ergeben sich diskontinuierliche Polyeder[3]). z. B. besteht die Archimedeische Varietät des gleicheckigen Polyeders für $n=8$, $q=2$ aus zwei Würfeln, das reziproke gleichflächige Vielflach aus zwei Oktaedern, Fig. 25 Taf. VII; jede der beiden 8-kantigen Ecken zweiter Art ist diskontinuierlich und besteht aus zwei regulären 4-kantigen Ecken erster Art.

3) Das kronrandige $[2\,(p)_q + 2\cdot p\,(3)_1]$*-flächige* $2\cdot p\,(4)_1$*-Eck der q-ten Art.* Fig. 16 Taf. VIII für $p=7$, $q=2$ und Fig. 13 Taf. VIII für $p=7$, $q=3$. Grund- und Deckfläche sind reguläre p-ecke der q-ten Art, die Seitenflächen gleichschenklige Dreiecke, die für die *Archimedeischen Varietäten* (welche in den Figuren dargestellt sind) gleichseitig werden. Die äussere Hülle ist bei geradem q ein prismatisches $(2+p)$-flächiges $2p$-Eck (vergl. Fig. 16), bei ungeradem q ein kronrandiges $(2+2p)$-flächiges $2p$-Eck (vergl. Fig. 13). Ist q nicht prim zu p, so entsteht ein diskontinuierliches Polyeder, z. B. für $p=9$, $q=3$ ein aus drei Oktaedern bestehendes. Ist p gerade, so existiert ein p-eck $q=\frac{p}{2}$ter Art, welches aus q sich unter gleichen Winkeln schneidenden Geraden besteht. Das gleicheckige Polyeder ist dann ein diskontinuierliches aus q, im allgemeinen tetragonalen, Sphenoiden. In Fig. 17 Taf. X ist für $p=8$, $q=4$ die Archimedeische Varietät dargestellt; die vier Einzelkörper sind hier reguläre Tetraeder. — Das reziproke Vielflach, dessen Flächen im allgemeinen Deltoide sind (Fig. 26 Taf. VII für $p=7$, $q=2$), hat zum inneren gleichflächigen Kern für gerades q ein ebenrandiges $(2+p)$-eckiges $2p$-Flach, für ungerades q ein kronrandiges $(2+2p)$-eckiges $2p$-Flach. Ist q nicht prim zu p, so ist das Vielflach diskontinuierlich und besteht, falls $p=\alpha\cdot p'$, $q=\alpha\cdot q'$ ist, aus $\alpha\,[2\,(p')_{q'} + 2p'\,(3)_1]$-eckigen $2p'\,(4)_1$-Flachen der q'-ten Art. Für $p=6$, $q=2$ stellt Fig. 3 Taf. VIII die Archimedeische Varietät dar, bei welcher die Deltoide zu Quadraten, die beiden $[2\,(3)_1 + 2\cdot 3\,(3)_1]$-eckigen $6\,(4)_1$-Flache zu Würfeln werden.

---

1) Vergl. Hess II S. 452 ff. — Um Platzvergeudung zu vermeiden, sind die Angaben über die gleicheckigen und gleichflächigen Polyeder nicht wie früher nebeneinander gestellt.   2) Vergl. Nr. 62.

3) Analoges gilt für die Prismen und Doppelpyramiden unter 1.

4) Das kronrandige $[2\,(p)_q + 2p\,(3)_1]$-*flächige* $2 \cdot p\,(4)_2$-*Eck.* Fig. 20 Taf. VIII für $p = 5$, $q = 2$. Die Ecken sind überschlagene Vierkante. Das Polyeder, dessen äussere Hülle analog der von 3) ist, besitzt Zellen mit negativen Koëffizienten. Das reziproke Vielflach für $p = 3$ zeigt Fig. 21 Taf. X. Die Grenzflächen sind $2 \cdot 3$ Vierecke mit je einem einspringenden Winkel. Es besitzt $2 \cdot 3$ dreikantige Ecken der ersten Art, die wie die Ecken eines dreiseitigen Prismas liegen, und überdies zwei dreikantige Ecken, gebildet von den einspringenden Ecken je dreier Vierecke. Der innere gleichflächige Kern ist ein ebenrandiges $(2 + 3)$-eckiges $2 \cdot 3$-Flach (eine dreiseitige Doppelpyramide).

5) Das unterbrochen-kronrandige $[2\,(p + p)_q + 2p\,(1 + 2 + 1)_1]$-*flächige* $2 \cdot 2p\,(3)_1$-*Eck der q-ten Art.* Fig. 15 Taf. VIII für $p = 3$, $q = 2$. Die äussere Hülle ist ein prismatisches $(2 + p + p)$-flächiges $2 \cdot 2p$-Eck. Die Flächen sind zwei gleicheckige $(p + p)$-ecke q-ter Art und $2 \cdot p$ Trapeze. Das reziproke Vielflach kann als ein Skalenoeder höherer Art bezeichnet werden.

6) Das unterbrochen-kronrandige $[2\,(p + p)_q + 2p\,(1 + 2 + 1)_2]$-*flächige* $2 \cdot 2p\,(3)_1$ *Eck.* Fig. 40 und 41 Taf. VIII für $p = 3$, $q = 2$ in zwei Varietäten. Bei dem in Fig. 40 dargestellten Polyeder besitzen die sechs äusseren tetraedrischen Zellen den Koëffizienten -1, ebenso bei dem in Fig. 41 dargestellten die innere hexaedrische Zelle. Die äussere Hülle ist in beiden Fällen ein unterbrochen-kronrandiges $(2 + 2p)$-flächiges $2 \cdot 2p$-Eck.

7) Das sägerandige $[2\,(p)_q + 2p\,(3)_1]$-*flächige* $2p\,(4)_1$-*Eck der q-ten Art.* Fig. 19 Taf. VIII für $p = 5$, $q = 2$. Die äussere Hülle ist ein sägerandiges $(2 + 2p)$-flächiges $2p$-Eck. Die Dreiecke sind ungleichkantig, und es existiert ein rechtes und linkes Polyeder. Ist q nicht prim zu p, so entstehen diskontinuierliche Varietäten, Kombinationen mehrerer sägerandigen $2p'\,(4)_1$-Ecke erster oder höherer Art. Ist p gerade und $q = \frac{p}{2}$, so ergiebt sich ein System von q rhombischen Sphenoiden. — Der reziproke Körper ist leicht zu erhalten; an Stelle der Deltoide des zu 3) reziproken Vielflaches treten hier, im allgemeinen ungleichkantige, Trapezoide.

8) Das sägerandige $[2\,(p)_q + 2p\,(3)_1]$-*flächige* $2p\,(4)_2$-*Eck* steht zu 7) in gleichem Verhältnisse wie 4) zu 3) und wird also aus 4) erhalten, wenn die obere Deckfläche gegen die untere unter beliebigem Winkel um die Hauptachse gedreht erscheint. Hier sind auch Gruppierungen von je zwei Sphenoiden zu erwähnen. Einem unterbrochen kronrandigen $(2 + 2 \cdot 2)$-flächigen Achteck lassen sich zwei, im allgemeinen tetragonale Sphenoide einschreiben, die bei bestimmter Länge der Hauptachse des Umhüllungspolyeders zu regulären Tetraedern werden. In Fig. 103 sind diese beiden Tetraeder mit ihrem Umhüllungspolyeder, dieses in der Richtung der Hauptachse gesehen, gezeichnet. — Ebenso lassen sich einem $(2 + 2 + 2)$-flächigen Achteck, einem geraden Prisma auf rechteckiger Basis, zwei rhombische Sphenoide einbeschreiben, die zu tetragonalen werden, wenn die Deckflächen des umhüllenden Polyeders Quadrate sind, und zu Tetraedern, wenn das Umhüllungspolyeder zum Würfel wird. In allen drei Fällen gilt die Vereinigung beider Sphenoide als Polyeder zweiter Art, das zugleich gleicheckig und gleichflächig ist. Dasselbe gilt aber auch für die dem zuerst betrachteten unterbrochen-kronrandigen Achteck einbeschriebene Kombination zweier Sphenoide (Tetraeder), da hier der innere Kern ein gleichflächiges Vielflach, nämlich ein tetragonales Skalenoeder ist.[1]

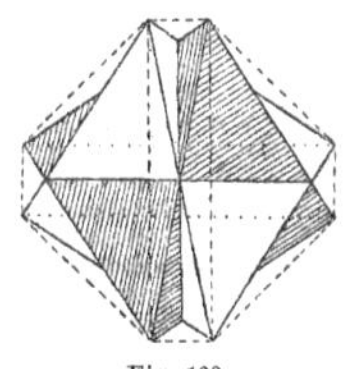

Fig. 103.

141. Die gleicheckigen und die gleichflächigen Polyeder der ersten Gruppe der ersten Ordnung der zweiten Hauptklasse. Der ersten Ordnung der zweiten Hauptklasse sind alle die Polyeder zuzuweisen, deren Achsen nach den Ecken eines Hexaeders oder Oktaeders gerichtet sind und die nach ihren Ecken oder Flächen Kombinationen einfacher vollzähliger oder nicht vollzähliger Polyeder der ersten Ordnung der zweiten Hauptklasse sind. Der *ersten Gruppe* gehören solche gleicheckige Polyeder mit dreikantigen Ecken

---

1) Über eine hierher gehörige Gruppe nicht-konvexer, zugleich gleicheckiger und gleichflächiger Polyeder (die sog. Stephanoide) vergl. Nr. 162.

zu, für welche zwei der von diesen ausgehenden Kanten gleich und von der dritten verschieden sind, so dass also die Grenzflächen der zugeordneten gleichflächigen Polyeder, ebenso wie die Flächen der gleichflächigen Netze, die im ersten Hauptnetze enthalten sind, gleichschenklige Dreiecke sind.[1]) Es seien zunächst drei kontinuierliche Polyeder mit ihren Varietäten und den reziproken Körpern angeführt.

9) Das $[4\,(3)_1 + 4\,(6)_2]$-*flächige* $12\,(3)_1$-*Eck der 3. Art.* Fig. 39 Taf. VIII (konvexe Varietät), Fig. 37 Taf. VIII (nicht-konvexe Varietät). Die Flächen dieses Polyeders liegen wie die zweier konzentrischer Tetraeder mit gleich oder entgegengesetzt gerichteten Achsen nach den Mittelpunkten der Flächen. Das eine dieser Tetraeder ergiebt die Dreiecke, das andere die Sechsecke zweiter Art als Grenzflächen des Polyeders. Eins derselben sei fest gedacht, und die Länge der Normalen aus dem Centrum auf eine Fläche (die Flächenachse) sei C. Die Länge der Normalen der ihr parallelen Fläche des andern, als variabel gedachten, Tetraeders sei C', wobei C' als negativ zu rechnen ist, wenn es die zu C entgegengesetzte Richtung hat. Ist $C' \lessgtr C$, aber beide positiv, so ergiebt sich die konvexe Varietät Fig. 39. Ist $C' < 0$, so ergeben sich auch verschiedene nicht-konvexe Varietäten. Ist der absolute Wert von $C' < 3\,C$, so schneidet das bewegliche Tetraeder noch die Kanten des festen, und es entsteht die nicht-konvexe Varietät Fig. 37. Ist der absolute Wert von $C' > 3\,C$, so entsteht die Varietät, welche man erhält, wenn man bei einem Tetraeder die drei Kanten jeder Ecke über diese hinaus verlängert und die Endpunkte durch ein gleichseitiges Dreieck verbindet.[2]) Das innere Tetraeder hat den Koëffizienten $+ 1$, ebenso die vier äussern (vergl. auch das in Nr. 145 beschriebene Polyeder *33*)). Bei der vorigen Varietät besitzen die sechs äusseren tetraedrischen Zellen die Koëffizienten $- 1$, das innere $(4 + 4)$-flächige $4 \cdot 3$-Eck den Koëffizienten $+ 1$, während bei der konvexen Varietät der innern tetraedrischen Zelle der Koëffizient $+ 3$ zukommt, den vier äusseren Zellen die Koëffizienten $+ 1$. Die äussere Hülle dieser Varietät ist ebenso wie bei der an dritter Stelle genannten ein $(4 + 4 + 6)$-flächiges 12-Eck, bei der nicht-konvexen Varietät ein $(4 + 4)$-flächiges $4 \cdot 3$-Eck. Das reziproke Polyeder, dessen innerer gleichflächiger Kern ein Triakistetraeder ist, findet sich durch Fig. 27 Taf. VII angedeutet; seine Ecken, von denen die sechskantigen zweiter Art im Innern verborgen sind, sind die zweier Tetraeder. Die Grenzfläche des gleichflächigen Netzes ist das Dreieck $C_4' \, C_2 \, C_3$ (Fig. 14 Taf. II), das Nebendreieck der Fläche $C_2 \, C_3 \, C_4$ des Triakistetraedernetzes.

10) Das $[6\,(4)_1 + 8\,(6)_2]$-*flächige* $6 \cdot 4\,(3)_1$-*Eck der 5. Art.* Die äussere Hülle ist ein $(6 + 8)$-flächiges $6 \cdot 4$-Eck, dessen Archimedeische Varietät in Fig. 23 Taf. VI dargestellt ist. Nach seinen Flächen ist das Polyeder die Kombinationsgestalt eines Hexaeders (die sechs Vierecke) und eines konzentrischen Oktaeders (die acht Sechsecke zweiter Art), dessen Eckenachsen mit den Flächenachsen des Würfels zusammenfallen. Nach der Länge dieser Achsen ergeben sich die im folgenden aufgezählten Varietäten. Es sei der Würfel als fest vorausgesetzt und seine Eckenachse habe die Länge C. Die damit der Richtung nach zusammenfallende Flächenachse des variabel gedachten Oktaeders sei C', und dieses sei negativ, wenn es C entgegengesetzt gerichtet ist.[3]) Unter einer positiven Achse (Strahl) C und C' sei dabei immer die verstanden, welche, aus dem Centrum gefällt, die *innere* Seite ihrer zugehörigen Fläche trifft. Ist C' mit C gleichen Vorzeichens, so entstehen zunächst folgende konvexe Varietäten. Jede Ecke wird von zwei konvexen Sechsecken zweiter Art, deren innere Zellen den Koëffizienten $+ 2$, deren äussere Zellen den Koëffizienten $+ 1$ haben, und von einem Quadrat gebildet. Das Sechseck, dessen Abstand vom Centrum $+ C'$ ist, hat drei seiner Kanten in denjenigen drei Würfelflächen, die sich in dem Endpunkt der Achse $- C$ schneiden. In Fig. 6 Taf. XI ist (ebenso wie bei den folgenden Varietäten) $C' < C$.[4]) Die Fläche des Oktaeders, deren Centronormale C' ist, geht durch die Mitten der drei von der Ecke C des Würfels auslaufenden Kanten. In

<hr>

Fig. 12 Taf. IX geht die bezeichnete Fläche des Oktaeders durch die Endpunkte der drei von C auslaufenden Kanten, fällt also mit einer Fläche des dem Würfel einzuschreibenden Tetraeders zusammen. Die Doppelpunkte der Sechsecke liegen in den Mittelpunkten der Würfelflächen; durch jede Ecke des Würfels gehen drei Kanten des Polyeders. In Fig. 35 Taf. VIII endlich ist $C' <$ als die Centronormale des eben gedachten Tetraeders; die Würfelecken, d. h. die von den Ebenen dreier Vierecke des Polyeders gebildeten Schnittpunkte, liegen ausserhalb des Polyeders. Das Sechseck zweiter Art bleibt konvex, denn die innere Zelle mit dem Koëffizienten 2 ist die Fläche des von den acht Sechsecken gebildeten inneren oktaedrischen Kernes, so lange $C' > 0$ ist. Wird $C' < 0$, so wenden die sechseckigen Grenzflächen ihre *äussere* Seite dem Centrum des Polyeders zu. Eine solche Varietät zeigt Fig. 1 Taf. XI. Denkt man sich die vom Centrum des Polyeders abgewandten Seiten der viereckigen Grenzflächen gefärbt, so sind, wenn man auf derselben Seite der Polyederoberfläche die Färbung fortführt, die Aussenflächen der Sechsecke zweiter Art ungefärbt zu lassen, d. h. diese wenden ihre positive Seite dem Centrum zu. Giebt man jedoch C das negative Vorzeichen, so dass die Vierecke dem Centrum die gefärbte Seite zuwenden, so sind die sichtbaren Seiten der Sechsecke gefärbt, und es sind alle Flächenwinkel kleiner als π, d. h. das Polyeder ist ein konvexes, dessen innere Zelle aber den Koëffizienten -1 hat. Die auf den Kanten des inneren Würfels sitzenden achteckigen Zellen haben dann den Koëffizienten $+1$, die tetraedrischen Zellen an den Ecken des Würfels den Koëffizienten $+2$.[1]) Weiter sei die (nicht dargestellte) nicht-konvexe Varietät erwähnt, die aus einem an den Ecken abgestumpften Hexaeder ebenso zu konstruieren ist, wie das Modell Fig. 2 Taf. XII aus dem an den Ecken abgestumpften Dodekaeder. Die sechseckigen Grenzflächen sind überschlagene Sechsecke zweiter Art; die an den Kanten des Würfels aufsitzenden tetraedrischen Zellen besitzen den Koëffizienten -1. Diese Varietät entsteht aus der vorigen, wenn der absolute Wert von $C' < C$ ist. Endlich sei noch die Varietät Fig. 104 angeführt. Die Sechsecke[2]) sind überschlagene (zweiter Art). Färbt man den inneren oktaedrischen Kern aussen, so gehören die nicht zu färbenden äusseren Zellen der Sechsecke der Innenseite der pyramidenförmigen Zellen an, die auf den Ecken des Oktaeders aufsitzen. Es sind also diese ebenso wie die viereckigen Grenzflächen aussen zu färben. — Das zu dem besprochenen gleicheckigen Polyeder polare gleichflächige $[6\,(4)_1 + 8\,(6)_2]$-eckige $6 \cdot 4\,(3)_1$-Flach der fünften Art ist in einer Varietät in Fig. 20 Taf. X dargestellt. Der innere gleichflächige Kern ist ein Tetrakishexaeder (Pyramidenwürfel). Die Ecken sind die eines Hexaeders und Oktaeders. — Die Fläche des gleichflächigen Kugelnetzes, das Dreieck $A_2' C_1 C_2$ in Fig. 14 Taf. II, ist das Nebendreieck der Fläche $A_2 C_1 C_2$ des Tetrakishexaedernetzes.

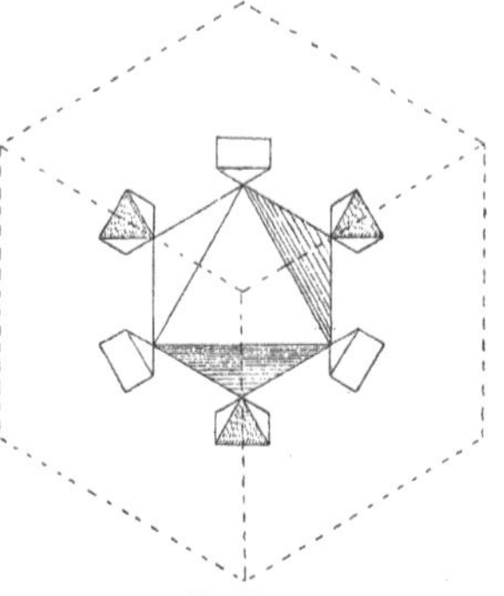

Fig. 104.

11) Das $[8\,(3)_1 + 6\,(8)_3]$-flächige $8 \cdot 3\,(3)_1$-Eck der 7. Art ist nach seinen Flächen die Kombination eines Oktaeders und Hexaeders. Die Ecken der konvexen Varietät Fig. 5 Taf. VIII sind die eines $(6 + 8 + 12)$-flächigen 24-Ecks. Sind die Achtecke dritter Art regulär, so ist das Polyeder ein Archimedeisches.[3]) Die äussere Hülle der nicht-konvexen Varietät Fig. 33 Taf. VIII ist ein $(6 + 8)$-flächiges $8 \cdot 3$-Eck. Der innere Kern des in Fig. 18 Taf. X dargestellten polaren gleichflächigen Polyeders ist ein Triakisoktaeder. Die Grenzflächen sind gleichschenklige Dreiecke, deren Basen die Kanten des Oktaeders sind,

---

1) Behält man die erstgenannte Färbung des Polyeders bei, so hat die innerste Zelle den Koëffizienten $+1$ (da ein von aussen nach innen wandernder Punkt von der gefärbten zur ungefärbten Seite übertritt, vergl. Nr. 61 und 62). Die an den Würfelkanten sitzenden Zellen haben die Koëffizienten -1, die tetraedrischen Zellen an den Ecken des Würfels den Koëffizienten -2, denn ein aus einer Zelle der vorigen Art in sie übertretender Punkt geht von der ungefärbten zur gefärbten Seite einer viereckigen Grenzfläche, der Koëffizient ist also nach früheren Betrachtungen um eins zu erniedrigen. In Fig. 1 Taf. XI sind diese Zellen hohl gelassen, was nicht korrekt ist.

2) Die äusseren dreieckigen Zellen eines solchen Sechsecks sind in Fig. 104 punktiert.

3) Vergl. Fig. 2 Taf. I bei Pitsch a. a. O.

dessen Ecken in Verbindung mit denen eines Hexaeders die Ecken des Vielflaches bilden. Die Fläche des gleichflächigen Netzes ist das Dreieck $C_4 A_2 A_3$ im ersten Hauptnetze Fig. 14 Taf. II, das Nebendreieck der Fläche $C_4' A_2 A_3$ des Triakisoktaedernetzes.

Von hierher gehörigen diskontinuierlichen Vielflachen seien die folgenden erwähnt. Das in Fig. 28 Taf. VII dargestellte System von drei sich kreuzenden $(2 + 4)$-flächigen Achtecken, dessen äussere Hülle ein $(6 + 8)$-flächiges $6 \cdot 4$-Eck ist. Das reziproke aus drei ebenrandigen $(2 + 4)$-eckigen Achtflachen bestehende gleichflächige Polyeder ist leicht zu erhalten. — Werden auch die rechteckigen Seitenflächen der $(2 + 4)$-flächigen Achtecke zu Quadraten, so entsteht ein System von drei konzentrischen Hexaedern, Fig. 23 Taf. IX, dessen äussere Hülle eine bestimmte Varietät eines $(6 + 8)$-flächigen $6 \cdot 4$-Ecks ist. Das System der polar zugeordneten drei Oktaeder zeigt Fig. 12 Taf. VIII. Die äussere Hülle des in Fig. 29 Taf. VII dargestellten gleicheckigen Körpers ist ein $(6 + 8 + 12)$-flächiges 24-Eck. Fasst man das Vielflach als bestehend aus drei $(2 + 4)$-flächigen Achtecken auf, so ist es diskontinuierlich. Man kann es jedoch auch für ein $[6 (8)_2 + 6 (4)_1]$-flächiges 24-Eck der dritten Art ansehen, wonach es als kontinuierliches Vielflach zu gelten hätte; die vier Kanten einer Fläche des inneren hexaedrischen Kernes gehören dann den Kanten einer und derselben achteckigen Grenzfläche des Polyeders zu, das nach seinen Flächen die Kombination zweier konzentrischer parallel gestellter Hexaeder ist. — Konstruiert man in jedes der $(2 + 4)$-flächigen Achtecke, aus denen die angeführten Polyeder bestehen, die beiden tetragonalen Sphenoide, die in dem Falle der drei konzentrischen Hexaeder zu Tetraedern werden, so ergeben sich Gruppierungen von je sechs tetragonalen Sphenoiden (bez. Tetraedern), deren äussere Hüllen die betr. gleicheckigen Polyeder erster Art bleiben, die also selbst als gleicheckige Polyeder der sechsten Art zu gelten haben. In Fig. 10 Taf. VIII sind diese sechs tetragonalen Sphenoide in dem ersten der vorher angeführten diskontinuierlichen Vielflache für den speziellen Fall gezeichnet, in dem die Höhe jeder der drei quadratischen Säulen gleich der Diagonale der quadratischen Grenzfläche wird. Das umhüllende Polyeder ist dann ein Kubooktaeder. In jeder Ecke desselben fallen zwei Ecken zweier Sphenoide zusammen.

142. Die gleicheckigen und die gleichflächigen Polyeder der zweiten Gruppe der ersten Ordnung der zweiten Hauptklasse. Die drei von einer Ecke eines gleicheckigen Polyeders dieser Gruppe ausgehenden Kanten sind verschieden; die Flächen der gleichflächigen Polyeder sind demnach ungleichkantige Dreiecke; dasselbe gilt für die Flächen der gleichflächigen Netze. Es sind zunächst folgende acht kontinuierliche gleicheckige Polyeder mit ihren reziproken Vielflachen anzuführen.[1])

12) Das $[4 (6)_1 + 4 (6)_2 + 6 (4)_1]$-flächige 24-Eck der 3. Art, Fig. 7 Taf. VIII entsteht aus dem unter *9)* angeführten Polyeder durch Abstumpfen der zwei Sechsecken zweiter Art gemeinsamen Kanten durch vierseitige Schnitte. Die dort erwähnte, nicht dargestellte Varietät jenes Polyeders lässt sich aus Fig. 7 leicht erkennen. Die sechs abstumpfenden Flächen stehen senkrecht zu den Kantenachsen der beiden Tetraeder, deren Kombinationsgestalt nach den Flächen das Polyeder 9) war, wonach das jetzt besprochene durch Kombination zweier Tetraeder und eines Hexaeders entsteht. Das umhüllende Polyeder ist ein gleicheckiges $(6 + 8)$-flächiges $6 \cdot 4$-Eck. Das reziproke Vielflach wird aus Fig. 27 Taf. VII erhalten, wenn man die gleichschenklig-dreieckigen Grenzflächen jenes Polyeders längs der punktierten Linie knickt, so dass die vier dreikantigen Ecken zu sechskantigen erster Art werden, die Verbindungskanten je zweier sechskantiger Ecken zweiter Art aber in der Mitte eine vierkantige Ecke erhalten.

13) Das $[6 (8)_1 + 8 (6)_2 + 12 (4)_1]$-flächige $2 \cdot 24$-Eck der 5. Art entsteht aus dem unter *10)* angeführten Vielflache durch Abstumpfen der zwei Sechsecken zweiter Art gemeinsamen Kanten mittels vierseitiger (rechteckiger) Schnitte, ist also seinen Flächen nach die Kombination eines Hexaeders, Oktaeders und Rhombendodekaeders. Die Ecken sind die eines $(6 + 8 + 12)$-flächigen $2 \cdot 24$-Ecks erster Art. Dasselbe gilt für die nächsten vier angeführten gleicheckigen Polyeder höherer Art. — Das polare gleichflächige Polyeder zeigt Fig. 14 Taf. X. Es bedarf nach dem Gesagten keiner Erläuterung. Die Fläche $A_3 C_2 B_4$ des

---

1) Hess II S. 456 (das Netz des Vielflaches Nr. 12) fehlt dort).

gleichflächigen Netzes ist ein Nebendreieck der Fläche $A_3' C_2 B_4$ des Hexakisoktaedernetzes (des ersten Hauptnetzes).

14) Das $[6 (8)_3 + 8 (6)_1 + 12 (4)_1]$*-flächige* 2 · 24-*Eck der 7. Art.* Fig. 23 und Fig. 8 Taf. VIII. Nach seinen Flächen ist es die Kombination derselben Polyeder wie das vorhergehende. Bei der in Fig. 23 Taf. VIII dargestellten Varietät wenden die in den Ebenen der Flächen eines Oktaeders liegenden Sechsecke dem Mittelpunkte des Polyeders ihre Aussenseite zu. Die nicht-konvexe Varietät Fig. 8 Taf. VIII entsteht aus der Varietät Fig. 33 Taf. VIII des unter *11)* beschriebenen Polyeders durch Abstumpfen der zwei Achtecken gemeinsamen Kanten mittels rechteckiger Schnitte, woraus sich sofort das Polyeder als Kombinationsgestalt der vorhin genannten ergiebt. Auch existiert eine Archimedeische Varietät, bei welcher die Achtecke gleichkantig sind, die ein eigentümliches Aussehen hat.[1] — Das polare gleichflächige Polyeder zeigt Fig. 32 Taf. X.[2] Die Fläche des gleichflächigen Netzes, das Dreieck $A_1 C_4' B_4$, ist ein Nebendreieck der Fläche $A_1 C_4 B_4$ des Hexakisoktaedernetzes.

15) Das $[6 (8)_3 + 8 (6)_2 + 12 (4)_1]$*-flächige* 2 · 24-*Eck der 11. Art,* Fig. 21 Taf. VIII ist ebenfalls nach seinen Flächen die Kombination eines Hexaeders, Oktaeders und Rhombendodekaeders. Die viereckigen Grenzflächen wenden dem Mittelpunkte des Polyeders die Aussenseite zu. Der innere gleichflächige Kern des polar-reziproken Vielflaches Fig. 2 Taf. X ist, wie bei den vorigen beiden gleichflächigen Polyedern, ein Hexakisoktaeder, und die Ecken sind die eines Oktaeders (die achtkantigen), eines Hexaeders (die sechskantigen) und eines Kubooktaeders (die vierkantigen). Die Verbindungskanten je einer acht- und sechskantigen Ecke bilden für sich das Kantensystem eines Rhombendodekaeders. Die Fläche des gleichflächigen Netzes, das Dreieck $A_2 C_4' B_5$, bedeckt elf charakteristische Dreiecke des ersten Hauptnetzes und ist das Nebendreieck der Grenzfläche des unter *13)* aufgeführten gleichflächigen Netzes fünfter Art.[3]

16) Das $[6 (8)_2 + 8 (6)_1 + 8 (6)_2]$*-flächige* 2 · 24-*Eck der 6. Art,* Fig. 30 Taf. VIII ist nach seinen Flächen die Kombination zweier Oktaeder, von den beiden Arten von Sechsecken gebildet, und eines Hexaeders, dessen Ebenen die der Achtecke zweiter Art sind. Diese Achtecke sind diskontinuierlich, und bestehen aus je zwei sich kreuzenden Rechtecken. Sämtliche Flächen dieses kontinuierlichen Polyeders wenden dem Mittelpunkte ihre Innenseite zu, so dass es also eine innerste Zelle mit dem Koëffizienten $+ 6$ besitzen muss; es ist diese Zelle ein von den Ebenen der Sechsecke erster Art gebildetes Oktaeder. Das polare gleichflächige Polyeder, Fig. 33 Taf. X ist nach seinen Ecken die Kombination zweier Hexaeder, welche konzentrisch und parallel gestellt sind[4]), und eines Oktaeders, gebildet durch die diskontinuierlichen achtkantigen Ecken zweiter Art. Die Fläche des gleichflächigen Netzes ist das Dreieck $A_1 C_4' C_2$, ein Nebendreieck der Fläche $A_1 C_4 C_2$ des Tetrakishexaedernetzes.

17) Das $[6 (8)_3 + 6 (8)_1 + 8 (6)_1]$*-flächige* 2 · 24-*Eck der 4. Art,* Fig. 12 Taf. XI ist die Kombination zweier parallel gestellter Hexaeder mit einem Oktaeder. Da sämtliche Flächen dem Centrum die Innenseite zuwenden, so hat die innerste, von den Ebenen der Achtecke erster Art gebildete hexaedrische Zelle den Koëffizienten $+ 4$. Das dargestellte Polyeder ist die Archimedeische Varietät. Das polare gleichflächige Vielflach Fig. 9 Taf. X besitzt die Ecken zweier konzentrischer parallel-gestellter Oktaeder (die das zweite Oktaeder bildenden achtkantigen Ecken dritter Art sind im Modell verdeckt) und eines Hexaeders, das mit beiden Oktaedern die Achsen gemein hat. Die Fläche des gleichflächigen Netzes ist $C_3 A_2 A_1$, ein Nebendreieck der Fläche $C_3 A_2' A_1$ des Triakisoktaedernetzes.

Die gleichflächigen Netze, welche den gleicheckigen zugeordnet sind, denen die bisher besprochenen Polyeder dieser Gruppe ein- oder umbeschrieben sind, sind solche mit direkt symmetrischen Kanten. Gleich-

---

1) Vergl. Fig. 7 Taf. II bei Pitsch a. a. O. Wir zählen die Figuren jener beiden Tafeln in analoger Reihenfolge wie die der unsrigen.

2) Die von den achtkantigen Ecken dritter Art nach den sechskantigen Ecken führenden Kanten sind an den zuerst genannten Ecken innerhalb der Oberfläche gelegen.

3) Über die gleicheckigen Polyeder 13) 14) 15) vergl. Hess, Über die möglichen Arten und Varietäten einiger Archimedeischen Körper. Marburger Berichte. 1872. Nr. 5 (Juni). S. 87.

4) Die sechskantigen Ecken zweiter Art liegen danach in dem Modelle unter denen erster Art verborgen.

flächige feste Netze mit nur teilweise direkt-symmetrischen Kanten, welche Polarnetze zu einfachen Netzen sind, sind zwei anzuführen[1]), und den zugeordneten gleicheckigen Netzen sind die beigemerkten Polyeder ein- und umbeschrieben. Das Polardreieck des Hexakisoktaederdreieckes $A_1 C_1 B_1$ ist $B_6 B_5 A_3$ (Fig. 14 Taf. II), dessen Kanten $A_3 B_6$ und $B_5 A_3$ direkt-symmetrisch sind, da sie Hauptkreisen des ersten Hauptnetzes angehören, während die Ebene der Kante $B_6 B_5$ keine direkte Symmetrieebene ist. Dem gleicheckigen Netze, welches dem diese Grenzfläche besitzenden gleichflächigen zugeordnet ist, ist

18) das $[6\,(4+4)_3 + 12\,(4+2+2)_3]$-flächige $2\cdot 24\,(3)_1$-Eck der 15. Art einzubeschreiben. Die 48 Ecken dieses gleicheckigen Polyeders sind die eines $(6+8+12$-flächigen $2\cdot 24$-Ecks. Die Achtecke dritter Art mit abwechselnd gleichen Kanten liegen in den Ebenen eines Würfels, die Achtecke dritter Art mit je vier, je zwei und je zwei gleichlangen Kanten, in den Ebenen eines Rhombendodekaeders, während die Ecken des polaren gleichflächigen Körpers die eines Oktaeders und Kubooktaeders sind.

19) Das $[6\,(4+4)_3 + 12\,(4+4)_1]$-flächige $2\cdot 24\,(3)_1$-Eck der 3. Art ist eine Kombination derselben Polyeder wie das vorige. Die Fläche $B_6 B_2 A_2$ des gleichflächigen Netzes ist das Polardreieck der Fläche $A_1 C_4' B_4$. Die Kanten $A_2 B_6$ und $B_2 A_2$ sind direkt-symmetrische, was von der dritten Kante $B_6 B_2$ nicht gilt.

Von hierher gehörigen diskontinuierlichen Polyedern seien nur die folgenden erwähnt. Das in Fig. 30 Taf. VII dargestellte System von drei sich kreuzenden $(2+2+2)$-flächigen $2\cdot 4$-Ecken, dessen Ecken die eines $(6+2\cdot 4+12)$-flächigen $2\cdot 12$-Ecks sind (vergl. das Polyeder 15) in Nr. 116). Das polare gleichflächige Polyeder ist ein System von drei vierseitigen Doppelpyramiden über je rhombischer Basis. — Das System von sechs sich kreuzenden $(2+2+2)$-flächigen $2\cdot 4$-Ecken Fig. 22 Taf. VIII hat zum Umhüllungspolyeder ein gleicheckiges $(6+8+12)$-flächiges $2\cdot 24$-Eck. Man könnte dieses Vielflach auch als begrenzt von dreimal sechs Achtecken zweiter Art betrachten, wonach es mit Rücksicht auf seine Flächen die Kombination dreier konzentrischer, parallelgestellter, doppelüberdeckter Würfel ist. Die Art dieses Vielflaches ist wie der Koëffizient der innersten hexaedrischen Zelle gleich 6. Das zugehörige gleichflächige Polyeder ist leicht zu erhalten. Aus diesem, sowie aus dem vorher beschriebenen System von $2\cdot 4$-Ecken lassen sich Gruppierungen von rhombischen Sphenoiden erhalten, im ersten Falle von sechs, im zweiten Falle von zwölf Sphenoiden, in analoger Weise wie dies bei den diskontinuierlichen Polyedern der vorigen Gruppe gezeigt war. — Endlich ist hier noch ein System von sechs kronrandigen $(2+4)$-eckigen $2\cdot 4$-Flachen (Skalenoedern) zu nennen, die ein diskontinuierliches gleichflächiges Polyeder bilden. In jeder Ecke desselben fallen zwei Skalenoederecken zusammen, und zwar bilden die $6\cdot 4$ Kronenrandecken die Ecken eines Kubooktaeders, und die Endpunkte der Hauptachsen der Skalenoeder sind die sechs Ecken eines Oktaeders, das mit dem Kubooktaeder konzentrisch und koachsial ist. In jeder Ecke dieses Oktaeders liegen also die Ecken zweier Skalenoeder, von denen das eine gegen das andre um die gemeinsame Hauptachse um 90^0 gedreht ist. — Das reziproke diskontinuierliche gleicheckige Polyeder besteht aus sechs unterbrochen-kronrandigen $(2+2\cdot 2)$-flächigen $2\cdot 4$-Ecken. Die Ecken dieses Systems sind die eines $(6+8+12)$-flächigen $2\cdot 24$-Ecks (Fig. 4ª Taf. VII). Man erhält zwei dieser $2\cdot 4$-Ecke, wenn man in zwei gegenüberliegenden achteckigen Grenzflächen des genannten gleicheckigen Polyeders je das diskontinuierliche Achteck zweiter Art konstruiert, das aus zwei gekreuzten Rechtecken besteht, und die Ecken je eines solchen Rechtecks mit den Ecken des in gekreuzter Lage befindlichen Rechtecks des gegenüberliegenden Achtecks zweiter Art durch Kanten verbindet.

143. Die gleicheckigen und die gleichflächigen Polyeder der dritten Gruppe der ersten Ordnung der zweiten Hauptklasse. Von den gleicheckigen Polyedern dieser Gruppe der Oktaeder-Hexaeder-Ordnung, welche vierkantige Ecken haben — die Flächen der polaren gleichflächigen Polyeder sind also Vierecke — sind die folgenden vier kontinuierlich.[2])

20) Das $[6\,(4)_1 + 8\,(3)_1 + 6\,(8)_3]$-flächige $24\,(4)_1$-Eck der 4. Art. Fig. 8 Taf. IX. Die Ecken sind die eines $(6+8)$-flächigen $8\cdot 3$-Ecks erster Art. Nach den Flächen ist das Polyeder die Kombination zweier

---

1) Hess II S. 459 ff.   2) Vergl. über die Netze Hess II S. 457.

parallelgestellter konzentrischer Würfel und eines koachsialen Oktaeders mit demselben Mittelpunkte. Das dargestellte Modell zeigt die Archimedeische Varietät. Die Grenzfläche des polaren Vielflaches Fig. 1 Taf. X ist ein Deltoid. Die vier- und achtkantigen Ecken sind die zweier Oktaeder, die dreikantigen [die eines Würfels. Das innere gleichflächige Polyeder ist das Pyramidenoktaeder. Die Grenzfläche des gleichflächigen Netzes ist $A_1 A_2 C_4' A_8$ in Fig. 14 Taf. II.

21) Das [8 (6)$_2$ + 12 (4)$_1$]-flächige 24 (4)$_1$-Eck der 2. Art, Fig. 9 Taf. VIII, dessen äussere Hülle ein (6 + 8)-flächiges 6 · 4-Eck ist, wird von acht Sechsecken zweiter Art begrenzt, die in den Ebenen eines Oktaeders liegen, und von vierzehn Vierecken, in den Ebenen eines Rhombendodekaeders. Das polare gleichflächige Polyeder, Fig. 8 und Fig. 13 Taf. X, dessen Grenzfläche ein Trapez ist, besitzt die Ecken eines Würfels und eines Kubooktaeders. Der gleichflächige Kern ist ein Pyramidenwürfel. Die Fläche des gleichflächigen Netzes ist das Viereck $B_2 B_4 C_2 C_1$ im ersten Hauptnetze.

22) Das [6 (8)$_3$ + 8 (6)$_2$]-flächige 24 (4)$_1$-Eck der 5. Art, Fig. 28 Taf. VIII besitzt als äussere Hülle ein (6 + 8 + 12)-flächiges 24-Eck, während der innere Kern bei der dargestellten Varietät ein Kubooktaeder ist; nach den Flächen ist es eben die Kombination eines Würfels mit einem Oktaeder. Die Grenzfläche des polaren gleichflächigen Polyeders Fig. 12 Taf. X ist ein Trapez, dessen parallele Kanten ihre Endpunkte in zwei Würfelecken, bez. zwei Oktaederecken haben, wie sich aus der Fläche des gleichflächigen Netzes $A_2 A_3 C_3 C_2$ ablesen lässt.

23) Das [8 (6)$_2$ + 8 (6)$_2$]-flächige 24 (4)$_1$-Eck der 4. Art, Fig. 11 Taf. VIII ist nach seinen Flächen die Kombination zweier parallelgestellter Oktaeder. Das Umhüllungspolyeder ist ein (6 + 8)-flächiges 6 · 4-Eck, die innerste Zelle ein Oktaeder. Das gleichflächige Netz besteht aus vier aufeinanderfallenden Hexaedernetzen, so dass in jedem Eckpunkte C zwei (3 + 3)-flächige sphärische Ecken der zweiten Art vorhanden sind. Das zugehörige von Trapezen begrenzte gleichflächige Polyeder, dessen Ecken wie die zweier parallelineinandergestellter konzentrischer Würfel liegen, ist leicht zu konstruieren.[1]

Es existiert weiter eine grosse Anzahl hierher gehöriger nicht-konvexer Polyeder, von denen besonders diejenigen interessant sind, welche überschlagene vierkantige Ecken, d. h. vierkantige Ecken zweiter Art besitzen. Viele dieser Polyeder sind Möbiussche.[2] Es seien hier nur die folgenden erwähnt. Fig. 1 Taf. VIII zeigt ein Polyeder, dessen Flächen durch die acht Dreiecke eines Kubooktaeders und die vier, auf den dreizähligen Achsen (den Verbindungslinien der Mittelpunkte zweier gegenüberliegenden Dreiecke) senkrecht stehenden, sich im Centrum des Polyeders schneidenden Ebenen, welche Sechsecke erster Art sind, gebildet werden. Die zwölf Ecken sind die eines Kubooktaeders. Aus diesem lässt sich ein weiteres Möbiussches Polyeder konstruieren, wenn man die vier ebengenannten Sechsecke mit den sechs Quadraten des Kubooktaeders zusammenfügt. Auch dieses Polyeder[3] besitzt zwölf überschlagene vierkantige Ecken. — Die Ecken des in Fig. 36 Taf. VIII dargestellten Polyeders sind die eines (6 + 8 + 12)-flächigen 24-Ecks. Es besitzt sechs quadratische und acht gleichseitig-dreieckige Grenzflächen (die betr. Flächen des Umhüllungspolyeders) und sechs gleicheckige (4 + 4)-ecke erster Art. Ein zweites Polyeder mit überschlagenen vierkantigen Ecken lässt sich in dasselbe (6 + 8 + 12)-flächige 24-Eck konstruieren, wenn man zu den ebengenannten sechs Achtecken die zwölf (2 + 2)-ecke des Umhüllungspolyeders fügt, welche in den Ebenen eines Rhombendodekaeders liegen.[4] Man überzeugt sich leicht von dem einseitigen Charakter dieses Vielflaches, wenn man die Oberfläche zu färben versucht, da man bald auf die Rückseite der Ausgangsfläche gelangt, diese also mit beiden Seiten als der äusseren Oberfläche zugehörig erscheint. Dagegen ist das vorhergenannte Vielflach ein zweiseitiges; die tetraedrischen räumlichen Zellen über den dreieckigen Flächen des Polyeders haben den Koëffizienten — 1, wenn der innerste Würfel den Koëffizienten + 2, die auf seinen Flächen aufsitzenden Zellen den Koëffizienten + 1 haben. — Das in Fig. 31 Taf. VII dargestellte gleicheckige Polyeder mit

---

[1] Ist $ABCD$ eine Fläche des äusseren Würfels, $A'B'C'D'$ die der entsprechenden Fläche des inneren Würfels gegenüberliegende, wobei $A'B'$ parallel und gleichgerichtet mit AB sei, so ist $ABB'A'$ eine Grenzfläche des gleichflächigen Polyeders.   [2] Mehrere derselben sollen in Nr. 163 erst zur Sprache kommen.

[3] Vergl. Badoureau a. a. O. S. 119.   [4] Badoureau a. a. O. S. 123.

vierundzwanzig überschlagenen vierkantigen Ecken, den Ecken eines (6 + 8)-flächigen 6 · 4-Ecks, hat zu Grenzflächen acht Sechsecke zweiter Art, die in den Ebenen eines Oktaeders liegen, und acht (3 + 3)-ecke erster Art[1]), die eine innerste oktaedrische Zelle einschliessen. Dieses noch nicht beschriebene Polyeder ist ebenfalls ein einseitiges.[2])

144. Die gleicheckigen und die gleichflächigen Polyeder der vierten Gruppe der ersten Ordnung der zweiten Hauptklasse. Soweit die zugehörigen gleichflächigen Netze feste Netze sind, sind die sämtlichen hierher gehörigen Polyeder mit fünfkantigen Ecken (und die gleichflächigen mit fünfeckigen Grenzflächen) nicht konvex. — Es waren nun in Nr. 120 als *veränderliche* gleichflächige, der ersten Ordnung der zweiten Hauptklasse angehörende, Fünfecksnetze erster Art genannt: Das symmetrische und das tetraedrische Pentagondodekaedernetz und das Pentagonikositetraedernetz. Die zugeordneten gleicheckigen Netze sind Hemigonien von vollzähligen Netzen dieser ersten Ordnung, wie die gleicheckigen ihnen einbeschriebenen Polyeder (Fig. 7[b], 12[b], 6[b] Taf. VII) Hemigonien vollzähliger gleicheckiger Polyeder sind. Zu jedem dieser drei gleichflächigen veränderlichen Netze giebt es nun ein konvexes höherer Art, bei welchem die Grenzflächen Sternfünfecke sind. Die beiden ersten dieser Netze stehen zu dem symmetrischen und tetraedrischen Pentagondodekaedernetze in ähnlicher Beziehung wie das Netz des 20-eckigen Stern-12-Flaches zu dem regulären Dodekaedernetze.[3]) — Die Ecken der den polar zugeordneten gleicheckigen Netzen einbeschriebenen gleicheckigen Polyeder höherer Art liegen wie die Ecken der dem symmetrischen und tetraedrischen Pentagondodekaeder polar zugeordneten gleicheckigen Polyeder Fig. 7[a] und Fig. 12[a] Taf. VII, d. h. wie die Ecken eines (2 · 4 + 12)-flächigen 12-Ecks und eines (4 + 4 + 12)-flächigen 12-Ecks, die beide dem Ikosaeder isomorph sind. Es werden die beiden Polyeder höherer Art ebenso durch Einschreiben dreieckiger Grenzflächen in die genannten Polyeder erster Art erhalten, wie das 20-flächige Stern-12-Eck in Nr. 128 in das reguläre Ikosaeder konstruiert wurde. Es sind diese beiden Polyeder:

24) Das $[8 (3)_1 + 12 (2 + 1)_1]$-*flächige* $12 (5)_2$-*Eck der 7. Art*, das acht gleichseitige Dreiecke und zwölf gleichschenklige Dreiecke zu Grenzflächen hat, und

25) das $[8 (3)_1 + 12 (1 + 1 + 1)_1]$-*flächige* $12 (5)_2$-*Eck der 7. Art*, dessen Flächen neben acht gleichseitigen Dreiecken zwölf ungleichkantige sind. Die Archimedeische Varietät ist selbstverständlich das reguläre 20-flächige Stern-12-Eck. Die beiden polaren Körper, deren archimedeische Varietät das 20-eckige Stern-12-Flach ist, sind nun leicht zu erhalten und ist die Beschaffenheit ihrer Ecken sofort aus der vorhergehenden Bezeichnung abzulesen. Die Grenzflächen sind symmetrische bez. unsymmetrische Sternfünfecke.

26) Das $[6 (4)_1 + 8 (3)_1 + 24 (1 + 1 + 1)_1]$-*flächige* $24 (5)_2$-*Eck der 13. Art* hat seine Ecken in denen eines (6 + 8 + 24)-flächigen 24-Ecks erster Art (Fig. 6[a] Taf. VII). Auch hier giebt es eine Archimedeische Varietät, bei der sämtliche Dreiecke gleichkantig sind. Das gleichflächige veränderliche Netz ist das dritte oben erwähnte, das als Pentagonikositetraedernetz höherer Art bezeichnet werden könnte. — Hiermit sind die Polyeder der ersten Ordnung der zweiten Hauptklasse, so weit sie nicht erst später zur Sprache kommen sollen, erledigt.

145. Die gleicheckigen und die gleichflächigen Polyeder der ersten Gruppe der zweiten Ordnung der zweiten Hauptklasse. Es war bereits bemerkt worden, dass die Bestimmung sämtlicher gleicheckigen Polyeder höherer Art und der ihnen polaren gleichflächigen, soweit die entsprechenden gleichflächigen Netze nicht feste Netze sind, ein bis jetzt ungelöstes Problem ist. Aber auch die Zahl der diskontinuierlichen und der nicht-konvexen Polyeder dieser zweiten Ordnung ist eine so ungeheuer grosse, dass nur wenige Typen solcher Polyeder im folgenden angeführt werden können. Im wesentlichen sind nur diejenigen Polyeder berücksichtigt, für welche das gleichflächige Netz fest und kontinuierlich ist. Die Einteilung in Gruppen erfolgt

---

1) Z. B. das Sechseck *abcdef* der Figur.
2) Einige weitere Polyeder mit überschlagenen vierkantigen Ecken, deren äussere Hülle ein (6 + 8)-flächiges 8 · 3-Eck (der an den Ecken abgestumpfte Würfel) ist, beschreibt Badoureau a. a. O. S. 117.
3) Vergl. Hess II S. 461.

wieder nach der Kantenzahl und Beschaffenheit der Fläche dieses gleichflächigen Netzes oder, was dasselbe sagt, nach der Zahl der Kanten in einer Ecke des gleicheckigen Polyeders. Die erste Gruppe umfasst diejenigen Vielflache, für welche die Fläche des gleichflächigen Netzes ein gleichschenkliges Dreieck ist. Es braucht kaum bemerkt zu werden, dass sich alle im weiteren zunächst angeführten Netze im zweiten Hauptnetze Fig. 15 Taf. II vorfinden.

27) Das [12 (5)$_2$ + 12 (10)$_1$]*-flächige* 12 · 5 (3)$_1$*-Eck der 3. Art*, Fig 2 Taf. IX. Das Umhüllungspolyeder ist ein (12 + 20)-flächiges 12 · 5-Eck (vergl. Nr. 118). Die Ebenen der beiderlei Grenzflächen sind die zweier parallelgestellten konzentrischen Dodekaeder, denn das Polyeder entsteht durch gerade Abstumpfung der Ecken eines regulären 12-flächigen Stern-12-Ecks mittels der Ebenen eines Dodekaeders. Geht die Abstumpfung so weit, dass der Rest der Kante des Stern-12-Ecks gleich der Kante des Fünfecks zweiter Art ist, so ergiebt sich die Archimedeische Varietät.[1] Die Ecken des polaren gleichflächigen Polyeders Fig. 30 Taf. X sind die zweier konzentrischen, parallel gelegenen Ikosaeder. Der innere gleichflächige Kern ist ein Pentakisdodekaeder.[2] Eine gleichschenklige Grenzfläche des Polyeders hat ihre Spitze in einer fünfkantigen Sternecke, die im Modell unter einer zehnkantigen Ecke verborgen liegt. Die Fläche des gleichflächigen Netzes ist das Dreieck $G_1 G_4 G_3$.

28) Das [12 (5)$_1$ + 12 (10)$_2$]*-flächige* 60 (3)$_1$*-Eck der 3. Art*, Fig. 6 Taf. VIII, besitzt die Ecken eines (12 + 20 + 30)-flächigen 60-Ecks. Diese Varietät entsteht durch gerade Abstumpfung der Ecken eines regulären 12-eckigen Stern-12-Flachs mittels eines parallelgestellten Dodekaeders, wonach die Ebenen der Flächen des Polyeders die zweier Dodekaeder sind. Eine andre Varietät, deren Umhüllungspolyeder ein (12 + 20)-flächiges 20 · 3-Eck ist, erhält man, wenn man nach der Angabe der Bemerkung zu dem unter *27)* angeführten Polyeder die Abstumpfung der Ecken des 12-flächigen Stern-12-Ecks so weit führt, dass die Ebenen des abstumpfenden Dodekaeders innerhalb jenes Polyeders zum Schnitt gelangen. Die Ecken des polaren gleichflächigen Polyeders sind die zweier konzentrischen, parallel gestellten Ikosaeder.[3] Die Fläche des gleichflächigen Netzes ist das Dreieck $G_1 G_2 G_3$ des dreifach überdeckten Ikosaedernetzes.

29) Das [12 (15)$_1$ + 12 (10)$_3$]*-flächige* 60 (3)$_1$*-Eck der 9. Art*, Fig. 23 Taf. XII, dessen äussere Hülle ein (12 + 20 + 30)-flächiges 60-Eck ist, ist die Kombination eines 12-eckigen Stern-12-Flachs mit den Ebenen eines konzentrischen, parallel gestellten Dodekaeders. Bei der in Fig. 23 dargestellten Archimedeischen Varietät werden die Fünfecke erster Art von den Aussenseiten der Ebenen dieses Dodekaeders gebildet, d. h. sämtliche Flächen des Polyeders wenden seinem Centrum die Innenseite zu. Wählt man diejenige Varietät des Zehnecks dritter Art Fig. 11 Taf. I zur Grenzfläche, bei welcher je drei Doppelpunkte in einen mehrfachen Punkt zusammenfallen, und stellt dabei das von den Zellen mit den Koëffizienten 2 und 3 gebildete Fünfeck die innere Zelle der Grenzfläche des 12-eckigen Stern-12-Flachs dar, so fallen je zwei gegenüberliegende Flächen des genannten Dodekaeders zusammen, d. h. die zwölf Ebenen gehen durch das Centrum des Polyeders. Lässt man den Abstand der Dodekaederebene vom Centrum negativ werden, so erhält man eine Varietät, deren fünfeckige Grenzflächen dem Centrum die „gefärbte" Seite zuwenden und deren innerste Zelle also einen negativen Koëffizienten hat u. s. w. — Die Ecken des polaren gleichflächigen Polyeders Fig. 10 Taf. X sind die zweier parallel und konzentrisch gestellten Ikosaeder. Die gleichschenklige Grenzfläche hat ihre Basisecken in zwei, hier unter den fünfkantigen Ecken erster Art verborgenen, benachbarten zehnkantigen Ecken zweiter Art, welche Ecken des innern Ikosaeders sind, ihre Spitze in einer Ecke des

---

[1] Pitsch, Taf. II Fig. 3. — Durch Abstumpfung der Ecken des 12-flächigen Stern-12-Ecks mittels Dodekaederflächen bis zur Mitte der Kanten des genannten regulären Sternpolyeders entsteht das unter *56)* Nr. 147 angeführte gleicheckige Polyeder mit vierkantigen Ecken Fig. 13 Taf. IX. Durch noch weitergehende Abstumpfung ergiebt sich eine Varietät des nächsten unter *28)* angeführten Polyeders.

[2] Im folgenden ist die Gestalt des inneren gleichflächigen Kernes eines gleichflächigen Polyeders meist nicht angegeben, da sie sich aus der des Umhüllungspolyeders des gleicheckigen Vielflaches direkt ablesen lässt.

[3] Fig. 28 Taf. X zeigt diesen Körper, wenn man sich die rhombischen Grenzflächen längs der kürzeren, hier verborgenen Diagonalen geknickt denkt; man hat sich also die sichtbaren fünfkantigen Ecken etwas flacher vorzustellen. Die fünfkantigen Ecken zweiter Art sind nicht sichtbar.

äusseren Ikosaeders. Die Kanten des inneren Ikosaeders sind also zugleich Kanten des Vielflaches. Die Fläche des gleichflächigen Netzes ist das Dreieck $G_1 G_5' G_6'$.

30) Das $[12 (5)_1 + 20 (6)_2]$-*flächige* $12 \cdot 5 (3)_1$-*Eck der 11. Art.* Die äussere Hülle der in Fig. 7 Taf. XI dargestellten konvexen Varietät, ebenso wie der in Fig. 2 Taf. XII gezeichneten nicht-konvexen Varietät ist ein $(12 + 20)$-flächiges $12 \cdot 5$-Eck. Nach den Flächen ist das Polyeder die Kombination eines Dodekaeders mit einem Ikosaeder. Färbt man bei der konvexen Varietät die äusseren Seiten der konvexen Sechsecke zweiter Art, so ersieht man leicht nach der Fortsetzung der Färbung der Polyederoberfläche auf die Grenzfünfecke, dass diese dem Centrum des Polyeders ihre äussere Seite zuwenden. Bei der nicht konvexen Varietät Fig. 2 Taf. XII sind die auf den Kanten des $(12 + 20)$-flächigen $20 \cdot 3$-eckigen Kernes aufsitzenden tetraedrischen Zellen negativ. Die Ecken des gleichflächigen polaren Polyeders Fig. 3 Taf. X sind die eines Ikosaeders und Dodekaeders, wobei die Kanten des letzteren die Basiskanten der gleichschenkligen Grenzflächen sind, deren Spitzen in die Ikosaederecken fallen. Die Fläche des Netzes ist $G_1 C_7' C_5'$.

31) Das $[12 (5)_2 + 20 (6)_1]$-*flächige* $60 (3)_1$-*Eck der 7. Art,* Fig. 9 Taf. IX, dessen äussere Hülle ein $(12 + 20 + 30)$-flächiges 60-Eck ist, entsteht durch gerade Abstumpfung der Ecken eines regulären 20-flächigen Stern-12-Ecks mittels der Ebenen eines Dodekaeders, ist also die Kombination eines solchen mit einem Ikosaeder. Es ist die Archimedeische Varietät dargestellt. Die Ecken des reziproken Körpers Fig. 15 Taf. XI sind danach die eines Dodekaeders und eines konzentrischen koachsialen Ikosaeders.[1]) Die Fläche des gleichflächigen Netzes ist $G_1 C_6 C_9$.

32) Das $[12 (5)_2 + 20 (6)_2]$-*flächige* $60 (3)_1$-*Eck der 17. Art* besitzt die Ecken eines $(12 + 20)$-flächigen $12 \cdot 5$-Ecks. Nach seinen Flächen ist es die Kombination der Ebenen eines 12-eckigen Stern-12-Flaches mit denen eines konzentrischen 20-flächigen Stern-12-Ecks, deren gleichvielzählige Achsen gleichgerichtet sind. Das Modell dieses Vielflaches ergiebt sich aus Fig. 19 Taf. XII, wenn man die längeren Kanten der Zehnecke zweiter Art hier verlängert, wodurch diese in Fünfecke zweiter Art übergehen; die Vierecke dieses Polyeders fallen dann weg und je zwei Sechsecke zweiter Art erhalten eine Kante gemeinsam. Das reziproke gleichflächige Polyeder Fig. 11 Taf. X hat die fünfkantigen Ecken mit denen eines Ikosaeders, die sechskantigen mit denen eines Dodekaeders gemein. Die Fläche des Netzes ist $G_1 C_8 C_6'$.

33) Das $[20 (3)_1 + 12 (10)_4]$-*flächige* $60 (3)_1$-*Eck der 19. Art.* Von diesem Polyeder, das nach seinen Flächen die Kombination eines Ikosaeders und eines Dodekaeders ist, sind drei Varietäten dargestellt. Die äussere Hülle der konvexen Varietät Fig. 14 Taf. VIII ist ein $(12 + 20 + 30)$-flächiges 60-Eck. Es erscheint das Vielflach als Kombination eines 12-eckigen Stern-12-Flachs mit den Ebenen eines 20-flächigen Stern-12-Ecks, wobei diese die äusseren Zellen jenes so weit reduzieren, dass an den Ecken des inneren Dodekaeders nur je drei kleine tetraedrische räumliche Zellen verbleiben. Fs ist diejenige Varietät gewählt, bei deren $(5 + 5)$-kantigen Grenzflächen (vergl. Fig. 15 Taf. I) die äusseren Ecken der Zellen mit dem Koëffizienten 3 auf die kürzeren Kanten des Vielecks fallen. Sämtliche dreieckigen Grenzflächen des Polyeders wenden dann dessen Centrum die äussere Seite zu. — Fig. 4 Taf. IX stellte eine Varietät dar, deren äussere Hülle dieselbe wie die der vorigen ist. Die $(5 + 5)$-kantigen Grenzflächen sind hier überschlagene Zehnecke vierter Art, von der Gestalt Fig. 16 Taf. I. Färbt man die Aussenseite der dodekaedrischen Zelle des Polyeders, so ist die innere Zelle eines solchen Zehnecks positiv, also jede dreieckige Aussenzelle auf derselben Seite der Fläche negativ. Da ihre Rückseite, d. h. die am Polyeder sichtbare, dann positiv ist, so kehren auch die dreieckigen Grenzflächen dem Centrum des Polyeders ihre Innenseite zu, sind also aussen zu färben, und die zwanzig räumlichen Zellen an den Ecken des Dodekaeders besitzen den Koëffizienten $+ 1$.[2])

---

1) Rückt man die fünfkantigen Ecken zweiter Art auf den fünfzähligen Achsen des Ikosaeders so weit von dessen Centrum ab, dass je zwei längs einer Basiskante zusammenstossende Grenzflächen des Körpers in eine Ebene fallen, also zusammen einen Rhombus bilden, so erhält man das in Fig. 17 Taf. XI dargestellte, unter *57)* in Nr. 147 besprochene Polyeder.

2) Eine analoge Varietät, wie diese aus dem inneren Dodekaeder durch Ansetzen tetraedrischer Zellen an den Ecken zu erhaltende, existiert auch für das Polyeder *9)*, wobei der innere Kern ein Tetraeder, und für das Polyeder *11)* wobei der innere Kern ein Hexaeder ist.

Eine dritte Varietät erhält man, wenn die Kanten der fünfeckigen Grenzflächen eines $(12 + 20)$-flächigen $5 \cdot 12$-Ecks (Fig. 25 Taf. VI) derart verlängert werden, dass an Stelle dieser Fünfecke überschlagene $(5 + 5)$-ecke der vierten Art treten, von denen je zwei benachbarte je eine der kürzeren Kanten gemein haben. An Stelle der Sechsecke treten dann gleichseitige Dreiecke.[1] Die äussere Hülle dieser Varietät ist im allgemeinen ein $(12 + 20)$-flächiges $20 \cdot 3$-Eck. Es lässt sich nun der innere Kern, das $(12 + 20)$-flächige $5 \cdot 12$-Eck, so wählen, dass die dreieckigen Grenzflächen der äusseren Hülle in einen Punkt zusammenschrumpfen, d. h. dass je drei Ecken benachbarter Zehnecke des Polyeders in einer Ecke der äusseren Hülle, die dann ein Dodekaeder ist, zusammenfallen. Diese Varietät zeigt Fig. 32 Taf. VII.[2] — Das polare gleichflächige Polyeder, Fig. 23 Taf. XI, dessen dreikantige Ecken die eines Dodekaeders, dessen $(5 + 5)$-kantige Ecken vierter Art die eines Ikosaeders sind, besitzt zu Grenzflächen gleichschenklige Dreiecke, deren Basen die Kanten des genannten Ikosaeders sind. Es ist die Varietät dargestellt, bei der die Schenkel der Grenzfläche die Kanten des Ikosaeders schneiden. Die Fläche des gleichflächigen Netzes ist $C_1 G_2' G_3'$.

34) Das $[20 (3)_1 + 12 (10)_2]$-*flächige* $60 (3)_1$-*Eck der 7. Art*, Fig. 34 Taf. VIII entsteht durch gerade Abstumpfung der Ecken eines 20-eckigen Stern-12-Flachs durch ein Ikosaeder und hat als Umhüllungspolyeder ein $(12 + 20 + 30)$-flächiges 60-Eck. Die dreikantigen Ecken des reziproken gleichflächigen Polyeders Fig. 26 Taf. X sind demnach die eines Dodekaeders, die zehnkantigen zweiter Art die eines Ikosaeders. Die Grenzfläche hat die Basisecken in zwei zehnkantigen Ecken, die Spitze in einer dreikantigen. Die Fläche des gleichflächigen Netzes ist das sphärische Dreieck $C_1 G_4 G_5$.

35) Das $[20 (3)_1 + 12 (10)_3]$-*flächige* $60 (3)_1$-*Eck der 13. Art*, Fig. 21 Taf. IX, dessen Ecken wie die des vorigen liegen, ist die Kombination eines 20-eckigen Stern-12-Flachs und eines Ikosaeders. Es ist die Archimedeische Varietät dargestellt. Die zehnkantigen Ecken dritter Art des reziproken Körpers Fig. 4 Taf X sind die eines Ikosaeders, die dreikantigen die eines Dodekaeders. Das Dreieck $C_1 G_6 G_4'$ des zweiten Hauptnetzes ist die Grenzfläche des gleichflächigen Netzes.

146. Die gleicheckigen und die gleichflächigen Polyeder der zweiten Gruppe der zweiten Ordnung der zweiten Hauptklasse. Es sollen in dieser Gruppe die von Flächen dreierlei Kantenzahl begrenzten gleicheckigen Polyeder dieser Ordnung, deren dreikantige Ecken ungleichkantig sind, sowie die ihnen polaren gleichflächigen, deren Grenzfläche ein ungleichkantiges Dreieck ist, zusammengestellt werden. Die Eckenzahl der ersteren, ebenso die Flächenzahl der letzteren ist stets 120. Die Ecken des gleicheckigen Polyeders sind immer die eines $(12 + 20 + 30)$-flächigen $2 \cdot 60$-Ecks, der innere Kern des polaren gleichflächigen Polyeders höherer Art ist das jenem Vieleck reziproke gleichflächige Polyeder erster Art. Die Eckpunkte der gleicheckigen Netze, denen diese Polyeder höherer Art ein- bez. umbeschrieben sind, sind innerhalb der Fläche der festen gleichflächigen Netze, die im zweiten Hauptnetze enthalten sind, beweglich.[3]

36) Das $[12 (10)_2 + 20 (6)_1 + 30 (4)_1]$-*flächige* $120 (3)_1$-*Eck der 7. Art*, Fig. 5 Taf. IX, ist nach seinen Flächen, ebenso wie die folgenden sechs gleicheckigen Polyeder höherer Art, die Kombination eines Dodekaeders, Ikosaeders und Rhombentriakontaeders. Dieses Polyeder entsteht durch gerade Abstumpfung der Ecken des unter 57) im folgenden beschriebenen Polyeders (Fig. 9 Taf. XI) durch die Ebenen des ebengenannten Triakontaeders. Eine andere konvexe Varietät entsteht aus dem Polyeder Fig. 27 Taf. VIII dadurch, dass man die Ebenen der dreieckigen Grenzflächen parallel mit sich selbst um gleiche Abstände nach dem Centrum des Polyeders verschiebt. Die Ecken des polaren gleichflächigen Polyeders Fig. 20 Taf. XI sind die eines Ikosaeders, eines Dodekaeders und eines $(12 + 20)$-flächigen 30-Ecks. Dasselbe gilt, dem vorhergesagten entsprechend, für die nächsten sechs aufgeführten gleichflächigen Polyeder. Die Grenzfläche des gleichflächigen Netzes ist das Dreieck $G_1 C_6 B_3$.

---

1) Es lässt sich diese Varietät aus dem Polyeder Fig. 3 Taf. XI, welches durch Abschneiden der zwei Zehnecken gemeinsamen Kanten jener Varietät mittels vierkantiger Schnitte entsteht, rekonstruieren.

2) Die zehnkantigen Grenzflächen sind solche, die aus Fig. 16 Taf. I dadurch entstehen, dass die Punkte n' mit den Punkten n zusammenfallen.   3) Hess II S. 464.

37) Das $[12\,(10)_1 + 20\,(6)_2 + 30\,(4)_1]$*-flächige* $120\,(3)_1$*-Eck der 11. Art* entsteht aus dem gleicheckigen Polyeder *30)* der vorigen Gruppe durch Abschneiden der zwei Sechsecken zweiter Art gemeinsamen Kanten durch Vierecke d. h. durch Kombination jenes Polyeders mit einem Triakontaeder erster Art, wodurch man leicht zwei Varietäten erhalten kann. Das reziproke gleichflächige Polyeder stellt Fig. 23 Taf. X dar, und die Fläche des gleichflächigen Netzes ist $G_1'C_1B_1$.

38) Das $[12\,(10)_3 + 20\,(6)_1 + 30\,(4)_1]$*-flächige* $120\,(3)_1$*-Eck der 13. Art*, Fig. 5 Taf. XI entsteht aus dem Polyeder *35)* der vorigen Gruppe durch Abschneiden der zwei Zehnecken dritter Art gemeinsamen Kanten durch Vierecke. Es giebt eine Archimedeische Varietät.[1]) Das polare gleichflächige Polyeder zeigt Fig. 22 Taf. XI. Die Fäche des gleichflächigen Netzes ist das Dreieck $G_1C_6'B_3$.

39) Das $[12\,(10)_2 + 20\,(6)_2 + 30\,(4)_1]$*-flächige* $120\,(3)_1$*-Eck der 17. Art*, Fig. 19 Taf. XII entsteht aus dem Polyeder *32)* der vorigen Gruppe durch Abschneiden der zwei Sechsecken zweiter Art gemeinsamen Kanten mittels Vierecke. Das reziproke Polyeder ist in Fig. 13 Taf. Taf. XI dargestellt. Die Fläche des gleichflächigen Netzes ist das Dreieck $G_1'C_6B_3$.

40) Das $[12\,(10)_4 + 20\,(6)_1 + 30\,(4)_1]$*-flächige* $120\,(3)_1$*-Eck der 19. Art* entsteht aus dem Polyeder *33)* der vorigen Gruppe durch Abschneiden der zwei Zehnecken vierter Art gemeinsamen Kanten durch Vierecke. Die konvexe Varietät Fig. 4 Taf. XII entsteht aus einer konvexen Varietät jenes Polyeders.[2]) Die Varietät Fig. 3 Taf. XI entsteht aus der dritten dort besprochenen Varietät. Das reziproke gleichflächige Polyeder zeigt Fig. 19 Taf. XI. Die Fläche des gleichflächigen Netzes ist $G_1C_1'B_1$.

41) Das $[12\,(10)_3 + 20\,(6)_2 + 30\,(4)_1]$*-flächige* $120\,(3)_1$*-Eck der 23. Art.* Es ist nur das polare gleichflächige Polyeder in Fig. 21 Taf. XI dargestellt. Die Grenzfläche des gleichflächigen Netzes ist das Dreieck $G_1C_6B_3'$.

42) Das $[12\,(10)_4 + 20\,(6)_2 + 30\,(4)_1]$*-flächige* $120\,(3)_1$*-Eck der 29. Art*, Fig. 3 Taf. XII. Die vierkantigen Grenzflächen wenden dem Centrum des Polyeders die Aussenseite zu. Die kürzesten Kanten der Grenzflächen des polaren gleichflächigen Polyeders Fig. 16 Taf. XI bilden ein Triakontaeder erster Art, dessen dreikantige Ecken mit den sechskantigen des Polyeders zusammenfallen, und dessen fünfkantige Ecken die zehnkantigen des Polyeders sind. — Die Grenzfläche des gleichflächigen Netzes ist das Dreieck $G_1C_1B_1'$, ein Nebendreieck der Fläche $G_1C_1B_1$ des zweiten Hauptnetzes.[3])

43) Das $[12\,(10)_1 + 12\,(10)_2 + 30\,(4)_1]$*-flächige* $120\,(3)_1$*-Eck der 3. Art*, Fig. 24 Taf. IX entsteht aus dem gleicheckigen Polyeder *27)* der vorigen Gruppe durch Abschneiden der den Zehnecken erster Art gemeinsamen Kanten durch Vierecke, ist also die Kombination eines 12-flächigen Stern-12-Ecks und eines Dodekaeders mit einem Triakontaeder. Eine andre konvexe Varietät erhält man aus dem Polyeder Fig. 14 Taf. XII, indem man die Ebenen der Fünfecke zweiter Art parallel mit sich selbst um gleiche Abstände nach dem Mittelpunkt dieses Polyeders verschiebt. Aus den Fünfecken zweiter Art werden dadurch Zehnecke zweiter Art, aus den Fünfecken erster Art Zehnecke derselben Art. Die zehnkantigen Ecken zweiter Art des reziproken Polyeders Fig. 15 Taf. X, die ebenso wie die zehnkantigen erster Art wie die eines Ikosaeders liegen, sind durch die letzteren im Modelle verdeckt. Die vierkantigen Ecken sind natürlich die eines $(12 + 20)$-flächigen 30-Ecks (Triakontagons). Die Fläche des gleichflächigen Netzes ist das Dreieck $G_1G_2B_3$.

---

1) Bei Pitsch a. a. O. S. 82 unter Nr. XIII beschrieben. Vergl. S. 89 ebenda.

2) Es ist eine andre Varietät der Zehnecke vierter Art gewählt, wie bei jenem konvexen Polyeder Fig. 14 Taf. VIII. Die sechskantigen Grenzflächen kehren auch hier ihre Aussenseite dem Centrum des Polyeders zu.

3) Die sieben gleicheckigen Polyeder *36)—42)* stimmen darin überein, dass ihre Grenzflächen Vierecke, Sechsecke und Zehnecke sind, und unterscheiden sich nur durch die Art dieser Grenzflächen. Fügt man zu ihnen noch das $(12 + 20 + 30)$-flächige 120-Eck erster Art (vergl. Nr. 118) so sieht man leicht, da Zehnecke erster, zweiter, dritter, vierter Art, Sechsecke erster und zweiter Art und Vierecke erster Art zur Bildung von Polyedern mit Flächen dieser Kantenzahl verfügbar sind, dass die acht angeführten Polyeder alle Kombinationen dieser möglichen Flächenarten erschöpfen. Es ist darauf hingewiesen worden (Hess, Marb. Ber. 1872. Juniheft S. 91), dass die Werte für die Artzahl A dieser Polyeder die Primzahlen zu 120 (der Zahl der Ecken) von 1 bis 30 sind, und „es scheine hiernach ein analoges allgemeines Gesetz im Raume zu dem bereits bei den ebenen gleicheckigen Polygonen erkannten zu existieren“.

44) Das $[12\,(10)_1 + 12\,(10)_3 + 30\,(4)_1]$*-flächige* $120\,(3)_1$*-Eck der 9. Art,* Fig. 33 Taf. VII ist nach seinen Flächen die Kombination zweier parallelgestellten Dodekaeder und eines Triakontaeders, wobei die Zehnecke erster Art des einen Dodekaeders dem Centrum des Polyeders ihre Aussenseite zuwenden. Es giebt eine Archimedeische Varietät.[1] Das reziproke Polyeder Fig. 31 Taf. X besitzt die Ecken zweier koachsialer Ikosaeder (die zehnkantigen Ecken dritter Art sind daher im Modell unter denen erster Art verborgen) und eines $(12 + 20)$-flächigen 30-Ecks. Die Fläche des gleichflächigen Netzes ist $G_1' G_2 B_3$, das Nebendreieck der Fläche des vorigen Netzes.

45) Das $[12\,(10)_4 + 12\,(10)_3 + 30\,(4)_1]$*-flächige* $120\,(3)_1$*-Eck der 21. Art,* Fig. 9 Taf. XII ist nach seinen Flächen dieselbe Polyederkombination wie das vorige. Die Zehnecke zweiter Art kehren dem Centrum des Polyeders die Aussenseite zu.[2] Die Fläche des gleichflächigen Netzes ist das Dreieck $G_1 G_2' B_3$, ein Nebendreieck der Fläche des unter *43)* angeführten Netzes höherer Art.

46) Das $[12\,(10)_4 + 12\,(10)_3 + 30\,(4)_1]$*-flächige* $120\,(3)_1$*-Eck der 27. Art,* Fig. 10 Taf. XI kann als Kombination zweier parallelgestellten 12-eckigen Stern-12-Flache mit den Ebenen eines Triakontaeders aufgefasst werden. — Die Fläche des gleichflächigen Netzes ist $G_1 G_2 B_3'$, ebenfalls ein Nebendreieck der Fläche des unter *43)* angeführten Netzes.

47) Das $[12\,(10)_1 + 12\,(10)_3 + 20\,(6)_1]$*-flächige* $120\,(3)_1$*-Eck der 4. Art,* Fig. 19 Taf. IX. Die Zehnecke erster und dritter Art liegen in den Ebenen zweier parallelgestellten Dodekaeder, die Sechsecke in den Ebenen eines mit jenen koachsialen Ikosaeders. Es giebt eine Archimedeische Varietät.[3] Es sind danach die Ecken des gleichflächigen Polyeders Fig. 25 Taf. X die zweier Ikosaeder und eines Dodekaeders. Die Fläche des gleichflächigen Netzes ist das Dreieck $G_1 G_2 C_4$.

48) Das $[12\,(10)_1 + 12\,(10)_2 + 20\,(6)_2]$*-flächige* $120\,(3)_1$*-Eck der 8. Art* ist nach seinen Flächen die Kombination derselben Polyeder wie das vorige. In Fig. 18 Taf. IX ist diejenige Varietät dargestellt, bei der die Ebenen des Dodekaeders, welche die Zehnecke erster Art tragen, sämtlich durch den Mittelpunkt des Polyeders gehen. Je zwei gegenüberliegende Zehnecke erster Art liegen also in einer Ebene, in gleichem Abstande zu zwei parallelen Ebenen zweier Zehnecke zweiter Art, zusammen gleichsam ein diskontinuierliches 20-Eck zweiter Art bildend. — Die Fläche des gleichflächigen Netzes ist $G_1' G_2 C_4$, das Nebendreieck der Fläche des vorigen Netzes.

49) Das $[12\,(10)_4 + 12\,(10)_3 + 20\,(6)_2]$*-flächige* $120\,(3)_1$*-Eck der 32. Art* ist nicht im Modell dargestellt. Die Fläche des gleichflächigen Netzes ist das Dreieck $G_1 G_2' C_4$, ein Nebendreieck der Fläche des unter *47)* angeführten Netzes höherer Art.

50) Das $[12\,(10)_4 + 12\,(10)_2 + 20\,(6)_1]$*-flächige* $120\,(3)_1$*-Eck der 16. Art,* Fig. 6 Taf. XII ist nach seinen Flächen die Kombination zweier Dodekaeder, bez. zweier 12-eckiger Stern-12-Flache, mit den Ebenen eines Ikosaeders. Bei der dargestellten Varietät kehren die in den Ebenen dieses Ikosaeders liegenden Sechsecke dem Centrum des Polyeders bereits ihre Aussenseite zu. — Die Fläche des gleichflächigen Netzes, $G_1 G_2 C_4'$, ist ein Nebendreieck der Fläche des unter *47)* angeführten Netzes.

51) Das $[12\,(10)_1 + 12\,(10)_4 + 20\,(6)_1]$*-flächige* $120\,(3)_1$*-Eck der 10. Art,* Fig. 34 Taf. VII ist nach seinen Flächen ebenfalls die Kombination zweier Dodekaeder mit einem Ikosaeder. Die Zehnecke erster Art wenden dem Centrum des Polyeders ihre Aussenseite zu. Die Fläche des gleichflächigen Netzes ist $G_1' G_2 C_1$, ein Nebendreieck der Fläche $G_1 G_2 C_1$ des Triakisikosaedernetzes.

52) Das $[12\,(10)_2 + 12\,(10)_3 + 20\,(6)_1]$*-flächige* $120\,(3)_1$*-Eck der 10. Art,* Fig. 22 Taf. XII ist die Kombination zweier 12-eckiger Stern-12-Flache mit einem Ikosaeder. Sämtliche Grenzflächen kehren dem Centrum des Polyeders die Innenseite zu. Die Fläche des gleichflächigen Netzes ist $G_1 G_2 C_{10}$.

---

[1] Bei Pitsch a. a. O. Fig. 6 Taf. II.

[2] Es ist selbstverständlich, dass sich diese Bemerkung in allen vorkommenden Fällen auf die im Modell dargestellte Varietät bezieht, und es bleibt unentschieden, ob für das betr. Polyeder Varietäten existieren, bei denen sämtliche Grenzflächen ihre Innenseite dem Centrum zuwenden, was auf die Beschaffenheit der Zellen des Polyeders, auf deren Koëffizienten und die Art und Zahl der Doppelpunkte von wesentlichem Einflusse ist.

[3] Pitsch a a. O. Fig. 5 Taf. II.

53) Das $[20\,(6)_1 + 20\,(6)_2 + 12\,(10)_1]$-*flächige* $120\,(3)_1$-*Eck der 6. Art* ist nach seinen Flächen die Kombinationsgestalt zweier Ikosaeder und eines Dodekaeders, wie das reziproke gleichflächige Polyeder Fig. 27 Taf. X nach seinen Ecken die Kombination zweier koachsialen Dodekaeder und eines Ikosaeders ist. Die sechskantigen Ecken zweiter Art dieses gleichflächigen Polyeders liegen verborgen unter den sechskantigen Ecken erster Art. Die Fläche des gleichflächigen Netzes ist $C_1\,C_2\,G_6$.

54) Das $[20\,(6)_1 + 20\,(6)_2 + 20\,(10)_3]$-*flächige* $120\,(3)_1$-*Eck der 18. Art*, Fig. 22 Taf. IX. Die Zehnecke dritter Art liegen in den Ebenen eines Dodekaeders, die Sechsecke erster und zweiter Art in denen zweier, unter einander und mit dem Dodekaeder, koachsialen Ikosaeder, wobei die Sechsecke erster Art dem Centrum des Polyeders die Aussenseite zukehren. Die Ecken des reziproken gleichflächigen Polyeders Fig. 18 Taf. XI sind die eines Ikosaeders und zweier Dodekaeder. Die kürzesten Kanten der Grenzflächen, welche je eine zehnkantige Ecke (eine Ecke des Ikosaeders) mit einer unter den sechskantigen Ecken erster Art verborgenen sechskantigen Ecke zweiter Art verbinden, bilden für sich die Kanten eines Rhomben-Triakontaeders erster Art. — Die Fläche des gleichflächigen Netzes ist das Dreieck $C_1'\,C_2\,G_1$, ein Nebendreieck der Fläche $C_1\,C_2\,G_1$ des Pentakisdodekaedernetzes.

55) Das $[12\,(10)_2 + 20\,(6)_1 + 20\,(6)_1]$-*flächige* $120\,(3)_1$-*Eck der 2. Art* ist nach seinen Flächen die Kombination eines Dodekaeders und zweier mit diesem und zu einander koachsialen Ikosaeder. Es ergiebt sich das Modell dieses Körpers, wenn man in Fig. 13 Taf. XII die Ebenen der dreieckigen Grenzflächen parallel mit sich selbst um gleiche Abstände nach dem Centrum des Polyeders verschiebt. Aus den Fünfecken zweiter Art werden dadurch Zehnecke derselben Art, die Dreiecke werden zu Sechsecken erster Art, von denen dann das Polyeder zwei Gruppen aufweist. — Die Fläche des gleichflächigen Netzes ist das Dreieck $G_1\,C_1\,C_2$ des Pentakisdodekaedernetzes, welches zweifach zu überdecken ist.[1]

147. Die gleicheckigen und die gleichflächigen Polyeder der dritten Gruppe der zweiten Ordnung der zweiten Hauptklasse. Die gleicheckigen Polyeder höherer Art mit vierkantigen Ecken, und die gleichflächigen mit viereckigen Grenzflächen, bilden, wenn die gleichflächigen Symmetrienetze feste Netze sind, zwei Gruppen, je nachdem alle vier Kanten einer Ecke des gleicheckigen Polyeders untereinander gleich sind, oder die Ecke zwei Paare unter sich gleiche Kanten besitzt. Im ersten Falle, der hier zunächst zu berücksichtigen ist, ist die Fläche des gleichflächigen Polyeders ein Rhombus, ebenso die sphärische Fläche des gleichflächigen Netzes. Nicht nur dieses, sondern auch das zugeordnete gleicheckige Symmetrienetz ist ein festes; die hierher gehörigen Polyeder sind an und für sich Archimedeische. Es existieren zwei solche gleichflächige Rhombentriakontaeder höherer Art, die nebst ihren polaren gleicheckigen Polyedern im folgenden beschrieben sind.[2]

56) Das $[12\,(5)_1 + 12\,(5)_2]$-*flächige* $30\,(4)_1$-*Eck der 3. Art*, Fig. 13 Taf. IX, dessen Ecken die eines $(12 + 20)$-flächigen 30-Ecks sind, ist die Kombination zweier Dodekaeder und entsteht, wenn die Ecken eines regulären 12-flächigen Stern-12-Ecks dritter Art durch die Flächen eines Dodekaeders bis zum Verschwinden der Kanten abgestumpft werden. Die innerste Zelle mit dem Koëffizienten 3 ist das Dodekaeder, aus welchem durch Verlängerung seiner Ebenen das reguläre Stern-12-Eck hervorgeht. Die Ecken des reziproken Polyeders Fig. 28 Taf. X sind die zweier Ikosaeder; man kann auch sagen: Man erhält die Ecken des Polyeders, wenn man die eines 12-eckigen Stern-12-Flachs so mit den Ecken eines Ikosaeders kombiniert, dass die Grenzflächen durch die Kanten jenes Polyeders senkrecht zu den Kantenachsen gelegt werden. Der innere gleichflächige Kern ist das Rhombentriakontaeder erster Art. Die Fläche des gleichflächigen Netzes ist der sphärische Rhombus $G_1\,G_2\,G_6'\,G_8$.

57) Das $[12\,(5)_2 + 20\,(3)_1]$-*flächige* $30\,(4)_1$-*Eck der 7. Art*, Fig. 9 Taf. XI, dessen Ecken ebenfalls die eines $(12 + 20)$-flächigen 30-Ecks sind, ist nach seinen Flächen die Kombination eines Dodekaeders mit einem Ikosaeder, und entsteht, wenn die Ecken eines 20-flächigen Stern-12-Ecks siebenter Art durch die Flächen eines Dodekaeders bis zum Verschwinden der Kanten abgestumpft werden. Die innerste Zelle des

---

1) Hess II führt dieses Netz nicht an.
2) Vergl. Hess, Über vier Archimedeische Polyeder höherer Art. Kassel 1878.

Koëffizienten 7 ist das innerste Ikosaeder dieses regulären Vielflaches. Die Ecken des reziproken Körpers Fig. 17 Taf. XI sind die eines Ikosaeders und eines Dodekaeders; doch kann man das Polyeder direkt dadurch erzeugen, dass man die Ecken eines 20-eckigen Stern-12-Flaches so mit den Ecken eines Ikosaeders kombiniert, dass die Grenzflächen des entstehenden Polyeders durch die Kanten des Stern-12-Flaches senkrecht zu den Kantenachsen gehen. Der innerste gleichflächige Kern ist auch hier das Rhombentriakontaeder erster Art. Die Fläche des gleichflächigen Netzes ist der sphärische Rhombus $G_1 C_1 G_6' C_9$.[1])

148) Die gleicheckigen und die gleichflächigen Polyeder der vierten Gruppe der zweiten Ordnung der zweiten Hauptklasse. In dieser Gruppe seien, wie vorher erwähnt, diejenigen gleicheckigen Polyeder vereinigt, deren Ecken zwei Paar unter sich gleiche und von den andern verschiedene Kanten besitzen, derart, dass je zwei gleiche Kanten benachbart sind. Die Fläche des polaren gleichflächigen Polyeders ist ebenso wie die des sphärischen gleichflächigen Netzes ein symmetrisches Viereck, d. h. ein Deltoid. Die Eckpunkte des gleicheckigen Netzes sind nur auf dem Symmetriehauptkreise des sphärischen Deltoides beweglich.[2])

58) Das $[12\ (5)_2\text{-} + 20\ (3)_1 + 30\ (4)_1]$*-flächige* $60\ (4)_1$*-Eck der 7. Art,* Fig. 27 Taf. VIII, dessen Umhüllungspolyeder ein $(12 + 20)$-flächiges $20 \cdot 3$-Eck ist, ist nach seinen Flächen die Kombination eines Dodekaeders, Ikosaeders und Triakontaeders. Für die Archimedeische Varietät wird das Viereck, welches im allgemeinen Falle ein Rechteck ist, zu einem Quadrate. Diese Archimedeische Varietät, welche leichter als aus der in Fig. 27 dargestellten Varietät aus einer andern nicht gezeichneten sich ableiten lässt, zeigt Fig. 15 Taf. IX. Es tritt hier der eigentümliche Umstand ein, dass die Rechtecke des allgemeinen Polyeders erst zu Quadraten werden, wenn bei dem Umhüllungspolyeder die zwanzig dreieckigen Grenzflächen in Punkte zusammenschrumpfen, so dass jenes zum Dodekaeder wird.[3]) In jeder Ecke dieses Dodekaeders fallen dann drei Ecken des 60-Ecks siebenter Art zusammen und auch jede in Fig. 15 sichtbare Kante ist doppelt zu rechnen, nämlich als gemeinsame Kante des Fünfecks zweiter Art und des daran grenzenden Quadrates und zweitens als gemeinsame Kante des durch sie gehenden Dreiecks und eines andern Quadrates. Es bilden diese $60 = 5 \cdot 12$ Kanten die Kanten der fünf dem Umhüllungsdodekaeder einbeschriebenen Würfel.[4]) — Das polare gleichflächige Polyeder Fig. 7 Taf. X ist nach seinen Ecken die Kombination eines Ikosaeders (diese fünfkantigen Ecken sind im Modell nicht sichtbar: sie liegen auf den Achsen der von je fünf längeren gemeinsamen Kanten je zweier Grenzflächen gebildeten mehrfachen Punkte[5]) des Polyeders, durch die je zehn seiner Ebenen gehen, verborgen), eines Dodekaeders (die dreikantigen Ecken) und eines Triakontagons. Die Fläche des gleichflächigen Netzes ist das symmetrische Viereck $G_1 B_5 C_4 B_9$.[6])

59) Das $[12\ (5)_1 + 12\ (5)_2 + 30\ (4)_1]$*-flächige* $60\ (4)_1$*-Eck der 3. Art,* Fig. 14 Taf. XII hat die Ecken eines $(12 + 20)$-flächigen $12 \cdot 5$-Ecks. Die Flächen liegen in den Ebenen zweier parallelgestellten Dodekaeder und in den Ebenen eines Triakontaeders. Es ist die Archimedeische Varietät dargestellt. Das gleichflächige Polyeder Fig. 24 Taf. X, von dessen vierkantiger Grenzfläche die beiden in der Symmetrielinie liegenden Ecken zwei verschiedenen Ikosaedern angehören, während die andern, den vierkantigen Ecken des Polyeders angehörenden Ecken die eines Triakontagons sind, hat zum innern Kern ein Pentakisdodekaeder, dessen zwölf

---

1) Wir kommen auf diese Triakontaeder höherer Art in Nr. 156 kurz zurück.

2) Über die Netze vergl. Hess II S. 466.   3) Vergl. Pitsch a. a. O. S. 79.

4) Eine andre Auffassung der Fig. 15 Taf. IX kommt in Nr. 150 zur Sprache.

5) Diese im Modell deutlich sichtbaren Punkte sind also keine Ecken des Polyeders; sie liegen wie die Ecken eines Ikosaeders.

6) Den eben erwähnten mehrfachen Punkten, die die Ecken eines Ikosaeders bilden, entsprechen auf dieser Grenzfläche die Punkte G_2 und G_5. — Der Bogen $G_1 C_4$ des Symmetriehauptkreises der Fläche teilt diese in zwei symmetrische ungleichkantige Dreiecke, von denen jedes eine Fläche des unter *36)* angeführten gleichflächigen Netzes höherer Art ist. Die Grenzflächen einer grossen Zahl von gleichflächigen Netzen, die in Nr. 146 angeführt sind, lassen sich in entsprechender Weise aus den symmetrisch-viereckigen Flächen der im folgenden benannten Netze ableiten, wie auch die entsprechenden Polyeder beider Gruppen sich teilweise leicht auseinander konstruieren lassen. In Nr. 146 ist an mehreren Stellen davon Gebrauch gemacht worden, weshalb von weiteren Hinweisen abgesehen wird.

sechskantige Ecken die am Modell deutlich sichtbaren mehrfachen Punkte sind. Dieselben entsprechen den Punkten C_2 und C_1 auf den Kanten der Fläche $G_1 B_5 G_2 B_3$ des sphärischen gleichflächigen Netzes.

60) *Das* $[12 (5)_1 + 12 (5)_2 + 20 (6)_2]$-*flächige* 60 (4)_1-*Eck der 8. Art*, Fig. 1 Taf. IX. Das Umhüllungspolyeder ist ein (12 + 20 + 30)-flächiges 60-Eck. Die sechskantigen Grenzflächen liegen in den Ebenen eines Ikosaeders. Von den beiden Dodekaedern, deren Ebenen die Fünfecke beiderlei Art enthalten, ist das eine in der dargestellten Varietät in einen Punkt ausgeartet, d. h. sämtliche Ebenen der Fünfecke erster Art gehen hier durch das Centrum des Polyeders.[1]) Die Fläche des gleichflächigen Netzes ist $G_1 C_8 G_6' C_{10}$.

61) *Das* $[12 (5)_1 + 20 (3)_1 + 12 (10)_3]$-*flächige* 60 (4)_1-*Eck der 4. Art*, Fig. 15 Taf. XII. Für die dargestellte Archimedeische Varietät ist die äussere Hülle ein (12 + 20)-flächiges 20 · 3-Eck. Nach den Grenzflächen ist das Polyeder, wie die drei folgenden gleicheckigen höherer Art, die Kombination zweier Dodekaeder und eines Ikosaeders. Das gleichflächige Polyeder, Fig. 6 Taf. X, lässt das Vorhandensein der zehnkantigen Ecken dritter Art, die unter den fünfkantigen verborgen sind, nur durch die Enden der von jenen ausgehenden, nach den abwechselnden benachbarten drei- und fünfkantigen Ecken führenden Kanten erkennen. Die Fläche des gleichflächigen Netzes ist $G_1 G_2 C_4 G_3$.

62) *Das* $[12 (5)_1 + 20 (3)_1 + 12 (10)_4]$-*flächige* 60 (4)_1-*Eck der 10. Art*, Fig. 14 Taf. IX mit demselben Umhüllungspolyeder wie das vorige, wendet die Aussenseiten seiner Fünfecke erster Art dem Centrum zu. Die Fläche des gleichflächigen Netzes ist $G_1 G_5' C_7' G_6'$.

63) *Das* $[12 (5)_2 + 20 (3)_1 + 12 (10)_3]$-*flächige* 60 (4)_1-*Eck der 10. Art* ist in Fig. 18 Taf. XII in seiner Archimedeischen Varietät dargestellt, deren Ecken die eines (12 + 20)-flächigen 12 · 5-Ecks sind. Es lässt sich, wie das Polyeder 52) der zweiten Gruppe dieser Ordnung, auch als Kombination zweier 12-eckigen Stern-12-Flache mit einem Ikosaeder auffassen. Die Fläche des gleichflächigen Netzes ist das Viereck $G_1 G_2 C_{10} G_5$.

64) *Das* $[12 (5)_2 + 20 (3)_1 + 12 (10)_4]$-*flächige* 60 (4)_1-*Eck der 16. Art*, Fig. 2 Taf. XI hat dasselbe Hüllpolyeder wie das vorige. Im übrigen gilt für die Lage der Ebenen der Grenzflächen das bei dem Polyeder 50) bemerkte. Die Fläche des gleichflächigen Netzes ist $G_1 G_2 C_5' G_5$.

65) *Das* $[12 (5)_2 + 20 (3)_1 + 20 (6)_1]$-*flächige* 60 (4)_1-*Eck der 2. Art*, Fig. 13 Taf. XII. Die äussere Hülle der dargestellten Archimedeischen Varietät ist ein (12 + 20 + 30)-flächiges 60-Eck; der innere Kern, ein (12 + 20)-flächiges 5 · 12-Eck, hat zu fünfeckigen Grenzflächen die inneren Zellen der Fünfecke zweiter Art, welche Flächen des Polyeders sind. Ausser diesem Kerne besitzt das Polyeder nur Zellen des Koëffizienten + 1, die auf den Sechsecken jenes Kernes aufsitzenden abgestumpften dreiseitigen Pyramiden, deren obere Deckflächen die dreieckigen Grenzflächen des Polyeders sind. Die Fläche des gleichflächigen Netzes ist das Viereck $G_1 C_1 C_2 C_5$.

66) *Das* $[12 (5)_1 + 20 (3)_1 + 20 (6)_2]$-*flächige* 60 (4)_1-*Eck der 6. Art*. In Fig. 19 Taf. X ist das gleichflächige reziproke Polyeder dargestellt. Die Ecken an der Symmetrielinie der viereckigen Grenzfläche sind die eines Dodekaeders (die dreikantigen Ecken) und eines Ikosaeders (die fünfkantigen Ecken). Die sechskantigen Ecken zweiter Art, hier verdeckt durch die dreikantigen, sind die Ecken eines zweiten mit jenem koachsialen Dodekaeders. Die Fläche des gleichflächigen Netzes ist das sphärische Viereck $G_1 C_6 C_8 C_4$.

Es existieren nun noch zahlreiche gleicheckige Polyeder dieser Ordnung mit nicht-konvexen vierkantigen Ecken, und gleichflächige deren Grenzflächen nicht-konvexe Vierecke sind. Viele von diesen Polyedern erweisen sich als einseitig. Es seien nur einige Typen gleicheckiger Polyeder mit vierkantigen überschlagenen Ecken direkt aus ihrem Umhüllungspolyeder konstruiert. Fügt man zu den zwanzig Dreiecken eines Triakontagons die sechs von deren Kanten gebildeten Zehnecke erster Art, die sich im Mittelpunkte des Vielflaches schneiden, so ergiebt sich das in Fig. 35 Taf. VII dargestellte Polyeder mit dreissig Ecken der angezeigten Art. Setzt man die fünfkantigen Grenzflächen desselben Vielflaches erster Art mit den

---

1) Vergl. das Polyeder Fig. 18 Taf. IX und das unter *48)* darüber Gesagte.

genannten durch den Mittelpunkt gehenden sechs Zehnecken erster Art zusammen, so ergiebt sich ein Polyeder, das sich im äusseren Aussehen nur dadurch von dem vorigen unterscheidet, dass an Stelle der fünfkantigen trichterförmigen, bis zum Mittelpunkt reichenden Höhlungen dreikantige treten. Diese beiden Polyeder sind einseitige. Ein andres, ebenfalls einseitiges Polyeder zeigt Fig. 1 Taf. XII. Die überschlagenen vierkantigen Ecken sind wieder die eines Triakontagons. Die Grenzflächen sind die zwölf, in die Fünfecke erster Art jenes einschreibbaren Fünfecke zweiter Art, und zehn durch den Mittelpunkt des Polyeders gehende Sechsecke erster Art. — Die sechzig überschlagenen vierkantigen Ecken des in Fig. 5 Taf. XII dargestellten einseitigen Polyeders sind die eines $(12 + 20 + 30)$-flächigen 60-Ecks. Von den Flächen des Umhüllungspolyeders sind die dreissig Vierecke erhalten; ausserdem besitzt das Polyeder noch zwölf Zehnecke erster Art zu Grenzflächen. Kombiniert man aber diese Zehnecke mit den Vierecken und Dreiecken der Oberfläche des Umhüllungspolyeders, so entsteht ein zweiseitiges Vielflach mit überschlagenen vierkantigen Ecken.[1]

149. Die gleicheckigen und die gleichflächigen Polyeder der fünften Gruppe der zweiten Ordnung der zweiten Hauptklasse. Es sollen in dieser Gruppe die gleicheckigen Polyeder mit fünfkantigen Ecken erster oder zweiter Art und die ihnen polaren gleichflächigen, deren Grenzflächen Fünfecke erster oder zweiter Art sind, vereinigt werden, wobei hier nur die konvexen, kontinuierlichen Gebilde berücksichtigt werden. Geht man von den gleichflächigen Netzen aus, so sind deren zwei Klassen zu unterscheiden, nämlich feste Netze (mit direkt-symmetrischen Kanten) und veränderliche Netze. Feste Netze sind sechs anzuführen[2], deren Grenzflächen symmetrische Fünfecke erster oder zweiter Art sind. Die Eckpunkte der gleicheckigen Netze, denen die zugehörigen Polyeder ein- und umbeschrieben sind, sind auf den Symmetriehauptkreisbogen der symmetrischen Fünfecke jener Netze beweglich. Die betr. Polyeder, von denen nur ein geringer Teil im Modell dargestellt wurde, sind die folgenden.

67) Das $[12\,(5)_2 + 30\,(4)_1 + 20\,(6)_2]$-*flächige* 60 $(5)_1$-*Eck der 2. Art*, Fig. 32 Taf. VIII ist nach seinen Flächen die Kombination eines Dodekaeders, Rhombentriakontaeders und Ikosaeders; die äussere Hülle ist ein $(12 + 20)$-flächiges $5 \cdot 12$-Eck. Das polare gleichflächige Polyeder, Fig. 29 Taf. X besitzt dementsprechend die Ecken eines Ikosaeders, Triakontagons und Dodekaeders, und das innere gleichflächige Polyeder erster Art ist ein Pentakisdodekaeder, dessen sechskantige Ecken die gleichvielkantigen zweiter Art des Polyeders und dessen fünfkantige Ecken die ebensovielkantigen zweiter Art des Polyeders sind. Von den fünf Kanten einer Grenzfläche sind vier ihrer ganzen Erstreckung nach im Modell sichtbar, die letzte, zwei benachbarte sechskantige Ecken verbindende, ist die verborgene Kante jenes Dodekaeders, aus dem durch Aufsetzen niedriger fünfseitiger Pyramiden das erwähnte Pentakisdodekaeder zu konstruieren ist. Die Gestalt der Fläche liest man übrigens leicht aus der des Netzes $G_1 B_1 C_1 C_3 B_6$ ab, das im zweiten Hauptnetz enthalten ist.

68) Das $[12\,(5)_2 + 20\,(6)_2 + 12\,(10)_3]$-*flächige* 60 $(5)_1$-*Eck der 5. Art*, Fig. 25 Taf. VIII, dessen äussere Hülle ein $(12 + 20 + 30)$-flächiges 60-Eck ist, erscheint nach seinen Flächen als Kombination zweier Dodekaeder und eines Ikosaeders. Das reziproke gleichflächige Polyeder, Fig. 22 Taf. X besitzt die Ecken zweier Ikosaeder (von denen das eine, dessen Ecken die fünfkantigen Ecken zweiter Art des Polyeders sind, verborgen liegt) und eines Dodekaeders (die sechskantigen Ecken zweiter Art des Polyeders). Die Gestalt der Grenzfläche des Modells findet man leicht bei Beachtung der Fläche $G_1 C_2 G_2 G_3 C_3$ des gleichflächigen Netzes.

69) Das $[12\,(5)_2 + 12\,(10)_4 + 30\,(4)_1]$-*flächige* 60 $(5)_1$-*Eck der 6. Art*, Fig. 8 Taf. XI hat zum Umhüllungspolyeder ebenfalls ein $(12 + 20 + 30)$-flächiges 60-Eck, und ist nach seinen Flächen die Kombination zweier Dodekaeder (an Stelle des einen kann man auch das 12-eckige Stern-12-Eck setzen) und eines Triakontaeders. Die Fläche des gleichflächigen Netzes ist $G_1 B_5 G_2 G_3 B_9$.

---

1) Badoureau giebt noch eine grosse Anzahl von Vielflachen mit solchen Ecken an (a. a. O. S. 120, 100, 181, 154 ff.), ohne zu entscheiden, ob es Möbiussche Polyeder sind oder nicht. — Die zu den angeführten reziproken Vielflache sind, wenn gewisse Grenzflächen jener sich im Centrum des Polyeders schneiden, nur konstruierbar, nachdem man an Stelle der beschriebenen Polyeder collinear verwandte gesetzt hat, damit die polaren das Unendlichweite nicht enthalten. (Wie dies in einem entsprechenden Falle in Nr. 67 geschah.)   2) Hess II a. a. O. S. 468.

70) Das $[12\,(5)_1 + 20\,(6)_1 + 12\,(10)_1]$*-flächige* $60\,(5)_2$*-Eck der 7. Art* ist ebenso wie die beiden folgenden nicht dargestellt. Die Polyeder, deren Kombination nach den Flächen es ist, lassen sich aus der Zahl der Grenzflächen verschiedener Kantenzahl leicht ablesen. Von diesem und dem nächsten giebt es eine Archimedeische Varietät. Die Fläche des gleichflächigen Netzes ist das Sternfünfeck $G_3\,C_2\,G_5\,G_2\,C_7$.

71) Das $[12\,(5)_1 + 30\,(4)_1 + 20\,(6)_1]$*-flächige* $60\,(5)_2$*-Eck der 16. Art.* Die Fläche des gleichflächigen Netzes ist hier das Sternfünfeck $G_6'\,B_6\,C_6\,C_9\,B_4$.

72) Das $[20\,(3)_1 + 12\,(10)_2 + 20\,(6)_1]$*-flächige* $60\,(5)_2$*-Eck der 17. Art.* Das gleichflächige Netz hat als Fläche das Sternfünfeck $C_4\,G_5\,C_6\,C_9\,G_4$.

Dem einzigen veränderlichen gleichflächigen Netze erster Art der zweiten Ordnung der zweiten Hauptklasse, dem Pentagonhexekontaedernetz, dessen zugeordnetes gleicheckiges Netz die gyroidische Hemigonie des vollzähligen Netzes ist, dem sich das $(12 + 20 + 30)$-flächige $2 \cdot 60$-Eck einschreiben lässt[1]), können fünf gleichflächige veränderliche Netze höherer Art zugefügt werden, deren Grenzflächen Fünfecke erster (zwei Netze), bez. zweiter Art sind (drei Netze). Sie können entweder direkt bestimmt werden, indem man die Endpunkte der charakteristischen Achsen mit den Eckpunkten des gleicheckigen Netzes, dem das $(12 + 20 + 60)$-flächige 60-Eck einbeschrieben ist, verbindet oder sie sind aus den gleicheckigen Netzen höherer Art abzuleiten, welche man erhält, wenn man die vollständige, durch das ebengenannte gleicheckige Netz erster Art gebildete Figur untersucht. Von den sämtlichen, den fünf konvexen gleicheckigen Netzen höherer Art einschreibbaren gleicheckigen Polyedern giebt es Archimedeische Varietäten.[2])

150. Die gleicheckigen und die gleichflächigen Polyeder der sechsten Gruppe der zweiten Ordnung der zweiten Hauptklasse. Der letzten Gruppe aus der zweiten Ordnung dieser Hauptklasse ist nur ein einziges gleicheckiges Polyeder zuzuweisen, dessen Ecken sechskantige erster Art sind. Es ist

73) das $[12\,(5)_2 + 20\,(3)_1]$*-flächige* $20\,(6)_1$*-Eck der 2. Art,* Fig. 15 Taf. IX. Dieses Polyeder, nach seinen Flächen die Kombination eines Dodekaeders und Ikosaeders, besitzt die Ecken des Dodekaeders und ist an und für sich ein Archimedeisches[3]), von regulären Vielecken begrenztes. Der innere Kern ist das $(12 + 20)$-flächige $5 \cdot 12$-Eck. Das reziproke gleichflächige Polyeder Fig. 2 Taf. VIII besitzt zu Grenzflächen gleichkantige Sechsecke mit abwechselnd gleichen Winkeln. Der innere gleichflächige Kern ist das Ikosaeder; nach den Ecken ist das Polyeder die Kombination von Ikosaeder und Dodekaeder. Die Fläche des gleichflächigen Netzes ist das Sechseck $G_1\,C_2\,G_2\,C_4\,G_3\,C_3$.

Damit sind auch die festen gleichflächigen Netze der zweiten Ordnung der zweiten Hauptklasse mit direkt-symmetrischen Kanten erledigt. Die festen gleichflächigen Netze mit nur teilweise direkt-symmetrischen Kanten, so weit sie kontinuierlich und konvex sind, sind zugleich gleicheckig.[4]) Die zugeordneten Symmetrienetze sind ebenfalls zugleich gleicheckige und gleichflächige, von Neunecken und Zwölfecken höherer Art gebildete. Die allen diesen Netzen zugehörigen konvexen Polyeder sollen später direkt nach der früher skizzierten Methode aus ihren gleichflächigen Kernen konstruiert werden, nachdem im folgenden die geschichtlichen Bemerkungen zu Ende geführt sind.

151. Geschichtliche Bemerkungen (Badoureau, Pitsch, Hess). Die Lehre von den gleicheckigen und den gleichflächigen Polyedern, eingeschlossen deren Archimedeische Varietäten, gehört der neuesten Zeit an, und ist unabhängig von einander von den drei in der Überschrift genannten Autoren in Angriff genommen worden, wobei bemerkt werden muss, dass dem Zeitpunkt der Veröffentlichung nach, ebenso wie in der Allgemeinheit der Auffassung, Hess die Priorität gebührt, wenngleich in seiner ersten Schrift vom Jahre 1872 nur wenige Beispiele zu der aufgestellten Theorie hinzugefügt sind.

---

1) Ihm selbst ist das $(12 + 20 + 60)$-flächige 60-Eck [25 in Nr. 118] einbeschrieben.

2) Die Modelle dieser Polyeder sind nicht von uns dargestellt, weshalb von der Einzelanführung im Text Abstand genommen wurde. Über die betr. Netze vergl. Hess II S. 474 ff.

3) Danach existieren, abgesehen von den Prismen und Antiprismen, siebenundzwanzig Archimedeische Varietäten gleicheckiger Polyeder oder halbregulärer Sternpolyeder, von denen fünf der ersten Ordnung, die übrigen zweiundzwanzig der zweiten Ordnung der zweiten Hauptklasse angehören.   4) Hess II a. a. O. S. 467—473.

Es ist gelegentlich bemerkt worden, wie nahe bereits Kepler der Entdeckung halbregulärer Sternpolyeder gewesen sei[1]), indem er die achteckigen Grenzflächen dritter Art des $[8\,(3)_1 + 6\,(8)_3]$-flächigen $8 \cdot 3\,(3)_1$-Ecks der siebenten Art (vergl. *11*) in Nr. 141) und die zehneckigeu Grenzflächen dritter Art des $[12\,(5)_1 + 12\,(10)_3]$-flächigen $60 \cdot (3)_1$-Ecks der neunten Art (vergl. *29*) in Nr. 145) in der zur Erzeugung dieser Vielflache dienlichen Anordnung aneinanderfügt, ohne zu beobachten, dass sich im ersten Falle das Gebilde durch Dreiecke, im zweiten Falle durch Fünfecke zum geschlossenen Polyeder ergänzen lässt.[2]) Er beschreibt beide als „halbgeschlossene" Körper, deren Ecken keine Vielkante, sondern gleichsam „Ohren" seien (non angulatae, sed auriculatae figurae). Wir wenden uns nun nach Erwähnung dieser immerhin nicht uninteressanten Stelle bei Kepler zur Besprechung der vorher angezeigten Arbeiten, zunächst der von Badoureau und Pitsch. Badoureau behandelt in der schon wiederholt zitierten Schrift vom Jahre 1878 nur die Archimedeischen gleicheckigen Polyeder höherer Art, aber durchaus nicht vollständig. Die Ableitung erfolgt auf Grund des Satzes, dass jedes „polyèdre isoscèle étoilé" seine Ecken mit denen eines der ersten Art gemein habe, durch Einzeichnung von Sternvielecken in die Grenzflächen dieser letzteren und Verbindung der Kanten durch weitere Vielecke, bez. durch Zusammenfassen der in einerlei Ebene liegenden Ecken des Vielflaches erster Art zu Vielecken erster und höherer Art und Schliessung des Gebildes durch weitere Flächen, wobei die entstehenden Ecken häufig auch überschlagen sind. Obgleich er im ersten Teile seiner Schrift nur die Archimedeischen Varietäten der gleicheckigen Polyeder erster Art abgeleitet hat, bemerkt er nun ausdrücklich[3]), dass zur Konstruktion der Sternpolyeder auch solche gleicheckige (isoscèles) erster Art gebraucht werden können, welche dieselben Symmetrieachsen wie die früher besprochenen (Archimedeischen) besitzen, bei denen aber nur die zu einer Symmetrieachse senkrechten Flächen, deren Kantenzahl mit der Zähligkeit der Symmetrieachse übereinstimmt, regulär sind. Er erhält durch seine Methode der Konstruktion einen Teil der (konvexen) Archimedeischen Varietäten der gleicheckigen Polyeder höherer Art und eine grosse Zahl nicht konvexer, unter denen sich, wie schon bemerkt, auch Möbiussche Vielflache nachweisen lassen. Zum Schlusse[4]) beschreibt er eine Reihe von Figuren, als „assemblages isoscèles étoilés" bezeichnet, die als Grenzälle von Sternpolyedern gelten sollen, wie die in Nr. 122 besprochenen Teilungen der Ebene in Polygone mehrerlei Kantenzahl in der That als Grenzfälle der gleicheckigen (Archimedeischen) Polyeder erster Art zu betrachten waren. Diese Figuren sind aber wertlos, da nicht, wie es sein müsste, die gesamte Ebene durch sie lückenlos und mehrfach überdeckt wird.

In der Abhandlung von Pitsch, deren Erscheinen (1881) das sämtlicher Arbeiten von Hess, mit Ausnahme des Buches über Kugelteilung aber vorangeht, handelt es sich ausgesprochenermassen nur um die Ableitung der halbregulären (gleicheckigen) Sternpolyeder, denn von den polar zugeordneten gleichflächigen sind nur die beiden Triakontaeder höherer Art berücksichtigt, deren ausführliche Beschreibung Hess bereits 1878 gegeben hatte. Nachdem J. Pitsch gezeigt hat, welche Vielflache durch Kombination zweier polar zugeordneter regulärer Polyeder erster Art entstehen, welche die die Kanten berührende Kugel gemein haben, führt er dieselbe Konstruktion an den polar zugeordneten regulären Polyedern höherer Art aus und erhält durch Kombination des 20-flächigen Stern-12-Ecks mit dem 20-eckigen Stern-12-Flach das $[20\,(3)_1 + 12\,(5)_2]$-flächige 30-Eck der siebenten Art, und durch Kombination des 12-flächigen Stern-12-Ecks mit dem 12-eckigen Stern-12-Flach das $[12\,(5)_1 + 12\,(5)_2]$-flächige 60-Eck der dritten Art. Hier werden nun auch die polaren Körper, welche an und für sich Archimedeische sind, angeführt. Die Konstruktion aller übrigen halbregulären Sternpolyeder gründet sich auf den Satz[5]): „Fasst man die Ecken irgend eines halbregulären Sternpolyeders zu einem konvexen Polyeder zusammen, so bekommt man immer ein Archimedeisches Polyeder[6]), bei welchem jedoch die regulären Begrenzungspolygone von gerader Seitenanzahl durch symmetrische Polygone derselben Seitenanzahl ersetzt sein können."[7]) Um also die Archimedeischen Sternkörper in ähnlicher Weise aus den Archimedeischen Polyedern herzuleiten, wie die regulären Sternpolyeder aus den Platonischen, ist es nötig „die einerlei Kantenzahl besitzenden Grenzflächen der Archimedeischen Polyeder (erster Art), ohne ihren Zusammenhang mit den übrigen Flächen zu ändern, parallel mit sich selbst zu verschieben, während man sie gleichzeitig so vergrössert oder verkleinert, dass ihre Eckpunkte immer auf der dem Polyeder umbeschriebenen Kugel bleiben und die Polygone sich selbst jederzeit geometrisch ähnlich sind".[8]) Übrigens bemerkt der Verfasser der Abhandlung mit Recht, dass das umgekehrte Verfahren, erst aus den Archimedeischen Polyedern überhaupt Sternpolyeder abzuleiten und dann deren im allgemeinen nur symmetrischen Polygone durch Parallelverschiebung regulär zu machen, es sei, das zur Auffindung der gewünschten halbregulären Sternpolyeder führt. Es gelingt so, im ganzen 21 solche Polyeder abzuleiten, einschliesslich der Prismen und Antiprismen[9]) und der beiden Triakontaeder höherer Art. Die Vermutung, dass bei dieser Konstruktionsmethode Typen unberücksichtigt geblieben seien, ist bekanntlich gefertigt. Zum ersten Male findet man in der Schrift von Pitsch auch Abbildungen von Archimedeischen Sternpolyedern.

---

1) Koch, Über reguläre u. halbreguläre Sternpolyeder a. a. O. S. 21.

2) Kepler, Ges. Werke ed. Frisch. Bd. V. S. 122. Propositio XXVI.   3) a. a. O. S. 97.

4) a. a. O. S. 163.   5) a. a. O. S. 74.   6) In dem früheren Sinne, nämlich erster Art.

7) In der That ist ja die äussere Hülle eines Archimedeischen Polyeders höherer Art im allgemeinen nur ein gleicheckiges Polyeder erster Art, aber kein Archimedeisches.   8) a. a. O. S. 76.   9) Jedes dieser als ein Typus gerechnet.

Die grosse Reihe der Arbeiten von Hess, teils kurze in den Sitzungsberichten der Gesellschaft zur Beförderung der gesamten Naturwissenschaften zu Marburg erschienene Artikel, teils grössere Monographien, seien hier alle chronologisch angeführt, wiewohl ein Teil der darin enthaltenen Resultate erst in den weiteren Nummern unsres Buches zur Besprechung kommt. Eine an verschiedenen Stellen jener Artikel versprochene Zusammenfassung und weitere Ausführung der darin enthaltenen Theorien ist noch nicht erschienen. Schon die erste Abhandlung von Hess: *Über die möglichen Arten und Varietäten einiger Archimedeischen Körper*[1]) behandelt ganz allgemein die gleicheckigen und die gleichflächigen Polyeder höherer Art, nicht nur, wie der Titel anzudeuten scheint, deren Archimedeische Varietäten in dem, später auch von dem Verfasser selbst angenommenen Sinne. Die Schrift zerfällt in zwei Teile. Im ersten Teile findet sich eine kurze Darstellung der ebenen $(n + n)$-seitigen gleicheckigen $2n$-ecke und der reziproken $(n + n)$-eckigen $2n$-seite[2]), von denen zwar die erster Art schon an den von Hessel früher beschriebenen einfachen gleicheckigen Polyedern auftreten, während die höherer Art sonst noch nirgends Berücksichtigung gefunden hatten. (Die ausführliche Darstellung dieser Theorie gab Hess dann in der von uns vielfach zitierten und benutzten Schrift vom Jahre 1874.) Im zweiten Teile der Abhandlung wird das entsprechende räumliche Problem in Angriff genommen. An Stelle der Polygone erster Art treten als Grenzflächen der neuen Polyeder die vorher besprochenen gleicheckigen Polygone höherer Art auf, wonach sich einem gleicheckigen Polyeder erster Art, dessen Grenzflächen z. B. $(m + m)$-ecke, $(n + n)$-ecke, $(p + p)$-ecke erster Art sind, so viel neue Polyeder höherer Art zur Seite stellen lassen, als sich die weiteren möglichen Werte der Artzahlen a dieser Polygone mit einander kombinieren lassen, wobei nicht alle a gleich 1 sind. Als Beispiele werden das $[6\,(8) + 8\,(6) + 12\,(4)]$-flächige $2 \cdot 24$-Eck und das $[12\,(10) + 20\,(6) + 30\,(4)]$-flächige $2 \cdot 60$-Eck angeführt. Jenem Polyeder erster Art sind drei, diesem sieben Polyeder höherer Art anzureihen.[3]) Diejenigen gleicheckigen Polyeder höherer Art, denen mit Rücksicht auf die übereinstimmende Kantenzahl der Grenzflächen keine Analoga unter den gleicheckigen Polyedern erster Art zukommen, sind hier noch nicht erwähnt. Es wird aber die Entstehung der Polyeder höherer Art durch Kombination der Flächen von bestimmten gleichflächigen, bes. regulären einfachen Polyedern, also die wiederholt angewandte Konstruktionsmethode, auch zur Erzeugung verschiedener Varietäten, hinreichend erläutert. Von einer Zusammenstellung der nur gleicheckigen oder gleichflächigen Polyeder hat Hess abgesehen, es finden sich in den weiteren Schriften nur einzelne besonders interessante Typen als Beispiele der allgemeinen Theorien behandelt. An Stelle der Beschreibung der Vielflache tritt dann in dem Werke über Kugelteilung die der zugehörigen Netze, womit bis zu einem gewissen Grade wenigstens jene Aufgabe gelöst ist, wenngleich die faktische Darstellung der Polyeder nicht immer so leicht sein dürfte, als es auf den ersten Blick und nach den Angaben des Verf. erscheinen könnte. — Einem neuen Problem wendet sich nun die Abhandlung zu: *Über zwei Erweiterungen des Begriffs der regelmässigen Körper.*[4]) Die erste Erweiterung besteht darin, dass den kontinuierlichen regulären Körpern höherer Art auch die diskontinuierlichen zugefügt werden. Es ist nötig zu bemerken, dass ältere Autoren, wie z. B. Wiener, nicht, wie es im obigen Texte geschehen, die diskontinuierlichen Vielflache als gleichberechtigt neben den kontinuierlichen gelten lassen. Fügt man aber, schon wegen der Übereinstimmung in dem grössten Teile ihrer Eigenschaften, den kontinuierlichen Polygonen die diskontinuierlichen als konzentrische Kombinationen jener zu, wobei aber sämtliche Ecken für sich ein reguläres Polygon erster Art bilden müssen, ebenso wie die innerste Flächenzelle ein solches ist, so liegt es nahe, denselben Schritt für die räumlichen Gebilde zu thun. Danach bezeichnet Hess solche konzentrische Anordnungen Platonischer Körper als reguläre Polyeder im weiteren Sinne des Wortes, bei denen einmal die sämtlichen Ecken so auf einer Kugel liegen, dass sie, durch Ebenen verbunden, eins der Platonischen Polyeder bilden, und bei denen zweitens die Grenzflächen als innerste räumliche Zelle gleichfalls ein Platonisches Polyeder einschliessen. In der hier genannten Schrift wird also das Problem für den Fall erledigt, dass die zu kombinierenden Polyeder die Platonischen (erster Art) sind, in der späteren Abhandlung: *Über zwei konzentrisch-regelmässige Anordnungen von Kepler-Poinsotschen Polyedern*[5]) tritt dann noch die durch den Titel genügend gekennzeichnete weitere Verallgemeinerung ein.[6]) Der zweite Teil der vorher genannten Schrift vom Jahre 1875 fügt nun den regulären Vielflachen, die von regelmässigen Vielecken begrenzt sind, die gleicheckigen und zugleich gleichflächigen hinzu, die mit jenen das gemeinsam haben, dass sie ebenfalls nur kongruente Flächen und Ecken einerlei Kantenzahl besitzen, ohne dass aber diese Flächen und Ecken regulär zu sein brauchen. Danach erscheinen die regulären Polyeder als spezielle Fälle dieser jetzt definierten, von denen in dieser vorläufigen Anzeige zunächst neben denen erster Art (den Sphenoiden) vier konvexe höherer Art beschrieben werden. Die ausführliche und erschöpfende Darstellung findet sich dann in der schon zitierten, kurz nachher erschienenen grösseren Abhandlung[7]), die den Betrachtungen der Nr. 153 bis 158 unsres Textes zu Grunde gelegt ist, weshalb wir auf Angabe ihres Inhaltes hier verzichten. In der ihrem Erscheinen nach nächsten Abhandlung: *Über*

---

1) Die gen. Marburger Berichte Nr. 5. Juni 1872.   2) Hier noch so bezeichnet.
3) Es sind die Polyeder *13, 14, 15* in Nr. 142 und *36* bis *42* in Nr. 146 der Aufzählung unsres Textes.
4) Marburger Berichte 1875 Nr. 1 und 2.   5) Marburger Berichte 1878 Nr. 2.
6) Wir behandeln diese Probleme in der folgenden Nr. 159.
7) Über die zugleich gleicheckigen und gleichflächigen Polyeder. Kassel 1876. Auch weiterhin als Hess III zitiert.

einige merkwürdige nicht konvexe Polyeder[1]) werden zum ersten Male allgemeine Untersuchungen über nicht-konvexe Vielflache angestellt, die über das von früheren Autoren Geleistete wesentlich hinausgehen. Neben der Wiederanführung der für solche Vielflache gültigen erweiterten Eulerschen Formel, die im Texte als Hesssche hiernach bezeichnet wurde und sich schon in der Schrift vom Jahre 1876 findet, erhält man hier eine Klassifikation der nichtkonvexen Polyeder nach dem Werte der Artzahl A und eine Beschreibung einer Reihe solcher gleicheckigen und zugleich gleichflächigen Polyeder höherer Art, unter denen besonders die sog. Stephanoide von Interesse sind. Wir kommen auf diese Schrift in den Betrachtungen der Nr. 160—162 unsres Textes zurück, ebenso auf die 1879 erschienene desselben Verfassers: *Über einige einfache Polyeder mit einseitiger Oberfläche*[2]) in Nr. 163. Übrigens findet sich auch eine grosse Zahl Möbiusscher Polyeder an verschiedenen Stellen der früheren Abhandlungen von Hess angeführt oder beschrieben, auf die wir ebenfalls noch hinzuweisen haben. In zwei weiteren kleineren Aufsätzen kommt derselbe Autor nochmals auf die früher gelösten Probleme zu sprechen. Sehr ausführlich werden die beiden Triakontaeder höherer Art als Beispiele der Ableitung gleichflächiger Vielflache höherer Art aus ihrem innern gleichflächigen Kerne in der Schrift: *Über vier Archimedeische Polyeder höherer Art*[3]) untersucht, nebst den ihnen polar zugeordneten gleicheckigen Vielflachen. Der in den Marburger Berichten vom Jahre 1879 (Nr. 9) erschienene Aufsatz: *Über Kombinationsgestalten höherer Art* knüpft wieder an die erste Veröffentlichung von 1872 an, wobei besonders auf diejenigen gleicheckigen Polyeder höherer Art hingewiesen wird, die nach der Zahl der Kanten ihrer Grenzflächen keine Analoga unter den Polyedern erster Art besitzen. Das abschliessende Werk, *Einleitung in die Lehre von der Kugelteilung*, fasst endlich die Resultate aller vorhergehenden Untersuchungen gewissermassen zusammen, wenngleich der Standpunkt, den der Verfasser den Problemen gegenüber einnimmt, ein etwas veränderter ist, da in erster Linie nicht die Polyeder, sondern die Kugelnetze der Betrachtung unterworfen werden. Es hat dieses Buch den Ausgangspunkt für alle weiteren Forschungen auf dem Gebiete spezieller Polyeder höherer Art zu bilden. Wir sind mit den angeführten Bemerkungen über die im Texte behandelten Materien bereits hinausgeschritten, um schon hier zum Abschlusse zu gelangen, da weitere Abhandlungen anderer Autoren über Untersuchungen auf diesem Gebiete mathematischer Wissenschaft uns nicht bekannt geworden sind. Denn das Werk von Fedorow[4]) scheint über gleicheckige und gleichflächige Polyeder höherer Art nichts Bemerkenswertes zu enthalten. Von Vorgängern wird nur Badoureau erwähnt; auch giebt Fedorow auf den Tafeln von hier zu erwartenden Figuren nur solche, die sich schon in der Abhandlung des eben genannten französischen Schriftstellers finden. — Das bisher durch die Titel der angeführten Quellen nur Angedeutete ist nun in den folgenden Nummern noch ausführlicher zu besprechen.

152. Die gleicheckigen und zugleich gleichflächigen Polyeder höherer Art. Wären sämtliche gleicheckigen und sämtliche gleichflächigen Polyeder höherer Art abgeleitet, so könnte man diejenigen Gebilde, denen beide Eigenschaften gleichzeitig zukommen, wie dies bei den entsprechenden erster Art thatsächlich geschieht, als solche, die beiden Klassen von Polyedern gemeinsam angehören, sofort angeben. Derartige zugleich gleicheckige und gleichflächige Vielflache sind aber unter den bisher beschriebenen polar zugeordneten Polyedern der beiden Klassen nicht vorhanden, da, wie bereits bemerkt, ihre zugeordneten gleichflächigen Netze sich nicht unter denen mit direkt-symmetrischen Kanten der beiden Hauptnetze befinden. Man muss daher diese Polyeder auf Grund der im folgenden genannten Haupteigenschaft direkt bestimmen, und zwar soll es sich zunächst um die kontinuierlichen, konvexen, zugleich gleicheckigen und gleichflächigen Polyeder handeln. Auf die sich gleichzeitig dabei mit ergebenden diskontinuierlichen und nicht-konvexen Polyeder sei, da sie später nochmals berücksichtigt werden, dabei nur kurz hingewiesen.

Die zu den gewünschten Konstruktionen hinführende, schon früher erwähnte Haupteigenschaft ist in dem Satze ausgesprochen, dass der innere Kern jedes gleicheckigen und zugleich gleichflächigen Polyeders ein gleichflächiges Polyeder erster Art ist, während die Ecken die eines gleicheckigen Polyeders erster Art sind. Danach besteht die eine hierauf beruhende Konstruktionsmethode darin, dass man die Grenzflächen der gleichflächigen Polyeder der ersten Art erweitert und diejenigen Schnittpunkte dieser Ebenen aufsucht, welche auf einer Kugel so wie die Ecken eines gleicheckigen Polyeders erster Art liegen. Die zweite, ebenso berechtigte Methode besteht darin, dass man durch die Eckpunkte der gleicheckigen Polyeder erster Art Diagonalebenen legt und diejenigen Flächen beachtet, welche, indem sie eine Kugel berühren, ein gleichflächiges Polyeder der ersten Art bilden. Beide Verfahren müssen, auf alle verfügbaren betr. Polyeder erster Art angewandt, sämtliche zugleich gleicheckigen und gleichflächigen Polyeder höherer Art liefern. Doch kann

---

1) Marburger Berichte 1877 Nr. 1. 2) Marburger Berichte 1879 Nr. 1. 3) Kassel 1878.
4) a. a. O. Kap. XV. § 97 und 98.

man auf Grund folgender Betrachtungen noch eine bedeutende Vereinfachung, wenigstens in der Darstellung des bereits Gefundenen, erzielen. Jedem der zugleich gleicheckigen und gleichflächigen Polyeder ist ein ebensolches polar-reziprok.[1]) Sind P und P' zwei solche polare Polyeder, so ist die äussere Hülle (das gleicheckige Polyeder erster Art) von P polar zu dem innern Kern (dem gleichflächigen Polyeder erster Art) von P' und die äussere Hülle von P' ebenso polar-reziprok zu dem innern Kern von P. Es ist also vorteilhaft, ein zugleich gleicheckiges und gleichflächiges Polyeder P nach der ersten oder zweiten Methode, aus dem innern Kern oder der äusseren Umhüllung abzuleiten, je nachdem das erste gleichflächige oder das letztere gleicheckige Polyeder von einfacherer Natur ist. In der That genügt es für die folgende Darstellung, die erste Methode nur auf zwei gleichflächige Polyeder erster Art (die einfach zu behandeln sind) anzuwenden, um *vier* zugleich gleicheckige und gleichflächige Polyeder höherer Art abzuleiten, deren polar-reziproke Körper sich dann leicht durch Anwendung der zweiten Methode auf die zu jenen gleichflächigen polaren gleicheckigen Polyeder ergeben. Es sind diese beiden gleichflächigen Polyeder das *Ikosaeder* und das *Rhombentriakontaeder*. Die aus der vollständigen Figur der Ebenen eines *Dodekaeders* (Fig. 16 Taf. II) ableitbaren zugleich gleicheckigen und gleichflächigen Polyeder sind die bereits besprochenen zugleich regulären; sie können daher jetzt bei Seite gelassen werden. Dass aber keine weiteren Polyeder der verlangten Eigenschaft möglich sind, als sich im folgenden aus dem Ikosaeder und Triakontaeder ergeben [nebst den ihnen polaren], ist durch die Untersuchung der vollständigen Figuren aller gleichflächigen Polyeder erster Art nachgewiesen worden.[2])

153. Die vollständige Figur der Ebenen des Ikosaeders.[3]) Bringt man die Ebene einer Fläche des Ikosaeders mit den Ebenen aller übrigen zum Schnitt, so entsteht die schon früher betrachtete Fig. 17 Taf. II. Dabei ist die Bezeichnung der einzelnen Flächen des Ikosaeders die durch Fig. 102 des Textes (vergl. Nr. 129) angedeutete. Die Zeichenebene ist die Ebene der Fläche 1, die Ebene 20 schneidet die Zeichenebene in der unendlichweiten Geraden. Die auf demselben konzentrischen Kreise um den Mittelpunkt der Fläche 1 liegenden Punkte tragen dieselbe Ziffer als Bezeichnung. Es seien hier, wie auch späterhin, um Weitläufigkeit zu vermeiden, nur diejenigen dieser Punkte beachtet, welche durch ihre Verbindung überhaupt die Fläche irgend eines anzuführenden Polyeders bestimmen. Die Punkte 1 sind die Ecken der Fläche des Ikosaeders selbst. Die Punkte 3 bilden durch ihre Verbindungslinien ein diskontinuierliches Sechseck zweiter Art, das aus zwei sich kreuzenden gleichkantigen Dreiecken besteht. Diese Figur ist die Grenzfläche eines zugleich gleicheckigen und gleichflächigen, aber diskontinuierlichen Polyeders, nämlich eines Systems von fünf konzentrischen Oktaedern, Fig. 6 Taf. IX. Die dreissig kongruenten vierkantigen Ecken liegen auf der umbeschriebenen Kugel wie die Ecken eines $(12 + 20)$-flächigen 30-Ecks (eines Triakontagons). Man kann das Polyeder auch als $20\,(6)_2$-flächiges $30\,(4)_1$-Eck bezeichnen. Auf das ebenfalls diskontinuierliche reziproke Polyeder, die Kombination von fünf konzentrischen Würfeln, dessen innerer Kern ein Triakontaeder sein muss, sei später hingewiesen. — Die Punkte 4 bilden durch ihre Verbindungsstrecken ein Neuneck zweiter Art, mit sechs Kanten und drei Kanten je gleicher Länge, also ein $(3 + 2 \cdot 3)_2$-eck. Diese Figur ist die Grenzfläche eines zugleich gleicheckigen und gleichflächigen konvexen Polyeders, das nebst seinem polaren in Nr. 154 ausführlicher beschrieben werden soll. Die Punkte 6 bilden wieder zwei gekreuzte gleichkantige Dreiecke. Jedes dieser beiden Dreiecke ist die Grenzfläche eines zugleich gleicheckigen und gleichflächigen diskontinuierlichen Polyeders, nämlich eines Systems von fünf Tetraedern. Die äussere Hülle ist ein Dodekaeder. Diese beiden Systeme, von denen das eine in Fig. 11 Taf. IX dargestellt ist, die sich zu einander wie rechts und links verhalten, bilden in ihrer Vereinigung das aus zehn Tetraedern bestehende diskontinuierliche Polyeder Fig. 3 Taf. IX. Da sowohl der innere Kern als das Hüllpolyeder regulär sind, so sind diese Polyeder den regulären zuzuzählen (vergl. Nr. 128). Man kann das System der fünf Tetraeder auch als $20\,(3)_1$-flächiges $20\,(3)_1$-Eck oder $20\,(3)_1$-eckiges $20\,(3)_1$-Flach, das System der zehn Tetraeder als

---

1) Es möge hier bemerkt werden, dass keins der konvexen und kontinuierlichen zugleich gleicheckigen und gleichflächigen Polyeder sich selbst reziprok (autopolar) ist; doch giebt es solche Gebilde unter den nicht-konvexen und diskontinuierlichen Polyedern.

2) Hess III S. 18.　　　　　　3) Hess III S. 36.

20 (6)₂-flächiges 20 (6)₂-Eck oder 20 (6)₂-eckiges 20 (6)₂-Flach bezeichnen, wonach beide Polyeder autopolar sind. Es lassen sich nun weiter die sechs Punkte 6 auch zu einem kontinuierlichen Sechseck zweiter Art verbinden, von dessen Kanten drei dem Mittelpunkt die Innenseite, drei ihm die Aussenseite zukehren. Die innere Zelle dieses Sechsecks ist die Ikosaederfläche, jede der drei äusseren Zellen hat zu Eckpunkten eine Ecke 1 jener Fläche und zwei Punkte 6 auf einer Geraden $\overline{7,7}$. Dieses Sechseck ist die Grenzfläche eines zugleich gleicheckigen und gleichflächigen nicht-konvexen Polyeders, Fig. 26 Taf. VIII, das in Nr. 161 nochmals erwähnt wird. Die drei Punkte 7 geben die Grenzfläche des bereits besprochenen 20-flächigen Stern-12-Ecks. Die neun Punkte 8 endlich bilden durch ihre Verbindungsstrecken ein geschlossenes konvexes Neuneck vierter Art, das die Grenzfläche eines konvexen zugleich gleicheckigen und gleichflächigen Polyeders ist, welches in Nr. 155 nebst dem ihm polaren Polyeder besprochen werden soll. — Verbindet man verschieden bezifferte Punkte der vollständigen Figur (Fig. 17 Taf. II) durch einen kontinuierlichen Zug, so erhält man, wenn die übrigen hierzu nötigen Bedingungen erfüllt sind, nach den früheren Erläuterungen die Grenzflächen nur gleichflächiger Polyeder. So ergeben die Punkte 1 und 2 zusammen ein (3 + 3)-eckiges gleichkantiges Sechskant, die Grenzfläche des in Nr. 150 beschriebenen, in Fig. 2 Taf. VIII dargestellten gleichflächigen [12 (5)₂ + 20 (3)₁]-eckigen 20 (6)₁-Flaches der zweiten Art. Es lässt sich aber auch ein bisher noch nicht beschriebenes gleichflächiges Polyeder höherer Art aus dieser vollständigen Ikosaederfigur ableiten. Verbindet man nämlich jeden der drei Punkte 7 mit den auf der gegenüberliegenden Kante des Dreiecks 7,7,7 liegenden beiden Punkten 6, und zieht zwischen den Punkten 6 noch alle diejenigen Strecken, welche parallel den Kanten jenes Dreiecks sind, so entsteht ein (6 + 3)-eck der 4. Art[1]), das auch sechs Winkel einer und drei Winkel anderer Grösse besitzt. Dieses Neuneck ist die Grenzfläche des in Fig. 20 Taf. IX dargestellten gleichflächigen Polyeders, des [12 (5)₁ + 20 (3 + 3)₁]-eckigen 20 (6 + 3)₄-Flaches der 11. Art. Die zwölf regulären fünfkantigen Ecken erster Art des Polyeders (die Punkte 7 in Fig. 17 Taf. II) sind die eines Ikosaeders, die zwanzig sechskantigen Ecken (die Punkte 6 derselben Figur), deren abwechselnde Flächenwinkel nur gleich sind, sind die Ecken eines Dodekaeders. Je zwei Flächen des Polyeders liegen in parallelen Ebenen, denen des inneren ikosaedrischen Kernes. Der Wert von A ergiebt sich aus der Hessschen Formel.

154. Das 20 (3 + 2 · 3)₂-flächige 60 (3)₁-Eck der 5. Art und das ihm polare Polyeder.[2]) Die in voriger Nummer angeführte von den Punkten 4 gebildete Grenzfläche des ersten Polyeders ist, wie die einfache Betrachtung zeigt, ein (3 + 2 · 3)-kantiges und (2 · 3 + 3)-eckiges Vieleck der zweiten Art mit drei Doppelpunkten. Die Konstruktion dieser Fläche ist die folgende: Man verlängere jede der drei Kanten des Ikosaederdreiecks nach beiden Seiten um den grössern Abschnitt, der durch Teilung derselben nach dem goldnen Schnitt erhalten wird, verlängere sodann jede der drei Höhen des Ikosaederdreiecks über ihren Fusspunkt hinaus um sich selbst und verbinde jeden dieser drei Endpunkte mit den beiden benachbarten Endpunkten der verlängerten Ikosaederkante.[3]) Das von solchen Flächen begrenzte Polyeder ist in Fig. 17 Taf. IX dargestellt. Seine sechzig kongruenten dreikantigen Ecken, deren Kanten je zwei kurze und eine längere der Grenzfläche sind, und die zwei unter sich gleiche und von dem dritten verschiedene Flächenwinkel haben, sind die der Archimedeischen Varietät eines (12 + 20 + 30)-flächigen 60-Ecks. Da das Polyeder neunzig Kanten besitzt, so folgt aus der Hessschen Formel für A der Wert 5. In derselben

---

1) Auf diese Vielecke höherer Art, wie sie auch bei den weiter zu beschreibenden Polyedern höherer Art auftreten, ist schon in Nr. 39 hingewiesen worden.

2) Vergl. Hess III S. 40 und S. 52; auch Marburger Berichte 1875. Nr. 1. S. 12.

3) Die ausführliche Beschreibung des Polygons s. Hess III S. 40 ff. Man kann, wenn es sich um seine Zeichnung zur Herstellung des Polyeders handelt, auch von dem Dreieck der Punkte 7 ausgehen und auf dessen Kanten die Punkte 6 durch Teilung der Kante nach dem goldnen Schnitt erhalten, wonach sich durch Verbindung der Punkte 6 unter einander die gesuchte Grenzfläche mit ergiebt. Ihre in Fig. 17 Taf. II schraffierten Teile sind die, welche an dem Polyeder äusserlich sichtbar bleiben. Die gleiche Bemerkung gilt für die Abbildungen der Grenzflächen der weiterhin beschriebenen Polyeder.

Weise, wie dies früher bei den regulären Polyedern höherer Art geschehen, lassen sich aus Fig. 17 Taf. II, unter gleichzeitiger Betrachtung des Gesamtpolyeders, seine Doppelelemente leicht bestimmen.[1])

Es ist nun das polare, ebenfalls gleicheckige und zugleich gleichflächige Polyeder abzuleiten. Die neunkantigen Ecken sind selbstredend die eines Dodekaeders, der innere gleichflächige Kern ist die Archimedeische Varietät des $(12 + 20 + 30)$-eckigen 60-Flaches, des Deltoidhexekontaeders.[2]) Die gleichschenklige

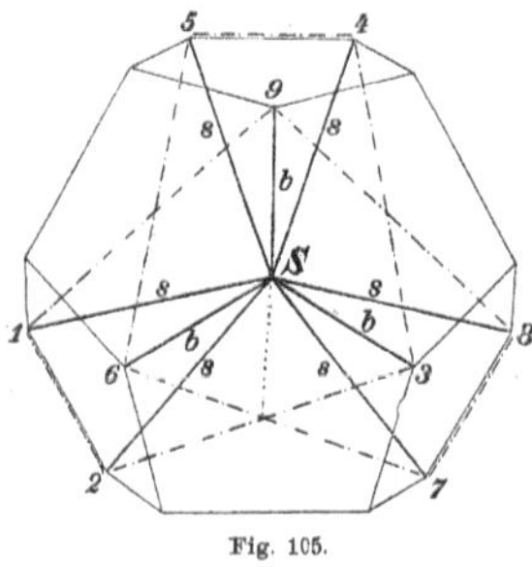

Fig. 105.

dreieckige Grenzfläche, deren Basis eine Dodekaederkante ist, wird erhalten, wenn man die Endpunkte dieser Dodekaederkante mit dem freien Ende der Scheitelkante verbindet, welche in dem Fünfecke, dem jene Dodekaederkante angehört, von der dieser Kante gegenüberliegenden Ecke ausgeht. Da jede Dodekaederkante zwei Fünfecken angehört, so gehen auch durch jede zwei Grenzflächen des Polyeders. Von jeder Ecke des Dodekaeders gehen neun Kanten des Polyeders aus, von denen drei (die Kanten des Dodekaeders) Basiskanten, die übrigen sechs Schenkel der die betr. Ecke bildenden Grenzflächen sind. Die Reihenfolge, in welcher durch diese neun Kanten die Grenzflächen zu legen sind, zeigt Fig. 105.[3]) Da der innere Kern des Polyeders die Archimedeische Varietät des Deltoidhexekontaeders ist, so kann man natürlich seine Grenzfläche auch erhalten, wenn man die vollständige Figur der Ebenen jenes gleichflächigen

Polyeders erster Art bildet, ein Verfahren, welches hier schon ziemlich kompliziert ist.[4])

155. Das $20\,(3 + 2 \cdot 3)_4$-flächige $60\,(3)_1$-Eck der 25. Art und das ihm polare Polyeder.[5]) Die Grenzfläche des zu besprechenden gleicheckigen und zugleich gleichflächigen Polyeders höherer Art, das von den Punkten 8 in Fig. 17 Taf. II gebildete $(3 + 2 \cdot 3)$-kantige und zugleich $(2 \cdot 3 + 3)$-eckige Neuneck 4. Art

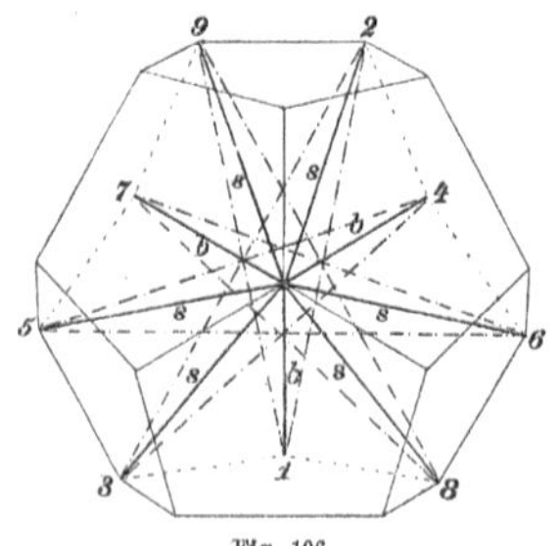

Fig. 106.

mit 27 Doppelpunkten ist durch die Punkte 7 und 6 bestimmt.[6]) Die innerste sechseckige, von drei Punkten 5 und drei Punkten 4 gebildete Zelle[7]) besitzt den Koëffizienten $+ 4$. Es sind 27 Doppelpunkte zu rechnen, da die Punkte 6 dreifach zu zählen sind. — Das in Fig. 14 Taf. XI dargestellte Polyeder besitzt sechzig dreikantige, gleichschenklige Ecken, die Ecken einer bestimmten Varietät des $(12 + 20)$-flächigen $12 \cdot 5$-Ecks, die von zwölf regelmässigen Fünfecken und $20\,(3 + 3)$-kantigen gleicheckigen Sechsecken begrenzt wird. Ist die Kante eines solchen Fünfecks gleich $2a$, so sind die Kanten des Sechsecks abwechselnd gleich $2a$ und $a\,(\sqrt{5} - 1)$.[8]) Die Art des Polyeders ist nach der Hessschen Formel, da die Zahl der Kanten 90 ist, $A = 25$. Von den Doppelelementen seien nur die Punkte 6 und 7 der Grenzfläche erwähnt, da sie auf dem sichtbaren Teile der Oberfläche des Modelles des Polyeders liegen. Durch jeden der zwölf

Punkte 7 gehen fünf, durch jeden der zwanzig Punkte 6 sechs Flächen des Polyeders; erstere zählen also

---

1) Wir verweisen für diese Untersuchungen auf die Originalschrift von Hess.   2) Vergl. Nr. 121.

3) Das Polyeder selbst ist hier nicht dargestellt, da sich seine Flächen derart überdecken, dass der Gesamteindruck nur etwa der von Fig. 26 Taf. VIII würde. Es sind nämlich die längeren von jeder Ecke ausgehenden Kanten verborgen; z. B. liegt die Kante $S\,7$ in Fig. 105 unter der Fläche $S\,32$, die Kante $S\,2$ unter der Fläche $S\,67$. Die genannten beiden Flächen schneiden sich etwa längs der feinpunktierten Linie. Um dies einzusehen, zeichne man sich zu der Grenzfläche des vorigen Polyeders die polare, welche (sphärisch) den Querschnitt einer Ecke des jetzigen darstellt. — Für die aus der äusseren Hülle konstruierten Polyeder sind Fadenmodelle (der Kanten) empfehlenswert und auch leicht herzustellen.

4) Vergl. Hess III Fig. 5 der ersten Tafel. Die Fläche des inneren Kernes ist dort das Viereck $C_1 B_{1a} R_1 B_{1b}$.

5) Hess III S. 46 und S. 59. Auch Marb. Ber. 1875 Nr. 1. S. 15.

6) Es ist übrigens die Strecke 7,8 gleich dem grösseren Teile 6,7 der nach dem goldenen Schnitte geteilten Kante 7,7 des 20-flächigen Stern-12-Ecks.   7) Man beachte in Fig. 17 Taf. II nur die neun Kanten der Grenzfläche.

8) Für diese Varietät des $(12 + 20)$-flächigen $12 \cdot 5$-Ecks ist $t = \dfrac{\sqrt{5} + 2}{5}$, $s = 1$ nach d. Bestimmungen in Nr. 121.

insgesamt für $12 \cdot \binom{5}{3} = 120$, letztere für $20 \cdot \binom{6}{3} = 400$ Doppelpunkte.[1]) Da der innerste von den Grenzflächen des Polyeders gebildete Kern das Ikosaeder ist, so laufen je zwei dieser Grenzflächen parallel. Das polar-reziproke $20 (3 + 2 \cdot 3)_4$-eckige $60 (3)_1$-Flach der 25. Art ist in den beiden Figuren 10 und 16 der Tafel XII in etwas von einander abweichenden Aufnahmen dargestellt. Es besitzt sechzig gleichschenkligdreieckige Grenzflächen und zwanzig neunkantige Ecken der vierten Art, die wie die Ecken eines Dodekaeders liegen, während der innerste Kern eine bestimmte Varietät des (12 + 20)-eckigen 12 · 5-Flachs, des Pentakisdodekaeders ist.[2]) Man erhält eine der gleichschenkligen Grenzflächen, deren Basiskante zugleich die Kante des 20-eckigen Stern-12-Flaches ist, das sich in das Dodekaeder einschreiben lässt, wenn man zwischen zwei Eckpunkten des Dodekaeders, die auf zwei benachbarten fünfeckigen Flächen ihrer gemeinsamen Kante gegenüberliegen, die Gerade zieht (Basiskante b) und deren ebengenannte Endpunkte mit einer der Ecken verbindet, welche den Endpunkten jener gemeinsamen Kante im Dodekaeder diametral gegenüberliegen (Schenkelkante s). Fig. 106 (s. Seite 208) zeigt die neun von einer Ecke des Dodekaeders ausgehenden Kanten, die eine Ecke des Polyeders bilden, und giebt zugleich durch die an die andern Enden gesetzten Ziffern die Reihenfolge an, in der sie durch Ebenen zu verbinden sind. — Die Fläche desselben Polyeders lässt sich auch konstruieren, wenn man die vollständige Figur der Ebenen eines Pyramidendodekaeders zeichnet, und zwar die der genannten speziellen Varietät. Die komplizierte Figur findet sich als Fig. 6 auf der zweiten Tafel der Hessschen Schrift. Es lassen sich die äusseren am Modelle des Polyeders noch sichtbaren Teile der Grenzfläche dort direkt abnehmen. Nur beiläufig sei bemerkt, dass das Polyeder 25940 eigentliche Doppelpunkte zweiter Klasse besitzt.[3])

156. Die vollständige Figur der Ebenen des Triakontaeders.[4])

Bringt man die Ebenen sämtlicher Grenzflächen eines Rhombentriakontaeders (erster Art) zum Schnitt mit der Ebene einer Fläche, die als erste und zugleich als Zeichenebene zu betrachten ist, so entsteht die in Fig. 18 Taf. II dargestellte vollständige Figur. Die Flächen des Triakontaeders sind, wie es Fig. 107 angiebt, bezeichnet und die Spuren ihrer Ebenen, d. h. ihre Schnittgeraden mit der Ebene der Fläche 1, tragen in Fig. 18 Taf. II dieselben Ziffern (in Klammer) wie die Grenzflächen des Polyeders in Fig. 107. Die Fläche 30, welche der Fläche 1 gegenüberliegt, schneidet, da sie ihr parallel läuft, deren Ebene in der unendlichweiten Geraden. Von den Schnittpunkten der Spuren untereinander sind die auf einerlei Kreis (alle diese Kreise sind konzentrisch) von innen nach aussen mit steigender Ziffer markiert; doch sollen im folgenden der Kürze wegen nur diejenigen Punkte genannt werden, die sich zu einem Polygon verbinden lassen. Der von den Punkten 1 und 2 gebildete Rhombus ist selbstredend die Fläche des Triakontaeders erster Art. Die Punkte 5 geben unter einander verbunden ein Achteck der dritten Art mit vier einspringenden und vier ausspringenden Winkeln, von dessen acht Kanten zwei dem Mittelpunkte des Polygons die andre Seite zuwenden, wie die sechs übrigen. Das Polygon besitzt die Punkte 4 zu Doppelpunkten und ist die Grenzfläche eines Möbiusschen Polyeders. — Die Punkte 7 bilden ein Quadrat, die

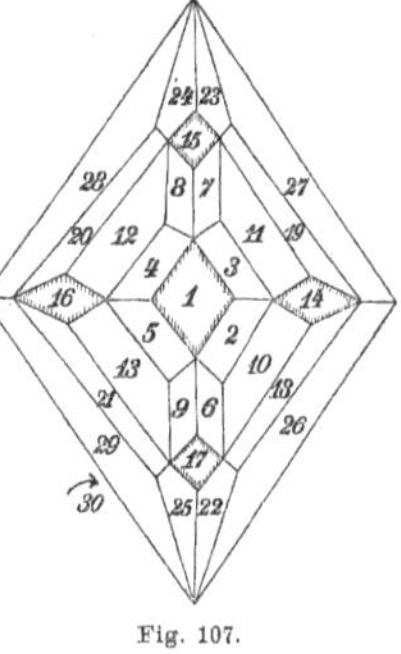

Fig. 107.

Fläche eines Würfels. Die übrigen Flächen dieses Würfels, zu denen auch die Fläche 30 gehört, sind in Fig. 107 durch Schraffierung kenntlich gemacht. Da je sechs weitere Ebenen des Triakontaeders ein gleiches Hexaeder bilden, so ist das genannte Quadrat die Grenzfläche eines diskontinuierlichen, zugleich gleicheckigen und gleichflächigen, aus fünf konzentrischen Würfeln bestehenden Polyeders, welches polar zu dem in Nr. 153 angeführten System von fünf konzentrischen Oktaedern ist. Die äussere Hülle dieses in Fig. 24 Taf. XII

----

1) Diese Punkte 7 und 6 liegen nach Früherem wie die Ecken eines Ikosaeders und eines koachsialen Dodekaeders. Bei Herstellung des Pappmodells des Körpers kann man das von den Punkten 6 als Ecken gebildete Dodekaeder als Kern benutzen.   2) Für diese Varietät ist $\tau = 5 \left(\sqrt{5} - 2 \right),\ \sigma = 1$.

3) Vergl. hierüber Hess III S. 62 ff.   4) Hess III S. 63 ff.

dargestellten schon früher besprochenen Systems von fünf Hexaedern ist ein Dodekaeder. — Die Punkte 10 ergeben durch ihre (in der Figur stärker ausgezogenen) Verbindungsstrecken ein kontinuierliches Zwölfeck dritter Art, die Grenzfläche eines konvexen zugleich gleicheckigen und gleichflächigen Polyeders, das nebst seinem polaren in Nr. 157 genauer zu besprechen ist. — Die Punkte 12, 13, 16 und 17 ergeben Polygone, welche Grenzflächen Möbiusscher Polyeder sind. Die von den je acht Punkten 12 und 17 gebildeten Figuren sind diskontinuierliche Achtecke vierter Art, die aus je zwei überschlagenen Vierecken bestehen. Es hat im Falle der Punkte 12 jedes dieser Vierecke mit dem andern acht Punkte (Doppelpunkte) gemein; im Falle der Punkte 17 liegen die beiden überschlagenen Vierecke getrennt. Die beiden zugehörigen Möbiusschen Polyeder sind diskontinuierlich. — Das von den acht Punkten 13 gebildete Achteck dritter Art hat zwar nur spitze Innenwinkel, doch wenden auch hier zwei (bez. sechs) Kanten dem Mittelpunkte des Polygons ihre Aussenseite zu. Das von den Punkten 16 gebildete Zwölfeck der dritten Art endlich mit vier (oder acht, je nach Schraffierung des Perimeters) ausspringenden Winkeln und acht (oder vier) Kanten, die dem Mittelpunkt die Aussenseite zuwenden, ist ebenfalls die Grenzfläche eines einseitigen Vielflaches. — Die zwölf Punkte 19 ergeben durch ihre Verbindungsgeraden ein System von vier sich kreuzenden Dreiecken oder ein diskontinuierliches Zwölfeck der vierten Art. Das Polyeder, das von dreissig solchen Flächen begrenzt ist und 120 dreikantige Ecken hat, ist ein System von dreissig sich kreuzenden rhombischen Sphenoiden (sägerandigen Tetraedern), bei welchem also je vier Sphenoidflächen in eine Ebene fallen. Es ist ein zugleich gleicheckiges und gleichflächiges, konvexes, diskontinuierliches Polyeder. — Die Punkte 20 geben durch ihre Verbindungskanten ein Achteck von derselben Gestalt wie die Punkte 13, das ebenfalls die Grenzfläche eines einseitigen Vielflaches ist. Es kommen nun nur noch die äussersten Punkte 23 in Frage. Diese bilden ein konvexes, kontinuierliches Zwölfeck, das die Grenzfläche des in Nr. 158 zu beschreibenden gleicheckigen und zugleich gleichflächigen Polyeders darstellt. Auch das ihm polar zugeordnete Polyeder soll dort zur Sprache kommen. Es möge hier nur noch kurz auf die nur gleichflächigen konvexen Vielflache hingewiesen werden, deren Grenzflächen ebenfalls in der vollständigen Figur des Triakontaeders auftreten, deren innerer Kern also das genannte Polyeder ist. Es sind dies die früher beschriebenen beiden Triakontaeder höherer Art; das der dritten Art besitzt zur Fläche den von den Punkten 2 und 8 in Fig. 18 Taf. II gebildeten Rhombus, das der siebenten Art den Rhombus, der sich durch Verbindung der Punkte 8 und 14 in derselben Figur ergiebt.

157. Das 30 $(4 + 4 + 4)_8$-flächige $2 \cdot 60\,(3)_1$-Eck der 15. Art und das ihm polare Polyeder. Das von den Punkten 10 in Fig. 18 Taf. II gebildete konvexe Vieleck ist ein $(4 + 4 + 4)$-kantiges und zugleich $(4 + 4 + 4)$-eckiges Zwölfeck der dritten Art mit sechzehn Doppelpunkten. Dreissig solche Flächen begrenzen das in Fig. 4 Taf. XI und nochmals in Fig. 7 Taf. XII dargestellte, zugleich gleicheckige und gleichflächige, konvexe, kontinuierliche Polyeder, das $2 \cdot 60$ ungleichseitige, dreikantige Ecken hat, von denen je sechzig, rechte und linke, unter sich kongruent sind. Diese Ecken liegen wie die einer bestimmten Varietät eines $(12 + 20 + 30)$-flächigen $2 \cdot 60$-Ecks.[1]) Je zwölf Ecken dieser Varietät, die von zwölf $(5 + 5)$-kantigen Zehnecken, zwanzig $(3 + 3)$-kantigen Sechsecken und von dreissig $(2 + 2)$-kantigen Vierecken begrenzt wird, liegen auf einer Ebene, die auf einer zweigliedrigen Achse senkrecht steht. Dreissig solche Ebenen sind eben die Flächen des inneren Triakontaeders, bez. des dem $(12 + 20 + 30)$-flächigen $2 \cdot 60$-Ecks einbeschriebenen gleicheckigen und gleichflächigen Polyeders. Durch die Punkte, in denen die zweigliedrigen Achsen die Oberfläche des Polyeders treffen, gehen vier von dessen Grenzflächen, ohne dass die Punkte Ecken des Polyeders wären; durch die Punkte, in denen die dreigliedrigen Achsen die Oberfläche des Polyeders treffen, gehen, ohne dass sie Eckpunkte sind, sechs Grenzflächen hindurch. Die zuerst genannten Punkte sind in Fig. 18 Taf. II die Punkte 9, die an zweiter Stelle genannten die Punkte 7. Die Art des Polyeders ist aus der Hessschen Formel gleich 15 zu berechnen. — Das polare ebenfalls gleicheckige und zugleich gleichflächige Polyeder ist in den Figuren 11 und 17 der Taf. XII dargestellt. Die äussere Hülle ist das dem Triakontaeder polare

---

1) Für diese Varietät ist $s = \dfrac{4}{11 - 3\sqrt{5}}$, $t = \dfrac{19}{\sqrt{5}\,(2\sqrt{5} - 1)^2}$, Hess III a. a. O. S 70.

Triakontagon d. h. das $(12 + 20)$-flächige 30-Eck, ein Archimedeisches Polyeder mit zwölf regulären fünfkantigen und zwanzig regulären dreikantigen Flächen. Jede der dreissig Ecken dieses Polyeders ist zugleich eine der $(4 + 4 + 4)$-kantigen Ecken dritter Art des einzuschreibenden Polyeders, das hier zu besprechen ist. Seine Flächen sind $2 \cdot 60$ ungleichkantige Dreiecke, sechzig rechte und sechzig linke. Fig. 108 zeigt die zwölf Kanten einer Ecke S und die in der Reihenfolge der angesetzten Ziffern durch sie zu legenden Ebenen. Bezeichnet man die drei verschiedenen Kanten einer Grenzfläche nach steigender Grösse geordnet mit k_1, k_2, k_3, so gehen, wie aus Fig. 108 zu ersehen ist, von S je vier solche Kanten aus. Eine Kante k_1 geht von S zur übernächsten Ecke eines Zehnecks, dessen Kanten sämtlich solche des Triakontagons sind und in dessen Ebene S und das Centrum des Polyeders liegen. Eine Kante k_2 verbindet die beiden am weitesten von einander entfernten Ecken eines benachbarten Drei- und Fünfecks des Triakontagons. Die Endpunkte der von S ausgehenden längsten Kanten k_3 sind solche Ecken der Fünfecke, welche den an S grenzenden Fünfecken diametral gegenüberliegen, die nicht Nachbarpunkte der S gegenüberliegenden Ecke des Triakontagons sind.[1]) Die innerste Zelle des Polyeders ist eine bestimmte Varietät[2]) des gleichflächigen $(12 + 20 + 30)$-eckigen $2 \cdot 60$-Flaches (Dyakishexekontaeders) und man kann seine Grenzfläche daher wieder erhalten, indem man die vollständige Figur der Ebenen dieses innersten Kernes zeichnet.[3])

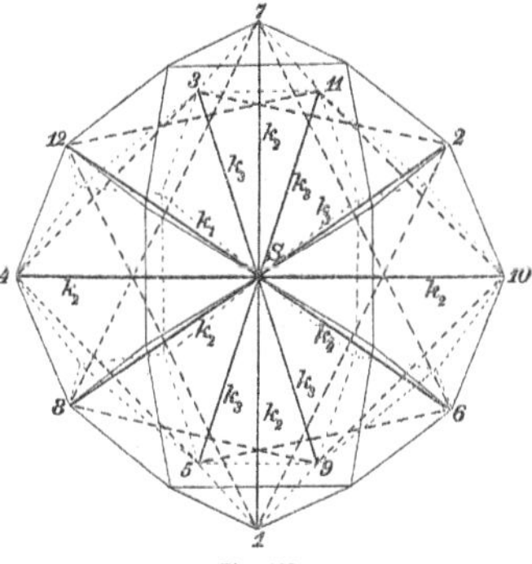

Fig. 108.

158. Das 30 $(4 + 4 + 4)_5$-flächige $2 \cdot 60 (3)_1$-Eck der 45. Art und das ihm polare Polyeder.

Das letzte zu beschreibende gleicheckige und zugleich gleichflächige konvexe kontinuierliche Polyeder, dessen Grenzfläche das in der vollständigen Figur des Triakontaeders enthaltene $(4 + 4 + 4)$-kantige und $(4 + 4 + 4)$-eckige, von den Punkten 23 in Fig. 18 Taf. II gebildete Zwölfeck fünfter Art ist, findet sich in den Figuren 8 und 20 auf Tafel XII dargestellt. Die Grenzfläche hat hier die für ihre Art $a = 5$ charakteristische Maximalzahl von 48 Doppelpunkten. $[(5 - 1) \cdot 12 = 48.]$ Es lässt sich daher der Wert der Zahl A für dieses Polyeder mit 120 dreikantigen Ecken erster Art und 180 Kanten ausser aus der Hessschen Formel auch aus der in Nr. 136 abgeleiteten berechnen; aus $\frac{48 \cdot 30}{12} = 2 A -$ $(120 + 30 - 180)$ folgt $A = 45$. Die sechzig rechten und sechzig linken Ecken, jede von drei verschieden langen Kanten gebildet, sind die eines $(12 + 20 + 30)$-flächigen $2 \cdot 60$-Ecks und zwar derjenigen Varietät, für welche je zwölf Ecken auf einer Ebene liegen, die auf einer zweigliedrigen Achse senkrecht steht.[4]) Die betr. zwölf Ecken sind eben die einer Grenzfläche des Polyeders 45. Art. Die Punkte 8 in der Ebene einer seiner Flächen (Fig. 18 Taf. II) sind Knotenpunkte auf der Oberfläche des Polyeders, durch welche fünf seiner Ebenen gehen[5]); durch die Knotenpunkte 14 gehen drei Flächen[6]), durch die Knotenpunkte 15 aber vier Flächen des Polyeders.[7]) Die genannten Punkte gehören zu den Doppelpunkten zweiter Klasse des Vielflaches; solche der ersten Klasse sind an dem Modell, soweit sie in der sichtbaren Oberfläche liegen (wie die Punkte 20, 17, 18, 19, 21 und gewisse Punkte 22), bei gleichzeitiger Benutzung der Zeichnung der Grenzfläche leicht aufzufinden. Die Gesamtzahl D_1 der Doppelpunkte erster Klasse ist übrigens 1720, die zweiter Klasse

---

1) In Fig. 108 erscheinen diese Kanten verkürzt.

2) Für diese Varietät sind σ und τ die reziproken Werte der vorher angeführten s und t.

3) Vergl. Fig. 10 der zweiten Tafel in Hess III.

4) Für diese Varietät ist $s = \dfrac{3 \sqrt{5} - 1}{6}$, $t = \dfrac{\sqrt{5}}{3}$. Hess III a. a. O. S. 82.

5) In Fig. 20 Taf. XII ist einer dieser Punkte als Spitze des nach innen gehenden fünfkantigen Trichters sichtbar.

6) Die innersten Punkte der dreikantigen trichterförmigen Öffnungen in Fig. 20 Taf. XII.

7) In Fig. 8 Taf. XII ist ein solcher Punkt die innere Spitze der gerade dem Beschauer zugewandten vierkantigen trichterförmigen Öffnung.

$D_2 = 1240$. Die Bestimmung dieser und anderer Doppelelemente lässt sich auch hier durch Untersuchung der vollständigen Fig. 18 Taf. II in Verbindung mit der Betrachtung des Modells unschwer durchführen.

Das dem beschriebenen polare zugleich gleicheckige und gleichflächige $30 (4 + 4 + 4)_5$-eckige $2 \cdot 60 (3)_1$-Flach der 45. Art ist in den Figuren 12 und 21 auf Tafel XII dargestellt. Seine Grenzflächen sind sechzig rechte und sechzig linke ungleichkantige Dreiecke, die dreissig zwölfkantigen Ecken fünfter Art die eines Triakontagons. Die zwölf von einer Ecke S dieses Polyeders ausgehenden Kanten des ihm einbeschriebenen Vielflaches 45. Art zeigt Fig. 109, und durch die Ziffern an den Enden der Kanten findet man

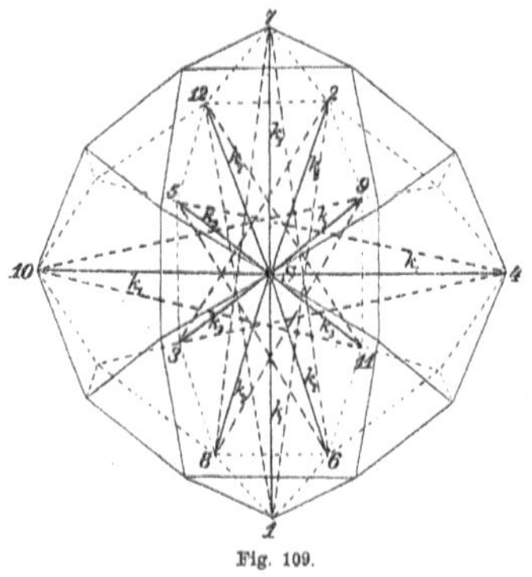

Fig. 109.

die Reihenfolge, in welcher die die Ecke bildenden Ebenen durch sie zu legen sind. $k_1 < k_2 < k_3$ sind die drei Kanten einer Fläche, von denen je vier von der Ecke S ausgehen. k_1 ist identisch mit der Kante k_2 des in Nr. 157 an zweiter Stelle beschriebenen Polyeders; die jetzt mit k_2 bezeichnete Kante ist identisch mit der Kante k_3 jenes Polyeders. Die vier von S ausgehenden Kanten k_3 in Fig. 109 sind die nach den vier Ecken, welche der S diametral gegenüberliegenden Ecke benachbart sind. Durch die Punkte, in denen die fünfzähligen Achsen des Triakontagons die Oberfläche des Polyeders treffen, gehen zehn von dessen Ebenen, durch die Endpunkte der dreizähligen Achsen in der Oberfläche gehen sechs Ebenen; die Ecken des Polyeders aber mit ihren zwölf Ebenen sind die Endpunkte der zweizähligen Achsen. Die innerste Zelle des Polyeders ist eine bestimmte Varietät des $(12 + 20 + 30)$-eckigen $2 \cdot 60$-Flachs.[1]) Konstruiert man zu einer Fläche desselben die vollständige Figur, so kann man aus ihr die Grenzfläche des Polyeders, deren aussen am Modell sichtbaren Teile, die Doppelpunkte u. s. w. wieder ablesen.[2]) — Rechnet man die vier regulären Polyeder höherer Art, die Kepler-Poinsotschen Körper, mit unter die zugleich gleicheckigen und gleichflächigen konvexen kontinuierlichen Polyeder, so haben sich deren im ganzen zwölf ergeben, nämlich sechs Paare polar-zugeordnete, und es ist nachgewiesen worden, dass dies in der That die einzig möglichen sind.[3])

159. Über diskontinuierliche Polyeder, welche konzentrische Anordnungen regulärer Polyeder erster oder höherer Art sind. Konzentrische Anordnungen Platonischer Polyeder stellen ein gleicheckiges und zugleich gleichflächiges (diskontinuierliches) Vielflach dar, wenn die innerste räumliche Zelle ein gleichflächiges, die äussere Hülle ein gleicheckiges Polyeder erster Art ist, ein *reguläres* Polyeder höherer Art. aber nur dann, wenn sowohl innerste Zelle als äusseres Hüllpolyeder regulär sind. In diesem Sinne haben als regelmässige diskontinuierliche Vielflache höherer Art nur die bereits beschriebenen Systeme von zwei, fünf und zehn Tetraedern zu gelten, während die Systeme von fünf Hexaedern und fünf Oktaedern nur als gleicheckige und zugleich gleichflächige Polyeder höherer Art zu betrachten sind.[4]) Konzentrische Anordnungen von Dodekaedern und Ikosaedern, die hier anzuführen wären, scheinen nicht zu existieren. Denn das System von zwei Dodekaedern, Fig. 31 Taf. VIII, das sich aus den $+$ und $-$ Flächen des Pyramidenwürfels ergiebt (vergl. Nr. 105 und Fig. 89 daselbst), ist kein zugleich gleicheckiges und gleichflächiges Polyeder höherer Art in dem genannten Sinne, da wohl der innere Kern ein gleichflächiges Polyeder, eben das Tetrakishexaeder, ist, die äussere Hülle aber kein gleicheckiges Polyeder darstellt. Das Entsprechende gilt natürlich für das polare System zweier Ikosaeder. Hier ist die äussere Hülle ein $(6 + 8)$-flächiges $6 \cdot 4$-Eck, und von den Flächen

---

1) Die Werte von σ und τ ergeben sich aus den vorigen für s und t.
2) Vergl. Hess III S. 92 und Fig. 11 auf Taf. II daselbst.
3) Vergl. die Bemerkung Hess III a. a. O. S. 95.
4) Eine Reihe gleicheckiger und zugleich gleichflächiger diskontinuierlicher Polyeder höherer Art ergiebt sich auch durch Kombination von Sphenoiden. Marburger Berichte 1878. Nr. 2.

des einen Ikosaeders liegen acht mit solchen des andern in einer Ebene. Je zwei solche Dreiecke beider Ikosaeder bilden ein diskontinuierliches Sechseck zweiter Art, dessen innere Zelle ein gleichkantiges Sechseck erster Art mit abwechselnd gleichen Winkeln ist. Die acht Ebenen sind die eines regulären Oktaeders. Die innere Polyederzelle ist jedoch nicht gleichflächig. — Es existieren aber nun noch konzentrische Anordnungen von *regulären* Polyedern *höherer* Art, welche diskontinuierliche zugleich gleicheckige und gleichflächige Polyeder darstellen. Zu ihrer Ableitung gehe man von dem zweiten Hauptnetze (Fig. 15 Taf. II) aus. Konstruiert man zu den sechs Punkten G und den zehn Punkten C die Äquatoren (Polaren) $\mathfrak{g}$ und $\mathfrak{c}$, deren Ebenen parallel den Grenzflächen eines Dodekaeders, bez. Ikosaeders liegen, so ergiebt sich in Verbindung mit den fünfzehn Hauptkreisen c des zweiten Hauptnetzes, die die Äquatoren zu den Ecken B sind, und deren Ebenen parallel den Flächen eines Triakontaeders laufen, ein von $6 + 10 + 15$ Hauptkreisen ($\mathfrak{g}$, $\mathfrak{c}$ und c) gebildetes Netz. Zu den Ecken C, G und B — nur durch die Ecken B gehen auch noch je zwei neu eingezeichnete Hauptkreise $\mathfrak{g}$ und $\mathfrak{c}$ — kommen folgende neue Schnittpunkte. Sechzig Punkte D, in denen sich je zwei Hauptkreise c und ein Kreis $\mathfrak{c}$ schneiden, sechzig Punkte E als Schnittpunkte eines Kreises c mit einem Kreise $\mathfrak{c}$ und sechzig Punkte F, gebildet von je einem Kreise c und $\mathfrak{g}$ (vergl. die Fig. 29 Taf XV und Fig. 30 Taf. XVI in Hess' Kugelteilung). Die sechzig Punkte E liegen wie die Ecken eines gewissen $(12 + 20)$-flächigen $12 \cdot 5$-Ecks, die sechzig Punkte F wie die Ecken eines $(12 + 20 + 30)$-flächigen 60-Ecks. Es bilden nun die sechzig Punkte E, *im Verein* mit den zwanzig Punkten C die Eckpunkte eines Systems von fünf konzentrischen Dodekaedern, die sich dem Netz einschreiben lassen, wobei in jedem Punkte C zwei Ecken von Dodekaedern zusammenfallen. Jedes der fünf Dodekaeder hat zwölf Ecken E und acht Ecken C, während das durch die zwanzig Ecken C selbst bestimmte Dodekaeder nicht dem System angehört. Der innerste Kern dieses Systems ist eine bestimmte Varietät eines Deltoidhexekontaeders, dessen Flächen parallel den Äquatoren der Punkte F sind. Konstruiert man nun durch Verlängerung sämtlicher Ebenen der fünf Dodekaeder aus jedem das 12-eckige Stern-12-Flach, so ist dann dieses System von fünf regulären Polyedern dritter Art ein zugleich gleicheckiges und gleichflächiges diskontinuierliches Polyeder fünfzehnter Art, denn an dem innersten gleichflächigen Kerne wird dabei nichts geändert, die sechzig Ecken aber liegen wie die Punkte F, d. h. wie die Ecken des oben genannten gleicheckigen Polyeders erster Art. — Diesem diskontinuierlichen Polyeder aus fünf 12-eckigen Stern-12-Flachen, dessen innerer Kern übrigens polar der äusseren Hülle ist, ist reziprok ein System von fünf konzentrischen 12-flächigen Stern-12-Ecken zugeordnet, das aus dem System von Ikosaedern, die den obigen fünf Dodekaedern polar entsprechen, in bekannter Weise zu erhalten ist. Innerer Kern und äussere Hülle, aus denen des vorigen Systems sofort ablesbar, sind dann auch hier polar-reziprok.

160. Einteilung der nicht-konvexen Polyeder in zwei Abteilungen nach dem Werte von A. Es sollen im folgenden noch einige merkwürdige, nicht-konvexe, zugleich gleicheckige und gleichflächige Polyeder kurz beschrieben werden.[1]) Zuvor seien einige allgemeinere Betrachtungen über nicht-konvexe Polyeder überhaupt eingefügt. Vertauscht man bei einem Polygon in der Ebene Innen- und Aussenseite, indem man das andre Ufer des Perimeters schraffiert (vergl. Nr. 4), so ist die neue Art a' die Ergänzung der vorigen a zu n, d. h. der Zahl der Kanten des Polygons. Ein analoger Satz gilt für Polyeder. Es soll also untersucht werden, welcher Wert sich für die Art A' eines solchen ergiebt, nachdem man die Innenseite mit der Aussenseite vertauscht hat[2]), d. h. die der vorigen abgewendete Seite gefärbt hat. Ebenso wie bei den Polygonen der betr. Satz nur von Wesenheit für die sogenannten überschlagenen Figuren war, da nur bei diesen von einer Art Gleichberechtigung der beiden Perimeterseiten gesprochen werden konnte, so ist auch der entsprechende Polyedersatz wesentlich nur von Interesse für die nicht-konvexen Vielflache (d. h. solche mit überstumpfen Flächenwinkeln), deren Grenzflächen[3]) aus Zellen mit teils positiven, teils negativen Koëffizienten bestehen, deren Oberfläche also zum Teil durch die Innenseite, zum Teil durch die Aussenseite der Grenzflächen gebildet wird. Es gilt nun für die Art A eines nicht-konvexen Polyeders die Hesssche

---

1) Vergl. hierzu Hess, Marburger Berichte 1877. Nr. 1.

2) Es handelt sich also nur um zweiseitige Vielflache.   3) Wenigstens einige derselben.

Formel: $2A = \Sigma\alpha + \Sigma a - K - \Sigma k$, worin auch die auf der rechten Seite stehenden Grössen die frühere Bedeutung haben. Vertauscht man jetzt die beiden Seiten des Polyeders, so ist die Art A', die Art einer Ecke α', die einer Fläche a' und die Zahl der überstumpfen ebenen Winkel $\Sigma k'$, also: $2A' = \Sigma\alpha' + \Sigma a' - K - \Sigma k'$. Die Addition dieser und der vorigen Gleichung giebt: $2(A+A') = \Sigma(\alpha+\alpha') + \Sigma(a+a') - 2K - \Sigma(k+k')$. Es ist aber (vergl. Nr. 4) $\Sigma(a+a') = \Sigma n$ (wenn n die Kantenzahl der Fläche bedeutet) $= 2K$, da jede Polyederkante zweimal auftritt. $\Sigma(k+k') = \Sigma n = 2K$; denn durch Vertauschung der beiden Seiten jeder Fläche oder, was auf dasselbe hinauskommt, durch die Schraffierung des andern Perimeterufers werden die einspringenden mit den ausspringenden Winkeln vertauscht. Endlich ist $\Sigma(\alpha+\alpha') = 2\Sigma m = 4K$ (unter m die Kantenzahl der Ecke verstanden), denn bei Vertauschung der Innen- mit der Aussenseite des Polyeders werden sowohl die Flächenwinkel als auch die Kantenwinkel jeder Ecke durch ihre Ergänzung zu 2π ersetzt. Danach wird die obige Gleichung zu $2(A+A') = 2K$ d. h. $A' = K - A$. Es folgt aus dieser Relation, dass man die Bestimmung von Innen- und Aussenseite des Polyeders (die betr. Färbung der Oberfläche) immer so treffen kann, dass die Art A den kleineren der möglichen Werte erhält. Wie also für ein ebenes Polygon stets $a \leq \frac{n}{2}$ gewählt werden kann, so für ein Polyeder $A \leq \frac{K}{2}$. Für solche Polyeder, die durch Vertauschung der beiden Seiten der Oberfläche gewissermassen in sich selbst übergehen, indem zu jeder Flächenzelle des Koëffizienten $+\varphi$ jeder Grenzfläche eine ihr (absolut genommen) kongruente mit dem Koëffizienten $-\varphi$ existiert, ist demnach $A = \frac{K}{2}$.[1]) Aus der eben beschriebenen Beschaffenheit der Grenzflächen folgt aber, dass die gesamte Oberfläche eines solchen Polyeders Null ist. Dann ist aber auch sein Inhalt Null. Nichtsdestoweniger sind solche Polyeder zweiseitig, erfüllen also das Möbiussche Kantengesetz. Es sollen nun die noch zu beschreibenden zugleich gleicheckigen und gleichflächigen nicht-konvexen Polyeder in zwei Abteilungen geordnet werden. Für die der ersten Abteilung sei $A < \frac{K}{2}$, für die der zweiten Abteilung, deren Oberfläche und Inhalt Null ist, $A = \frac{K}{2}$.

161. Nicht-konvexe zugleich gleicheckige und gleichflächige Polyeder der ersten Abteilung. Die Methode der Bestimmung nicht konvexer zugleich gleicheckiger und gleichflächiger Vielflache ist ihrem Wesen nach dieselbe wie die zur Bestimmung der konvexen Vielflache dieser Beschaffenheit von Ecken und Flächen dienende. Der innere Kern eines solchen nicht-konvexen Polyeders ist wiederum ein gleichflächiges, die äussere Hülle ein gleicheckiges Polyeder erster Art. Danach ergeben sich die beiden Konstruktionen: entweder aus der äusseren Hülle oder dem inneren Kerne, d. h. durch Betrachtung der vollständigen Figuren der Ebenen der gleichflächigen Polyeder erster Art. Die auf einerlei Kreise um den Mittelpunkt der Zeichenebene liegenden Punkte, die durch ihre Verbindungslinien, d. h. Spuren der übrigen Ebenen, ein kontinuierliches Polygon ergeben, dessen Kanten nicht sämtlich dem Mittelpunkt ihre Aussenseite zukehren, bilden die Ecken der Grenzfläche eines der verlangten nicht-konvexen Polyeder. Häufig, aber nicht notwendig, ist ein Teil der Innenwinkel der Grenzfläche überstumpf. Durch Betrachtung der vollständigen Figuren der gleichflächigen Polyeder erster Art haben sich vier solche nicht-konvexe Polyeder höherer Art ergeben, für welche $A < \frac{K}{2}$ ist[2]); die beiden ersten gehören der ersten Ordnung, die übrigen der zweiten Ordnung der zweiten Hauptklasse an.

1) Das $8 \cdot 3$-eckige 24-Flach der 18. Art, Fig. 11 Taf. XI. Das innere gleichflächige Polyeder erster Art ist die Archimedeische Varietät des $(6+8+12)$-eckigen 24-Flaches (des Deltoidikositetraeders), die äussere gleicheckige Hülle die Archimedeische Varietät des $(6+8)$-flächigen $8 \cdot 3$-Ecks. Die 24 kongruenten Grenzflächen sind symmetrische konvexe Fünfecke der zweiten Art, von deren $2+2+1$ Kanten die senkrecht

---

1) Die ebenen Polygone die ihnen entsprechen sind solche, die durch Schraffierung des andern Perimeterufers mit sich selbst identisch bleiben, wie z. B das überschlagene Viereck oder das Sechseck $VI_{8,3}$ Taf. I mit 7 Doppelpunkten.

2) H e s s, Marburger Berichte 1877 Nr. 1.

zur Symmetrielinie der Flächen liegende Kante dem Mittelpunkt des Polygons ihre Aussenseite zuwendet.[1]) Die unter sich kongruenten Ecken sind symmetrisch fünfflächig der zweiten Art mit $2 + 2 + 1$ ebenen und $2 + 2 + 1$ Flächenwinkeln, von denen der letzte, der an der fünften eben erwähnten Kante der Grenzfläche liegt, überstumpf ist.

2) *Das 24-eckige* $8 \cdot 3$-*Flach der 18. Art* ist polar zu dem vorigen, wonach sich innerer Kern und äussere Hülle ergiebt. Die Grenzfläche ist ein symmetrisches, nicht-konvexes Fünfeck der zweiten Art[2]) mit zwei überstumpfen Winkeln und einer dem Mittelpunkte des Polygons die Aussenseite zuwendenden Kante. Die positive Zelle des Fünfecks ist ein Deltoid, die negative Zelle ein gleichschenkliges Dreieck. Die vierundzwanzig kongruenten fünfflächigen Ecken besitzen $2 + 2 + 1$ ebene Winkel, von denen $2 + 2$ ausspringend, und $2 + 2 + 1$ Flächenwinkel, von denen $2 + 1$ ausspringend, dagegen zwei einspringend sind. Die Art α dieser Ecken ist 4.

3) *Das 12-eckige 12-Flach der 18. Art.* Dieses autopolare Vielflach zeigt Fig. 7 Taf. IX.[3]) Die äussere Hülle ist das Ikosaeder, der innere Kern das Dodekaeder. Die vollständige Figur der Ebenen des Dodekaeders Fig. 16 Taf. II zeigt die Grenzfläche dieses Polyeders, die aus sämtlichen die Punkte 2 unter einander verbindenden Kanten gebildet wird. Es ist ein $(5 + 5)$-kantiges gleicheckiges Zehneck der vierten Art, in welchem je zwei Ecken zusammenfallen.[4]) Die innerste Zelle hat den Koëffizienten $— 1$, die an sie grenzenden dreieckigen Zellen den Koëffizienten Null (sind also Löcher in der Fläche), die äusseren dreieckigen Zellen den Koëffizienten $+ 1$. Von den zehn Kanten wenden die fünf, für sich ein Sternfünfeck bildenden, dem Mittelpunkte die Aussenseite zu. Aus der Beschaffenheit der Grenzfläche ergiebt sich, dass der innere dodekaedrische Kern des Polyeders seinem Centrum die Aussenseite zukehrt. Die zwölf Ecken sind $(5 + 5)$-kantige der vierten Art, deren zehn ebene Winkel gleich sind. Die Flächenwinkel sind abwechselnd ein- und ausspringend. Je zwei Flächen einer Ecke liegen in einer Ebene.[5]) Die auf den Seitenflächen des inneren Dodekaeders aufsitzenden regulär-fünfseitigen Pyramiden haben den Koëffizienten Null, sind also Höhlungen des Gesamtpolyeders.

4) *Das 20-eckige 20-Flach der 10. Art,* Fig. 26 Taf. VIII, ist ebenfalls autopolar. Der innerste Kern dieses bereits in Nr. 153 angeführten Polyeders ist das Ikosaeder, die äussere Hülle das Dodekaeder. Von den vier Zellen der $(3 + 3)$-kantigen Grenzfläche zweiter Art sind die drei äusseren positiv, die innere negativ, so dass das Ikosaeder seinem Centrum die Aussenseite zuwendet. Die Ecken sind $(3 + 3)$-kantig der zweiten Art; die sechs ebenen Winkel sind gleich, die Flächenwinkel abwechselnd ein- und ausspringend. Auch hier haben die dreiseitigen auf den Flächen des Ikosaeders aufsitzenden Pyramiden, deren Spitzen in den Ecken des Polyeders liegen, den Koëffizienten Null.

162. Nicht-konvexe zugleich gleicheckige und gleichflächige Polyeder der zweiten Abteilung. Diese in Nr. 160 im allgemeinen charakterisierten Vielflache gehören teils der ersten Hauptklasse nach der früheren Bezeichnung an (*die Stephanoide*), teils den beiden Ordnungen der zweiten Hauptklasse. — Verbindet man je zwei aufeinanderfolgende Ecken einer der beiden Deckflächen eines geraden n-seitigen Prismas mit den beiden, den senkrecht über ihnen in der andern Deckfläche liegenden benachbarten Ecken, wie es Fig. 110 andeutet, so entstehen $2n$ überschlagene Vierecke der zweiten Art mit je zwei (absolut genommen) kongruenten dreikantigen Zellen der Koëffizienten $+ 1$ und $— 1$. Von den vier Kanten eines solchen Vierecks kehren zwei (z. B. BC und CD in Fig. 110) dem Mittelpunkte die Aussenseite zu. Die $2n$ Vierecke bilden die zusammenhängende Oberfläche eines nicht-konvexen Polyeders, dessen $2n$ Ecken überschlagene vierkantige der vierten Art sind. Von den $2 + 2$ ebenen, wie von den

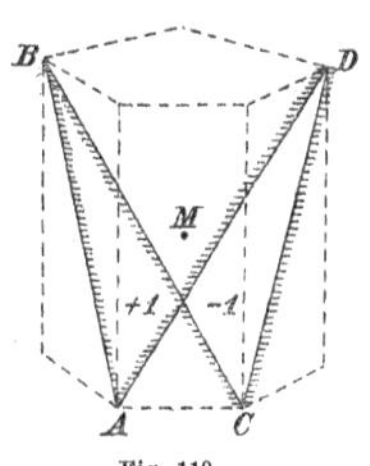

Fig. 110.

1) Der Mittelpunkt dieses Sternfünfecks liegt also in einer der fünf äusseren dreikantigen Zellen.
2) Isomorph mit der ersten Figur $V_{2,2}$ auf Taf. I.
3) Es ist also nach seinem äusseren Ansehen identisch mit dem 12-flächigen Stern-12-Eck.
4) Aus Fig. 16 Taf. I durch Zusammenfallen der Punkte 1 und 1′, 2 und 2′ u. s. w. zu erhalten.
5) Der sphärische Schnitt der Ecke ist ein Sternfünfeck ohne die fünf den innern Kern begrenzenden Strecken.

$2 + 2$ Flächenwinkeln sind je zwei aus-, je zwei einspringend. Die äussere Hülle dieses zugleich gleicheckigen und gleichflächigen autopolaren Polyeders ist das n-seitige Prisma, aus dem es konstruiert wurde; der innerste Kern ist eine gerade Doppelpyramide über $2n$-eckiger regulärer Basis, deren Koëffizient, wie der mehrerer anliegenden Zellen Null ist, so dass im Innern des Polyeders eine Höhlung erscheint, wodurch das gesamte Gebilde eine kronenförmige Gestalt erhält. Diese Gruppe von Polyedern, für $n = 5, 6 \dots$, wurde danach als die der *Stephanoide der ersten Ordnung* bezeichnet. Fig. 24 Taf. VIII zeigt ein solches Stephanoid für $n = 5$.[1]) *Die Stephanoide der zweiten Ordnung* werden in ähnlicher Weise aus den kronrandigen $(2 + 2n)$-flächigen $2n$-Ecken als äusseren Hüllen konstruiert, wie die erste Ordnung aus den Prismen. Verbindet man je zwei Ecken der beiden Deckflächen eines solchen kronrandigen $2n$-Ecks, wie es Fig. 111

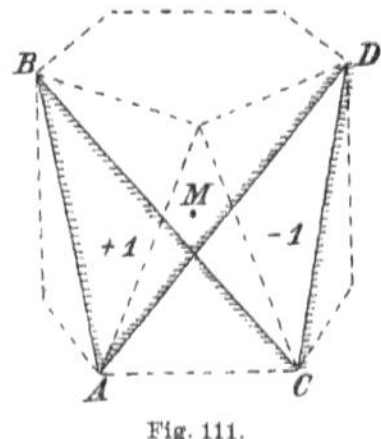

andeutet (zwei benachbarte Ecken einer Deckfläche mit zwei durch eine Ecke getrennten Ecken der andern), zu einem überschlagenen Viereck, so bilden die $2n$ Vierecke die zusammenhängende Oberfläche eines zugleich gleicheckigen und gleichflächigen nicht-konvexen Polyeders ($n = 4, 5, 6 \dots$), dessen Ecken ebensolche wie die der Polyeder der vorigen Gruppe sind. Der innerste Kern, ein $(2 + 2n)$-eckiges $2n$-Flach, besitzt den Koëffizienten Null, fällt also heraus. Fig. 4 Taf. VIII zeigt für $n = 5$ ein solches Stephanoid der zweiten Ordnung. Die es bildenden räumlichen Zellen sind zehn tetraedrische, deren längste Kanten die Kronenkanten des äusseren Hüllpolyeders sind, und von denen jede mit der vorhergehenden und folgenden nur längs einer Strecke zusammenstösst. Diese zehn Zellen haben abwechselnd die Koëffizienten $+ 1$ und $- 1$, und erscheinen, wenn man das Modell auf einer Seite färbt, aussen abwechselnd gefärbt und nicht gefärbt. Es ergiebt sich auch hierdurch sofort, dass das Polyeder den Inhalt Null hat. Die Art jedes Stephanoides eines bestimmten n bestimmt sich nach der Hessschen Formel zu $A = A' = 2n$. — Aus der ersten Ordnung der zweiten Hauptklasse sind zwei nicht-konvexe Polyeder, der zweiten Abteilung zugehörig, anzuführen, die zu denen unter *1*) und *2*) in voriger Nummer besprochenen in gewisser Beziehung stehen. *Das $8 \cdot 3$-eckige 24-Flach der 36. Art* besitzt dieselben Ecken, nämlich die eines $(6 + 8)$-flächigen $8 \cdot 3$-Ecks, und die Ebenen derselben Flächen eines Deltoidikositetraeders, wie jenes unter *1*) beschriebene Polyeder. Die Grenzfläche ist aber ein Sechseck dritter Art, von dessen $2 + 2 + 2$ Ecken zwei in einem Punkte zusammenfallen, so dass die fünf Punkte genau mit den fünf Eckpunkten der Grenzfläche des Körpers *1*) voriger Nummer übereinstimmen.[2]) Von den $2 + 2 + 2$ Kanten kehren drei (je eine jeder Grösse) dem Mittelpunkt die Aussenseite zu. Es besitzt die innere Zelle, die ein Deltoid ist, den Koëffizienten Null. Von den vier dreieckigen Zellen sind je zwei entgegengesetzt gleich, so dass die Oberfläche des ganzen Polygons Null ist. Auch die innerste Zelle des Polyeders besitzt diesen Koëffizienten, ist also eine Höhlung desselben. Die $8 \cdot 3$ kongruenten Ecken sind sechsflächig der sechsten Art; zwei von den $2 + 2 + 2$ ebenen Winkeln liegen in einer Ebene und es sind, ebenso wie bei den $3 + 3$ Flächenwinkeln, je drei aus- und je drei einspringend. — Das diesem Körper polare Polyeder besitzt die Ecken und die Ebenen der Flächen des Polyeders *2*) der vorigen Abteilung, und seine Grenzflächen und Ecken sind von derselben Gestaltung und Art wie die des eben beschriebenen Polyeders. — Aus der zweiten Ordnung der zweiten Hauptklasse sind fünf zugleich gleicheckige und gleichflächige nicht-konvexe Polyeder der zweiten Abteilung beschrieben worden[3]), sämtlich von der Art $A = A' = 90$, von denen sich je zwei polar entsprechen, während das fünfte autopolar ist. Die Grenzflächen dieser Körper sind nicht-konvexe Sechsecke der dritten Art mit sieben Doppelpunkten. (Die letzte Fig. $VI_{3,3}$ Taf. I.) Über diese eigentümlichen Gebilde vergleiche man die Originalabhandlung von Hess.

---

1) Das Modell ist umgelegt. Vergl. über die Stephanoide (die von Hess gefunden und mit diesem Namen bezeichnet wurden) ausser den Marb. Berichten 1877 Nr. 1 S. 9 auch Hess II S. 454.

2) Die Gestalt eines solchen Sechsecks dritter Art ergiebt sich aus der zweiten mit $VI_{3,3}$ bezeichneten Figur Taf. I (mit drei Doppelpunkten), wenn man die Ecken a und b zum Zusammenfallen bringt. Diese Ecke (a, b) entspricht derjenigen Ecke der fünfeckigen Grenzfläche des Körpers *1*) in Nr. 161), die den kleinsten Innenwinkel hat, und an der körperlichen Ecke des Vielflaches der Kante mit dem überstumpfen Flächenwinkel gegenüberliegt.   3) Marb. Berichte 1877 Nr. 1 S. 11 ff.

163. Über eine besondere Gruppe einseitiger, gleicheckiger und gleichflächiger Polyeder. Es ist in den letzten Nummern an verschiedenen Stellen auf zugleich gleicheckige und gleichflächige *einseitige* Polyeder hingewiesen worden, deren ausführliche Beschreibung und Darstellung im Modell ihrer Kompliziertheit wegen unterblieben ist. Um aber noch einige Beispiele solcher Möbiusscher Polyeder, besonders polar zugeordneter, den in Nr. 55 und 67 besprochenen hinzuzufügen, seien drei gleicheckige und die ihnen reziproken gleichflächigen Polyeder, die sich leicht veranschaulichen lassen und überdies in interessantem Zusammenhange mit den beiden Hauptnetzen (und dem Netze des Hexakistetraeders) stehen, im folgenden genauer betrachtet. *a*) Man lege durch jede Kante einer dreieckigen Grenzfläche eines $(4 + 4)$-flächigen $4 \cdot 3$-Ecks (eines an den Ecken gerade abgestumpften Tetraeders) und die ihr parallele einer benachbarten dreieckigen Grenzfläche eine Ebene. Dies schneidet zwei der Sechsecke in Geraden, welche mit jenen beiden Parallelkanten ein Rechteck ergeben. Auf den Sechsecken erster Art des $(4 + 4)$-flächigen $4 \cdot 3$-Ecks werden dadurch überschlagene Sechsecke zweiter Art mit einer inneren und drei äusseren dreieckigen Zellen erzeugt, die im Verein mit jenen sechs Rechtecken (ohne die vier dreieckigen Grenzflächen des ursprünglichen Polyeders) die Oberfläche eines Polyeders bilden, das zwölf überschlagene vierkantige Ecken, die wie die des $(4 + 4)$-flächigen $4 \cdot 3$-Ecks liegen, besitzt und einseitig ist. Fig. 16 Taf. X stellt dieses Polyeder dar. Es ist gleicheckig, wegen der geschilderten Lage seiner Ecken. Nach seinen Flächen ist es die Kombinationsgestalt eines Tetraeders [die $(3 + 3)$-ecke] und eines Hexaeders [die sechs Rechtecke]. Von den Flächenwinkeln jeder Ecke sind je zwei, einander gleiche, ausspringend und je zwei, einander gleiche und die ersteren zu 2π ergänzende, einspringend. Von der Einseitigkeit des Gebildes überzeugt man sich leicht, wenn man die Oberfläche zu färben versucht. — Das polare, natürlich ebenfalls einseitige Polyeder, wird erhalten, wenn man die zwölf gleichen Grenzflächen eines Triakistetraeders (Pyramidentetraeders) so erweitert, dass je vier in Beziehung auf eine der sechs Tetraederkanten gleichartig liegende Flächen, die aber durch die beiden in diesen Tetraederkanten sich seitenden Dreiecke von einander getrennt sind, sich in einem Punkte schneiden. Diese Punkte, die wie die Ecken eines Oktaeders liegen, sind vierkantige Ecken erster Art des entstehenden Polyeders; an Stelle der sechskantigen Ecken erster Art des Triakistetraeders treten sechskantige Ecken zweiter Art des neuen Polyeders mit abwechselnd ein- und ausspringenden Flächenwinkeln. Die zwölf gleichen Grenzflächen sind kongruente, überschlagene Vierecke. Die Doppelpunkte je drei dieser Vierecke fallen in den dreikantigen Ecken des ursprünglichen Triakistetraeders zusammen, die keine Ecken, sondern Knotenpunkte des erhaltenen Vielflaches sind[1]). *b*) Aus dem $(6 + 8)$-flächigen $8 \cdot 3$-Eck (dem an den Ecken gerade abgestumpften Hexaeder) konstruiert man auf analoge Weise wie vorhin aus dem $(4 + 4)$-flächigen $4 \cdot 3$-Eck das in Fig. 10 Taf. IX dargestellte einseitige Polyeder. Seine äussere Hülle ist das ebengenannte gleicheckige Polyeder; nach den Flächen ist es die Kombinationsgestalt eines Hexaeders (diesem gehören die sechs $(4 + 4)$-kantigen Achtecke an) und eines Rhombendodekaeders (dem die zwölf rechteckigen Grenzflächen des Polyeders zugehören).[2]) Die Ecken sind von derselben Beschaffenheit wie die des zuerstbeschriebenen einseitigen Vielflaches. Das reziproke Polyeder zeigt Fig. 29 Taf. VIII. Man erhält es durch derartige Erweiterung der vierundzwanzig Flächen eines Triakisoktaeders, dass je vier in Beziehung auf eine der zwölf Oktaederkanten gleichartig liegende Flächen sich in einem Punkte schneiden. Die Ecken des Polyeders sind die so entstehenden zwölf Punkte, die Ecken eines Kubooktaeders und sechs $(4 + 4)$-kantige, mit abwechselnd aus- und einspringenden Flächenwinkeln, die wie solche eines Oktaeders liegen. Die Grenzflächen sind $8 \cdot 3$ überschlagene Vierecke; je drei solche haben ihren Doppelpunkt gemeinsam in einer dreikantigen Ecke des ursprünglichen Triakisoktaeders, die aber nur Knotenpunkt des Polyeders ist. *c*) Die den Konstruktionen in *a*) und *b*) entsprechenden sind nun schliesslich an dem $(12 + 20)$-flächigen $20 \cdot 3$-Eck und dem ihm polaren Triakisikosaeder zu wiederholen. Das durch die erste Konstruktion zu erhaltende einseitige gleicheckige Polyeder ist nach seinen Flächen die Kombination eines Dodekaeders und Rhombentriakontaeders; die

---

1) Die Anordnung von drei solchen Vierecken ist dieselbe wie die der drei überschlagenen Vierecke in Fig. 54 des Textes (in Nr. 67) um den Punkt M herum.

2) Die dreieckigen Grenzflächen des Hüllpolyeders sind auch hier zu tilgen.

Ecken des zweiten, gleichflächigen Polyeders sind die eines Ikosaeders und Triakontagons, während die von den gemeinsamen Doppelpunkten dreier überschlagenen Vierecke gebildeten Knotenpunkte wie die dreikantigen Ecken des ursprünglichen Triakisikosaeders liegen. Projiziert man die gleichflächigen Polyeder b) und c) auf eine um ihren Mittelpunkt beschriebene Kugel, so bilden die Projektionen der Kanten gerade das erste und zweite Hauptnetz.[1]) Es sei nur die Projektion des Polyeders b) mit Rücksicht auf Fig. 14 Taf. II weiter betrachtet. Die Punkte A entsprechen den $(4 + 4)$-kantigen, die Punkte B den vierkantigen Ecken des Polyeders. Die Punkte C sind die Projektionen der Knotenpunkte, durch die je drei Flächen des Polyeders gehen. Um den Punkt C_1 z. B. liegen die drei überschlagenen Vierecke $A_1 B_1 A_3 B_3$, $B_1 A_2 B_2 A_3$ und $A_2 B_3 A_1 B_2$. Färbt man von diesen drei Vierecken die Zellen $A_1 B_1 C_1$, $B_1 A_2 C_1$ und $A_2 B_3 C_1$ auf der Oberseite der Zeichnung, so sind die drei übrigen Zellen auf der Unterseite zu färben, und es findet längs der Kante $A_1 B_3$ ein Zusammenhang der Aussenseite und Innenseite des Netzes und des Polyeders statt. Das Gleiche würde für jede der beiden andern durch C_1 gehenden Kanten gelten, wenn man mit den drei auf demselben Ufer befindlichen dreieckigen Zellen die Färbung begönne. Man gelangt also, wenn man um den Punkt C_1 herumgeht und die zusammenhängende Aussenseite des Polyeders färbt, dazu, sämtliche dreieckige Zellen beiderseits zu färben, was eben anzeigt, dass ein einseitiges Polyeder vorliegt.[2]) Es sei schliesslich noch darauf hingewiesen, dass die drei beschriebenen gleicheckigen Polyeder in einer gewissen Beziehung zu dem in Nr. 55 erläuterten, aus dem Oktaeder konstruierten, stehen. Legt man z. B. durch drei benachbarte Doppelpunkte von drei sechseckigen Grenzflächen des ersten dieser Polyeder eine Ebene, so schneidet diese (wenn man die dreikantige Schnittfläche zufügt) von dem Polyeder gerade das Vielflach Fig. 46 (in Nr. 53) ab. Es erscheint also umgekehrt das jetzt besprochene Polyeder, wenn man auf die vier, den Ebenen desselben Tetraeders zugehörenden, dreieckigen Grenzflächen eines $(4 + 4 + 6)$-flächigen Zwölfecks je eines dieser einseitigen Polyeder Fig. 46 mit einem, jenem kongruenten, Dreiecke aufsetzt und dieses Dreieck dann getilgt denkt. Ebenso lässt sich das gleicheckige Polyeder b) aus dem $(6 + 8 + 12)$-flächigen Vierundzwanzigeck durch Ansetzen von acht jenem Polyeder Fig. 46 isomorphen erhalten u. s. w.[3])

Anhang I. C. Jordans Einteilung der Eulerschen Polyeder nach ihrer Symmetrie. Es sollen hier, wie in der Anmerkung 2 S. 161 zu Nr. 122 angezeigt ist, die neun Klassen, in welche C. Jordan die Polyeder nach ihrer Symmetrie teilt, kurz zusammengestellt werden, nachdem noch einige Definitionen vorausgeschickt sind. Einem in dem Endpunkt M einer Kante MN eines Polyeders auf seiner Aussenfläche stehenden Beobachter bietet die Oberfläche des Vielflaches eine bestimmte Anordnung der Flächen, Kanten und Ecken dar, die von Jordan als eine Ansicht (aspect) des Polyeders bezeichnet wird.[4]) Die kurze Bezeichnung hierfür ist: Ansicht M, MN. Ist k die Anzahl der Kanten, so hat also das Polyeder im allgemeinen $2k$ verschiedene solche Ansichten (aspects directs); hat es gleiche Ansichten, von denen die unter einander übereinstimmenden je nur für eine gezählt werden, so ist

---

1) Die Projektion des gleichflächigen Polyeders a) ergiebt das Hexakistetraedernetz.

2) Die beiden unter a) beschriebenen Polyeder giebt Hess an, Marb. Berichte 1879 Nr. 1. Diesen fügt C. Reinhardt die Polyeder b) und c) hinzu, in dem Aufsatze „Zu Möbius' Polyedertheorie". Ber. der math. phys. Klasse der Kgl. sächs. Gesellsch. d. Wissensch. 1885, S. 106, wo sich die ausführlichere Betrachtung dieser und noch einiger anderer einseitiger Polyeder findet. Eine zusammenhängende Theorie der einseitigen Vielflache im Anschlusse und als Weiterbildung von Möbius' Polyederlehre giebt das Progr. desselben Verfassers (Meissen 1890): „Einleitung in die Theorie der Polyeder". Hier finden sich auch weitere Beispiele einseitiger Polyeder. Das zu dem dort beschriebenen Polyeder 6) S. 15 reziproke ist in Fig. 38 unsrer Taf. I dargestellt. Es besitzt zu Grenzflächen drei überschlagene Vierecke (deren gegenüberliegende parallele Kanten die drei Seitenkanten eines dreiseitigen Prismas sind) und drei nicht-konvexe Vierecke zweiter Art. Von den sieben Ecken sind je drei, die wie die Ecken einer Deckfläche jenes Prismas liegen, drei- bez. vierkantig; die siebente (in dem umgekippten Modell in der Mitte sichtbare) besitzt drei Kanten, von denen je zwei die den einspringenden Winkel eines nicht-konvexen Vierecks bildenden sind. Jedes dieser Vierecke wird von den beiden andern in einer Geraden geschnitten, die durch diese Ecke und einen Doppelpunkt eines der drei überschlagenen Vierecke geht, aber keine Kante des Polyeders ist.

3) Vergl. Reinhardt a. a. O. S. 121.

4) L'aspect du polyèdre relativement à l'arête MN et au sommet M.

dann die Zahl der noch verschiedenen Ansichten ein Divisor von $2k$.[1]) Es ergeben sich $2k$ entgegengesetzte Ansichten (aspects rétrogrades), wenn der Beobachter auf der Innenseite des Polyeders stehend angenommen wird. Sind gewisse der $4k$ Ansichten identisch, so spricht man von *Symmetrie* des Polyeders („welche verschieden ist von dem, was gewöhnlich so genannt wird“).[2]) Jede zusammenhängende Kantenfolge auf einem Vielflach bezeichnet Jordan als *Linie*[3]), deren Länge die *Anzahl* ihrer Kanten ist. Linien geringster Kantenzahl zwischen zwei Ecken des Vielflaches heissen *geodätische Linien*;[4]) jeder Teil einer solchen ist selbst eine geodätische Linie. Zwei Polyeder heissen bei Jordan ähnlich (*pareil*) [nach unsrer Bezeichnung *isomorph*], wenn sie bei beliebiger Wahl einer ersten Kante MN und einer ersten Ecke M gleiche Ansichten bieten;[5]) entsprechende Flächen, Kanten und Ecken heissen *homolog*. Sind bei einem Polyeder die (direkten) Ansichten M, MN und N, NM gleich, so sagt man, es besitzt *Symmetrie der Wendung*.[6]) Sind die Ansichten S, SA; S, SB; S, SC; .... gleich, so besitzt das Polyeder *Symmetrie der Drehung*[7]) (Rotationssymmetrie) um die Ecke S, deren Ordnung durch die Anzahl m der von S ausgehenden Kanten bestimmt ist. Ecken und Flächen des Polyeders heissen seine *Elemente*, zu denen die Kanten nicht gehören.[8]) Bei der Symmetrie der Drehung kann das Element S sowohl eine Ecke als eine Fläche sein. Stimmt eine direkte Ansicht mit einer entgegengesetzten Ansicht überein, so heissen zwei sich dabei entsprechende Elemente (oder Kanten) γ und c *invers* zu einander. Ein Element (oder Kante) c ist also invers einem andern γ, wenn sich zwei Ansichten finden lassen, die eine direkt, die andre entgegengesetzt, dass c an Stelle von γ tritt und umgekehrt. Hiernach leuchtet ein, was es heisst, c ist sich selbst invers. Die neun Klassen C. Jordans mit ihren Unterklassen sind nun die folgenden.

1. Klasse: Unsymmetrische Polyeder (vergl. Borchardts Journal, Bd. 68, S. 313 u. 347).

2. Klasse: Polyeder mit Symmetrie der Drehung.[9]) Sie besitzen zwei diametrale (extreme) Elemente S und T; alle andern Elemente und alle Kanten sind eine bestimmte Zahl (m-)mal wiederholt. m zwischen den extremen Elementen gezogene, isomorphe, geodätische Linien (in den extremen Elementen, falls es Flächen sind, Verbindungslinien der Ecken mit dem Mittelpunkte), die sich nicht treffen, ausser in den extremen Elementen, teilen das Polyeder in m isomorphe Regionen. Dabei sind drei Fälle zu unterscheiden.[10]) Jedes der Elemente S und T ist nur invers zu sich selbst: dann lassen sich nur die m meridianen, in S und T zusammenstossenden, Zonen angeben. Oder aber S ist invers zu T und umgekehrt, und es existieren zu sich selbst inverse Elemente oder Kanten, die eine um das Polyeder verlaufende aequatoreale Zone bilden. Oder endlich, S ist invers zu T, aber es existiert weiter kein inverses Element oder Kante: m geziemend zwischen S und T gezogene geodätische Linien $L, L_1, \ldots L_{m-1}$ zerlegen die Oberfläche des Polyeders in m ähnliche (isomorphe) „Spindeln“[11]), jede in zwei zu einander inverse Regionen durch die zu $L, L_1, \ldots L_{m-1}$ inversen Linien $A, A_1, \ldots A_{m-1}$ geteilt. — Ist speziell $m = 2$, so kann eines der extremen Elemente oder beide durch Kanten ersetzt sein. Dies ergiebt die beiden folgenden Klassen.

3. Klasse: Polyeder mit Symmetrie der Drehung und Wendung.[12]) Von dem einzigen Drehungselemente gehen zwei meridiane Zonen aus, die sich längs der Wendekante kreuzen; die eine von ihnen ist transversal, die andre longitudinal in Bezug auf diese Kante.

4. Klasse: Polyeder mit Symmetrie der Wendung.[13]) Auch hier sind drei Fälle zu unterscheiden. Es ist erstens jede der Kanten S und T sich selbst invers. Es existieren dann nur zwei, sich längs der beiden Kanten kreuzende, meridiane Zonen Z und Z', die die Oberfläche des Polyeders in vier Regionen teilen. Dabei ist entweder Z transversal zu S und T, Z' longitudinal zu beiden, oder es sind sowohl Z als Z' transversal zu S und longitudinal zu T. Im zweiten und dritten Falle ist S invers zu T und umgekehrt. Im zweiten Falle giebt es zu sich selbst inverse Elemente oder Kanten, die eine um das Polyeder verlaufende aequatoreale Zone bilden. Der dritte Fall, bei dem die inversen weiteren Elemente u. s. w. wegfallen, entspricht dem dritten Falle der zweiten Klasse.

5. Klasse: Polyeder mit Symmetrie der Drehung und Umkehrung.[14]) Diese Körper bieten dar: a) zwei isomorphe Elemente S, T, einzig in ihrer Art und ausgestattet mit m-facher Symmetrie der Drehung, wobei m eine beliebige ganze Zahl ist; b) zwei andre Elementensysteme oder Kantensysteme, jedes zusammengesetzt, sei es aus

---

1) Borchardts Journal Bd. 66, S. 28.

2) Hiernach heisst also ein Polyeder auch noch symmetrisch, wenn es nur *isomorph* ist mit einem symmetrischen Polyeder nach der gewöhnlichen Definition.   3) Ligne tracée sur la surface d'un polyèdre.

4) Lignes géodésiques.   5) Von metrischen Beziehungen ist also dabei völlig abzusehen.

6) Symétrie de retournement.   7) Symétrie de rotation.

8) Ecken und Flächen sind mit Rücksicht auf die Reziprozität gleichwertig.

9) Polyèdres symétriques par rotation. Borchardts Journ. Bd. 68, S. 315 u. S. 347.

10) Borchardts Journ. Bd. 68, S. 347.   11) Fuseaux.

12) Polyèdres symétriques par rotation et retournement. Borchardts Journ. Bd. 68, S. 319 u. 348.

13) Polyèdres symétriques par retournement. Ebenda S. 319 u. S. 348.

14) Polyèdres symétriques par rotation et renversement. Ebenda S. 320 u. S. 348.

m Elementen mit binärer Rotationssymmetrie oder *m* Kanten, ausgestattet mit Symmetrie der Wendung. Alle andern Elemente oder Kanten sind $2m$-mal wiederholt. Jedes der Elemente S und T ist das inverse des andern. Es sind zwei Fälle zu unterscheiden: Die beiden Systeme binärer Rotationssymmetrie oder der Wendekanten sind eins das inverse des andern. Es existieren *m* meridiane Zonen, welche die Oberfläche des Polyeders in $2m$ Regionen teilen, von denen jede eins der genannten Elemente oder Kanten enthält. Oder zweitens: Jedes der Elemente oder Kanten ist 'sich selbst invers. Es giebt *m* meridiane Zonen und eine aequatoreale Zone, die die Oberfläche des Polyeders in $4m$ Regionen teilen. — In dem Spezialfall $m = 2$ können die extremen Elemente durch Kanten ersetzt sein. Sind auch die beiden andern erwähnten Systeme solche von Kanten mit Wendesymmetrie, so ergeben sich die Polyeder der nächsten Klasse.

     6. Klasse: Polyeder mit Symmetrie der Wendung und Umkehrung.[1]) Die mit dieser Symmetrie ausgestatteten Körper sind mit sich selbst unter vier verschiedenen Ansichten ähnlich (isomorph). Es sind zwei Fälle zu unterscheiden. Im ersten Falle ist ein einziges der drei Systeme von Wendekanten sich selbst invers. Es giebt zwei, längs der Kanten dieses Systems sich kreuzende, meridiane Zonen, die die Oberfläche des Polyeders in vier Regionen teilen, von denen jede sich selbst unter zwei verschiedenen direkten Ansichten isomorph ist. Im zweiten Falle ist jedes der drei Wendekantensysteme sich selbst invers. Es existieren drei Zonen, von denen jede durch zwei der Systeme geht, welche die Oberfläche des Polyeders in acht Regionen teilen. — Die drei noch folgenden Symmetrien sind aus den regulären Polyedern abgeleitet. Man nehme ein mit einem der regulären isomorphes Polyeder, ersetze erstens seine Kanten durch beliebige polygonale Linien oder allgemeiner durch „Spindeln" (fuseaux) d. h. polyedrische Zweiecke, die eine binäre Symmetrie der Wendung besitzen; ferner seine Flächen durch polyedrische Kalotten, die eine Rotationssymmetrie besitzen, deren Ordnung gleich der Zahl der Kanten der Fläche ist, wobei diese Kalotten sich auf einfache Punkte reduzieren können. Man erhält so die gesuchten Polyeder oder ihre polaren.

     7. Klasse: Polyeder mit tetraedrischer Symmetrie.[2]) Die Körper dieser Klasse und ihre polaren können als aus zwei verschiedenen Tetraedern abgeleitet betrachtet werden. Sie besitzen zwei Systeme von Elementen dreifacher Rotationssymmetrie und ein System von Elementen oder Kanten zweifacher Rotationssymmetrie bez. Wendesymmetrie. Zwei Fälle können unterschieden werden. Im ersten Falle sind die beiden Systeme dreifacher Rotationssymmetrie eins dem andern invers und das binäre Elementen- oder Kantensystem ist sich selbst invers. Es existieren drei isomorphe Zonen, die sich zu je zwei in diesen Elementen oder Kanten schneiden und das Polyeder in acht Regionen teilen, deren jede sich selbst isomorph nach drei verschiedenen direkten Ansichten ist. Im zweiten Falle sind alle genannten Elemente und Kanten sich selbst invers: Es giebt sechs unter sich isomorphe Zonen, die das Polyeder in vierundzwanzig Regionen teilen.

     8. Klasse: Polyeder mit kubooktaedrischer Symmetrie.[3]) Diese Körper oder ihre polaren werden aus einem dem Würfel oder dem regulären Oktaeder isomorphen Körper abgeleitet. Sie besitzen ein sechsfaches und ein andres achtfaches Elementensystem von vier- bez. dreifacher Rotationssymmetrie und ein zwölffaches System von Elementen oder Kanten mit binärer Rotationssymmetrie bez. Wendesymmetrie. Alle diese Elemente oder Kanten sind sich selbst invers. Es existieren drei und sechs je unter sich isomorphe Zonen, die das Polyeder in achtundvierzig Regionen teilen.

     9. Klasse: Polyeder mit ikosidodekaedrischer Symmetrie.[4]) Diese Körper und ihre polaren werden aus den dem regulären Ikosaeder oder Dodekaeder isomorphen Körpern abgeleitet. Sie besitzen ein zwölffaches und ein andres zwanzigfaches Elementensystem fünf- bez. dreifacher Rotationssymmetrie und ein dreissigfaches System von Elementen oder Kanten binärer Rotationssymmetrie bez. Symmetrie der Wendung. Alle diese Elemente und Kanten sind sich selbst invers. Es existiert ein einziges System fünfzehn isomorpher Zonen, die das Polyeder in einhundertundzwanzig Regionen teilen.[5])

     Anhang II. Von den Ringpolyedern. Untersuchungen der Eigenschaften der Ringpolyeder, d. h. geschlossener polyedrischer Flächen der Grundzahl 3, die durch zwei Querschnitte einfach zusammenhängend werden (vergl. Nr. 46), liegen bisher nur wenige vor. Teils zog man Folgerungen aus der für diese Polyeder gültigen, dem Eulerschen Satze entsprechenden Formel (J. K. Becker), oder man konstruierte die möglichst einfachen Typen als Beispiele für Gebilde dieser Art (Möbius), oder man untersuchte schliesslich die Symmetrieeigenschaften (C. Jordan, Godt). Einige Bemerkungen nebst historischen Hinweisen mögen daher hier genügen. Zwischen den Zahlen f, k, e der Flächen, Kanten und Ecken eines Ringpolyeders besteht nach früherem (vergl. Nr. 50) die Gleichung: $f - k + e = 0$. Dabei ist das Polyeder so definiert, wie oben angegeben, oder, was auf dasselbe hinauskommt, als geschlossene poly-

---

     1) Polyèdres symétriques par retournement et renversement. Borchardts Journ. Bd. 68, S. 325 u. S. 348.

     2) Polyèdres à symétrie tétraédrique. Ebenda S. 327 u. S. 349.

     3) Polyèdres à symétrie cuboctaédrique. Ebenda S. 335 u. S. 349.

     4) Polyèdres à symétrie icosidodécaédrique. Ebenda S. 337 u. S. 349.

     5) Die vorstehenden Bemerkungen sind z. T. wörtlich aus der Rekapitulation Borchardts Journ. Bd. 68 S. 346 ff. übertragen.

edrische Fläche, auf der sich zwei geschlossene, sich nicht schneidende Kantenzüge derart ziehen lassen, dass die Oberfläche in zwei zweifach berandete Flächen der Grundzahl $n = 2$ zerfällt. Hierbei ist es gleichgültig, ob sich die Fläche selbst durchdringt. Bedeuten f_i und e_i die Zahlen der i-kantigen Flächen und Ecken des Polyeders, so gelten, wie leicht ersichtlich, zunächst die folgenden Gleichungen[1]):

$$1)\ f = f_3 + f_4 + f_5 + \ldots;\quad e = e_3 + e_4 + e_5 + \ldots;$$
$$2)\ 2k = 3f_3 + 4f_4 + 5f_5 + \ldots;\quad 2k = 3e_3 + 4e_4 + 5e_5 + \ldots$$

Multipliziert man die Gleichung $e + f = k$ mit 2 und setzt $2k$ aus 2) ein, so kommt:

$$\text{I)}\ 2e = f_3 + 2f_4 + 3f_5 + \ldots;\quad 2f = e_3 + 2e_4 + 3e_5 + \ldots$$

und durch Addition dieser Gleichungen ergiebt sich mit Berücksichtigung von 1):

$$\text{II)}\ e_3 + f_3 = e_5 + f_5 + 2\,(e_6 + f_6) + 3\,(e_7 + f_7) + \ldots$$

Multipliziert man eine Gleichung I) mit 2 und addiert dann zur andern, so erhält man:

$$\text{III)}\cdot\cdot\begin{cases} 3e_3 + 2e_4 + e_5 = 2f_4 + 4f_5 + 6f_6 + \ldots + e_7 + 2e_8 + 3e_9 + \ldots \\ 3f_3 + 2f_4 + f_5 = 2e_4 + 4e_5 + 6e_6 + \ldots + f_7 + 2f_8 + 3f_9 + \ldots \end{cases}$$

Aus I) folgt: Hat ein Ringpolyeder[2]) nur dreieckige Flächen, so ist ihre Anzahl doppelt so gross wie die der Ecken; hat es nur dreikantige Ecken, so ist deren Anzahl das Doppelte der Flächenzahl. Hat ein Ringpolyeder nur vierkantige Ecken oder nur vierkantige Flächen, so ist die Eckenzahl der Flächenzahl gleich. Aus II) ergiebt sich: Besitzt ein Ringpolyeder weder dreikantige Ecken noch dreikantige Flächen, so sind sämtliche Ecken und Flächen vierkantig. Als Beispiel hierfür giebt Becker ein Polyeder, das aus einer m-seitigen Doppelpyramide entsteht, die in der Richtung der Hauptachse von einem m-seitigen Prisma so durchdrungen wird, dass die m oberen, bez. unteren Ecken des Prismas auf den nach den Spitzen der Pyramiden verlaufenden Kanten liegen. Hier ist $e = 3m$, $f = 3m$, $k = 6m$. — Aus III) schliesst man: Hat ein Ringpolyeder keine drei-, vier- und fünfkantigen Ecken, so sind alle Ecken sechskantig, und alle Flächen sind Dreiecke; hat es keine drei-, vier- und fünfeckigen Flächen, so sind alle Flächen Sechsecke und alle Ecken dreikantig. Man übersieht leicht die reziproke Zuordnung der hingeschriebenen Sätze.[3]) Als Beispiel eines Polyeders mit nur dreieckigen Flächen (Trigonalpolyeder) und sechskantigen Ecken giebt Becker das folgende an. In drei parallelen Ebenen liegen die p-ecke A, B, C derart, dass die Projektionen von A und C auf die Ebene des B innerhalb B verlaufen. Man konstruiere die Antiprismen $[A, B]$, $[B, C]$ und $[C, A]$ und tilge die Ebenen A, B und C. In jeder Ecke des entstandenen Ringpolyeders treffen sich sechs Dreiecke, je drei zweier verschiedenen Antiprismen. — Ein Ringpolyeder, dessen Flächen lediglich Sechsecke sind, erhält man, indem man ein kronrandiges $(2 + 2p)$-eckiges $2p$-Flach (Fig. 40[b] Taf. VI; $p \geqq 3$) mit einem p-seitigen Prisma derartig durchdringt, dass dessen Seitenkanten je ein zusammengehöriges Flächenpaar[4]) jenes Polyeders treffen; was vom $2p$-Flach nach Ausschneiden dieses (ohne Deckflächen gedachten) Prismas übrig bleibt, ist das verlangte Ringpolyeder. Die aus den Seitenflächen des p-Flachs resultierenden Sechsecke besitzen je einen überstumpfen Winkel, wie auch bei dem vorher angeführten Polyeder die $2p$ Ecken der Polygone A und C nichtkonvex sind. — Sind alle Flächen eines Ringpolyeders gleichvielkantig, so sind nur die drei Fälle möglich, wonach alle Flächen drei-, vier- oder sechskantig und alle Ecken dann sechs-, vier- oder dreikantig sind. — Ein Ringpolyeder kann keine sieben- und mehrkantigen Ecken und Flächen haben, ohne auch solche mit weniger als sechs Kanten zu besitzen, wie aus III) folgt. Soweit die Bemerkungen von Becker, denn der Rest bezieht sich auf sein oft genanntes Theorem über die Zahl der Dreiecke, in die sich die Polyederoberfläche zerlegen lässt, und auf Polyeder von höherer Grundzahl als $n = 3$, Untersuchungen, die nur fragwürdige Resultate ergeben.[5])

Mehrere Beispiele interessanter Ringpolyeder giebt Möbius. Das einfachste Trigonalpolyeder entsteht nach ihm[6]) dadurch, dass man durch je vier cyklisch nächstfolgende aus einer Reihe von sieben Punkten A, B, C, D, E, F, G sieben Tetraeder $ABCD$, $BCDE$, $CDEF$, $DEFG$, $EFGA$, $FGAB$, $GABC$ konstruiert, deren jedes mit einem jeden benachbarten eine Fläche gemein hat. Nach Tilgung dieser gemeinsamen Flächen ergeben dann die übrigen $(ABD, DCA, BCE, EDB, CDF, FEC, DEG, GFD, EFA, AGE, FGB, BAF, GAC, CBG)$ ein geschlossenes Polyeder; denn jede Kante eines jeden dieser vierzehn Dreiecke ist zugleich eine Kante eines und nur eines der übrigen. — Zerschneidet man die Oberfläche längs der Kantenzüge $BFEB$ und $CDGC$, so zerfällt sie

---

1) J. K. Becker, Über Polyeder. Ztschr. f. Math. u. Phys. v. Schlömilch, 14 Jahrg. 1869, S. 65 ff.

2) Streng genommen gelten die obigen Gleichungen auch hier wieder zunächst für Linearkonfigurationen auf der Ringfläche, und es bleibt noch zu entscheiden, ob sich ihre Lösungen als von ebenen Flächen begrenzte Polyeder konstruieren lassen. Vergl. die Bemerkungen in Nr. 69.

3) Alle Ringpolyeder mit nur vierkantigen Flächen sind in diesem Sinne reziprok.

4) Je zwei Nachbarflächen des Kronrandes.   5) a. a. O. S. 76 ff.

6) Möbius, Ges. Werke, Bd. II, S. 552. Vergl. auch C. Reinhardt, Zu Möbius' Polyedertheorie. 1885, a. a. O. S. 122.

in die beiden durch diese zwei Züge berandeten zweifach zusammenhängenden Flächen, die in Fig. 112 und Fig. 113 schematisch dargestellt sind. Zerschneidet man aber das ursprüngliche Polyeder längs des Zuges $FCAF$ und dann längs des Querschnittes $FBEF$, so entsteht eine einfach berandete Fläche, auf deren Rande sämtliche Ecken des Polyeders ausser G und D sich befinden. — Ebenso wie durch Zusammensetzung von Tetraedern lassen sich durch Aneinanderreihung von mindestens drei (im allgemeinen natürlich nicht regulären) Oktaedern, von denen jedes in zweien seiner Gegenflächen an die benachbarten Oktaeder grenzt, ringförmige Trigonalpolyeder herstellen.[1])

Es ist nun schliesslich noch kurz auf mehrere Arbeiten hinzuweisen, die Untersuchungen über die Symmetrie der Ringpolyeder enthalten. Das Problem, die symmetrischen Nicht-Eulerschen Polyeder der Grundzahl $n = 3$ zu bestimmen, wurde zuerst von C. Jordan in Angriff genommen und gelöst[2]), wenn er auch einige Fälle, „die freilich der einfachen Anschauung zunächst nicht einleuchten wollen"[3]), übersehen hat. Eine erneute und erschöpfende Behandlung erfuhr das Problem durch Godt in dem eben unten zitierten Programm. Es ist allerdings sehr wesentlich, zu bemerken, dass Godt unter „Polyeder" hier nur ein auf einer beliebigen geschlossenen (Ring-) Fläche vorhandenes Liniennetz versteht, derart, dass die Fläche, wenn man sie längs aller dieser Linien zerschnitte, in lauter einfach zusammenhängende Stücke zerfallen würde. Es handelt sich also bei ihm auch für die Ringpolyeder nur darum, solche Linearkonfigurationen aufzusuchen, welche der Jordanschen Definition der Symmetrie genügen, ohne dass weiter untersucht würde, ob sich entsprechende von ebenen Vielecken begrenzte Gebilde konstruieren lassen.

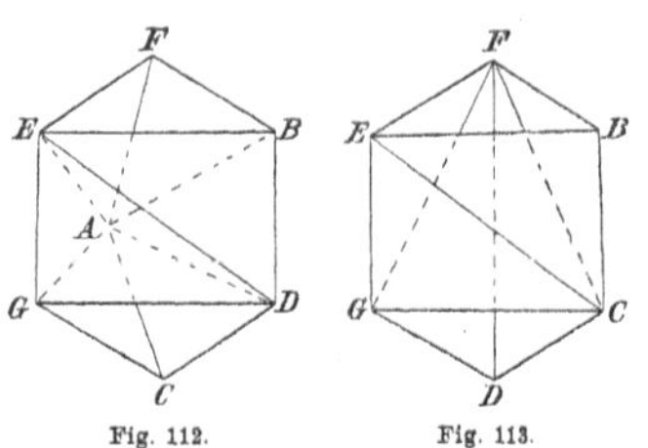

Fig. 112.   Fig. 113.

Die Methode der Ableitung der möglichen Symmetriearten ist eine völlig von der Jordanschen abweichende und beruht auf der Anwendung der Substitutionentheorie[4]), worauf wir hier nicht eingehen wollen. Die von Godt erhaltenen Linearsysteme auf der Ringfläche lassen sich auch durch die folgenden Überlegungen finden. Irgend ein Parallelogramm $ABCD$ (das speziell ein Rechteck sein kann) lässt sich stets einfach auf die Ringfläche abbilden. Man denke sich das Parallelogramm als dehnbare Membran, hefte die Kante AB an die Kante DC, wodurch eine Röhre entsteht, und vereinige deren Öffnungen, so dass der Punkt (A, D) mit dem Punkte (B, C) zusammenfällt. Es lässt sich nun die Ebene bekanntermassen lückenlos sowohl durch Quadrate und gleichseitige Dreiecke, als auch durch reguläre Sechsecke überdecken. Schneidet man aus einer solchen Ebenenteilung, falls sie aus Quadraten gebildet ist, ein Rechteck von $q \cdot r$ Quadraten aus, wenn sie aus Dreiecken gebildet ist, ein Parallelogramm, mit Winkeln von 60^0 und 120^0, längs Kanten der Dreiecke und, falls sie aus Sechsecken gebildet ist, ein ebensolches Parallelogramm mittels zweier Züge von Mittelpunktslinien, so lassen sich aus den erhaltenen Parallelogrammen, wie vorher beschrieben, Ringflächen bilden, und wenn man dabei beachtet, dass entsprechende Ecken (bez. Punkte) gegenüberliegender Parallelogrammseiten zur Deckung kommen, so ergeben sich Einteilungen der Ringfläche in Vierecke, Dreiecke und Sechsecke derart, dass in jeder Ecke der Linearkonfiguration vier, sechs bez. drei Flächen zusammenstossen. Aus diesen Einteilungen der Ringfläche lassen sich dann weitere ableiten, die durch die in den Figuren 93, 94, 95, 97 und 98 unsres Textes (in Nr. 122) punktiert gezeichneten Polygone gebildet werden, wonach die Ringfläche dann noch Grenzflächen gleicher Kantenzahl, aber Ecken verschiedener Kantenzahl aufweist. Die erhaltenen Einteilungen entsprechen den von Godt gegebenen Figuren seines Programmes, dessen Schluss noch Bemerkungen über die Symmetrie von Polyedern höherer Grundzahl als $n = 3$ enthält. Auch mit diesem Problem hatte sich schon C. Jordan a. a. O. beschäftigt.

. 1) Über ein solches eigentümliches Polyeder („Polyèdre des accords musicaux") vergl. Möbius, Ges. Werke Bd. II, S. 554. C. Reinhardt, a. a. O. S. 123.

2) Résumé de recherches sur la symétrie des polyèdres non-eulériens. Borchardts Journ. Bd. 66. 1866. S. 86 ff und Note sur la symétrie inverse des polyèdres non-eulériens. Borchardts Journ. Bd. 68. 1868. S. 350 ff.

3) Godt, Untersuchungen über Polyeder von mehrfachem Zusammenhange. Programm, Lübeck 1881. S. 1.

4) Godt behandelt nach dieser Methode a. a. O. S. 11 auch die Eulerschen Polyeder und findet, da er keine sich selbst entsprechenden „Kanten" zulässt, abweichend von C. Jordan für sie fünf Typen der Symmetrie.

Namen- und Sachregister.

(Die Zahlen geben die Seiten an. ∿ bedeutet die Wiederholung des Stichwortes.)

$A = Art$ *eines Vielflaches* 72. 164. Abhängig von der Anzahl der Doppelelemente 176. Änderung bei Vertauschung der Aussenseite und Innenseite des Vielflaches 214.

$a = Art$ *des Vielecks* 3. Ihre Bestimmung 4. 8. ∿ bei Wiener 15.

Abbildung eines Hexagonoides auf die Ebene 109.

Ableitungskoëffizient 154.

Abschneiden einer Ecke eines Vielflaches 84. 95. ∿ einer Kante eines Vielflaches 84. ∿ zweier Kanten eines Vielflaches 85.

Abscindere 95. 156.

Abstumpfung der Ecken eines Vielecks 34.

Achsen der regelmässigen Vielflache 123 —125.

Achteck, regelmässiges 17. 22. Diskontinuierliches 18.

Achtflach, autopolares 76. parapolares 77. allgemeines 88. 89. 97.

Achtundvierzigflächner 145.

Ähnliche Polyeder nach Jordan 74.

Allgemeines Vielflach, Definition 46.

Allomorph 74.

Analysis situs 63.

Ansicht eines Polyeders, nach Jordan 218.

Antiprisma 140. ∿ höherer Art 184.

Anzahl der allomorphen Typen der n-flache 86. ∿ der Arten des regelmässigen n-ecks 17. ∿ der allgemeinen n-flache 97. ∿ der singulären n-flache 99.

Archimedes 60. 156.

Archimedeische Vielflache 132—140. ∿ Varietäten 140.

Art eines Vielecks 3. Formel für dieselbe 4. Ihre geometrische Verdeutlichung bei konvexen Vielecken 9. ∿ eines Vielflaches 72. 164.

Art einer Fläche nach Jordan 65. ∿ eines Hexagonoides 111.

Aspekt eines Polyeders 218.

August 129.

Aussenseite eines Vielflaches 46.

Aussenwinkel des Vielecks 3.

Aussergewöhnliches Vieleck 5. ∿ Vielflach 48. Sein Inhalt 69.

Ausspringender Winkel 3.

Autopolar (das Wort) 75.

Autopolares Vielflach 75. Kriterien 76. Bestimmung für gegebene Eckenzahl 91—93.

Babinet 159.

Badoureau 158. 160. 178. 179. 182. 191. 192. 201. 203.

Baltzer 4. 14. 17. 18. 41. 59. 60. 79. 132.

Becker 64. 65. 179. 220. 221.

Bedingungsgleichungen für die Begrenzungsstücke eines Eulerschen Polyeders 79. ∿ eines allgemeinen Vielflaches 80. ∿ eines Trigonalpolyeders 80.

Begrenzung einer Fläche 50.

Bereich 102. Der ∿ B_m 118. 119. Der ∿ B_o 119.

Bertrand 177. 178.

Besondere Vielecke (Einteilung) 16. ∿ Vielflache (Einteilung) 121.

Bestimmung eines Polyeders durch seine Stücke 66. ∿ durch sein Netz 67.

Bewegliches Netz 152.

Bezeichnung der Vielflache höherer Art 166.

Binion 65.

Bochow 22.

Bortolotti 66.

Bouvelles, Charles de 13.

Bradwardinus 13. 20.

Bravais 125. 161.

Breton 80.

Broscius 13.

Brunel 12.

Bürgi 13.

Bürklen 22.

Campanus 13.

Candalla 156.

Cantor (I, II, III, Erklärung 12) 59. 60. 74. 95. 130. 156.

Cardanus 60.

Carnot 1. 14.

Cartesius s. Descartes.

Catalan 58. 66. 79. 80. 96. 132. 151. 159. 160.

Cauchy 16. 20. 62. 64. 67. 159. 177.

Cauchys Satz 67.

Cayley 63. 78. 94. 178.

Census räumlicher Komplexe 62.

Censustheorem 63.

Centripyramide 133.

Centriwinkel 24.

Charakteristik eines Kantenpolygons 108. ∿ eines Elementarpolygons 109.

Charakteristikengleichung 115.

Charakteristikensystem eines Vielflaches 117.

Charakteristische Gleichung eines allgemeinen Vielflaches 102.

Charles de Bouvelles 13.

Chasles 13.

Comberousse, de 178.

Crone 66.

Cyklische Transformation 111.

Cylinderhexagonoid 110.

Dekaeder 57.

Deltoid 141.

Deltoiddodekaeder 148.

Deltoidhexekontaeder 149. 156. ∿ netz 153.

Deltoidikositetraeder 145. 155.

Descartes 60. 64.

Diagonale des Vielecks 1. 10. ∿ des regelmässigen Vielecks 19. ∿ erster und zweiter Art des n-ecks 20. ∿ des räumlichen n-ecks und n-flaches 44. ∿ erster und zweiter Art des n-flaches 44. ∿ des vollständigen Fünfflaches 48.

Diagramm eines Vielflaches 74.

Dienger 21.

Dingeldey 55.

Direktrix 9.

Direkt-symmetrische Kante 181.

Dirichlet 17.

Diskontinuierliches Vieleck 6. ∿ regelmässiges Vieleck 17. 18. ∿ gleicheckiges Vieleck 30. ∿ Vielflach 54. ∿ Vielflach höherer Art 175. 212.

Distanz zweier Elementarzüge 116.

Dodekaeder 85. 97. regelmässiges ∿ 122. 125—126. 155. symmetrisches ∿ 130. 146. tetraedrisches ∿ 148. ∿ netz 127. 129. 153.

Doppelebene 173.

Doppelelemente eines Vielflaches höherer Art 172—176.

Doppelfläche 58.

Doppelpunkte des Vielecks 2. 10—12. ∿ des regelmässigen Vielecks 19. ∿ des

---

Berichtigungen und Zusätze.

S. 13 ist von älteren Quellen noch zu nennen: Chasles, Aperçu hist. Deutsch von Sohnke. 1839. Vergl. daselbst S. 545—560.

S. 21 ist noch anzuführen: E. Netto, Substitutionentheorie. Leipzig 1882. Vergl. das. die Anm. S. 181 und die Konstruktion des Siebzehnecks S. 183—186.

S. 45. Z. 3 v. unten statt *Normalecke* zu lesen *Polarecke*.

S. 51 fehlt in Nr. 47 die Definition der berandeten zweiseitigen Fläche: Eine berandete Fläche ist zweiseitig, wenn die in irgend einem ihrer Punkte auf ihr nach aussen errichtete (unendlich kleine) Normale nicht durch Fortbewegung längs der Fläche in die ihrer ersten Richtung entgegengesetzte nach demselben Punkte übergeführt werden kann, ohne dass dabei der Rand überschritten wird.

S. 53. Z. 9 v. u. statt *Achtflach* zu lesen *Siebenflach*.

S. 56. Z. 5 v. u. statt Nr. 54 zu lesen Nr. 53.

S. 61. Z. 2 v. o. und Anm. 2 lies Kirkman.

S. 77. Anm. 1. Z. 2 statt *viereckige* Ecken zu lesen *vierkantige* Ecken.

S. 80. Z. 6 v. u. lies *Werten* statt *Worten*.

S. 92/93. Die erste Figur 66 ist mit der (ähnlich aussehenden) dritten Figur 65 zu vertauschen.

S. 97. Anm. 1. Z. 1 statt *m*-flache zu lesen *n*-flache.

S. 118. Z. 8 v. u. lautet die erste Stammgleichung: $3f_3 + 2f_4 + f_5 = m + 12$.

S. 124. Anm. 1 statt *Werte* lies *Worte*.

S. 128. Z. 3 und Z. 10 v. o., S. 129. Z. 17 v. u. lies *Eckpunkte* statt *Endpunkte*.

Brückner, Vielecke und Vielflache.

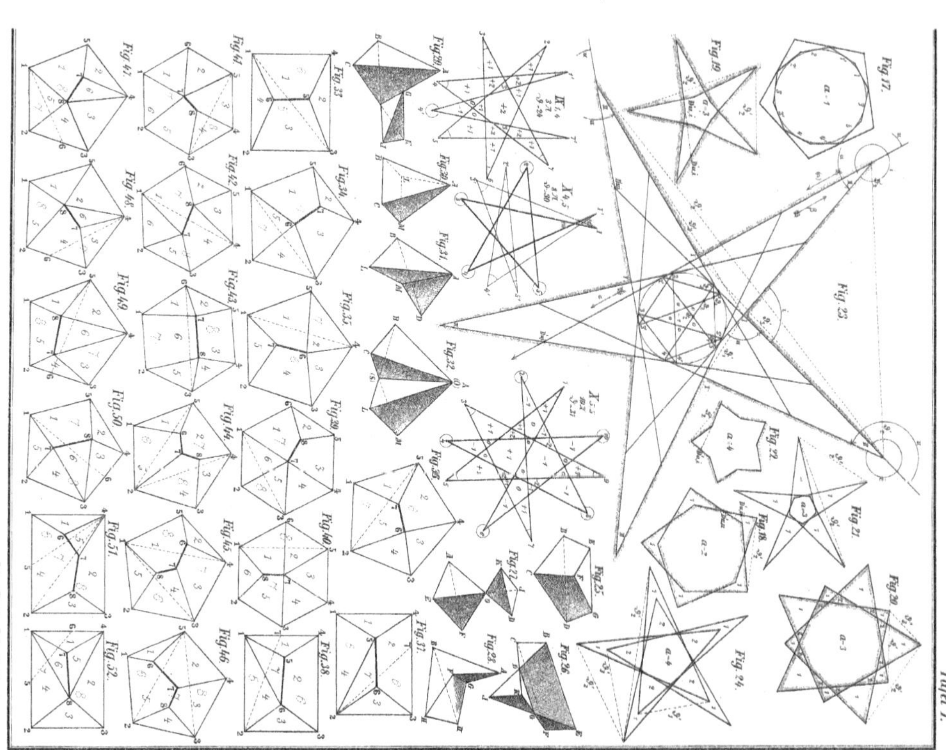
Tafel I.

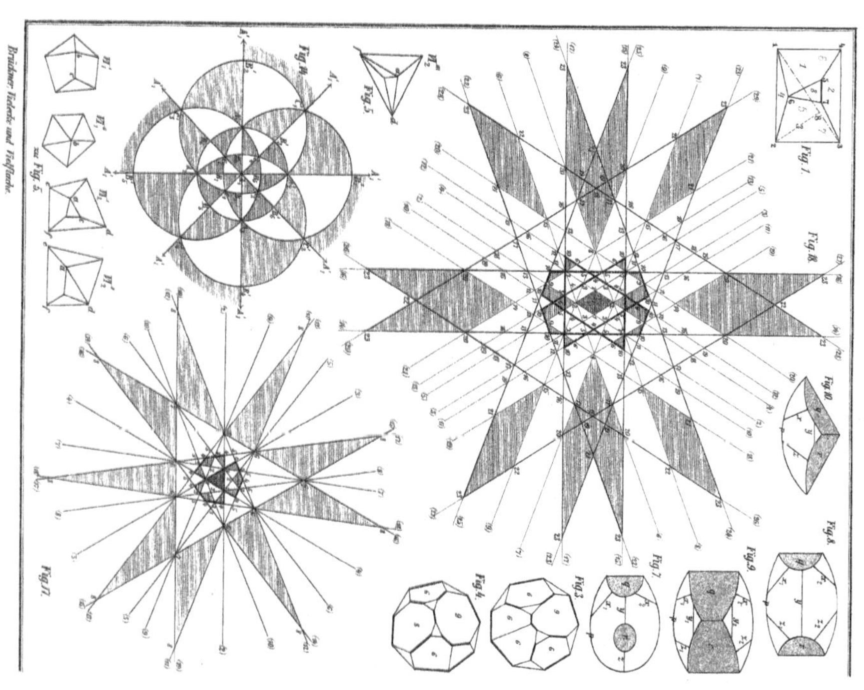

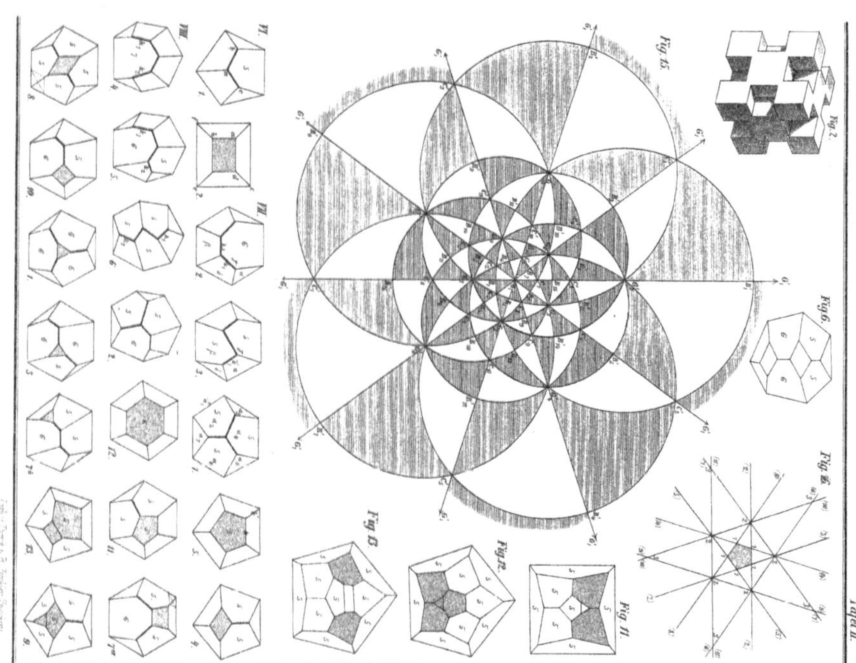

IX

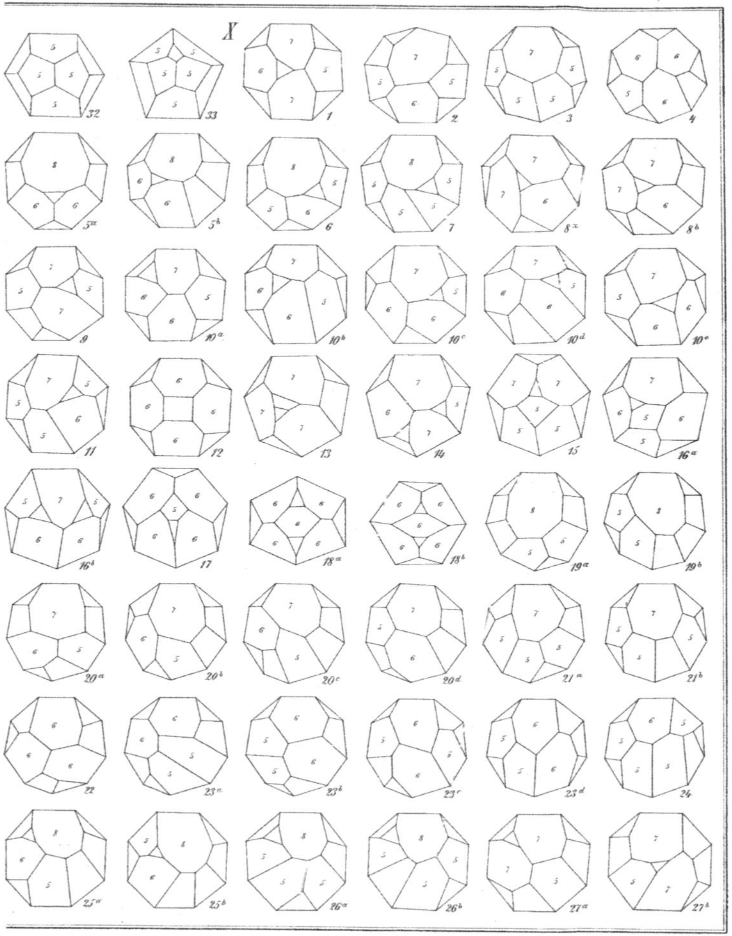

X

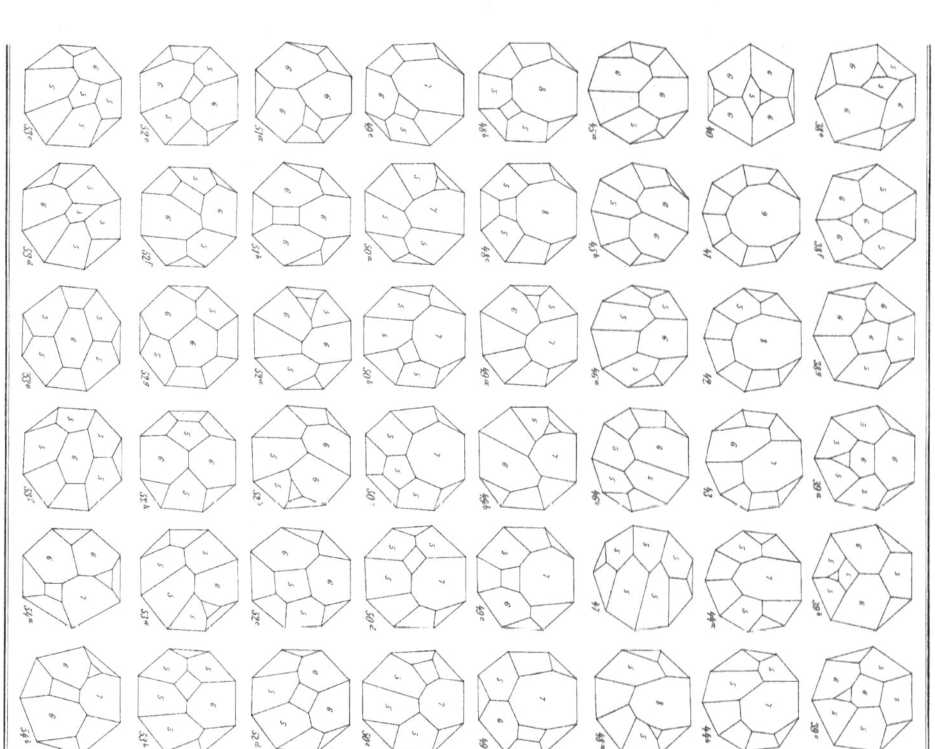

Brückner, Vielecke und Vielflache.
Lith. u. Druck v. P. Zwicker, Leipzig.
Tafel IV.

Brückner, Vielecke und Vielflache.

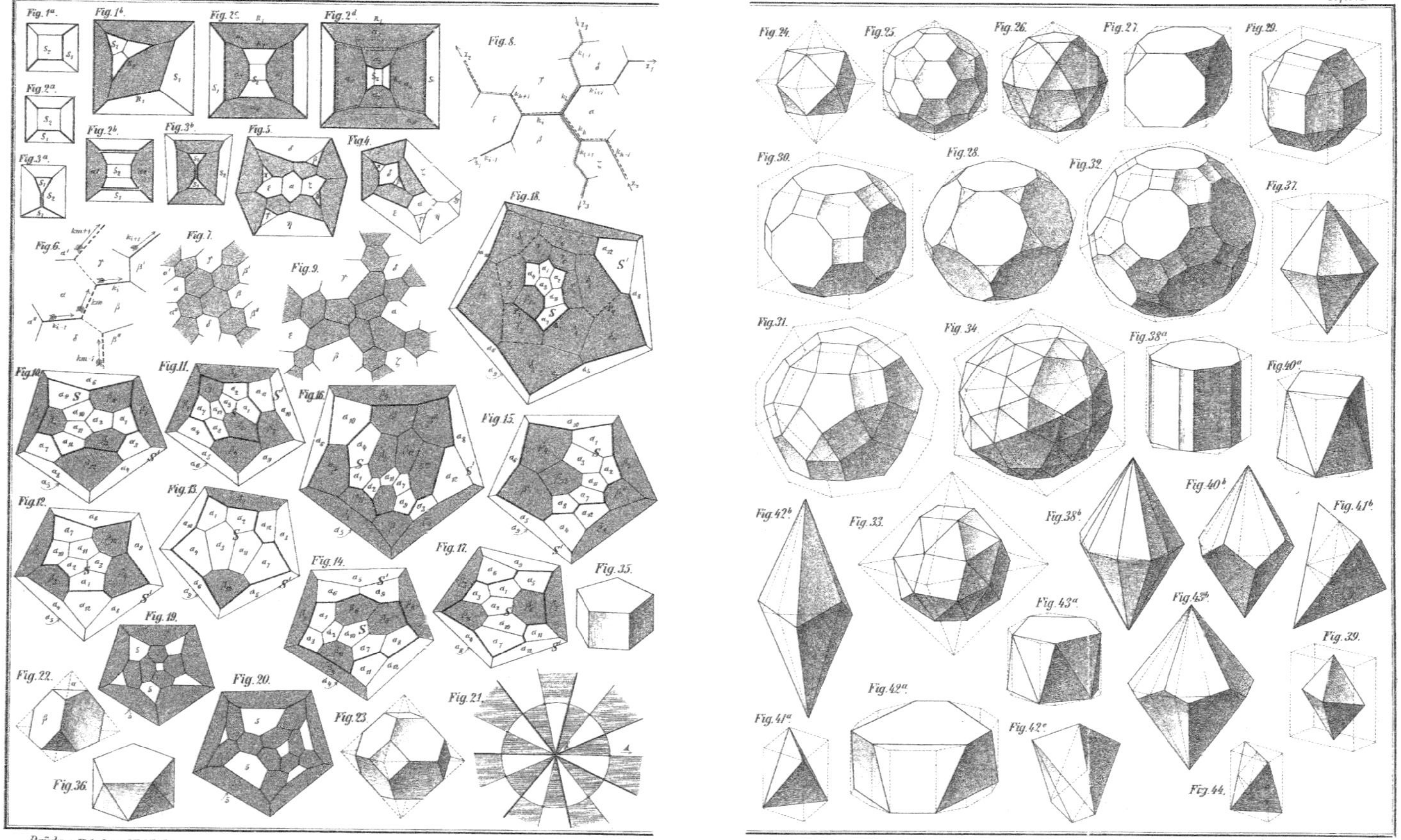
Fig. 1a.
Fig. 1b.
Fig. 2c.
Fig. 2d.
Fig. 8.
Fig. 2a.
Fig. 2b.
Fig. 3b.
Fig. 5.
Fig. 4.
Fig. 3a.
Fig. 18.
Fig. 6.
Fig. 7.
Fig. 9.
Fig. 10.
Fig. 11.
Fig. 16.
Fig. 15.
Fig. 12.
Fig. 13.
Fig. 14.
Fig. 17.
Fig. 35.
Fig. 19.
Fig. 22.
Fig. 20.
Fig. 23.
Fig. 21.
Fig. 36.
Fig. 24.
Fig. 25.
Fig. 26.
Fig. 27.
Fig. 29.
Fig. 30.
Fig. 28.
Fig. 32.
Fig. 37.
Fig. 31.
Fig. 34.
Fig. 38a.
Fig. 40a.
Fig. 40b.
Fig. 42b.
Fig. 33.
Fig. 38b.
Fig. 41b.
Fig. 43a.
Fig. 43b.
Fig. 39.
Fig. 42a.
Fig. 41a.
Fig. 42c.
Fig. 44.

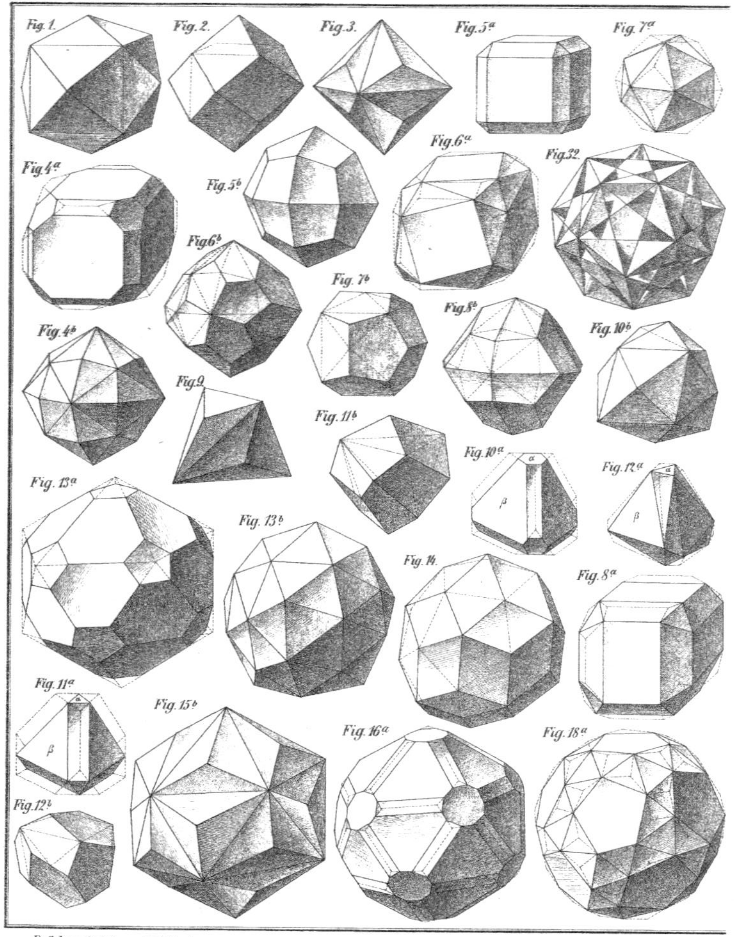

Tafel VII.
Fig. 1.
Fig. 2.
Fig. 3.
Fig. 5ᵃ
Fig. 7ᵃ
Fig. 4ᵃ
Fig. 5ᵇ
Fig. 6ᵃ
Fig. 32.
Fig. 6ᵇ
Fig. 7ᵇ
Fig. 8ᵇ
Fig. 10ᵇ
Fig. 4ᵇ
Fig. 9
Fig. 11ᵇ
Fig. 10ᵃ
Fig. 12ᵃ
Fig. 13ᵃ
Fig. 13ᵇ
Fig. 14.
Fig. 8ᵃ
Fig. 11ᵃ
Fig. 15ᵇ
Fig. 16ᵃ
Fig. 18ᵃ
Fig. 12ᵇ
Brückner, Vielecke und Vielflache.
Fig. 16ᵇ
Fig. 18ᵇ
Fig. 15ᵃ
Fig. 17ᵃ
Fig. 17ᵇ
Fig. 23.
Fig. 26.
Fig. 19ᵃ
Fig. 22.
Fig. 24.
Fig. 19ᵇ
Fig. 25.
Fig. 34.
Fig. 30.
Fig. 21.
Fig. 27.
Fig. 29.
Fig. 33.
Fig. 20.
Fig. 28.
Fig. 31.
Fig. 35.
Lith. u. Druck v. H. Zöckler, Zwickau.

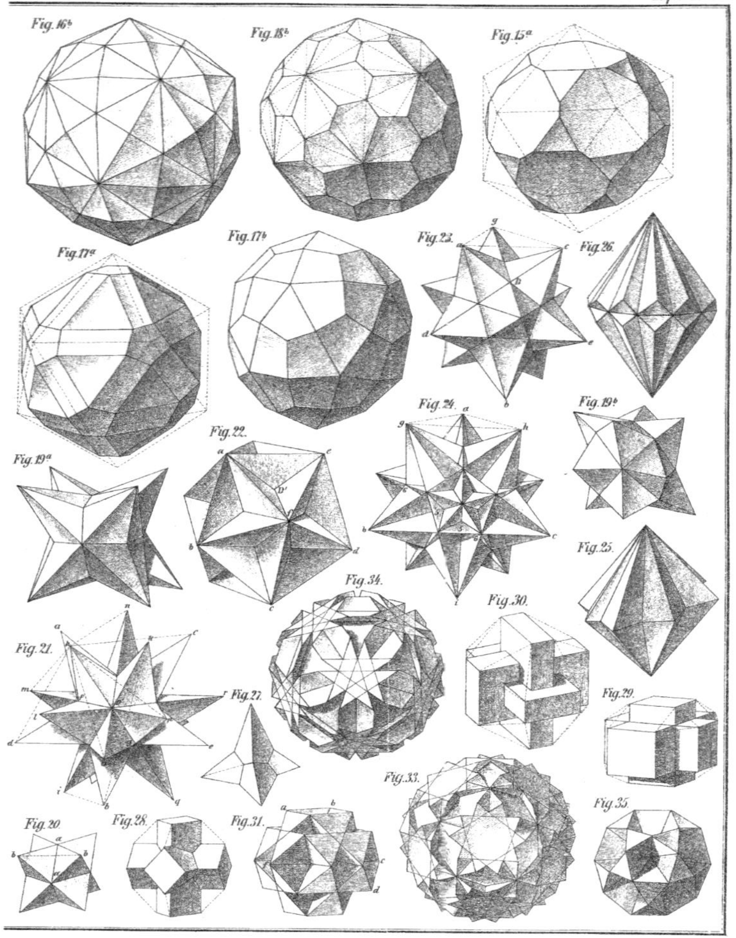

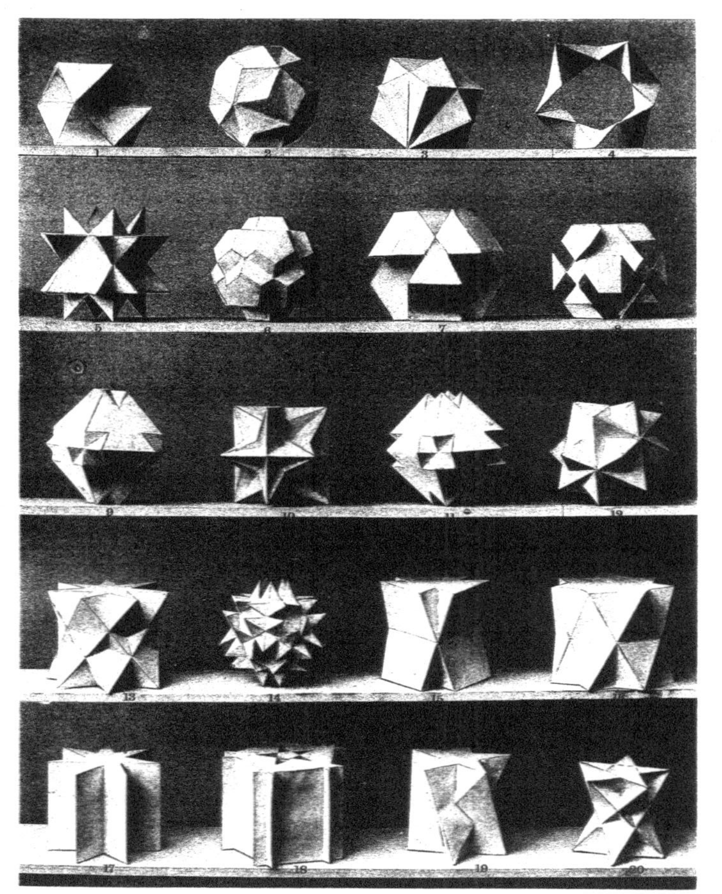

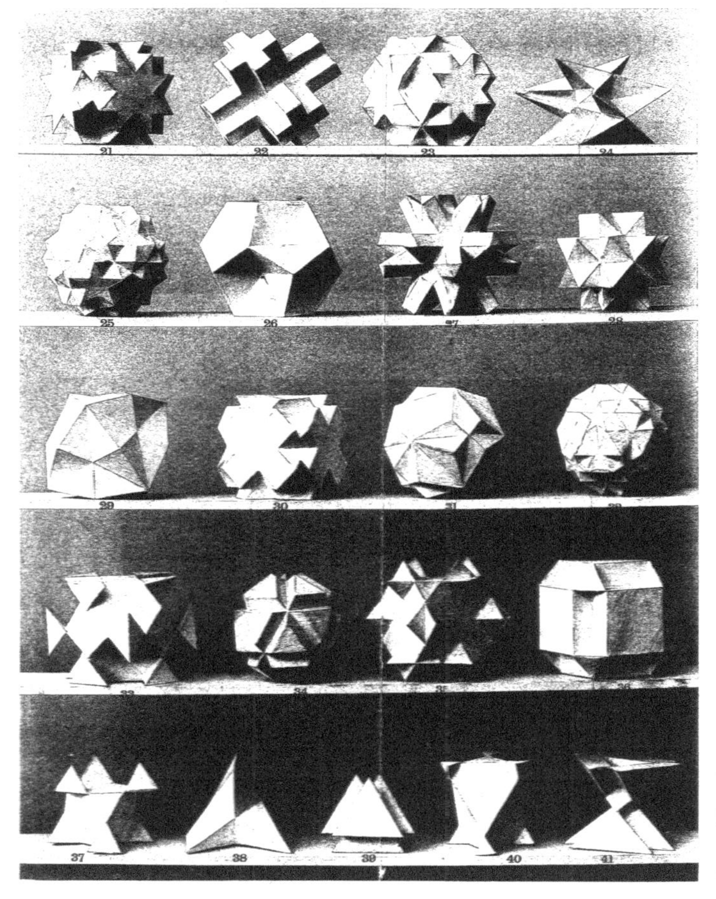

Brückner, Vielecke und Vielflache.

Lichtdruck von Römmler & Jonas, Dresden.

Tafel VIII

Brückner, Vielecke und Vielflache.

Lichtdruck von Römmler & Jonas, Dresden.

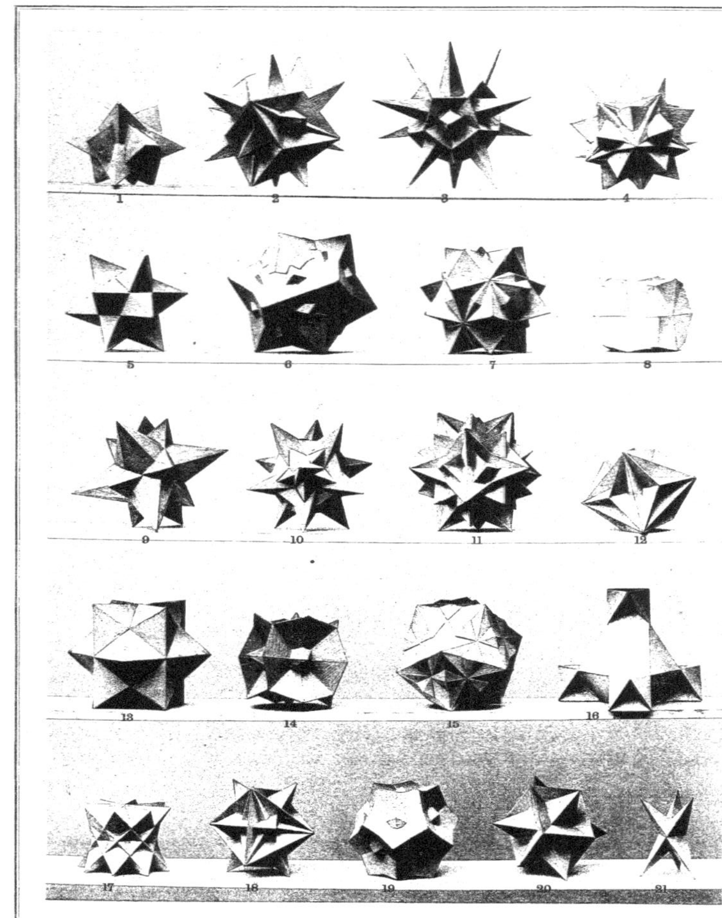
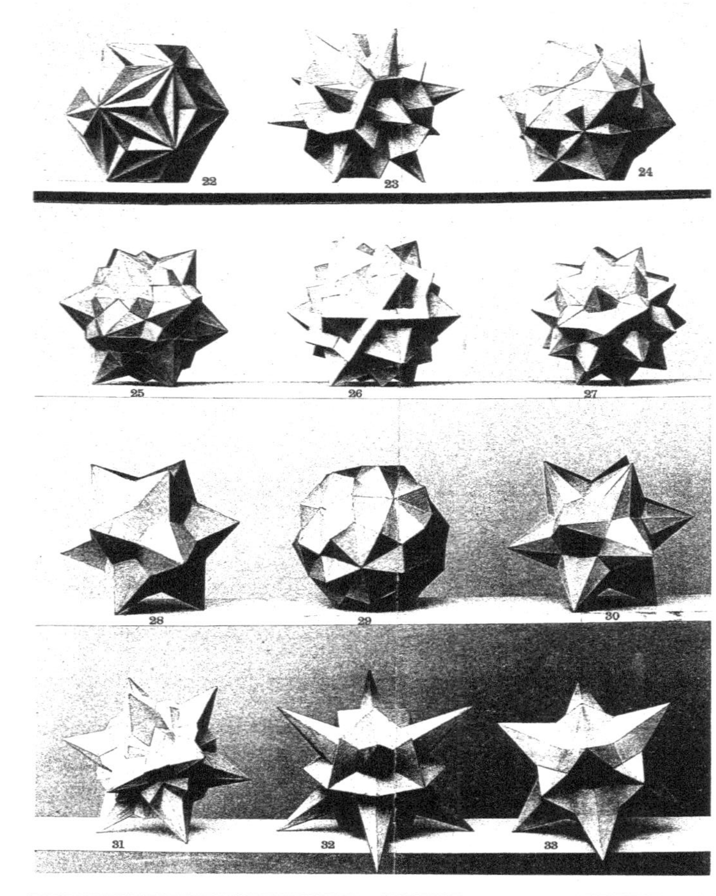

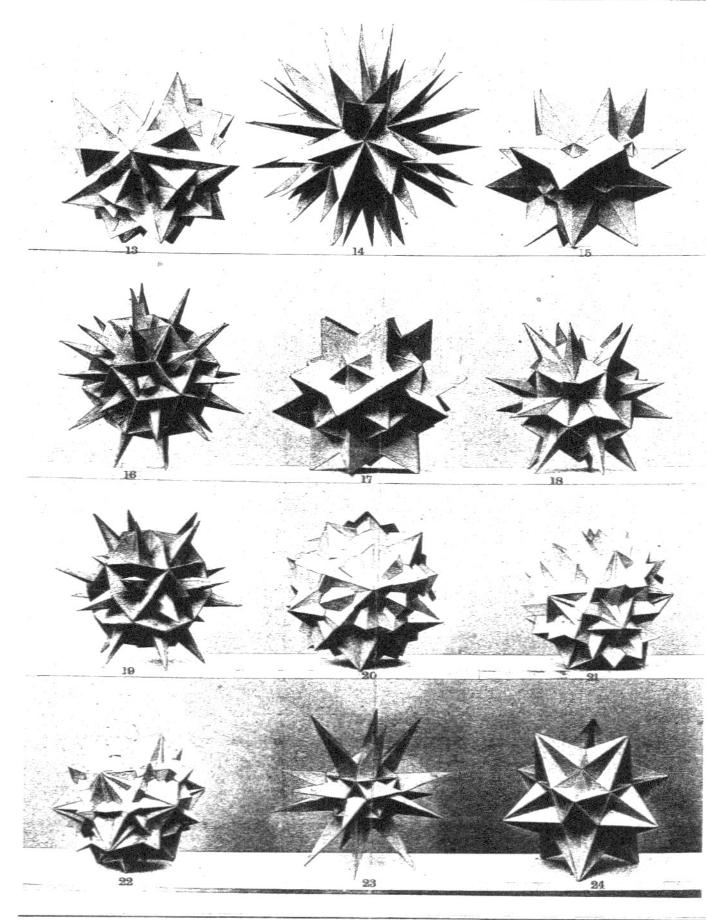

Brückner, Vielecke und Vielflache.
Lichtdruck von Römmler & Jonas, Dresden.

Brückner, Vielecke und Vielflache.
Lichtdruck von Römmler & Jonas, Dresden.